U0160926

功 能 材 料

主 编 魏 通
副主编 杜明润 武丽伟 王 琼

科 学 出 版 社

北 京

内 容 简 介

功能材料是国家新材料产业的重要组成部分. 本书以培养新时代高素质新材料相关专业人才为目标, 结合功能材料领域的国际发展动态与产业前沿, 较系统地介绍了晶体学、电介质陶瓷材料、磁性材料、超导材料、碳材料、发光材料、敏感材料与航空功能材料等领域的相关知识和进展. 全书共八章, 采用了从基础理论到典型材料再到器件、产业应用一体化的编写模式, 撰写过程以科学性为宗旨, 实用性为指导, 兼顾深广度和趣味性, 并有机融入了课程思政元素、科技前沿、产业发展与网络信息技术等.

本书可作为高等学校材料学科各专业本科生教材, 亦可作为研究生教学参考书, 也可供从事材料研究与应用工作的科技人员参考.

图书在版编目 (CIP) 数据

功能材料 / 魏通主编. — 北京: 科学出版社, 2023.10
ISBN 978-7-03-076770-7

Ⅰ. ①功… Ⅱ. ①魏… Ⅲ. ①功能材料 Ⅳ.①TB34

中国国家版本馆 CIP 数据核字 (2023) 第 198427 号

责任编辑: 罗 吉 赵 颖 / 责任校对: 杨聪敏
责任印制: 吴兆东 / 封面设计: 无极书装

科 学 出 版 社 出版
北京东黄城根北街 16 号
邮政编码: 100717
http://www.sciencep.com
北京富资园科技发展有限公司印刷
科学出版社发行 各地新华书店经销
*
2023 年 10 月第 一 版 开本: 720×1 000 1/16
2024 年 9 月第三次印刷 印张: 26 1/2
字数: 534 000
定价: 98.00 元
(如有印装质量问题, 我社负责调换)

前言

材料是现代各领域高新技术发展的基础，目前正朝着复合化、多功能化、智能化、集成化的方向发展. 功能材料是指具有优良的力学、电学、磁学、光学、热学、声学、化学和生物学等功能及相互转化功能的非结构性用途的材料.

新材料产业作为中国七大战略性新兴产业和"中国制造2025"重点发展的十大领域之一，是最具发展潜力的高新技术产业之一，也是我国成为制造业强国的重要抓手. "十四五"时期我国将加快推动新材料产业高质量发展，实现产业布局优化、结构合理，技术工艺达到国际先进水平，并与其他战略性新兴产业融合发展，着力提高产业效益，使我国逐步迈向新材料强国. 功能材料是国家新材料产业的重要组成部分，与信息技术、生物工程技术、能源技术、纳米技术、环保技术、空间技术、计算机技术、海洋工程技术等现代高新技术及其产业紧密相关. 在相关产业中，功能材料一般处于产业链的上游，其发展的先进程度与交叉融合的深度对新材料、元器件、整装设备的发展均起着基础性和先导性的关键作用. 因此，功能材料一直受到各国政府、科技界和产业界的高度重视，是培养人才的重要学科方向.

近年来，在各国持续投入下，功能材料相关科研、产业发展都取得了很大进步，特别是随着网络技术、移动通信、微电子技术、光电子技术、计算机技术等高新技术的发展，以及高纯超微粉体、薄膜和厚膜等制备技术和相关器件制造技术的逐步提升，功能材料在新材料体系探索，现有材料潜在功能开发，材料、器件及产业应用一体化方面都取得了突出的进展，这些成果已成为新时代科技人才培养的重要组成部分.

未来各国产业发展的竞争归根到底是人才的竞争，而教材在人才培养中发挥着重要作用. 功能材料是高等院校材料类专业培养人才的一门重要课程，是培养学生创造性思维的重要载体. 本书以培养新时代高素质材料相关专业人才为目标，针对功能材料领域的国际发展动态与产业前沿，在查阅大量国内外相关领域教材、著作与学术论文的基础上编写而成. 本书特色是采用了从基础理论到典型材料再到器件、产业应用一体化的编写模式，撰写过程以科学性为宗旨，实用性为指导，兼顾深广度和趣味性，有机融入了科技前沿、产业发展与网络信息技术等内容，同时，结合本书内容深入挖掘课程思政元素，强调在价值塑造中凝聚知识底蕴，提升学生的民族自信心，培养学生的家国情怀. 希望通过本书能使学生形成系统化的知识结构体系，树立正确的价值观，增强逻辑思维、知识应用、问题分析和创新能力，为我国新材料产业发展奠定人才基础,促进新材料产业更好发展.

全书共八章,分别为晶体学基础、电介质陶瓷材料、磁性材料、超导材料、碳材料、发光材料、敏感材料与航空功能材料.本书是课程组多年来集体工作的结晶.全书由中国民航大学魏通教授总体设计.第 1 章由武丽伟编写,第 2 章由魏通编写,第 3 章由刘祥编写,第 4 章由崔娇编写,第 5 章由杜明润编写,第 6 章由魏通和武丽伟编写,第 7 章和第 8 章由王琼编写.

本书可作为高等院校材料科学与工程、功能材料、材料物理、材料化学、电子材料与元器件等专业的课程教材.考虑到通用性,本书中各章具有一定的独立性,不同专业可根据各自特点,对内容加以取舍来组织教学,以适应人才培养需求.另外,本书也可供从事功能材料方向研究的科研工作者参考.

功能材料学科知识涉及面广、交叉性强,由于作者水平和时间所限,书中不足之处恳请读者批评指正.

作 者

2022 年 8 月

目录

第 1 章　晶体学基础

材料是国家制造业赖以发展的基石，是支撑国民经济发展的重要物质基础，在推动我国制造业转型升级和新兴产业发展中发挥着举足轻重的作用. 工业上最广泛应用的材料大多属于晶体材料，决定材料性能的最根本的因素是它们内部的微观构造，包括晶体中原子是如何相互作用并结合起来的、原子的聚集状态和分布规律、各种晶体的特点和彼此之间的差异、晶体结构中的缺陷类型及性质等. 因此，研究分析材料晶体的内部结构已成为研究材料的一个重要方面，许多问题的认识和解决都与其密切相关. 所以要了解不同材料的性能，首先必须掌握好晶体结构方面的知识，这是进一步学习其他内容的重要基础.

1.1　原子间的键合

两个或多个原子结合成分子或固体时，原子之间会产生相互作用力，即结合力或结合键. 结合力的大小取决于原子核和电子间的静电库仑力，各原子的最外层电子(价电子)起主要作用. 按结合力性质的不同，结合键可分为化学键(主价键)和物理键(次价键)，化学键包括离子键、金属键和共价键；物理键包括范德瓦耳斯力和氢键.

1.1.1　离子键

离子键是正负离子通过静电库仑力产生的键合，大部分的金属氧化物、盐类和碱类是主要依靠离子键结合的. 元素周期表中第 IA 族碱金属元素和第ⅦA 族卤族元素结合成的晶体就是典型的离子晶体. 金属原子将最外层价电子给予非金属原子而成为正离子，非金属原子得到价电子后而成为负离子，正负离子通过静电库仑力产生键合. 离子键的特点是无方向性和饱和性. 离子键的结合力很强，因此离子晶体结构非常稳定，晶体的硬度大、熔点高，但是其韧性差、导电性能差、热膨胀系数相对较小. 离子晶体中不易产生自由运动的电子，所以它们一般是良好的绝缘体.

1.1.2　金属键

金属原子的最外层电子容易挣脱原子核的束缚而成为自由电子，从而在金属晶体内运动，弥散于金属正离子组成的晶格中，这种由自由电子弥散形成的区域称为电子云或电子海. 金属正离子与自由电子组成的电子云之间相互作用而产生的键合称为金属键. 典型的金属晶体是周期表中第ⅠA族和第ⅡA族元素及过渡元素的晶体. 金属键基本的特点是电子的共有化, 既无方向性又无饱和性.

金属受力变形时, 原子会改变彼此间的位置而不至于破坏金属键, 所以金属具有良好的延展性, 另外, 金属由于存在大量自由电子而具有良好的导电性和导热性.

1.1.3 共价键

共价键是两个或多个原子间通过共用电子对或电子云重叠而形成的化学键. 共价键可分为非极性键和极性键两种, 共用电子对对称分布于原子之间, 不形成正负离子时的共价键称为非极性键; 当共用电子对偏离或偏近某一原子时, 形成的共价键称为极性键. 通过共价键结合的晶体称为共价晶体或原子晶体, 典型的例子如 H_2、O_2、F_2、C(金刚石)、Si、Ge、SiC 等, 一般无机非金属材料和聚合物的原子间是通过共价键结合的. 共价键的特点是具有方向性和饱和性. 共价键的结合很牢固, 使得共价晶体具有结构稳定、强度高、硬度大、熔点高、脆性大等性质.

1.1.4 范德瓦耳斯力

范德瓦耳斯力是电中性原子之间的一种长程作用力. 晶体中近邻原子之间相互作用可引起电荷位移而形成电偶极子, 电偶极子之间会产生瞬时的电偶极矩, 范德瓦耳斯力借助这种微弱的感应作用将中性原子或分子结合为一体, 它分为静电力、诱导力和色散力. 静电力是由极性分子中的固有电偶极矩之间的静电相互作用引起的; 诱导力是极性分子与非极性分子之间的相互作用力; 色散力是非极性分子中的瞬时电偶极矩间的相互作用力. 范德瓦耳斯力普遍存在于分子间且作用力弱, 没有方向性和饱和性; 它不影响物质的化学性质但影响其物理性质, 如熔点、沸点、溶解度等. 分子晶体由极性分子或非极性分子组成. 范德瓦耳斯力很弱, 因而分子晶体的结合力很小, 在外力作用下, 易产生滑动而形成较大变形, 因此, 分子晶体具有较低的熔点、沸点和硬度.

1.1.5 氢键

氢键是一种极性分子键, 存在于 HF、H_2O 及 NH_3 等物质中. 氢键属物理键, 其键能介于化学键与范德瓦耳斯力之间. 氢键具有饱和性和方向性, 可以存在于分子内或分子间.

以上根据结合力的性质, 将晶体分为五种类型, 大部分实际晶体中的内部原子结合键往往是几种键合的混合. 例如, 对于过渡族元素而言, 它们的原子结合中除了金属键也会存在少量的共价键结合, 这也是过渡族金属具有较高熔点的原因.

1.2　结晶学基础

1.2.1　晶体的宏观特性

晶体结构的基本特征是原子(或分子、离子)在三维空间呈周期性重复排列，即存在长程有序，与非晶体物质相比，晶体具有以下几个宏观特性：①晶体熔化时具有确定的熔点，而非晶体熔化时是在较宽的温度范围内完成的；②晶体具有自范性，即在适宜的条件下，晶体能够自发地呈现封闭的、规则的凸面体外形，其本质是晶体中粒子微观空间里呈现周期性有序排列的宏观表象；③晶体具有各向异性，而非晶体却是各向同性的；④晶体中微观粒子的空间排列具有一定的对称性，比如相等的晶面、晶棱和角顶有规律地重复出现；⑤晶体可对入射的 X 射线产生规则而复杂的衍射图样，而非晶体不存在衍射现象；⑥晶体具有最小内能和最大稳定性，晶体的格子构造是晶体具有最小内能的根本原因，非晶体不稳定且有自发转变为晶体的趋势.

1.2.2　空间点阵

原子、分子或离子按一定的空间排列组成晶体，为了便于研究排列规律，可将晶体中的质点(原子、分子、离子或原子团)抽象为规则排列于空间的无数个几何点，各个点在空间呈周期性规则排列，且具有相同的周围环境，这种点在空间规则排列的三维阵列称为空间点阵，点阵中的点称为阵点或结点. 若用很多平行的直线将各阵点连接起来，就构成一个三维几何格架，称为空间格子或晶格，如图 1.1 所示.

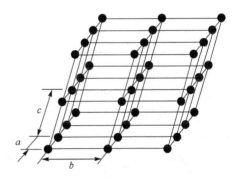

图 1.1　空间点阵的一部分

由于晶体中原子排列具有周期性，可在晶格中选取一个具有代表性的最小的基本单元(平行六面体)，表示晶体结构的特征，这个最小的基本单元称为晶胞. 晶胞在空间重复堆砌就构成了空间点阵，同一空间点阵可取不同的基本单元，如图 1.2 所示. 为使基本单元尽量简单，同时最能反映点阵的对称性，选取晶胞的原则是：① 能充分表示出晶体的对称性；②平行六面体内的棱和角相等的数目应尽可能多；③平行六面体的三棱边的夹角应尽可能形成直角；④晶胞的体积应尽可能小.

可以用晶胞参数来表示晶胞的形状和大小，即用平行六面体的三条棱边的边长 a、b、c 及棱间夹角 α、β、γ 共 6 个点阵参数来描述，如图 1.3 所示. 根据晶胞参数之间的相互关系，把所有晶体的空间点阵划归为 7 类，即 7 个晶系，如表 1.1 所示.

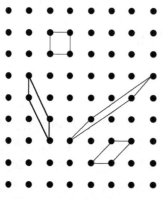

图 1.2　在点阵中选取晶胞

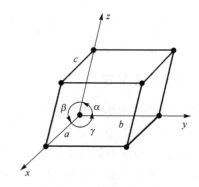

图 1.3　晶胞坐标及晶胞参数

表 1.1　晶系

晶系	晶胞参数关系	举例
三斜	$a\neq b\neq c$，$\alpha\neq\beta\neq\gamma\neq90°$	K_2CrO_7，$CuSO_4\cdot5H_2O$
单斜	$a\neq b\neq c$ $\alpha=\gamma=90°\neq\beta$	β-S，$CaSO_4\cdot2H_2O$
正交(斜方)	$a\neq b\neq c$，$\alpha=\beta=\gamma=90°$	α-S，Fe_3C
六方	$a_1=a_2=a_3\neq c$，$\alpha=\beta=90°$，$\gamma=120°$	Mg，Zn，Cd
三方(菱方)	$a=b=c$，$\alpha=\beta=\gamma\neq90°$	As，Sb，Bi
四方(正方)	$a=b\neq c$，$\alpha=\beta=\gamma=90°$	TiO_2，$NiSO_4$
立方	$a=b=c$，$\alpha=\beta=\gamma=90°$	α-Fe，Al，Cu，CsCl

　　自然界中的晶体多种多样,法国晶体学家奥古斯特·布拉维(A. Bravais)于 1845 年用数学方法证明了三维晶体原子排列只有 14 种空间点阵,他首次将群的概念应用到物理学,为固体物理学做出了奠基性的贡献. 这 14 种空间点阵称为布拉维点阵,其晶胞如图 1.4 所示,它们分属 7 个晶系,如表 1.2 所示.

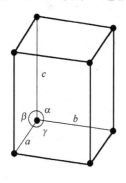

简单三斜

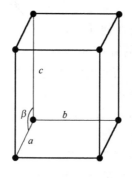

简单单斜

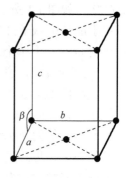

底心单斜

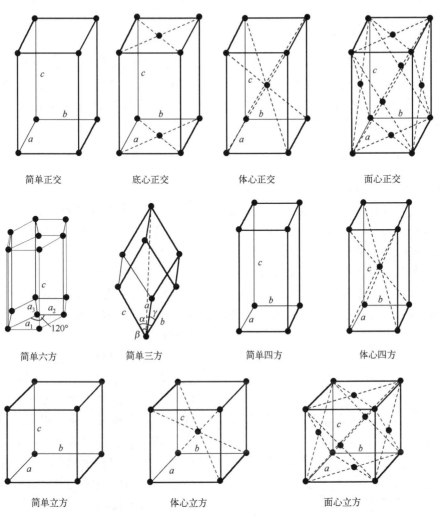

图 1.4　14 种布拉维点阵

表 1.2　布拉维点阵

布拉维点阵	晶系	布拉维点阵	晶系
简单三斜	三斜	简单六方	六方
简单单斜	单斜	简单三方	三方
底心单斜		简单四方	四方
简单正交	正交	体心四方	
底心正交		简单立方	立方
体心正交		体心立方	
面心正交		面心立方	

1.2.3 晶向指数和晶面指数

在晶格中，连接任何两个以上阵点的直线，均可代表晶体中的原子列在空间的方向，即为晶向；由阵点组成的平面均可代表晶体的原子平面，即为晶面. 为了便于表示和区别不同方位的晶向和晶面，国际上通常用米勒指数(Miller indices)来统一表示晶向指数和晶面指数.

1. 晶向指数

晶向指数可按以下几个步骤确定：

(1)建立坐标系，以晶胞的某一阵点 O 为原点，三条棱边为坐标轴 x、y、z，并以晶胞棱边的长度，即晶胞的点阵常数 a、b、c 分别作为坐标轴的长度单位；

(2)过原点 O 作一有向直线，使其平行于待定的晶向；

(3)在直线上选取距原点 O 最近的一个阵点的三个坐标值；

(4)将这三个坐标值化为互质整数 u、v、w，加上中括号，$[uvw]$即为待定晶向的晶向指数，若$[uvw]$中某一数值为负值，则将负号标注在该数的上方，如$[0\bar{1}2]$、$[\bar{1}10]$ 等.

图 1.5 给出了正交晶系中的几个晶向的晶向指数. 显然，一个晶向指数表示一组互相平行、方向相同的晶向；若晶向指数的数字相同而符号相反，如$[110]$与$[\bar{1}\bar{1}0]$就是两组晶向互相平行，但方向相反的晶向. 另外，原子排列相同但空间位向不同的所有晶向称为晶向族，用$<uvw>$表示. 如在立方晶系中，$[111]$、$[\bar{1}11]$、$[1\bar{1}1]$、$[\bar{1}\bar{1}1]$和$[\bar{1}\bar{1}\bar{1}]$、$[11\bar{1}]$、$[\bar{1}1\bar{1}]$、$[11\bar{1}]$ 8 个晶向即为 4 条体对角线的正反方向，它们的性质完全相同，可用符号$<111>$表示.

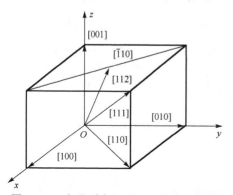

图 1.5 正交晶系中部分晶向的晶向指数

2. 晶面指数

晶面指数可按如下步骤确定：

(1)建立如前所述的坐标系，但原点不能定于待定指数的晶面上，以免出现零截距；

(2)找出待定晶面在三个坐标轴上的截距 x、y、z；

(3)取各截距的倒数；

(4)将上述倒数化为三个互质的整数 h、k、l，并加上圆括号，即表示该晶面的指数，记为(hkl).

如图 1.6 所示，待定的晶面 $a_1b_1c_1$ 相应的截距为 1/2、2/3、1/3，其倒数为 2、3/2、3，化为互质整数为 4、3、6，所以晶面 $a_1b_1c_1$ 的晶面指数为 (436)。若所求晶面在坐标轴上的截距为负值，则在相应的指数上方加一负号，如 $(1\bar{1}0)$、$(\bar{1}12)$ 等。

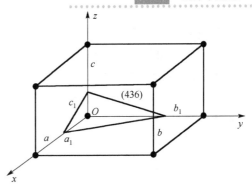

图 1.6 晶面指数的表示方法

同样，晶面指数代表的不只是某一晶面，而是代表一组互相平行的晶面。

另外，晶体中凡是具有相同的原子排列方式而只是空间位向不同的各组晶面可归并为同一晶面族，用 $\{hkl\}$ 表示。如在立方晶系中，$\{111\}$ 晶面族就包括 (111)、$(11\bar{1})$、$(1\bar{1}1)$、$(1\bar{1}\bar{1})$、$(\bar{1}11)$、$(\bar{1}1\bar{1})$、$(\bar{1}\bar{1}1)$、$(\bar{1}\bar{1}\bar{1})$ 8 个不同坐标方位的晶面。

1.3 金属的晶体结构

1.3.1 三种典型的金属晶体结构

元素周期表中金属元素占 80 余种，工业上使用的金属约 40 种，绝大多数金属具有比较简单的、高对称性晶体结构。最常见的晶体结构有三种：①体心立方结构 (bcc)，属于此类结构的金属有 α-Fe、V、Cr、Mo、W 等；②面心立方结构 (fcc)，属于此类结构的金属有 γ-Fe、Au、Pt、Ag、Cu、Al、Ni、Pb 等；③密排六方结构 (hcp)，属于此类结构的金属有 α-Ti、Zn、Mg、Li、Cd、Be 等。前两种属于立方晶系，后一种属于六方晶系，若把金属原子看作刚性球，这三种晶体结构的晶胞分别如图 1.7 所示。下面对其几何特征进行分析。

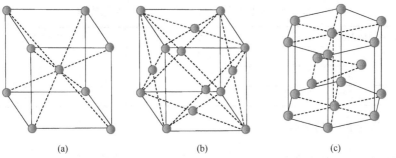

(a)　　　　　　　　(b)　　　　　　　　(c)

图 1.7 三种典型晶体结构图：体心立方结构 (a)、面心立方结构 (b) 和密排六方结构 (c)

1. 晶胞中的原子数 n

由图 1.7 中可以看出，对于立方晶系的结构，位于晶胞顶点的原子为相邻的 8

个晶胞所共有，属于一个晶胞的原子数是 1/8；位于晶胞棱上的原子为相邻的 4 个晶胞所共有，属于一个晶胞的原子数是 1/4；面心处的原子为 2 个晶胞所共有，属于一个晶胞的原子数是 1/2. 对于六方晶系的结构，顶点的每个原子为 6 个晶胞所共有，上下底面中心的原子为 2 个晶胞所共有. 所以体心立方、面心立方及密排六方的金属晶体结构中每个晶胞所包含的原子数分别为 2、4、6.

2. 点阵常数与原子半径的关系

晶胞的棱边长度 (a, b, c) 称为点阵常数或晶格常数，它是表征晶体结构的一个重要基本参数. 假设把金属原子看作大小相同半径为 R 的钢球，根据几何关系可求出点阵常数与原子半径 R 的关系：体心立方结构 $(a = b = c)$ 中，$\sqrt{3}a = 4R$；面心立方结构 $(a = b = c)$ 中，$\sqrt{2}a = 4R$；密排六方结构 $(a = b \neq c)$ 中，$a = 2R$，$\dfrac{c}{a} = 1.633$. 实际上，密排六方结构金属的 $\dfrac{c}{a}$ 值与 1.633 有一定的偏差，所以把金属原子看作等径钢球只是一种理想模型.

3. 配位数和致密度

晶体中原子排列的紧密程度与晶体结构类型有关，一般采用配位数和致密度两个参数定量地表示原子排列的紧密程度. 配位数是指晶体结构中任一原子周围最近邻且等距离的原子数，用 CN（coordination number）表示. 致密度是指单位晶胞中原子体积占晶胞体积的百分数，也称密堆度或堆积系数，用公式可表示为

$$K = \frac{nv}{V} \tag{1-1}$$

式中，K 为致密度，n 为晶胞中的原子数，v 为一个原子的体积，V 为晶胞体积. 三种典型金属晶体结构的配位数和致密度如表 1.3 所示.

表 1.3　典型金属晶体结构的配位数和致密度

晶体结构类型	配位数	致密度
体心立方结构	8	0.68
面心立方结构	12	0.74
密排六方结构	12	0.74

4. 晶体结构中的间隙

从对晶体结构中致密度的分析可知，晶体中存在许多间隙，例如，面心立方结构的致密度是 0.74，说明原子占据 74%的体积，而 26%的体积是间隙. 三种常见晶体结构的间隙位置和形状如图 1.8 所示，根据形状分类，间隙可分为四面体间隙和八面体间隙，位于四个原子组成的四面体中间的间隙是四面体间隙，而位于六个原

子组成的八面体中间的间隙是八面体间隙. 实心小球代表金属原子, 其半径为 r_A; 空心小球代表间隙, 其半径为 r_B(即间隙能容纳的最大球半径), 通过几何关系可求出三种晶体结构中四面体和八面体间隙的数目和 r_B/r_A 值, 如表 1.4 所示.

表 1.4　三种典型晶体结构中的间隙

晶体结构	间隙类型	间隙数目	间隙大小 (r_B/r_A)
体心立方结构	四面体间隙	12	0.291
	八面体间隙	6	0.154
面心立方结构	四面体间隙	8	0.225
	八面体间隙	4	0.414
密排六方结构	四面体间隙	12	0.225
	八面体间隙	6	0.414

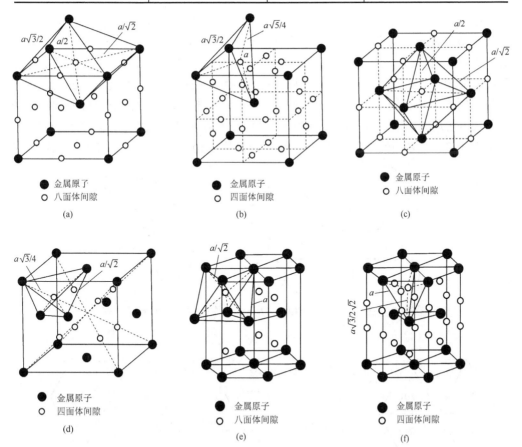

图 1.8　三种典型结构的间隙: 体心立方结构中的间隙 (a) (b)、面心立方结构中的间隙 (c) (d) 及密排六方结构中的间隙 (e) (f)

1.3.2 晶体中原子的堆垛方式

1. 最紧密堆积原理

晶体中各原子或离子的排布,在几何形式上可视为球体的堆积. 晶体中质点的结合应遵循势能最低的原则,因而要求球体尽可能地相互靠近,占据最小的体积,球体堆积的密度越大,系统的势能越低,晶体越稳定,这就是球体最紧密堆积原理. 该原理是以质点的电子云分布呈球形对称并且无方向性为前提的,因此只有典型的金属晶体和离子晶体符合最紧密堆积原理.

2. 最紧密堆积方式

根据质点的大小不同,球体最紧密堆积方式分为等径球和不等径球两种情况. 等径球最紧密堆积又分为密排六方最紧密堆积和面心立方最紧密堆积两种. 等径球最紧密堆积时,面心立方结构中{111}晶面和密排六方结构中{0001}晶面上的原子排列情况完全相同,如图 1.9 所示,大小相同的圆球(原子)的二维最密排方式,每个球与周围 6 个球相切,每个球周围有 6 个弧线三角形空隙,如果把密排面的原子中心连成六边形的网格,这个六边形的网格又可分为 6 个等边三角形,而这 6 个三角形的中心又与原子之间的 6 个空隙中心相重合. 如图 1.10 所示,这 6 个空隙可分为 B、C

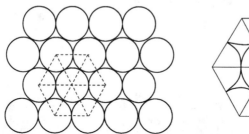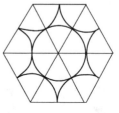

图 1.9 密排六方结构和面心立方结构中密排面上的原子排列

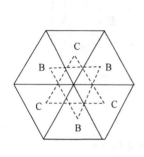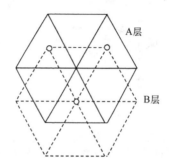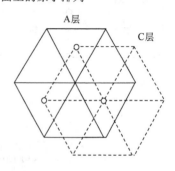

图 1.10 面心立方结构和密排六方结构中密排面的分析

两组，每组分别构成一个等边三角形. 为了获得最紧密的堆垛，第二层密排面的每个原子应处在第一层密排面每三个原子之间的空隙上. 因此这些密排面在空间的堆垛方式存在两种情况，一种是 ABAB…或 ACAC…的堆垛顺序，即为密排六方结构；另一种是 ABCABC…或 ACBACB…的堆垛顺序，就构成面心立方结构.

离子键没有方向性和饱和性，所以离子晶体结构也可用非等径圆球堆积来描述，通常较大的负离子形成等径圆球密堆积，正离子填在空隙中. 如前所述，不等径球密堆积时，大球按最紧密方式堆积，小球填充在大球密堆积形成的四面体空隙中还是八面体空隙中由离子间的相对大小决定. 下面比较 NaCl 与 CsCl 晶体中阳离子的排列情况，在 NaCl 结构中，Cl^-按照面心立方最紧密方式堆积，Na^+填充在 Cl^-形成的八面体空隙中. 可见，每个 Na^+被 6 个 Cl^-所包围，即 Na^+的配位数是 6，如图 1.11 所示. 而在 CsCl 结构中，8 个 Cl^-按照简单立方堆积，Cs^+位于 Cl^-形成的立方体空隙中，即 Cs^+的配位数为 8，如图 1.12 所示. 为了满足密堆积原理，每个离子都应尽量多地被其他离子所包围. Na^+半径小于 Cs^+半径，使得 Cs^+周围可容纳更多的 Cl^-，所以配位数与正、负离子的半径比相关.

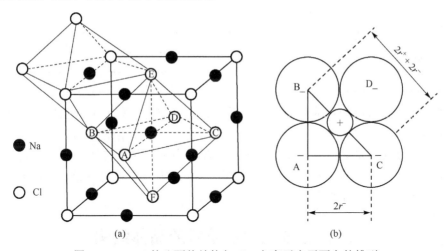

图 1.11 NaCl 的八面体结构与正、负离子在平面上的排列

配位数与正负离子半径比之间具体是怎样的关系呢？如图 1.11(a)所示，每个 Na^+与 6 个 Cl^-形成一个氯化钠八面体[NaCl$_6$]. 图 1.11(b)为 1/2 晶胞高度的晶面中 1 个 Na^+和 4 个 Cl^-的临界接触情况，根据直角三角形的边角关系可知，形成六配位的八面体时，Na^+与 Cl^-、Cl^-与 Cl^-间均可彼此接触的条件是 $r^+/r^-=0.414$. 当 $r^+/r^-<0.414$ 时，则负离子间彼此接触，而 Na^+与 Cl^-会脱离接触，此时负离子间斥力很大，导致系统结构不稳定，为使系统引力、斥力达到平衡，配位数会降低；当 $r^+/r^->0.414$ 时，负离子间脱离接触，Na^+与 Cl^-间彼此接触，负离子间斥力较小，正、负离子间引力很大，某种程度内，系统的引力大于斥力，结构较稳定. 除正、负离子间密切接触

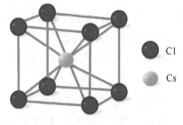

图 1.12　CsCl 晶体结构

之外，晶体结构还要求正离子周围的负离子尽可能多，即配位数越高越稳定，所以从 CsCl 晶体结构图（图 1.12）中可以推出，当 $r^+/r^-=0.732$ 时，每个 Cs^+ 被 8 个 Cl^- 所包围，即 Cs^+ 的配位数为 8，此即八面体配位中正、负离子之间彼此均相互接触的临界状态；当 $r^+/r^->0.732$ 时，八配位在一定范围内仍较稳定；当 $r^+/r^-=1$ 时，结构为等径球最紧密堆积，配位数为 12. 由此可见，晶体结构中正、负离子配位数的大小是由正、负离子半径的比值决定的，表 1.5 列出正、负离子半径比与正离子配位数之间的关系及对应的负离子多面体的形状.

表 1.5　离子半径比（r^+/r^-）、正离子配位数与负离子多面体的形状

r^+/r^-	正离子配位数	负离子多面体的形状
$0 < r^+/r^- < 0.155$	2	哑铃形
$0.155 \leqslant r^+/r^- < 0.225$	3	三角形
$0.225 \leqslant r^+/r^- < 0.414$	4	四面体
$0.414 \leqslant r^+/r^- < 0.732$	6	八面体
$0.732 \leqslant r^+/r^- < 1.000$	8	立方体
$1.000 \leqslant r^+/r^-$	12	最密堆积

如前所述，若已知构成晶体结构的离子种类，通过计算 r^+/r^- 比值便可知正离子的配位数及其配位多面体的结构. 晶体的结构既可用空间群的对称关系来描述，也可看成是由配位多面体连接而成的结构. 从配位多面体角度描述晶体结构可直观简明地说明晶体结构的基本特点和相互关系；另外，不论质点间结合力的性质是离子键还是共价键，均可用配位多面体来描述其结构.

1.4　非金属元素单质的晶体结构

非金属元素单质一般是共价键结合，而共价晶体中相邻原子通过共用价电子形成稳定的电子满壳层结构，所以非金属元素单质的配位数一般遵从 $8-N$ 规则，即如果某非金属元素的原子能以单键与其他原子共价结合形成单质晶体，则每个原子周围共价单键的数目为 $8-N$，N 代表元素所在周期表的族数，亦称为休姆-罗瑟里（Hume-Rothery）规则.

对于第ⅦA族元素，每个原子周围共价单键个数是 $8-7=1$，所以其晶体结构是两个原子先以单键共价结合成双原子分子，双原子分子之间再通过范德瓦耳斯力结合形成分子晶体. 对于第ⅥA族元素，每个原子周围共价单键个数是 $8-6=2$，所以

其结构是共价结合的无限链状分子或有限环状分子，链或环之间通过范德瓦耳斯力结合形成晶体. 对于第 V A 族元素，每个原子周围共价单键个数为 $8-5=3$，每个原子周围有 3 个原子，其结构是原子之间首先共价结合形成四面体或层状单元，单元之间借助范德瓦耳斯力结合形成晶体. 对于第 IV A 族元素，每个原子周围共价单键个数为 $8-4=4$，每个原子周围有 4 个原子. 比如金刚石结构 C、Si、Ge，均由四面体以共顶方式共价结合形成三维空间结构. 需注意的是 N_2、O_2 及石墨等因形成的不是单键而不符合 $8-N$ 规则，而惰性气体在低温下一般形成面心立方型或六方密堆型晶体结构. 由于惰性气体原子外层为满电子构型，它们之间并不形成化学键，低温时依靠微弱的范德瓦耳斯力直接形成分子晶体.

1.5 离子晶体结构

典型的离子晶体是元素周期表中碱金属元素 Li、Na、K、Rb、Cs 和卤族元素 F、Cl、Br、I 之间形成的化合物晶体，这种晶体以正负离子通过离子键结合. 人们从大量的实验数据和结晶化学理论中，发现了离子化合物晶体结构的一些规律.

1.5.1 离子晶体的结构规则

鲍林(L. Pauling)根据大量的实验数据，应用离子键理论，提出了判断离子化合物结构稳定性的五条规则.

鲍林规则

1. 负离子配位多面体规则

"在离子晶体中，正离子周围形成一个负离子配位多面体，正、负离子间的平衡距离取决于离子半径之和，而正离子的配位数取决于正负离子半径比. " 此即鲍林第一规则. 这一规则遵从最小内能原理. 由于负离子半径一般都大于正离子半径，因而在离子晶体中，正离子一般处于负离子配位多面体的间隙中，所以配位多面体才是离子晶体的真正结构基元.

正负离子趋于形成紧密堆积以降低晶体的总能量，即一个正离子趋于以尽可能多的负离子为邻，所以最稳定的结构应具有尽可能大的配位数，而配位数又取决于正负离子半径比，如表 1.5 所示. 只有当正负离子相切时，晶体才具有最低的能量，如前所述，配位数一定时，r^+/r^- 有临界值，即为临界离子半径比.

2. 电价规则

在一个稳定的离子晶体结构中，每个负离子的电价 Z_- 等于或接近等于与之邻接的各正离子静电键强度 S 的总和，其偏差不大于 1/4 价.

$$Z_- = \sum S_i = \sum \left(\frac{Z_+}{CN_+} \right) \tag{1-2}$$

式中，S_i 是第 i 种正离子静电键强度，Z_+ 是正离子的电荷，CN_+ 是其配位数. 这就是电价规则，亦称鲍林第二规则. 一般可用电价规则来判断晶体结构的稳定性，同时还可以确定配位多面体的一个顶点被共用在几个配位多面体之间.

3. 负离子多面体共顶、共棱、共面规则

在一配位结构中，共用棱，特别是共用面的存在会降低这个结构的稳定性，对于高电价、低配位的正离子来说，这种效应更为显著，这也称鲍林第三规则.

由几何关系可得，当共顶、共棱、共面时，两个四面体中心间的距离之比为 1：0.58：0.33，而相应的两个八面体中心间的距离之比为 1：0.71：0.58. 由库仑定律可知，同种电荷间的斥力与其距离的平方成反比，两个配位多面体连接时，随着共用顶点数目的增加，中心阳离子之间距离缩短，库仑斥力增大，结构稳定性降低.

4. 不同配位多面体间连接规则

"在含有两种以上正离子的离子晶体中，一些高电价低配位的正离子配位多面体之间，有尽量互不连接的趋势."此即鲍林第四规则. 这一规则总结出不同种类正离子配位多面体的连接规则.

5. 节约规则

鲍林第五规则认为："在同一晶体中，同种正离子与同种负离子的结合方式应最大限度地趋于一致."这是因为不同形状的配位多面体很难堆积在一起形成均匀的结构.

1.5.2 典型的离子晶体结构

典型的离子晶体按化学组成可分为二元化合物和多元化合物，其中二元化合物主要包括 AB 型、AB_2 型和 A_2B_3 型化合物；多元化合物主要分为 ABO_3 型和 AB_2O_4 型. 它们大多是重要的陶瓷材料.

1. AB 型化合物结构

（1）NaCl 型结构.

NaCl 属立方晶系，面心立方点阵，$Fm3m$ 空间群，Na^+ 和 Cl^- 的半径比为 0.525，Cl^- 占据面心立方结构的结点位置，Na^+ 位于 Cl^- 形成的八面体空隙中，如图 1.11 所示. 两种离子的配位数均为 6，每个晶胞的离子数为 8，即 4 个 Na^+ 和 4 个 Cl^-. NaCl

结构可看成由 Na^+ 和 Cl^- 构成的各一套面心立方格子沿晶胞棱边方向位移 1/2 晶胞长度穿插而成.

自然界中数百种化合物都属于 NaCl 型结构,包括部分氧化物、氮化物和碳化物以及绝大部分的碱金属硫化物和卤化物. 碱土金属氧化物就是典型 NaCl 型晶体,化学式可写为 MO,结构中 M^{2+} 和 O^{2-} 分别占据 NaCl 中 Na^+ 和 Cl^- 的位置. 碱土金属氧化物一般具有很高的熔点,例如,MgO(矿物名称为方镁石)是碱性耐火材料镁砖中的主要晶相,其熔点可达 2800℃ 左右.

(2)CsCl 型结构.

CsCl 型结构是一种最简单的离子晶体结构,属立方晶系,简单立方点阵,$Pm3m$ 空间群. Cs^+ 和 Cl^- 的半径比为 0.933,Cl^- 构成正六面体,Cs^+ 占据体心,两种离子的配位数均为 8,多面体共面连接,晶胞分子数为 1,一个晶胞内含 Cs^+ 和 Cl^- 各一个,如图 1.12 所示. 这种结构也可看成是由 Cs^+ 和 Cl^- 构成的各一套简单立方格子沿晶胞的体对角线方向位移 1/2 体对角线长度穿插而成. 在常用陶瓷材料中具有这种结构的比较少.

(3)立方 ZnS(闪锌矿)型结构.

立方 ZnS 型结构属立方晶系,面心立方点阵,$F\overline{4}3m$ 空间群,如图 1.13(a)所示. S^{2-} 占据面心立方结构的结点,Zn^{2+} 占据四个不相邻的四面体空隙中,Zn^{2+} 和 S^{2-} 的配位数均为 4,一个 S^{2-} 被 4 个[ZnS₄]四面体共用. 闪锌矿结构可看成由 Zn^{2+} 和 S^{2-} 构成的各一套面心立方格子沿对角线方向位移 1/4 体对角线长度穿插而成. 常见闪锌矿型结构有 Be、Cd 的硫化物、硒化物、碲化物及 CuCl、GaAs 等.

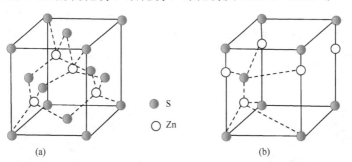

S
Zn

图 1.13 立方 ZnS 型结构图(a)和六方 ZnS 型结构图(b)

(4)六方 ZnS(纤锌矿)型结构.

六方 ZnS 型结构属六方晶系,简单六方点阵,$P6_3mc$ 空间群,如图 1.13(b)所示. S^{2-} 占据简单六方结构的结点,Zn^{2+} 占据四面体空隙的 1/2,Zn^{2+} 和 S^{2-} 的配位数均为 4,每个 S^{2-} 被 4 个[ZnS₄]四面体共用,且 4 个四面体共顶连接. 纤锌矿结构可看成由 Zn^{2+} 和 S^{2-} 构成的各一套六方格子穿插而成. 属于这种结构类型的有 BeO、ZnO、CdS、AgI 等.

　　一些纤锌矿型结构中不存在对称中心，使得晶体具有热释电效应．热释电效应是指某些具有自发极化的纤锌矿型晶体，由于加热使整个晶体温度变化，结果在与该晶体 c 轴平行方向的一端出现正电荷，在相反的一端出现负电荷的现象．晶体的热释电性与晶体内部的自发极化有关．热释电晶体制备的红外探测器在辐射和非接触式温度测量、红外光谱测量、激光参数测量、工业自动控制、空间技术、红外摄像等方面具有广泛应用．

　　2. AB$_2$ 型化合物结构

　　(1) CaF$_2$(萤石)型结构．

　　CaF$_2$ 型结构属立方晶系，面心立方点阵，$Fm3m$ 空间群，如图 1.14 所示．Ca^{2+} 占据立方晶胞的顶点及面心位置，形成面心立方结构，其配位数是 8，构成立方配位多面体[CaF$_8$]；F$^-$ 处于 8 个小立方体的体心位置，其配位数是 4，形成[FCa$_4$]四面体，F$^-$ 占据 Ca^{2+} 堆积形成的四面体空隙的 100%．萤石结构可看成由一套 Ca^{2+} 的面心立方格子和两套 F$^-$ 的面心立方格子相互穿插而成．属于 CaF$_2$ 型结构的化合物有 ThO$_2$、CeO$_2$、ZrO$_2$、BaF$_2$、PbF$_2$、SrF$_2$ 等．CaF$_2$ 熔点低，常用作助熔剂、吸附剂及晶核剂，还可用作激光基质材料．

　　还有一种反萤石结构，其中的正负离子分布刚好与萤石结构中的相反，属于此种晶型的有碱金属元素的氧化物 R$_2$O、硫化物 R$_2$S、硒化物 R$_2$Se 等 A$_2$B 型化合物．

　　(2) TiO$_2$(金红石)型结构．

　　金红石是 TiO$_2$ 的一种常见的稳定结构，属四方晶系，简单四方点阵，$P4/mnm$ 空间群，如图 1.15 所示．每个晶胞中含有 2 个 Ti^{4+} 和 4 个 O^{2-}，Ti^{4+} 的配位数是 6，构成[TiO$_6$]八面体，O^{2-} 的配位数是 3，构成[OTi$_3$]平面三角单元，Ti^{4+} 占据八面体空隙的 1/2．金红石结构可看成由 2 套 Ti^{4+} 的简单四方格子和 4 套 O^{2-} 的简单四方格子相互穿插而成．

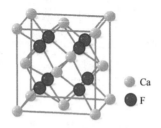
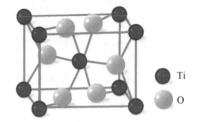

Ca
F

Ti
O

　　图 1.14　萤石(CaF$_2$)型结构　　　　图 1.15　金红石(TiO$_2$)型结构

　　此外，TiO$_2$ 还有板钛矿和锐钛矿两种变体，其结构各不相同．TiO$_2$ 是制备光学玻璃的原料，也是一种重要的电容器材料．具有金红石结构的还有 GeO$_2$、SnO$_2$、MnO$_2$、PbO$_2$、VO$_2$、NbO$_2$、FeF$_2$、MnF$_2$、MgF$_2$ 等．

材料界的"黑马"——蓝宝石

3. A_2B_3 型化合物结构

A_2B_3 型化合物的典型结构是以 α-Al_2O_3 为代表的刚玉型结构. 刚玉即为天然 α-Al_2O_3 单晶体，称白宝石；一般含铬的刚玉呈红色，称红宝石；除红宝石之外，其他颜色刚玉宝石通称为蓝宝石，蓝色的蓝宝石是由于其中混有少量钛和铁杂质所致. 蓝宝石的颜色可以有粉红、黄、绿、白，甚至同一颗宝石有多种颜色. 刚玉属三方晶系，$R\bar{3}c$ 空间群，如图 1.16 所示. 正负离子的配位数分别为 6 和 4，O^{2-} 近似作密排六方堆积，Al^{3+} 填充在该结构的八面体空隙中，且只占据八面体空隙的 2/3，Al^{3+} 的排列要满足它们之间的距离最大，所以每三个相邻的八面体空隙就有一个是有规则的空着的，这样 6 层构成一个完整的周期，多周期堆积起来形成刚玉结构.

刚玉质地极硬，为莫氏硬度 9 级，熔点高达 2050℃，这与 Al—O 键的结合强度有关. 属于刚玉型结构的化合物还有 Cr_2O_3、α-Fe_2O_3、Ti_2O_3、V_2O_3 等氧化物. 其中，蓝宝石是一种透明晶体，具有较强的二向色性和优良的光学特性，在可见光和红外波段有很好的光透过率. 蓝宝石晶体已广泛应用于国防工业、航天尖端科技研究及微电子、光电子产业，它是一种非常重要的基础材料，在军民两用中的地位举足轻重.

4. ABO_3 型化合物结构

(1)$CaTiO_3$（钙钛矿）型结构.

钙钛矿亦称灰钛石，是以 $CaTiO_3$ 为主要成分的天然矿物，理想情况下属立方晶系，简单立方点阵，如图 1.17 所示. Ca^{2+} 和 O^{2-} 构成面心立方结构，Ca^{2+} 位于立方体的顶角，O^{2-} 位于立方体的六个面心，Ti^{4+} 位于立方体的体心. Ti^{4+} 占据八面体空隙的 1/4，$[TiO_6]$ 八面体之间共顶相连，Ca^{2+} 位于$[TiO_6]$ 八面体空隙中，Ca^{2+} 和 Ti^{4+} 的配位数分别为 12 和 6.

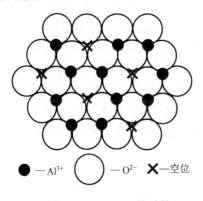

● — Al^{3+} ○ — O^{2-} ✗ — 空位

图 1.16 α-Al_2O_3 的结构

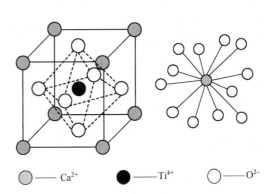

● — Ca^{2+} ● — Ti^{4+} ○ — O^{2-}

图 1.17 钙钛矿型结构

钙钛矿型结构在电子陶瓷材料中非常重要, 像 $BaTiO_3$、$PbTiO_3$ 等铁电晶体一般具有这种结构, 此外, 属于钙钛矿型结构的化合物还有 $SrTiO_3$、$CaZrO_3$、$PbZrO_3$、$KNbO_3$、$NaTaO_3$ 等.

(2) $FeTiO_3$ (钛铁矿) 型结构.

钛铁矿亦称钛磁铁矿, 是以 $FeTiO_3$ 为主要成分的天然矿物, 属三方晶系, 其结构可通过刚玉结构衍生获得. 将刚玉结构中的 2 个三价阳离子用二价和四价或一价和五价的两种阳离子置换便可形成钛铁矿结构. 在刚玉结构中, O^{2-} 近似作密排六方堆积, Al^{3+} 占据八面体空隙的 2/3, 用两种阳离子置换 Al^{3+} 有两种方式. 第一种是置换后 Fe 层和 Ti 层交替排列构成钛铁矿结构, 属于该结构的化合物有 $FeTiO_3$、$MgTiO_3$、$MnTiO_3$、$CoTiO_3$ 等. 第二种是置换后在同一层内一价和五价离子共存, 如 $LiNbO_3$、$LiSbO_3$ 等化合物就具有此种结构. 图 1.18 是刚玉结构、钛铁矿结构及 $LiNbO_3$ 结构的对比示意图.

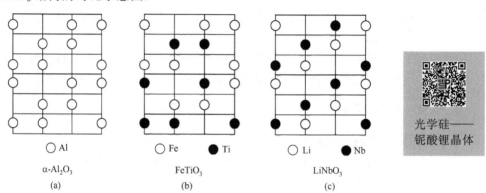

○ Al

α-Al_2O_3

(a)

○ Fe ● Ti

$FeTiO_3$

(b)

○ Li ● Nb

$LiNbO_3$

(c)

光学硅——
铌酸锂晶体

图 1.18　刚玉结构、钛铁矿结构及 $LiNbO_3$ 结构对比示意图

$LiNbO_3$ 晶体是目前用途最广泛的新型无机材料之一, 它是具有铁电、压电、电光、声光、热电及非线性光学等多性能的材料, 它是应用于电光调制器及波导材料的典型代表, 可制作调制器及开关、带通滤波器、延迟器、倍频器和参量振荡器等.

电光效应是指晶体的折射率因外加电场而发生变化的现象. 一些晶体因自发极化而具有固有电偶极矩, 在外加电场作用下, 晶体中的固有电偶极矩的取向倾向于一致或具有优势取向, 从而改变晶体的折射率. 电光调制器就是利用这一原理制成的.

铌酸锂是整个光通信世界的"守门人", 铌酸锂晶体之于光子学, 就像硅材料之于电子学, 作为光子时代的"光学硅"材料, 铌酸锂晶体为集成光子学的发展提供战略性基础支撑.

5. AB_2O_4 型化合物结构

AB_2O_4 型化合物的典型结构是以 $MgAl_2O_4$ 为代表的尖晶石结构, 其结构属立方晶系，面心立方点阵，*Fd*3*m* 空间群，如图 1.19 所示. 可把该结构看作是 8 个亚晶胞构成，亚晶胞质点排列可分为 A、B 两种类型，A 块中 Mg^{2+} 的配位数为 4，位于氧四面体中心；B 块中 Al^{3+} 的配位数为 6，占据氧八面体空隙；O^{2-} 作面心立方最紧密堆积. 每个晶胞内含有 8 个 Mg^{2+}、16 个 Al^{3+} 和 32 个 O^{2-}. Mg^{2+} 占据四面体空隙的 1/8，八面体空隙的 1/2 被 Al^{3+} 所填.

　　属于 AB_2O_4 型结构的化合物还有 $ZnAl_2O_4$、$CoAl_2O_4$、$FeAl_2O_4$、$MnAl_2O_4$、$ZnFe_2O_4$ 等.

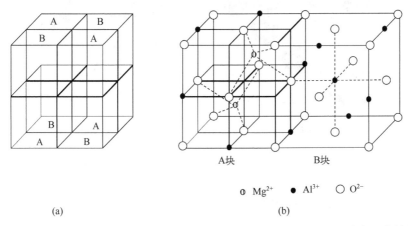

○ Mg^{2+}　　● Al^{3+}　　○ O^{2-}

(a)　　　　　　　　　　　　(b)

图 1.19　尖晶石($MgAl_2O_4$)的结构：A、B 块构成晶胞结构(a)和 A、B 块离子的堆积(b)

1.6　固　溶　体

　　固溶体是固态下以一种组元为溶剂，将其他组元原子(溶质)溶入溶剂的晶体点阵中而形成的新相，即溶质原子溶入溶剂中所形成的均匀混合的固体溶液. 其特点是固溶体保持着溶剂的晶体结构类型. 也就是，溶质 B 进入溶剂 A 中，或取代溶剂点阵的部分原子或离子，或进入溶剂晶格的间隙，但不改变溶剂 A 原来的晶体结构.

　　溶质原子 B 在溶剂 A 中的最大含量称为固溶度或溶解度.

1.6.1　固溶体的分类

　　1. 按照溶质进入溶剂所处位置不同分类

　　(1)置换式固溶体，亦称为替代固溶体，溶质的质点处在溶剂的晶格格点位置，或溶质的原子或离子置换了溶剂的部分原子或离子，如图 1.20(a)所示. 金属元素彼此之间一般可以形成置换式固溶体.

　　(2)间隙式固溶体，亦称为填隙式固溶体，溶质的质点处在溶剂晶格的间隙位置，或溶质的原子或离子进入溶剂的间隙，如图 1.20(b)所示. 金属和非金属元素 H、B、C、N 等形成的固溶体一般是间隙式的.

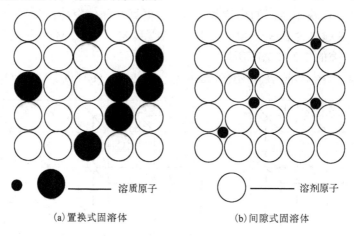

（a）置换式固溶体　　　　　　　　（b）间隙式固溶体

图 1.20　固溶体的两种类型

2. 按照溶质在溶剂中的固溶度分类

(1)有限固溶体：溶质溶剂只能有限互溶，即溶质在溶剂中的固溶度小于 100%. 间隙式的固溶体都是有限固溶体，固溶度很小，而置换式固溶体也有很多是有限互溶的，例如，Cu-Zn 系统、Fe-C 系统、Pd-H 系统(储氢材料)、NaCl-KCl 系统、MgO-CaO 系统、MgO-Al$_2$O$_3$ 系统等属于有限固溶体.

(2)无限固溶体：溶质溶剂完全互溶，溶解度可以是在 0~1 范围的任意值，亦称为连续固溶体，只有置换式固溶体才会是无限固溶体，但不是所有置换式固溶体都能无限互溶. 例如，Cu-Ni 系、Cr-Mo 系、Mo-W 系、Ti-Zr 系等在室温下都能无限互溶，形成连续固溶体.

1.6.2　置换式固溶体

很多金属元素之间都能形成置换式固溶体，但固溶度差异很大，有些能无限互溶，有些只能有限互溶，影响固溶度的因素有很多，主要受以下几个因素影响.

1. 原子尺寸因素

一般，溶质和溶剂的原子尺寸越接近越易形成置换式固溶体，溶质原子的溶入会引起点阵畸变，溶质与溶剂原子尺寸相差越大，点阵畸变的程度越大，畸变能越高，结构的稳定性越低，溶解度越小. 若以 r_1 和 r_2 分别代表溶剂原子和溶质原子的半径，Hume-Rothery 经验规则表明：在其他条件相近的情况下，$\Delta r=(r_1-r_2)/r_1 < 15\%$，

溶质与溶剂之间可形成无限固溶体,这是形成无限固溶体的一个必要条件;$\Delta r = 15\% \sim 30\%$,溶质与溶剂之间只能形成有限固溶体,$\Delta r$ 越大,固溶度越小;$\Delta r > 30\%$,很难形成置换式固溶体,而易形成中间相或间隙式固溶体.

2. 晶体结构类型

溶质与溶剂具有相同的晶体结构类型是形成无限固溶体的另一必要条件,只有溶质 B 和溶剂 A 的晶体结构类型相同时,B 原子才有可能连续不断地置换 A 原子. 若晶体结构类型不同,固溶度只能是有限的. 形成有限固溶体时,溶质与溶剂的结构类型相同时,固溶度一般也比不同结构时大,例如,具有面心立方结构的 Cu、Mn、Co、Ni 等在面心立方结构的 γ-Fe 中的固溶度较大而在体心立方结构的 α-Fe 中的固溶度较小.

3. 电负性因素(化学亲和力)

电负性是元素的原子在化合物中吸引电子的能力,在元素周期表中,同一周期内的元素,电负性由左向右逐渐增大,而在同一族内的元素,电负性由上到下逐渐减小. 溶质与溶剂的电负性相差越大,即两者之间的化学亲和力越强,倾向于生成化合物而不利于形成固溶体;生成的化合物越稳定,固溶体的固溶度越小,只有电负性相近的元素才可能具有大的固溶度.

4. 电子浓度因素

电子浓度是指合金中价电子总数(e)与原子总数(a)之比,即

$$\frac{e}{a} = \frac{A(100-x) + Bx}{100} \tag{1-3}$$

式中,A、B 分别为溶剂和溶质的原子价,x 为溶质的原子百分数.

实验结果表明,当原子尺寸因素较为有利时,在某些以一价金属金、银、铜为溶剂的固溶体中,溶质的原子价越高,其固溶度越小. 如 Zn、Ga、Ge 和 As 在 Cu 中的最大固溶度分别为 38%、20%、12% 和 7%;而 Cd、In、Sn 和 Sb 在 Ag 中的固溶度分别为 42%、20%、12%、7%;溶质原子价的影响实质上是由电子浓度决定的,通过电子浓度的公式计算出这些合金在最大固溶度时的电子浓度都接近 1.4,这就是所谓的极限电子浓度,超过此值时,固溶体会不稳定而形成中间相.

除以上讨论因素外,固溶度还与温度有关,一般情况下,固溶度会随温度升高而增大.

1.6.3 间隙式固溶体

当溶质原子进入溶剂晶格间隙位置时,会生成间隙式固溶体. 如前所述,当溶

质与溶剂的原子半径差 $\Delta r > 30\%$ 时，不易形成置换式固溶体；当溶质原子半径很小，使得 $\Delta r > 41\%$ 时，溶质原子可进入溶剂晶格间隙中而形成间隙式固溶体，形成间隙式固溶体的溶质原子一般是原子半径小于 $0.1nm$ 的非金属元素，如 H、B、C、N、O 等.

由于形成间隙式固溶体时会引起较大的主结构晶格畸变和能量升高，因此，间隙杂质原子的固溶度一般小于间隙位的 10%.

在面心立方结构 MgO 中，Mg^{2+} 占满氧八面体间隙而氧四面体间隙是空的；在 TiO_2 中，有一半的八面体间隙是空的. 在萤石结构中，Ca^{2+} 占据八配位的立方体空隙的一半，晶胞中存在一个较大的间隙位置. 在沸石之类具有网状结构的硅酸盐结构中，间隙更大，一般形成隧道型空隙，所以对于同样的外来杂质原子，可以看出形成间隙式固溶体的固溶度大小顺序应为 MgO < TiO_2 < 萤石 < 沸石，该结果与实验证明相符.

1.6.4 形成固溶体后对晶体性质的影响

1. 稳定晶格

固溶体有时能使溶剂基体的晶格保持稳定，阻止相变的发生. 例如，ZrO_2 是一种高温耐火材料，熔点为 2680℃，但高温时会发生相变，相变时伴随很大的体积收缩，材料变形开裂无法使用. 若加入 CaO，会与 ZrO_2 形成固溶体，稳定了晶格，无晶型转变发生，体积效应减小，使 ZrO_2 成为性能优异的高温结构材料.

2. 活化晶格

固溶会使晶格产生畸变，使晶格能量升高，同时产生缺陷，使高温过程更容易进行，这个现象称为活化晶格. 例如，Al_2O_3 熔点很高，可达 2050℃，若加入 TiO_2，其烧结温度会下降到 1600℃，这是由于 Al_2O_3 与 TiO_2 形成固溶体，Ti^{4+} 置换 Al^{3+} 后带正电，而且会产生正离子空位，从而加快扩散，有利于烧结进行.

3. 固溶强化

固溶体的硬度、屈服强度和抗拉强度等总是比组成它的纯材料的平均值高，但塑性和韧性则比平均值低，这种现象称为固溶强化. 置换式和间隙式固溶体都有固溶强化效应，通常间隙式固溶体由于引起的晶格畸变更大，强化效果比置换式的更好，且溶质原子与溶剂原子尺寸差别越大，强化效果越好.

对于金属材料而言，在塑性、韧性方面，如伸长率、断面收缩率和冲击功等，固溶体虽比组成它的两个纯金属的平均值低，但比一般化合物要高得多. 因此，固溶体比纯金属和化合物具有较为优越的综合机械性能，所以各种金属件一般以固溶体为其基体相.

4. 光电性能

溶剂在加入溶质形成固溶体后，光电性能有很大变化. 例如，纯 Al_2O_3 是无色的，称白宝石，溶入其他氧化物形成固溶体后，则会变成有颜色的宝石.

$PbZrO_3$-$PbTiO_3$ 系统为等价置换，形成的固溶体结构完整，电导和介电性能均没有显著变化，但在三方结构和四方结构的晶型边界处，获得的固溶体 $Pb(Zr_xTi_{1-x})O_3$ ($x = 0.54$) 的介电常数和压电性能均优于纯的 $PbTiO_3$ 和 $PbZrO_3$，称为 PZT 陶瓷.

Al_2O_3 烧结为陶瓷后不透明，但掺杂 3%～5% 的 MgO，在氢气气氛 1750℃ 条件下烧结，可得到透明陶瓷制品. 类似地，连续固溶体 $Pb(Zr_xTi_{1-x})O_3$ 中加入 La_2O_3 并烧结，亦可得到透明 PLZT 陶瓷.

1.7　晶体结构缺陷

1.7.1　晶体结构缺陷的类型

构成晶体的微观粒子在空间呈周期性规则排列只是一种理想情况，由于原子的热运动、晶体的生长条件和冷热加工过程等因素的影响，实际晶体中原子的排列不可能那样规则和完整，而是存在着偏离理想结构的区域，通常把出现的这种不完整性的区域称为晶体缺陷.

为研究不同缺陷的形成及运动规律，可根据缺陷的几何特征和形成原因对其进行分类.

1. 按缺陷的几何特征分类

缺陷按几何特征可分为三类.

(1) 点缺陷.

点缺陷又称为零维缺陷，其特点是在三维空间各方向上的尺寸都很小，缺陷尺寸为原子大小的数量级，如空位、间隙质点、杂质质点和色心等. 空位指正常结点没有被质点占据而成为空结点；间隙质点指质点进入正常晶格的间隙位置；杂质质点指外来质点进入正常结点位置或晶格间隙而形成杂质缺陷.

(2) 线缺陷.

线缺陷也称为一维缺陷，其特点是在一维方向上延伸较长，另外二维方向上尺寸很小，如各种类型的位错.

(3) 面缺陷.

面缺陷亦称为二维缺陷，其特点是在二维方向上扩展很大，在第三维方向上尺寸很小，如晶界、相界、堆积层错等.

2. 按缺陷产生的原因分类

缺陷按其产生的原因可分为五类.

(1)热缺陷.

热缺陷又称为本征缺陷,是指由于晶体中的质点(原子或离子)的热起伏所产生的空位或间隙质点. 晶体中的质点并非静止的, 而是以其平衡位置为中心做振动, 这种振动并不是单纯的谐振动, 质点的振动能按概率分布, 是有起伏涨落的. 根据玻尔兹曼能量分布律, 总有一部分质点的能量高到可以克服周围质点对它的束缚, 此时质点就会脱离正常格点而进入到晶格的其他位置, 这样就产生了热缺陷. 热缺陷主要包括弗仑克尔(Frenkel)缺陷和肖特基(Schottky)缺陷. 弗仑克尔缺陷是质点离开正常格点后进入晶格间隙位置, 同时形成数目相等的空位和间隙质点. 肖特基缺陷是质点由平衡位置迁移到晶体表面或晶界处, 在晶体内部留下空位(图1.21). 通常情况下, 热缺陷浓度随温度的升高而增加.

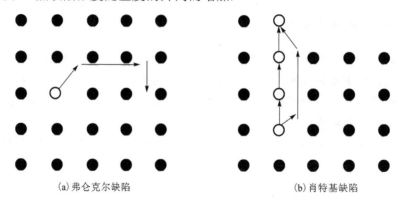

(a)弗仑克尔缺陷   (b)肖特基缺陷

图 1.21　热缺陷产生示意图

(2)杂质缺陷.

杂质缺陷亦称为组成缺陷,是指外来杂质质点取代正常质点位置或进入正常结点的间隙位置. 如果杂质的含量在固溶体的溶解度范围内, 那么杂质缺陷的浓度与温度无关. 为了有目的地改善晶体的某种性能, 常常有控制地在晶体中引进某类外来原子, 如在半导体锗、硅单晶体中加入微量的三价或五价杂质铝、磷等, 可使半导体的电导率增加上千倍.

(3)非化学计量缺陷.

非化学计量缺陷是指由于组成偏离定比定律而产生的缺陷,它是由基质晶格与介质中的组分发生交换产生的. 非化学计量缺陷的化学组成随周围气氛的性质及其分压大小而变化. 该类化合物一般属于半导体材料.

(4)电荷缺陷.

电荷缺陷是指由于热能或其他能量传递激发电子跃迁,产生空穴和电子形成附加电场,引起周期性势场发生畸变而产生的缺陷.从能带理论看,非金属晶体的能带包括价带、导带和禁带.在 0K 时,其价带填满电子,导带全空;在高于 0K 时,价带中的电子获得足够的能量被激发到导带,然后因导带中的电子、价带中的空穴使晶体的势场畸变而产生电荷缺陷.

(5)辐照缺陷.

辐照缺陷是指带电粒子通过电离、位移及核反应与被辐照材料内部的粒子相互作用,在微观结构中诱发的缺陷.辐照可以使材料内部产生色心、位错环等缺陷.辐照缺陷影响材料的力学、物理及化学性能.不同材料及不同的相互作用时,辐照诱发的缺陷具有不同的形式和结构.

1.7.2 点缺陷

点缺陷是最简单、最普遍的一种缺陷,包括热缺陷、杂质缺陷、非化学计量缺陷等,点缺陷之间会相互反应,其产生与复合始终处于动态平衡状态.点缺陷的相互作用与材料的制备及物理性质密切相关,本节主要介绍点缺陷的符号表征及反应方程式表述.

1. Kroger-Vink 符号

Kroger-Vink 符号是目前采用的最广泛的点缺陷表征方法.这种表示方法是在晶体中加入或取出一个质点时,看作加入或取出一个中性原子,这样可避免判断键型.对于离子晶体,视为加入或取出电子.以 AB 型化合物为例,分别用以下符号表示点缺陷.

(1)空位.

用 V 来表示空位,V_A、V_B 分别表示 A 原子和 B 原子空位.符号中的右下标表示缺陷所在位置,V_A 代表 A 原子位置是空的.

(2)间隙原子.

用 A_i、B_i 来表示间隙原子,代表 A、B 原子位于晶格间隙位置.

(3)错位原子.

错位原子用 A_B、B_A 等表示.A_B 表示 A 原子占据 B 原子的位置;B_A 表示 B 原子占据 A 原子的位置.

(4)自由电子与电子空穴.

在一般情况下,电子或空穴不属于特定的离子,在光、电、热等作用下,可在晶体中运动,这样的电子与空穴称为自由电子与电子空穴,分别用 e' 和 $h^\bullet$ 来表示."′"表示一个单位负电荷,"•"表示一个单位正电荷.

(5)带电缺陷.

正负离子构成离子化合物,以 NaCl 晶体为例,取出一个 Na 原子比取出一个

功 能 材 料

Na$^+$多取出一个电子,所以 Na$^+$空位与附加电子 e′ 必然相关. 可以用 V$'_{Na}$ 表示附加电子被束缚在 Na 原子空位上,即 V$'_{Na}$ 代表 Na$^+$空位,带有一个单位负电荷. 同理, 取出一个 Cl 原子比取出一个 Cl$^-$相比少取出一个电子,则在 Cl 原子空位上会留有一个电子空穴 h$^•$,用 V$^•_{Cl}$ 代表 Cl$^-$空位,带有一个单位正电荷.

类似地,若将 CaCl$_2$ 加入 NaCl 晶体时,用缺陷符号 Ca$^•_{Na}$ 表示 Ca^{2+}占据 Na$^+$位置, 并带有一个单位正电荷;同样地, Ca$''_{Zr}$ 表示 Ca^{2+}占据 Zr^{4+}位置,并带有两个单位负电荷.

(6)缔合中心.

电性相反的缺陷距离接近到某种程度时,在库仑力作用下会产生缔合中心. 一般将发生缔合的缺陷写在圆括号内代表缔合中心. 比如 V$_A$ 和 V$_B$ 发生缔合,记为 (V$_A$V$_B$). 在 NaCl 晶体中,距离很近的钠离子空位 V$'_{Na}$ 和氯离子空位 V$^•_{Cl}$ 可能缔合成空位对,形成缔合中心(V$'_{Na}$V$^•_{Cl}$).

2. 缺陷反应方程式

在晶体中,缺陷的相互作用可用缺陷反应方程式来表示,类似于化学反应方程式. 书写缺陷反应方程式时,应遵循以下基本原则:

(1)位置关系.

在化合物 A$_m$B$_n$ 中,A 与 B 位置的数目(格点数)始终成一个固定的比例,即化合物 A$_m$B$_n$ 的化学计量比 m/n. 在实际晶体中,由于缺陷的存在,A 与 B 的比例会偏离原有的化学计量比关系,并不等于 m/n,但是其正负离子位置比仍然为 m/n,保持不变.

(2)质量平衡.

与化学反应方程式相同,缺陷反应方程式两边也必须保持质量平衡. 缺陷符号的右下标表示缺陷位置,不影响质量平衡.

(3)电荷守恒.

在缺陷反应前后晶体始终保持电中性,即缺陷反应方程式两边必须具有相同数目的总有效电荷.

杂质缺陷反应方程式为

$$杂质 \xrightarrow{\text{基质}} 产生的各种缺陷$$

杂质进入基质晶体时,通常认为杂质的正负离子分别进入基质的正负离子位置,因为这样基质晶体的晶格畸变更小,缺陷容易形成. 当不等价替换时,会产生空位或间隙原子. 第一,当高价正离子位置被低价正离子占据时,该位置带有负电荷,此时会产生负离子空位或间隙正离子以保持电中性;第二,当低价正离子位置被高价正离子占据时,该位置带有正电荷,此时会产生正离子空位或间隙负离子以保持电中性.

26

对于热缺陷反应方程式而言，当晶体中剩余空隙比较小，比如 NaCl 型结构，趋向于形成肖特基缺陷；当晶体中剩余空隙比较大，比如萤石 CaF_2 型结构，趋向于形成弗仑克尔缺陷.

3. 点缺陷的平衡浓度

晶体中的点缺陷会引起点阵畸变，晶体的内能会相应增大，使得晶体的热力学稳定性降低；此外，点缺陷的存在同时会增大原子排列的混乱程度，从而提高晶体的热力学稳定性. 这两个因素相互矛盾，所以在一定温度下，晶体中的点缺陷存在一定的平衡浓度. 根据热力学理论可推导出点缺陷的平衡浓度. 下面是以空位为例的计算过程.

由热力学原理可知，在恒温下系统的自由能 F 为

$$F = U - TS \tag{1-4}$$

式中，U 为内能，S 为总熵值(包括组态熵 S_c 和振动熵 S_f)，T 为绝对温度.

设晶体中有 N 个原子位置，平衡时晶体中含有 n 个空位，则原子数为 $N-n$ 个. 若形成一个空位所需的能量为 E_V，则晶体中含有 n 个空位时，其内能将增加 $\Delta U = nE_V$；而 n 个空位造成晶体中组态熵的改变为 ΔS_c，振动熵的改变为 $n\Delta S_f$，则系统自由能的改变为

$$\Delta F = nE_V - T(\Delta S_c + n\Delta S_f) \tag{1-5}$$

根据统计热力学，组态熵可表示为

$$S_c = k\ln W \tag{1-6}$$

式中，k 为玻尔兹曼常量(1.38×10^{-23}J/K)；W 为微观状态的数目，即为在晶体中 $N+n$ 阵点位置上存在 n 个空位和 N 个原子时可能的排列方式的数目

$$W = \frac{(N+n)!}{N!n!} \tag{1-7}$$

所以，晶体组态熵的增值

$$\Delta S_c = k\left[\ln\frac{(N+n)!}{N!n!} - \ln 1\right] = k\ln\frac{(N+n)!}{N!n!} \tag{1-8}$$

当 N 和 n 都非常大时，可用斯特林(Stirling)近似公式 $\ln x! \approx x\ln x - x$ 将上式改写为

$$\Delta S_c = k[(N+n)\ln(N+n) - N\ln N - n\ln n]$$

于是

$$\Delta F = n(E_V - T\Delta S_f) - kT[(N+n)\ln(N+n) - N\ln N - n\ln n]$$

在平衡时自由能最小，即

$$\left(\frac{\partial \Delta F}{\partial n}\right)_T = E_V - T\Delta S_f - kT[\ln(N+n) - \ln n] = 0$$

当 $N \gg n$ 时，$\ln \dfrac{N}{n} \approx \dfrac{E_V - T\Delta S_f}{kT}$，所以空位在 T 温度时的平衡浓度

$$C = \frac{n}{N} = \exp\left(\frac{\Delta S_f}{k}\right)\exp\left(-\frac{E_V}{kT}\right) = A\exp\left(-\frac{E_V}{kT}\right) \tag{1-9}$$

式中，$A=\exp(\Delta S_f/k)$ 是由振动熵决定的系数，一般在 $1\sim10$ 之间. 若将上式中指数的分子分母同乘以阿伏伽德罗常量 N_A ($6.023\times10^{23}\text{mol}^{-1}$)，于是有

$$C = A\exp\left(-\frac{N_A E_V}{kN_A T}\right) = A\exp\left(-\frac{Q_f}{RT}\right) \tag{1-10}$$

式中，$Q_f=N_A E_V$ 为形成 1mol 空位所需要做的功，单位为 J/mol，$R=kN_A$ 为普适气体常量 $[R=8.31\text{J}/(\text{mol}\cdot\text{K})]$.

类似地，也可求得间隙原子的平衡浓度

$$C' = \frac{n'}{N'} = A'\exp\left(-\frac{E'_V}{kT}\right) \tag{1-11}$$

式中，N' 为间隙位置总数，n' 为间隙原子数，E'_V 为形成一个间隙原子所需的能量.

在一般的晶体中，间隙原子的形成能 E'_V 约为空位形成能 E_V 的 $3\sim4$ 倍. 所以，在同一温度下，晶体中空位的平衡浓度比间隙原子的平衡浓度要高许多. 通常情况下，间隙原子相对于空位可以忽略不计，但是若受到高能粒子辐照，会产生大量的弗仑克尔缺陷，间隙原子数不可再忽略.

离子晶体中，计算时应注意弗仑克尔缺陷和肖特基缺陷均成对出现；对于纯金属而言，离子晶体的点缺陷形成能一般都特别大，所以，一般在离子晶体中，平衡状态下存在的点缺陷浓度是非常微小的.

4. 点缺陷的运动

晶体中空位或间隙原子处于不断运动的状态，空位周围的原子由于热振动能量的起伏，有可能跳入空位中并占据这个平衡位置，这时在该原子原来的位置就形成空位，空位与周围原子的不断换位，形成空位运动. 同理，由于热运动，间隙原子也可由一个间隙位置迁移到另一个间隙位置. 当间隙原子与空位相遇时，它将落入该空位而使两者均消失，这一过程称为复合. 与此同时，由于能量起伏，为保持该温度下的平衡浓度，在其他位置又会出现新的空位或间隙原子. 缺陷的产生和复合始终处于一种动态平衡.

点缺陷的存在也会影响晶体的性能，主要影响其物理性质，如体积、比热容、电阻率等，它会使晶体的体积膨胀、密度减小、比热容增大、电阻率增大. 此外，过饱和点缺陷还可以提高金属的屈服强度.

1.7.3 线缺陷

晶体中的线缺陷表现为各种类型的位错. 1934 年, 泰勒 (G. I. Taylor)、奥罗万 (E. Orowan) 和波拉尼 (M. Polanyi) 几乎同时提出了晶体中位错的概念, 他们认为: 晶体实际滑移过程并不是滑移面两边的所有原子都同时做整体刚性滑动, 而是通过在晶体存在着的称为位错的线缺陷来进行的, 位错在较低应力的作用下就能开始移动, 使滑移区逐渐扩大, 直至整个滑移面上的原子都先后发生相对位移. 直到 1956 年, 利用电子显微镜薄膜透射法直接观察到位错, 位错模型才被实验所证实, 位错理论得到了进一步发展.

1. 位错的基本类型

位错是晶体原子排列的一种特殊组态, 可将其分为两种基本类型: 刃型位错和螺型位错.

(1) 刃型位错.

图 1.22 为含有刃型位错的晶体结构, 取一简单立方晶体, 其上半部分相对于下半部分沿着 $ABCD$ 面局部滑移了一个原子间距, 使得在滑移面的上半部分存在多余的半个原子面 $EFGH$, 其下边 EF 是晶体已滑移部分和未滑移部分的交线, 即为位错. 由于 EF 线好像一把刀刃插入晶体中, 所以称为刃型位错线, 它与滑移方向垂直.

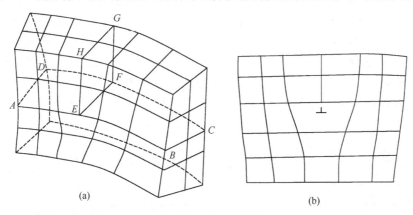

图 1.22　晶体局部滑移造成的刃型位错. 立体模型 (a) 和平面图 (b)

刃型位错的结构特点是: ①刃型位错有一个额外的半原子面, 通常把多出的半原子面位于晶体上半部的位错称为正刃型位错, 用符号 "⊥" 表示; 把多出的半原子面位于晶体下半部分的位错称为负刃型位错, 用符号 "⊤" 表示; 所谓刃型位错的正、负只是相对而言, 并无本质区别. ②刃型位错线是晶体中已滑移区与未滑移区的边界线, 它可以是直线、曲线或折线, 它一定与滑移方向垂直, 也垂直于滑移矢量，如图 1.23 所示. ③滑移面是由位错线和滑移矢量组成的平面，而位错线与滑移矢量相互垂直，由它们构成的滑移面只有一个. ④刃型位错周围的点阵畸变相对于半原子面是对称的. 滑移面上方点阵受压应力，原子间距减小；滑移面下方点阵受拉应力，原子间距增大. 点阵畸变的程度随与位错线距离增大而逐渐减小，严重点阵畸变的范围为几个原子间距.

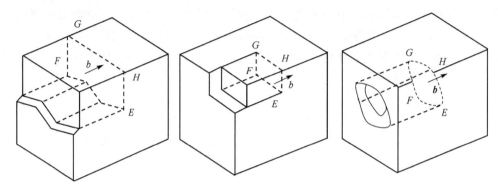

图 1.23　几种形状的刃型位错线

（2）螺型位错.

图 1.24 为螺型位错的模型. 假设在简单立方晶体右端施加切应力 τ，使其右侧上下两部分沿滑移面 $ABCD$ 发生一个原子间距的局部滑移，此时出现了已滑移区和未滑移区的边界线 EF，这就是一个位错线，它平行于滑移方向. 位错线 EF 附近的原子排列如图 1.24(b) 所示，显然，在 EF 和 BC 之间出现了几个原子间距宽，上下层原子位置不吻合的过渡区，即原子的正常排列遭到破坏. 如果以 EF 线为轴，从 B 点开始，按顺时针依次连接过渡区内的各原子，则其走向与螺纹的前进方向相似，这说明位错线附近的原子是按螺旋形排列的，所以称其为螺型位错.

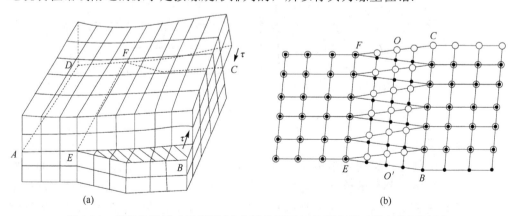

(a) (b)

图 1.24　螺型位错形成示意图(a)和滑移面两侧晶面上原子排列俯视图(b)

螺型位错分为左螺型位错和右螺型位错. 通常用拇指代表螺旋面前进的方向, 其余四指代表螺旋面的旋转方向, 符合右手定则的称为右螺型位错, 符合左手定则的称为左螺型位错. 左螺型位错和右螺型位错有着本质差别, 无论将晶体如何放置, 右螺型位错也不会变成左螺型位错.

(3) 混合型位错.

除了以上两种基本类型之外, 混合型位错是一种更为普遍的位错, 其位错线与滑移方向既不垂直也不平行, 而是成任意角度. 图 1.25 为形成混合型位错时晶体局部滑移的情况及混合型位错附近的原子组态. 可见, 混合型位错线 AC 是一条曲线. 在 A 处, 位错线与滑移方向平行, 因此是螺型位错; 而在 C 处, 位错线与滑移方向垂直, 因此是刃型位错. 混合型位错可以分解为刃型分量和螺型分量.

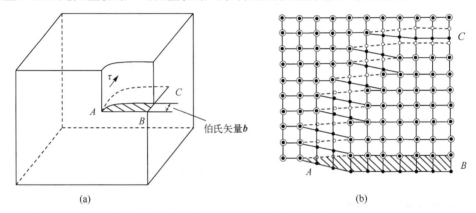

(a) (b)

图 1.25 混合型位错. 晶体的局部滑移形成混合型位错(a)和混合型位错附近原子组态的俯视图(b)

位错是晶体中已滑移区与未滑移区的边界线, 原则上任何区域均可发生局部滑移, 因而可以得到任意形状的位错. 例如, 在一个圆形区域内部发生滑移, 外部不滑移, 因而得到封闭的已滑移区. 这种形成封闭线的位错称为位错环, 如图 1.26 所示. 可以分析, B、D 两处是刃型位错, A、C 两处是螺型位错, 其他各处都是混合型位错.

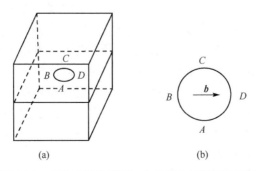

(a) (b)

图 1.26 晶体中的位错环. 立体图(a)和俯视图(b)

2. 伯氏矢量

为了便于描述晶体中不同位错的特征和性质，1939 年，伯格斯(J. M. Burgers)提出了可以揭示位错本质并能描述位错行为的矢量，即伯氏矢量，用 b 表示.

1)伯氏矢量的确定

伯氏矢量可通过伯氏回路来确定，现以简单立方晶体中的刃型位错为例，介绍确定伯氏矢量的具体步骤(图 1.27).

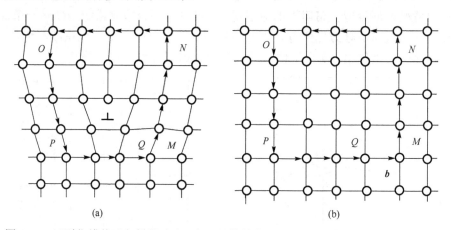

图 1.27　刃型位错伯氏矢量的确定. 实际晶体的伯氏回路(a)和完整晶体的相应回路(b)

(1)人为规定位错线的正方向，通常规定出纸面的方向为正方向.

(2)在实际晶体中，以位错线的正向为轴，从任一原子 M 出发，围绕位错作一右旋的闭合回路 $MNOPQ$，称为伯氏回路，如图 1.27(a)所示.

(3)在完整晶体中，按同样的方向和步数作相同的回路. 此回路的终点和始点必不重合，由终点 Q 向始点 M 连接的矢量 b 就是晶体中位错的伯氏矢量，如图 1.27(b)所示.

显然，刃型位错的伯氏矢量与位错线互相垂直，这是刃型位错的一个重要特征. 刃型位错的正、负可由两种方法确定. 第一，右手定则，即用右手的拇指、食指和中指构成直角坐标，以食指指向位错线的方向，中指指向伯氏矢量的方向，则拇指指向代表多余半原子面的位向. 通常规定，拇指向上者为正刃型位错，反之为负刃型位错. 第二，旋转法，即把伯氏矢量 b 顺时针方向旋转 $90°$，若伯氏矢量 b 的方向与位错线的正方向一致，则为正刃型位错；反之为负刃型位错.

螺型位错的伯氏矢量也可按上述方法来确定，如图 1.28 所示，可见，螺型位错的伯氏矢量与其位错线平行.

2)伯氏矢量的表示方法

伯氏矢量的方向可用它在晶轴上的分量即点阵矢量 a、b 和 c 来表示，伯氏矢量的

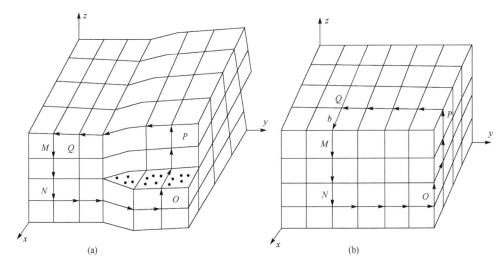

图 1.28　螺型位错伯氏矢量的确定. 实际晶体的伯氏回路(a)和完整晶体的相应回路(b)

大小可用其模表示, 即该晶向上原子间的距离. 对于立方晶系 $a=b=c$, 所以可用与伯氏矢量 $\boldsymbol{b}$ 同向的晶向指数来表示. 例如, 从体心立方晶体的原点到体心的伯氏矢量 $\boldsymbol{b}=\boldsymbol{a}/2+\boldsymbol{b}/2+\boldsymbol{c}/2$, 可写成 $\boldsymbol{b}=\dfrac{a}{2}[111]$. 一般立方晶系中伯氏矢量可记为 $\boldsymbol{b}=\dfrac{a}{n}[uvw]$.

伯氏矢量可以进行矢量运算, 如 $\boldsymbol{b}_1=\dfrac{a}{n}[u_1 v_1 w_1]$, $\boldsymbol{b}_2=\dfrac{a}{n}[u_2 v_2 w_2]$, 则

$$\boldsymbol{b}=\boldsymbol{b}_1+\boldsymbol{b}_2=\frac{a}{n}[u_1 v_1 w_1]+\frac{a}{n}[u_2 v_2 w_2]=\frac{a}{n}[u_1+u_2, v_1+v_2, w_1+w_2] \tag{1-12}$$

3) 伯氏矢量的特性

(1) 伯氏矢量是一个反映位错周围点阵畸变总累积的物理量, 该矢量的方向表示位错的性质与位错的取向, 而该矢量的模表示了畸变的程度, 称为位错的强度, 这即是伯氏矢量的物理意义, 所以位错可定义为伯氏矢量不为零的晶体缺陷.

(2) 在确定伯氏矢量时, 对其形状、大小和位置没有作任何限制, 说明伯氏矢量与回路起点及其具体途径无关. 一根位错线, 不论其形状如何变化, 位错类型是否相同, 其各部位的伯氏矢量均相同; 当位错在晶体中运动或改变方向时, 其伯氏矢量不变, 即一根位错线具有唯一的伯氏矢量.

(3) 若一个伯氏矢量为 $\boldsymbol{b}$ 的位错, 其可分解为伯氏矢量分别为 $\boldsymbol{b}_1$, $\boldsymbol{b}_2$, $\cdots$, $\boldsymbol{b}_n$ 的 n 个位错, 则分解后各位错伯氏矢量之和等于原位错的伯氏矢量.

(4) 对可滑移的位错, 伯氏矢量 $\boldsymbol{b}$ 总是平行于滑移方向, 可根据伯氏矢量 $\boldsymbol{b}$ 与位错线的关系, 确定位错的类型, 如图 1.29 所示. 若伯氏矢量 $\boldsymbol{b}$ 垂直于位错线, 则是刃型位错; 若伯氏矢量 $\boldsymbol{b}$ 平行于位错线, 则是螺型位错; 若伯氏矢量 $\boldsymbol{b}$ 和位错线成任意角度时, 则是混合型位错.

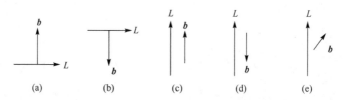

图 1.29 位错类型的确定. 正刃型(a)、负刃型(b)、右螺型(c)、左螺型(d)和混合型(e)

1.7.4 面缺陷

实际应用的金属、陶瓷、高分子材料等晶体材料大部分是多晶体,多晶体材料的界面是构成晶态固体组织的重要组成部分. 晶体的面缺陷包括外表面和内界面两类. 其中内界面可分为晶界、亚晶界、孪晶界、相界及层错等. 面缺陷对晶体的物理和化学性质及力学性能都有重要影响. 下面介绍几类重要的面缺陷.

1. 晶界

多数晶体物质是由许多晶粒组成,每个晶粒就是一个小单晶体. 相邻晶粒之间的界面称为晶界. 根据相邻晶粒位向差的不同,晶界可分为小角度晶界和大角度晶界.

(1)小角度晶界. 相邻晶粒位向差小于 10° 的晶界称为小角度晶界,亚晶界属于小角度晶界(一般小于 2°). 可将小角度晶界分为以下几种.

①对称倾斜晶界. 对称倾斜晶界的模型如图 1.30 所示. 由于相邻两晶粒的位向差 θ 角很小,其晶界可看成是由一列平行的刃型位错组成. 因晶界平面是两个相邻晶粒的对称平面而称为对称倾斜晶界,θ 为倾斜角.

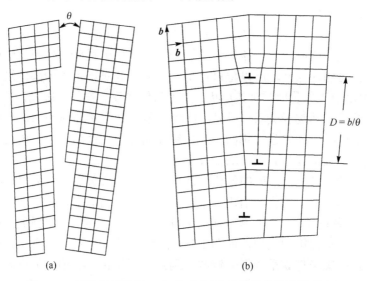

图 1.30 对称倾斜晶界. θ 角的形成(a)和晶界的位错模型(b)

②扭转晶界. 图 1.31 为小角度扭转晶界形成模型, 即将两部分晶体绕某一轴在一个共同晶面上相对转动 θ 角构成. 扭转轴垂直于这一共同晶面, 扭转晶界的结构可看成由相互交叉的螺型位错构成.

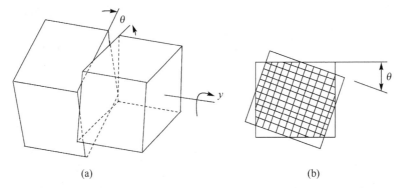

(a)   (b)

图 1.31 扭转晶界形成过程. 两个晶粒相对转动 θ 角 (a) 和两晶粒间的螺型位错交叉网络 (b)

对称倾斜晶界和纯扭转晶界都是小角度晶界的特殊形式. 一般情况下的小角度晶界, 其界面与转轴之间可保持任意角度, 所以任意小角度晶界具有由刃型和螺型位错共同组成的复杂结构.

(2) 大角度晶界. 多晶体材料中各晶粒之间的晶界通常为大角度晶界. 大角度晶界的结构较复杂, 晶粒之间的取向差较大, 界面处因位错核心连在一起产生很大畸变, 不能再用位错模型来描述了.

有人利用场离子显微镜研究晶界, 提出了大角度晶界的重合位置点阵模型, 并已被实验证实. 当两个相邻晶粒具有一定的位向差 ($\theta = 37°$) 时, 如果两相邻晶粒的点阵彼此通过晶界向对方延伸, 那么其中一些原子将出现有规律的相互重合. 由这些重合阵点构成的新点阵通常称为重合位置点阵. 显然, 由于晶体结构及所选转轴与转动角度的不同, 可以出现不同重合位置密度的重合点阵.

(3) 界面能. 由于晶界上原子排列是不规则的, 存在点阵畸变, 引起系统的自由能升高, 这部分能量称为界面能. 用单位面积的能量 γ 表示界面能, 其单位是 J/m^2. 小角度界面能与相邻两晶粒之间的位向差 θ 有关:

$$\gamma = r_0\theta(B - \ln\theta) \tag{1-13}$$

式中, $r_0 = Gb/[4\pi(1-\gamma)]$ 为常数, 取决于材料的切变模量 G 和伯氏矢量 $\boldsymbol{b}$; B 为积分常数, 取决于位错中心的原子错排能. 由上式可知, 小角度晶界的界面能随位向差 θ 的增大而增加. 该公式只适用于小角度晶界, 并不适用于大角度晶界.

对于大角度晶界, 实际测得各种金属的界面能基本在 $0.25 \sim 1.0 J/m^2$ 范围内, 与晶粒之间的位向差 θ 无关, 大体为定值, 且比小角度界面能大很多.

2. 孪晶界和相界

(1)孪晶界.

孪晶是指相邻两个晶粒或一个晶粒内的相邻两部分沿一个公共晶面构成晶面对称的位向关系,此公共晶面称为孪晶面. 孪晶之间的界面称为孪晶界,孪晶界可分为两类:共格孪晶界和非共格孪晶界,如图 1.32 所示. 共格孪晶界就是孪晶面,非共格孪晶界是孪晶界相对于孪晶面旋转一个角度.

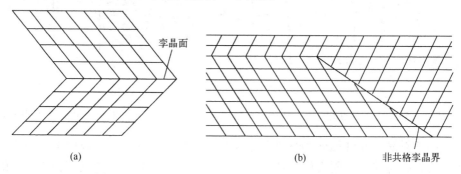

图 1.32　孪晶界. 共格孪晶界(a)和非共格孪晶界(b)

(2)相界.

具有不同结构的两相之间的界面称为相界. 相界可分为共格相界、半共格相界和非共格相界三类. 共格相界的特征是界面两侧的相保持一定的位向关系,沿着界面两相具有相同或相近的原子排列,因而两相在交界面上原子匹配得较好. 图 1.33(a)是一种具有完善共格关系的相界,在相界上的原子匹配很好,几乎没有畸变. 这种相界的能量低,但属于理想情况. 实际上,共格面两侧为两个不同的相,这样在形成共格界面时就会在相界附近引起一定的弹性畸变,如图 1.33(b)所示,这时相界的能量相对于完善共格关系的相界的能量高.

一些情况下,当相界的畸变能高至不能维持共格关系时,会形成非共格相界,如图 1.33(d)所示. 非共格相界的畸变能减小,但存在界面能,其界面能还是高于弹

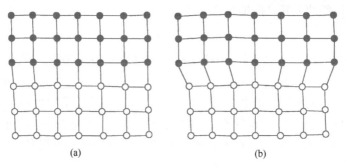

(a)　　　　　　　　　　　　(b)

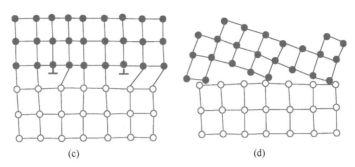

图 1.33 各种形式的相界. 具有完善共格关系的相界(a)、具有弹性畸变的共格相界(b)、半共格相界(c)和非共格相界(d)

性畸变的共格相界. 图 1.33(c)是另一种能量较低的相界——半共格相界. 两相邻晶体在相界面处的晶面间距相差较大,沿相界面每隔一定距离产生一个刃型位错,除刃型位错线上的原子外,相界上其余的原子都是共格的. 这种界面是由共格区和非共格区相间组成的,因界面上两相原子部分保持匹配,而称为半共格界面或部分共格界面.

习　题　一

一、填空题

1. 面心立方晶胞中,球数为_____,　个晶胞中含四面体空隙数_____个,八面体空隙数_____个.

2. 阴离子配位多面体构型的主要因素是正负离子半径比 r^+/r^-,若正离子半径小于临界半径,则晶体向_____的构型转变.

3. 常见的典型金属晶体是_____、_____和_____三种结构类型.

4. 根据鲍林第一规则,在离子晶体中,在正离子周围形成一个负离子多面体,正负离子之间的距离取决于离子半径之和,正离子的配位数取决于_____.

5. NaCl 型化合物结构正负离子配位数比为_____,正离子所占空隙种类为_____,正离子所占空隙分数为_____.

6. 晶体结构缺陷按形成原因分为_____、_____、_____等.(写出三种即可)

7. _____也称为本征缺陷,是指由热起伏的原因所产生的空位或间隙质点(原子或离子),包括_____和_____.

8. 化合物材料中,如果是低价离子置换高价离子,电中性要求下,会产生_____.

二、思考题

1. 计算等径球面心立方堆积的密堆度.

2. 为什么刚玉的硬度大(莫氏硬度 9)、熔点高(2050℃)? 这样的性质适合做什么材料?

3. 钙钛矿晶胞,钙离子位于晶胞顶点,钛离子位于晶胞体心,氧离子位于晶胞面心. 其中何种离子作何种堆积? Ti^{4+} 填入什么空隙? 填隙率是多少? 钛氧构成什么样的多面体,多面体之间又是如何连接的?

4. 写出 AgI 形成弗仑克尔缺陷(Ag^+进入间隙)的反应式.

5. 分别写出 TiO_2 加入 Al_2O_3 中与 Al_2O_3 加入 TiO_2 中的缺陷反应方程式,并分析二者有什么区别.

6. 请围绕结构与应用调研一种重要的基础材料,并阐述该材料对当今社会发展的重要性.

参 考 文 献

冯端,师昌绪,刘治国. 2002. 材料科学导论[M]. 北京: 化学工业出版社.

傅小明,蒋萍,杨在志,等. 2018. 材料科学导论[M]. 南京: 南京大学出版社.

胡赓祥,蔡珣,戎咏华. 2010. 材料科学基础[M]. 3 版. 上海: 上海交通大学出版社.

刘智恩. 2019. 材料科学基础[M]. 5 版. 西安: 西北工业大学出版社.

潘金生,仝健民,田民波. 2011. 材料科学基础[M]. 北京: 清华大学出版社.

石德珂. 2003. 材料科学基础[M]. 北京: 机械工业出版社.

田凤仁. 1993. 无机材料结构基础[M]. 北京: 冶金工业出版社.

徐恒钧. 2001. 材料科学基础[M]. 北京: 北京工业大学出版社.

徐祖耀,李鹏兴. 1986. 材料科学导论[M]. 上海: 上海科学技术出版社.

张联盟,黄学辉,宋晓岚. 2008. 材料科学基础[M]. 2 版. 武汉: 武汉理工大学出版社.

张晓燕. 2014. 材料科学基础[M]. 2 版. 北京: 北京大学出版社.

第 2 章　电介质陶瓷材料

　　电介质是指在电场作用下能产生极化的物质,其本质特征是以极化的方式传递、存储或记录电场的作用.电介质陶瓷材料是一类重要的功能材料,其发展始于 20 世纪初,是电子工业中制备基础元件的关键材料,被广泛应用于人类生产生活的各个领域.近十年来,随着通信、家电、汽车、军事、航空航天等相关领域电子元器件产品的飞速发展,电介质陶瓷材料的市场需求急剧增加,日益显示出广阔的市场前景.其中,电介质陶瓷材料在电容器领域的地位显得尤为重要.目前,陶瓷电容器在整个电容器产业中的出货份额已超过 80%,并且有不断扩大的趋势.按照介质材料的不同,电容器有陶瓷电容器、电解电容器、有机介质电容器和空气介质电容器等.由于陶瓷介质优越的电、力、光与热学性能,陶瓷电容器已逐步发展成为电容器行业应用最广的一类电子元器件,在电子电路中起着隔直、耦合、旁路、滤波、调谐和控制等功能.按照行业标准 SJ/T 10761—1996,电介质陶瓷可分为 I 类、II 类与 III 类陶瓷介质,其中 I 类陶瓷介质主要用于高频电路电容器;II 类陶瓷介质主要用于低频领域;III 类陶瓷介质也称半导体陶瓷介质,其介电常数很大,主要用于制造体积非常小的电容器.电介质陶瓷的介电性能取决于电极化的产生及其随时间的建立过程,而介电性能随温度和频率的变化规律是决定该类材料应用的重要因素.

2.1　电介质的一般性能

2.1.1　电场中的极化

　　材料对外电场的响应方式主要有两种,分别是电传导和电感应.金属导体和重掺杂半导体中通常具有大量可以自由移动的电荷,在外电场作用下自由电荷定向运动,形成传导电流.然而,在电介质中,原子、分子或离子中的正负电荷则以共价键或离子键的形式被相互强烈地束缚着,通常称为束缚电荷.在电场作用下,正、负束缚电荷只能在微观尺度上产生相对位移,对外电场产生感应,而不能产生宏观定向运动.这种正、负束缚电荷间发生相对偏移,产生感应电偶极矩的现象,称为电介质的极化.物质的宏观电极化是材料中的微观粒子在外电场作用下发生微观电极化的结果.需要注意的是,铁电体中自发极化的产生不需要外加电场诱导,其自发极化由特殊晶体结构诱发.

电介质在电场作用下的极化程度用电极化强度矢量 $\boldsymbol{P}$ 表示，$\boldsymbol{P}$ 是单位体积电介质内所有电偶极矩的矢量和，可表示为

$$P = \lim \frac{\sum \mu}{\Delta V} \qquad (2\text{-}1)$$

其中，μ 为微观粒子的电偶极矩；ΔV 为宏观上无限小、微观上无限大的体积元. 微观粒子在外电场中产生的电偶极矩 μ 与局域电场强度 $\boldsymbol{E}_{\mathrm{loc}}$ 之间满足 $\mu = \alpha \boldsymbol{E}_{\mathrm{loc}}$ 的正比关系，其中 α 为微观极化率. 与之类似，电极化强度还存在 $\boldsymbol{P} = \chi_e \varepsilon_0 \boldsymbol{E}$ 的关系，其中 χ_e 为电介质的极化率；ε_0 是真空介电常数；$\boldsymbol{E}$ 为电场强度. 电极化强度的单位为库仑每平方米 $(\mathrm{C/m^2})$.

2.1.2 极化机制

电介质极化机制主要包含五种类型，分别是电子、离子位移极化，弛豫(松弛)极化，电偶极子取向极化，空间电荷极化和自发极化. 在外加电场作用下，宏观极化强度一般是电介质各种微观极化机制综合贡献的结果.

1. 电子、离子位移极化

电子位移极化：外电场作用下，电子云相对于原子核发生弹性位移，导致正、负电荷中心偏移，形成感应电偶极矩的现象. 电子位移极化也称为电子云形变极化，图 2.1 形象地给出了有无电场作用下原子核和核外电子云的构型. 由于电子质量轻，极化速度很快，响应时间约为 $10^{-14} \sim 10^{-16}$s. 电子位移极化在目前所获得的各种频率交变电场下一般均能产生，因此可认为电子位移极化与频率无关，且不消耗能量. 另外，温度对电子位移极化的影响也不大. 按照玻尔原子模型，经典理论给出的电子极化率(α_e) 为

$$\alpha_e = 4\pi \varepsilon_0 R^3 \qquad (2\text{-}2)$$

其中，R 为原子(离子)半径. 式(2-2)说明电子位移极化与原子(离子)半径的立方成正比.

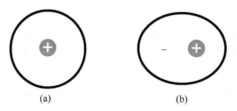

(a)　　　　　　　　　(b)

图 2.1　无电场(a)与有电场(电场方向水平向右)(b)情况下的原子核
与核外电子云相对位置示意图

离子位移极化：电介质中的正、负离子在电场作用下偏离平衡位置发生可逆的弹性位移. 例如，在外电场作用下，碱卤化物中碱金属阳离子偏移平衡位置沿电场方向移动，而卤素阴离子偏移平衡位置沿反电场方向移动，由此形成一个感生电偶极矩，这就是一种典型的离子位移极化. 图 2.2 给出的是离子位移极化的简化示意图. 根据经典弹性振动理论，离子位移极化率(α_i)为

$$\alpha_i = 4\pi\varepsilon_0 \frac{a^3}{n-1} \tag{2-3}$$

其中，a 为晶格常数；n 为电子层斥力指数，对于离子晶体 $n = 7 \sim 11$. a 决定了离子之间的距离，是影响离子位移极化的重要因素，a 越大，离子之间的束缚越小，在外电场中越容易发生位移而产生极化. 离子位移极化受两个相反因素的影响：温度升高时离子间的结合力降低，使极化能力增加；而离子的密度则随温度的升高而减小，使极化能力降低. 通常前一种因素影响较大，因此介电常数随温度的增加通常升高，即极化能力增强.

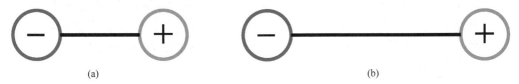

(a)　　　　　　　　　　　　　　　　(b)

图 2.2　无电场(a)与有电场(电场方向水平向右)(b)情况下离子位移极化简化示意图

离子位移极化响应时间约为 $10^{-12} \sim 10^{-13}$ s，在频率不太高时，可以认为极化率或介电常数与频率无关. 由于离子质量远大于电子，因此，与电子位移极化响应时间相比，离子位移极化响应时间稍长，但比其他类型极化都要迅速得多. 离子位移极化属于弹性极化，通常被认为是不消耗能量(或能量损耗很小)的一种极化方式.

2. 弛豫(松弛)极化

弛豫过程是指一个宏观系统由于周围环境的变化或受到外界作用而变为非热平衡状态，这个系统再从非热平衡状态过渡到新的热平衡状态的整个过程. 弛豫极化也是一种由外电场引入的极化方式，这种极化与材料中带电质点的热运动状态有关. 当材料中存在弱联系的电子、离子等质点时，热运动趋于使这些质点呈现混乱分布的状态，而电场则力图使这些质点按电场规律分布，最后在一定的温度下达到平衡时材料发生极化，这种极化具有统计性质，称为弛豫极化. 弛豫极化主要包括电子弛豫极化和离子弛豫极化.

电子弛豫极化主要是由弱束缚电子在电场作用下做短距离运动引起的. 晶格的热运动、晶格缺陷、杂质引入、化学成分局部改变等因素会使电子能态发生改变，导致在位于禁带中的局部能级中出现弱束缚电子，在热运动和电场作用下可建立电

子弛豫极化.电了弛豫极化的过程不可逆,存在能量的消耗.电子弛豫极化与位移极化不同.电子位移极化是原子自身对外电场的快速响应,不消耗能量.撤除电场后,电子位移极化随即消失.电子弛豫极化是弱束缚电子的短距离运动,消耗能量.具有电子弛豫极化的介质往往具有电子导电性,前提是电子被激发至导带成为自由电子.电子弛豫极化的建立时间约为 $10^{-2} \sim 10^{-9}$s,当电场频率高于 10^9Hz 时,这种极化消失.

离子弛豫极化主要是由弱束缚离子在电场作用下做短距离运动引起的,其极化过程与电子弛豫极化形式类似,在电场和热运动作用下形成离子弛豫极化.弱束缚离子是指玻璃态物质、结构松散的离子晶体、晶体结构中的缺陷或杂质区域中自身能量较高、易于活化迁移的离子.离子弛豫极化过程不可逆,存在能量的消耗.通常,离子弛豫极化率要比离子位移极化率高一个数量级,导致高的介电常数.离子弛豫极化的实现需要克服一定的势垒,建立的时间较长,约为 $10^{-2} \sim 10^{-5}$s,因此,高频下无离子弛豫极化,对介电常数没有贡献.

总的来说,弛豫极化中质点需要克服一定的势垒才能移动,因此这种极化建立的时间较长,并且需要吸收一定的能量,所以这种极化是一种不可逆的过程.弛豫极化带电质点在热运动中移动的距离有分子大小,甚至更大.这种极化多发生在晶体缺陷处或玻璃体内.

3. 电偶极子取向极化

电偶极子取向极化主要发生在极性分子介质中.具有固有电偶极矩(简称电矩)(μ_0)的分子称为极性分子.极性分子在无外电场时就有一定的电偶极矩,但因热运动影响,电偶极矩的取向在各方向上概率相同,故无外电场时宏观电偶极矩为零,如图 2.3(a)所示.有外加电场时,为降低体系能量,电偶极子有沿着外电场方向排列的趋势,但同时电偶极子也受到热扰动的影响,材料中电偶极子最终呈现的状态是二者平衡的结果.整体来看,取向极化是电偶极子在外电场作用下受到转矩作用,最终沿电场方向产生极化,形成宏观电偶极矩的物理过程,如图 2.3(b)所示.在温度不太低、电场不太高的情况下,取向极化的极化率(α_d)为

$$\alpha_d = \frac{\mu_0^2}{3kT} \tag{2-4}$$

其中,μ_0 为分子的固有电偶极矩大小;k 为玻尔兹曼常量;T 为热力学温度.电偶极子取向极化的极化率通常比电子位移极化率高两个量级.温度是影响电偶极子取向极化的重要因素,电偶极子取向极化主要反映在电场作用下电偶极子的定向排列情况.这种极化所需时间较长,约为 $10^{-2} \sim 10^{-10}$s,因此,介电常数与电场频率之间存在较大关系.当电场频率很高时,电偶极子来不及转动,因而极化率较低,对应介

电常数也较低. 另外, 这种极化是非弹性的, 外加电场撤掉后, 电偶极子不能恢复原状, 在极化过程中要消耗能量.

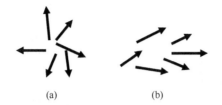

图 2.3 无电场 (a) 与有电场 (电场方向水平向右) (b) 情况下电偶极子取向极化示意图
(电偶极子用箭头表示)

4. 空间电荷极化

空间电荷极化是一种通常出现在非均匀介质中的极化方式. 例如离子多晶体, 其中往往存在晶界、相界、晶格畸变、杂质、气泡等缺陷区, 在这些区域通常存在空间电荷. 无外电场时, 这些电荷混乱分布. 在外电场作用下, 由电场力驱动这些电荷趋向于有序化, 带正电的电荷沿着电场线方向移动, 而带负电的电荷趋于电场线反方向运动, 在障碍处, 自由电荷积聚, 形成空间电荷极化, 也称界面极化, 如图 2.4 所示. 由于空间电荷在界面处的积累, 会形成与外电场方向相反的很大电场, 因此这种极化又称高压式极化. 空间电荷极化所需时间较长, 约为几秒到数十分钟, 甚至数十小时, 其响应频率处于直流或低频区, 因此对低频下的介电性质有影响. 空间电荷极化随温度升高而下降, 因为温度升高, 电荷运动加剧, 扩散容易, 因而空间电荷减少.

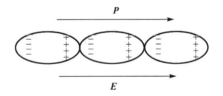

图 2.4 空间电荷极化示意图

5. 自发极化

自发极化是一种特殊的极化方式, 在一定温度范围内, 单位晶胞内正负电荷中心不重合, 形成电偶极矩, 出现极化. 这种极化不由外加电场引起, 而是由晶体的内部结构造成. 在此类晶体中, 每个晶胞内都存在固有电矩, 此类晶体称为极性晶体. 自发极化现象通常发生在一些具有特殊结构的晶体中, 如铌酸锂、钛酸钡、钛酸铅等. 其中, 铌酸锂是一种典型的光电晶体, 国内南开大学围绕通信、激光、国防等领域对高光学均匀性、高抗光损伤、高温度适用性光学级铌酸锂晶体的需求, 在铌酸锂晶体制备、性能提升与应用方面做出了很多重要的工作.

电介质总的极化强度是各种微观机制作用的总和. 材料的组织结构影响极化机制. 电子极化、离子极化、电偶极子取向极化与材料原子种类和键合类型紧密相关,而空间电荷极化主要与材料中的面缺陷有关. 外加电场频率对极化影响很大, 每种微观极化机制是在不同时间量级内发生的, 只有在某个频率范围内才有显著的作用. 表 2.1 对各种微观极化机制进行了总结、比较.

表 2.1　各种极化形式比较

极化形式	极化的电介质种类	发生极化的频率范围	与温度的关系	能量消耗
电子位移极化	陶瓷介质	直流～光频	无关	无
离子位移极化	离子结构介质	直流～红外	温度升高, 极化增强	很弱
离子弛豫极化	弱束缚离子材料	直流～超高频	随温度变化有极大值	有
电子弛豫极化	高价金属氧化物	直流～超高频	随温度变化有极大值	有
电偶极子取向极化	极性介质	直流～超高频	随温度变化有极大值	有
空间电荷极化	结构不均匀的材料	直流～高频	随温度升高而减小	有
自发极化	铁电材料	直流～超高频	随温度变化有显著极大值	大

2.1.3　基本物理参数

1. 介电常数

对于理想平行平板电容器, 当两板间为真空时, 其静电容量 $C_0 = \varepsilon_0 S/d$, 其中 S 为极板面积; d 为两极板间的距离. 在此电容器上施加交变电压

$$U = U_0 e^{i\omega t} \tag{2-5}$$

其中, U_0 为振幅; ω 为交变电压的角频率.

平行平板电容器上的电荷量 $q = C_0 U$. 电容器中的电流为

$$I = \frac{dq}{dt} = i\omega C_0 U_0 e^{i\omega t} = i\omega C_0 U \tag{2-6}$$

可以看出, 电流与电压之间存在 90° 的相位差, 如图 2.5 所示.

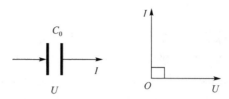

图 2.5　理想平行平板电容器电压与电流关系

对于充有介质的电容器, 若电介质的相对介电常数为 ε', 则电容量 $C = \varepsilon' C_0$. 在交变电压 U 的作用下, 极板上的电荷量 $q' = CU$, 流过电流为

$$I' = \frac{dq'}{dt} = i\omega \varepsilon' C_0 U_0 e^{i\omega t} = i\omega CU = \varepsilon' I \tag{2-7}$$

可以看出有介质时电流与电压的相位差仍为 90°，但是，需要指出的是，式(2-7)仅适用于理想绝缘且非极性电介质. 对于实际电介质，一般都会存在漏电和极化行为. 在这种情况下，通过电容器的电流与电压的相位差将不再为 90°，如图 2.6 所示. 取电压沿实轴方向，实验得到的电流在实轴和虚轴方向均有分量，可分别写为 $\omega\varepsilon'C_0U$ 和 $\omega\varepsilon''C_0U$，电流可表示为

$$I' = \frac{\mathrm{d}q'}{\mathrm{d}t} = \omega\varepsilon'C_0U + \mathrm{i}\omega\varepsilon''C_0U \tag{2-8}$$

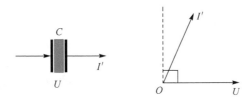

图 2.6　非理想介质平板电容器电压与电流的关系

在交变电场下，由于实际介质中存在漏导和极化现象，会产生能量损耗，为了与复电流形式匹配，介电响应需用复介电常数描述

$$\varepsilon^* = \varepsilon' - \mathrm{i}\varepsilon'' \tag{2-9}$$

其中，ε' 是复介电常数的实部，即通常所说的相对介电常数；ε'' 是复介电常数的虚部，是表示电介质损耗的特征参数，称为损耗因子. 一般而言，电介质在电场作用下极化能力越强，其相对介电常数越大.

2. 介质损耗

理想电容器中不存在能量消耗，然而实际电介质在电场作用下通常会消耗能量，例如，介质漏电流、缓慢极化都会消耗一部分能量，形成介质损耗. 从电工学角度理解，通常将电介质在电场作用下，单位时间内因发热而消耗的能量称为介质损耗. 介质损耗主要来源于极化损耗和漏导损耗. 在实际应用中，一般用损耗角正切(tanδ)表示电介质在交变电场下的损耗，其定义式为

$$\tan\delta = \frac{\varepsilon''}{\varepsilon'} \tag{2-10}$$

另外，损耗角正切的倒数定义为电介质的品质因数，用 Q 来表示

$$Q = \frac{1}{\tan\delta} \tag{2-11}$$

为了减少能量损耗，用于高频绝缘的电介质需要具有高的品质因数.

需要指出，介电常数并非常数，通常随频率和温度的变化而改变. 从前面了解

可以知道，不同极化方式建立并达到平衡时所需的特征时间不同，这个时间称为弛豫时间，一般用 τ 表示. 因此，在交变电场作用下，电介质的极化对外电场的频率具有显著依赖性. 物理学家德拜(Debye)给出了 ε'、ε''、$\tan\delta$ 与所加交变电场角频率的关系，即德拜方程

$$\varepsilon' = \varepsilon_\infty + \frac{\varepsilon_s - \varepsilon_\infty}{1 + \omega^2 \tau^2} \tag{2-12}$$

$$\varepsilon'' = \frac{\varepsilon_s - \varepsilon_\infty}{1 + \omega^2 \tau^2} \omega\tau \tag{2-13}$$

$$\tan\delta = \frac{\varepsilon_s - \varepsilon_\infty}{\varepsilon_s + \omega^2 \tau^2 \varepsilon_\infty} \omega\tau \tag{2-14}$$

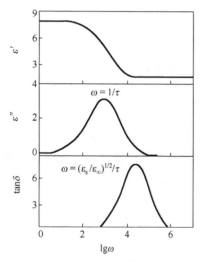

图 2.7　ε'、ε''、$\tan\delta$ 随 ω 的变化曲线

其中，ε_s 为低频或静态时的相对介电常数，ε_∞ 为高频($\omega \to \infty$)时的相对介电常数. 图 2.7 给出了德拜方程所描述的 ε'、ε''、$\tan\delta$ 随 ω 的变化关系. 从图 2.7 中可以看出，低频时，ε' 与频率无关；当 $\omega\tau = 1$ 时，损耗因子 ε'' 取极大值；$\tan\delta$ 也有极大值，但其位置对应的角频率为 $\omega = (\varepsilon_s / \varepsilon_\infty)^{1/2}/\tau$.

通常，介质损耗主要来源于漏导损耗和极化损耗. 当外电场频率很低时，电介质的各种极化都能跟上外电场信号变化，都对 ε' 有贡献，此时 ε' 最大，没有极化损耗，损耗主要来源于漏导. 当外电场频率增加，由于空间电荷极化、取向极化、弛豫极化等慢极化方式存在各自特定的响应时间，因而在某一频率之后开始跟不上外电场的变化，此时对介电常数贡献消失，ε' 下降. 另外，还会产生极化滞后，从而引起附加损耗. 若外电场频率进一步增加，会伴随有 ε''、$\tan\delta$ 损耗峰值接连出现. 当外电场频率极高时，弛豫时间长的极化机制不再对外加交变信号产生响应，此时无相应极化机制对介电常数产生贡献，ε'、ε''、$\tan\delta$ 数值都很低. 表 2.2 给出了一些电介质陶瓷材料的损耗角正切值.

表 2.2　一些电介质陶瓷材料的损耗角正切值

陶瓷材料		莫来石	刚玉	纯刚玉	钡长石	滑石	镁橄榄石
$\tan\delta/(\times 10^{-4})$	(293±5) K	30~40	3~5	1.0~1.5	2~4	7~8	3~4
	(353±5) K	50~60	4~8	1.0~1.5	4~6	8~10	5

随着现代信息技术的飞速发展，环境中存在的电磁辐射污染已成为一个不可忽视的问题. 在日常生活方面，电磁污染也会形成一些隐患. 例如，飞机场有时会出

现航班因电磁波干扰无法起飞而误点的事件. 利用电介质材料的介质损耗特征, 科学家正在研究开发能有效吸收电磁辐射的介质损耗型吸波材料.

另外, 对于电介质材料, 介电常数也会受到温度的显著影响, 而且不同介质材料可以呈现出极为不同的变化, 这往往决定了材料的实际应用领域.

3. 介电强度

在一定电场范围内, 电介质能正常工作, 处于介电状态. 当施加在电介质上的电场超过某一临界值时, 电介质失去绝缘性从介电状态转变为导电状态, 这种现象称为介电击穿. 电介质所能承受不被击穿的最大电场强度称为击穿场强, 即介电强度, 与之对应的电压称为击穿电压. 介电强度反映了材料在电场下保持绝缘状态的极限能力, 是表征材料绝缘性能的重要参数. 在电子工业中, 绝缘损坏是造成电力设备与系统事故的主要因素, 约占 70%. 材料的击穿场强受多种因素影响, 包括电极形状、材料表面状态、材料厚度、材料成分、孔隙度、环境温度、气氛、电场频率、电场波形、晶体各向异性、非晶态结构等. 中国工程院院士雷清泉教授在电介质击穿理论方面首次提出了一维纳元胞的概念, 使纳米电介质击穿理论取得了突破性进展.

固体电介质被击穿后通常会在材料中形成不能恢复的痕迹(如烧焦或熔化的路径、裂缝等), 撤掉外场后, 绝缘性能不会自行复原. 固体电介质击穿主要包括三种机理.

(1)电击穿: 这种击穿建立在碰撞电离的基础上, 介质中少量传导电子在外电场加速下得到能量, 若电子被晶格散射损失的能量低于加速过程得到的能量, 则电子持续积累的动能足以使介质内部产生碰撞电离, 诱导形成电子雪崩现象, 电导率急剧上升, 最后导致击穿. 电击穿过程非常快, 一般发生在 10^{-7}s 内. 电击穿所需电场强度较高, 约为 $10^3 \sim 10^4$kV/cm.

(2)热击穿: 外电场作用下, 固体电介质承受的电场强度虽不足以发生电击穿, 但由于漏导和极化等原因使介质内产生的热量大于散去的热量, 热量累积从而使介质温度不断上升, 丧失绝缘作用, 最终发生介质击穿, 形成导电通道. 热击穿是一个热量累积过程, 发生过程不如电击穿迅速. 热击穿电场强度较低, 约为 $10 \sim 100$kV/cm.

(3)电化学击穿: 在长期工作电场、温度作用下, 由于固体电介质内部发生局部放电、电化学反应等原因, 使材料绝缘性能劣化、电气强度逐步下降而引起击穿的现象.

2.2 低介电常数电介质陶瓷

低介电常数($\varepsilon' < 12$)电介质陶瓷通常用于制作电子设备和集成电路(IC)中的基片、绝缘器件、封装管壳、高频或大电流电容器、电真空陶瓷器件等, 发挥绝缘、

导热、固定、封装等功能，属于Ⅰ类高频陶瓷. 本部分重点介绍绝缘陶瓷和高热导率陶瓷两类电介质陶瓷材料.

2.2.1 绝缘陶瓷

按照化学组成和相成分不同，绝缘陶瓷主要包括镁质陶瓷、氧化铝陶瓷、莫来石陶瓷等. 现代绝缘陶瓷材料应具备：①满足使用技术要求的介电常数；②低的介质损耗；③高的电阻率(ρ)和高的介电强度；④良好的介电温度和频率特性；⑤优良的导热性能、机械强度、化学稳定性和热稳定性. 下面介绍几种典型的绝缘陶瓷材料.

1. 镁质陶瓷

镁质陶瓷是以含氧化镁(MgO)的铝硅酸盐为主晶相的陶瓷. 按照陶瓷的主晶相来分类，主要有四种：滑石陶瓷、镁橄榄石陶瓷、堇青石陶瓷及镁铝尖晶石陶瓷. 表2.3给出了不同主晶相镁质陶瓷的基本性能.

表2.3 不同主晶相镁质陶瓷的基本性能

镁质陶瓷	主晶相	化学式	晶系	$\tan\delta/(\times 10^{-4})$ (20℃, 1MHz)	ρ /$(\Omega\cdot cm)$	ε'	基本性质
滑石陶瓷	原顽辉石	$MgO\cdot SiO_2$	斜方	～3	～10^{14}	7	强度高，介质损耗小，热稳定性差
镁橄榄石陶瓷	镁橄榄石	$2MgO\cdot SiO_2$	斜方	1～3	～10^{14}	7	介质损耗小，热膨胀系数较高
堇青石陶瓷	堇青石	$2MgO\cdot 2Al_2O_3\cdot 5SiO_2$	斜方	～100	10^{11}～10^{12}	5	电性能差，热膨胀系数很低，约 1×10^{-7}，热稳定性好
镁铝尖晶石陶瓷	镁铝尖晶石	$MgO\cdot Al_2O_3$	立方	～3	～10^{14}	8	介质损耗小，热膨胀系数低，约 8×10^{-7}，莫氏硬度为9

1) 滑石陶瓷

滑石陶瓷是以原顽辉石(偏硅酸镁，$MgO\cdot SiO_2$)为主晶相的瓷料，原顽辉石占整体组分的65%以上，其余为玻璃相. 滑石陶瓷 ε' 较低，一般为6～7；$\tan\delta$ 小，波动区间为$(3\sim 20)\times 10^{-4}$；介电强度为 20～30kV/mm；电阻率高(10^{12}～$10^{14}\Omega\cdot cm$，100℃)；机械强度高，静态抗弯强度通常为 120～200MPa；化学稳定性好，具有较强的耐酸、耐碱、耐腐蚀性能. 滑石陶瓷的 ε' 随频率升高而降低，高频下随温度升高变化很小. 另外，在 1MHz 之前 $\tan\delta$ 随频率增加而降低，因此其用作高频瓷件具有优势.

滑石陶瓷一般以天然矿物滑石($3MgO\cdot 4SiO_2\cdot H_2O$)和黏土为主要原料经高温烧结而成. 为了改善陶瓷工艺与电性能，在实际生产中，还会加入一定量的膨润土、碳酸钡、碳酸钙、氧化锌或碱金属氧化物等. 采用天然矿物滑石，通过高温加热，

可生成 $MgO \cdot SiO_2$. 反应式为

$$3MgO \cdot 4SiO_2 \cdot H_2O \longrightarrow 3(MgO \cdot SiO_2) + SiO_2 + H_2O \tag{2-15}$$

滑石陶瓷组成通常处于 $MgO\text{-}Al_2O_3\text{-}SiO_2$ 三元系 $MgO \cdot SiO_2$ 与 SiO_2 的相界附近，而对于介质损耗性能要求较高的滑石陶瓷组成一般处于 $MgO \cdot SiO_2$ 与 $2MgO \cdot SiO_2$ 相界附近. 研究表明，在滑石陶瓷制备过程中引入 6%～10% 的 $BaCO_3$ 能有效降低瓷料的介质损耗，并提高绝缘电阻率. 然而，$BaCO_3$ 加入量过多则会导致玻璃相结构松弛，增大松弛损耗. 另外，还会使瓷料烧结范围变窄，不利于陶瓷烧结制备. 若用 $CaCO_3$ 替代少量 $BaCO_3$，则能达到降低烧结温度、扩大烧结范围、改善介电性能的效果，但 $CaCO_3$ 含量过高则会导致烧结过程晶粒发育过快，出现晶粒粗大，瓷料稳定性降低的弊端. 少量 ZnO 引入滑石陶瓷中，能扩展材料烧结范围，并且可以抑制晶粒过快生长，有利于形成细晶结构，防止瓷料老化. 碱金属氧化物的引入能明显降低液相出现的温度，扩展瓷料烧结范围，因此在制备大件滑石陶瓷产品时有时采用长石配料，但是碱金属氧化物的引入一定程度上会降低瓷料的介电性能.

滑石陶瓷生产中，若原料、配方或生产工艺控制不当，则会导致陶瓷在放置或使用过程中出现瓷体粉化、龟裂、强度下降、介电性能恶化的现象，称为"老化". 老化会对陶瓷的实际应用带来严重危害和损失. 老化主要源于主晶相原顽辉石晶型转化带来体积变化，从而在材料中产生应变和应力作用所致. 为防止老化，在生产中常采用以下措施：①玻璃相均匀包裹法. 滑石陶瓷中包含晶相和玻璃相，研究表明若在原顽辉石晶粒周围包裹一层具有较好化学稳定性的玻璃相，则有利于抑制其晶型转化；②细晶结构. 晶粒越大，晶型转化带来的应力或应变越大，也就越易破坏玻璃相的包裹和抑制作用，为防止老化，需要滑石陶瓷具有细晶结构；③固溶改性. 研究表明，引入少量(1%～2%) Mn^{2+}，置换 $MgSiO_3$ 中的 Mg^{2+} 形成固溶体能抑制晶型转变；④加快冷却速度. 1042～865℃温区是原顽辉石向顽火辉石或斜顽辉石转化趋向较大的区间，适当加快冷却速度，减少转化温度区的停留时间，这样可以避免玻璃析晶，发挥玻璃相抑制晶型转化的作用.

滑石陶瓷烧成温度通常在 1350～1370℃，范围相对较窄，制备要有严格的烧结程序. 首先，所用窑炉的类型和结构应保证炉膛内温度不均匀性要小. 另外，滑石陶瓷烧结程序的确定还应考虑产品的类型和大小、瓷料的配方以及配料是否经过预烧等，这些都是影响烧成温度和烧结程序的基本因素. 热压铸工艺是滑石陶瓷生产中广泛采用的成型工艺，对于一些形状简单的中小型滑石陶瓷产品，也可以利用干压成型工艺.

相对而言，滑石陶瓷介电性能优良，且具有抗漏电、高耐热性等特点，是一种价格低廉的高频瓷料，可用于高压高功率电容器、绝缘子、电容器支柱、瓷板、波段开关、电感线圈骨架、电子管座等.

2) 镁橄榄石陶瓷

镁橄榄石陶瓷也是 MgO 和 SiO$_2$ 的化合物，主晶相为正硅酸镁($2MgO \cdot SiO_2$)，晶体结构属于斜方晶系. 镁橄榄石陶瓷熔点为 1850℃，主晶相不存在多晶转变，因而没有老化问题，烧成相对容易.

由氧化物原料可直接合成镁橄榄石陶瓷，合成反应式为

$$2MgO + SiO_2 \xrightarrow{1800℃} 2MgO \cdot SiO_2 \tag{2-16}$$

以上采用工业纯氧化物材料合成所需温度较高. 镁橄榄石陶瓷生产主要采用天然滑石原料、菱镁矿或氧化镁原料，合成可在较低温度下进行. 这种合成方法分为以下几步. 首先，脱水后的天然矿物滑石煅烧生成偏硅酸镁和氧化硅，反应式为

$$3MgO \cdot 4SiO_2 \longrightarrow 3(MgO \cdot SiO_2) + SiO_2 \tag{2-17}$$

其次，继续加热，$MgO \cdot SiO_2$ 形成 $2MgO \cdot SiO_2$，滑石分解产生的游离 SiO$_2$ 和 MgO 也会反应生成 $2MgO \cdot SiO_2$，反应式分别为

$$3(MgO \cdot SiO_2) + 3MgO \longrightarrow 3(2MgO \cdot SiO_2) \tag{2-18}$$

$$SiO_2 + 2MgO \longrightarrow 2MgO \cdot SiO_2 \tag{2-19}$$

总反应式为

$$3MgO \cdot 4SiO_2 + 5MgO \longrightarrow 4(2MgO \cdot SiO_2) \tag{2-20}$$

采用滑石原料合成镁橄榄石，合成温度为 1100～1300℃时，滑石分解形成的偏硅酸镁化学活性最佳，容易与 MgO 反应，此时合成过程最为迅速.

镁橄榄石陶瓷的 tanδ 相比滑石陶瓷要低，且频率改变引起的 tanδ 变化相对较小，在微波区间 tanδ 也不增加. 另外，其绝缘性能较好，且在高温下性能仍然良好，当温度升高到 1000℃以上时，其电阻率仍能保持在 $10^6 \Omega \cdot cm$ 以上，电性能比滑石陶瓷优良. 镁橄榄石陶瓷热膨胀系数大，与某些玻璃、合金(如镍-铁合金)及金属钛相近，能与金属材料良好封接，因而广泛用于制造电真空器件. 但是，由于镁橄榄石陶瓷热膨胀系数高，其热稳定性相对较差.

镁橄榄石陶瓷烧成温度区间为 1250～1350℃，比滑石陶瓷宽，且坯料可塑性好，便于成型. 在实际生产中，为改善坯料加工性能、降低烧结温度，往往在配料中引入黏土或双硼酸钡($BaO \cdot 2B_2O_3$)、ZnO、BaCO$_3$、CaCO$_3$ 等辅助原料.

3) 堇青石陶瓷

堇青石陶瓷是 MgO、Al$_2$O$_3$ 和 SiO$_2$ 的化合物，主晶相为堇青石晶体($2MgO \cdot 2Al_2O_3 \cdot 5SiO_2$)，晶体结构属于斜方晶系. 采用氧化物原料在高温下可以合成堇青石晶体. 然而，实际工业生产中通常利用天然滑石、黏土、工业氧化铝等为原料. 堇青石形成的总反应式为

$$4(3MgO \cdot 4SiO_2) + 7(Al_2O_3 \cdot 2SiO_2) + 5Al_2O_3 \longrightarrow 6(2MgO \cdot 2Al_2O_3 \cdot 5SiO_2) \quad (2\text{-}21)$$

其中, 滑石和黏土采用的是脱水后的产物. 在实际生产中还会存在滑石和莫来石相, 对应的反应式为

$$3MgO \cdot 4SiO_2 + 2(Al_2O_3 \cdot 2SiO_2) + 3Al_2O_3 \longrightarrow$$
$$2MgO \cdot 2Al_2O_3 \cdot 5SiO_2 + MgO \cdot SiO_2 + 3Al_2O_3 \cdot 2SiO_2 \quad (2\text{-}22)$$

董青石陶瓷中董青石晶体含量约为 80%, 其余为滑石、莫来石和玻璃相. 对于董青石陶瓷, 烧结温度在 1300~1410℃时, 瓷料生成速度很慢, 当温度达到 1450℃时, 它就熔化分解为莫来石和玻璃体. 与滑石陶瓷类似, 董青石陶瓷烧结温度范围较窄, 烧结温度与分解温度太靠近, 因此难以烧结致密, 这给实际生产造成很大困难. 通常在董青石陶瓷配方中加入钾长石、ZrO_2、$BaCO_3$、$MgCO_3$、$PbSiO_3$、$ZrSiO_3$、B_2O_3、绿泥石、透锂长石、锂辉石等来降低烧结温度、扩大烧结范围.

董青石陶瓷晶体结构中离子排列不紧密, 晶格中存在较大间隙, 故董青石陶瓷电性能较差, 损耗较高, 在高频领域应用较少. 然而, 董青石陶瓷热膨胀系数较低, 室温到 700℃区间线膨胀系数为 $(1\sim2)\times10^{-6}/℃$, 具有良好的耐热冲击性能. 因此, 对于介电性能要求不高、但需耐热冲击的器件, 如加热器底板、热电偶绝缘瓷件等, 董青石陶瓷存在广泛应用.

4) 镁铝尖晶石陶瓷

镁铝尖晶石陶瓷是 MgO 和 Al_2O_3 的化合物, 主晶相为镁铝尖晶石晶体 ($MgO \cdot Al_2O_3$), 晶体结构属于立方晶系. ε'约为 8, 损耗较低, 1 MHz 下 $\tan\delta$ 为 $(3\sim8)\times10^{-4}$, 质量密度为 $2.7\sim3.6 g/cm^3$, 线膨胀系数为 $(5.93\sim8.00)\times10^{-6}/℃$.

由于瓷料理论组成点与最低共熔点比较靠近, 因此烧成困难. 通常先合成尖晶石熔块, 以熔块为主要成分, 再添加少量黏土及 B_2O_3、CaF_2、SiO_2、Cr_2O_3 等辅助原料, 可有效降低烧结温度. 镁铝尖晶石熔块的烧结温度为 1450~1600℃, 瓷料烧结温度约为 1360℃.

与滑石陶瓷相比, 镁铝尖晶石陶瓷是一种损耗相对较低, 而介电常数稍高, 且化学稳定性优良的电介质陶瓷材料. 在电子工业中可用于制备低压高频电容器、感应线圈骨架及电子管插座等.

2. 氧化铝陶瓷

氧化铝陶瓷研制最早起源于德国, Siemens 和 Halsaka 公司在 20 世纪 30 年代成功研制了氧化铝火花塞, 随后, 各国相继开展氧化铝陶瓷研究, 如美国通用电气公司 (GE)、日本特殊陶业株式会社 (NGK) 等. 20 世纪 50 年代, GE 公司研究人员科伯 (Coble) 首次合成了透明氧化铝陶瓷. 20 世纪 70 年代, 罗西 (Rossi) 和布克什 (Buke) 通过烧结助剂的引入优化了氧化铝陶瓷的致密度.

Al₂O₃晶型较多，有12种同质多晶变体，分别为 α、β、γ、δ、ε、ζ、η、θ、κ、λ、ρ 及无定形态，其中 α、β、γ 在实际中应用较多. 由于结构差异，α、β、γ 三种 Al₂O₃的性质相差较大. α-Al₂O₃属于三方晶系，其结构最紧密、化学活性低、高温稳定性好、电学性能优良、机械性能优异. β-Al₂O₃不是一种纯 Al₂O₃的形态，而是 Al₂O₃含量很高的多铝酸盐，含有一定量的碱金属和碱土金属氧化物，呈现离子型导电特性. γ-Al₂O₃属于尖晶石型立方结构，优点是比表面积大、化学活性强，改性后是一种优良的吸附材料. 缺点是高温下不稳定，加热至 1200℃会转变为 α-Al₂O₃.

氧化铝陶瓷是一种以 α-Al₂O₃为主晶相的瓷料，此种陶瓷研究较早，是目前产量最大、应用最广的瓷料之一. 工程应用中 Al₂O₃含量一般在 75%～99.9%之间. 根据 Al₂O₃含量不同可分为"75""85""90""95""99"瓷等. 以"99"瓷为例，是指 Al₂O₃含量为99%的瓷料. Al₂O₃含量在 85%以上的陶瓷通常称为高铝陶瓷，含量在 99%以上的称为刚玉陶瓷.

1) 氧化铝陶瓷性能

氧化铝陶瓷具有很高的机械强度，且高铝陶瓷尤为突出；击穿场强和绝缘电阻率高，常温下分别为 15kV/mm 和 $10^{15}\Omega\cdot cm$；ε'一般在 8～10 之间，介质损耗小，尤其是刚玉陶瓷，频率高达 10^{10}Hz 时，$\tan\delta$ 小于 10^{-4}；电性能稳定，受温度和频率的影响较小. 图 2.8 给出了高铝陶瓷与 BeO 陶瓷的 ε' 和 $\tan\delta$ 随频率的变化曲线.

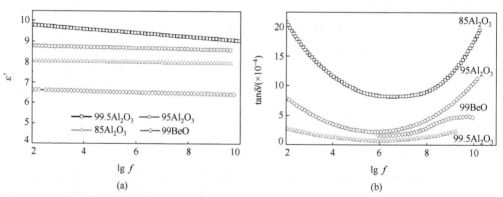

图 2.8　高铝陶瓷与 BeO 陶瓷的 ε' (a) 与 $\tan\delta$(b)随频率的变化曲线(b)

氧化铝陶瓷具有良好的导热性，对于"95"瓷而言，室温热导率为 21W/(m·K)，比滑石陶瓷要高一个量级左右. 然而，随着现代电子工业的快速发展，对 IC 陶瓷封装管壳、陶瓷基片、电真空器件的热导率提出了更高要求，氧化铝陶瓷已无法满足，需要更高热导率的材料.

2) 着色氧化铝陶瓷

着色氧化铝陶瓷一般是在配料中引入一定量的着色氧化物，高温烧结后，瓷料呈现特定的颜色，从而满足工业使用要求. 常见的有红紫色和黑色氧化铝陶瓷. 光敏性是半导体五大特性(光敏性、热敏性、掺杂性、整流特性与负电阻率温度特性)之一,因此半导体 IC 也会展现光敏性,为了避免光照对 IC 造成不利影响,通常需要黑色氧化铝进行封装. 另外,数码管衬板也需要使用黑色氧化铝陶瓷,以保证数码显示清晰. 黑色氧化铝是电子工业中广泛使用的瓷料.

国内外制备黑色氧化铝陶瓷的方法主要有两种,分别是一次合成法与二次合成法. 一次合成法是把氧化铝、着色氧化物、助熔剂按特定化学配比直接混合,经高温处理合成黑色氧化铝陶瓷. 例如,按照化学配比称取 Al_2O_3、滑石、Fe_2O_3、CoO、NiO、MnO_2 等原料,利用球磨混合、烘干、过筛、干燥、造粒、压片、烧结等环节来制备成品. 二次合成法是先用一些金属氧化物制备黑色色料,然后把黑色色料、氧化铝、助熔剂按照化学配比混合,经高温处理来制备黑色氧化铝陶瓷. 例如,根据化学配比称取 Fe_2O_3、CoO、NiO、MnO_2,经高温煅烧,制备 Fo-Co-Ni-Mn 系黑色色料;然后按照一定配比称量氧化铝、黑色色料、滑石等原料,经球磨混合、烘干、过筛、干燥、造粒、压片、烧结等环节制备成品. 我国在黑色色料开发与应用上具有较高水平,发展了很多具有实用价值的材料系统,如 Fe-Cr-Co、Fe-Cr-Co-Mn 系列黑色色料.

这里对黑色氧化铝陶瓷呈色机理进行说明. 人眼辨识的物体颜色源于表面反射的可见光,如果物质对可见光范围的电磁波全部吸收,就会呈现黑色. 过渡金属氧化物是通常使用的氧化铝陶瓷着色剂. 过渡金属离子最外电子层为 d 轨道,属于非球形对称形状,在晶体场影响下,d 轨道对应能级会产生劈裂,形成不同能级,电子在不同能级之间跃迁对应的能量介于 $1\sim4eV$ 之间,与一定波长的可见光对应,因此会使物质呈现特定的颜色. 调整氧化铝陶瓷配方中着色剂的比例,可控制瓷料对可见光的整体吸收,进而获得黑色氧化铝陶瓷. 另外,着色效果还跟过渡金属离子价态和配位环境有关. 黑色氧化铝陶瓷中着色剂可能存在的方式有三种:一是与 α-Al_2O_3 的晶格形成固溶体;二是溶于晶界玻璃相;三是与各种着色氧化物作用形成尖晶石相,这种相的结构和化学稳定性都很好,而且着色剂金属离子价态和配位环境也很稳定,呈色稳定性效果最好.

3) 氧化铝陶瓷烧结

虽然氧化铝陶瓷具有很多优良性能,但其烧结温度很高. 例如,高铝陶瓷烧结温度一般在 1600℃以上,而"99"陶瓷能到 1800℃. 高烧结温度往往会使晶粒迅速生长,或出现异常长大,造成结构不致密或气孔不能完全排除,最终会导致材料性能恶化. 另外,烧结温度太高除了增加能源和设备成本外,也会造成一些辅助原料或着色剂挥发,对材料性能产生不好的影响. 因此,降低氧化铝陶瓷烧结温度是一个重要的研究方向,下面给出了几种途径.

(1)减小颗粒粒径. 氧化铝具有较大的晶格能和较稳定的结构状态,质点迁移需要的激活能较大,即化学活性较低,因此通常难以烧结. 烧结是基于表面张力作用下物质的迁移而实现. 若烧结过程采用粒径小、比表面积大、化学活性高的超细粉料,则能有效降低瓷料烧结温度. 表 2.4 给出了氧化铝颗粒尺寸与烧结温度的对应关系. 研究表明,若颗粒粒径降到 20nm 以下,氧化铝陶瓷烧结温度则能降低到 1000℃ 以下,陶瓷晶粒尺寸能减小到 100nm 以下.

表 2.4　氧化铝颗粒尺寸与烧结温度的关系(烧结扩散活化能为 418 kJ/mol)

颗粒直径/μm		0.30	0.10	0.08	0.06	0.04	0.02	0.01	0.005
烧结温度/℃	晶格扩散	1381	1223	1194	1159	1112	1038	972	913
	晶界扩散	1345	1148	1114	1072	1018	934	860	795

(2)特殊烧结工艺. 目前通常采用的低温烧结工艺主要有热压烧结、热等静压烧结、放电等离子体烧结、微波等离子体烧结和微波加热烧结等, 这些方法能有效降低氧化铝陶瓷的烧结温度.

(3)加入烧结助剂. 烧结是利用加热使陶瓷粉体形成微观尺度的颗粒黏结、经物质迁移使粉体产生强度并达到致密化和再结晶的过程. 加入烧结助剂促进烧结的机理可从两方面考虑. 首先, 考虑活化晶格, 降低烧结激活能. 这可以通过烧结助剂掺杂来破坏稳定的氧化铝晶格结构, 在晶体中产生缺陷或者晶格畸变来实现. 其次, 主要从加速扩散过程来考虑. 通过引入烧结助剂在体系中形成高温液相, 利用表面张力作用产生颗粒黏结并填充气孔, 同时通过"溶解-沉淀"机理, 经过液相传质过程使溶解的小晶粒逐渐在大晶粒表面沉积, 达到促进烧结的效果. 常用的烧结助剂有 MgO、CaO、SiO_2、Cr_2O_3、TiO_2、La_2O_3、Y_2O_3 等. 目前, 在"99"和"97"陶瓷的工业生产中, MgO 是经常采用的添加剂.

以上三种途径, 第一种途径往往需要不同的预处理过程, 工艺复杂、原料成本相对较高; 第二种途径对设备要求高, 而且难于控制烧结体形状, 在没有烧结助剂的情况下所制备的瓷料性能不好; 与前面两种途径相比, 烧结助剂法成本低、工艺简单、效果好, 而且对瓷料改性的空间也大, 是目前广泛采用的一种低温烧结氧化铝陶瓷工艺.

4)氧化铝陶瓷应用

在现代工程技术领域, 氧化铝陶瓷具有广泛应用.

机械领域: 基于高抗弯强度、高莫氏硬度(9 级)和良好抗磨损性, 氧化铝陶瓷可用于制备刀具、磨轮、球阀、轴承和陶瓷钉等, 其中工业用阀和陶瓷刀具应用最广.

电子电力领域: 用于制备 IC 陶瓷封装管壳、各种陶瓷基片、真空电容器陶瓷管壳、大功率栅控金属陶瓷管、微波管的陶瓷管壳、微波管输能窗的陶瓷组件、陶瓷膜、透明陶瓷以及各种电绝缘瓷件等, 其中透明陶瓷、电绝缘瓷件和基片应用最为广泛. 对氧化铝陶瓷而言纯度越高, 烧结温度也越高. 为了节约生产成本, 国内外通常采用 75%~95%瓷料制作 IC 基片、陶瓷管壳、绝缘瓷件等.

医学领域：鉴于氧化铝陶瓷良好的生物惰性、生物相容性、理化稳定性、高硬度、高耐磨性等特征，被认为是制备人体骨件的理想材料，可用于制备人工骨、人工关节、人工牙齿等.

航空航天领域：氧化铝基纤维具有耐高温、耐腐蚀、抗氧化、高强度等多种性能，可制成高温耐热纤维，用作航天飞机隔热瓦和柔性隔热材料等. 氧化铝基纤维还可用来增强金属基和陶瓷基复合材料的硬度，在超声速喷气式飞机中的喷管及火箭发动机垫圈中应用.

3. 莫来石陶瓷

莫来石陶瓷是指主晶相为莫来石的一类陶瓷. 莫来石化学成分为 $3Al_2O_3 \cdot 2SiO_2$，表 2.5 给出了莫来石陶瓷晶体的结构属性. 莫来石属于斜方晶系，其晶体结构是由硅氧四面体(SiO_4)和铝氧四面体(AlO_4)沿 c 轴无序排列组成双链，双链间由铝氧八面体(AlO_6)连接而成，AlO_6 在整个结构中起骨架支撑作用. 莫来石陶瓷的主要性能在表 2.6 中给出. 莫来石陶瓷拥有抗氧化、耐高温、抗蠕变、热膨胀系数低、热导率低、弹性模量低、电绝缘性强、高温机械强度不衰减、化学稳定性好、成本低等优点，广泛应用于电子、电力、冶金、化工、石油、国防等工业领域.

表 2.5　莫来石($3Al_2O_3 \cdot 2SiO_2$)陶瓷晶体的结构属性

晶系	晶胞参数/nm			单胞体积/nm³	理论密度/(g/cm³)	双折率	折射率
	a	b	c				
斜方	7.584(3×10^{-4})	7.693(3×10^{-4})	2.890(2×10^{-4})	168.1(2.0)	3.20	0.012	1.65

表 2.6　莫来石陶瓷的主要性能

熔点/℃	相对介电常数	绝缘电阻率/(Ω·cm)	热膨胀系数/(10^{-6}/℃)	热导率/[W/(m·K)]	泊松比	弹性模量/GPa	莫氏硬度
1830	6.4~7.3	>10^{13}	4.4~5.6	3.89~6.07	0.28	220	7.5

1) 分类

莫来石陶瓷可分为两种，分别为普通莫来石陶瓷和高纯莫来石陶瓷.

普通莫来石陶瓷制备，所用主要原料为铝硅酸盐系天然矿物，可通过高温过程中的反应烧结法使之莫来石化或者先合成莫来石后再成型、烧结而制备. 由于天然矿物纯度低，杂质含量高，普通莫来石陶瓷组分中除了 Al_2O_3 和 SiO_2 基本成分外，一般还含有 Fe_2O_3、TiO_2、MgO、K_2O、Na_2O、CaO 等杂质，对应形成一些玻璃相，这导致材料力学、热学性能变差. 工业上，普通莫来石陶瓷一般只能用于对温度和高温强度要求不高的场合.

高纯莫来石陶瓷可利用高纯 Al_2O_3 和 SiO_2 原料进行反应烧结制备，也可采用合成的高纯莫来石粉末直接热压烧结制备. 高纯莫来石陶瓷具有热震稳定性好、高温蠕变值小、膨胀均匀、硬度大、抗化学腐蚀性好、荷重软化点高等特点, 是一种优良的耐火原料. 对于一些高性能的高纯莫来石陶瓷, 在 1300℃时抗弯强度能达570MPa, 断裂韧性能达 5.7MPa, 均比常温高 1.6 倍左右. 高纯莫来石陶瓷强度和韧性随温度升高不降反升的特性使其特别适合用于高温领域.

2) 应用

电子封装材料: 微电子封装材料是支撑现代微电子高新技术发展的关键介质. 随着 IC 快速发展, 计算机系统对高性能封装要求越来越高, 陶瓷基片面临新的需求. 由于较低的介电常数、热膨胀系数和良好的电气绝缘性能, 莫来石在电子封装材料方面被广泛应用, 在快速电路中取代氧化铝封装管壳和基板, 能使信号传输延时下降 17%~20%. 与硅半导体相比, 莫来石热膨胀系数稍高, 为了提高两者热匹配性, 可引入玻璃或膨胀系数较低的陶瓷瓷料(董青石或锂辉石)与莫来石形成复合材料. 日本玻璃生产公司正是利用这一技术合成了承载半导体器件和电阻的莫来石玻璃陶瓷材料. 日本日立公司开发的超级计算机中就应用了这种莫来石玻璃陶瓷材料. 另外, 黑色莫来石陶瓷在光电子器件中也有广泛应用.

光学材料: 由于化学性能稳定、抗热震性能好、高温强度高以及良好的中红外透波性能, 莫来石材料在高温光学窗口方面具有独特应用, 广泛用于高温条件下受到机械应力以及化学侵蚀性高、条件较为苛刻的恶劣环境. 另外, 莫来石材料也可以用于制作激光晶体, 而且以莫来石为基质, 引入激活离子还能得到性能优良的发光材料.

耐火材料: 高纯莫来石耐火材料可用作高温炉前膛, 还可用于各种窑炉(鼓风炉、熔炉窑、炽热铁浇槽及连续铸炉等)的内衬. 在冶金工业中, 还可用于制作热风炉砖和窑具砖. 另外, 由于良好的气密性和抗腐蚀性, 莫来石陶瓷也常用于热电偶管、高温保护管和坩埚等耐热材料方面.

2.2.2 高热导率陶瓷

1. 简介

近年来, 高密度、多功能、快速化和大功率电子元器件的应用, 极大提升了民用、军用电子设备的性能, 与此同时, 对 IC 和基片间散热提出了越来越高的要求. 统计研究表明, 导致电子设备失效的原因中, 热、振动、湿度和尘埃分别占比 55%、20%、19%和 6%. 可以看出, 热是影响电子设备稳定性的重要因素, 要从根本上解决该问题需用到高热导率材料. 热导率在 200W/(m·K) 以上的材料称为高热导率材料. 几种典型的高热导率材料的晶体结构和热导率在表 2.7 中给出.

固体材料导热主要存在两种基本形式. 一种以金属材料为代表, 主要通过自由电子的运动来迅速实现热量的交换. 由于金属中电子浓度较高, 且电子质量小, 因

表 2.7　典型高热导率材料的晶体结构和热导率(300K)

材料	晶体结构	热导率/[W/(m·K)]
金刚石	金刚石	2000
石墨	石墨(层状)	2000(垂直于 c 轴)
BeO	纤锌矿	370
AlN	纤锌矿	200(320)
BN(立方)	闪锌矿	(1300)
BN(六方)	类石墨(层状)	200(垂直于 c 轴)
SiC	闪锌矿	490
Cu	立方密堆积	400
Al	立方密堆积	240

注：表中的数值对于纤锌矿结构的晶体(BeO 和 AlN)为沿 c 轴及 a 轴方向的平均值，括号内的数值为估计值.

此金属材料传热较快，热导率也较高. 但是，由于金属材料导电，因而不适合于制作 IC 基片. 另一种是电绝缘介质材料，由于其内电子很少，主要是通过晶格振动的格波(声子)来实现热交换. 温度高的区域晶格振动剧烈对应声子浓度高，因而会向温度低、声子浓度低的区域扩散，这个过程即伴随着热量的传递. 由于很好的绝缘特性，具有高热导率的电绝缘介质广泛用于电子电路中. 需要指出的是，由于实际材料结构的非完整性和基元热振动，声子传播过程通常会受到偏转和散射，从而使热导率降低.

固体材料导热性质是其组成和结构的反映，研究表明高热导率无机非金属晶体具有以下结构特点.

(1)结合键为共价键，一般键能较大. 由于共价结合比较牢固，且具有方向性，这会对晶体结构基元热起伏起到较好的限制作用，从而降低声子散射，提高热导性能.

(2)结构基元种类较少，相对原子质量或平均相对原子质量较小. 结构基元种类增多及基元质量增大会使声子被散射效应增强，因此会降低热导率.

(3)各向异性. 对于层状结构晶体，若层内为结合较强的共价键，层间为结合较弱的结合键，则该类材料的热导率通常会展现出各向异性，即层内热导率数值高于垂直于层面方向的数值.

综合来看，无机非金属高热导率晶体是由相对原子质量较小的元素构成的共价键或共价键较强的单质晶体和一些二元化合物晶体材料. 金刚石和石墨均具有很好的导热性能，但金刚石稀有，价格昂贵，而石墨不绝缘，不能作为电介质使用. 对于陶瓷材料，气孔、杂质、晶界及其他结构缺陷，均会对声子传播产生干扰，从而恶化热导性能. 因此，高热导率陶瓷制备中，应使用高纯原料并优化制备工艺，严格控制缺陷，保证材料具有尽可能高的热导率. 下面简单介绍一些典型的高热导率陶瓷材料.

2. BeO 陶瓷

BeO 晶体结构为六方纤锌矿结构，原子堆积密集，Be、O 原子之间距离小，共价键强，平均相对原子质量小，仅为 12，呈现极高的热导率. 1971 年，科学家计算出 BeO 大单晶的热导率最高可达 370W/(m·K). 研究表明，高纯度(>99%)、高密度(>99%)的 BeO 陶瓷热导率可达 310W/(m·K)，比 Al$_2$O$_3$ 陶瓷高一个量级. 由于共价键较强，BeO 熔点高达 2570℃，纯 BeO 陶瓷烧结温度一般大于 1900℃. 为了降低烧结温度，适应规模生产，可在其中加入 Al$_2$O$_3$、MgO、SiO$_2$ 等助烧剂，但是助烧剂的引入会不同程度地降低材料的热导率. 对 BeO 陶瓷而言，其生产工艺成熟，可进行大规模化生产，且该类瓷料原料丰富、成本低，与其他高热导率瓷料相比，性价比较高. BeO 陶瓷可利用传统的陶瓷合成工艺进行备料、成型和烧结. 然而，BeO 有高毒性，对人体危害较大，合成中应加强防护. 表 2.8 给出了中国、日本和美国生产的部分 BeO 陶瓷的物理性能.

表 2.8 BeO 陶瓷的物理性能

主要性能	中国		日本		美国	
	95	99	K-99	K-99.5	BD-98.0	BD-99.5
BeO 含量/%	95	99	99	99.5	98.0	99.5
密度/(g/cm^3)		2.9	2.9	2.9	2.85	2.85
抗折强度/(N/mm^2)	12～18	>14	19	19	19	21
室温热导率/[W/(m·K)]			243	255	205	251
100℃热导率/[W/(m·K)]	126～142	167	184	193		188
室温电阻率/(Ω·cm)			>10^{13}	>10^{13}	>10^{13}	>10^{13}
100℃电阻率/(Ω·cm)	10^{11}～10^{12}		>10^{13}	>10^{13}		
300℃电阻率/(Ω·cm)			10^{13}	10^{13}	10^{13}	10^{13}
介电强度/(MV/m)	15～23		14	14	14	14
1MHz 相对介电常数(室温)	5.6～7		6.8	7.1	6.5	6.7
1GHz 相对介电常数(室温)		5.7 (300MHz)	6.5	6.5		
tanδ×10^4(室温，1MHz)	2～4	3.5～6	5	2	1	3

BeO 陶瓷具有优异热、机、电性能，是一种非常重要的功能材料. BeO 陶瓷在室温附近的热导率很高，但随温度升高，热导率衰减迅速，到 1000℃时，其热导率仅有室温时的十分之一，因此其适用于在室温附近工作的电子整机中的绝缘陶瓷散热部件. 由于较高的抗折强度和良好的介电性能，以及耐急冷和急热性好，BeO 陶瓷也被广泛用于航空航天领域. 例如，在航空电子技术转换电路中，以及飞机和卫星通信系统中广泛用 BeO 来作封装配件和托架部件. 另外，利用 BeO 陶瓷高的耐热

冲击性，也可以在喷气式飞机导火管中使用.

BeO 陶瓷的高热导和低损耗特性是其他材料难以替代的. 美国(布鲁布·威尔曼公司)、英国(古德费罗集团)、哈萨克斯坦(乌尔宾斯基冶金工厂)在 BeO 陶瓷生产方面具备较好的生产技术、较高的产量，且产品性能较好. 由于 BeO 陶瓷在航空航天及军事装备应用中的不可替代性，其市场需求逐年增加. 宜宾红星电子有限公司(原国营 799 厂)是国内最早研制和生产 BeO 陶瓷的专业厂家，生产能力和技术水平在国内处于领先地位. 近年来，该公司从美国引进了 BeO 陶瓷基础生产技术，经过与电子科技大学的联合攻关，通过消化吸收并进行国产化，从而形成了一套具有自主创新与知识产权的生产技术，所得产品某些性能指标已接近或超过美国标准. 另外，上海飞星特种陶瓷厂对 BeO 陶瓷精细加工，具有独特的专业技术，产品用于航空航天、雷达、导弹、行波管、发射管及其他高科技领域.

3. AlN 陶瓷

AlN 陶瓷属于六方纤锌矿结构，是Ⅲ-Ⅴ族化合物，结构单元为 AlN_4 四面体，即一个 Al 原子周围有四个 N 原子. 其空间群为 $P6_3mc$，晶格常数 $a=0.3110nm$，$c=0.4978nm$. Al、N 原子之间距离较小，Al—N 共价键较强，平均相对原子质量为 20.49.

AlN 主要性能如下：

(1)热学性能. AlN 理论热导率可达 320W/(m·K)，实际制备的 AlN 陶瓷热导率介于 100～200W/(m·K)，而 AlN 单晶的热导率接近 320W/(m·K). AlN 陶瓷室温热导率是氧化铝陶瓷的 5～10 倍. 当温度高于 100℃时，AlN 的热导率开始高于 BeO，如图 2.9 所示. 在 25～400℃区间，AlN 的热膨胀系数为 $3.5×10^{-6}K^{-1}$，与半导体硅的热膨胀系数($4.4×10^{-6}K^{-1}$)相近. AlN 陶瓷是目前应用较多的一类高热导率材料.

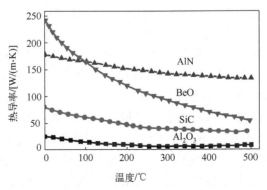

图 2.9　几种典型陶瓷材料热导率与温度的关系

(2)电学性能. 室温下，AlN 陶瓷具有优良绝缘性能，电阻率高于 10^{14} Ω·cm，击穿场强为 15kV/mm；1MHz 下，ε'约为 8.9，$tan\delta$ 为 $(3～10)×10^{-4}$，与氧化铝陶瓷相近.

(3)力学性能. 室温下, AlN 陶瓷的硬度能到 12GPa, 杨氏模量为 308GPa, 抗弯强度为 300MPa. 随温度上升, 强度缓慢下降, 1300℃的强度比室温强度降低约 20%, 比 Si_3N_4 和氧化铝具有更好的高温保持性.

(4)化学性能. AlN 陶瓷高温抗腐蚀能力强, 可不被多种金属(铜、铝、铅、银、镍等)浸润, 且能在一些化合物(如砷化镓)的熔盐中稳定存在; AlN 陶瓷吸湿性强, 易与空气中的水蒸气反应; AlN 在空气中的初始氧化温度介于 700~800℃区间; 在 2000℃以内高温非氧化气氛中热稳定性较好, 2400℃时 AlN 会发生热分解.

AlN 粉末主要由两种方法制备, 分别是直接氮化法和碳热还原法. 直接氮化法可通过高纯铝粉在适当温度下通氮气直接氮化合成, 也可以在氮气中由超纯铝电极间产生直流电弧来合成. 碳热还原法是将高纯氧化铝细粉与炭黑粉末均匀混合, 再经烘干、过筛, 使干粉充分混匀, 然后在流动的氮气中高温氮化, 从而合成 AlN 粉末, 最后经脱碳处理得到纯净的 AlN 粉末.

AlN 陶瓷熔点很高, 通过传统烧结方法很难制备高质量陶瓷, 一般需要加入辅助原料来促进烧结. 常用的辅助原料有 $CaCO_3$、Y_2O_3、CaF_2、YF_3 等. 中国、日本、德国、美国等对通过引入助烧剂来合成高热导率 AlN 陶瓷进行了大量研究, 并且制备出 200W/(m·K)左右的高导热 AlN 陶瓷. 然而, 由于 AlN 陶瓷烧结时间长、温度高、高品质粉体价格贵等原因, 该类瓷料制作成本相对较高.

由于良好的热、电、力和化学性能, AlN 陶瓷在 IC、激光器、电力电子模块、磁流体发电、光发射二极管、激光二极管等领域均有广泛应用, 特别是 AlN 陶瓷热膨胀系数与硅半导体相近, 也是一种十分理想的半导体封装用基板材料.

4. BN 陶瓷

一百多年前, BN 在贝尔曼的实验室最先被发现, 20 世纪 50 年代后期该材料得到广泛研究. BN 的相对分子质量为 24.81, 由 43.6%的 B 和 56.4%的 N 组成, 理论密度为 2.27g/cm³. BN 有 5 种异构体, 分别为六方氮化硼(H-BN)、立方氮化硼(C-BN)、纤锌矿氮化硼(W-BN)、三方氮化硼(R-BN)和斜方氮化硼(O-BN). 目前对 BN 的研究主要集中在六方相和立方相.

H-BN 是最普遍使用的 BN 形态, 结构与石墨类似, 具有六方层状结构, 晶格常数 a=0.2504nm、c=0.6661nm, 熔点 3000℃, 质地柔软, 可加工性强, 颜色洁白, 俗称"白石墨". H-BN 具有电绝缘性强、化学性能稳定及介电性能优良的特点. 在氮气和氩气氛围中其使用温度可达 2800℃, 在氧气环境中稳定性较差, 使用温度在 1000℃以下. H-BN 是陶瓷材料中导热性最好的材料之一, 在垂直于 c 轴方向上热导率约为 200W/(m·K). H-BN 热膨胀系数较低, 与石英相当, 呈现较好的抗热震性能. H-BN 的 ε' 为 3~5, $\tan\delta$ 为 $(2\sim8)\times10^{-4}$, 击穿场强为氧化铝陶瓷的 2 倍, 能到 30~40kV/mm, 是一种理想的耐高温、耐腐蚀、高频绝缘、高压绝缘、高温绝缘材料,被广泛应用于电子、机械、航空航天、冶金、核能和化工领域.

C-BN 是美国通用电气公司在 20 世纪 50 年代通过人工方法在高温、高压条件下合成的，其硬度很高，仅次于金刚石，是一种公认的超硬材料. C-BN 主要性能如下：热稳定性比人造金刚石好，在高温下能保持很高的力学性能和硬度；结构稳定，抗氧化能力强，化学稳定性好，与铁族元素即使在 1100~1300℃的高温下也不起化学反应，非常适合用于加工黑色金属材料；抗弯强度高；耐磨性好，作为磨具材料使用寿命长；导热系数比金刚石小，但比硬质合金高，呈现优良的导热性能. 2020 年，北京大学科研人员与合作者研究表明，虽然室温下天然同位素丰度的 C-BN 晶体热导率只有大约 850W/(m·K)，然而经过硼同位素的富集，在包含约 99%的硼-10 或硼-11 的 C-BN 晶体中，观测到超过 1600W/(m·K)的热导率，这也是迄今为止观测到的最大同位素热效应. 除了应用于导热领域外，由于较高的硬度、较好的化学惰性和热稳定性，C-BN 还广泛用于磨削工具、锯切工具、钻进工具和切削刀具.

2.3　高介电常数电介质陶瓷

本节介绍高介电常数($\varepsilon' > 12$)的非铁电材料，其主要用于制造高频电路中使用的陶瓷介质电容器（Ⅰ类陶瓷电容器），因此，也被称为高介电容器陶瓷. 该类陶瓷介质的化学组成主要为二氧化钛、碱土金属或稀土金属的钛酸盐、碱土金属的锆酸盐或锡酸盐等. 根据介电常数温度系数(α_ε)的不同特点，可以把高介电容器陶瓷材料分为高频温度补偿型(热补偿型)介电陶瓷和高频温度稳定型(热稳定型)介电陶瓷两类.

2.3.1　高介电容器陶瓷的介电特性

高介电容器陶瓷的特点如下.

(1)ε'较高，一般介于 12~600 之间. 电容器的电容量由介质的 ε'、几何形状和尺寸决定. 其他参数确定的情况下，电容量与 ε' 成正比. 如果电容器的电容量确定，所用介质的 ε'越高，该电容器的体积也就可以做得越小. 因此，高的 ε' 有利于设备的小型化，有利于 IC 向高密度、小体积化方向发展.

(2)介质损耗较小. 用于高频或超高频环境的陶瓷介质，要求其 $\tan\delta$ 数值一般小于 6×10^{-4}；若要在高频、高压、高功率环境下工作，则要求 $\tan\delta$ 值更小. 低介质损耗不仅可以避免电容器在电路中引起传输信号的附加衰减，另外还可以避免由介质损耗发热引起的器件过热.

(3)介电强度要高，从而避免意外击穿，增强器件稳定性.

(4)化学稳定性要好，以保障电容器在高频、高温、高压等恶劣环境中能稳定工作.

(5)介电常数温度系数的范围宽. 在振荡回路中使用的电容器，通常利用其电容温度系数来补偿电路中其他元件的温度系数. 为了满足不同电子元器件的使用要求，一般需要开发温度系数系列化的高频电容器陶瓷介质材料. α_ε 是指温度变化 1℃ 时介电常数 $\varepsilon(\varepsilon=\varepsilon'\varepsilon_0)$ 的相对变化率，可表示为

$$\alpha_\varepsilon = \frac{1}{\varepsilon}\frac{\mathrm{d}\varepsilon}{\mathrm{d}T} \tag{2-23}$$

其中，α_ε 也可以用 TK_ε 表示. 实际中可根据材料在一定温度区间内（如 20~85℃）测量所得的介电常数温度谱，按照式 (2-24) 计算 α_ε 或 TK_ε

$$\alpha_\varepsilon = \frac{1}{\varepsilon_{\text{base}}}\frac{\Delta\varepsilon}{\Delta T} = \frac{\varepsilon_T - \varepsilon_{\text{base}}}{\varepsilon_{\text{base}}(T - T_{\text{base}})} \tag{2-24}$$

其中，T_{base} 为基准温度，通常选为室温；ε_T 与 $\varepsilon_{\text{base}}$ 分别是温度为 T 和基准温度时的介电常数.

类似地，可以定义电容温度系数 α_C，其表达式为

$$\alpha_C = \frac{1}{C}\frac{\mathrm{d}C}{\mathrm{d}T} \tag{2-25}$$

式 (2-25) 中 α_C 也可以用 TK_C 表示. 实际中可根据材料在一定温度区间（如 20~85℃）所得电容温度谱，按照式 (2-26) 计算 α_C 或 TK_C

$$\alpha_C = \frac{1}{C_{\text{base}}}\frac{\Delta C}{\Delta T} = \frac{C_T - C_{\text{base}}}{C_{\text{base}}(T - T_{\text{base}})} \tag{2-26}$$

由于陶瓷介质的热膨胀系数很小，故在实际生产中通常用 α_C 来近似表示 α_ε.

对于多相介电陶瓷体系，存在一个经验"混合物"法则，介电常数与介电常数温度系数可通过调整各组分含量来设计

$$\ln\varepsilon = \sum_{k=1}^{n} x_k \ln\varepsilon_k \tag{2-27}$$

$$\alpha_\varepsilon = \sum_{k=1}^{n} x_k \alpha_{\varepsilon k} \tag{2-28}$$

其中，ε 和 ε_k 分别为陶瓷和组分对应的介电常数；α_ε 和 $\alpha_{\varepsilon k}$ 分别为陶瓷和组分对应的介电常数温度系数；x_k 为各组分的体积分数. 表 2.9 给出了一些高介陶瓷材料的介电性能. 根据混合物法则，可以设计多种具有不同 ε 和 α_ε 数值的高介电容器陶瓷介质.

表 2.9 一些氧化物及盐类的介电性能

类别	化合物	化学式	ε'	$\alpha_\varepsilon/(\times10^{-4}/℃)$		$\tan\delta/(\times10^{-4})$
				-60~20℃	20~80℃	
$\alpha_\varepsilon>0$	偏钛酸镁	$MgTiO_3$	20		+200	1~2
	正钛酸镁	Mg_2TiO_4	16	-10	+40	1~2

续表

类别	化合物	化学式	ε'	$\alpha_\varepsilon/(\times 10^{-4}/℃)$		$\tan\delta/(\times 10^{-4})$
				$-60\sim20℃$	$20\sim80℃$	
$\alpha_\varepsilon>0$	钛酸镍	NiTiO$_3$	18	+40	+70	2~3
	硅钛酸钙	CaTiSiO$_5$	45		+1200	5
	二氧化锆	ZrO$_2$	18		+160	
	锆酸镁	MgZrO$_3$	16		+30	
	锆酸钙	CaZrO$_3$	28	+50	+65	2~4
	锆酸锶	SrZrO$_3$	30	+60	+60	2~4
	锡酸钙	CaSnO$_3$	16	+100	+115	3
	锡酸锶	SrSnO$_3$	12		+180	3
$\alpha_\varepsilon\approx0$	四钛酸钡	BaTi$_4$O$_9$	40	≈0	≈0	2~4
	二钛酸镧	La$_2$Ti$_2$O$_7$	50	≈0	≈0	1~2
$\alpha_\varepsilon<0$	二氧化钛	TiO$_2$	100	−1000	−850	
	钛酸钙	CaTiO$_3$	150	−2300	−1500	2~4
	钛酸锶	SrTiO$_3$	270		−3000	2~4
	钛酸锆	ZrTiO$_3$	40	−120	−90	2~3
	锆酸钡	BaZrO$_3$	40	−900	−500	2~4
	锡酸钡	BaSnO$_3$	20	−80	−40	4

2.3.2 高频温度补偿型介电陶瓷

在电子电路中,与电感器及电阻器对应的电感与电阻往往具有正温度系数,因此,在高频振荡回路中为了确保谐振频率的稳定性,一般要求电容器具有负温度系数. 当然,也有部分应用要求电容器要有正温度系数. 本节介绍几种典型的温度补偿型介电陶瓷.

1. 金红石陶瓷

二氧化钛主要有三种结晶形态:金红石、锐钛矿和板钛矿. 金红石和锐钛矿属于四方晶系,板钛矿属于斜方晶系. 金红石型二氧化钛在三种晶型结构中最为稳定,其相对密度和折射率较大,具有很高的分散光线的本领,介电常数最大. 锐钛矿型结构不如金红石稳定,但其光催化活性和超亲水性较高,因此常用作光催化剂. 板钛矿型是亚稳相晶型,由于结构不稳定一般不会直接应用.

金红石陶瓷是主晶相为金红石结构的二氧化钛陶瓷,这是一种较早得到开发利用的高介电容器陶瓷. 在外电场作用下,Ti^{4+}和 O^{2-}产生明显的离子位移极化,从而导致较高的介电常数,数值为 80~90. 另外,材料的 α_ε 为$(-750\sim-850)\times10^{-6}/℃$,介质损耗较小,在电子工业中主要用作高频温度补偿电容器陶瓷介质,适于工作在低温区(<85℃).

图 2.10 给出了金红石陶瓷在不同频率下的介电温谱. 从中可以看出, 在温度不太高时, 随温度升高 ε' 下降, 材料具有负的介电常数温度系数. 在高温区, 由于离子松弛极化使 ε' 随温度升高而急剧增加. 而且, 随频率增加, 松弛极化能跟得上频率变化所需的温度升高, 因此, ε' 急剧增加的温度随频率增加而向高温侧移动.

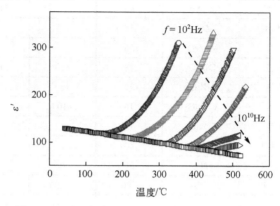

图 2.10 不同频率下金红石陶瓷 ε' 与温度的关系

图 2.11(a) 给出了金红石陶瓷 $\tan\delta$ 随温度变化的曲线. 金红石陶瓷中极化类型主要是离子位移极化和电子位移极化, 因此在室温附近 $\tan\delta$ 很小, 但当温度升高超过某一临界温度时, 由于离子松弛极化和电子电导的出现, 会导致材料内出现明显的能量损耗, 因而 $\tan\delta$ 增加. 图 2.11(b) 是金红石陶瓷 $\tan\delta$ 随频率变化的曲线. 在固定温度下, 频率增加松弛极化来不及响应, 所以 $\tan\delta$ 减小.

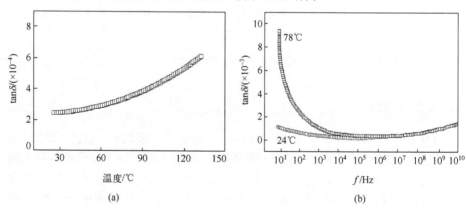

图 2.11 金红石陶瓷 $\tan\delta$ 与温度(a)和频率(b)的关系

金红石陶瓷为含钛陶瓷, 含钛陶瓷一个共同缺点是钛离子的还原变价. 钛原子在元素周期表中位于第四周期第四副族, 原子核外电子排布为 $1s^2 2s^2 2p^6 3s^2 3p^6 4s^2 3d^2$, 3d 能级比 4s 能级稍高, 相比 4s 能级 3d 层的电子更容易失去, 钛离子有 Ti^{4+}、Ti^{3+}、Ti^{2+}

几种不同的价态形式,因此,Ti^{4+} 易于得到电子而被还原为低价离子. 由于电子与钛离子之间的结合较弱,在电场作用下电子可脱离,这会降低材料的绝缘性. 另外,弱束缚的电子还会产生电子松弛极化,使低频介电常数和介质损耗显著提高.

金红石陶瓷中钛离子变价主要包含四种情况.

(1)烧结气氛. 金红石陶瓷在还原气氛下烧成时,很容易失去部分氧,在晶格中产生氧离子空位,导致形成低价氧化物,使材料的电阻率下降,介质损耗增加,介电强度降低. 式(2-29)和式(2-30)给出了金红石陶瓷在 CO 和 H_2 气氛下的反应过程.

$$TiO_2 + xCO \longrightarrow TiO_{2-x} + xCO_2 \uparrow \qquad (2\text{-}29)$$

$$TiO_2 + xH_2 \longrightarrow TiO_{2-x} + xH_2O \qquad (2\text{-}30)$$

(2)高温热分解. 在烧结过程中,金红石陶瓷发生高温(>1400℃)热分解,如式(2-31)所示,高温失氧也会导致 Ti^{4+} 被还原.

$$TiO_2 \longrightarrow TiO_{2-x} + \frac{x}{2}O_2 \uparrow \qquad (2\text{-}31)$$

若在降温过程保证充分氧化气氛,被还原的钛离子还可以再氧化为 Ti^{4+}.

(3)高价杂质. 由于离子半径接近,Nb^{5+}、Ta^{5+}、Sb^{5+}、Mo^{6+}、W^{6+} 等高价离子能置换部分 Ti^{4+}. 然而,由于是非等价置换,为了保持电中性,置换后多余电子会使邻近的一些 Ti^{4+} 转变为 Ti^{3+}. 由于 Ti^{3+} 的存在,增加了弱束缚电子的浓度,从而导致材料电导率增大.

(4)电化学反应. 使用银电极且长期在高温高湿和直流电场下工作时,金红石陶瓷电容器会由于式(2-32)的化学反应导致 Ti^{4+} 还原,致使材料性能恶化.

$$\begin{aligned} \text{正极：} & Ag \longrightarrow Ag^+ + e^- \\ \text{负极：} & Ti^{4+} + e^- \longrightarrow Ti^{3+} \end{aligned} \qquad (2\text{-}32)$$

另外,银离子会随着时间的推移扩散进入材料内部,使材料绝缘性下降,介质损耗增加,发生电化学老化.

为了避免金红石陶瓷 Ti^{4+} 变价,通常加入少量烧结助剂、低价态离子或抗还原剂 ZrO_2 等. 引入烧结助剂(如 $CuO\text{-}B_2O_3$ 复合助剂),可在烧结过程中形成低熔物,使金红石烧结温度降至 900℃,从而避免高温烧结氧空位的产生. 通过五价离子 Nb^{5+}、Ta^{5+}、Sb^{5+} 和三价离子 Al^{3+}、Cr^{3+}、La^{3+} 共同替代,可以防止 Ti^{4+} 变价和电子电导率增加. 另外,金红石陶瓷烧结过程中晶粒生长较快,往往出现生长速度的各向异性,瓷体内形成板条状晶粒,最终造成晶粒不紧密、结构松散,这会损害瓷体的机械性能和介电性能. 为了避免这种情况,通常加入 ZrO_2 和钨酸 H_2WO_4(引入 WO_3)来抑制晶粒生长,形成细晶结构;而且 ZrO_2 自身晶格结构稳定,Zr^{4+} 不容易变价,Zr^{4+} 替代 Ti^{4+} 后,金红石晶格中 O^{2-} 的结合能力被增强,高温下不容易失氧,从而提高材料的电性能.

2. 钛酸钙陶瓷

钛酸钙陶瓷是高频高介电容器陶瓷的典型材料,主晶相为 $CaTiO_3$,属于立方晶系,具有典型的钙钛矿结构.每个晶胞中含有一个 $CaTiO_3$ 分子,Ti^{4+} 处于氧八面体的中心,配位数为 6,Ca^{2+} 的配位数为 12,O^{2-} 的配位数为 6.由于其特殊结构,在外电场作用下,Ti^{4+} 相对于 O^{2-} 发生离子位移,Ti-O 线上的 O^{2-} 受到的电场作用增加,O^{2-} 电子云发生畸变(电子位移极化),同时,作用在 Ti^{4+} 上的有效电场也增加,使材料的极化增加,因此,钛酸钙陶瓷的 ε' 比金红石陶瓷的要高,为 140~150,介质损耗较小,为 $(2\sim4)\times10^{-4}$.图 2.12 给出了钛酸钙陶瓷的 $\tan\delta$ 与 ε' 随温度的变化曲线.钛酸钙陶瓷的 α_ε 为 $-(1000\sim1500)\times10^{-6}/℃$.钛酸钙陶瓷的工作温度高,适合制造小型、大容量、对电容量稳定性要求不高的高频电容器.此外,生产企业往往利用钛酸钙陶瓷较大的负值 α_ε 将其作为介电陶瓷的温度系数调节剂.

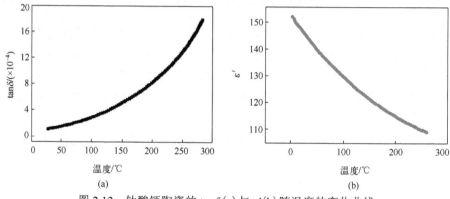

图 2.12　钛酸钙陶瓷的 $\tan\delta$(a) 与 ε'(b) 随温度的变化曲线

我国生产的钛酸钙陶瓷配方组成主要包含两部分,分别是 $CaTiO_3$ 烧块(占比 98%~99%)和 ZrO_2 矿化剂(占比 1%~2%).生产钛酸钙陶瓷前先合成 $CaTiO_3$ 烧块的原因是确保瓷料主晶相组成稳定并降低瓷料烧成过程收缩开裂的风险.一般来说,天然钛酸钙含杂质多,不能直接用作原料,实际中一般通过化工原料方解石($CaCO_3$)和 TiO_2 经高温(~1300℃)煅烧合成

$$CaCO_3 + TiO_2 \longrightarrow CaTiO_3 + CO_2 \uparrow \tag{2-33}$$

ZrO_2 的加入主要起两方面作用,一是可以降低瓷料烧成温度,扩大烧成温度范围;二是能有效防止粗晶,使瓷料具有细晶结构,并防止 Ti^{4+} 被还原,提升介电性能.

钛酸钙陶瓷的烧成要求在氧化气氛下进行,另外为了防止瓷片与垫板黏结,常用氧化锆垫板或用经高温煅烧过的 ZrO_2 粉做隔黏剂.对于钛酸钙陶瓷,通过调整瓷料的化学组成,加入多种添加物可制得介电常数温度系数系列化的瓷料,用于温度补偿电容器中.

3. 锆钛系陶瓷

锆钛系陶瓷是一类重要的温度补偿型瓷料, 其 α_ε 可在 $-750\times10^{-6}\sim+120\times10^{-6}/℃$ 的范围内变化, 因此在实际应用中可根据需要选择合适型号的瓷料. 锆钛系陶瓷的主要成分为 TiO_2 与 ZrO_2. 由于 TiO_2 的 α_ε 为负值, 而 ZrO_2 的 α_ε 为较小的正值, 因此可以通过调节两相的含量来设计产品的介电性能. 表 2.10 给出了几种典型锆钛系陶瓷的组成与性能.

表 2.10　几种典型锆钛系陶瓷的组成与性能

序号	TiO_2/ZrO_2	ε'	$\alpha_\varepsilon/\times10^{-6}/℃$
1	20/80	21	$+(30\pm30)$
2	54/46	27	$-(75\pm30)$
3	70/30	47	$-(470\pm90)$

2.3.3　高频温度稳定型介电陶瓷

电子电路中对一些元器件的稳定性具有很高的要求, 用于这些器件的介电陶瓷材料的介电常数值要高度稳定, 以使电子谐振回路能够反馈精确的谐振频率. 高频温度稳定型介电陶瓷能满足该方向的要求, 其主要特点是 α_ε 很低或趋近于零. 常用的介质材料有钛酸镁、锡酸钙、锆酸盐等. 为了获得合适的 α_ε 值和低损耗, 也常选用复合固溶体.

1. 钛酸镁陶瓷

$MgO\text{-}TiO_2$ 系材料是近年来发展的一种电子功能陶瓷材料, 存在三种化合物: 正钛酸镁 (Mg_2TiO_4)、偏钛酸镁 ($MgTiO_3$) 和二钛酸镁 ($MgTi_2O_5$). 二钛酸镁介质损耗比较高, 且不易烧结成瓷, 在制备时应尽量避免. 偏钛酸镁介电性能优良, 但是其烧成温度范围很窄, 且存在粗晶行为, 这导致材料内部气孔率较高, 机电性能差, 因此, 未经改性的偏钛酸镁不适于用作陶瓷介质. 目前生产的钛酸镁陶瓷是以正钛酸镁为主晶相的陶瓷材料, 其主要特点是介质损耗低, 介电常数温度系数绝对值小, 原料丰富, 成本低廉. 由于这些良好的介电性能, 钛酸镁陶瓷广泛应用于微波和移动通信领域. 表 2.11 给出了 $MgO\text{-}TiO_2$ 二元系化合物晶体结构与介电性能.

表 2.11　$MgO\text{-}TiO_2$ 二元系化合物晶体结构与介电性能

化合物名称	晶体结构	ε' (20℃, 1MHz)	$\tan\delta/(\times10^{-4})$ (20℃, 1MHz)	$\alpha_\varepsilon/(\times10^{-6}/℃)$ (20~80℃)
Mg_2TiO_4	尖晶石型	14	<3	+60
$MgTiO_3$	钛铁矿型	14	<3	+70
$MgTi_2O_5$	板钛矿型	16	8~10	+204

正钛酸镁的介电常数温度系数不大，且为正值，可将其与具有负介电常数温度系数（如 $CaTiO_3$）的材料适当配比，从而获得具有系列介电常数温度系数的瓷料. 表 2.12 给出了部分 $MgO\text{-}TiO_2\text{-}CaO$ 系瓷料的组成与性能.

表 2.12　部分 $MgO\text{-}TiO_2\text{-}CaO$ 系瓷料的组成与性能

瓷料组成（质量分数）			$\alpha_e/(\times 10^{-6}/℃)$	烧结温度/℃
$2MgO\cdot TiO_2$	$CaTiO_3$	ZnO		
0.935	0.065	0.002	$+(33\pm30)$	1370
0.917	0.083	0.002	0 ± 30	1360
0.896	0.104	0.002	$-(47\pm30)$	1360

钛酸镁陶瓷的主要缺点是烧成温度较高，一般在 1300℃ 以上，且温度范围较窄，过烧会导致晶粒迅速长大，使坯体气孔率增大，降低陶瓷介电性能. 通过添加烧结助剂能降低钛酸镁陶瓷的烧结温度，将其应用于多层陶瓷电容器时能与银、铜等低熔点电极共烧. 引入的烧结助剂能在烧结过程中形成液相或与某组分反应形成液相，从而促进烧结，常用的助剂有 CaF_2、Bi_2O_3、$MgCl_2$、ZnO、MgF_2、LiF 等. 另外，体系中可引入少量 $MnCO_3$ 以防止钛离子被还原.

将偏钛酸镁（$MgTiO_3$）和二钛镧（$La_2O_3\cdot 2TiO_2$）混合，并加适量添加物，可制备镁镧钛陶瓷. 该陶瓷的特点是 ε' 比钛酸镁陶瓷的高，且在高温（150℃）下仍保持良好的介电性能，因此可用来制造高温使用的高频陶瓷电容器. 表 2.13 给出了一些典型镁镧钛基陶瓷的配方与性能，可以看出调整瓷料中各组分的比例，可以获得一系列不同 ε' 和温度系数的瓷料. 需要注意的是，La_2O_3 暴露于空气中时能吸收空气中的水和二氧化碳生成 $La(OH)_3$ 和 $La_2(CO_3)_3$，因此每次配料前需将 La_2O_3 在 900℃ 煅烧，然后进行称量，以保证产物有正确的化学配比.

表 2.13　典型镁镧钛基陶瓷的配方与性能

瓷料组成（质量分数）/%				$\alpha_e/(\times 10^{-6}/℃)$	ε'	$\tan\delta/(\times 10^{-4})$
MgO	La_2O_3	TiO_2	CaO			
11.9	38.50	49.60	0	$+8\sim-8$	30	1.2
5.70	34.70	59.60	0	$-(36\sim53)$	33	1.5
8.30	24.60	67.10	0	$-(90\sim105)$	35	1.0
8.69	28.09	49.93	13.29	$-(246\sim260)$	55	4.0
2.00	30.83	47.35	19.82	$-(370\sim386)$	75	3.5
2.26	22.87	50.47	24.40	$-(470\sim505)$	85	3.5

2. 锡酸钙陶瓷

锡酸钙（$CaSnO_3$）是各种锡酸盐材料中适合于制造高频热稳定型电容器的介质.

晶体结构为钙钛矿型，ε'约为 14，这比钛酸钙的要低很多，但在直流电场和还原气氛下材料的稳定性较好，工作温度可达 150℃. $CaSnO_3$ 的 α_ε 为 $(110\sim115)\times10^{-6}/℃$，介质损耗小于 3×10^{-4}，可引入 $CaTiO_3$ 或 TiO_2 调节介电常数温度稳定性，获得 α_ε 趋于 0 的材料，同时提升 ε'.

$CaSnO_3$ 合成所用原料为 $CaCO_3$ 和 SnO_2，烧结温度高于 1400℃. 反应方程式为

$$CaCO_3 + SnO_2 \longrightarrow CaSnO_3 + CO_2\uparrow \tag{2-34}$$

由于 SnO_2 属于电子型半导体材料，如果瓷料中存在游离的 SnO_2，则会导致材料介质损耗增大、绝缘电阻下降、介电性能恶化. 为此，配料时 $CaCO_3$ 通常需要稍微过量，以确保 SnO_2 全部参与反应.

此外，还需注意两点. 一是 $CaSnO_3$ 具有很强的结晶能力，容易产生二次再结晶，长大成粗大的晶粒，会降低瓷体的性能. 因此要严格控制烧成温度，高温下的保温时间要短，最好能加快冷却速度. 同时，由于 $CaSnO_3$ 烧成温度较高，通常加入一定量的 $BaCO_3$、ZnO、SiO_2 等烧结助剂，从而降低 $CaSnO_3$ 的合成温度，同时获得生长均匀的晶粒，这在瓷料生产中是有利的. 二是 $CaSnO_3$ 易被还原为半导体，材料制备应在强氧化气氛中进行，以防止瓷料因被还原而导致介质损耗增加，绝缘性下降.

SnO_2 能跟多种金属离子形成锡酸盐化合物，但是不同物质性能差异较大. 为了形成总体直观认识，表 2.14 给出了几种典型锡酸盐的介电性能. Mg、Pb、Co、Ni 基材料介质损耗太大，不能用于生产高频陶瓷电容器. Ca、Sr、Ba 基材料呈现良好的介电性能. 其中，$CaSnO_3$ 不仅介电性能优异，而且生产成本低、烧结特性好，因此是制造高频陶瓷电容器的重要介质材料.

表 2.14　几种典型锡酸盐的介电性能

化合物名称	ε'(20℃, 1MHz)	$\tan\delta/(\times10^{-4})$ (20℃, 1MHz)	$\alpha_\varepsilon/(\times10^{-6}/℃)$	烧结温度/℃
$MgSnO_3$	33	223	+6300	1540
$CaSnO_3$	14	3	+110	1600
$SrSnO_3$	18	3	+180	1700
$BaSnO_3$	20	4	-40	1700
$PbSnO_3$	12	200	+1800	940
$CoSnO_3$	13	161	+10400	1260
$NiSnO_3$	10	456	+19700	1430

3. 锆酸盐陶瓷

金红石陶瓷、钛酸镁陶瓷等含钛陶瓷在高温直流状态下工作时容易发生电化学老化，即绝缘性能下降，介质损耗升高，以至于不能满足实际使用要求，因此该类陶瓷一般只能在 85℃ 以下工作. 与之相比，锆酸盐陶瓷具有很好的化学稳定性，在

155℃甚至更高温度下工作也不发生电化学老化. 锆酸钙和锆酸锶是锆酸盐陶瓷中两种适于制造高频温度稳定型电容器的介质陶瓷.

1) 锆酸钙陶瓷

锆酸钙（$CaZrO_3$）晶体结构属于钙钛矿型，ε' 约为 28，α_ε 为 $65 \times 10^{-6}/℃$，$\tan\delta$ 为 $(2\sim4)\times10^{-4}$，可用作对热稳定性要求较高的电容器瓷料. 若想进一步改变 $CaZrO_3$ 的介电常数温度特性，可利用 $CaTiO_3$ 作为调节剂，合成温度系数系列化的瓷料. 图 2.13 给出了引入 $CaTiO_3$ 的 $CaZrO_3$ 陶瓷 ε' 和 α_ε 随成分变化的曲线. 可以看出，随着 $CaTiO_3$ 含量的增加，ε' 持续增加，α_ε 数值越来越低. 另外，锆酸钡（$BaZrO_3$，$\alpha_\varepsilon=-500\times10^{-6}/℃$）也是经常用来改变 $CaZrO_3$ 瓷料 α_ε 的调节剂.

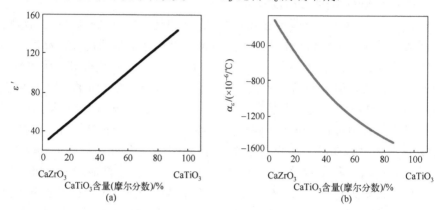

图 2.13 $CaTiO_3$-$CaZrO_3$ 系瓷料 ε' (a) 和 α_ε (b) 随成分变化的曲线

2) 锆酸锶陶瓷

锆酸锶（$SrZrO_3$）晶体结构属于钙钛矿型，ε' 约为 30，α_ε 为 $60\times10^{-6}/℃$，$\tan\delta$ 为 $(2\sim4)\times10^{-4}$. $SrZrO_3$ 是制备高频热稳定型电容器的重要瓷料. 与锆酸钙类似，通过加入 α_ε 为负值的其他瓷料，例如 $CaTiO_3$ 或 $SrTiO_3$ 作为调节剂，可以合成温度系数系列化的锆酸锶基瓷料.

2.4 铁电陶瓷介质材料

百年铁电

1655 年，法国药剂师塞涅特（Pierre de la Seignette）最早制备了酒石酸钾钠，化学式为 $NaKC_4H_4O_6\cdot4H_2O$. 由于酒石酸钾钠是在法国罗息（La Rochelle）发明的，所以也称为罗息盐（RS）. 法国科学家瓦拉塞克（Joseph Valasek）在 1920 年 4 月 23 日美国物理学会春季会议上开创性报道了罗息盐晶体中存在铁电性，也称塞涅特电性，这是电介质物理领域的重大发现之一，开启了一个领域的新纪元. 作为一种典型铁电材料，铁电陶瓷同样具有自发极化且极化在外电场作用下能发生转向，其 ε' 可达 $10^3\sim10^4$，又称强介电常数电介质陶瓷，属于Ⅱ类陶瓷介质(也称低频陶瓷介质). 由其开发的电容器比电容大，电容量随温度呈非线性变化，损耗较大，常在电子电路中起稳压、滤波、整流、旁路等作用，主要用于制造家电类电子设备.

一百多年来，铁电材料基础与应用研究均取得了重要突破，在现代电子元器件技术与产业中发挥了不可替代的作用. 例如钛酸钡($BaTiO_3$)的发明推进了电容器的大容量和小型化；锆钛酸铅(PZT)陶瓷的发明促使了声呐、微机电等技术的跨越式发展；低损耗微波介质材料研究的突破使得移动通信的实用化成为现实. 以中国科学院院士姚熹教授为代表的中国科学家对铁电材料的发展也做出了重要贡献. 姚熹教授自 20 世纪 50 年代末就开始了铁电陶瓷的研究工作，是我国在该领域的主要奠基人之一. 在铁电陶瓷中，钛酸钡陶瓷是现代电子工业的关键材料. 钛酸钡基陶瓷是铁电、压电陶瓷的代表性材料，属于强介化合物，是制造小体积、大容量、低频陶瓷电容器的重要材料之一. 本节对该类电介质陶瓷材料进行介绍.

2.4.1　钛酸钡晶体结构

钛酸钡材料具有多种晶相，包括立方相、四方相、斜方相、三方相和六方相等. 六方相为非铁电相，是铁电陶瓷制备中应避免的晶相，烧结过程温度不能超过 1460℃. 钛酸钡熔点温度较高，为 1618℃. 除六方相外，钛酸钡的其他四种晶相，立方相、四方相、斜方相和三方相均属于 ABO_3 型钙钛矿结构的变体. 室温(20℃)下，钛酸钡处于四方(正方)晶相.

1. 立方晶相

在 120℃以上，钛酸钡晶体处于顺电态，具有立方晶相，空间群为 $Pm3m$. 图 2.14 给出了立方钛酸钡晶胞结构示意图. Ba^{2+}对应半径较大的 A 位离子，处于立方体的八个顶角，O^{2-}位于立方体六个面心，Ba^{2+}和 O^{2-}一起按面心立方密堆积. Ti^{4+}对应半径较小的 B 位离子，占据阴离子(O^{2-})构成的氧八面体间隙. 从化学配位方面看，Ba^{2+}的配位数为 12，O^{2-}的配位数为 6，Ti^{4+}的配位数为 6. 由于氧八面体中的空隙比

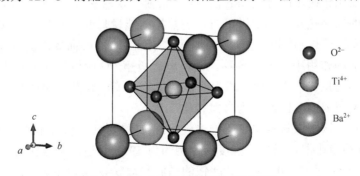

图 2.14　立方钛酸钡晶胞结构示意图

Ti^{4+}的体积大,处于其中的Ti^{4+}可以偏离中心位置,在一定范围内振动. 当温度高于120℃时,Ti^{4+}的热振动能较高,其偏离或者靠近周围六个 O^{2-}的概率相同,结果为Ti^{4+}对氧八面体中心位置的平均偏离为零,无自发极化产生,此时,处于顺电态. 研究表明,立方晶相钛酸钡晶胞边长约为 0.4nm.

2. 四方晶相

在 5~120℃之间,钛酸钡具有自发极化,处于铁电态,呈现四方晶相,空间群为 *P4mm*. 图 2.15(a)给出了四方晶相 TiO_6 八面体结构示意图. 铁电体自发极化只能在一定温度范围内存在,当材料所处的温度高于某临界温度时,自发极化消失,该临界温度即为居里温度(T_c). 对于钛酸钡,T_c 为立方晶相与四方晶相之间的相变温度(120℃). 从物理上讲,T_c 是铁电性完全消失的转变温度,是自发极化稳定性的一种量度. 对于钛酸钡,T_c 反映了 B 位 Ti^{4+} 偏离氧八面体中心后的稳定程度. 若Ti^{4+}-O^{2-}间相互作用能较大,则需要较高的热能才能使 Ti^{4+} 恢复到氧八面体对称平衡位置,从而使铁电性消失,材料进入顺电态,此时对应的 T_c 较高;反之亦然.

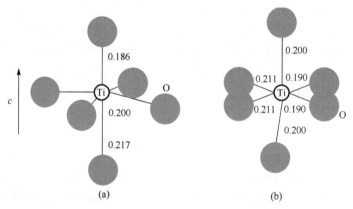

图 2.15　四方晶相(a)与斜方晶相(b)中 TiO_6 八面体结构示意图(图中键长单位为 nm)

与立方晶相相比,四方晶相 *c* 轴伸长,*a* 轴与 *b* 轴变短,*c* 轴为自发极化轴. 这种结构变化的原因是在 120℃以下 Ti^{4+} 的热振动能量降低,此时,热振动能量已不能克服 Ti^{4+} 位移后与 O^{2-} 相互作用的内电场,因此,Ti^{4+} 会向周围的 6 个 O^{2-} 之一靠近,正负电荷的作用中心产生位移,出现电偶极矩. 这种极化导致晶胞沿原立方晶胞的某一个轴向拉长,这一轴向即为四方晶相的 *c* 轴. 钛酸钡中的极化是在无外电场情况下自发形成的,因此称为自发极化.

研究表明,钛酸钡材料中 Ti^{4+} 位移极化占自发极化强度(P_s)的比例约为 31%,O^{2-}的电子位移极化占自发极化强度的比例约为 59%,其他离子极化占自发极化强度的比例约为 10%. 室温 20℃时,钛酸钡的晶胞参数 *a*=*b*=0.3986nm、*c*=0.4026nm. *c*/*a*

比值通常称为轴率，其数值约为 1.01. 对于铁电体而言，研究表明轴率的大小与自发极化强度数值大小有密切关系，通常可以从轴率大小来预估钛酸钡及其固溶体自发极化的强弱.

3. 斜方晶相

在 $-90 \sim 5\,^\circ\mathrm{C}$ 之间，钛酸钡具有斜方(正交)相，空间群为 $Amm2$，仍然处于铁电态. 图 2.15(b) 给出了斜方相中的 TiO_6 八面体. 相比于四方晶相，斜方晶相 a 轴或 b 轴不再相等，自发极化方向不再沿 c 轴，而是发生转动，沿原立方晶胞面对角线的方向.

4. 三方晶相

温度继续降低到 $-90\,^\circ\mathrm{C}$ 以下，钛酸钡晶体结构从斜方晶相转变为三方晶相，空间群为 $R3m$. 当温度为 $-100\,^\circ\mathrm{C}$ 时，晶格参数 $a=0.3998\mathrm{nm}$、$\alpha=89\,^\circ\,52.5'$. 与斜方晶相相比，三方晶相中自发极化方向沿原立方晶胞的体对角线方向.

图 2.16 给出了钛酸钡三种相变晶胞结构变化示意图. 图 2.16(a) 代表立方晶胞，不存在自发极化. 图 2.16(b) 为四方晶胞，可认为是由原立方晶胞(图中虚线表示)沿 [001] 晶向(c 轴)产生自发极化使原立方晶胞畸变的结果. 图 2.16(c) 为斜方晶胞，可认为是由原立方晶胞(图中虚线表示)沿[110]晶向(面对角线方向)产生自发极化使原立方晶胞畸变的结果. 图 2.16(d) 为三方晶胞，可认为是由原立方晶胞(图中虚线表示)沿[111] 晶向(体对角线方向)产生自发极化使晶胞畸变的结果.

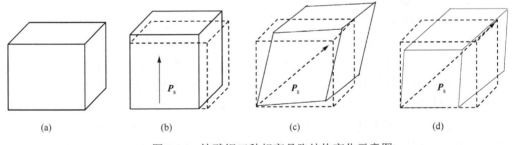

(a)　　　　　(b)　　　　　(c)　　　　　(d)

图 2.16　钛酸钡三种相变晶胞结构变化示意图

以上钛酸钡铁电体从高温顺电相到低温铁电相的系列转变是由于结构发生改变而造成的，因此属于结构相变. 对于相变，其共同特征之一是对称性的变化. 一般而言，低温相的对称性较低，而高温相的对称性较高. 物质在发生结构相变时，高温相的一些对称元素在低温相中缺失，这种现象称为对称破缺. 铁电-顺电相变是一种典型的对称破缺现象.

物质对称性的改变反映了其内部有序化程度的变化，有序化程度提高一定伴随着对称性的降低. 物理上用序参量来描述物质内部的有序化程度, 对于高对称相, 序参量等于零, 而对于低对称相, 序参量不等于零. 不同的相变系统, 作为序参量的物理量一般不同. 就铁电相变而言, 序参量是自发极化. 自发极化在相变点的变化分两种情况. 一种是突变的, 对应一级相变, 如图 2.17(a)所示. 根据相变的热力学特征, 对于铁电体一级相变, 在相变点上两相共存, 自发极化强度突变为零, 并伴随有潜热和热滞现象, 钛酸钡与钛酸铅等钙钛矿结构铁电体属于一级相变. 另一种是连续的, 对应二级相变, 如图 2.17(b)所示. 对于铁电体二级相变, 在相变点上, 自发极化强度连续下降到零, 不伴随潜热和热滞, 磷酸二氢钾(KDP)等水溶性铁电体属于二级相变.

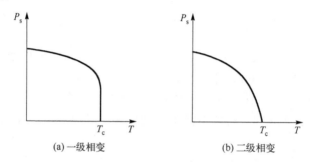

(a) 一级相变　　　　　　　　　(b) 二级相变

图 2.17　铁电体自发极化强度随温度的变化

2.4.2　钛酸钡晶体电畴

从能量角度看, 由于静电能和应变能的存在, 钛酸钡晶体中自发极化指向通常不会完全一致, 但是在晶体某些小区域中自发极化方向相同, 这些区域称为电畴. 一般而言, 铁电材料中包含大量电畴, 在不施加外电场的热平衡状态下, 每个电畴内自发极化方向相同, 但是不同电畴自发极化随机取向, 因此宏观极化强度之和为零.

每个电畴中自发极化方向跟自身区域中晶体的极轴方向有关. 对于陶瓷材料, 由于晶粒随机排列, 导致材料中晶粒间不同电畴自发极化取向没有规律性. 然而, 对于单晶材料, 不同电畴的自发极化取向之间会呈现较为明确的关系. 对于钛酸钡单晶, 温度降到居里温度之下时, 晶体从立方相转变到四方相, 产生自发极化. 自发极化可以沿 a、b、c 中任一晶轴. 钛酸钡单晶中包含大量晶胞, 一部分相互邻近晶胞沿着某一晶轴方向产生自发极化, 而另外一部分相邻晶胞沿着另外某一晶轴方向产生自发极化, 最终导致在晶体内出现一系列方向不同的电畴. 两个电畴之间的界壁称为畴壁.

电畴的类型和畴壁的取向在满足晶体结构对称性要求的同时, 还要满足两方面的要求. 一是晶格形变的连续性, 即电畴形成后要使沿畴壁切割晶体所产生的两表面上的晶格连续并相匹配. 不满足晶格形变连续性的畴结构会导致晶体中产生很大的弹性应变，使弹性能增加，系统将处于不稳定的高能态. 二是自发极化分量的连续性，即两相邻电畴的自发极化强度在垂直畴壁方向上的分量要相等. 不满足自发极化分量连续性的畴壁上将会出现表面电荷积累，增大晶体中的静电能，系统将处于非稳定的高静电能状态. 因此，四方钛酸钡单晶中，自发极化方向与原立方晶胞中的三个晶轴方向一致，相邻电畴自发极化方向夹角为 180° 或 90°，即只存在 180° 畴和 90° 畴. 如图 2.18 所示，其中每个小方块都代表一个晶胞，方块中的箭头为自发极化方向. 图中 A_1A_2、A_3A_4 为 90° 畴壁，B_1B_2 为 180° 畴壁. 另外，为使体系的吉布斯自由能降至最低，不在畴壁上出现空间电荷积累，90° 畴壁两侧自发极化方向一般是首尾相接的. 需要指出的是，由于四方晶相 c 轴略大于 a 轴，所以 90° 畴壁两侧自发极化的方向并非严格等于 90°. 实验表明，室温下夹角为 88°26′，且数值会随着轴率的不同而改变. 这种晶格上的畸变会导致 90° 畴壁两侧晶胞存在较大应力，且轴率越大，应力也越大.

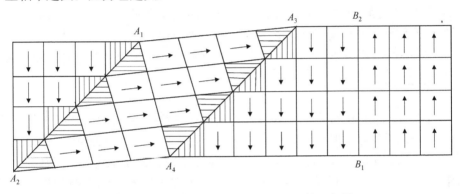

图 2.18　四方 $BaTiO_3$ 晶体中的电畴结构示意图

外加电场强度足够大时可将电畴翻转，并尽可能沿着电场方向. 90° 畴和 180° 畴的翻转过程都要经历新畴成核和生长阶段. 对于 180° 畴，电畴翻转过程中首先会在边沿或者缺陷位置产生许多劈尖状新畴，即所谓新畴成核过程，然后，这些新畴沿劈尖方向纵向生长，而畴壁两边侧向扩张很慢. 一般来说，纵向生长速度要比侧向扩张快好几个量级. 由于 180° 畴壁两侧自发极化方向反平行，因此可认为晶体在同一维度上发生形变，也就是说 180° 畴壁的运动过程中，在材料中不产生应力. 与 180° 畴壁不同，由于畴壁两侧自发极化方向接近垂直，极化带来晶轴的胀、缩方向不一致，因此 90° 畴壁紧邻晶胞中会有应力积累. 另外，外加应力作用到材料上也会影响 90° 畴的运动. 90° 畴的翻转过程与 180° 畴类似，不同之处是 90° 畴在新畴的发展中畴壁的侧向运动和劈尖前移的速度比较接近. 然而，由于 90° 畴壁会使晶体内部产生应力，当外电场撤掉后一定时间内，新畴在应力作用下有稍微缩小的趋势.

实际铁电体中，90° 畴壁和 180° 畴壁运动均同时存在，这两种畴的成核都会受到电场和环境温度的影响. 一般而言, 电场强度越大, 温度靠近居里点则有利于电畴成核. 另外, 晶体结构会影响电畴结构. 钛酸钡的铁电晶相结构有四方、斜方、三方三种, 对应自发极化方向分别沿<001>、<011>、<111>方向. 因此, 除了通常所见的90°畴壁和180°畴壁外, 在斜方晶相中还有60°畴壁和120°畴壁, 在三方晶相中还有71°畴壁与109°畴壁.

需要注意的是, 铁电畴与铁磁畴有着本质的差别, 铁电畴壁的厚度通常很薄, 约在几个晶格常数的量级, 但是, 铁磁畴壁则很厚, 可达到几百个晶格常数的量级. 例如对于 Fe 金属, 对应磁畴壁厚度可达 1000 个晶格常数. 另外, 对于铁磁材料, 自发磁化方向在磁畴壁中可以逐步改变方向, 而铁电体则不常见. 对于铁电陶瓷, 一般情况下每个晶粒内会包含多个电畴. 实验中可通过透射电子显微镜(TEM)和压电力显微镜(PFM)来表征电畴结构. 深入研究电畴构型调控方法及其与电性能的内在关联对于发展高性能铁电器件具有重要意义. 在铁电畴剪裁领域, 中国科学院院士、南京大学闵乃本教授与祝世宁教授在铁电畴调控光子方面开展了系列原创性科研工作, 他们利用铁电畴周期极化方式设计出光学超晶格、声学超晶格和离子型声子晶体, 并探索了其在光学倍频、参量转换以及集成光学器件方面的实际应用.

2.4.3 电滞回线

一般而言, 铁电陶瓷中包含大量随机取向的晶粒, 而每个晶粒内又有许多取向不同的电畴, 无外电场时, 材料呈现的总极化强度为零, 如图 2.19(a)所示. 当对材料施加外电场作用时, 每个晶粒中的电畴取向都会尽量趋于电场方向, 如图 2.19(b)所示, 此时, 各晶粒变成了电畴方向与外电场正方向基本一致的单畴结构. 从几何构型上看, 各晶粒单畴化的过程必然伴随着晶粒尺寸的改变, 即晶粒会沿外电场方向发生伸长, 对应图 2.19(b)中的纵向伸长, 而在垂直于外电场方向出现收缩, 对应图 2.19(b)中的横向收缩. 晶粒出现伸缩的同时会在材料中形成内应力. 如果去掉外电场, 原来沿外场方向排列的电畴方向会发生部分偏离, 一定程度上会缓解材料中的内应力. 从几何构型上看, 与施加电场时相比, 去掉外电场后材料分别在纵向和横向产生收缩和伸长, 然而, 与原始状态即图 2.19(a)相比, 陶瓷在纵向和横

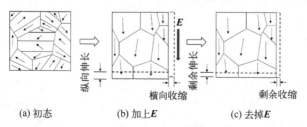

(a) 初态　　　　(b) 加上 E　　　　(c) 去掉 E

图 2.19　外电场作用下钛酸钡基陶瓷电畴与外形几何尺寸变化

新一代信息
存储器

向分别都存在"剩余伸长"和"剩余收缩". 去掉电场后, 由于电畴仍保持整体的有序排列, 图 2.19(c)中材料呈现的总极化强度不再等于零, 而是表现为剩余极化强度. 在外电场作用下, 铁电陶瓷所呈现的这种几何构型的变化, 若应变与电场的二次方成正比, 则称为电致伸缩效应; 若应变与电场变化成正比, 则称为压电效应. 需要指出的是, 电致伸缩效应存在于所有电介质材料中, 而压电效应只存在于非中心对称点群晶体中.

图 2.20 给出了钛酸钡基铁电陶瓷极化强度 P 随外加电场 E 的变化关系曲线, 这是铁电体处于铁电相时普遍存在的特征曲线, 称为铁电体的电滞回线. 当外电场为零时, 材料呈现的总极化强度 P 为零.

第一次对材料施加外电场作用时, 随电场强度的增加, 极化强度沿着 OAB 曲线增加. 从电畴角度看, 该过程对应图 2.19(a) 到图 2.19(b) 的转变. 当外电

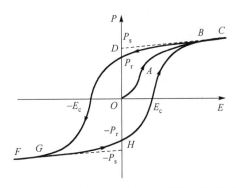

图 2.20　钛酸钡基铁电陶瓷的电滞回线示意图

场增加到使材料中所有电畴都趋于外电场方向时, 材料处于单畴的状态, 极化达到饱和. 此后, 与线性电介质类似, 极化强度随外电场的进一步增加呈线性增加规律, 如 BC 段所示. BC 段的反向延长线与纵轴相交, 交点到原点的距离与 P_s 数值上相等, 可作为这种陶瓷材料自发极化强度的量度. 实际上, 这也是每个电畴原本存在的自发极化强度.

当电场从 C 点开始逐渐降低时, 极化强度不会沿着原来极化过程原路返回, 而是沿着 CD 线逐渐降低. 当外电场降为零时, 材料中仍有极化强度, 该值称为剩余极化强度, 记为 P_r. 从电畴角度看, 此时极化状态与图 2.19(c)对应. 之后给材料施加反向外电场, 极化强度数值进一步降低, 直至变为零, 此时的外电场称为矫顽场, 对应图 2.20 中的的 $-E_c$. 若反向电场继续增加, 极化强度方向发生反转, 而且随着反向电场的持续增加, 极化强度沿反方向增长, 直到饱和点 G. 此时, 从电畴层面看, 材料变为自发极化沿反方向的单畴态. GF 段与 BC 段物理意义类似. 若外电场从反方向 F 点对应数值连续变化为正方向 C 点数值, 该过程材料中反向电畴逐渐消失, 而正向电畴成核并开始生长, 最终材料内形成正向单畴, 极化强度沿着 FH 到达 C 点.

在交变电场作用下, 铁电材料电滞回线所包围的面积是极化强度反转两次所需要的能量, 该能量用于自发极化改变方向和克服杂质、晶界等缺陷对畴壁运动所产生的"摩擦阻力". 电滞回线的形状有长短胖瘦之分, 不同材料所呈现的电滞回线一般不同, 对于结构完整的单晶, 由于介质损耗小而使电滞回线偏瘦, 但对于同种成分的铁电陶瓷, 由于存在复杂的缺陷和应力, 则会导致电滞回线偏胖.

数据处理与存储是当今信息时代需要面对的重要科学问题. 现代计算机采用信息处理与存储分离的冯·诺依曼（Von Neumann）架构，这导致数据处理速度快的单元存储容量小且具有易失性（如内存），然而，数据存储容量大的单元虽然具有非易失性，但是其对于数据处理速度慢（如硬盘）. 为了满足大数据时代的发展需求，开发既具有大容量，又有快的运算速度的存储器是重要的研究方向之一. 由于铁电体具有自发极化，且极化可在外电场下翻转，利用该性能科学家正在研发新一代的铁电数据存储器件，主要包含三种，分别为电容型、场效应晶体管型与隧穿型.

2.4.4 钛酸钡的介电性能

1. 介电特征

铁电材料介电常数的大小主要由 $\boldsymbol{P}_\mathrm{s}$ 的大小和 $\boldsymbol{P}_\mathrm{s}$ 沿外电场取向的难易程度决定，即 $\boldsymbol{P}_\mathrm{s}$ 越大，且沿外场方向取向越容易，材料介电常数也就越大. 图 2.21 给出了钛酸钡单畴晶体 ε' 随温度的变化曲线. 由于单晶性能具有明显方向依赖性，因此在不同轴向测量 ε' 会得到不同介电曲线. 由图 2.21 可以得到钛酸钡单晶介电性能的四个特点.

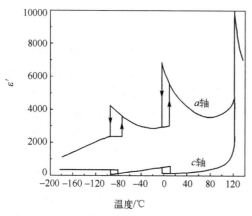

图 2.21　钛酸钡单畴晶体 ε' 随温度的变化曲线

（1）介电反常现象. 对应钛酸钡晶体的三个相变，ε' 在相变温度点附近出现突变，介电温谱中呈现三个介电反常峰，其中，在居里温度处的介电峰值最高. 介电峰的出现是因为在相变点附近，材料结构松弛，离子拥有较大可动性，新畴可自发形成，且这些电畴定向激活能或畴壁运动激活能最小，只要施加很小电信号就能使其沿电场方向取向，因此会出现介电峰. 相变点之下，ε' 下降是由于结构相对稳定，另外，温度降低也会使电畴定向或畴壁运动激活能增加，降低材料对外电场的响应，因此 ε' 降低.

（2）居里-外斯（Curie-Weiss）定律. 钛酸钡的 ε' 随温度变化呈现出明显的非线性. 在居里温度以上，铁电体自发极化和电畴结构消失，ε' 随温度 T 的变化关系服从居里-外斯定律

$$\varepsilon' = \frac{C}{T - T_0} \tag{2-35}$$

其中，C 为居里-外斯常数；T_0 代表居里-外斯温度；T 为热力学温度. 对于铁电体

一级相变，$T_0 < T_c$；对于铁电体二级相变，$T_0 = T_c$. 就钛酸钡而言，$C \approx (1.6 \pm 0.1) \times 10^5 K$，$T_c - T_0 \approx 10 \sim 11 K$.

(3)介电常数各向异性. 沿 a 轴测得的 ε' 比 c 轴大，这说明 90° 畴壁比 180° 畴壁更容易对外电场产生响应，被外电场驱动；也就是说外电场方向与 $\boldsymbol{P}_s$ 正交时容易使 $\boldsymbol{P}_s$ 转向，然而，如果外电场与 $\boldsymbol{P}_s$ 反平行，则难以驱动 $\boldsymbol{P}_s$ 转向.

(4)存在热滞现象. 钛酸钡的 ε' 随温度变化曲线降温过程与升温过程并不重合，存在热滞现象. 从图 2.21 中可以看出，四方相与斜方相、斜方相与三方相的热滞现象更为显著.

铁电体电畴反转涉及畴壁运动，伴随新畴成核和生长，这个过程需要一定的时间，所以铁电体对外电场的介电响应具有明显的频率依赖性. 图 2.22(a)给出了钛酸钡晶体的 ε' 和 $\tan\delta$ 随外电场交变信号频率的变化关系曲线. 可以看出，当频率高于 10MHz 时，ε' 值明显降低，同时 $\tan\delta$ 急剧增加.

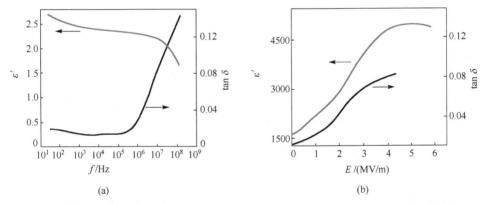

图 2.22　钛酸钡单晶的 ε' 和 $\tan\delta$ 随外电场交变信号频率(a)和电场强度(频率为 1 kHz，沿 a 轴测试)(b)的变化关系

图 2.22(b)给出了钛酸钡晶体的 ε' 和 $\tan\delta$ 随外加交变电场强度的变化关系曲线. 当外电场强度较小时，ε' 约为 1500. 随外电场强度增加，电畴被激活，运动显著，导致 ε' 和 $\tan\delta$ 都有明显增加. 外电场强度在 5MV/m 时，ε' 和 $\tan\delta$ 都趋于饱和. 钛酸钡 ε' 随外电场强度的变化说明其电位移($\boldsymbol{D}$)与场强间存在非线性关系.

钛酸钡陶瓷介电性能取决于其主晶相，然而由于陶瓷为多晶体系，存在晶粒与晶界，晶粒大小、晶界中的玻璃相、杂相等都会对陶瓷介电性能产生影响. 图 2.23 给出了钛酸钡陶瓷在特定频率下的介电温谱. 钛酸钡陶瓷的 ε' 数值介于单晶的 a 轴和 c 轴的数值之间，这归因于陶瓷多晶多畴结构与晶粒随机取向. 另外，陶瓷的介电峰往往没有单晶尖锐，这主要是陶瓷中的多晶结构、缺陷、应力等都会对介电峰产生影响. 钛酸钡陶瓷的 ε' 和 $\tan\delta$ 随外电场交变信号频率与强度的变化关系与单晶具有类似的规律.

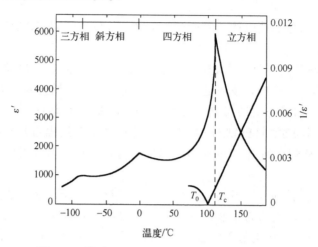

图 2.23　钛酸钡陶瓷在特定频率下的介电温谱

　　除了钛酸钡为代表的材料外，还有一类铁电体，例如弛豫型铁电体，其介电峰值温度会呈现很大的频率相关性，这与材料中存在纳米尺度的极性微区紧密相关. 20 世纪 70 年代，中国科学院院士殷之文等开始了透明铁电陶瓷(PLZT)的研究，对其相变和微观结构变化进行了详尽研究，并首先用透射电子显微镜在 PLZT 立方相中观察到了纳米尺度的极性微区，既为弛豫型铁电体的微畴-宏畴相变理论提供了有力的实验证据，也为弛豫铁电体扩散相变的微观不均理论提供了在空间尺度上为纳米级的证据. 弛豫型铁电体的研究也是当前学术界研究的一个重要方向.

　　2. 介电击穿

　　铁电陶瓷只能在一定的电场下保持介电状态，当外电场强度超过某临界值时，绝缘状态被破坏，材料产生导电行为，即为介电击穿. 对钛酸钡陶瓷而言，居里点上下呈现不同的介电击穿特征. 当温度低于居里点时，晶粒中的电畴在外电场作用下趋于同向排列时，将在晶粒之间的边界层形成较强的空间电荷极化，而晶粒内部由于自发极化作用，不存在空间电荷极化，当外加电场增加到一定数值时，边界层上的空间电荷作用最终会使边界层击穿，绝缘性被破坏而发生漏电. 当温度高于居里点时，晶粒内部不存在自发极化，随着外电场增加，晶粒内部会形成很大的空间电荷极化，外电场增加到一定数值时，晶粒被击穿. 综合来看，居里点以下时，钛酸钡陶瓷击穿对应于边界层破坏，而居里点以上时，则对应晶粒破坏.

　　影响铁电陶瓷击穿性能的因素除了与材料自身结构和性质有关外，还与试样的形状、尺寸等密切相关. 研究和提高铁电陶瓷的抗击穿性能是一个很重要的问题，可以从以下几方面来入手.

　　(1)调整瓷料成分. 通过引入某种组分来改善材料抗击穿性能. 例如在钛酸钡中

引入高价离子 La^{3+}、Nb^{5+} 等分别取代 Ba^{2+}、Ti^{4+}，从而补偿混入瓷料中的低价 Al^{3+} 杂质取代 Ti^{4+} 时产生的氧空位缺陷，从而改善材料抗击穿性能.

(2) 改变微结构. 外电场作用下，铁电陶瓷会产生应变，这会在材料中形成应力. 在交变电场作用下，尽管电场大小低于击穿场强，但是循环反复作用会导致晶粒或晶界中形成裂缝，进而导致陶瓷被击穿. 电场作用下形成的应力大小与陶瓷晶粒尺寸成正比，晶粒越大，其中积累的应力也越大. 为了提高材料抗击穿性能，需尽量改变微结构，形成细晶结构.

(3) 提高致密度. 外电场作用下，陶瓷材料中的气孔是容易发生介电击穿的薄弱区域，在合成材料过程中，要采用合适工艺，优化参数，尽量降低材料中的气孔率. 由于铁电单晶结构完整致密，因此，其介电击穿场强一般要比陶瓷材料高一个量级以上.

(4) 调整居里温度. 铁电陶瓷在居里点附近具有很强的极化效应，这会影响瓷料的电击穿强度，因此用于高压环境的铁电陶瓷，其居里点一般不能处于工作温区附近，或者通过改性使材料不展现明显的居里点.

(5) 电容器形状和包封材料. 研究表明，电容器形状和包封材料的选择对电容器抗击穿本领也有重要影响.

3. 老化特性

钛酸钡陶瓷烧成或被覆电极后，其介电常数和损耗角正切会随放置时间的增加而降低，这种现象称为老化. 实际上，很多铁电陶瓷介质都存在老化现象，只不过程度有所差异. 铁电陶瓷介电常数的老化满足如下对数关系：

$$\varepsilon_t' = \varepsilon_i' - m\lg t \tag{2-36}$$

其中，ε_i' 为烧成后材料的初始介电常数；ε_t' 对应 t 时刻的介电常数；m 是与特定材料对应的常数.

对于钛酸钡陶瓷老化过程，实验研究总结的一些规律如下.

(1) 钛酸钡陶瓷介电常数产生老化之后，如果把材料重新加热到居里点之上，保温数分钟后再冷却到室温，则陶瓷介电常数可恢复到初始数值. 之后，随时间推移，又会开始新一轮老化过程.

(2) 钛酸钡陶瓷介电常数老化速率和瓷料主晶相(一般为四方晶相)的轴率(c/a)之间存在反向关联，即轴率越大，老化速率越慢；轴率越小，老化速率越快. 另外，钛酸钡陶瓷所处温度从低到高越靠近居里点时，老化速率持续增加，这实际也是轴率与老化速率反向关联的体现.

布拉特(Bradt)与安塞尔(Ansell)对铁电陶瓷的老化理论进行了归纳和总结，另外，他们对四方钛酸钡电畴结构随放置时间的变化也进行了观测，提出了老化理论.

表 2.15 给出了不同学者提出的老化理论，其中 90°畴分裂和成核是较新的铁电老化理论. 所谓电畴夹持效应是指，对于材料介电常数测量而言，外加电场场强较低不足以造成极化反转，但在此电场作用下，与之同向的电畴趋于沿电场方向伸长，而与之反向的电畴则趋于收缩. 因此，各电畴的形变都会受到约束，极化改变量的数值小于电畴在自由状态下的数值，即介电常数由于电畴夹持效应而降低. 研究表明，随着时间推移，90°畴分裂和成核逐渐产生，这会造成应力松弛，畴夹持效应增强，从而导致材料介电常数下降，即铁电陶瓷老化.

表 2.15 钛酸钡陶瓷老化理论

理论的提出者	老化机理	原理	介电常数对数衰减的原因
Plessner	畴壁振动	夹持效应	活化能的变化
Stankowski 等	180°畴分裂	极化减弱	未说明
Cooke	90°畴壁极化	极化减弱	未说明
Gruver	位错、扩散或 90°畴成核	应力松弛	未说明
Ikegami 和 Ueda	90°畴分裂	夹持效应增强	90°畴壁运动
Bradt 和 Ansell	90°畴成核	应力松弛	活化能的变化

材料的老化特性是制备陶瓷电容器需要考虑的因素之一. 由上述分析可知，选择主晶相轴率较大或居里点远高于工作温度的瓷料，能有助于改善钛酸钡陶瓷电容器的时间稳定性. 对于介电常数很大的瓷料来说，老化效应一般都比较显著. 另外，固溶体脱溶也会造成瓷料老化，而且这种老化不能利用将陶瓷加热到居里点以上的途径复原. 因此，铁电瓷料及电容器使用时都要注意这种老化特性.

4. 非线性特性

从钛酸钡的电滞回线可知，极化强度与外电场之间不满足正比关系，而是呈现非线性变化规律. 由此可以得出，材料的介电常数随外电场变化也满足非线性特征. 铁电陶瓷的非线性通常指介电常数或电容随外电场的改变呈现非线性变化的特征，可利用此特性开发制作压敏电容器. 图 2.24 给出了几种典型陶瓷介电常数随电场的变化，可以看出存在明显的非线性，称为铁电陶瓷的非线性. 为了描述非线性的强弱，工程上引入了非线性系数 $(N_\sim)$，$N_\sim$ 存在两种表示方法，分别为

$$N_\sim = \frac{\varepsilon_{\max}}{\varepsilon_5} \tag{2-37}$$

$$N_\sim = \frac{C_{\max}}{C_5} \tag{2-38}$$

其中，ε_5 和 C_5 是工作频率 50Hz、交流电压 5V 时材料的介电常数值和电容值；$\varepsilon_{\max}$ 和 $C_{\max}$ 对应曲线上的峰值介电常数值和电容值.

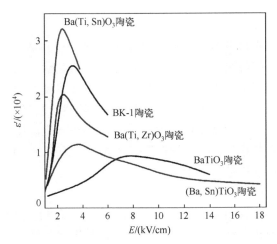

图 2.24　典型陶瓷介电常数随电场的变化（BK-1 为苏联型号）

通常来说，非线性系数 $N_{\sim}$ 是描述陶瓷材料非线性强弱的基本参数. 然而，介电常数或电容随外电场非线性变化的剧烈程度还与峰值介电常数或电容所对应的电场强度（E_{max}）密切相关，这是因为如果 E_{max} 很高，尽管非线性系数 $N_{\sim}$ 很大，但是介电常数或电容随电场强度的变化率却不会很大. 因此，为了精确反映铁电陶瓷的非线性，应综合考虑 $N_{\sim}$ 和 E_{max} 两个参数，只有 $N_{\sim}$ 很高，且 E_{max} 较小，才认为陶瓷材料展现较强的非线性特征.

2.4.5　钛酸钡陶瓷改性研究

纯钛酸钡陶瓷烧制过程会出现粗晶化，该类材料室温时 ε' 一般在 1600 左右，数值偏低，而且温度稳定性不好，不能有效满足电容器瓷料应用. 为了获得室温附近介电常数高、介电常数温度稳定性好，且介质损耗和抗击穿性能也符合要求的瓷料，必须对钛酸钡陶瓷进行改性. 所谓改性是指利用离子置换、添加杂质及其他化合物形成固溶体或控制制备工艺等途径来优化瓷料烧结、提高工作区间介电常数和温度稳定性、改变居里点位置等. 下面首先对居里区和相变扩散进行介绍，然后介绍钛酸钡改性的几种主要机制.

1. 居里区和相变扩散

居里点两侧一定高度所覆盖的温度区间，称为居里区. 在实际应用中，一般希望钛酸钡陶瓷在居里点附近的工作温区较宽，且介电常数温度稳定性好. 通过调整钛酸钡成分和工艺，对陶瓷进行改性，可以达到扩展居里区的目的. 通过改性，能在陶瓷内部形成许多相变温度不同的极性微区，最终效果是介电峰按照居里区扩展，这称为相变扩散. 相变扩散主要有四种，分别是热起伏相变扩散、应力起伏相变扩散、成分起伏相变扩散和结构起伏相变扩散，其中后两种起伏效应对于相变扩散影响较大.

1)热起伏相变扩散

温度是一个宏观物理参数,具有统计意义,是分子热运动平均动能的量度. 在实际材料中,各微区的温度并不一定相同,存在"热起伏"或"热涨落"现象,这种"热起伏"或"热涨落"的微区称为坎茨格区,其线度为 $10\sim100$nm,因此,对于微米级陶瓷晶粒而言,其中存在大量坎茨格区. 虽然自发极化的产生是跳跃式的,但由于坎茨格区的存在,相变不能突然形成,而是在一定温度区间完成,因此会形成居里区,导致相变扩散. 热起伏的温度范围是十分有限的(不超过几摄氏度),因此,热起伏引起的相变扩散很不明显.

2)应力起伏相变扩散

等静压作用会影响铁电体相变温度,压缩力一般有利于体积减小的相变. 由于立方相体积小于四方相,在等静压的作用下,钛酸钡单晶铁电相变温度会向低温区移动,如图 2.25(a)所示. 对于钛酸钡陶瓷而言,由于晶粒随机取向,在等静压的作用下,各晶粒受力并不相同,因此相变温度移动幅度也不同,导致相变展宽为一个区间. 如图 2.25(b)所示,压力增大居里温度降低,由于陶瓷中晶粒取向不同以及杂质、晶界等的作用,应力作用复杂,使转变温度分散和偏离,导致居里峰变宽. 等静压作用下钛酸钡陶瓷相变展宽属于外应力导致的行为. 实际上,多晶陶瓷中由于晶相、玻璃相、气孔、杂质、晶界等具有不同热膨胀系数部分的存在也会使材料中存在内应力. 这种由于内应力的存在而使材料相变展宽的现象称为应力起伏相变扩散. 陶瓷晶粒间的应力越大,其相越分散,越复杂,这种相变扩散也越明显. 需要指出的是,应力起伏所引起的相变扩散仍然相对较小,一般在 $5\sim10$℃ 范围内. 中国科学院外籍院士毛河光博士在高压实验技术、高压物理、地球与行星内部科学、高压化学、高压材料学等学科领域做出了很多重要的研究工作.

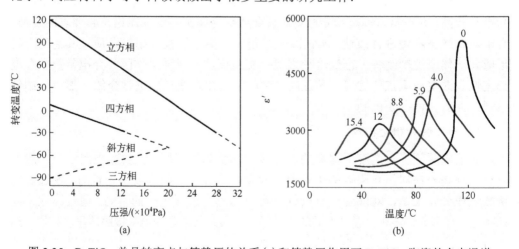

图 2.25　$BaTiO_3$ 单晶转变点与等静压的关系(a)和等静压作用下 $BaTiO_3$ 陶瓷的介电温谱
(曲线旁边的数字为压强数值,单位为 MPa)(b)

3）成分起伏相变扩散

成分起伏分两种情况：一种是两种铁电相共存；另一种是铁电相与非铁电相共存. 对于第一种情况，不同铁电体（如 $BaTiO_3$、$PbTiO_3$、$SrTiO_3$ 等）的居里点明显不同. 若在 $BaTiO_3$ 中引入 Sr^{2+}、Pb^{2+} 来等价、等数、等位取代 A 位 Ba^{2+} 形成固溶体，从宏观角度看，Ba^{2+}、Sr^{2+}、Pb^{2+} 分布是均匀的，但从微区来看并不均匀，存在成分起伏，因而各微区居里点不同，结果使居里点演变为居里区，形成相变扩散. 对于第二种情况，$BaHfO_3$、$BaSnO_3$、$BaZrO_3$ 等都属于非铁电材料. 若在 $BaTiO_3$ 中引入少量 Hf^{4+}、Sn^{4+}、Zr^{4+} 等取代 Ti^{4+}，则会在 $BaTiO_3$ 铁电相中形成非铁电相微区，使材料整体铁电性下降，居里峰变低变宽；若加入大量 Hf^{4+}、Sn^{4+}、Zr^{4+} 等取代 Ti^{4+}，最终会使材料失去铁电性. 相比于两种铁电体共存的情形，铁电体与非铁电体共存时产生的相变扩散更加明显. 这是因为固溶体均为铁电相时，电畴定向过程由于受内电场制约和形变引起的应力制约，导致电畴运动的激活能很大，当温度稍低于居里点 ε' 就会显著下降，导致相变扩散不太显著. 当铁电相与非铁电相共存时，少量非铁电相的存在会在电畴间形成隔离与缓冲，使上述电场和应力制约不同程度的削弱，从而使电畴定向激活能降低，因而温度稍低于居里点时，ε' 缓慢下降，相变扩散比较显著.

4）结构起伏相变扩散

复合钙钛矿结构化合物，如 $Pb(Zn_{1/3}Nb_{2/3})O_3$、$Pb(Mg_{1/3}Nb_{2/3})O_3$ 等，居里区较宽. 与简单钙钛矿或者钙钛矿固溶体不同，复合钙钛矿结构化合物中 A 位或者 B 位一般被两种或两种以上不同化合价离子占据，这些不同电价离子的分布是"无序"的，但该类化合物具有固定的成分，也称为无序钙钛矿结构. 材料中各微区，甚至各元胞的居里点不同，因此出现相变扩散，它与成分起伏相变扩散类似，但产生的原因不同. 结构起伏相变扩散效果更显著，居里区可达数百摄氏度.

2. 居里峰的展宽效应

居里峰的展宽效应是指铁电陶瓷的介电温谱中介电峰扩展得尽可能平坦，即介电峰不但降低，而且要使峰的肩部上举，从而使材料在服役温度区间既具有较大的 ε' 值，又有较小的介电常数温度系数. 除了上一部分提到的相变扩散型展宽效应外，本部分介绍固溶缓冲型展宽效应与粒界缓冲型展宽效应.

1）固溶缓冲型展宽效应

在材料中引入掺杂离子，固溶在 $BaTiO_3$ 晶格的 A 位或者 B 位. 对于 A 位固溶，当掺杂离子半径小于 Ba^{2+} 半径时，会引起钛氧八面体紧缩，Ti^{4+} 不易自发极化，导致非铁电相形成. 对于 B 位固溶，当掺杂离子半径大于 Ti^{4+} 半径时，钛氧八面体扩大，压迫邻近的钛氧八面体，使之失去铁电性. 两种情况都会使材料中局部出现非铁电相微区，使总的自发极化强度减小，其结果是介电峰值下降，同时缓冲了由自发极化引起的几何形变和机械应力，使得介电峰附近的 ε' 上升，介电常数的温度稳定性得到改善. 常用的展宽剂通常为非铁电体，如 $CaZrO_3$、$CaSnO_3$、$CaTiO_3$、$MgTiO_3$、$MgSnO_3$ 等. 图 2.26 给出了在 $BaTiO_3$ 中引入一定量的 $MgTiO_3$ 得到的介电温谱.

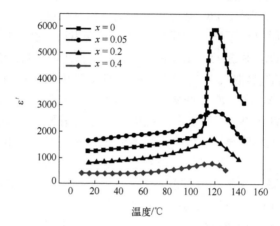

图 2.26 $(Ba_{1-x}Mg_x)TiO_3$ 陶瓷介电温谱

2）粒界缓冲型展宽效应

由于晶粒表面周期性结构的中断，表层原子排列没有一定的规律性（无定形态），因此铁电陶瓷晶粒间界的一定厚度内，存在一个非铁电层，称为粒界层. 粒界层可使晶粒自发极化过程中产生的几何形变和机械应力得到缓冲，温度低于居里点时，电畴仍能做较为充分的定向，介电常数下降得慢，介电常数增大，对应介电峰展宽.

3. 居里峰的移动效应

铁电体的居里点随化学组成、粉体粒度、晶粒尺寸、晶粒缺陷等因素做有规律变化的现象称为居里峰的移动效应. 一般来说，移动效应仅指居里点的位置发生改变，而介电温谱形状不变.

在铁电体中引入某种添加物形成固溶体，改变原来晶胞参数与内部作用，能使居里温度向高温或低温方向移动，这些添加物则称为移峰剂. 以 $BaTiO_3$ 为例，按照掺杂离子价态和元素种类的不同，掺杂可分为如下几类.

（1）等价离子掺杂. 按照晶体化学原理，若掺杂离子与 $BaTiO_3$ 中被替代离子的电价相同，且离子半径和极化能力相近，则掺杂离子较易溶入 $BaTiO_3$ 晶格，形成等价离子掺杂，得到的产物为 $BaTiO_3$ 固溶体. 等价离子掺杂包含 A 位取代和 B 位取代两种.

A 位取代：浙江大学 X. M. Chen 等的研究表明，Ca^{2+} 能替代 Ba^{2+}，随 Ca^{2+} 含量的增加，$BaTiO_3$ 陶瓷的居里峰被压低并展宽，但 Ca^{2+} 对居里峰的移动效应不明显. 与之相比，Sr^{2+}掺杂 $BaTiO_3$ 的居里峰会向低温区显著移动. 控制 Sr^{2+} 的含量，能实现居里点位置的线性调控，且当加入 Sr^{2+} 的量适当时，能明显提高 $(Ba,Sr)TiO_3$ 固溶体的介电常数峰值.

B 位取代：对于 Zr^{4+} 掺杂的 $BaTiO_3$ 体系，T. R. Armstrong 等研究发现，若陶瓷烧成温度低于 1320℃时，ZrO_2 主要存在于晶界处，会抑制晶粒生长，提升介电常数，并使相变展宽；若陶瓷烧成温度高于 1320℃时，Zr^{4+} 替代 Ti^{4+}，使居里点降低. 对于 Hf^{4+} 掺杂的 $BaTiO_3$ 陶瓷，H. Y. Tian 等研究发现，Hf^{4+} 的引入能使材料居里点向低温区域显著移动，同时介电常数增大.

对于由两种铁电体形成的固溶体，居里点的移动效率 (η) 为

$$\eta = (T_{cB} - T_{cA})/100 \tag{2-39}$$

其中，η 代表每 1% (摩尔分数) 移峰剂所产生的居里温度移动数，单位为 $K/(mol\%)$；T_{cA} 为基质铁电体的居里温度；T_{cB} 为移峰剂铁电体的居里温度. 对于等数、等价取代固溶体，式 (2-39) 大多适用，但是对其他取代方式则不适用.

(2) 异价离子掺杂. 在这种情况下，掺杂离子电价与被替代离子电价不同，通常分施主掺杂和受主掺杂两种. 施主掺杂是指掺杂离子的电价比被替代离子电价要高. 用于替代 $BaTiO_3$ 材料 A 位的 La^{3+}、Nd^{3+}、Sm^{3+}、Gd^{3+}、Y^{3+} 等离子以及用于替代 B 位的 Mo^{5+}、Nb^{5+}、W^{6+} 等离子属于施主掺杂离子. 对于 Nb^{5+} 掺杂的 $BaTiO_3$，N. Masó 等研究发现掺杂使得居里峰宽化，且居里点向低温方向移动. 受主掺杂是指掺杂离子的电价比被替代离子电价要低. 例如，用于替代 B 位的 Mn^{2+}、Ni^{2+}、Al^{3+} 等离子就属于受主掺杂离子. 由于离子半径以及电价的差异，这些离子在钛酸钡中的固溶度较小，但对材料的性质却有较大影响. 例如，Mn^{2+} 掺杂能有效降低介质损耗并促进瓷料烧结. 整体来说，异价离子掺杂会在材料中诱导产生空位缺陷，增加晶格畸变，阻碍晶界移动，抑制晶粒生长，使陶瓷材料利于形成细晶结构.

(3) 稀土离子掺杂. 稀土元素共计 17 种，包括镧系 15 种元素及钪 (Sc)、钇 (Y) 两种元素. 稀土离子化合价多为 +3 价，是异价掺杂中比较特殊的一类，也是对陶瓷改性十分重要的添加剂. 根据稀土离子半径不同，可在钛酸钡 A 位或者 B 位引入，分别作为施主杂质和受主杂质. 例如，稀土 Nd^{3+} 掺杂的 $BaTiO_3$ 在氮气气氛中烧结后，可以得到满足 X8R 性能要求的高介电常数陶瓷；对于 Ho^{3+} 掺杂 $BaTiO_3$，Y. Liu 等研究表明，当掺杂浓度在 0%~10% 范围内，随 Ho^{3+} 含量增加，会使居里峰宽化并向低温区移动；Y. H. Song 等研究表明，在 $BaTiO_3$ 中引入 Y^{3+} 掺杂，会使居里点向高温区域移动.

4. 居里峰的重叠效应

$BaTiO_3$ 的介电温谱中具有多个相变点，由于改性使两个或多个相变点相互靠近

时，不仅使相变点介电峰值提升，而且会使转变点之间的介电常数增加，类似于分立介电峰的叠加，这种现象称为重叠效应. 表面上看，重叠效应是相变点的叠加，本质上看实际是 $BaTiO_3$ 结构上的重叠. 这是由于陶瓷中存在不同晶粒所处晶相不一定完全相同，甚至同一晶粒内部也有不同晶相的情况，在外电场作用下，不同晶相均产生响应，从而在介电温谱中展现为重叠效应. 重叠效应可在等位、等价、等数置换型铁电固溶体中存在，如 $BaTiO_3$-$SrTiO_3$、$BaTiO_3$-$BaZrO_3$ 体系；也可在非等价、非等数置换固溶体中出现，如 $BaTiO_3$-$Ni_2Ta_2O_7$、$BaTiO_3$-$Mn_2Ta_2O_7$ 体系. 重叠效应是获得高介电常数铁电陶瓷的有效途径. 对于一些对温度稳定性要求不高的情况，也可采用重叠效应使居里点和四方到斜方的转变点都落在工作温区.

5. 晶粒尺寸效应

研究表明晶粒细化能起到提升 $BaTiO_3$ 陶瓷室温介电常数、改善介温特性的作用. 图 2.27 给出了不同晶粒尺寸 $BaTiO_3$ 陶瓷的介电温谱. 在一定晶粒尺寸范围内，晶粒大小变化对相变温度影响较弱，但可以看到晶粒尺寸降低能显著提升室温区介电常数，而且在低于居里温度较宽的温度范围内，细晶陶瓷的介电常数均比粗晶陶瓷的要高，这种现象称为铁电陶瓷介电常数的"晶粒尺寸效应". 需要指出的是，这里所说的晶粒尺寸效应不同于铁电体的本征尺寸效应. 本征尺寸效应一般指铁电微晶在自由状态时由于尺寸变化所呈现的效应.

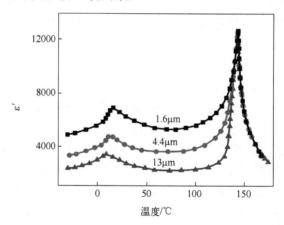

图 2.27 不同晶粒尺寸 $BaTiO_3$ 陶瓷的介电温谱(测试频率 1kHz)

对于 $BaTiO_3$ 陶瓷，当晶粒尺寸约为 $1\mu m$ 时，介电常数最高，若进一步减小晶粒尺寸至纳米量级时，介电常数值就会逐渐降低，这种规律性变化可以通过畴壁模型和应力模型综合来进行解释. 铁电陶瓷属于多晶体，包含晶粒和晶界. 就介电常数而言，晶粒的介电常数要高于晶界. 随晶粒尺寸减小，晶界所占的体积分数增大，这导致介电常数的降低，但是还需要考虑畴壁和内应力因素. 电畴尺寸与晶粒尺寸相关，研究表明电畴尺寸与晶粒尺寸的平方根成正比. 随晶粒尺寸减小，单位体积内畴壁面积增大，因此畴壁运动对介电常数的贡献增加，引起陶瓷介电常数增大. 畴壁对介电常数(ε')的贡献与晶粒尺寸(d)的关系为

$$\varepsilon' = \frac{C}{\sqrt{d}} \tag{2-40}$$

另外，晶粒尺寸降低也会引起陶瓷内应力的增加，这也是导致介电常数增大的重要原因. 因此，综合来看在微米尺度范围内，铁电陶瓷的介电常数会随晶粒尺寸的降低而增大. 然而，当晶粒尺寸进一步减小到纳米尺度范围时，由于晶体结构对称性增加，铁电性减弱，介电常数又会呈现降低的趋势.

6. 核壳结构

在 $BaTiO_3$ 基陶瓷的烧结制备过程中添加特定掺杂物，如稀土氧化物和五氧化二铌等，借助添加物非均匀梯度扩散的特点，可促进陶瓷显微组织中形成不均匀的"核壳"结构. 其中，"核"区对应纯 $BaTiO_3$ 或者杂质含量较少的 $BaTiO_3$ 相，"壳"区对应富含杂质的 $BaTiO_3$ 顺电相或弱铁电相. 这种显微结构的陶瓷具有较好的介电常数温度稳定性，适用于陶瓷电容器.

图 2.28 给出了 Y_2O_3 掺杂 $BaTiO_3$ 基陶瓷的介电温谱. 室温以上呈现双峰构型，整条曲线在 125℃以下变化较为平坦，具有较好的温度稳定性. 在介电温谱中，125℃附近的介电峰为居里峰，主要来源于"核"区(含少量钇离子的 $BaTiO_3$)相变，室温附近的介电峰主要来源于"壳"区(富含钇离子的 $BaTiO_3$)相变.

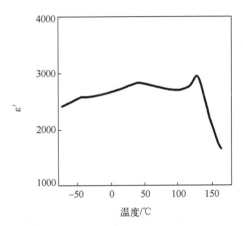

图 2.28 具有"核壳"结构 Y_2O_3 掺杂 $BaTiO_3$ 基陶瓷的介电温谱

2.4.6 钛酸钡基陶瓷配方

为了获得具有预期性能的钛酸钡陶瓷，配方是基础，生产工艺是重要条件. 铁电陶瓷配方是根据使用要求确定的，通常希望瓷料具备的条件有：①在工作温区，具有尽可能大的介电常数；②介电常数或电容值随温度的变化率尽可能小；③抗击穿性能强；④介质损耗低；⑤介电常数或电容值随交、直流电场的变化尽可能小；⑥老化率尽可能小. 对于实际的铁电陶瓷，要同时具备这些指标是不可能的，只能从具体需求出发，突出重点指标.

下面以比较突出的某一种性能指标来分类介绍几种铁电介质瓷料的配方.

1. 强介铁电瓷料

陶瓷电容器微小型化需要介电常数尽可能高的瓷料,若以此为主要考虑点,通常在钛酸钡中加入适当的移峰物质,将居里点移至工作温区,一般要求移峰之后介电峰值不被压低,应使介电峰值有所提升. $BaTiO_3$-$CaSnO_3$ 系列是我国最早研制的强介铁电瓷料,可用于小型大容量电容器的制备. 图 2.29 给出了一种典型的 $BaTiO_3$-$CaSnO_3$ 系强介陶瓷材料的介电温谱. 该瓷料的组成为 $BaTiO_3$(91.04%)、$CaSnO_3$(8.96%)、ZnO(0.20%)、$MnCO_3$(0.10%). 烧结温度为(1360±20)℃. 从图 2.29 中可以看出,此种陶瓷的室温介电常数很大,对应形成的电容器电容量也很大,但介电常数与电容受温度影响较大,随温度变化比较剧烈. 例如,在温度为−40℃或＋85℃时,陶瓷的介电常数或者电容器容量只有常温时的 10%～20%,温度稳定性较差,此类瓷料在一些对温度稳定性要求比较高的电子器件应用中会受到限制.

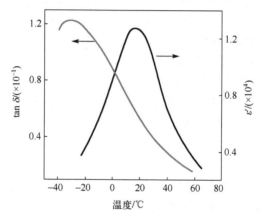

图 2.29　典型的 $BaTiO_3$-$CaSnO_3$ 系强介陶瓷材料的介电温谱

2. 温度稳定型瓷料

典型的温度稳定型瓷料是 $BaTiO_3$-$Bi_2(SnO_3)_3$,该类瓷料介电常数随温度变化不大,温度稳定性较好. 典型的配方为 $BaTiO_3$(94.8%)、SnO_2(2.11%)、Nb_2O_5(1.01%)、Bi_2O_3(1.83%)、ZnO(0.31%). 烧结温度为 1370℃. 室温 20℃,测试信号频率 1kHz 下,陶瓷的 ε'约为 2400,$\tan\delta$ 为 130×10^{-4},电阻率为 2×10^{12}Ω·cm. 在−55～25℃温度区间,介电常数的变化率为+4.5%;在 25～85℃温度区间,介电常数的变化率为−1.25%.

3. 耐高压瓷料

高压铁电瓷料的设计应注意钛酸钡陶瓷在居里点上下具有不同击穿的特征. 在

居里点以下，属于边界层击穿；居里点以上，对应晶粒击穿. 此外，电场对钛酸钡陶瓷的居里点也有影响. 研究表明，每 1kV/cm 的电场强度可使陶瓷居里点升高 0.8℃. 因此，电场作用可使本来属于晶粒击穿的瓷料转变为边界层击穿. 增强钛酸钡陶瓷材料耐高压性能，经常采用的途径有设计适当的组成、微结构，尽量使陶瓷细晶化，并具有高的致密度. 例如，某耐高压钛酸钡基瓷料的配方为 $BaTiO_3$（90%）、$CaZrO_3$（4%）、Bi_3NbZrO_9（3%）、ZnO（1.2%）、$MnCO_3$（0.1%～0.2%）、CeO_2（0.2%～0.4%）. 该瓷料居里温度在 $-10\sim-20$℃之间，ε'约为 6000，$\tan\delta \leqslant 100\times10^{-4}$，电阻率 $\rho \geqslant 1\times10^{11}\Omega\cdot cm$，击穿场强 $\geqslant 8kV/mm$. 在 $-55\sim25$℃温度区间，电容器电容量的变化率为 $\Delta C/C \leqslant \pm50\%$.

2.4.7　陶瓷生产工艺与电容器的包封

本部分主要介绍铁电电容器陶瓷生产的重点工序，并讨论相关工艺原理和生产要点，最后简单介绍铁电陶瓷电容器的包封.

1. 烧块的合成

铁电陶瓷生产过程中，通常需要预先合成不同类型的烧块. 烧块合成的物理化学过程主要包含四个阶段，分别为热膨胀阶段、固相反应阶段、收缩阶段和晶粒大小阶段. 以 $BaTiO_3$ 为例，室温到 700℃之间，烧块受热膨胀，但未发生化学反应，该过程为热膨胀阶段；700～1100℃之间，属于固相反应阶段，化学原料 $BaCO_3$ 与 TiO_2 开始固相反应，烧块容重降低，生成 $BaTiO_3$，同时产生 CO_2 气体；1100～1360℃之间，属于收缩阶段，烧块容重快速增大，产生明显收缩；在 1200～1250℃以后，对应晶粒大小阶段，晶粒出现显著生长.

2. 备料和成型

根据陶瓷配方进行配料，经过混合和磨细，按照不同成型工艺的要求，在产物中加入一定量的胶黏剂或增塑剂进行成型. 综合考虑陶瓷的工艺性能与瓷件的形状要求，可以选择干压、轧膜、挤制和流延等途径实现成型. 干压与轧膜成型的瓷料通常用聚乙烯醇作为胶黏剂；挤制成型一般采用甲基纤维素、糊精和聚乙烯醇作为胶黏剂；流延工艺通常利用聚乙烯醇和聚乙烯醇缩丁醛等作为胶黏剂.

对于铁电陶瓷介质，生产中常采用干压成型方法. 干压所用粉料通常需要预先造粒，这是因为分散度较高的粉料比表面积大、堆积密度小，直接干压成型得到的瓷坯初始密度较低. 另外，粉料中也容易裹入空气，造成加压时弹性后效作用显著，最终导致加压时坯体的层裂. 通过造粒可以有效增加瓷坯密度，避免成型层裂，改善成型质量. 目前常用的造粒方法有加压造粒法和喷雾造粒法. 干压成型的优点是操作简单、成本低、生产效率高、坯体尺寸比较精确，缺点是设备投资大，模具的制备比较复杂. 干压成型常用设备有自动液压机、杠杆压机等.

对于一些较薄的小型圆片形电容器陶瓷可采用轧膜后冲片的途径成型. 轧膜成型是将含有胶黏剂(如聚乙烯醇溶液)的黏性粉料在轧膜机上挤压成膜片，再通过冲片获得所需形状和尺寸坯片的过程. 用于轧膜工艺的聚乙烯醇聚合度在 1600～1700 之间为宜，过大、过小都不利于轧制致密良好的瓷膜. 聚乙烯醇聚合度过小，黏结性降低，坯片强度降低，脆性增大；聚合度过大，坯片弹性过强，折叠轧制时，膜片间不易黏合成整体. 铁电电容器瓷料轧膜所用的胶黏剂配比如下(质量比)：瓷粉(100)、聚乙烯醇干粉(4.17～5.25)、甘油(3～5)、蒸馏水(20.8～30.0).

3. 排胶和烧成

排胶是制备陶瓷工序中重要的一步. 该过程是提前排出坯体中有机胶黏剂，避免陶瓷烧成时有机物大量熔化、分解与挥发所导致的坯体变形、开裂或形成较多气孔等缺陷. 轧膜和流延制备的坯体通常含较多胶黏剂，因此，在烧成前应进行排胶. 图 2.30 给出了 $BaTiO_3$ 瓷坯在不同温度下排胶 30min 冷却到室温后的抗折强度. $BaTiO_3$ 瓷料中加入聚乙烯醇胶黏剂，质量分数分别为 1%和 10%，经 200MPa 压力成型，然后在 80℃下干燥 16h，得到 $BaTiO_3$ 瓷坯. 实验表明，瓷坯经 400℃排胶后的强度最低；800～1000℃排胶后，瓷坯获得一定的机械强度；经 1000℃以上排胶后，瓷坯强度增大较快，能到 60～70MPa.

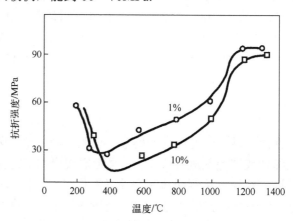

图 2.30　坯体抗折强度与排胶温度的关系

烧成是功能陶瓷生产工艺中的关键环节. 陶瓷坯体在高温锻烧过程中，进行着烧结、晶粒生长、溶质脱溶或晶界分凝等过程，而在烧结后期有时出现二次再结晶. 烧结是瓷料烧成中的一个基本过程，其他过程通常与烧结交织在一起. 烧结一般分固相烧结和液相参与下的烧结(也称固液烧结). 陶瓷坯体可看作细颗粒瓷料的集合体，具有很大的自由表面和表面自由能，在烧结过程中，随着颗粒间接触面积的增大和气孔的排除，坯体中的自由表面逐渐减少，整个体系的吉布斯自由能也逐渐降低. 晶粒生长是指陶瓷烧结过程中晶粒平均大小呈均匀连续性生长的过程. 该过程中晶粒尺寸虽然长大，但是晶粒的相对大小没有发生显著变化，因此，陶瓷呈现等粒状结构. 晶粒生长的动力是晶粒间的界面能，即由于晶界面积减少而导致晶粒长大的体系的能量差. 溶质的晶界偏析和脱溶是指，烧结过程中，随着晶粒生长和晶格缺陷的消除，溶于晶格中的离子有自晶粒内部向晶界富集，在晶界上产生偏析甚至脱溶出来的现象. 对于 $BaTiO_3$ 陶瓷来说，一些离子半径相差较大或电价并不相等的外来离子更倾向于发生晶界偏析和脱溶. 二次再结晶通常出现在烧结后期，当富集在晶界上的杂质阻碍了晶粒的正常生长之后，往往有少数尺寸比其他晶粒大得多的晶粒仍然继续长大. 这些大颗粒的晶界可以越过晶界间的杂质和闭气孔，并迅速地吞并掉周围的小颗粒，突然变得十分庞大. 二次再结晶形成的少数异常庞大的晶粒，以及晶粒内部较大闭气孔组织结构的出现，会严重影响陶瓷的性能，实际生产中应采取措施避免出现二次再结晶.

4. 铁电陶瓷电容器的包封

获得合格的铁电陶瓷介质后，需要再经过被覆烧渗电极、焊接引线、涂覆包封料、检验分级、打印标记等工序，才能得到陶瓷电容器产品，经过总检验合格，最后进行产品包封. 包封也是铁电陶瓷电容器制造中重要的一环，其主要作用是提高铁电陶瓷电容器的防潮性能和可靠性，当然也能起到提高电晕电压、击穿强度、机械强度和装饰的作用. 包封过程中的包封料通常采用热固性的改性环氧树脂或改性酚醛树脂类高分子化合物. 包封后，加热到适当温度，树脂通过聚合作用而固化.

2.4.8 铁电陶瓷介质材料的应用

如前所述，低介电常数和高介电常数电介质陶瓷的极化与外电场呈正比线性关系，也就是说当外电场撤掉后，介电陶瓷的极化强度随即降为零，这种极化属于感应式极化. 与低介电常数和高介电常数电介质陶瓷不同，铁电陶瓷极化强度与外电场之间存在非线性关系，介电常数也随外电场强度的改变而变化，即介电常数也具有非线性行为. 在温度与介电性能的关系上也有类似特点，低介电常数和高介电常数电介质陶瓷的介电常数(或电容值)与温度之间几乎呈线性关系，然而，铁电陶瓷的介电常数随温度呈现非线性变化，甚至有些材料的介电常数(或电容值)随温度的变化十分剧烈. 铁电陶瓷介质的介电常数(或电容值)随温度变化的特性，一般用一定温度范围内介电常数(或电容值)的变化率来反映

$$\frac{\Delta\varepsilon}{\varepsilon}(\%) = \frac{\varepsilon_T - \varepsilon_{\text{base}}}{\varepsilon_{\text{base}}} \times 100\% \qquad (2\text{-}41)$$

$$\frac{\Delta C}{C}(\%) = \frac{C_T - C_{\text{base}}}{C_{\text{base}}} \times 100\% \tag{2-42}$$

其中，$\varepsilon_{\text{base}}$ 和 C_{base} 分别对应基准温度(如室温 20℃或 25℃)时的介电常数和电容值；ε_T 和 C_T 依次表示限定温度区内温度为 T 时对应的介电常数和电容值. 铁电陶瓷介质损耗相对较大，$\tan\delta$ 一般在 10^{-2} 量级，而且当外电场频率超过某一数值后，$\tan\delta$ 随频率的继续升高会急剧加大，所以通常在低频范围使用. 电容器在交变电场中工作时，损耗功率(P)满足以下关系：

$$P = U^2 2\pi f C \tan\delta \tag{2-43}$$

其中，U 为工作电压；f 为工作频率；C 为电容器电容值.

由于铁电陶瓷介电常数高，因此铁电陶瓷电容器与同容量的低介或高介陶瓷电容器相比，几何尺寸更小. 然而，因为 $\tan\delta$ 较高，不合适在高频下工作，故铁电陶瓷电容器一般适用于低频或直流电路. 综合来看，铁电陶瓷材料可以用来制作大容量电容器、高压电容器、多层陶瓷电容器、半导体陶瓷电容器、红外探测器等. 此外，在使用铁电陶瓷电容器时，要注意瓷料老化引起电容量随时间下降以及随温度和电场变化的问题. 在高温和直流电场作用下，要注意银离子电迁移以及由此引起的电气性能恶化问题. 作为高压电容器使用时，应注意反复充放电，在低于击穿电压情况下，因反复充放电而破坏的问题. 需要说明的是，纯钛酸钡陶瓷电容器性能一般，可通过陶瓷改性显著提升电容器性能，以满足实际使用要求. 目前开发出的钛酸钡基瓷料相对较多，有适用于制作小型大容量的瓷料，有适用于高压的瓷料，也有温度稳定性较好、介质损耗较低的瓷料.

2.5　半导体陶瓷介质材料

半导体陶瓷材料与人们的生活息息相关，然而，半导体陶瓷并非一开始就具有半导特性. 20 世纪 50 年代以来，科学家发现本来是绝缘体的金属氧化物陶瓷，如 $BaTiO_3$、TiO_2、ZnO 等，在引入其他微量杂质或特殊处理后，这些材料的导电能力能明显提升，材料电阻介于绝缘体和金属之间，这就是半导体陶瓷. 半导体陶瓷介质材料，也称Ⅲ类陶瓷介质材料，其半导化是将该陶瓷的晶粒转变为半导体，再通过氧化或扩散等方式，在瓷介质表面或晶界处形成电容性绝缘介质层. Ⅲ类陶瓷介质材料的介电常数很大，这有利于电容器小型化. 此类材料应用广泛，如正温度系数陶瓷热敏电阻(PTC 热敏电阻)、$BaTiO_3$ 陶瓷二次电子倍增管、ZnO 非线性压敏电阻、陶瓷电容器等. 本节主要关注电容器用半导体陶瓷介质材料，这种类型的陶瓷介质在基础研究、应用研究、生产和应用领域被广泛关注，近年来发展迅速，是具有重要研究意义和商业生产价值的功能材料.

2.5.1　钛酸钡陶瓷半导化

钛酸钡是制备半导体陶瓷电容器的重要材料之一，这里以钛酸钡陶瓷的半导化为例进行讨论. 钛酸钡的禁带宽度约为 3eV，室温电阻率约为 $10^{12}\Omega\cdot cm$，其半导化是制造半导体陶瓷电容器的关键工艺之一. 大量的理论研究表明钛酸钡陶瓷半导化的途径主要有施主掺杂半导化、强制还原半导化和 AST（$Al_2O_3+SiO_2+TiO_2$）掺杂半导化.

1.　施主掺杂半导化

利用 La^{3+}、Y^{3+} 等离子半径与 Ba^{2+} 相近的三价离子替代 Ba^{2+} 或者用 Nb^{5+}、Ta^{5+} 等五价离子置换 Ti^{4+}，可制备出电阻率为 $10^3\sim10^5\Omega\cdot cm$ 或更低的 n 型钛酸钡半导体陶瓷材料. 研究表明，施主加入浓度对钛酸钡陶瓷材料电阻率有显著影响，浓度偏大或偏小时电阻率均有所提高. 对于确定的施主类型，只有加入浓度为某一特殊量时，材料的电阻率才最小，如图 2.31 所示. 这种施主掺杂半导化是由电价控制而得到的，称此类半导体为价控半导体. 对于该类半导体，施主掺杂浓度应严格限制在较狭窄的范围，否则材料会成为电阻率很高的绝缘体. 生产中，采用高纯度原料通过施主掺杂制备钛酸钡半导化陶瓷，只需控制施主掺杂浓度在一个合理的较小范围内，在空气中烧成即可实现材料半导化.

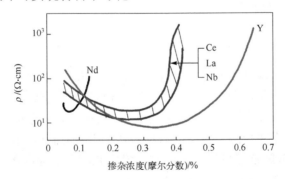

图 2.31　几种施主掺杂浓度对钛酸钡陶瓷电阻率的影响

举例：La^{3+} 作为施主掺杂离子，用化学式表达这种掺杂半导化的过程，可以写成

$$Ba^{2+}Ti^{4+}O_3^{2-} + xLa^{3+} \rightarrow Ba_{1-x}^{2+}La_x^{3+}[Ti_{1-x}^{4+}(Ti^{3+})_x]O_3^{2-} + xBa^{2+} \qquad (2-44)$$

其中，$(Ti^{3+})_x$ 即 $(Ti^{4+}\cdot e)_x$.

若采用化学纯原料或工业纯原料时，施主掺杂的浓度和配方中其他加入物的浓度必须根据原料的具体情况进行相应调整.

2.　强制还原半导化

在真空、惰性气氛或还原气氛中烧结或热处理钛酸钡时，材料中的氧脱离晶格位置以分子状态逸出,形成氧离子空位施主杂质,从而实现半导化. 通过强制还原法,可以得到电阻率为 $10^2 \sim 10^6 \Omega \cdot cm$ 的半导体陶瓷,其半导化的机理可用以下化学式表示:

$$Ba^{2+}Ti^{4+}O_3^{2-} \longrightarrow Ba^{2+}[Ti_{1-2x}^{4+}(Ti^{3+})_{2x}]O_{3-x}^{2-}V_O + \frac{1}{2}xO_2 \uparrow \qquad (2\text{-}45)$$

其中,V_O 为氧空位;Ti^{3+} 可视为 $Ti^{4+} \cdot e$.

采用强制还原法制备钛酸钡半导体陶瓷时,不一定选择高纯原料,用一般工业纯原料也可以. 需要指出的是,利用这种方法获得的陶瓷,通常不呈现 PTC 效应.

3. AST 掺杂半导化

利用一般的工业纯原料制备半导体陶瓷时,由于原料纯度不高,含有较多杂质,如 Fe^{3+}、Mn^{3+}、Cr^{3+}、Na^+、K^+ 等,在烧结过程中,这些杂质往往会取代 Ba^{2+} 或 Ti^{4+} 成为受主,阻碍半导化. 当在瓷料中引入适量的 $Al_2O_3 + SiO_2 + TiO_2$(AST)等掺杂物时,由于 AST 等在钛酸钡中的溶解度很小,在较高的温度下可与其他氧化物形成熔融的玻璃相,形成胶结钛酸钡晶粒的晶界层,同时把一些对半导化起不利作用的受主杂质吸收到玻璃相中,净化了钛酸钡晶粒,从而消除或削弱了这些受主杂质对钛酸钡陶瓷半导化的有害作用.

2.5.2 影响半导化的因素

1. 杂质类型与浓度的影响

如前所述,施主掺杂浓度对钛酸钡半导化有直接影响,要获得低电阻率材料,掺杂浓度应控制在一定的范围内. 另外,研究表明,受主杂质离子是已知的妨碍钛酸钡陶瓷半导化的杂质,其加入量要严格控制,否则,将不能实现材料的半导化. 另外,生产中也往往需要把陶瓷材料的居里峰移至需要的温度. 如 Sr^{2+} 置换 Ba^{2+} 或者 Sn^{4+} 置换 Ti^{4+} 能显著降低居里温度,而 Pb^{2+} 置换 Ba^{2+} 则能提高居里温度.

2. 化学计量偏离率的影响

化学计量偏离率也是影响材料半导化的重要因素,很多研究表明这种影响是不能忽略的. 若用 x 表示组成为 $Ba_{0.998}Ce_{0.002}TiO_3 \pm xTiO_2$ 陶瓷的化学计量偏离率,如图 2.32 所示,钛离子过量引起的电阻率变化要比钡离子引起的电阻率变化平缓. 钛离子适当过量能使材料电阻率降低,钡离子过量则能提高材料的绝缘性.

3. 烧成条件的影响

钛酸钡陶瓷的电阻率也受烧成温度、升温速率、保温时间、烧成气氛、冷却气氛和冷却速度等的影响. 研究表明,还原性气氛、缺氧气氛、中性气氛和惰性气氛

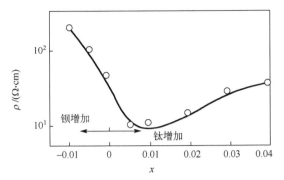

图 2.32　$Ba_{0.998}Ce_{0.002}TiO_3 \pm xTiO_2$ 陶瓷的化学计量偏离率与陶瓷材料电阻率的关系

有利于钛酸钡陶瓷的半导化. 图 2.33 给出了烧成温度和保温时间对 $Ba_{0.998}Ce_{0.002}TiO_3$ 陶瓷材料电阻率的影响.

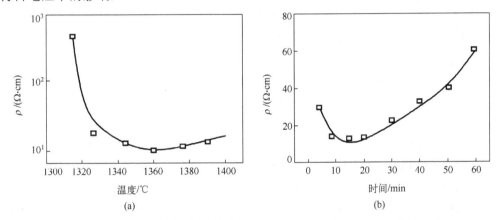

图 2.33　电阻率与烧成温度的关系（升温速度 300℃/h，保温时间 20min，急冷到室温）(a)，
　　　　 电阻率与保温时间的关系（升温速度 300℃/h，急冷到室温）(b)

2.5.3　半导体陶瓷介质电容器的分类与性能

微小型化是半导体陶瓷介质电容器发展的重要方向之一，其实现的基本途径是提高材料的介电常数并减薄介质层厚度. 该种电容器主要包含表面层型和晶界层型陶瓷电容器.

1）表面层陶瓷电容器

表面层陶瓷电容器是在钛酸钡等半导体陶瓷表面上形成一层厚度为 $0.01 \sim 100\mu m$ 的绝缘层作为介质层（电阻率达 $10^{12} \sim 10^{18}\Omega \cdot cm$），而半导体陶瓷本身视为等效串联电阻. 这种方式既利用了铁电陶瓷高的介电常数，又有效地减薄了介质层厚度，是制备微小型陶瓷电容器的有效途径. 图 2.34 给出了表面层陶瓷电容器的结构示意图和等效电路图.

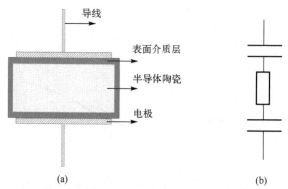

图 2.34 表面层陶瓷电容器的结构示意图(a)和等效电路图(b)

表面层陶瓷电容器陶瓷介质表面形成绝缘主要有三种方式.

(1)还原-氧化法. 把高温烧结的钛酸钡半导体陶瓷放入还原气氛，在 800～900℃ 热处理，使材料表面少量的氧被强制还原，进一步半导化. 然后，将半导体陶瓷置入氧化气氛中，在 500～900℃ 加热氧化形成表面绝缘层. 该方式获得的绝缘层较薄，单位电容量通常为 0.05～0.06μF/cm^2.

(2)形成 pn 结阻挡层. 通过被银将银电极涂覆于钛酸钡半导体陶瓷表面，由于银的电子逸出功较大，在电场作用下，会在陶瓷与电极的接触面上形成缺乏电子的薄层，即阻挡层. 该阻挡层本身存在着空间电荷极化，半导体陶瓷与银电极之间的这种阻挡层构成了实际的介质层. 另有研究表明，被银过程高温烧渗时，会形成 Ag_2O. Ag_2O 属于 p 型半导体，而半导体陶瓷为 n 型半导体，二者之间会形成 pn 结，因此表面阻挡层电容器也称为 pn 结电容器，其单位电容量可达 0.4μF/cm^2，但绝缘电阻率低，只有 $(0.5\sim1)\times10^6\Omega\cdot cm$. 该类型电容器抗击穿性能差，通常只能在较低电压下工作.

(3)形成电价补偿表面层. 利用涂覆、电镀、蒸发、电解等途径在半导体陶瓷表面覆盖一层受主杂质(例如 Ag^+ 置换 Ba^{2+}，Cu^{2+} 置换 Ti^{4+})，然后进行热处理(700℃以上). 热处理过程中受主金属离子在半导体表面扩散，表面层在受主杂质的毒化作用下会变为绝缘性的介质层. 由此介质层形成的电容器也称为电价补偿表面层电容器，其单位电容量可达 0.08μF/cm^2. 该电容器相比于阻挡层型电容器来说，其绝缘电阻和工作电压都有明显提升.

2)晶界层陶瓷电容器

在晶粒发育比较好的钛酸钡半导体陶瓷表面涂覆一层 CuO、Cu_2O、MnO_2、Bi_2O_3、PdO-Bi_2O_3-B_2O_3、Na_2O-SiO_2、MnO_2-Bi_2O_3 等低熔点金属氧化物，在适当温度高温热处理. 由于物质在晶界上的扩散速度比在晶粒内部高得多，所以经过热处理后，这些金属氧化物会在晶界上形成一层薄的绝缘介质层，而晶粒仍然保持良好的半导性. 绝缘性晶界层的厚度约为 0.5～2μm，电阻率可达 $10^{12}\sim10^{13}\Omega\cdot cm$. 由此类型材料形成的电容器称为晶界层陶瓷电容器.

晶界层陶瓷电容器的特点：①介电常数高. 图 2.35 给出了晶界层陶瓷电容器的结构示意图和等效电路图. 可以看出，整个电容器可等效为由很多半导体晶粒和绝缘晶界层形成的众多小电容器的并联和串联. 由于每个小电容器的电容量很大，使得陶瓷材料整体的介电常数也很高，可达 $(2\sim8)\times10^4$. ②抗潮性良好. 晶界层陶瓷材料必须经二次煅烧工序，煅烧会使气孔等缺陷削减，材料致密度提高，抗潮性提升. ③可靠性高. 涂覆的氧化物在二次煅烧后形成的晶界层绝缘性能很好，这就明显提高了晶界层陶瓷电容器的可靠性. ④温度稳定性好. 与相应的普通电容器比较，晶界层陶瓷的介电常数、电容量表现出较好的温度稳定性. ⑤工作电压较高. 晶界层陶瓷电容器可在较高电场下工作，这是表面层陶瓷电容器不能达到的. ⑥阻抗低. 用作高频(100MHz 以上)旁路电容器时，晶界层陶瓷电容器的阻抗可设计得比其他电容器都小，是一种比较理想的宽带(约 1 GHz)旁路电容器. 除了以上的优点外，晶界层陶瓷材料的缺点是损耗较大.

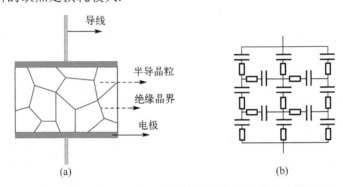

图 2.35　晶界层陶瓷电容器的结构示意图(a)和等效电路图(b)

晶界层陶瓷电容器是目前半导体陶瓷电容器生产和发展比较多的一类，图 2.36 给出了其制备工艺流程.

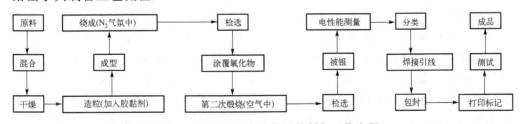

图 2.36　晶界层陶瓷电容器的制备工艺流程

2.6　片式多层陶瓷电容器

陶瓷电容器具有体积小、容量大、结构简单、成本低、品种多等特点，在通信

从手机中的
MLCC 说起

设备、工业仪器仪表、家用电器等领域存在广泛应用. 按照结构不同,陶瓷电容器主要包含单层陶瓷电容器(圆片电容器)和片式多层陶瓷电容器(MLCC)两种,其中 MLCC 目前应用最为广泛. MLCC 被誉为"电子工业大米",2019 年全球出货量达到 4.5 万亿颗,市场规模达到 120 亿美元. 除了具备一般陶瓷电容器的特点之外,MLCC 还具有可靠性高、比容大、介质损耗小、固有电感小、等效串联电阻小、性价比高等优点. 由于 MLCC 几何结构特点,此类电容器与表面安装技术(SMT)具有很好的适应性,可方便地被贴装于印制电路板(PCB)、混合集成电路(HIC)基片上,能有效地减小电子产品的体积和质量. 目前,MLCC 已成为电容器市场的主流,用量很大,正逐渐取代铝、钽电解电容器、圆片陶瓷电容器和有机薄膜电容器. MLCC 属于基础元器件,大到机器人、汽车、飞机、轮船、卫星等精密设备,小到手机、平板电脑、智能手表等便携式终端,都需要使用它,所以 MLCC 是现代社会的刚需基础元器件,优化 MLCC 产能和产品结构十分重要. 目前,国内 MLCC 发展与国外还存在一定的差距,该领域需要更多科研人员与企业深入探索研究,掌握关键核心技术.

2.6.1　片式电子元器件简介

电子元器件是现代科学技术广泛关注的一个重要领域,是先进电子整机设备的物质基础. 国际上将电子元器件分为主动元件和被动元件两大类. 主动元件(active component)是当其获得能量供给时能够实现电信号激发放大、振荡、控制电流或能量分配等主动功能甚至执行数据运算、处理的元件. 主动元件包括各种晶体管、IC、影像管和显示器等. 被动元件(passive component)是指不能对电信号激发放大、振荡等,对电信号的响应是被动顺从的,而电信号按原来的基本特征通过电子元件. 被动元件包括电阻、电容、电感等. 对于电子元器件,国内主要将其分为有源元器件与无源元器件两大类. 有源元器件对应的是主动元件. 二极管、三极管、场效应管、晶闸管和集成电路等这类电子元器件工作时,除了输入信号外,还要有激励电源才能正常工作,所以称为有源元器件. 无源元器件与被动元件对应. 电容、电阻和电感类元件在电路中有信号通过就能完成规定功能,无需外加激励电源,因此称为无源元器件. 按照无源元器件在电子电路中所发挥的功能一般分为电路类器件(如电容器、电阻器、电感器等)和连接类器件(如连接器、电路板、插座等). 无源元器件种类很多,用量也更大,目前能占到电路元器件总数量的80%和电路空间的70%. 电容器、电阻器、电感器是目前用量最大的三种典型无源元器件. 随着科学技术的快速发展,电子整机设备体积趋于微型化,而性能与可靠性则向更高水平发展,与之对应,电子元器件由大、重、厚转向小、轻、薄方向发展,片式电子元器件和 SMT 应运而生.

片式电子元器件是无引线或短引线的新型微小电子元器件,是 SMT 的专用元器件，适合在无通孔的印制板上集成. 相比于普通电子元器件，片式电子元器件直接安装在印制板上，所有焊点均在一个平面上，主要具有三方面的特点：①尺寸小，重量轻，节省了原材料，降低了成本，且安装密度高，促进了整机的小型化、薄型化和轻量化，易于自动化组装和大规模生产；②可靠性高、形状简单、贴焊牢固，具有优异的抗振动和冲击能力；③无引出线或短引出线结构降低了引线带来的寄生电容、寄生电感和等效串联电阻，提升了电子元器件的高频特性，可增强抗电磁干扰和射频干扰能力.

信息技术产业是关系国民经济安全和发展的战略性、基础性、先导性产业，也是世界各国高度竞争的领域. 片式电子元器件是支撑信息技术产业发展的基石，也是保障产业链、供应链安全稳定的关键. 面对百年未有之大变局和产业大升级、行业大融合的态势，加快片式电子元器件及配套材料和设备仪器等基础电子产业发展，对于推进信息技术产业现代化、实现国民经济高质量发展具有重要意义.

2.6.2 MLCC 的结构

MLCC 整体结构类似于单层片状电容器的并联，其特点是由印有电极(内电极)的瓷介质坯体膜片以错位的方式叠合起来，经高温煅烧形成陶瓷芯片，再在芯片两端涂上金属层(端电极)，形成独石结构，因此也称为独石电容器(monolithic capacitor)，如图 2.37 所示. MLCC 中端电极的作用是把同向引出的内电极连接起来，形成并联模式.

图 2.37 中 MLCC 的电容可由下式计算：

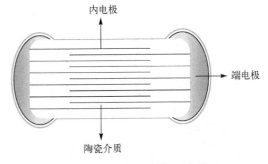

图 2.37 MLCC 结构示意图

$$C = \frac{\varepsilon'\varepsilon_0 S n}{t} \tag{2-46}$$

其中，ε' 和 ε_0 分别为电介质的相对介电常数和真空的介电常数；S 为有效面积(内电极交叠的面积)；t 为电介质膜的厚度；n 为电介质层数. 由式(2-46)可知，MLCC 电容值与电介质的介电常数、介质膜厚度、介质层数直接相关，可通过调整这些参数来改变器件电容.

MLCC 内电极设计主要有以下四种，如图 2.38 所示. 对于电容值为 2200pF 的 MLCC，广东风华高新科技股份有限公司的宋子峰等研究了四种不同内电极设计方案及其 500 MHz 下的等效串联电阻(R_{es})值(见表 2.16)，该电容器的尺寸为长×宽×厚 =2mm×1.25mm×0.80mm，误差级别是±10%，温度特性符合 X7R 标准.

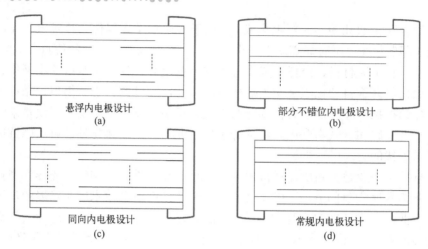

图 2.38   MLCC 内电极设计

表 2.16   2200pF 电容器四种设计方案中 R_{es} 值的结果

编号	目标电容量及误差	设计方案	n	$t/\mu m$	C/pF	$R_{es}/m\Omega$ (500MHz)
1	2200pF (±10%)	悬浮内电极设计	9	17	2210	171.02
2	2200pF (±10%)	部分不错位内电极设计	6	20	2228	194.39
3	2200pF (±10%)	同向内电极设计	4	20	2208	203.02
4	2200pF (±10%)	常规内电极设计	4	33	2213	213.82

从表 2.16 中可以看出,第 1 种(悬浮内电极设计)最优,其 R_{es} 值最低. 第 2 种(部分不错位内电极设计)方案相当于增加了 MLCC 内电极层数 n,内外金属电极接触好,金属损耗电阻减小,R_{es} 值降低. 第 3 种(同向内电极设计)方案对于提高电容值无直接作用,但加强了内外电极的接触,从而降低了接触电阻,R_{es} 值也略微降低. 第 4 种(常规内电极设计)方案的 R_{es} 值最高,但其制作工艺最简单,成本最低. 在一般电子电路中,只要符合电子电路要求,通常采用第 4 种方案.

从耐压角度来看,MLCC 有普通型和高压型两种. 对于普通型 MLCC,电介质与相邻电极形成单个电容器,这些单个电容器经并联最终构成整个 MLCC,如图 2.39(a)所示. 对于高压型 MLCC,电介质与相邻电极形成多个电容器,这些电容器构成串联电容,若干个串联电容经端电极并联起来最终构成整个 MLCC,如图 2.39(b)和(c)所示. 高压型 MLCC 中电容串联虽然会损失整体电容值,但带来的优势为比单个电容耐压性能大幅提升,这是其显著特点.

普通型 MLCC 内电极形状一般为直角矩形,而高压型 MLCC 则为圆角矩形,这是因为圆角能有效防止拐角处的电场集中. 高压型 MLCC 圆角内电极的半径由电容器两端所加电压和介质层厚度一起决定. 与高压型 MLCC 复杂内电极相伴,会存在更多特征尺寸,这些尺寸由电介质材料的电学属性和电容器工作电压决定,合理

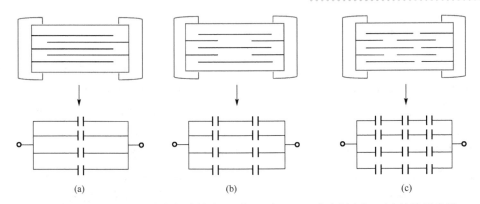

图 2.39 普通型 MLCC 内电极结构(a)和高压型 MLCC 内电极(b)、(c)结构示意图

的特征尺寸对于保证电容器电学性能和稳定工作具有重要意义. MLCC 中所使用的内电极材料有 Ni、Cu、Pd、Pd-Ag、Ag 等.

2.6.3 MLCC 的分类

MLCC 产品多种多样,分类方式也有多种,以下介绍几种常见的分类方式.

1. 按照烧结温度分类

(1)高温烧结型. 对应烧结温度在 1300℃以上,材料展现出优异的介电特性,由于高烧结温度,内电极要采用纯 Pt、纯 Pd、Pd-Pt、Au-Pd 合金电极等耐高温贵金属材料. 此类 MLCC 成本高,国内外只有少数厂家生产此类产品,民用受限,通常用于军工产品或特殊整机设备中.

(2)中温烧结型. 对应烧结温度约在 1000～1250℃之间,内电极可采用 Pd-Ag 合金材料. 如果降低瓷料烧结温度,则可用 Ag 含量较高的电极浆料,从而降低成本. 同时,烧结温度降低还能降低银离子迁移,提升 MLCC 的可靠性. 中温烧结型 MLCC 在民用与军工领域都有广泛应用.

(3)低温烧结型. 对应烧结温度低于 950℃,内电极可采用全 Ag 或 Pd 含量低的 Ag-Pd 合金浆料,因此低温烧结型 MLCC 成本显著降低. 但是,需要指出的是,在高温、高湿、强电流电场情况下银离子会向陶瓷介质内部迁移,导致材料绝缘性能下降,器件可靠性降低. 表 2.17 给出了可用于 MLCC 内电极的部分金属材料的物理性能.

表 2.17 可用于 MLCC 内电极的部分金属材料的物理性能

金属	熔点/℃	室温电阻率/($\Omega \cdot cm$)	烧结气氛
Pd	1554	9.93×10^{-8}	空气
Ag	961	1.60×10^{-8}	空气
Ni	1453	6.84×10^{-8}	还原性气体
Cu	1083	1.72×10^{-8}	还原性气体

2. 按照陶瓷介质的温度特性分类

(1) I 类温度补偿型固定电容器,其采用的介质材料主要是以顺电体为主晶相的线性介质,包括温度稳定型高频电容器和温度补偿型高频电容器. 温度稳定型高频电容器电性能几乎不随温度、电压和时间的变化而改变,适用于对稳定性要求高,损耗低的高频电路. 温度补偿型高频电容器容量受温度影响较大,适用于温度补偿电路. 根据美国电子工业协会(EIA)RS-198 标准采用"字母+数字+字母"代码形式表示 I 类陶瓷电容温度系数,如表 2.18 所示. 代码形式含义如下:第一部分(如字母 C)代表电容温度系数的有效数字;第二位部分代表有效数字的倍乘因数(如 0 即为−1);第三部分为随温度变化的容差(如字母 G). C0G 代表的电容温度系数为 $\pm 30 \times 10^{-6}/℃$,是较为常用的一类产品.

表 2.18　I 类陶瓷电容温度系数对照表

电容温度系数有效数字 /(×10⁻⁶/℃)	代码	倍乘因数	代码	随温度变化的容差 /(×10⁻⁶/℃)	代码
0	C	−1	0	±30	G
0.3	B	−10	1	±60	H
0.8	H	−100	2	±120	J
0.9	A	−1000	3	±250	K
1.0	M	−10000	4	±500	L
1.5	P	1	5	±1000	M
2.2	R	10	6	±2500	N
3.3	S	100	7		
4.7	T	1000	8		
7.5	U	10000	9		

(2) II 类温度补偿型固定电容器,其采用的介质材料是以铁电体为主晶相的非线性介质,通常应用于低频领域. 按照 EIA RS-198 标准,同样采用"字母+数字+字母"的代码形式表示 II 类陶瓷电容温度系数,如表 2.19 所示. 代码形式含义如下:第一部分字母(如字母 X)代表最低工作温度;第二部分数字(如数字 7)代表最高工作温度;第三部分字母(如字母 R)为随温度变化的最大容量变化 $\Delta C/C$,是根据工作温度范围内电容量相对于基准温度时的电容量变化来确定的. 例如,X7R 表示其工作的温度范围介于−55~125℃之间,电容器的电容值相对于基准温度时的电容量变化在−15%~+15%之间. II 类陶瓷电容器常用的型号有 X7R、Y5V、Z5U 等. 图 2.40 给出了 X7R、Y5V、Z5U 三种型号 MLCC 的温度稳定性曲线. X7R 在三者之中具有最好的温度稳定性. 对于 X7R 电容器,陶瓷介质通常采用钛酸钡基改性瓷料,ε' 一般为 1000~5000,在温度稳定性要求较高的电子电路中应用广泛. 统计研究表明,

MLCC 需求市场中 X7R 占总量 40%以上. Y5V 型电容器虽然容量很大，但是其对温度、电压等比较敏感，稳定性较差，只能用于温度变化不大或对温度稳定性要求不高的电路中. Z5U 电容器的温度特性介于 X7R 与 Y5V 之间.

表 2.19　Ⅱ类陶瓷电容温度系数对照表

最低工作温度/℃	代码	最高工作温度/℃	代码	最大容量变化 $\Delta C/C$	代码
−55	X	+45	2	±1.0%	A
−30	Y	+65	4	±1.5%	B
+10	Z	+85	5	±2.2%	C
		+105	6	±3.3%	D
		+125	7	±4.7%	E
		+150	8	±7.5%	F
		+200	9	±10%	P
				±15%	R
				±22%	S
				+22%/−33%	T
				+22%/−56%	U
				+22%/−82%	V

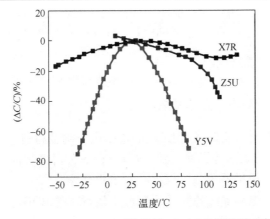

图 2.40　X7R、Y5V、Z5U 三种型号 MLCC 的温度稳定性曲线

3. 按照 MLCC 尺寸分类

根据 EIA 标准，MLCC 可分为 01005、0201、0402、0603、0805、1206、1210、1808、1812、2220 等规格，其中前两位表示长度，后两/三位表示宽度. 对于 MLCC，目前有两种不同单位规格在国际上均有使用，分别是英制单位英寸(in)[①]和公制单位

---

① 1 英寸=25.4 毫米.

毫米(mm). 二者可进行转化. 如英制 0402 规格转换为公制对应的规格是 1005. 表2.20 给出了 MLCC 尺寸规格英制与公制单位的对应关系.

表 2.20　MLCC 尺寸规格英制与公制单位的对应关系

英制规格/in	公制规格/mm	长度/mm	宽度/mm
01005	0402	0.40	0.20
0201	0603	0.60	0.30
0402	1005	1.00	0.50
0603	1608	1.60	0.80
0805	2012	2.00	1.25
1206	3216	3.20	1.60
1210	3225	3.20	2.50
1812	4532	4.50	3.20
2220	5750	5.70	5.00

4. 按照额定工作电压分类

MLCC 产品常见额定工作电压有 2.5V、3.9V、6.3V、10V、16V、25V、35V、50V、100V、200V、250V、500V、630V、1kV、2kV、3kV、4kV、5kV 等. 50V 的 MLCC 最为常见,低于 50V 的一般属于高层数、大容量产品. 习惯上把 100V 及以上的 MLCC 称为中高压产品,而 630V 以上的 MLCC 则称为高压产品.

2.6.4　MLCC 的产业发展概况

1. 电子陶瓷材料国内外产业发展现状

改性纳米钛酸钡材料是制备 MLCC 的重要电子陶瓷材料,其供应商主要是日本堺化学、日本化学、富士钛等日系企业. 美国 Ferro 公司也是提供电子陶瓷材料的重要厂商,市场占有率居世界第二,仅次于日本堺化学.

我国对钛酸钡基电容器陶瓷粉体研究起步较晚. 1982 年,南开大学、天津大学等单位开始研究制备钛酸钡和钛酸锶. 1985 年,河北辛集化工厂首次通过草酸盐共沉淀法制备出钛酸钡电子陶瓷粉体. 此后,湖北仙桃中星电子材料有限公司、河北邢台钢铁公司有色金属冶炼分厂、天津同生化工厂等也利用草酸盐共沉淀法生产钛酸钡粉体,但是这些企业的产销量不高. 此外,国内生产企业还有山东国瓷功能材料股份有限公司、锦州铁合金厂、核工业北京化工冶金研究院等. 但是,国内钛酸钡生产企业大多采用固相反应法,该方法制备的产品纯度不高、颗粒尺寸较大且不均匀,只能用于低端电子元器件. 对于高端钛酸钡粉体的需求主要依赖进口. 目前,山东国瓷功能材料股份有限公司是国内 MLCC 用电子陶瓷材料的主要生产企业,该公司利用高温高压水热工艺实现了高纯度、纳米级钛酸钡粉体的批量生产，打破了日本的垄断地位，填补了国内 MLCC 电子陶瓷材料的空白.

2. MLCC 产业国内外发展现状

圆片陶瓷电容器是早期陶瓷电容器市场的主流产品，然而，20 世纪六七十年代后，随着 Pd 和 Pd-Ag 内电极制作技术的不断完善，特别是 20 世纪 80 年代 SMT 的广泛应用，MLCC 产品逐渐成为市场主流. MLCC 产业大发展时期是 20 世纪 90 年代至 21 世纪初，在此期间，Ni 内电极取代了 Pd 和 Pd-Ag 内电极，使生产成本降低了 70% 以上，并在高容量和小型化方面也取得了较大发展. 在高容量方面，主要通过减小介质层厚度并增加层数来实现，如介质厚度目前可以做到 1μm，层数可达 1000 以上. 在小型化方面，从 20 世纪 90 年代初的 1206 规格，发展到 21 世纪初的 0402 规格，再到 2005 年后的 01005 规格，尺寸越来越小. 近年来，随着电子设备下游市场的发展，对电容器的需求越来越高. 日本企业村田制作所 (Murata)、太阳诱电株式会社 (Taiyo Yuden)、东京电气化学工业株式会社 (TDK)、京瓷 (Kyocera) 等凭借技术优势生产小尺寸、高电容值的产品，占据高端 MLCC 市场，整体市场占有率最高，是 MLCC 领域的龙头企业. 美国基美公司 (KEMET)、韩国三星电机、我国台湾地区的国巨和中新科技等也是全球主要的生产商.

从国内来看，MLCC 产业发展经历了四个阶段：第一阶段是 20 世纪 80 年代中期，原电子工业部下属 715 厂、798 厂以及一些省属企业从美国引进了 13 条生产线，使我国 MLCC 生产从早期轧膜成型工艺转到现代陶瓷介质薄膜流延工艺，从而在产品小型化和高可靠性方面获得突破进展；第二阶段是 20 世纪 90 年代前期，在此期间中外企业大量整合，风华集团崭露头角，技术上突破了三层端电极电镀工艺，引线式叠层陶瓷电容器过渡到完全表面贴装化的 MLCC；第三阶段是 20 世纪 90 年代中后期，我国发展成为全球电子整机生产基地，世界各大生产商在我国开设合资或独资企业，如北京村田、天津三星电机、上海京瓷、东莞太阳诱电等，该阶段的标志是贱金属电极 (base metal electrod，BME) 的低成本 MLCC 步入商业化；第四阶段为新旧世纪相交之际，BME 技术在我国台湾地区 MLCC 产业中全面普及，以国巨、华新为代表的企业打破了日系企业在 BME 方面的垄断地位，此外，以风华高科、深圳宇阳和潮州三环为代表的大陆企业也实现了 BME 的产业化，发展为 MLCC 产品国内主要企业. 历经近 30 年的发展，我国 MLCC 产业实现了从零到大规模产业化的过渡，产业规模占世界总量的 30% 左右.

从市场需求来看，MLCC 产品主要用于军用、工业类和消费类三个市场. 军用领域 MLCC 产品标准更高，不但要求电容量大、体积小、质量轻，还需在温度、酸碱环境、机械振动等复杂环境下稳定工作. 在"长征系列"运载火箭、人造卫星、"神舟系列"载人飞船中高端 MLCC 已经获得成功应用，取得了良好的经济效益和社会效益. 随着航空、航天、船舰、兵器、电子对抗等军事相关设备的快速发展，可以预计，高可靠 MLCC 产品需求未来会在国防事业中保持持续增长趋势. 工业类 MLCC 产品主要用于系统通信设备、医疗电子设备、工业控制设备、精密仪表仪器、汽车电子、轨道交通、石油勘探设备等工业类产品. 消费类 MLCC 市场包括笔记本式计算机、电话机、手机、专业录音与录像设备等. 由于智能消费类电子产品系统复杂性及功能增加，单机所需 MLCC 数量快速增加，带动了 MLCC 产业发展，"更小、更薄、高比容"是 MLCC 产品未来的发展方向.

2.6.5 MLCC 的技术发展趋势

随着科技的快速发展，人类所使用的电子产品体积越来越小、功能越来越丰富、成本越来越低，MLCC 技术发展可以看作当代电子产品飞速发展的一个缩影，其技术发展趋势呈现微型化、大容量化、低成本化、宽温与高频化、绿色环保化等特点.

1. 微型化

微型化是 MLCC 产品发展的一个主要方向，这是实现电子产品小型化的基础. 韩国三星电机首先上市 01005 型 MLCC 产品，平面尺寸为 0.4mm×0.2mm，是 0201 型 MLCC 的 1/3. 日本村田也随即推出 01005 型 MLCC，并广泛应用于智能手机、数码照相机等便携式消费电子产品. 目前，日系企业均能生产 01005 型产品，而国内厂商主要提供 0402 型和 0201 型 MLCC 产品. MLCC 产品的微型化不仅需要平面尺寸降低，而且厚度也要减小. 例如，日本京瓷生产的超薄 0402 型 MLCC 的最大厚度为 0.356mm. 实际生产中，MLCC 产品的微型化与 SMT、电极接合技术、高密度积层技术的发展密不可分，均需与微型化兼容.

2. 大容量化

20 世纪 80 年代，MLCC 的电容量大多低于 $1\mu F$. 90 年代以来，电容量提升至 $10\mu F$ 以上，到 2000 年，$100\mu F$ 的 MLCC 产品上市. 目前，$100\mu F$ 以下的 MLCC 是消费电子市场的主力，而 $100\mu F$ 以上的市场则以钽、铝电容器为主，大容量 MLCC 的发展是世界各国研究的重要方向. 根据 MLCC 的结构，要提高电容量，需要采用高介电常数介质材料和更多层数. 体积不变的情况下，超薄介质膜是实现高容量 MLCC 的有效途径，这需要超细粉介质材料和高质量积层技术. MLCC 介质层厚度现已发展到 $1\mu m$ 以下. 日系企业太阳诱电是大容量 MLCC 的龙头企业，其 $1\mu F$ 以上产品的全球占有率高达 37%.

3. 低成本化

MLCC 制备过程中需要内电极与介质材料共同烧结，然而，常用的钛酸钡基材料烧结温度较高,在空气环境下,只有熔点高、难氧化、具有低电阻率的贵金属(如 Pt、Pd 或 Pd-Ag 合金)才能作为内电极材料,这导致电极成本较高,尤其对于层数很高的 MLCC 产品,内电极的成本会更高.电极材料的贱金属化是降低成本的有效途径,镍、铜等是常用的贱金属内电极材料.然而,镍、铜等金属不抗氧化,其作为内电极时不能在空气气氛下与介质瓷料共烧,而是要在对铁电陶瓷性能不利的还原气氛中烧成.因此,要得到性能稳定的 MLCC,发展抗还原瓷料也是一个重要的研究方向.MLCC 在微型化和大容量化发展的同时,市场价格竞争日益激烈,近年来产品价格显著下降.但是,随着产品性能的进一步提升,对于 MLCC 的要求也更加苛刻,工艺难度越来越大,这对生产设备提出了新要求,拉升了产品成本.另外,劳动力成本的增加也是制约 MLCC 成本进一步下降的因素.

4. 宽温与高频化

随着各领域电子设备的纵深发展,一些设备所处工作环境日趋苛刻,例如,车载电子控制装置、航空航天设备、大功率相控阵雷达、发动机电子控制单元、石油钻探设备等的工作温度在 200℃左右或者更高.因此,提高使用温度范围成为 MLCC 发展的重要趋势.目前,市场上典型的高温型 MLCC 产品有 X8R 和 X9R 两种,最高工作温度分别能到 150℃和 175℃,并展现较好的容温特性.美国 NOVACAP 公司研制获得了能到 200℃的 MLCC.天津大学吴顺华等开发出了 X9R 介质陶瓷,工作温度区间为−55～190℃.成都宏明电子科大新材料有限公司张吉林等制备了工作温度为−55～250℃的高温介质材料.另外,通信技术的快速发展使高频 MLCC 市场需求激增.美国开发出工作于 4.2GHz 微波频段的 MLCC.国外最高频率可到 5THz,国内该方面的研究还存在一定差距.

5. 高可靠性

引起电容器失效的原因有四类,分别是损耗性失效、过应力失效、内部缺陷及外部缺陷引发的失效.损耗性失效是指电容器受到的损伤不断累积超过其所能承受的极限值时产生的失效.过应力失效是指单一应力作用于电容器上引起的灾难性失效.内部缺陷引发的失效是由原材料自身缺陷或制造工艺中产生的缺陷引起.外部缺陷引起的失效主要包括装配裂纹、热应力裂纹、弯曲裂纹、银迁移等.为了提升可靠性,设计人员应根据各类 MLCC 的特性、考虑产品实际使用性能、应力状况、质量等级要求等,在设计时预留足够的安全余量以确保其工作可靠性,结合降额设计准则选择合适规格的电容器.

6. 绿色环保化

对于 MLCC 来说,Pb 基复合钙钛矿结构材料制作的产品具有高介电、低烧结温度等优点，但是 Pb 和含 Pb 化合物属于剧毒物质，对人体和环境危害很大，因此，含 Pb 等有害元素的材料已被严格限制使用. 2003 年欧盟颁布《关于限制在电子电器设备中使用某些有害成分的指令》（RoHS）以及 2007 年 REACH 法规对于不符合绿色环保的产品做出了限制. 我国于 2006 年颁布了《电子信息产品污染控制管理办法》，严格限制有毒元素，如铅、汞、镉等在电子信息产品中的使用. 生态环境与人民生活息息相关，科技发展的同时还要重视生态环境保护. 改革开放 40 多年来，我国经济发展取得了举世瞩目的成就，但也承担了资源环境方面的代价. 目前，人民对清新空气、清澈水质、清洁环境等的需求越来越迫切，因此，MLCC 产品的绿色环保化是要持续遵守的发展方向.

2.6.6　MLCC 的生产工艺流程

MLCC 的生产工艺流程如图 2.41 所示，主要包括瓷膜成型、内电极制作、电容芯片制作、烧结成瓷、外电极制作、性能测试与包装等步骤，要求生产者具有严谨科学的专业精神，每个细节都应严格按照生产工艺进行，确保精确无误，这样才能保障产品质量.

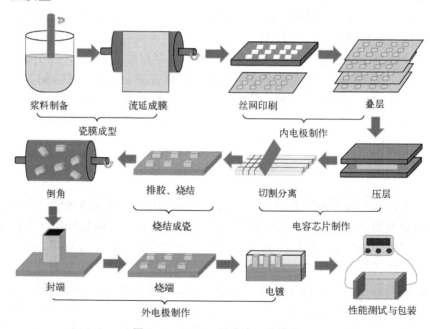

图 2.41　MLCC 的生产工艺流程

MLCC 产品主要电性能指标有电容量、介质损耗、绝缘电阻、耐电压四个参数. 其中，电容量方面需满足相应的容量误差级别，表 2.21 给出了具体误差级别对应的容量误差范围. 需要指出，表 2.21 中 B、C、D 级误差适用于电容量小于等于 10pF 的产品.

表 2.21　误差级别对应的容量误差范围

代码	B	C	D	F	G	J	K	M	S	Z
误差	±0.10pF	±0.25pF	±0.5pF	±1.0%	±2.0%	±5.0%	±10%	±20%	+50%～−20%	+80%～−20%

2.7　微波介质材料

5G 技术滤波器
关键材料

2.7.1　微波及其特点

在电磁波谱中,通常把 300MHz(波长 1m)到 3000GHz(波长 0.1mm)范围的电磁波称为微波. 根据波长不同, 一般又将微波波段划分为分米波、厘米波、毫米波和亚毫米波四个分波段. 分波段对应的波长(λ)和频率(f)范围如下. 分米波段:λ=1m～10cm,f=300MHz～3GHz,称为特高频段(UHF);厘米波段:λ=10cm～1cm,f=3GHz～30GHz, 称为超高频段(SHF);毫米波段:λ=1cm～1mm, f=30GHz～300GHz, 称为极高频段(EHF);亚毫米波段:λ=1mm～0.1mm, f=300GHz～3000GHz, 称为至高频段(THF)或极超高频段(SEHF). 图 2.42 给出了微波在电磁波谱中的位置示意图.

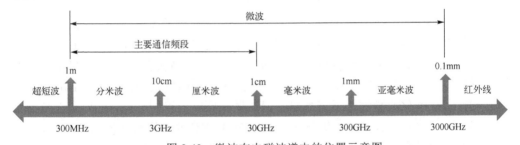

图 2.42　微波在电磁波谱中的位置示意图

由于频率高、波长短, 微波信号主要特点有:①宽频带特性. 信息传输需要占用一定的频带, 称为带宽. 传输信息越多, 所占用的频带也就越宽. 例如, 电话信道带宽是 4kHz, 广播带宽是 16kHz, 一路电视频道带宽是 8MHz. 通常一个传输信号的相对带宽不能超过百分之几, 为了在一条线路上传输多个信号就需要信道中心频率要比所传递信息带宽高几十至几百倍. 微波具有宽频带特性, 其传输信息能力远高于超短波和中短波, 在无线通信技术领域中广泛应用. ②抗低频干扰性. 地球表面的噪声主要包括自然噪声和人为噪声. 自然噪声由宇宙和大气在传输信道上产生, 而人为噪声一般由各种电气设备工作时产生. 这些噪声通常处于中低频区, 与微波频段差别很大, 在微波滤波器阻隔下这些噪声对微波信号基本没有影响. ③穿透性. 云、雾、雪和高空电离层等对微波传播影响小, 可实现全天候微波通信和遥感. 另外, 微波能穿透生物体, 可利用该属性进行医疗诊断、探伤等. ④波长短、直线传播性好、对金属目标具有强反射能力, 使微波适用于雷达、导航等监测设备从而提高发射与追踪目标的准确性.

2.7.2 微波介质陶瓷及国内外发展

微波介质陶瓷是应用于微波频段电路中作为介质材料并完成一种或多种功能的陶瓷. 与金属谐振腔和金属波导不同, 由微波介质陶瓷制作的谐振器与微波管、微带线等构成的微波混合集成电路, 能使器件尺寸达毫米量级, 有利于实现微波设备的小型化、高稳定性和低成本, 因而使微波介质陶瓷成为实现微波控制功能的基础和关键材料. 按照不同性能要求, 微波介质陶瓷应用主要有两个方面: 一是用于介质谐振器(DRO)的功能陶瓷, 包括带通(阻)滤波器、分频器、耿氏二极管、双工器和多工器、调制解调器(modem)等固体振荡器中的稳频元件; 二是用于微波电路中的介质陶瓷, 包括微波集成电路(MIC)的介质基片、介质波导、微波天线及微波电容器等.

1938 年, 美国贝尔实验室在专利中公开了以金红石为介质陶瓷材料的波导结构. 1939 年, 斯坦福大学的里克特迈耶(R. D. Richtmyer)首先提出介质谐振器理论, 但受制于当时工艺水平, 没有研制出合适的材料, 此后若干年一直没有引起关注. 第二次世界大战期间, 军方对于雷达的需求使微波通信技术飞速发展. 1960 年, 美国伊利诺伊大学香槟分校的哈基(B. Hakki)和科尔曼(P. Coleman)提出了在理论上和实验上有效评价材料品质因数的方法(Hakki-Coleman 谐振腔法), 该方法到现在仍被广泛使用. 1962 年, 哥伦比亚大学的奥卡达(A. Okaya)和巴斯(L. F. Barsh)用 TiO_2 单晶制作了小型化的微波介质谐振器, 但其谐振频率的稳定性差, 无法满足实用要求. 1968 年, 科恩(S. B. Cohn)等尝试用高纯 TiO_2 陶瓷制成微波滤波器, 但由于谐振频率温度系数过高($450 \times 10^{-6}/℃$), 器件不稳定, 没能实用化. 20 世纪 70 年代, 马斯(D. J. Masse)和布赖恩(H. M. O'Bryan)等研发了低损耗、温度稳定好的 $BaTi_4O_9$ 和 $Ba_2Ti_9O_{20}$ 陶瓷, 首次实现了微波介质谐振器的实用化, 这是微波介质谐振器研究历史上的一个重要里程碑. 但由于当时技术水平所限, $BaTi_4O_9$ 和 $Ba_2Ti_9O_{20}$ 陶瓷很难获得纯相, 因此没能马上实现商业化. 日本村田是实现微波介质陶瓷商业化的先锋. 1977 年, 村田开发出性能优异的 $(Zr,Sn)TiO_4$ 介质陶瓷, 该材料的 $\varepsilon'=35\sim40$, $Q \cdot f = 32000\sim62000GHz$, $\tau_f = (-20\sim12) \times 10^{-6}/℃$, 该产品被认为是微波介质陶瓷研究的另一个飞跃. 此后, 欧洲一些国家也相继开展了微波介质材料的研究工作.

美国和日本对微波介质陶瓷的研究起步较早, 所研制的产品种类丰富、性能优异, 处于领先地位, 约占世界市场份额的 80%. 日本 Murata、美国 Trans-Tech、美国 Narda Microwave-West、英国 Morgan Electro Ceramics 和 Filtronic 等公司的微波介质陶瓷材料和器件的生产水平很高, 在 300MHz～40GHz 范围内其产品已实现系列化. 国内相关研究起步较晚, 始于 20 世纪 80 年代初, 在研究水平、产品质量与生产规模方面跟国外还有一定差距. 目前, 国内相关研究单位有西安交通大学、浙江大学、清华大学、电子科技大学、天津大学、上海大学、华中科技大学、武汉理工大学、中国科学院上海硅酸盐研究所、桂林电子科技大学等. 近年来, 我国对微波介质陶瓷研究十分重视. 20 世纪 90 年代, 将微波介质陶瓷相关研究列入 "八五"、"九五" 攻关的重要课题. 2009 年国务院发布的《电子信息产业调整和振兴规划》中明确提出大力支持电子元器件及相关功能材料自主研发, 加快发展基础元器件和关键材料. 近几年, 微波介质陶瓷研究被列入到国家 "863"、"973" 计划和国家自然科学基金重大项目. 具有自主知识产权的高性能微波介质陶瓷材料对于提升我国在电子信息领域的竞争力具有十分重要的意义. 目前, 国内微波介质陶瓷及器件生产厂家主要有嘉兴佳利电子股份有限公司、潮州三环集团有限公司, 景华电子有限责任公司、张家港璨勤电子元件有限公司、苏州捷嘉电子有限公司等, 并实现了一定的生产规模.

2.7.3　微波介质陶瓷的性能参数

衡量微波介质陶瓷性能的参数主要有三个, 分别为相对介电常数(ε')、介质损耗($\tan\delta$)或品质因数(Q)、谐振频率温度系数(τ_f).

1. 相对介电常数

微波频段下, 响应时间较长的极化形式来不及产生, 对介电常数没有贡献, 因此, 微波介质陶瓷的介电常数主要受电子和离子位移极化影响. 然而, 电子位移极化所产生的贡献在介电常数中所占成分极小, 可以忽略不计. 因此, 微波下的介电常数主要由离子位移极化决定. 按照晶体点阵振动的一维模型, 在角频率 ω ($\omega=2\pi f$) 下由离子位移极化决定的复介电常数 $\varepsilon^*(\omega)$ 可表示为

$$\varepsilon^*(\omega) - \varepsilon^*(\infty) = \varepsilon'(\omega) + \mathrm{i}\varepsilon''(\omega) = \frac{(Ze)^2}{mV\varepsilon_s(\omega_T^2 - \omega^2 - \mathrm{i}\gamma\omega)} \tag{2-47}$$

其中, $\varepsilon^*(\infty)$ 为高频下电子位移极化的复介电常数; m 为离子的换算质量, $m=m_1m_2/(m_1+m_2)$, 其中 m_1、m_2 分别为正、负离子的质量; V 为晶胞体积; γ 为材料的衰减系数; ω_T 为晶格横向光学模的角频率; ε_s 为静态介电常数(ω 远比微波频率低时的介电常数); Z 为等效核电荷数; e 为元电荷.

由于

$$m\omega_T^2 = \beta - \frac{(Ze)^2}{3V\varepsilon_s} \tag{2-48}$$

其中, β 为相邻离子间的力学常数; $(Ze)^2/(3V\varepsilon_s)$ 为长程洛伦兹力.

对于离子晶体，ω_T 处于 $10^{12} \sim 10^{13}\text{Hz}$ 的远红外区，对于一般微波频段，$\omega_T^2 \gg \omega^2$，式(2-47)可简化为

$$\varepsilon'(\omega) = \varepsilon(\infty) + \frac{(Ze)^2}{mV\varepsilon_s(\omega_T^2)} \tag{2-49}$$

可以看到，在微波频段介电常数基本保持恒定，不随频率变化，如图 2.43(a) 所示，即微波介质陶瓷的介电常数主要由材料结构中的晶相和制备工艺决定.

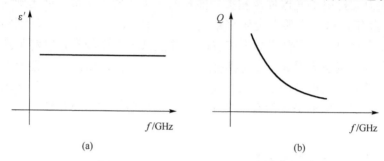

图 2.43　ε'(a) 与 Q(b) 随微波频率 f 的变化

当用于微波 IC 基片、支撑件及介质波导衬底时，要求介电常数尽可能小，从而减少电路间的电容，降低芯片之间信号传播的延迟时间. 然而，作为介质谐振器时，则要求介电常数尽可能大，以便器件小型化. 根据微波传输理论，谐振器尺寸大约为 $\lambda/2 \sim \lambda/4$ 的整数倍. 介质中微波波长(λ)与自由空间波长(λ_0)满足

$$\lambda = \frac{\lambda_0}{\sqrt{\varepsilon'}} \tag{2-50}$$

在相同谐振频率(f_0)下，ε'越大，介质谐振器的尺寸就越小，电磁能量就越能集中于介质中，受周围环境影响也就越小，有利于器件高品质化. 当前，一些 ε'超过 100 的微波介质陶瓷在商业中被广泛应用.

圆柱形和同轴形介质谐振器是两种代表性的微波元器件，如图 2.44 所示. 圆柱形介质谐振器是一个直径为 D 的陶瓷圆柱体，属于结构最简单的陶瓷谐振器类型，主要用于卫星通信、卫星广播和地面通信. 圆柱形介质谐振器直径 D 为

$$D = \frac{c}{f_0\sqrt{\varepsilon'}} \tag{2-51}$$

其中，c 为真空中电磁波的速度.

同轴形介质谐振器则是长度为 L，中间有孔的陶瓷圆柱体，主要用于移动无线通信，如汽车电话、便携电话等. 同轴形介质谐振器长度 L 为

$$L = \frac{c}{4f_0\sqrt{\varepsilon'}} \tag{2-52}$$

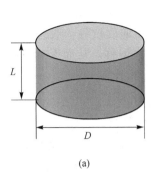 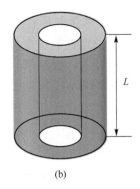

(a)   (b)

图 2.44　圆柱形介质谐振器(a)与同轴形介质谐振器(b)示意图

从以上关系式可见,介质谐振器的小型化与微波介质陶瓷的介电常数密切关联.

2. 品质因数

品质因数(Q)是介质损耗 $\tan\delta$ 的倒数,定义为每个电场变化周期内谐振器储存能量与损失能量之比的 2π 倍. 微波频段内,要求 Q 值要高,即 $\tan\delta$ 要小,这样有利于获得优良的选频特性和降低器件在高频下的插入损耗. 实用化的微波介质陶瓷通常要求 $\tan\delta$ 小于 10^{-4} 量级.

在微波频段内,ε' 值一般不随 f 变化,但是 Q 值与微波频率 f 有关,随 f 增大而呈现减小的趋势,如图 2.43(b)所示. 对于同一介质材料,在较低微波频率下,材料会具有更高的 Q 值. 虽然 Q 值与 f 有关,但是二者的乘积基本保持不变,常用 $Q\cdot f$ 值来表征某种材料的电学品质特性. $Q\cdot f$ 可表示为

$$Q \cdot f = \frac{f}{\tan\delta} = \frac{\omega_T^2}{2\pi\gamma} \tag{2-53}$$

介质损耗在消耗电能的同时,还会产生热量,导致介质温度升高,干扰器件正常工作,并影响使用寿命. 为了获得高质量的器件,必须尽量降低介质损耗.

微波介质陶瓷的介质损耗包括本征损耗和非本征损耗两部分. 本征损耗代表一个系统所能达到的最低损耗,其对晶体结构敏感,是理想晶体中的交变电场与晶体声子系统非简谐相互作用而导致的结果. 非本征损耗是在实际晶体中普遍存在的一种损耗,其源于材料结构有序-无序相变、微结构缺陷(如气孔、裂缝)、晶格缺陷(如位错、晶界)、杂相等. 研究表明,非本征损耗远大于本征损耗,因此,微波介质陶瓷的品质因数 Q 是由非本征损耗决定的,降低非本征损耗是提升材料品质因数的重要途径.

3. 谐振频率温度系数

微波介质谐振器通常以完全填充的微波介质陶瓷某种振动模式的谐振频率作为

其中心频率. 谐振频率温度系数(τ_f)表示温度变化时谐振频率变化的大小,是评价谐振器谐振频率温度稳定性的一个重要指标. 微波通信设备一般会在不同温度环境中使用,若τ_f绝对值较大,载波信号就会发生较大偏移,从而影响设备正常工作,这就要求材料的谐振频率不能随温度变化太大. τ_f表示为

$$\tau_f = \frac{1}{f_0}\frac{\mathrm{d}f_0}{\mathrm{d}T} = \frac{f_0(T_2)-f_0(T_1)}{f_0(T_1)(T_2-T_1)} \tag{2-54}$$

其中,τ_f描述在某温度范围内(如T_1到T_2)谐振频率的漂移程度;f_0为谐振频率.

在一定条件下,τ_f与材料的线膨胀系数(α)、介电常数温度系数(α_ε)之间的关系为

$$\tau_f = -\left(\alpha + \frac{1}{2}\alpha_\varepsilon\right) \tag{2-55}$$

可以看出,微波介质陶瓷的α_ε要与α相匹配,这样才能保证材料谐振频率的稳定性.

通常终端设备的工作温度环境在$-40\sim+100$℃之间,要求在此范围内材料的τ_f不能大于10×10^{-6}/℃. 当然,微波陶瓷应最好具有接近于零的τ_f. 一般而言,所用微波介质陶瓷的α为正,其值为$(6\sim9)\times10^{-6}$/℃,因此应设法使其α_ε为负值,且其绝对值在2α左右. 目前已商业化的微波介质材料的τ_f接近0,从而保证了微波通信元器件的高稳定性和高可靠性.

微波介质陶瓷由多相组成时,总的τ_f与各相数值存在一定的关系. 对于n相组成的微波介质陶瓷,体系τ_f为

$$\tau_f = \sum_{k=1}^{n} x_k \tau_{fk} \tag{2-56}$$

其中,τ_{fk}为第k相谐振频率温度系数;x_k为第k相的浓度. 根据τ_f的叠加性,可以有针对地调节微波介质陶瓷的τ_f.

2.7.4 微波介质陶瓷分类

微波介质陶瓷种类很多,目前已投入实际应用的材料体系主要有BaO-TiO$_2$系、BaO-Ln$_2$O$_3$-TiO$_2$(Ln=La、Pr、Nd、Sm、Eu、Gd)系、AB$'_{1/3}$B$''_{2/3}$O$_3$(A=Ba、Sr;B$'$=Mg、Zn、Co、Ni、Mn;B$''$=Nb、Ta)复合钙钛矿系、铅基钙钛矿系. 对于微波介质陶瓷而言,可以根据组成、结构、介电性能或应用领域来进行分类,若按照材料相对介电常数的大小可分为三类.

1. 低介电常数微波介质陶瓷

此类材料ε'低于30,通常用于高频($8\sim30$GHz)领域且介质损耗极低. ε'低于10的材料主要用于微波基板、支撑件和介质波导衬底中;其他低介电常数微波介质陶瓷主要作为谐振器,用于卫星通信、雷达等对通信质量要求很高的设备上.

常见的材料体系有：复合钙钛矿 $AB'_{1/3}B''_{2/3}O_3$ 系列材料（A 为 Ba^{2+}、Sr^{2+}，B′为 Mg^{2+}、Mn^{2+}、Co^{2+}、Ni^{2+}、Zn^{2+}，B″为 Ta^{5+}、Nb^{5+}）、Al_2O_3、$MgAl_2O_4$、Zn_2SiO_4、Mg_2SiO_4、Mg_2TiO_4 等材料. 典型复合钙钛矿 $AB'_{1/3}B''_{2/3}O_3$ 材料有 $Ba(Mg_{1/3}Ta_{2/3})O_3$、$Ba(Zn_{1/3}Nb_{2/3})O_3$、$Ba(Zn_{1/3}Ta_{2/3})O_3$、$Sr(Zn_{1/3}Ta_{2/3})O_3$ 等.

2. 中介电常数微波介质陶瓷

该类介质陶瓷 ε' 介于 30 到 70 之间，广泛用于 4～8GHz 频段的卫星通信、军用雷达和移动基站中作为介质谐振器件. 代表性的材料体系有：$BaO\text{-}TiO_2$ 系、$(Zn, Sn)TiO_4$ 系、$BaO\text{-}TiO_2\text{-}Nb_2O_5$ 系等. $BaTi_4O_9$ 是 $BaO\text{-}TiO_2$ 系中的典型材料，具有正交结构，$\varepsilon'=36$，$Q\cdot f=50500$ GHz，$\tau_f=16\times10^{-6}/℃$. 少量 WO_3 的加入能将 $BaTi_4O_9$ 温度系数调节至零左右.

3. 高介电常数微波介质陶瓷

对应 ε' 高于 70，Q 值相对较小，主要在 0.8～4GHz 低频段的民用移动通信系统中作为介质谐振器，在保证通信质量的前提下，满足器件轻质化、小型化等要求. 常见的材料体系有：钨青铜结构材料（$BaO\text{-}Ln_2O_3\text{-}TiO_2$，其中 Ln=La、Sm、Nd、Pr、Gd 等稀土元素）、复合钙钛矿 $CaO\text{-}Li_2O\text{-}Ln_2O_3\text{-}TiO_2$ 系列（$(Li_{1/2}Ln_{1/2})TiO_3$ 与 $CaTiO_3$ 的复合体系）、铅基钙钛矿（如 $(Pb_{0.7}Ca_{0.3})ZrO_3$、$(Pb_{0.4}Ca_{0.6})Mg_{1/3}Nb_{2/3}O_3$、$(Pb_{0.45}Ca_{0.55})Fe_{1/2}Nb_{1/2}O_3$ 等）和 TiO_2 基材料. $Ba_{6-3x}Ln_{8+2x}Ti_{18}O_{54}$ 是典型的钨青铜结构材料通式，其中 Ln 为镧系稀土元素. 研究表明，随着稀土离子半径降低，材料的 ε' 和 τ_f 值降低，而 $Q\cdot f$ 升高. 有研究报道，$Ba_{6-3x}Sm_{8+2x}Ti_{18}O_{54}(x=2/3)$ 的 $\varepsilon'=80.96$，$Q\cdot f=10548GHz$，$\tau_f=-11.3\times10^{-6}/℃$. 对于铅基钙钛矿系列材料，虽然其介电常数较高，谐振频率温度系数较小，但由于材料内含铅元素，不利于生态环境. 表 2.22 给出了一些典型微波介质陶瓷材料及其介电性能.

表 2.22　典型微波介质陶瓷材料及其介电性能

材料体系	ε'	$Q\cdot f/GHz$	$\tau_f/(\times10^{-6}/℃)$
$Al_2O_3\text{-}TiO_2$	10	300000	0
$Ba(Sn,Mg,Ta)O_3$	25	200000	0
$Ba(Mg,Ta)O_3$	25	176400	4.4
$Ba(Zn,Ta)O_3$	30	168000	0
$BaTi_4O_9$	36	50500	16
$Ba_2Ti_9O_{20}$	37	57000	−6
$ZnTa_2O_6$	38	65200	9
$(Zr,Sn)TiO_4$	38	62000	0

续表

材料体系	ε'	$Q \cdot f/GHz$	$\tau_f/(\times 10^{-6}/℃)$
$ZnNb_2O_6\text{-}TiO_2$	45	48000	0
$CaTiO_3.\text{-}NdAlO_3$	45	45000	0
$CaTiO_3\text{-}Ca(Al_{1/2}Nb_{1/2})O_3$	48	32100	−2
$La_{2/3}TiO_3\text{-}NiTiO_3$	69	16960	18
$Bi(Fe,Mo,V)O_4$	75	13000	20
$TiO_2\text{-}Bi_2Ti_4O_{11}$	80	9500	0
$BaSm_{1.8}La_{0.2}Ti_5O_{14}$	91	8900	4
$Pb_{0.4}Ca_{0.6}[(Fe_{1/2}Nb_{1/2})_{0.9}Ti_{0.1}]O_3$	95	6000	10
$CaTiO_3\text{-}(Li_{1/2}Nd_{1/4}Sm_{1/4})TiO_3$	124	5110	12.5

2.7.5 微波介质陶瓷性能测试

介质陶瓷介电性能测试主要有两种方法，分别是集总参数测试法与分布参数测试法. 集总参数测试法一般测试低于 100MHz 介电陶瓷材料的介电性能. 对于微波介质陶瓷，由于试样尺寸与波长接近，介电特性测试一般采用分布参数测试法.

在微波频率范围，介质材料的分布参数测试法主要有传输线法和谐振法两种. 由于微波介质材料的介电常数跨度大、介质损耗低，因此谐振法较为适宜. 对于微波介质谐振器，ε' 决定 f_0，$\tan\delta$ 决定 Q，基于这一理论可以通过微波网络分析仪测试样品的微波介电性能. 图 2.45 给出了两端短路型介质谐振器法测试原理图. 两端短路型介质谐振器法属于开腔法，也称为平行板谐振法或圆柱型介质谐振器法，最早由哈基(Hakki)和科尔曼(Coleman)提出，因此这种测试方法又名 Hakki-Coleman 法. 两端短路型介质谐振器法具有精度高、无损测试、简单快捷、易于操作等优点，是目前国际上较为通用的方法.

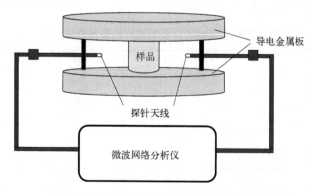

图 2.45　两端短路型介质谐振器法测试原理图

从图 2.45 中可以看到，测试时需将一个由微波介质陶瓷制作而成的圆柱型介质谐振器(如直径 10mm，厚度 5mm 的陶瓷圆柱)放在两个彼此平行且无限大的导电金属板之间的中心位置(注意：实际中平行板尺寸只需是试样的数倍即可)，构成一个半封闭型的传输谐振器. 在介质谐振器两侧分别插入探针型耦合天线，用以馈入和取出微波功率. 将探针经由同轴电缆连接到测试主机(微波网络分析仪)，用来测定谐振频率、插入损耗等. 通过该系统测得一系列模式的谐振频率，然后根据相应的微波与电磁场理论计算出微波介质陶瓷的 ε' 与 Q. 此外，把介质谐振器测试夹具放到变温箱中，改变温度就可以测试出不同温度的 ε' 与 Q，并可以得到 τ_f. 实际测试中，谐振模式的准确识别非常重要. 因为横电场(TE_{011})谐振峰在频谱图中易于辨认，所以常用 TE_{011} 模来确定微波介质陶瓷试样的介电属性.

2.8 低温共烧陶瓷技术

随着信息技术快速发展，电子线路的集成化、微型化、轻量化和高频化对电子元器件提出了小尺寸、高频率、高可靠性和高集成度的要求，电子产品的集成和系统级封装是目前世界研究和应用的热点. 通常，电子产品中 IC 体积占比约 10%，而无源器件约占 90%. 与 IC 不同，无源器件的体积变化不满足摩尔定律，这 90%的元器件成为电子整机小型化的瓶颈. 为适应信息产业发展需求，出现了多种新型组件整合技术，如低温共烧陶瓷(low temperature cofired ceramics，LTCC)、多芯片组件(multi-chip module，MCM)和芯片尺寸封装等. 其中，LTCC 因具有集成度高和高频特性好等优异的电学、机械、热学及工艺特性而成为当前电子元器件集成的主要方式，并在电子、通信、航空航天、汽车、计算机和医疗等领域广泛应用.

2.8.1 LTCC 技术概述

LTCC 技术是一种先进的无源集成及混合电路封装技术，它可以将三大无源元器件(包括电阻器、电容器和电感器)及各种无源组件(如滤波器、变压器等)封装于多层布线基板中，并与有源器件(如功率金属氧化物半导体场效应管、晶体管、IC 电路模块等)共同集成为一套完整的电路系统. 通过 LTCC 技术可以成功制备各种高技术

宛如盖大楼的
LTCC 技术

产品. 中国工程院院士周济长期从事信息功能材料的研究，发展出了高性能低温烧结软磁铁氧体和低温共烧陶瓷介质材料，解决了无源电子元器件片式化和集成的关键技术难题，推动了国内片式电感器和无源集成产业的形成和发展；提出了通过超材料与自然材料的融合构筑新型功能材料的思想，率先发展出了非金属基超常电磁介质等新型材料. 另外，中国工程院院士李龙土在无机非金属材料(信息功能陶瓷)领域，带领研究团队对铁电压电陶瓷低温烧结技术及应用进行了深入系统研究，提出了对多层陶瓷电子元件产业化有重要指导意义的技术路线，开拓了高性能陶瓷低

温烧结的新途径，并实现了产业化.

LTCC 技术可将基板、电极材料、无源元件和导体材料等一次烧成，使生产周期显著缩短，生产效率得到很大提升. 与其他微电子封装技术相比，LTCC 技术在制备无源集成器件和模块方面具有很多优势：①加工自由度高. 陶瓷材料具有优良的高频、高品质因数、高速传输和宽通带特性，射频性能好，插入损耗低. 按照配方不同，陶瓷材料介电常数可在很大范围内变动，配合使用 Ag、Cu 等高电导率的金属作为电极，能有效提高电路系统的品质因数，满足不同的电路需求，使电路设计具有很大的灵活性. ②兼容性好. 与其他多层布线技术具有很好的匹配性，例如，将 LTCC 与薄膜布线技术结合可获得更高组装密度、更好性能的混合多层基板和混合型多芯片组件. ③可靠性高. 适应大电流和耐高温的要求，具有较好的温度特性，例如较小的热膨胀系数、介电常数温度系数及谐振频率温度系数，还可耐高湿、冲振，能应用于恶劣环境. 比普通 PCB 电路基板的热传导性优良，可简化热设计，明显增强电路的寿命和可靠性. ④空间利用率高. 可以制作层数很高的电路基板，并能在叠层基板内部埋入多种无源元件，免除了封装组件的成本. 在层数很高的三维电路基板上，通过无源和有源器件的集成，能显著提升电路的组装密度，进一步减小体积和重量. 另外，LTCC 中布线线宽和线间距小，能有效提高布线密度，减少引线连接和焊点数目. ⑤适合大规模生产. LTCC 技术中非连续式的生产工艺，便于烧成前对每一层布线和互连通孔进行质量检查，提高成品率和质量，缩短生产周期，降低成本. ⑥节能、节材、绿色、环保. 烧结温度低，一般在 900℃以下，能有效节省能源，同时降低了原料、废料和生产过程中带来的环境污染.

2.8.2 LTCC 国内外发展现状

电子信息技术的快速发展使 LTCC 市场规模逐年上升，2010 年 LTCC 总产值为 6.2 亿美元，到 2019 年就上升到 12.4 亿美元，翻了一倍，年均复合增长率达到 8%，到 2022 年估计能达到 15 亿美元.

如图 2.46 所示，从全球 LTCC 市场占比来看，排名前九的公司中日商有 Murata、Kyocera、TDK、Taiyo Yuden；美商有西迪斯(CTS)；欧洲商有博世(Bosch)、西麦克(CMAC)、爱普科斯(Epcos)及泰雷兹微电子公司(Sorep-Erulec)，这些公司占据了约 90%的市场份额. 可以看出，随着 LTCC 市场的增长，国外厂商逐步形成了垄断格局. 目前，LTCC 技术主要掌握在日、美和部分欧洲国家手中，产业集中度较高.

从 LTCC 生产地区来看，日本是全球第一大产区，约占全球市场份额的 60%，欧美为第二大产区，约占 17%. 从 LTCC 生产厂商来看，日本 Murata 是全球第一大生产商，市场占比为 29%，Kyocera 是第二大生产商，市场占比为 16%. 另外，德国 Bosch、日本的 TDK、Taiyo Yuden 和美国的 CTS 也是生产 LTCC 的较大生产商. 综

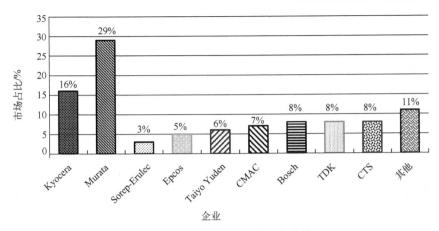

图 2.46　全球 LTCC 企业市场占比情况

合来看, 日本厂商占据全球 LTCC 技术和市场的主导地位.

日本 Murata 自 LTCC 出现以来就一直居全球首位, 市场占比一直大于 26%, 而且在高端产品领域的市场占比更高, 该公司利用低介瓷料和高电导率银电极研发了 "零收缩 LTCC" 产品, 能将陶瓷收缩控制在厚度方向(z 方向), 而且产品的尺寸精度和表面光坦度都非常优异, 可在汽车电子和射频电路中使用. 日本 Kyocera 开发出 GL300 高强度 LTCC 用材料, 其耐冲击性很强, 适用于移动电子设备用模块基板材料. 日本 TDK 公司在小尺寸滤波器方面技术领先, 其在 2017 年就开发出尺寸仅为 0.65mm×0.5mm 的 LTCC 低通滤波器.

在 LTCC 领域, 我国起步较晚. 2003 年, 深圳南玻电子(2008 年被顺络电子收购)率先引入 LTCC 生产线. 目前, 国内已建立数十条生产线, 产业规模初步形成. LTCC 主要制造商有顺络电子、麦捷科技、振华富和风华高科等, 产品以叠层电感、电容等元件为主. 另外, 中国电子科技集团公司第 10、第 14、第 29、第 38、第 43 和第 55 研究所, 中国兵器工业第 214 研究所及中国航天 23 所、504 所和 539 所等也从事 LTCC 器件模组的研发生产. 近年来, 我国 LTCC 市场快速发展, 2018 年国内市场规模约为 37.26 亿元, 同比增长 11%. 需要指出的是, 我国 LTCC 行业集中度不高, 顺络电子占比最大但也仅为 10.7%, 而麦捷科技、振华富、风华高科等几家大企业的占比都不超过 5%. 顺络电子是国内电感龙头企业, 电感产品的全球市占率超过 6%, 其中叠层和片式绕线电感产能分别位居全球第二和第三. 近年来, 顺络电子在 01005 型电感的产业化方面取得突破, 相关产品与日本 Murata 产品的综合性能处于同一水平. 此外, 麦捷科技重点研发的基于 LTCC 基板的声表面波(SAW)滤波器目前也已开始量产. 2017 年, 清华大学联合西安交通大学、电子科技大学、中国科学院上海硅酸盐研究所、顺络电子、风华高科、振华富等十五家单位对 LTCC 相关前沿科学技术问题进行了深入研究, 并将研究成果转化, 实现了关键材料和关键技术的产业化应用. 国内在片式电感领域具备较强生产能力, 并在全球有一定的市场占比, 但是生产所用的原材料和设备严重依赖进口. 此外, 国内 LTCC 产品主要集中在利润不大的中低端领域, 高端产品的研发和生产仍然相对落后. 国内 LTCC 产业发展应重视关键材料的基础研究, 开展高集成无源模块的设计、仿真、测试等研究工作, 并强化设备的研发, 掌握核心科技.

2.8.3 LTCC 介质材料分类及其材料学特征

按照材料物理性质和应用领域的不同, LTCC 介质材料可分为两类: 一类是低介电常数材料(ε' 一般低于 10), 其主要在无源集成、系统级封装及多层电路基板中使用. 此类材料的介电常数应尽可能小, 以提高电路系统中信号传输速率. 另外一类是中高介电常数材料(ε' 一般大于 10), 主要在各类微波器件中满足特殊需求. 从结构和组成上来看, 第一类材料所含玻璃相相对较高, 而第二类材料玻璃相含量则相对较低.

低温(900℃以下)烧结是 LTCC 技术对介质材料的基本要求. 因为一般电子陶瓷的烧结温度为 1100~1700℃, 所以早期发展的多层基板为满足介质陶瓷(主要是氧化铝)的烧结需采用高熔点金属(如 Mo、W、Mo-Mn)作为内电极, 在高温下进行共烧, 即高温共烧陶瓷(HTCC). 为适应多层电路基板布线密度提高的需求, 内电极应采用高电导率材料. 综合性能、工艺和成本等因素, 银成为内导体的最佳选择. 银的熔点为 961℃, 因此开发能与其共烧的、具有低烧结温度的陶瓷材料是实现 LTCC 技术的关键. 此外, LTCC 用介质材料还要具有低的介质损耗、与内导体及其他集成材料匹配的热膨胀系数、高的力学强度和热导率等基本性能要求. 能满足以上要求的 LTCC 介质材料的开发仍然是一个挑战. 理论上, 通过引入助烧剂虽能降低大部分陶瓷材料的烧结温度, 然而, 助烧剂的引入会对材料的介电性能产生较大影响, 这导致目前实用化的 LTCC 材料体系较少、且新体系开发也比较困难.

LTCC 产品质量与所用瓷料性能紧密相关, 根据材料组成和结构的不同, LTCC 材料系统主要分为三类:

第一类材料体系是微晶玻璃, 其前驱体为玻璃材料, 在烧结过程中经过成核和结晶化过程使晶相从玻璃中析出, 成为具有结晶相的微晶玻璃. 这是一种自生长的两相结构, 玻璃相的体积分数占比为 50%~80%. 少量的晶化组分主要用来改善材料力学和热学性能, 而玻璃相是微晶玻璃材料功能的主要载体. 美国 Ferro 公司开发的 Ferro-A6 是该类材料的代表, 具有低介电、低损耗、力热性能优良的特点. 微晶玻璃的缺点是材料体系单一, 不易实现性能的调控和系列化. 对于此类材料, 掌握微晶玻璃成核和析晶规律, 设计和获得适当结晶相, 是改善材料性能的重要方法.

第二类材料体系是陶瓷-玻璃复合材料, 体系的前驱体为玻璃粉体和晶态陶瓷粉体, 通过烧结得到两相复合的块体材料. 玻璃相在产物中所占体积分数为 20%~

50%. 该体系的烧结性质主要由玻璃相决定, 而物理性质则由玻璃相和陶瓷晶相两相共同决定. 美国杜邦公司开发的 DuPont 951 是此类材料的典型代表, 该材料由 Al_2O_3 粉和硼硅酸铅玻璃组成. 陶瓷-玻璃复合材料体系的优点是具备一定的性能调控空间.

第三类材料体系是玻璃键合陶瓷(glass bonded ceramics), 体系的前驱体以晶态陶瓷粉为主体, 辅以低熔点陶瓷作为助烧剂. 产物的结构与传统意义上的陶瓷烧结体较为相似, 区别是作为晶界的玻璃相成分略高, 体积占比可达 10%~20%. 产物性能主要由晶相部分决定. 虽然对该体系的研究报道较多, 但实际应用得相对较少. 玻璃键合陶瓷体系性能调控空间很大, 容易获得高介电常数, 但其主要问题是助烧剂在很大程度上会导致材料性能劣化.

从上面可以看出, 三类 LTCC 介质材料体系的组成和结构均与传统电子陶瓷材料有较大差别. 要实现 LTCC 介质材料性能的有效设计和提升, 玻璃相是一个不可忽视的重要因素.

2.8.4　LTCC 材料体系的形成机制与设计思路

对于 LTCC 介质材料的基本要求是要满足低温烧结, 因此材料设计首先要考虑的因素是前驱体能在 900℃以下实现烧结, 在此基础上才会进一步考虑满足低介质损耗、良好的力热性能及其他性质. LTCC 介质材料设计的重要依据是要清楚烧结过程中材料结构的形成机制.

1. 微晶玻璃基 LTCC 材料

此类材料体系选择余地不大, 目前开发的材料体系中, 大多使用的组分为 $MO\text{-}Al_2O_3\text{-}SiO_2\text{-}B_2O_3$(其中 M 多数为碱土金属, 如 Ca、Mg、Ba). 微晶玻璃体系烧结晶化包括成核和晶体生长过程, 这两个过程的速度均与温度呈现高斯分布规律, 即在一个特定的温度下, 会到达最大速度. 一般而言, 成核和晶体生长的最大速度所对应的温度不同. 因此, 利用组分设计来控制成核和晶体生长的热力学和动力学过程, 使两个过程的最佳生长温度趋于一致, 都位于烧结温度附近, 是该类材料前驱体组分设计的重要目标. 研究表明, 通过引入微量外加组分实现异质成核, 即晶粒的析出和生长源于玻璃系统中的特殊组分, 是调控材料烧结热动力学的有效途径. 例如, 对于硅氧四面体为骨架的硅酸盐、硅铝酸盐和硅硼酸盐系统, TiO_2 和 ZrO_2 是最为有效的成核剂, 其次是 Fe_2O_3、Cr_2O_3、V_2O_5、NiO 等过渡金属氧化物. 然而, TiO_2 和 ZrO_2 的引入会使体系介电常数增大, 而微晶玻璃主要用于低介电领域, 因此这两种成核剂并非最好的选择; 此外, 过渡金属氧化物的引入会导致材料介质损耗变大, 不适合 LTCC 要求. 因此, 设计探索新的成核剂对该体系材料性能提升十分重要.

2. 陶瓷-玻璃复合型 LTCC 材料

材料烧结过程是在软化玻璃的环境中陶瓷颗粒与玻璃两相结构的形成过程，通常涉及复杂的机制，而不是简单的分散复合. 例如，对于玻璃/氧化铝复合材料，虽然氧化铝在玻璃中的溶解度很小，但对玻璃相的晶化起重要作用. 若对硼硅玻璃进行热处理，一般会有高热膨胀率方石英晶体的析出. 在复合氧化铝的情况下，方石英析晶过程就会被抑制. 对于氧化铝与 $CaO\text{-}Al_2O_3\text{-}SiO_2\text{-}B_2O_3$ 这种陶瓷-玻璃复合型 LTCC 材料，由于烧结时氧化铝分散在玻璃中，会有钙长石（$CaO\text{-}Al_2O_3\text{-}2SiO_2$）微晶析出，这能提高材料的力学强度.

玻璃的黏滞性对陶瓷-玻璃复合型材料的烧结动力学和最终材料的显微结构发挥关键作用. 烧结过程中，陶瓷颗粒形成的三维网孔结构会被熔化的玻璃逐渐填充，最终使陶瓷颗粒表面被玻璃湿润. 以 SiO_2 为基的无定形玻璃的基本框架被金属离子调制成 Si-O 网络，体系中一些离子可能导致其中部分网络断开，形成非桥接氧. 网络断键的增加有助于降低玻璃的软化点，使玻璃流动性较高，碱金属是典型的有利于断键形成的组分. 软化点的降低也能达到降低金属相黏滞性的效果. 硼的引入可有效降低硅酸盐玻璃系统的软化点，因此硼硅酸盐被广泛用于 LTCC 中的玻璃相.

综合而言，设计陶瓷-玻璃复合型 LTCC 材料性能的关键为：一方面要选择合适的陶瓷相前驱体；另一方面为通过适当离子的引入调控玻璃网络.

3. 玻璃键合陶瓷 LTCC 材料

此类材料烧结为典型的液相烧结，烧结过程中低熔点玻璃以液态形式参与并主导陶瓷烧结体的形成. 对于该种材料，通常以现有微波介质为基础，引入合适的低熔点玻璃来降低微波介质的烧结温度，最终获得以玻璃相为"黏结剂"的致密烧结体. 低熔点助烧剂的选择是该体系设计的关键. 对于 LTCC 而言，助烧剂种类很多，在烧结过程中很多助烧剂会参与反应，并有部分元素会进入主晶相，影响烧成陶瓷材料的显微结构和电学性能. 从材料设计角度来看，体系中助烧剂的量越少越好，一种理想状态是在液相反应完成后助烧剂主要元素形成气相挥发. 对于多数介质陶瓷材料，含 Bi、Pb 等重金属的氧化物及含 B 的低熔点玻璃助烧效果较好，常见的如 Bi_2O_3、PbO、$PbO\text{-}B_2O_3\text{-}SiO_2$ 玻璃、$ZnO\text{-}B_2O_3$ 玻璃、$PbO\text{-}B_2O_3\text{-}ZnO$ 玻璃、$BaCu(B_2O_5)$ 玻璃等助烧剂. 研究表明，复合助烧剂的效果要比单一助烧剂效果好，有助于降低助烧剂的含量，然而多组分的引入也会对材料性能产生影响. 玻璃键合陶瓷材料的介电常数主要由介质陶瓷主晶相决定，对于特定介电常数 LTCC 材料的设计，可参考相应主晶相的介电性质.

习 题 二

一、填空题

1．镁质陶瓷按照主晶相分类，主要有四种：＿＿＿＿＿＿、＿＿＿＿＿＿、＿＿＿＿＿＿、＿＿＿＿＿＿.

2．Al_2O_3 含量＿＿＿＿＿＿通常称高铝陶瓷，含量＿＿＿＿＿＿称为刚玉陶瓷.

3．固体材料导热主要存在两种基本形式. 一种以金属材料为代表，主要通过＿＿＿＿＿＿实现热量的交换；另一种是电绝缘介质材料，主要是通过＿＿＿＿＿＿实现.

4．根据介电常数温度系数不同，高介电常数电介质陶瓷分为＿＿＿＿＿＿＿与＿＿＿＿＿＿.

5．高介电容器陶瓷介电常数较高，一般介于＿＿＿＿＿＿之间，属于＿＿＿＿＿＿材料，主要用于制造高频电路中使用的陶瓷介质电容器.

6．二氧化钛主要有三种结晶形态：＿＿＿＿＿＿、＿＿＿＿＿＿、＿＿＿＿＿＿. 金红石型二氧化钛在三种晶型结构中＿＿＿＿＿＿，介电常数＿＿＿＿＿＿.

7．电子电路中，电感器及电阻器对应的电感与电阻往往具有正温度系数，因此，在高频振荡回路中为了确保＿＿＿＿＿＿的稳定性，一般要求电容器具有＿＿＿＿＿＿.

8．金红石陶瓷为含钛陶瓷，含钛陶瓷一个共同的问题是钛离子的还原变价，钛离子可有＿＿＿＿＿＿、＿＿＿＿＿＿、＿＿＿＿＿＿几种形式，Ti^{4+} 易于＿＿＿＿＿＿.

9．高频温度稳定型介电陶瓷的主要特点是＿＿＿＿＿＿，常用的介质材料有＿＿＿＿＿＿、＿＿＿＿＿＿、＿＿＿＿＿＿等.

10．铁电陶瓷介质材料具有＿＿＿＿＿＿，且在外电场作用下能转向，其介电常数可高达 $10^3\sim 10^4$，又称＿＿＿＿＿＿，属于＿＿＿＿＿＿类陶瓷介质(也称低频陶瓷介质).

11．温度降低到−90℃以下，钛酸钡晶体结构从＿＿＿＿＿＿转变为＿＿＿＿＿＿，此时，自发极化方向沿原立方晶胞的＿＿＿＿＿＿方向.

12．＿＿＿＿＿＿能有效移动钛酸钡铁电相变温度，＿＿＿＿＿＿能使介电峰展宽.

13．导致相变扩散的原因主要有四种，分别是＿＿＿＿＿＿、＿＿＿＿＿＿、＿＿＿＿＿＿、＿＿＿＿＿＿.

14．钛酸钡陶瓷的半导化途径主要有＿＿＿＿＿＿、＿＿＿＿＿＿、＿＿＿＿＿＿.

15．半导体陶瓷介质电容器主要有两类，分别是＿＿＿＿＿＿和＿＿＿＿＿＿.

16．MLCC 中端电极的作用为＿＿＿＿＿＿.

17．贱金属电极多层陶瓷电容器中相对廉价的典型金属电极有＿＿＿＿＿＿＿和＿＿＿＿＿＿.

二、思考题

1．电介质极化机制主要有哪几种类型？各自具有什么特点？

2．滑石陶瓷老化的现象及其产生的原因是什么？

3．从已有资料来看，高热导率无机非金属晶体材料具有哪些结构特点？

4. 为什么钛酸钙陶瓷的介电常数比金红石陶瓷要高?

5. 分析粒界缓冲型展宽效应机理.

6. 电介质陶瓷的主要分类及其各自的特点是什么?

7. 片式电子元器件具有怎样的特点?

8. 对于一个单板电容器,如果在陶瓷电容器整体厚度(d)不变的情况下,将电容器沿厚度方向设计成6层结构,使每一层陶瓷介质的厚度为$d/6$,形成MLCC,则MLCC的电容量与单板电容器的容量相比有何关系?

9. 通过资料调研,分析一款商用MLCC产品的结构特点、电学性能等各项参数.

10. 根据介电常数的大小不同,微波介质材料分成几类?各有什么特点?

11. 低温共烧的优点有哪些?对应的主要材料体系有哪些?

12. 查阅电介质陶瓷材料相关的前沿科技资料,自拟题目撰写一篇调研报告.

参 考 文 献

陈鸣. 2006. 电子材料[M]. 北京: 北京邮电大学出版社.

杜海清, 李玉书. 1989. 工业陶瓷[M]. 长沙: 湖南大学出版社.

杜淼. 2013. 氮化硼纳米片的制备及其性质研究[D]. 济南: 山东大学.

高瑞. 2010. 六方氮化硼材料的制备及性能研究[D]. 济南: 山东大学.

侯旎璐, 汪洋, 刘清超. 2017. LTCC 技术简介及其发展现状[J]. 电子产品可靠性与环境试验, 35(1): 50-55.

侯育冬, 郑木鹏, 朱满康. 2022. 电子陶瓷简明教程[M]. 北京: 化学工业出版社.

姜建新. 2012. 氮化硼及其导热复合材料的制备研究[D]. 哈尔滨: 哈尔滨理工大学.

李言荣, 林媛, 陶伯万, 等. 2013. 电子材料[M]. 北京: 清华大学出版社.

梁瑞林. 2008. 贴片式电子元件[M]. 北京: 科学出版社.

刘维良. 2004. 先进陶瓷工艺学[M]. 武汉: 武汉理工大学出版社.

彭浩, 席善斌, 裴选, 等. 2016. 多层陶瓷电容器应用与可靠性研究[J]. 环境适应性和可靠性, 34(2): 21-25.

曲远方. 2008. 现代陶瓷材料及技术[M]. 上海: 华东理工大学出版社.

田莳. 2004. 材料物理性能[M]. 北京: 北京航空航天大学出版社.

王睿, 王悦辉, 周济, 等. 2007. 低温共烧陶瓷技术及其应用[J]. 硅酸盐学报, 35(S1): 125-130.

徐廷献. 1993. 电子陶瓷材料[M]. 天津: 天津大学出版社.

杨邦朝, 胡永达. 2014. LTCC 技术的现状和发展[J]. 电子元件与材料, 33(11): 5-13.

杨斌, 王荣, 张晗, 等. 2021. LTCC 材料及其器件——产业发展与思考[J]. 电子元件与材料, 40(3): 205-210.

殷之文. 2003. 电介质物理学[M]. 2 版. 北京: 科学出版社.

虞成城, 宋喆. 2019. 低温共烧陶瓷技术发展及行业现状分析[J]. 电工材料, 2: 21-24.

张良莹, 姚熹. 1991. 电介质物理[M]. 西安: 西安交通大学出版社.

张启龙, 杨辉. 2017. 功能陶瓷材料与器件[M]. 北京: 中国铁道出版社.

张迎春. 2005. 铌钽酸盐微波介质陶瓷材料[M]. 北京: 科学出版社.

钟维烈. 1996 铁电体物理学[M]. 北京: 科学出版社.

周济. 2012. 低温共烧陶瓷(LTCC)介质的材料科学与设计策略[J]. 电子元件与材料, 31(6): 1-5.

Chen K, Song B, Ravichandran N K, et al. 2020. Ultrahigh thermal conductivity in isotope-enriched cubic boron nitride [J]. Science, 367: 555-559.

Lu S R, Xia L, Xu J M, et al. 2019. Permittivity-regulating strategy enabling superior electromagnetic wave absorption of lithium aluminum silicate/rGO nanocomposites[J]. ACS Applied Materials & Interfaces, 11: 18626-18636.

Pan M J, Randall C A. 2010. A brief introduction to ceramic capacitors[J]. IEEE Electrical Insulation Magazine, 26(3): 44-50.

Wei T, Dong Z, Zhao C Z, et al. 2016. Structural and relaxor-like dielectric properties of unfilled tungsten bronzes $Ba_{5-5x}Sm_{5x}Ti_{5x}Nb_{10-5x}O_{30}$ [J]. Journal of Applied Physics, 119: 124107.

Wei T, Liu J M, Zhou Q J, et al. 2011. Coupling and competition between ferroelectric and antiferroelectric states in Ca-doped $Sr_{0.9-x}Ba_{0.1}Ca_xTiO_3$: Multipolar states [J]. Physical Review B, 83: 052101.

第 3 章 磁性材料

人们早期对磁性材料的认识始于天然磁石，由于天然磁石富含铁元素，是用于冶铁的主要矿石之一，又被称为磁铁矿. 我国河北省武安市磁山一带出产磁铁矿，我国四大发明之一的司南便出现于此，司南标志着中华民族开始利用磁性和磁性材料指导生产. 磁学成为一门学科是在 17 世纪，到 19 世纪，经过奥斯特(H. C. Ørsted)、法拉第(M. Faraday)、麦克斯韦(J. C. Maxwell)、居里(P. Curie)等的不断研究，磁学得到了充分发展. 到 20 世纪，对磁性材料的研究日渐深入，使其逐步应用于不同领域，如发电机和电动机中的永磁材料、智能电子设备中收发信号使用的软磁材料、各类用于存储数据的磁带和磁盘、靶向药物的载体等. 在考古、地质、天文、采矿和设备制造等领域，磁性材料也有广泛的研究和应用价值. 本章将主要阐述磁学的基本理论和磁性材料的实际应用.

3.1 物质的磁性

3.1.1 静磁现象

磁性是自然界中最常见的性质之一，与静电相互作用类似，借助磁场传递相互作用，宏观物质的磁性表现为吸引或排斥. 为了便于描述磁场的分布，人为引入磁感线. 对于一个具有固定形状的磁体，磁感线最密集的区域被称为磁极. 距离为 r、磁极强度为 m_1 和 m_2（单位为韦伯，Wb）的两个磁极间的作用力与磁极强度成正比，与磁极间的距离的平方成反比.

与静电学中的电偶极子类似，磁学中引入了磁偶极子的概念，磁极强度为 $\pm m$、距离为 l 的磁偶极子具有磁偶极矩 $j=ml$（单位是韦伯·米，Wb·m）. 与正、负电荷不同，正、负磁极总是成对出现，因此，可以将微小磁体产生的磁场考虑成由垂直于磁场方向的平面上的环路电流引起的. 基于环路电流模型，将磁矩定义为磁偶极子的等效回路电流 i 和回路面积 S 的乘积，即 $\mu=iS$，单位为安·平方米($A\cdot m^2$)，利用磁矩表示磁偶极子磁性的大小和方向. 磁偶极矩和磁矩的关系可由 $j=\mu_0\mu$ 给出，其中 $\mu_0=4\pi\times10^{-7}N\cdot A^{-2}$，为真空磁导率. 若在磁偶极子周围施加与磁矩方向不平行的磁场，磁偶极子将发生转动，直至磁矩沿着磁场方向. 类似的现象会发生在磁性材料内部，将磁矩在外磁场作用下发生变化的这一过程称为磁化.

3.1.2　磁化强度 M、磁场强度 H 和磁感应强度 B

1. 磁化强度 M

在磁体内，一个体积元 dV 中包含了大量的磁偶极子，这些磁偶极子具有磁偶极矩 j 和磁矩 μ. 为了描述磁体内部的磁化程度，将单位体积内磁矩的矢量和定义为磁化强度 M，即

$$M = \frac{\sum_{i=1}^{n} \boldsymbol{\mu}_i}{dV} \tag{3-1}$$

磁化强度是描述宏观磁体磁性强弱的物理量，单位是安每米 (A·m^{-1}). 如果这些磁矩的大小相等，排列方向平行，则磁化强度可简化为 $M=N\mu$，其中 N 是单位体积内磁矩 μ 的个数；如果磁矩的取向杂乱无章，则磁矩矢量和为零，宏观上不具有磁化强度. 与磁化强度类似，将单位体积的磁偶极矩的矢量和定义为磁极化强度 J，即

$$J = \frac{\sum_{i=1}^{n} \boldsymbol{j}_i}{dV} \tag{3-2}$$

单位为韦伯每平方米 (Wb·m^{-2}). 由磁偶极矩和磁矩的关系可知，磁化强度和磁极化强度具有关系 $J=\mu_0 M$.

2. 磁场强度 H 和磁感应强度 B

永磁体和通电导线周围都会产生磁场，磁场的强弱可以用磁场强度 H 或磁感应强度 B 来描述，H 和 B 均为矢量. 对于强度为 m 的磁极，在空间中某点受到的磁力为 F，则该点的磁场强度

$$H = F / m \tag{3-3}$$

磁场强度的单位是安每米 $(\text{A·m}^{-1}$，国际单位制$)$ 或奥斯特 $(\text{Oe}$，高斯单位制$)$，$1\text{A·m}^{-1}=4\pi \times 10^{-3}\text{Oe}$.

根据毕奥-萨伐尔定理，电流元 Idl 在空间中任意一点 P 产生的磁场强度 dH 可以表示为

$$dH = \frac{Idl \times e}{4\pi r^2} \tag{3-4}$$

其中，e 为电流元 Idl 到 P 点方向上的单位矢量；r 为电流元到 P 点的距离. 在实际应用中，载流导体的形状和尺寸各异，因此磁场的强度和分布都会发生变化. 也正是由于这样的性质，可以根据需要的磁场分布来设计电磁铁.

在一些情况下，可以采用磁感应强度 B 描述磁场的分布. 在国际单位制中，将

功能材料

磁感应强度 B 定义为

$$B = \mu_0(H + M) \tag{3-5}$$

磁感应强度的单位是特斯拉(T，国际单位制)或高斯(Gs，高斯单位制)，$1T=10^4Gs$.

　　在没有介质的真空环境下，$M=0$，因此 $B=\mu_0 H$，即磁感应强度与磁场强度的大小线性相关，方向相同，但介质在磁场 H 的作用下会发生磁化，在一些介质中，介质的磁化强度与磁场强度成正比，即 $M=\chi H$，其中 χ 为介质的磁化率，磁化率为无量纲量. 将 $M=\chi H$ 代入公式(3-5)，得到 $B=\mu_0(1+\chi)H$，定义 $\mu_r=1+\chi$ 为相对磁导率，在磁介质中则有 $B=\mu_0\mu_r H$，令 $\mu=\mu_0\mu_r$ 表示介质的磁导率，单位为亨利每米($H\cdot m^{-1}$)，一般在工程中所说的磁导率是指相对磁导率. 在其他一些磁性介质中，磁各向异性能、磁弹能和退磁能等能量的相互竞争可能导致 M 不与 H 同向，因此磁感应强度 B 须由公式(3-5)表示.

3.1.3　磁性的原子起源

1. 核外电子的排布规律

　　每个电子的状态由主量子数 n、轨道角动量量子数 l、轨道磁量子数 m_l 和自旋量子数 m_s 确定，每一组量子数只代表一个电子状态，这些量子数的取值具有一定关系，可以将这些关系总结如下.

　　(1)主量子数 n 描述了电子排布的壳层，$n=1,2,3,4,\cdots$，分别对应 K、L、M、N 等壳层.

　　(2)轨道角动量量子数 l 描述了电子排布的次壳层，$l=0,1,2,\cdots,n-1$. 当主量子数确定后，每一壳层又可分成 n 个次壳层，当 l 取 0、1、2、3 时，对应的次壳层分别用 s、p、d、f 来表示.

　　(3)轨道磁量子数 m_l：$m_l=-l,-l+1,\cdots,l-1,l$，描述了电子轨道在空间的伸展方向.

　　(4)自旋量子数 m_s：$m_s=\pm 1/2$，描述了电子的自旋取向.

　　电子在核外排布时，遵循泡利不相容原理和能量最低原理. 泡利不相容原理指出，在费米子组成的系统中，不会出现两个或两个以上的粒子处于完全相同的状态. 对于四个确定的量子数，该状态至多只能容纳一个电子. 能量最低原理说明，体系的能量最低时，体系最稳定. 因此核外电子总是尽可能占据能量更低的轨道. 德国物理学家洪特(F. Hund)根据大量光谱实验数据总结出：①当电子排布到同一能级的不同轨道时，优先以自旋相同的方式单独占据各个轨道，此时原子的总能量最低；②当总自旋量子数取值相同时，总轨道角动量量子数最大的能量最低；③当电子数未超过壳层满电子数目的一半时，总角动量量子数 $J=L-S$，超过一半时，$J=L+S$.

2. 电子自旋与反常塞曼效应

电子自旋的
发现

1896 年，荷兰物理学家塞曼(P. Zeeman)将钠光源置于强磁场环境中($10^5 \sim 10^6 \mathrm{A \cdot m^{-1}}$)并观察钠光谱，发现钠的 D 谱线变宽. 提高测量精度后，塞曼观察了镉在更强的磁场环境下的谱线，发现在垂直于磁场的方向上，谱线分裂成三条，在平行于磁场的方向分裂成两条，这种现象被称为塞曼效应. 谱线的分裂表明电子轨道的能量差发生了变化. 洛伦兹(H. A. Lorentz)应用经典电磁理论对这种现象进行了解释，提出谱线在磁场作用下分裂成间隔相等的三条谱线，对应的能量分别为 $h\nu_0$ 和 $h\nu_0 \pm \mu_B B$，其中

$$\mu_B = \frac{e\hbar}{2m_e} \tag{3-6}$$

称为玻尔磁子，是原子磁矩的基本单位. 洛伦兹推导出的理论结果与实验观测的光谱结果完全相符，图 3.1(a)给出了镉原子 643.847nm 谱线的塞曼效应示意图.

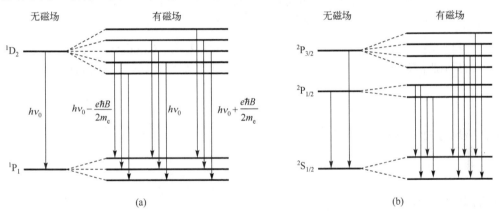

图 3.1　镉原子 643.847nm 谱线的正常塞曼效应(a)和钠原子的反常塞曼效应(b)

1897 年，普雷斯顿(T. Preston)发现当磁场强度较弱时，分裂后的谱线不一定是三条，如锌、镉的某些谱线会分裂成四条，不同谱线的能量间隔也不一定相同. 1898 年，法国物理学家科尔尼(M. A. Cornu)发现钠原子的 D_1 和 D_2 线分别分裂成四条和六条，如图 3.1(b)所示. 在此后的二十余年，有许多针对这一现象的研究，然而没有得到合理的解释，因此将这样的现象称为反常塞曼效应.

1921 年，施特恩(O. Stern)和格拉赫(W. Gerlach)利用如图 3.2 所示的装置研究了不均匀磁场下银原子的运动. 图 3.2(a)中，左侧为加热源，可以将金属银加热为银蒸气，通过狭缝 1 和狭缝 2 之后获得沿水平方向运动的银原子. 由于研究对象为原子束，因此需要在 0.1nm 的尺度内产生非均匀磁场，这也是这一实验的主要难点之一. 当银原子束通过如图 3.2(b)所示的非均匀磁场区域后，在承接屏上沉积了两列银原子，如图 3.2(c)所示. 实验结果证明银原子的磁矩 μ 在空间中的取向是量子化的，同时，原子在磁场中的取向也是量子化的. 1927 年，菲普斯(T. E. Phipps)和泰勒(J. B. Taylor)以氢原子作为研究对象进行了类似的实验，实验结果一致. 然而，在电子自旋这一概念被提出之前，电子的状态仅由 n、l、m_l 三个量子数确定. 当轨道量子数 l 确定后，轨道磁量子数 m_l 有 $2l+1$ 个取向，显然 m_l 的取向为奇数，与实验结果矛盾，说明仅用 n、l 和 m_l 这三个量子数描述电子尚有欠缺.

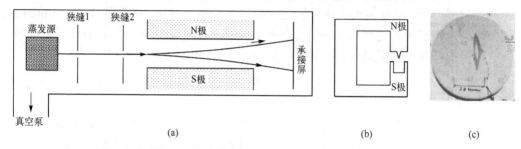

(a)　　　　　　　　　　　　　(b)　　　　(c)

图 3.2　施特恩-格拉赫实验装置示意图(a)、磁极截面示意图(b)
和施加磁场后光屏上银原子的分布(c)

1925 年，乌伦贝克(G. Uhlenbeck)和古德斯密特(S. Goudsmit)在分析大量实验结果的基础上提出电子除了具有轨道角动量，还具有自旋属性，并具有自旋角动量

$$|\boldsymbol{s}| = \sqrt{s(s+1)}\hbar \quad \left(s = \frac{1}{2}\right) \tag{3-7}$$

s 在磁场方向(z 方向)只有两个取向，即

$$s_z = \pm\frac{1}{2}\hbar \tag{3-8}$$

其磁矩为一个玻尔磁子

$$\mu_{s,z} = \mp\mu_B \tag{3-9}$$

当电子的自旋与轨道运动产生耦合，且磁场强度不足以破坏自旋-轨道耦合作用时，电子能级发生分裂，出现反常塞曼效应.

3. 原子中电子的轨道磁矩

在玻尔提出的原子模型中，电子处于一系列能量分立的轨道上并绕原子核转动. 若电子在半径为 r 的圆形轨道上以角速度 ω 绕核转动，会产生 $-e\omega/(2\pi)$ 的电流. 对于一个电流为 i，包围面积为 S 的圆形闭合回路，其磁矩为 iS. 因此电子在圆轨道上运动时产生的磁矩为

$$\boldsymbol{\mu}_L = -\frac{e\omega r^2}{2}\boldsymbol{e} = -\frac{e}{2m_e}\boldsymbol{L} \tag{3-10}$$

其中，m_e 为电子质量；$\boldsymbol{L}$ 为电子做圆周运动时的角动量. 令 $\gamma \equiv e/(2m_e)$，则

$$\boldsymbol{\mu}_L = -\gamma \boldsymbol{L} \tag{3-11}$$

其中，γ 为旋磁比. 公式(3-11)表明电子绕核做轨道运动时，轨道磁矩与电子的轨道角动量成正比，方向相反.

4. 角动量耦合

当电子的主量子数 n 和角量子数 l 确定时，价电子轨道的大小和形状被确定. 电子沿此轨道运动时，具有轨道角动量 l 和轨道磁矩 $\boldsymbol{\mu}_L$，同时电子的轨道运动产生磁场. 若考虑电子自旋，则电子还具有自旋角动量 s 和自旋磁矩 $\boldsymbol{\mu}_s$. 电子轨道运动形成的磁场和自旋磁矩 $\boldsymbol{\mu}_s$ 产生了附加的相互作用能 ΔE 被称为自旋-轨道相互作用能. ΔE 的大小与 s 和 l 的相对取向有关. 由于电子的自旋磁矩 $\boldsymbol{\mu}_s$ 相对于轨道磁矩 $\boldsymbol{\mu}_L$ 的取向只有两种，即平行或者反平行，与这两种取向相对应的，有两种不同的附加能量，因而每一能级应分裂为两个能级. 对于 $l=0$ 的 s 能级，由于其轨道磁矩为零，应无相互作用能，故能级不分裂.

在多电子体系中，电子受到的作用变得复杂，这里以最简单的氦原子为例. 氦原子核外有两个电子，两个电子各有其轨道运动和自旋运动，这四种运动的量子数可分别由 l_1、s_1、l_2 和 s_2 表示. 这四个量子数可以形成六种相互作用，分别记为 $I_1(s_1s_2)$、$I_2(l_1l_2)$、$I_3(l_1s_1)$、$I_4(l_2s_2)$、$I_5(l_1s_2)$、$I_6(l_2s_1)$. 这些相互作用强弱不同，在不同原子中情况也不同. 通常 I_5 和 I_6 这两个相互作用强度较弱，可以忽略. 这里讨论两种情况：①I_1 和 I_2 占优势，即两个电子自旋之间的作用、两个电子轨道运动之间的作用很强，两个自旋运动合成一个总的自旋运动，即 $s_1+s_1=S$，两个轨道角动量合成一个轨道总角动量，即 $l_1+l_2=L$，轨道总角动量再和自旋总角动量合成总角动量，即 $S+L=J$. 这种耦合方式称为 L-S 耦合(轨道-自旋耦合). L-S 耦合表示每个电子自身的自旋与轨道运动之间的相互作用比较弱，这时耦合作用主要发生在不同电子之间. ②I_3 和 I_4 占优势，即电子的自旋和自身轨道运动的相互作用较强，这时电子的自旋角动量和轨道角动量先合成各自的总角动量，即 $l_1+s_1=j_1$ 和 $l_2+s_2=j_2$，两个电子的总角动量再合成原子的总角动量，即 $j_1+j_2=J$，这种耦合方式被称为 j-j 耦合. j-j 耦合则表示每个电子自身的自旋与轨道耦合作用比较强，不同电子之间的耦合作用比较弱. 对于原子序数小于 32 的原子，均为 L-S 耦合，原子序数在 32~82 的原子，L-S 耦合逐渐减弱，最终完全过渡到 j-j 耦合.

5. 原子核磁矩

原子核由质子和中子组成，这两种基本粒子也具有本征磁矩. 与电子类比，类比公式(3-6)定义原子核磁矩的量度，即单位核磁子

$$\mu_C = \frac{e\hbar}{2M_p} \tag{3-12}$$

其中 M_p 为质子质量. 由于质子的质量远大于电子质量, 约为电子质量的 1836 倍, 因此核磁子远小于玻尔磁子. 实验结果测得质子磁矩约为 $2.79\mu_C$, 中子磁矩约为 $-1.91\mu_C$. 原子核磁矩都较小, 在研究原子的磁性时一般仅需考虑电子磁矩和轨道磁矩的贡献.

3.1.4 物质的分类

按照不同的标准, 物质分类可以有很多种形式, 如果按物质磁化率的大小和符号分类, 可以将物质分为: 抗磁质、顺磁质、反铁磁质、铁磁质和亚铁磁质, 这五类物质分别体现出不同的磁性.

(1)抗磁质在外磁场的作用下, 原子感生出与外磁场方向相反的磁化强度, 这种磁性被称为抗磁性. 抗磁性十分微弱, 其磁化率 $\chi_d < 0$, 通常在 $10^{-6} \sim 10^{-5}$ 数量级, 与温度、磁场均无关, 抗磁质的磁导率小于 1. 抗磁性材料其磁化曲线分布在二四象限, 且为通过原点的直线, 如图 3.3(a)和(b)所示.

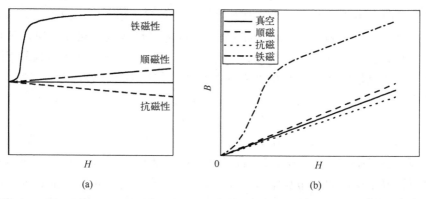

图 3.3 不同磁性的材料中磁化强度(a)和磁感应强度(b)随磁场变化关系的示意图

(2)顺磁质在外磁场作用下, 感生出与外磁场同向的磁化强度, 这种磁性称为顺磁性. 顺磁质的磁化率 $\chi_p > 0$, 在 $10^{-6} \sim 10^{-3}$ 数量级, 磁导率略大于 1. 按照磁化率与温度相关和无关, 将顺磁体分为正常顺磁体和反常顺磁体. 顺磁体磁化强度和磁感应强度随磁场的关系如图 3.3(a)和(b)所示.

(3)反铁磁质具有反铁磁性. 其磁化率在某一温度存在极大值, 该温度称为奈尔温度 T_N. 当温度 $T > T_N$ 时, 磁化率随温度的升高逐渐减小; 当温度 $T < T_N$ 时, 磁化率随温度降低逐渐减小, 并趋于定值. 反铁磁性物质主要有过渡族元素的盐类及化合物等.

(4)铁磁质具有铁磁性, 其磁化率 χ_f 的数值在 $10^1 \sim 10^6$ 数量级, 磁导率 $\mu \gg 1$. 当

温度高于临界温度 T_c 时，铁磁质的磁性转变为顺磁性，T_c 被称为铁磁性物质的顺磁居里温度. 仅有 11 个元素的单质晶体具有铁磁性，分别是铁、钴、镍、钆、铽、镝、钬、铒、铥、面心立方结构的镨和面心立方结构的钕. 铁磁质的磁化强度和磁感应强度随磁场的关系分别如图 3.3(a)和(b)所示.

(5)亚铁磁质具有亚铁磁性，其宏观性质与铁磁质相似，因而最晚被发现. 与铁磁质相比，亚铁磁质的磁化率偏小，约在 $10^0 \sim 10^3$ 数量级. 从微观角度，亚铁磁质的磁性可看作由铁磁性和反铁磁性共同构成. 典型的亚铁磁质为铁氧体材料.

3.1.5　抗磁性

按照经典的电磁学理论，当施加磁场时，磁场穿过介质，核外电子在电磁感应的作用下形成与外加磁场方向相反的感生磁场，表现出与外磁场相反的磁化强度. 因此抗磁性存在于所有物质中.

由公式(3-11)可知，原子内一个角动量为 L 的电子的磁矩 $\mu = -\gamma L$，施加磁场 H 后，电子将获得额外的力矩，因此

$$\frac{\mathrm{d}L}{\mathrm{d}t} = \mu \times H = -\frac{e}{2m_e}L \times H \tag{3-13}$$

这个力矩使电子的角动量绕磁场方向转动，即角动量 L 绕磁场进动，这种运动被称为拉莫尔进动，其角频率

$$\omega = \gamma H - \frac{eH}{2m_e} \tag{3-14}$$

当电子的磁矩做拉莫尔进动时，会产生附加角动量

$$\Delta L = m\omega \overline{r^2} \tag{3-15}$$

其中，$\overline{r^2}$ 为电子轨道半径在垂直于 H 的平面上的投影的方均值. ΔL 使电子获得附加磁矩

$$\Delta \mu = -\gamma \Delta L = -\frac{e^2}{4m_e}\overline{r^2}H \tag{3-16}$$

这个附加磁矩与磁场方向相反，使物质体现出抗磁性. 当原子核外的电子轨道全部被占据时，容易表现出抗磁性. 抗磁性物质主要有惰性气体、部分有机化合物、部分金属和非金属等. 表 3.1 列出了惰性气体和常见离子的抗磁磁化率.

表 3.1　惰性气体及离子的抗磁磁化率

	He	Ne	Ar	Kr	Xe	Na^+	K^+	Rb^+	Mg^{2+}	F^-	Cl^-
$-\chi_d \times 10^6$	1.88~1.91	6.66~7.65	18.13~9.72	28.02~29.2	42.4~44.1	6.1	15	22	4.3	9.5	24.2

3.1.6 顺磁性

1. 顺磁性简介

顺磁性是一种弱磁性，磁化率 $\chi > 0$，通常在 $10^{-6} \sim 10^{-3}$ 量级. 在顺磁性材料中，磁性原子或离子距离较远，导致原子之间没有明显的相互作用. 假定顺磁系统包含 N 个磁性原子，每个原子的磁矩为 μ. 当温度在 0K 以上时，每个原子都在进行热振动，其自旋方向也做同样的振动，当温度为 T 时，一个自由度具有的热能为 $k_B T/2$，其中 k_B 是玻尔兹曼常量. 室温下 $k_B T/2 \approx 2.1 \times 10^{-21}$J. 若施加 $10^6 \text{A} \cdot \text{m}^{-1}$ 的磁场，对 $M=1\mu_B$ 的磁矩产生的能量约为 1.2×10^{-23}J，约为室温下热能的 1/200，因此顺磁体无需考虑饱和现象. O_2、NO、铂、钯、稀土金属、铁、钴、镍的盐类都是正常顺磁体.

郎之万(P. Langevin)对材料的顺磁性做出理论解释，提出原子磁矩之间无相互作用，在热平衡态下无规则分布，施加外磁场后，原子的磁矩沿着接近于外磁场方向择优分布，体现出微弱的磁性. 多数顺磁性物体的顺磁磁化率随温度服从居里定律，即

$$\chi_p = \frac{C}{T} \tag{3-17}$$

其中，C 为居里常数. 对于铁磁和亚铁磁材料，磁化率 χ 在高温下随温度的变化关系符合居里-外斯定律

$$\chi = \frac{C}{T - T_c} \tag{3-18}$$

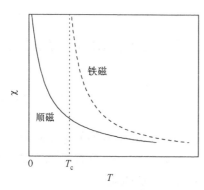

图 3.4 铁磁材料 $(T>T_c)$ 和顺磁材料磁化率随温度的关系

其中，T_c 为居里温度. 铁磁材料 $(T>T_c)$ 和顺磁材料磁化率随温度的关系如图 3.4 所示.

大多数顺磁金属，如碱金属的磁化率不随温度变化，这些物质被称为反常顺磁体. 泡利(W. Pauli)、弗仑克尔(J. Frenkel)和道尔弗曼(J. Doefman)等应用量子力学理论对这一现象给出定量解释. 顺磁金属的磁性起源于自有的导电电子，如果忽略电子-电子相互作用，则电子集体应服从泡利互不相容原理. 如图 3.5 所示，在无外磁场时，自由电子的全部磁矩在 0K 时等于零. 施加外磁场 B 后，自旋平行于磁场的电子能量降低 $\mu_B B$，自旋与磁场反平行的电子能量上升 $\mu_B B$. 重新恢复热力学平衡后，新状态的能量最小值相当于磁化状态，磁化强度为

$M=N(E_F)\mu_B^2 H$，其中 E_F 为费米能级，磁化率为 $\chi_p=2N(E_F)\mu_B^2$. 表 3.2 列出了部分碱金属的顺磁磁化率.

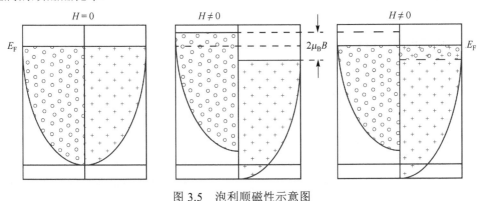

图 3.5　泡利顺磁性示意图

表 3.2　碱金属的顺磁磁化率

	Li	Na	K	Rb	Cs
$\chi_p\times10^7$	35.4	7.0	5.4	2.2	2.0

2. 顺磁性应用

(1) 顺磁共振.

顺磁共振是一种研究物质结构的有效方法，它研究的对象必须具有未配对的电子，如：①具有奇数个电子的原子(如氢原子)；②内电子壳层未被充满的离子；③电子数为奇数的分子(如 NO)；④某些虽不含奇数个电子，但分子的总角动量不为零的分子(如 O_2)；⑤在反应过程中或物质因受辐射作用产生了自由基. 此外还有金属或半导体中的未偶电子等. 研究顺磁共振波谱可得到有关分子、原子或离子中未配对的电子的状态及其周围环境方面的信息.

(2) 顺磁制冷.

磁热效应是指在绝热条件下，通过改变施加在磁性材料上的外磁场而使材料的磁熵发生变化，导致其内部温度发生变化的现象. 在等温磁化过程中，磁矩由无序排列变为有序排列，材料熵减小同时向外界放热；绝热退磁过程中，磁矩从有序排列变为无序排列，磁熵增大，材料从外界吸热完成一个循环. 1881 年，瓦尔堡(E. Warburg)在实验中发现将 Fe 磁化后会向外放热. 这是人类历史上首次发现材料的磁热效应.

2020 年，北京大学成功搭建了能获得 0.090mK 极低温环境的无液氦消耗核绝热去磁制冷机，一举打破同类型制冷机世界纪录. 截至 2020 年，全球同类型的干式核绝热去磁设备分别为英国的 0.6mK、芬兰的 0.16mK 和瑞士的 0.15mK 无液氦消耗制冷机.

3.2 磁 有 序

3.2.1 分子场理论与直接交换相互作用

在顺磁性和抗磁性材料中，磁矩无序分布，总体不表现磁性，施加磁场后，表现出微弱的磁性. 而在铁磁性、亚铁磁性和反铁磁性材料中，磁矩之间具有相互作用. 施加磁场后，铁磁性和亚铁磁性材料表现出明显的磁性. 为了解释铁磁性物质的特征，外斯(P. Weiss)推广了朗之万顺磁性理论，提出分子场理论. 分子场理论基于以下两点假设：

(1)铁磁性物质在 0K 到居里温度 T_c 之间存在与外加磁场无关的自发磁化，这种自发磁化来源于铁磁性物质内存在的分子场，分子场的强度可以达到 $10^9 \mathrm{A \cdot m^{-1}}$ 数量级. 当温度低于 T_c 时，分子场使原子磁矩克服热运动引起的无序行为，自发地沿同一个方向排列；当温度高于 T_c 时，热扰动破坏了分子场对磁矩的束缚，铁磁性转变为顺磁性.

(2)平行排列的磁矩不能遍布整个磁性材料，在材料中形成多个自发磁化的区域，这些区域被称为磁畴，相邻磁畴之间的区域为磁畴壁. 不施加磁场时，磁畴内部的磁矩在分子场作用下有序排列并达到饱和，但不同磁畴的自发磁化方向不一定相同，导致不施加磁场时，材料的宏观总磁矩为零.

分子场理论很好地解释了铁磁性的特征,但外斯并没有解释分子场的来源. 1928年，弗仑克尔提出铁磁体中电子之间的相互作用使电子自旋平行排列，引起自发磁化. 同时，海森伯(W. K. Heisenberg)证明了分子场是量子力学交换相互作用的结果. 从此，人们认识到电子之间的相互作用是使铁磁性物质出现自发磁化的原因.

在磁有序介质中，交换相互作用仅发生在近邻的原子之间. 若将一个系统的能量考虑为与自旋取向相关和无关的两项，分别记为 E' 和 E_{ex}，则系统的总能量可以表示为

$$E = E' + E_{ex} = E' - 2J(s_1 \cdot s_2) \tag{3-19}$$

其中，交换作用能 $E_{ex}=-2J(s_1 \cdot s_2)$；$J$ 为交换积分. 由公式(3-19)可知，当 $E_{ex}<0$ 系统能量更低，因此 $J>0$ 时，自旋倾向于平行排列；$J<0$ 时，自旋倾向于反平行排列. 若进一步将双原子分子模型中的交换作用推广到 N 个原子组成的系统，可证明直接交换作用是近程作用，并得到居里温度 T_c 与交换积分的关系

$$T_c = \frac{2ZJ}{3k_B} S(S+1) \tag{3-20}$$

其中，Z 和 k_B 分别为近邻原子数和玻尔兹曼常量. 近邻原子之间的交换作用越强，

自旋的相互作用越大，要破坏自旋之间的相互作用需要的能量就越高，体现为居里温度上升.

贝特(H. A. Bethe)发现当近邻原子的电子云具有大量重叠，且近邻原子的间距 a 适当大于电子轨道的平均半径 r 时，交换积分 $J > 0$. 铁族元素和稀土元素可以满足这两个条件，这是由于 3d 电子和 4f 电子的波函数在原子核附近分布较少，不同原子的轨道容易产生交叠. 此外，这两类元素中价电子壳层的间距大于与原子磁性相关的电子壳层的间距. 图 3.6 为贝特-斯莱特曲线，当原子间距 a 与 3d 壳层电子轨道半径 r 的比值 a/r 较大时，交换积分 J 为正值，但数值很小；随着原子间距逐渐变小，不同原子的 3d 轨道逐渐靠近，交换积分 J 逐渐增大；当原子间距进一步减小，交换积分经过极大值后逐渐变小至零并转变为负值，自旋倾向于反平行排列，形成反铁磁性.

从公式(3-20)可以发现，铁磁质的居里温度与交换积分成正比，可以理解为居里温度是磁性原子之间交换作用的宏观表现. 在贝特-斯莱特曲线上，Co、Fe 和 Ni 的交换积分依次减小，实验结果测得，Co、Fe 和 Ni 的居里温度分别为 1403K、1043K 和 631K.

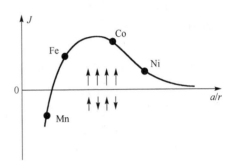

图 3.6　贝特-斯莱特曲线

3.2.2　铁磁体

铁磁性物质具有下列特征性质：

(1) 具有固体结晶状态：例如，铁在大约 900℃以下具有体心立方结构(α 铁，铁磁性)，而在 900～1400℃之间是面心立方结构(γ 铁，非铁磁性)；镍在不同温度下都具有面心立方结构；钴在 450℃以下时为六方晶系结构，在 450℃以上时为面心立方结构. 铁磁性合金的结晶结构随其成分和热处理过程而不同.

(2) 铁磁体的磁化率很大，磁化强度在外磁场作用下较顺磁材料而言容易达到饱和.

(3) 在居里温度以上时，铁磁性转变为顺磁性.

1. 铁磁性能带理论

尽管局域电子交换模型能够解释自发磁化现象，但对解释 3d 族过渡金属原子的磁矩不为整数这一实验结果无能为力，需要应用能带理论进行解释. 在过渡金属中，3d 和 4s 电子可以在晶格中自由移动，且能带发生重叠，导致 3d 和 4s 电子可以互相转移. 对于自旋向上和自旋向下的两种电子，分别占据两个次能带. 计算结果表明 4s 轨道不同自旋方向电子的能带高度相等，电子数相同，而 3d 轨道能带由于交换作用，导致自旋方向不同的两个次能带上的费米面出现升高或降低，费米面上升的称为主能带, 费米面下降的称为副能带. 费米能级的移动导致两个能带被电子填充的程度不同. 主、副能带填充电子的浓度差引起 3d 过渡金属出现磁矩. 不同原子中不同副能带内被充满的程度也不一样, 在 Ni、Co 原子中, 自旋向上的 3d 能带完全被电子占据, 电子数等于 5, 自旋向下的能带则未被电子充满. Fe 原子的 3d 正负能带都未填满. 由能带理论可以计算出 3d 金属中能带的电子分布和磁矩, 有效地解释了 3d 族金属原子磁矩为非整数的实验现象.

2. 轨道角动量冻结

实验发现 Fe 族金属离子的磁矩主要来源于自旋磁矩, 而轨道磁矩贡献较小, 这样的现象被称为轨道角动量冻结, 轨道角动量冻结常见于过渡金属的离子和原子. 在晶体中, 核外电子受到周围离子核和电子的库仑作用, 这种库仑相互作用可以等效为一个势场, 称为晶体场. 晶体场取决于周围离子的分布和对称性, 在晶体场的作用下, 电子轨道的能级发生退简并. 例如, 3d 族过渡金属离子的 d 轨道具有五重简并, 在不同晶体场的作用下, 能级将发生分裂, 使简并度部分或整体消除. 能级分裂后, 虽然总轨道角动量的绝对值 L^2 保持不变, 但轨道角动量的分量 L_z 不再是运动常量, 当 L_z 的平均值为零时, 就称为轨道角动量冻结. 特殊的是, 轨道简并度不一定被完全消除, 例如, 位于八面体或三角晶体场中的 Co^{2+} 保留了双重简并的基态, 此时 L_z 的平均值 $<L_z>=0$, 但小于自由离子的数值, 为部分冻结.

3. 磁畴

铁磁体内存在着五种与磁性相关的相互作用能量: 外磁场能(E_H)、退磁场能(E_d)、交换能(E_{ex})、磁各向异性能(E_K)和磁弹性能(E_σ). 稳定的磁化状态一定与铁磁体内总自由能最低时的状态相对应, 不施加外磁场和应力时, 铁磁体内的磁化状态由交换能、磁晶各向异性能和退磁场能总和的最小值确定. 交换能最低时, 近邻原子的自旋磁矩有序排列; 磁晶各向异性能最低时, 磁矩倾向于沿某些特定的晶向排列, 当铁磁晶体沿这些方向磁化时, 交换能和磁晶各向异性能同时取最小值, 因此称这些方向为易磁化方向或易轴.

若沿易轴方向磁化铁磁体, 在铁磁体内将产生与磁化强度方向相反的退磁场 H_d. 如果磁体被均匀地磁化, 则退磁场与磁化强度呈反比例关系, 即 $H_d=-DM$, 其中 D 为退磁因子. 对于形状规则的铁磁体, D 取决于样品的几何形状. 对于球形铁磁体, $D=4\pi/3$; 对于长圆柱形铁磁体, 磁场垂直于轴向时的退磁因子 $D\approx2\pi$; 对于薄盘形铁磁体, 磁场垂直于盘面时的退磁因子 $D\approx4\pi$. 退磁场的出现导致铁磁体内的总能量升高, 为了降低磁体的总能量, 只能改变自发磁化的分布状态. 因此当温度低于居里温度时, 在铁磁体内形成许多大小相近的磁畴.

4. 畴壁

布洛赫提出相邻两磁畴之间磁矩按一定规律逐渐改变方向，磁畴间的过渡层称为磁畴壁. 相邻两个磁畴的磁化方向通常是反平行或互相垂直的，因此形成 180° 畴壁和 90° 畴壁. 在畴壁处，磁矩的方向是逐渐转变的，相邻磁矩的方向具有夹角，增加了交换能，同时磁矩方向偏离易磁化轴方向，使磁晶各向异性能增加，因此形成畴壁具有一定的畴壁能.

根据畴壁中磁矩旋转方式的不同，将畴壁分为布洛赫畴壁和奈尔畴壁. 当磁体体积较大，畴壁处的磁矩由一个磁畴内的方向过渡到另一个磁畴内的方向时，磁矩始终平行于畴壁平面，这种畴壁称为布洛赫畴壁，如图 3.7 所示. 对于布洛赫畴壁，畴壁面上无自由磁极出现，畴壁上不产生退磁场，而在晶体的上下表面出现磁极，由于布洛赫畴壁出现在大块晶体中，磁极引起的退磁能较小，对晶体内部产生的影响可以忽略不计.

图 3.7　布洛赫畴壁示意图

布洛赫畴壁的出现，导致交换能和磁各向异性能增加，这里以 180° 畴为例，计算畴壁中的能量. 对于晶格常数为 a 的简单立方晶格，假设磁矩经过 N 个原子层，从 $\theta=0°$ 转到 $\theta=180°$. 由于畴壁具有稳定的结构，因此要求畴壁中的交换能增量 E_{ex} 和磁各向异性能增量 E_K 的总和为极小值. 若单位面积畴壁中的总能量为

$$E_w = E_{ex} + E_K = \frac{JS^2\pi^2}{Na^2} + NKa \tag{3-21}$$

应有 $\partial E_w/\partial N=0$，因此原子层数

$$N = \frac{\pi S}{a}\sqrt{\frac{J}{Ka}} \tag{3-22}$$

畴壁厚度

$$\delta = \pi S\sqrt{\frac{J}{Ka}} \tag{3-23}$$

此时单位面积的畴壁能为

$$E_w = 2\pi S\sqrt{\frac{JK}{a}} \tag{3-24}$$

当晶体在某一方向的长度极小而成为二维薄膜时，布洛赫畴壁使薄膜表面出现磁极. 当薄膜厚度为 d，畴壁宽度为 δ 时，单位畴壁面积的退磁场能约为

$$E_{d} = \frac{\pi M_{s}^{2} \delta^{2}}{2d} \tag{3-25}$$

其中，M_s 为自发磁化强度. 为了降低畴壁能，奈尔(L. Néel)提出新的模型：磁矩围绕薄膜平面的法线改变方向，并且是平行于薄膜表面逐渐过渡的. 这种畴壁称为奈尔畴壁，如图 3.8 所示.

图 3.8　奈尔畴壁示意图

5. 磁畴的观测方法

(1)粉纹法.

将极细的 Fe_3O_4 颗粒加入到肥皂液或者其他分散剂中进行稀释，制备成磁性颗粒悬浮液. 将悬浮液滴到晶体表面上，覆上盖玻片，使悬浮液均匀分散在待测试样表面，样品表面附近由磁畴形成的磁场会吸引悬浮液中的 Fe_3O_4 细颗粒，使其沿着磁畴壁边缘分布，利用金相显微镜可以观察到这些 Fe_3O_4 细颗粒的分布情况.

(2)光学方法.

有两种磁光效应可以用来观察磁畴结构，分别是克尔效应和法拉第效应. 当平面偏振光照射到磁性物质表面并反射时，偏振面发生旋转，这种现象称为克尔效应. 旋转方向取决于磁畴中磁化矢量的方向，旋转角与磁化矢量的大小成比例，可以用来观察不透明磁性体的表面磁结构. 当平面偏振光透射过磁性物质时，偏振面发生旋转，这样的现象称为法拉第效应，利用法拉第效应可以用来观察半透明或透明磁体内部的磁畴结构. 图 3.9 是利用磁光克尔效应观察磁畴结构的装置示意图. 光源发出的光线经起偏器后变成面偏振光，入射到样品上. 当不同磁畴的磁化方向不同时，偏振光的偏振面产生不同方向的旋转，经过检偏器在相机或者底片上呈现明暗不同的图案.

(3)洛伦兹电子显微镜法.

对于薄膜样品，可以用透射电子显微镜观察磁畴结构. 当电子束穿过磁性材料时，受洛伦兹力的影响，电子运动发生偏移，偏移的方向和大小与材料局部磁化矢量有关. 由于在磁畴壁中，磁化矢量在不同位置有不同的取向，用透射电子显微镜观察时，磁畴壁在样品透射像中会表现为一条线. 洛伦兹显微镜具有很高的分辨率，

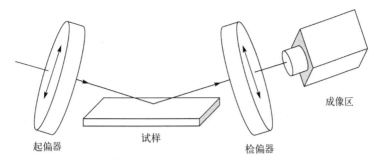

图 3.9 克尔效应装置示意图

可以观察到磁畴的精细结构，也可以直接观察到磁畴壁和晶体缺陷、晶界之间的相互作用力，适用于研究磁性薄膜材料和可以进行减薄的块体磁性材料.

（4）磁力显微镜法.

磁力显微镜（magneitc force microscope，MFM）是扫描探针显微镜的一种. 图 3.10 为磁力显微镜的工作原理示意图. 测量悬臂一端装有磁性探针，另外一端固定在移动机构上. 当磁化的针尖接近样品时，样品表面的杂散磁场和针尖产生相互作用力，引起针尖振动相位的变化. 为了提高 MFM 图像的分辨率，克服针尖和样品表面距离减小时引起的非磁性力，一般在样品的同一个区域上进行两次扫描：第一次扫描样品表面形貌数据；第二次是在第一次的轨迹上再次扫描，并将探针提升数十纳米，获得与磁力相关的数据. 磁力显微镜可以有效地探测样品表面的磁场，具有很高的空间分辨率，可以有效地探测到亚微米尺寸的磁畴，可以测量不透明和有非磁性覆盖层的样品，但存在着对样品表面粗糙度要求高、磁力图解释复杂的问题.

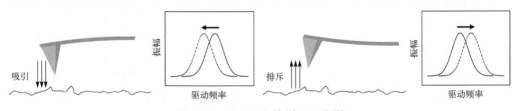

图 3.10 磁力显微镜原理示意图

6. 铁磁微粒的磁性

弗仑克尔与道尔弗曼最初提出，当晶体粒子的尺寸缩小，磁性自由能中畴壁能的比例增大，并与磁畴不封闭时的退磁场能相近，使整个粒子内部只有一个磁畴，这时粒子尺寸处于单畴粒子的临界尺寸. 表 3.3 列出了不同球型铁磁微粒的临界半径. 与微粒类似，当铁磁薄膜达到一定厚度时，也会成为单畴状态. 德里戈（A. Drigo）和皮佐（M. Pizzo）证明铁、钴、镍薄膜的厚度小于 100nm 时具有单畴特性.

表 3.3　不同球型铁磁微粒的临界半径

	Fe	Ni	Co	MnBi
Kittel	10nm	/	/	400nm
Néel	16.0nm	/	/	/
Stoner	24.0nm	52.0nm	32.0nm	/
Кондорский	18.0nm	41.0nm	/	/

当铁磁微粒小于临界半径时，热运动对粒子磁性的影响很大，在一定温度下，粒子的集体行为类似于顺磁性物质，如果不加外磁场，将很快地失去剩磁状态，这个现象称为超顺磁性. 超顺磁性与顺磁性的主要差别在于普通顺磁性体由具有固有磁矩的原子集团构成，而超顺磁性存在于单畴粒子集团.

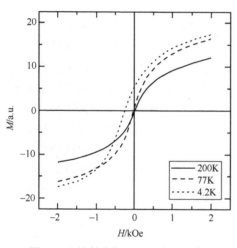

图 3.11　铁粉在低温下的超顺磁性

超顺磁性粒子的磁化曲线具有两个特征：①超顺磁性粒子的磁化曲线无磁滞现象；②根据居里定律 $M=CH/T$，若以 H/T 作为横坐标，不同温度下的磁化曲线应重合. 这两个顺磁性特点已得到实验证明. 图 3.11 为比恩（C. P. Bean）和雅各布斯（I. S. Jacbos）的实验结果，当温度增加至 200K，在汞内悬浮的细铁粉的超顺磁性消失，粉粒的半径为 2.2nm.

长期以来，磁性纳米粒子因在电子、光电及自旋电子器件等许多方面表现出的巨大应用潜力而一直受到关注，已报道的人工合成的磁性纳米粒子有 Fe、Co、Ni 等金属纳米粒子，Fe_3O_4、$\gamma\text{-}Fe_2O_3$、Mn_3O_4、MnO 等金属氧化物纳米粒子，$CoFe_2O_4$、$MnFe_2O_4$ 等铁氧体纳米粒子及金属合金纳米粒子. 磁性纳米粒子除了具备纳米材料所具有的尺寸小和比表面积大的优势外，还具有独特的超顺磁性和表面活性. 在生物医学领域中，由于磁性纳米粒子具有可调节的纳米磁性、良好的生物相容性、低毒性及在某些生物位点处具有特殊的靶向性等良好性质，可用于核磁共振成像、药物的靶向传递、热疗、蛋白的磁分离等，并可以作为基因治疗的载体. 在工业催化领域，与普通催化剂相比，纳米磁性催化剂因独特的尺寸结构及表面特性而具有更好的催化活性和选择性，被国际上称"第四代催化剂"，但因难以从液相中有效分离回收，工业化应用相对较少.

3.2.3　反铁磁性

反铁磁性物质大多是离子化合物，如氧化物、硫化物和氯化物等，反铁磁性金属包括铬和锰. 1932 年，奈尔将外斯分子场理论引入到反铁磁性中，认为反铁磁体中磁性离子构成的晶格可以看作由两个相同且嵌套在一起的次晶格组成，两套格子内各自的自旋平行排列，不同格子间的自旋反平行排列. 反铁磁性物质具有正的磁化率，但是磁化率随温度的变化关系与铁磁体和顺磁体不同. 图 3.12 为反铁磁体磁化率随温度变化关系的示意图. 当温度升高，反铁磁体的磁化率逐渐增大，当温度升至某一值时，磁化率达到极大值，该处的温度称为奈尔温度，用 T_N 表示. 当温度继续升高，热扰动破坏磁性离子之间的反铁磁性耦合，自旋无序排列，表现出顺磁性，磁化率逐渐减小. 在 T_N 以下，物质表现出反铁磁性，温度越低，磁性离子的自旋越接近反平行排列，当温度为 0K 时，自旋完全相反，反铁磁体整体的磁化强度为零. 若将 $1/\chi$ 对温度的关系延长，与横轴的交点为渐近居里点 T_p'，可以获得反铁磁性的居里-外斯定律表达式

$$\chi = \frac{C}{T + T_p'} \tag{3-26}$$

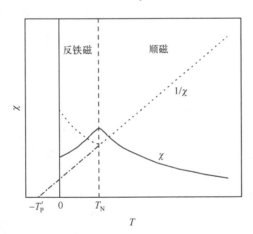

图 3.12　反铁磁体磁化率随温度变化关系的示意图

3.2.4　间接交换相互作用

在反铁磁体中，交换积分 $J<0$，即自旋反平行排列时体系处于基态. 对于反铁磁性的离子晶体，晶格点阵上的磁性离子被近邻点阵上的非磁性离子隔开. 在反铁磁体中磁性离子通过中间的无磁性离子作为媒介产生相互作用，因此称为间接交换相互作用. 在一些情况下，间接交换相互作用同样会形成铁磁性耦合.

1. 超交换相互作用

1934 年，克拉默斯(H. A. Kramers)首先提出超交换模型，并由安德森(P. W.

Anderson)进一步发展. 以岩盐结构的 MnO 为例，相邻 Mn^{2+} 被 O^{2-} 隔开，因此 Mn^{2+} 之间的直接交换相互作用很弱. Mn^{2+} 和 O^{2-} 的价电子排布分别为 $3s^2p^6d^5$ 和 $2s^2p^6$，$O^{2-}2p$ 轨道与在同一直线上相邻的 Mn^{2+} 的 3d 轨道重叠. 当 $O^{2-}2p$ 轨道上的一个电子转移到左侧 Mn^{2+} 时，依据洪德定则，电子的自旋方向应与 Mn^{2+} 的 3d 电子的自旋方向相反. 同时，当 O^{2-} 该轨道上的另一个电子向右侧 Mn^{2+} 转移时，同样要与 Mn^{2+} 的 3d 轨道电子的自旋方向相反，而 O^{2-} 转移出的两个电子的自旋方向必相反，因此两个 Mn^{2+} 的自旋反平行排列，如图 3.13 所示. 当 Mn^{2+}-O^{2-}-Mn^{2+} 为 180° 时，超交换作用最强. 1977 年，安德森凭借对磁性和无序体系电子结构的基础性理论研究获得了诺贝尔物理学奖.

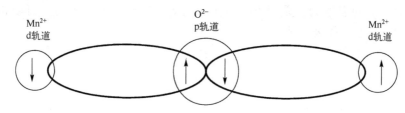

图 3.13   超交换相互作用示意图

2. 双交换相互作用

1950 年，琼克(G. H. Jonker)和范桑滕(J. H. van Santen)发现在 $LaMnO_3$ 中掺入二价元素，如 Ca、Sr 和 Ba，部分 Mn 离子的价态由三价转变为四价，价电子转变为 $3s^2p^6d^3$，e_g 电子退局域化参与导电，因此 Mn^{3+} 和 Mn^{4+} 是无序分布的. 双交换作用是两个不同价态的过渡金属离子以氧原子作为中间媒介的间接交换相互作用，被人们广泛用来定性解释锰氧化物的电子输运性质和磁性. 当 O^{2-} 中 2p 轨道的电子转移到 Mn^{4+} 时，根据洪德定则，该电子会与 $Mn^{4+}t_{2g}$ 轨道电子的自旋平行并占据 e_g 轨道. 若 Mn^{3+} 的 e_g 电子转移到该 O^{2-}，则需要提供相同自旋方向的电子，因此 Mn^{3+} 和 Mn^{4+} 的自旋取向一致，形成铁磁态，如图 3.14 所示.

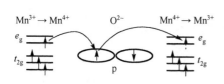

图 3.14   双交换作用原理示意图

3. RKKY 相互作用

1954 年鲁德曼(M. Ruderman)和基特尔(C. Kittel)在解释 [109]Ag 核磁共振吸收线增宽时，引入由核自旋与导电电子间交换作用引起的核与核之间的磁交换作用. 在此模型基础上，1956 年和 1957 年粕谷忠雄(T. Kasuya)和吉田奎(K. Yosida)研究了 Mn-Cu 合金核磁共振超精细结构，提出 Mn 原子的 3d 轨道电子和导电电子的交换作用使电子极化，导致 Mn 原子中 3d 轨道电子与近邻 3d 电子的间接交换作用，将这种以导电电子为媒介的相互作用称为 RKKY(Ruderman-Kittel-Kasuya-Yosida) 相互作用. RKKY 相互作用同样适用于解释稀土金属元素的磁性. 在稀土元素中，4f 电子是局域电子，而 6s 电子是巡游电子，f 电子与 s 电子的波函数交叠，使 s 电子出现自旋极化，形成以巡游的 s 电子为媒介的交换相互作用，通过 s 电子使两个本来没有相互作用的局域自旋产生相互作用. 若以 s_1 和 s_2 表示两个近邻磁性原子 4f 电子的自旋，则 RKKY 交换相互作用能为

$$E = -J(r_{1,2})s_1 \cdot s_2 \tag{3-27}$$

其中，$J(r_{1,2})$ 为位于 r_1 和 r_2 处两个局域电子的交换积分，其值随原子之间距离的增大振荡衰减.

3.2.5　亚铁磁性

在居里温度以下，亚铁磁性物质具有与铁磁性物质相似的宏观磁性，存在按磁畴分布的自发磁化，能够被磁化到饱和，存在磁滞现象；在居里温度以上，自发磁化消失，转变为顺磁性. 亚铁磁材料磁化率随温度的变化关系如图 3.15 所示，其中 T_p 为亚铁磁材料的顺磁居里温度；T'_p 为渐近居里点. 亚铁磁体的磁性与铁磁性物质相似，因此亚铁磁性是最晚被发现的. 1948 年，奈尔将反铁磁性的次晶格模型推广

到铁氧体的研究中：同一类次晶格上磁性离子的磁矩平行排列，不同类型次晶格上磁性离子的磁矩反平行排列，且反平行排列的相互作用占主导地位，具有大的负交换积分. 由于不同类型次晶格上具有的磁性离子数目不等，产生净余磁矩，其值为两类次晶格上磁矩的差. 由于亚铁磁性来源于未完全抵消的磁矩，所以亚铁磁性物质的自发磁化强度较低.

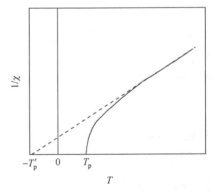

图 3.15　亚铁磁材料磁化率随温度变化关系的示意图

3.2.6　磁滞回线及其测量

1. 磁滞回线

利用磁化曲线和磁滞回线，可以定义磁化率、磁导率、矫顽力、饱和磁化强度和剩余磁化强度等磁学量，这些物理量对铁磁性物质的应力、晶粒大小、生长取向和杂质等极为敏感. 根据磁性材料用途的不同，对材料的特性提出不同的要求. 典型的铁磁性物质的磁化曲线与磁滞回线如图 3.16 所示. 磁化曲线 $OABC$ 经过最初的

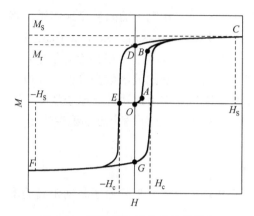

图 3.16 铁磁性物质的磁化曲线与磁滞回线示意图

直线部分以后磁化强度随磁场迅速上升，其中 OA 过程包括可逆区域和瑞利区域，可逆区域和瑞利区域磁化强度与磁场强度分别满足 $M=\chi_i H$ 和 $M=\chi_i H+\alpha H^2/(8\pi)$ 的关系，磁性材料磁场强度趋于零时的磁导率称为初始磁导率；AB 区域称为最大磁导率区域. 磁化曲线经过 B 点后曲线的斜率降低，磁化强度趋于饱和；到 C 点以后，逐渐达到饱和磁化强度 M_S，磁化强度在磁场大于饱和磁场 H_S 时几乎不发生变化.

如果由 C 点（$H>H_S$）逐渐减弱磁场，则磁化强度沿另一曲线 CD 下降，当 $H=0$ 时，M 等于 M_r，称为剩余磁化强度. 当磁场反向增大，M 沿 DE 下降至 $M=0$ 时，磁场强度为 $-H_c$，称为矫顽场或矫顽力. 当磁场反向增加到 $-H_S$ 时，磁化强度达到 $-M_S$，此时磁化强度的方向与 C 点的相反. 当磁场由 $-H_S$ 变化至 H_S 时，磁化强度沿 FG 回到 C 点，形成一条完整的磁滞回线.

沿不同晶向测量磁性材料的磁滞回线时，会发现沿某些方向 H_S 较小，磁化曲线斜率较大，这些方向为易磁化方向；而沿某些方向磁化时 H_S 较大，磁化曲线斜率较小，这些方向为难磁化方向，铁磁体中这种磁化难易程度随磁化方向变化的性质被称为磁各向异性. 从能量的角度来看，铁磁体内部的磁矩在外磁场作用下由短程有序转变为长程有序，磁化强度到达饱和，铁磁体的能量升高，这部分能量来源于外磁场对铁磁体做的功，功的大小等于 M-H 曲线与 M 轴之间所包围的面积，即

$$W = \int_0^M H\mathrm{d}M \tag{3-28}$$

这种与磁化方向相关的能量称为磁各向异性能. 磁各向异性能定义为饱和磁化强度矢量在铁磁体中取不同方向而改变的能量.

2. 磁性测量

1）磁场的产生和测量

无论研究物质的磁性，还是研究磁性器件的性能，都需要在一定的磁化状态下进行，因此需要有一个合乎要求的磁场. 产生磁场的装置按结构分类有载流线圈、永磁铁和电磁铁. 按磁场形式分，有恒定磁场、交变磁场和脉冲磁场. 按磁场大小分为微弱磁场（$<10^{-9}$T）、弱磁场（$10^{-9}\sim10^{-4}$T）、中强磁场（$10^{-4}\sim10$T）和超强磁场（>10T）等. 我国于 2013 年 10 月建设完成了脉冲强磁场设施，该设施建有 $50\sim94.8$T 的系列脉冲磁体，并配有多个科学实验站及配套低温系统，核心技术指标国际领先，是物理、

化学、材料和生物医学等多学科领域科学研究的国之重器，对支撑前沿科学技术发展具有重大战略意义.

载流线圈产生的磁场具有较高的稳定性. 载流线圈主要有螺线管、螺绕环、亥姆霍兹线圈、尾端补偿线圈等. 在载流线圈中插入铁芯形成电磁铁，可以作为一种产生较强磁场的装置. 常见的电磁铁主要有单轭型、双轭型和封闭型三种.

利用永磁材料的剩磁也可以产生磁场，其主要特点是工作时不需要供电系统，磁场长期稳定，体积小，使用方便. 不足之处是磁场空间小，均匀性差，剩磁场强度较低，一般为 $10^{-2}T$，且磁场强度只能通过改变气隙间距进行调整.

研究磁性时，需要对磁场强度进行精确测量. 磁场的测量已远远超出材料磁性测量的范围，而深入到工业、农业、国防科技及生物医学各个领域. 按测量原理不同，主要有以下几种方式.

(1)力和力矩法：利用铁磁体或载流体在磁场中所受的力进行测量.

(2)电磁感应法：以法拉弟电磁感应定律为基础，它可用于测量直流磁场、交流磁场和脉冲磁场.

(3)霍尔效应法：利用半导体内霍尔电压正比于磁场大小的原理进行测量.

(4)弱连接超导效应法：利用超导弱连接的磁通量子化及约瑟夫森效应制成的磁强计，称为超导量子干涉仪(superconducting quantum interference device，SQUID)，是目前灵敏度最高的磁强计，主要用于测量微弱磁场.

2)磁性测量

磁性材料在直流磁场磁化下的磁特性称为静态磁特性，包括材料磁化曲线、磁滞回线及其确定的参数，如剩磁 M_r、矫顽力 H_c、磁导率 μ 等.

振动样品磁强计(vibrating sample magnetometer，VSM)是测量材料磁性的重要设备之一，振动样品磁强计主要由电磁铁、样品振动系统和信号检测系统组成，如图 3.17 所示. 当振荡器驱动振动头时，振动头可在固定频率 ω 下带动样品振动. 施

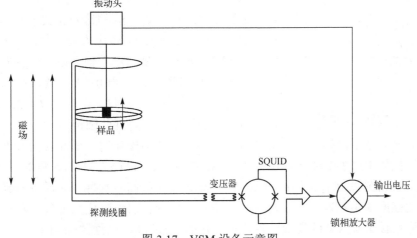

图 3.17 VSM 设备示意图

加磁场后，被磁化了的样品在空间所产生的偶极场将相对于固定的检测线圈振动，使检测线圈内产生频率为 ω 的感应电压. 而振荡器的电压输出则反馈给锁相放大器作为参考信号；将上述频率为 ω 的感应电压馈送到工作于与其参考信号同频率、同相位状态的锁相放大器后，经放大及相位检测而输出一个正比于被测样品总磁矩的直流电压 U_{Jout}，与此相对应，霍尔探头输出一个正比于磁化场 H 的直流电压 U_{Hout}，将电压进行转化，即可得到被测样品的磁滞回线.

3.2.7 磁晶各向异性

磁性晶体中磁矩的相互作用构成了体系自由能中与磁化相关的部分，主要包括①电子之间的交换相互作用；②由自旋-轨道耦合作用和磁偶极子引起的磁晶各向异性；③磁性和弹性之间的相互作用引起的磁弹能和应力能；④外磁场或内部退磁场作用的磁场能. 各部分能量相互竞争形成了宏观的磁各向异性. 通常磁各向异性能与材料的晶体结构具有同样的对称性，因而称为磁晶各向异性. 磁晶各向异性能与磁化强度矢量在晶体中相对晶轴的取向有关. 在易磁化方向上，磁晶各向异性能最小，而在难磁化方向上，磁晶各向异性能最大. 在室温下，六方密排结构的 Co 具有单轴磁各向异性，易轴平行于晶体的 c 轴. 随着磁化强度的方向与 c 轴夹角 θ 不断增大，磁化能逐渐增大，并在 $\theta=90°$ 时达到最大. 若 θ 继续增大，磁化能逐渐减小. 因此磁晶各向异性能量可以展开为 $\sin^2\theta$ 的幂级数，进一步考虑六边形对磁各向异性的影响，磁晶各向异性能可以表示为

$$E_{MC} = K_1 \sin^2\theta + K_2 \sin^4\theta + K_3 \sin^6\theta \cdot \cos 6\varphi \tag{3-29}$$

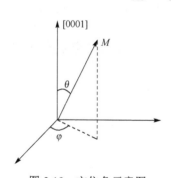

图 3.18　方位角示意图

其中，K_1、K_2 和 K_3 为磁晶各向异性常数；φ 为磁化强度 M 在与[0001]方向垂直的平面内的方位角，如图 3.18 所示. 一般情况下，计算磁各向异性时 $\sin^4\theta$ 项已足够精确. 由于 K_1、K_2 的符号和大小的不同，六角晶体可以出现三种易磁化方向：①当 $K_1>0$ 且 $K_1+K_2>0$ 时，$\theta=0°$，易轴沿主轴方向，磁各向异性能分布如图 3.19(a)所示；②当 $0 \leqslant K_1 < -K_2$ 时，$\theta=90°$，易轴在垂直于主轴的平面内；③当 $0<-K_1<2K_2$ 时，易轴在与六角晶轴成一定角度的圆锥面.

在立方晶系中，存在很多等效方向，沿这些方向磁化时，磁晶各向异性能的数值相等，例如 Fe 的易轴沿<001>方向，Ni 的易轴沿<111>方向，Fe 和 Ni 的磁各向异性能分布如图 3.19(b)和(c)所示. 由于立方晶体的高对称性，磁晶各向异性能可以用磁化强度矢量相对于三条棱的方向余弦来表示. 因为磁化强度矢量对任意一个 α_i 改变符号后均与原来的等效，表达式中 α_i 的奇数次幂的系数为 0. 同时，任意两个

α_i 互相交换，表达式必须不变，所以对任何 l、m、n 的组合及任何 i、j、k 的交换，$\alpha_i^{2l}\alpha_j^{2m}\alpha_k^{2n}$ 形式的项的系数必须相同. 因此，立方磁晶各向异性能可以表示为

$$E_{\mathrm{MC}} = K_1(\alpha_1^2\alpha_2^2 + \alpha_1^2\alpha_3^2 + \alpha_2^2\alpha_3^2) + K_2(\alpha_1^2\alpha_2^2\alpha_3^2) \tag{3-30}$$

对一般材料，公式 (3-30) 中取到 α_i 的六次方项就足够精确了，更高次项可以忽略不计. K_1 和 K_2 为立方晶系的磁晶各向异性常数，磁晶各向异性常数的大小表征材料沿不同晶轴方向磁化到饱和时的磁化能的差异，可以由实验测定.

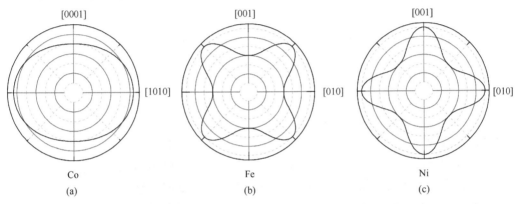

图 3.19　Co(a)、Fe(b) 和 Ni(c) 中磁各向异性能分布示意图

3.2.8　磁致伸缩

　　铁磁晶体被外加磁场磁化时，其长度尺寸大小及体积大小均发生变化，这种现象称为磁致伸缩. 磁致伸缩具有三种变化方式：①纵向磁致伸缩，相对变化沿着外磁场的方向；②横向磁致伸缩，相对变化垂直于外磁场方向；③体积磁致伸缩，铁磁体被磁化时，体积产生变化. 纵向或横向磁致伸缩又称为线磁致伸缩，表现为铁磁体在磁化过程中长度的变化. 体积磁致伸缩只有在铁磁体技术磁化到饱和以后的顺磁过程中才能明显地表现出来. 与磁致伸缩效应相反，改变铁磁体的形状会引起磁化强度的变化，称为铁磁体的压磁性现象. 这两种现象表明铁磁体的形变与磁化密切相关.

　　对于磁性材料，不仅是磁体，同时又是弹性体. 故对于一定的形变 $e_{ij}(i,j=x,y,z)$ 而言，既有由弹性形变引发的弹性能，还有由磁化与形变相互联系而生的磁弹性能. 因此磁晶各向异性能一方面与磁化强度 M 在晶体中的取向 α_i 有关，另一方面还与晶体的形变 A_{ik} 有关. 磁性晶体的广义磁晶各向异性能可以表示为

$$E_{\mathrm{MC}} = K_0 + K_1(\alpha_1^2\alpha_2^2 + \alpha_1^2\alpha_3^2 + \alpha_2^2\alpha_3^2) + K_2(\alpha_1^2\alpha_2^2\alpha_3^2) \tag{3-31}$$

可以发现，考虑形变后，铁磁晶体磁晶各向异性能的对称性没有变化，只修正了磁晶各向异性常数的大小.

磁致伸缩对材料的磁性能诸如磁导率、矫顽力等具有重要的影响. 通过研究材料的磁致伸缩, 可以了解内部各种相互作用的本质及磁化过程与物体形变的关系. 另一方面, 磁致伸缩效应具有重要应用. 例如, 利用材料在交变磁场作用下长度的伸长和缩短, 可以制成超声波发生器和接收器, 力、速度、加速度传感器, 延迟线及滤波器等器件. 这些应用要求材料的磁致伸缩系数要大, 灵敏度要高, 磁弹耦合系数要高. 目前应用的磁致伸缩材料包括 $Tb_xDy_{(1-x)}Fe_y$ 合金、$SmFe_2$ 等. 磁致伸缩效应在某些应用领域中也会带来有害的影响, 例如, 由于磁致伸缩的影响, 软磁材料在交流磁场下发生振动, 导致镇流器、变压器等器件在使用时会产生噪声. 因此, 减少噪声的有效途径就是降低软磁材料的磁致伸缩系数.

3.2.9 交换各向异性

铁磁/反铁磁复合体系在外磁场中从高于反铁磁奈尔温度冷却到低温后, 铁磁层的磁滞回线将沿磁场方向偏离原点, 其偏离量被称为交换偏置场, 通常记作 H_{EB}, 同时伴随着矫顽力的增加, 这一现象被称为交换偏置, 或称体系存在交换各向异性. 米克尔约翰 (W. H. Meiklejohn) 和比恩 (C. P. Bean) 于 1956 年在 CoO 外壳覆盖的 Co 颗粒中首先发现了这一现象. CoO/Co 颗粒的顺时针和逆时针转矩曲线之间有明显的磁滞效应, 两个方向的转矩曲线并不重合, 而对于均匀的铁磁材料, 高场下转动磁滞趋于零. 当外场沿着冷却场的方向测量时, 磁滞回线将向负磁场方向偏离, 样品的磁滞回线出现不对称性, 如图 3.20 (a) 所示. 当温度高于 CoO 的奈尔温度时, CoO 的磁矩无序分布, 施加磁场 H_0 降温至 CoO 奈尔温度以下时, 磁场使界面处 Co 原子磁矩由 CoO 原子磁矩产生耦合, 如图 3.20 (b) 所示; 施加反向磁场, 界面耦合使 CoO/Co 颗粒矫顽力增大, 如图 3.20 (c) 所示; 而施加较小的正向磁场即可使 Co 磁矩沿磁场方向分布, 如图 3.20 (d) 所示. 交换偏置广泛存在于 FeMn/FeNi 和 Cr_2O_3/FeNi 等很多体系中. 为了能够更好地了解交换偏置的基本特征, 人们一般采用铁磁/反铁磁双层膜结构作为研究对象. 铁磁/反铁磁交换偏置展现出很多新的物理现象, 其基

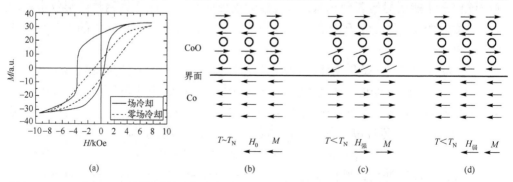

图 3.20 77K 下 CoO/Co 颗粒零场冷却和场冷却时的磁滞回线 (a) 和交换偏置原理示意图 (b)～(d)

本特性与铁磁层和反铁磁层的材料、厚度、结构取向、温度、生长顺序及工艺条件等密切相关，其机制涉及界面相互作用，包含很多丰富的物理内涵，是凝聚态物理中的重要研究课题.

3.2.10　动态磁化过程

铁磁体在周期性变化的交变磁场中时，磁化强度也呈现周期性的变化，形成动态磁滞回线. 动态磁滞回线和静态磁场中的磁滞回线有所不同. 在相同的磁场强度范围内，动态磁滞回线的面积比静态磁滞回线稍大. 这是因为磁滞回线的面积等于磁化一周所损耗的能量. 在静态磁场下，材料内的损耗仅为磁滞损耗；而在交变磁场下，材料内除了磁滞损耗以外，还存在其他的损耗.

动态磁滞回线的形状与交变磁场的峰值及频率有关. 实验表明，当交变磁场强度减小或增加交变磁场频率时，动态磁滞回线的形状将逐渐趋近于椭圆，如图 3.21 所示. 因此对于通常使用的弱场高频条件，可以采用椭圆形状来近似地表示铁磁材料的动态磁滞回线. 假定交变磁场 H 呈正弦周期性变化，则相应的磁感应强度 B 也呈正弦周期性变化，但在时间上 B 要落后 H 一个相位差 θ，θ 称为损耗角. 相位差的存在导致磁导率要用复数来表示

$$\mu = \mu_0 \cos\theta - i\mu_m \sin\theta = \mu' - i\mu'' \tag{3-32}$$

其中，μ' 为磁导率的实部；μ'' 为磁导率的虚部. 损耗角的正切称为材料的损耗因子，$\tan\theta = \mu''/\mu'$.

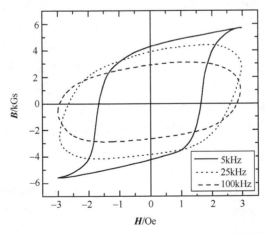

图 3.21　50μm 厚的钼坡莫合金片在不同频率下的磁滞回线

磁性材料在交变磁场作用下产生的各种能量损耗总称为磁损耗，主要表现为涡流损耗、磁滞损耗和剩余损耗.

涡流是导体材料在交变磁场下普遍存在的一种现象. 磁性材料在交变磁场的作

用下产生涡流，使磁芯发热，对应的损耗称为涡流损耗. 金属磁性材料由于电阻率较低，涡流损耗较为严重.

在高频弱交变磁场作用下，铁磁体进行的是可逆磁化. 如果磁场不是很小，频率也不是很高，铁磁体内仍然存在不可逆磁化，使磁感应强度 B 的变化落后于磁场强度 H 的变化，从而产生磁滞损耗. 在不可逆跃变的动态磁化过程中，因为存在各种阻尼作用，需要消耗一部分由外磁场提供的能量.

除了涡流损耗、磁滞损耗以外的其他损耗统称为剩余损耗，其大部分来源于磁后效. 磁后效是铁磁体磁化过程中与时间相关的效应，包括磁化过程中的畴壁位移和畴壁转动的时间效应，也包括样品的尺寸共振和磁力共振. 磁化的弛豫过程导致了动态磁化过程中的能量损耗. 目前较为认可的磁后效的主要机理是离子、空穴扩散弛豫机理.

不同的磁性材料在不同的频率范围内，各类损耗占比不尽相同，对于金属磁性材料来说，在工频或者 50Hz 以下时，磁损耗以磁滞损耗为主. 在音频（20～20kHz）时，以涡流损耗为主. 提高频率，涡流损耗将急剧增大，在射频范围内，金属磁性材料将不再适用，必须使用具有高电阻率的铁氧体材料. 铁氧体材料在射频弱磁场下，则是以剩余损耗为主，磁滞损耗和涡流损耗较少.

3.3 软 磁 材 料

软磁材料是指能够在较弱的磁场下出现较强的磁化强度，且迅速响应外磁场变化的材料，因此又被称为高磁导率材料. 软磁材料可以广泛应用于电力工业和电子设备，如发电机、变压器、电动机、通信滤波器、继电器、磁头、存储芯片等. 工业中对软磁材料的性能提出了具体要求：具有大的初始磁导率 μ_i 和最大磁导率 μ_m、较小的剩余磁感应强度 B_r 和矫顽力 H_c、高饱和磁感应强度 B_S、低损耗、低磁致伸缩系数和低磁各向异性. 这些特性与物质本身密切相关，而制备工艺同样重要. 常见软磁材料有金属软磁材料、软磁铁氧体、非晶态软磁材料、纳米晶软磁材料等.

3.3.1 金属软磁材料

金属软磁材料主要包括工业纯铁、硅钢、坡莫合金、铁铝合金、铁硅铝合金等. 本节将分别介绍以上这些材料.

1. 工业纯铁

工业纯铁为纯度高于 99.8% 的铁，工业纯铁经过退火处理后，初始磁导率 μ_i 为 300～500，最大磁导率 μ_m 为 6000～12000，矫顽力 H_c 为 39.8～95.5A·m^{-1}，饱和磁感应强度为 2.16T. 在工业纯铁中，μ_m 和 H_c 分别随着碳元素含量的增加出现下降和升高，严重影响了工业纯铁的软磁特性，因此通常要在高温利用氢气去除碳杂质. 此外，N、O、Si、S、Mn、Cu 等元素均会使工业纯铁的软磁性能降低. 工业纯铁电阻率较小，在交变磁场下容易产生涡流损耗，因此只适合在直流磁场环境下工作，结合其高饱和磁化强度的特点，常应用于继电器、电磁铁的铁芯和磁极等.

2. 硅钢

为了降低工业纯铁在交流磁场下的涡流损耗，将少量的硅加入纯铁中形成固溶体，可以提高合金的电阻率. 硅钢通常指硅的质量分数在 1.5%～4.5%、碳的质量分数在 0.02%以下的 Fe 合金. 室温下，Si 在 Fe 中的固溶度大约为 15%. 随着 Si 含量的增加，硅钢的磁各向异性和磁致伸缩系数下降，有利于提升磁导率并降低矫顽力. 但 Si 含量增加会导致 Fe-Si 合金变脆，不易加工，因此一般硅钢制品中硅质量分数的上限约为 5%. 表 3.4 列出了几种工业纯铁和硅钢的磁性.

表 3.4　工业纯铁和硅钢的磁性

名称	成分/%	μ_i	μ_m	B_r/T	B_S/T	H_c /(A·m^{-1})	ρ /(μΩ·cm)
工业纯铁	99.8 Fe	150	5000	0.77	2.14	80	10
低碳钢	99.5 Fe	200	4000	0.77	2.14	100	112
硅钢(无织构)	3Si 其余 Fe	270	8000	0.77	2.01	60	47
硅钢(织构)	3Si 其余 Fe	1400	50000	1.2	2.01	7	50

硅钢按照生产方式、组织结构和磁性可以分为冷轧无取向硅钢、热轧无取向硅钢、冷轧取向硅钢和高磁感取向硅钢.

(1)冷轧无取向硅钢.

冷轧无取向硅钢在轧制和热处理后晶粒取向无序分布. 这种方法主要应用于硅含量低于 4%的中低牌号和高牌号硅钢中. 中低牌号硅钢铁损通常高于 4.7W·kg^{-1}(1.5T，50Hz)，主要应用于微型和小型电机. 高牌号硅钢铁损通常低于 4.7W·kg^{-1}(1.5T，50Hz)，适合应用在大中型电机、发电机和小型变压器.

(2)热轧无取向硅钢.

热轧硅钢片主要应用于微小型电机、部分中型电机和低压电器等. 热轧工艺与冷轧工艺相比，工艺简单、成本较低，然而热轧硅钢片的磁性能低、磁性波动大、钢板厚度、平整度不均，表面氧化、不光滑.

(3)冷轧取向硅钢(CGO 钢).

1934 年戈斯(N. P. Goss)对硅含量约 3%的冷轧硅钢进行退火后，发现硅钢沿轧制方向磁性更好. X 射线测量表明硅钢具有{110}<001>织构，易轴沿<001>方向，平行于轧制方向，称为戈斯取向硅钢或普通取向硅钢(CGO 钢). CGO 钢的平均晶粒直径为 3～5mm,磁场为 800A·m^{-1} 时的磁感 B_{800} 约为 1.82T. 加工过程中弥散析出的相质点或晶界偏聚元素(抑制剂)对形成单一戈斯织构发挥了关键作用. 取向硅钢薄带适用于制造工作频率在 400Hz 以上的各种电源变压器、脉冲变压器、磁放大器、变换器等铁芯.

(4)高磁感取向硅钢(Hi-B 钢).

1953 年日本新日铁公司以 AlN 为主要抑制剂,经过一次大压下率冷轧和退火工艺,研制出更高磁性的取向硅钢. 以 AlN+MnS 综合抑制剂的取向硅钢于 1964 年试生产并命名为高磁感取向硅钢(Hi-B 钢),B_{800} 约为 1.92T. 为使 Hi-B 钢的磁性更加稳定,1965 年后确定采用热轧带高温常化工艺,经改进 MgO 隔离剂、发展应力绝缘涂层等措施使 Hi-B 钢工艺更加完善. 然而 MgO 隔离剂在高温退火过程中与钢板表面氧化层发生固态扩散反应,形成 Mg_2SiO_4 玻璃膜底层. 硅酸镁底层硬度高, 导致传统取向硅钢的加工性能差, 严重影响了加工效率,增加了制造成本,且底层与基体的粗糙界面对磁畴移动具有阻碍作用,不利于铁损降低. 高磁感取向硅钢是制造变压器的核心材料,其性能优劣直接影响变压器的能耗与能效等级. 变压器损耗在电网损耗中约占 40%,约占我国年发电量的 6.6%. 面对"双碳"目标要求,我国钢铁企业研发出无硅酸镁底层取向硅钢,将其应用于多个大型发电项目,彻底解决了困扰电机行业多年取向硅钢制作电机铁芯冲片毛刺大、加工成本高的"卡脖子"问题,经济和社会效益显著.

3. 坡莫合金

坡莫合金(permalloy)最早由美国贝尔电话实验室公司命名,意为导磁合金,专指 Ni 含量在 34%～84%的二元或多元镍铁基软磁合金. 坡莫合金具有面心立方结构,与硅钢相比,坡莫合金磁导率更高,磁损耗降低,然而价格较贵,饱和磁感应强度较低,制造工艺要求高. 坡莫合金具有较宽的成分范围,其磁性能可以通过改变成分和热处理条件等进行调节,以实现在铁芯材料、磁屏蔽材料、脉冲变压器材料、矩磁材料、热磁材料和磁致伸缩材料中的应用.

当 w_{Ni} 在 81%附近,坡莫合金的磁致伸缩系数 $\lambda_s=0$;w_{Ni} 在 76%附近,坡莫合金的磁各向异性常数 $K=0$. 因此,w_{Ni} 在 75%～83%范围内,坡莫合金具有最佳的综合软磁性能. 然而 w_{Ni} 在 75%～83%范围时,合金饱和磁感应强度较低,同时 Ni 又是高价金属,所以不利于应用在对饱和磁感应强度要求高的领域,此时可采用 w_{Ni} 为 40%～50%的坡莫合金.

根据坡莫合金的不同特性,大致可将它们分为高初始磁导率合金、硬坡莫合金、矩磁合金、高 ΔB 和恒磁导率合金、高 B_S 坡莫合金和高频高磁导率合金.

(1)高初始磁导率合金.

这类合金的特点是在弱磁场中具有高的初始磁导率,一般用于高灵敏导磁元件、探头、各类电子变压器、磁屏蔽、磁放大器、互感器、磁调制器、变换器、继电器、微电机及录音录像磁头等. 表 3.5 列出了部分高初始磁导率合金的直流磁性能.

表 3.5 高初始磁导率合金的直流磁性能

合金牌号	厚度/mm	μ_i	μ_m	B_S/T	H_c/(A·m^{-1})	成品形状
1J76	0.02~0.04	15000	60000	0.75	4.8	冷轧带材
	0.05~0.09	18000	100000		3.2	
	0.10~0.19	20000	140000		2.8	
	0.20~0.50	25000	180000		1.4	
1J79	0.01	12000	70000	0.75	4.8	冷轧带材
	0.02~0.04	15000	90000		3.6	
	0.05~0.09	18000	110000		2.4	
	0.10~0.19	20000	150000		1.6	
1J80	0.005~0.01	14000	60000	0.65	4.8	冷轧带材
	0.02~0.04	18000	75000		4.0	
	0.05~0.09	20000	90000		3.2	
	0.10~0.19	20000	120000		2.4	
1J85	0.005~0.01	16000	70000	0.70	4.8	冷轧带材
	0.02~0.04	18000	80000		3.6	
	0.05~0.09	28000	110000		2.4	
	0.10~0.19	30000	150000		1.6	

(2) 硬坡莫合金.

一般的高磁导率铁镍合金的维氏硬度 H_V 不超过 120, 电阻率 ρ 不大于 0.60μΩ·m. 添加一些元素, 能够使合金耐磨性大大提高, 电阻率也增大, 并且磁性的应力敏感性大大降低. 硬坡莫合金适合在应力状态和高频下应用, 如用作录音磁头、磁卡磁头、接触式运动导磁元件及微型特种电机铁芯等. 表 3.6 列出了部分硬坡莫合金的直流磁性能.

表 3.6 硬坡莫合金的直流磁性能

合金牌号	合金带厚度/mm	μ_i	μ_m	B_S/T	H_c/(A·m^{-1})	ρ/(μΩ·cm)	硬度/0.1kg 负荷
1J87	0.02~0.04	30000	100000	0.5	2.0	75	180
	0.05~0.09	35000	120000		1.2		
	0.10~0.29	40000	200000		0.8		
	0.30~0.50	35000	180000		1.2		
1J88	0.02~0.04	30000	100000	0.55	2.0	70	180
	0.05~0.09	35000	120000		1.6		
	0.10~0.29	40000	150000		1.2		
1J89	0.03~0.04	15000	70000	0.45	2.4	85	200
	0.05~0.09	20000	90000		1.6		
	0.10~0.29	25000	100000		1.2		

续表

合金牌号	合金带厚度/mm	μ_i	μ_m	B_S/T	H_c/(A·m^{-1})	ρ/(μΩ·cm)	硬度/0.1kg 负荷
1J90	0.02~0.04	30000	100000		2.0		
	0.05~0.09	35000	150000		1.6	85	200
	0.10~0.29	40000	180000	0.45	0.8		
1J91	0.02~0.04	5000	40000		3.2		
	0.05~0.09	8000	60000		2.0	80	300
	0.10~0.29	10000	80000		1.6		

(3) 矩磁合金.

一般把 $B_r/B_S \geqslant 0.85$ 的软磁合金称为高矩形比合金或矩磁合金. 矩磁合金具有强的单轴磁各向异性, 沿着易磁化方向磁化即可获得矩形比极高的磁滞回线. 矩磁合金适用于制造双极脉冲变压器、磁放大器、磁调制器、方波变压器的铁芯, 也可制作计算机系统的记忆和存储器、尖峰抑制器等. 表 3.7 列出了部分矩磁合金的磁性能.

表 3.7　矩磁合金的磁性能

合金牌号	厚度/mm	μ_i	B_S/T	B_r/B_S	H_c/(A·m^{-1})	成品形状
1J51	0.005~0.01	25000			23.9	
	0.02~0.04	35000	1.5	0.9	19.9	冷轧带材
	0.05~0.09	50000			15.9	
	0.10	60000			14.3	
1J65	0.005~0.01	80000			8.0	
	0.02~0.04	100000	1.5	0.9	6.4	冷轧带材
	0.05~0.09	150000			4.8	
	0.10~	220000			3.2	

(4) 高 ΔB 和恒磁导率合金.

$\Delta B = B_S - B_r$, 一般 B_S 为定值, 故要求 B_r 低. 高 ΔB 合金的特点是初始磁导率和最大磁导率的差别很小, 一般小于 30%, 矩形比一般小于 0.2, 其磁滞回线形状为扁平型. 若要获得扁平磁滞回线, 要求合金具有强的单轴磁各向异性, 并沿难轴方向磁化, 此时磁化过程基本上靠磁畴转动来完成.

常用的高 ΔB 合金有两类: 一类是高镍坡莫合金, 另一类是中镍坡莫合金, 前者磁导率高, 后者 ΔB 值大. 立方织构的存在对中镍坡莫合金有利. 高 ΔB 合金主要用于各种单极性脉冲变压器、晶体管防护扼流圈、电感元件、滤波元件、充电电感、涌电断路器用互感器及电子线路中的输出、反馈、耦合变压器铁芯等. 表 3.8 列出了一些我国生产的中镍高 ΔB 坡莫合金的磁性能.

(5) 高 B_S 坡莫合金.

铁和镍的饱和磁感应强度 B_S 分别约为 2.15T 和 0.57T, 所以中镍 (46%~68%) 合金的 B_S 较大, 比高镍合金高约一倍, 由于其磁导率较低, 故使用受到一定的限制.

通过提高合金的纯度、加适量的合金元素或在居里点以下进行等温纵向磁场处理可以改进这类中镍高 B_S 合金的磁性. 中镍高 B_S 合金已在部分应用领域替代高镍高 B_S 合金.

表 3.8　中镍高 ΔB 坡莫合金的磁性能

合金牌号	主要成分	μ_i	B_S/T	B_r/B_S	$\Delta B = B_S - B_r$	$\rho/(\mu\Omega\cdot cm)$
1J34H	$Ni_{34}Co_{29}Mo$	1000	1.50	≤0.1	1.2	40
1J40H	$Ni_{40}Co_{25}Mo$	2000～4000	1.40	≤0.1	1.2	55
1J34KH	$Ni_{34}Co_{29}Nb$	600	1.60	≤0.1	1.3	28
1J50H	Ni_{50}	100	1.50	≤0.1	1.3	45
1J66	$Ni_{65}Mn_1$	3000	1.35	≤0.05	1.3	27
1J67H	$Ni_{65}Mo_2$	4000	1.25	≤0.2	1.2	60
1J67212	$Ni_{65}Mo_2$	8000	1.25	≤0.2	1.2	60
1J512	Ni_{50}	12000	1.50	≤0.2	1.3	45

(6) 高频高磁导率合金.

随着电子器件向高频化、平面化、集成化方向发展,在高频下应用的高导磁合金,铁芯损耗必须很小,因此应选用高电阻率材料,细化磁畴结构,采用最佳的带厚等. 高频高磁导率合金大量用于通信、电话、计算机等的开关和存储元件,还可用于测控系统的失真扼流圈和磁放大器等.

4. 铁铝合金

铁铝合金是以铁和铝为主要成分的软磁材料. 与铁镍合金相比,铁铝合金价格较低,因此常用来作为铁镍合金的替代品. 主要用于磁屏蔽,小功率变压器、继电器、微电机、信号放大铁芯、超声波换能器元件、磁头等. 此外,还用于中等磁场工作的元件,如微电机、音频变压器、脉冲变压器、电感元件等.

同其他金属软磁材料相比,通过调节合金中铝的含量,可以获得满足不同要求的软磁材料,例如高磁导率、高饱和磁致伸缩系数、高电阻率或高硬度等. 铁铝合金密度低,可以减轻磁性元件的铁芯重量;对应力不敏感,适合在冲击、振动等环境下工作;此外,铁铝合金还具有较好的温度稳定性和抗核辐射性能等优点. 研究表明,当铝含量在 16% 以下时,可热轧成板材或带材.

5. 铁硅铝合金

铁硅铝合金是 1932 年在日本仙台被开发出来的,因此又称为仙台斯特合金. 当 FeSiAl 合金的成分为 Fe85%-Si9.5%-Al5.5% 时,磁致伸缩常数约为 0,磁各向异性常数约为 0,且具有高磁导率和低矫顽力. 铁硅铝材料的饱和磁感应强度和电阻率均比铁镍钼(Fe17%-Ni81%-Mo2%)高，应用频段基本相同，价格便宜，因此是铁镍钼粉末制品极好的替代品. 然而铁硅铝合金的磁性对成分和热处理工艺十分敏感，成分略有变化，热处理工艺就大不相同. 为了进一步改善铁硅铝合金的磁性能和加工性能，可以在合金中添加 2%～4%的 Ni. 成分为 4%～8%Si、3%～5%Al、2%～4%Ni，其余为铁的合金称为超铁硅铝合金. 这种合金可用温轧方法获得厚度为 0.2mm 薄带，其高频特性与含钼的高镍坡莫合金相当，用它装配的磁头损耗接近于零. 以铁硅铝磁粉芯为磁芯的电子器件已广泛应用于太阳能、风能转换的控制电源、电动汽车的能源转换器、家用电器的节能储能器件、电力行业的储能电抗器中.

6. 金属软磁性与晶体组织结构的关系

软磁材料需要迅速响应外磁场的变化，消耗较低的能量即可获得高磁通密度. 因此软磁材料应具有高磁导率、低矫顽力和较高的电阻率，同时，磁滞回线的线形也十分重要. 这些特性与物质本身密切相关，但加工工艺也非常重要.

材料经锻压、轧制、拉拔等加工会发生塑性变形，引起材料位错的移动，晶体局部发生弹性畸变并形成应力场. 如果 Fe 中存在原子半径较小的间隙原子，如 C、N 等，这些原子将优先分布于刃型位错周围的拉应力区，形成科氏气团，对位错产生钉扎作用，使位错滑移变得困难. 同时，位错在运动过程中还会产生位错的增殖、位错反应及位错的塞积等，或使位错密度增加，产生不动位错、层错等. 这些因素与晶界及析出物等都不利于位错运动，并增加晶体中的内部应力，阻碍磁畴壁的运动. 加工状态的材料经退火会发生点缺陷复合、位错合并和重排等，致使缺陷密度减少，可部分或全部消除内应力. 实验结果表明室温的塑性变形会使软磁性能下降，加热有使软磁性能恢复的倾向.

3.3.2 铁氧体软磁材料

20 世纪 20 年代之前，实际应用的磁性材料几乎都为金属系材料，但是随着通信领域的发展，迫切需要工作频率更高、涡流损耗更低的软磁材料. 软磁铁氧体是一种以 Fe_2O_3 为主要成分的氧化物材料，一般可表示为 $MO \cdot Fe_2O_3$(尖晶石型铁氧体)，其中 M 为 2 价金属元素. 软磁铁氧体以 Ni-Zn 铁氧体、Zn-Cu 铁氧体和 Mn-Zn 铁氧体等为主，具有亚铁磁性，电阻率明显高于金属系软磁材料，故涡流损耗很低，可应用于高频器件中. Ni-Zn 铁氧体、Cu-Zn 铁氧体和 Mn-Zn 铁氧体等具有立方尖晶石结构，由于晶体对称性高，晶体磁各向异性小，软磁特性较好. 软磁铁氧体广泛用于宽带域变压器、噪声滤波器、通信用变压器等. 铁氧体的另外一个特点就是成本低廉，并可以通过控制成分和制造方法制备各种性能的材料，特别是可以用粉末冶金工艺制造形状复杂的元件. 与金属软磁相比，铁氧体软磁材料饱和磁化强度较低，一般只有纯铁的 1/5～1/3；居里温度较低，磁特性的温度稳定性一般也不及金属软磁材料.

除了尖晶石铁氧体，石榴石型铁氧体多以单晶体使用，常用于微波频带磁芯材料，是利用其磁光效应的法拉第器件、磁泡器件的主要材料.

1. 锰锌铁氧体

锰锌铁氧体以其优异的低频性能成为了目前应用最广、生产量最大的软磁铁氧体材料. MnZn 铁氧体由 $mMnFe_2O_4 \cdot nZnFe_2O_4$ 与少量 Fe_2O_3 组成. 其中 $ZnFe_2O_4$ 是由 Fe_2O_3 和 ZnO 组成的正尖晶石型铁氧体. Zn^{2+} 为非磁性离子，$ZnFe_2O_4$ 的磁矩为零. 当 $ZnFe_2O_4$ 与 $MnFe_2O_4$、$NiFe_2O_4$ 和 $MgFe_2O_4$ 等复合时，Zn^{2+} 倾向占据 A 位，使总磁矩增大，因此，$ZnFe_2O_4$ 被广泛地应用于制备复合铁氧体中.

MnZn 铁氧体在低频段应用极广，因其在 1MHz 频率以下较其他铁氧体具有更多的优点，如磁滞损耗低，在相同高磁导率的情况下居里温度较 NiZn 铁氧体更高，起始磁导率 μ_i 高，最高可达 10^5，且价格低廉. 根据使用要求，MnZn 铁氧体可以分为很多类，其中最主要是高磁导率铁氧体和高频低损耗功率铁氧体等.

（1）高磁导率铁氧体.

高磁导率铁氧体在电子工业和电子技术中是一种应用广泛的功能材料，可以用作通信设备、测控仪器、家用电器及新型节能灯具中的宽频带变压器、微型低频变压器、小型环形脉冲变压器和微型电感元件等更新换代的电子产品.

高磁导率铁氧体最关键的参数是起始磁导率. 提高铁氧体的磁导率主要依靠减少畴壁位移和磁畴转动的阻力. 这首先需要采用高饱和磁感应强度、低磁晶各向异性和低磁致伸缩系数的配方，保持低的杂质含量，并且保证烧结过程内应力得到释放、保持低的气孔率和缺陷密度. 对 MnZn 铁氧体来说，采用富铁配方能够使铁氧体磁晶各向异性被富余的 Fe^{2+} 所抵消. 高磁导率 MnZn 铁氧体一组典型组成为：$52mol\%Fe_2O_3$、$26mol\%MnO$ 和 $22mol\%ZnO$.

（2）功率铁氧体.

MnZn 功率铁氧体的主要特征是在高频、高磁感应强度的条件下，仍旧保持很低的功耗，而且其功耗随磁芯温度的升高而下降，在 80℃ 左右达到最低点，从而形成良性循环. 这类功率铁氧体满足了现今开关电源轻、小、薄，同时开关频率高的要求，发展迅速. 功率铁氧体的主要用途是以各种开关电源变压器和回扫变压器为代表的功率型电感器件，用途十分广泛.

2. 镍锌铁氧体

NiZn 铁氧体的主要特性为：①优良的高频特性. NiZn 铁氧体材料的电阻率高，一般可达 $10^8\Omega\cdot m$. 易于生成细小的晶粒，呈多孔结构. 因此，材料的工作频率高，高频损耗低. ②良好的温度稳定性. NiZn 铁氧体的饱和磁感应强度可达 0.5T,居里温度比 MnZn 铁氧体高,温度系数低. ③配方多样. NiZn 铁氧体需使用大量的 NiO,因此生产成本高. 为降低成本,可以采用廉价的原材料,如 MnO、CuO 和 MgO 等替代部分 NiO. 现在已经开发出多种低成本的材料体系,如 NiCuZn 系、NiMnZn 系和 NiMgZn 系,并得到广泛应用. ④NiZn 铁氧体具有较大的非线性特性,可用于制备非线性器件. ⑤工艺简单. NiZn 铁氧体的原材料在制备过程中没有粒子氧化问题,不需要特殊的气氛保护,可直接在空气中烧结,因此生产设备简单,工艺稳定.

由于 NiZn 铁氧体具有电阻率高、高频损耗低、频带宽、配方多样、工艺简单等特点而被广泛应用在电视、通信、仪器仪表、自动控制、电子对抗等领域. NiZn 铁氧体在 1～300MHz 范围内应用最广. 使用频率在 1MHz 以下时,其性能逊于 MnZn 铁氧体,而在 1MHz 以上时,由于它具有多孔性及高电阻率,其性能大大优于 MnZn 铁氧体,非常适合在高频中使用. 用 NiZn 铁氧体软磁材料做成的铁氧体宽频带器件,使用频率可以达到很宽,其下限频率约为几千赫兹,上限频率可达几千兆赫兹,其主要功能是在宽频带范围内实现射频信号的能量传输和阻抗变换.

NiZn 铁氧体的典型配方为:$(50～70)mol\%Fe_2O_3$、$(5～40)mol\%ZnO$ 和 $(5～40)mol\%NiO$. NiZn 铁氧体按照用途和特性可分为高频、高饱和磁感应强度和高起始磁导率三大类.

高频 NiZn 铁氧体要求材料具有高的电阻率,因此必须提高 NiO 的用量,降低 Fe_2O_3 和 ZnO 的用量,严格控制氧的含量,尽量不出现过量的 Fe^{2+}. 典型配方为:$50mol\%Fe_2O_3$、$(5～20)mol\%ZnO$ 和 $(25～35)mol\%NiO$.

高饱和磁感应强度 NiZn 铁氧体要求材料要具有较高的比饱和磁化强度、较高的密度和一定的 ZnO 含量. 同时,由于高饱和磁感应强度 NiZn 铁氧体主要用于大功率的高频磁场,因此也必须具有较高的 NiO 含量. 典型配方为:$50mol\%Fe_2O_3$、$20mol\%ZnO$ 和 $30mol\%NiO$.

高起始磁导率 NiZn 铁氧体要求提高材料 M_S,同时降低磁晶各向异性常数 K_1、磁致伸缩系数 λ_S 和内应力 σ 至最小值. 增大配方中 ZnO 的含量,材料的 M_S 升高,同时 K_1 和 λ_S 降低. 随着 Ni 含量减小 μ_i 增加,并且起始磁导率 μ_i 在 Fe_2O_3 含量 $50mol\%$ 时最高. 当 Fe_2O_3 含量大于 50% 时,密度下降,μ_i 下降;当 Fe_2O_3 含量小于 50% 时,产生非磁性相,μ_i 下降. 典型配方为:$50mol\%Fe_2O_3$、$35mol\%ZnO$ 和 $15mol\%NiO$.

3.3.3 非晶软磁材料

非晶材料是不具有晶体特征的固体. 从原子排列上来看,非晶材料为长程无序、短程有序结构. 除此之外,非晶软磁材料还具有以下特征:①磁各向同性,不存在位错和晶界,因此具有高磁导率和低矫顽力;②电阻率比同种晶态材料高,可应用于高频场合;③体系的自由能较高,加热时具有结晶化倾向;④机械强度较高且硬度较高；⑤抗化学腐蚀能力和抗辐照能力强.

非晶软磁材料的研发始于 20 世纪 20~30 年代，80 年代美国先后推出 Fe 基、Co 基和 FeNi 基系列非晶合金带材，成为非晶合金实现产业化的重要标志，非晶软磁材料是通过在某些金属软磁(含 Fe、Ni 等铁磁性元素)的冶炼过程中加入玻璃化元素(Si、B、C 等)，通过快淬技术使其成为非晶态，非晶软磁体的饱和磁感应强度高于软磁铁氧体，同时电阻率大大高于金属软磁材料，综合性能较合金软磁和铁氧体软磁更优，但非晶软磁材料在部分性能上仍存在一定的局限性，如 Fe 基非晶初始磁导率相对较低，磁致伸缩系数较大，弱场下磁性较差；Co 基非晶饱和磁感应强度相对较低，在磁性器件体积的小型化方面存在一定的局限，且 Co 价格较高；FeNi 基非晶居里温度相对较低，热稳定性较差.

非晶软磁材料的成分设计有两个基本原则：①形成元素之间要有负的混合焓，这样液相会更加稳定，并且在冷却过程中原子扩散缓慢，减缓结晶；②至少要有三种形成元素，且它们的原子半径相差超过 12%，不同原子间半径差越大，晶格失配越严重，引入微应力越大，结晶越困难，这使得玻璃相得以稳定. 非晶态材料是处于结晶化前的中间状态，这种亚稳态结构在一定条件下可以制得并长久存在. 只要冷却速度足够快并且降温至足够低的温度，原子来不及形核结晶便凝固下来，因而几乎所有的材料都能制成非晶固体. 制备非晶材料的方法通常有三种：气相沉积法、液相急冷法和高能粒子注入法. 目前已达到实用化的非晶态软磁材料主要有以下三类.

(1) 3d 过渡金属-非金属系，其中过渡金属为 Fe、Co、Ni 等；非金属为 B、C、Si、P 等，这类非金属的加入更有利于生成非晶态合金. 铁基非晶态合金，如 $Fe_{80}B_{20}$、$Fe_{78}B_{13}Si_9$ 等，具有较高的饱和磁感应强度 B_S(1.56~1.80T)；铁镍基非晶态合金，如 $Fe_{40}Ni_{40}P_{14}B_6$，$Fe_{48}Ni_{38}Mo_4B_8$ 等具有较高的磁导率；钴基非晶态合金，如 $Co_{70}Fe_5(Si,B)_{25}$，$Co_{58}Ni_{10}Fe_5(Si,B)_{27}$ 等适宜作为高频开关电源变压器.

(2) 3d 过渡金属-金属系. 其中过渡金属为 Fe、Co、Ni 等；金属为 Ti、Zr、Nb、Ta 等. 例如，Co-Nb-Zr 系溅射薄膜和 Co-Ta-Zr 系溅射薄膜，可用于制造录像机磁头和薄膜磁头.

(3) 过渡金属-稀土金属系. 其中过渡金属为 Fe、Co；稀土金属为 Gd、Tb、Dy、Nd 等. 例如，GdTbFe、TbFeCo 等可用作磁光薄膜材料.

3.3.4　纳米晶软磁材料

纳米晶软磁体是在非晶合金的基础上通过特殊的热处理工艺得到的晶粒尺寸在纳米级别的软磁合金. 在 1988 年由日本日立金属的吉泽克仁(Y. Yoshizawa)等研发. 纳米晶软磁体相较于金属软磁材料、铁氧体软磁材料和非晶软磁材料，具备更加优异的综合软磁性能，是高频电力电子应用的理想材料，同时也更加适应小型化、集成化的发展趋势.

随着智能电子设备中无线充电功能的普及和新能源汽车中无线充电概念的提出，软磁材料的需求持续快速增长. 软磁材料是无线充电中最关键的材料之一，在无线充电中起到磁降阻、隔磁屏蔽作用. 考虑到纳米晶综合磁性能更优，且能制备成柔性和超薄元件，预计将成为电子设备中的主流材料，并解决新能源汽车续航里程问题.

根据传统的磁畴理论，矫顽力与晶粒尺寸成反比，对于软磁材料要求晶粒尺寸尽可能大. 然而在纳米晶软磁材料中，矫顽力与晶粒尺寸正相关，要求晶粒尺寸尽可能小，直至纳米量级.

制备纳米晶软磁材料主要利用非晶晶化法. 先利用熔体急冷法获得非晶条带，而后在略高于非晶晶化温度($500\sim600℃$)下退火一定时间，使之形成纳米晶.

纳米晶合金可以替代钴基非晶合金、晶态坡莫合金和铁氧体，在高频电力电子和电子信息领域中获得广泛应用，达到减小体积、降低成本等目的. 其典型应用有功率变压器、脉冲变压器、高频变压器、可饱和电抗器、互感器、磁感器、磁头、磁开关及传感器等.

3.4 永磁材料

永磁材料又称高矫顽力材料，具有较大的矫顽力和较高的剩余磁感应强度. 永磁材料常用于为外界提供稳定的磁场环境，这就要求永磁体一旦被磁化，其磁化强度不易消失，因此永磁材料的主要性能参数包括剩余磁感应强度 B_r、矫顽力 H_c 和最大磁能积 $(BH)_{max}$.

永磁体独特的磁性能使其在要求稳定的高静磁场的马达以及扩音器类等小型马达、电动机以及核磁共振等大型仪器设备等方面具有重要应用. 低廉的 NdFeB 稀土永磁材料的成功制备，标志着永磁材料的重大突破. 稀土永磁材料应用日益广泛，已成为现代文明社会发展水平的重要标志，对于实现核心装备的自主制造起到重要支撑作用. 特别是随着磁性器件，尤其是信息、通信、计算机领域所用器件向小型化、轻量化、高速化、低噪声化方向发展，对新型永磁材料的需求量越来越大. 永磁材料已成为高技术发展的关键材料之一.

3.4.1 合金永磁材料

金属永磁材料是一大类发展和应用都较早的以铁和铁族元素为主的合金型永磁材料，又称永磁合金. 这一类合金发展始于 20 世纪初，并得到了广泛的应用和研究，在环保节能的新时代，永磁合金在机械能与电磁能盘转换中发挥了重要的作用，利用其能量的转换功能和各种磁的物理效应，如磁共振效应、磁力效应、磁制冷效应、磁致伸缩效应、磁阻尼效应及霍尔效应等，可将其制作成各种功能器件，并广泛应用于生活日常、工业、生产、航空航天等领域.

1. 铝镍钴永磁合金

本多光太郎（K. Honda）等发明的 KS 钢（35%Co, 3%～6%Cr, 0.9%Cu, 其余 Fe）标志着永磁体以实用工业产品的形式出现. 1931 年, 三岛德七（T. Mishima）发明出 MK 钢（Fe-Ni-Al 三元系合金）, 其矫顽力比 KS 钢高一倍, 且不需要淬火处理. 研究结果表明, 铁磁性析出粒子具有形状各向异性, 使 MK 钢具有高矫顽力.

1）Al-Ni-Co 合金的制备

MK 钢实际是铝镍钴磁钢（Fe-Co-Ni-Al-Cu 合金）的原型. Al-Ni-Co 合金的硬度高, 很难加工, 因此多以铸造磁钢制品的形式出现. 铸造后的 Al-Ni-Co 系磁钢, 在 1000～1300℃温度锻造后, 经数 10min 固溶处理, 使合金元素均匀化, 形成 α 相固溶体, 再从 900℃急冷. 对于 AlNiCo$_5$ 来说, 在 0.1T 以上的磁场中, 从 900℃以 0.1～1.0℃·s^{-1} 的速率冷却至 800℃. 对于 AlNiCo$_8$ 来说, 固溶处理后, 从 800～810℃急冷, 在 0.1T 以上的磁场中保持 10min 左右. 经过上述磁场中的热处理, 单相 α 固溶体会分解析出 α$_1$ 相（体心立方铁磁相）和 α$_2$ 相（体心立方非磁相）, 特别是由于外加磁场的存在, 使直径 400nm、长 100nm 左右的铁磁性单磁畴微粒子沿磁场方向在非磁性相中整齐排列.

铸造 Al-Ni-Co 系合金性能优良, 但存在以下缺点: ①合金硬而脆, 不宜制造尺寸精确、形状复杂的磁体; ②含 Al 多, 易氧化, 成分不准, 且流动性差, 易出现气孔, 使密度降低, 存在内部局域的退磁场; ③原材料的利用率不足 100%.

除了铸造法制备外, 运用粉末冶金的方法也可以制备 Al-Ni-Co 合金, 形成烧结型 Al-Ni-Co 合金. 烧结法制备 Al-Ni-Co 合金主要通过制粉、压制、烧结、热处理、磨削加工、检验等步骤. 对于烧结 Al-Ni-Co 永磁体, 矫顽力 H_c 和铸造法接近.

2）Al-Ni-Co 合金的磁性能

Al-Ni-Co 系磁铁的优点是: 剩磁高、温度系数低. 在剩磁温度系数为−0.02%/℃时, 最高使用温度可达 550℃左右. 缺点是矫顽力较低（通常小于 160kA·m^{-1}）, 退磁曲线非线性. Al-Ni-Co 磁铁虽然容易被磁化, 同样也容易退磁. 通过添加少量钛、铜、铌等元素, 优化磁场冷却和等温磁场热处理等热处理工艺, 控制结晶方向, 制造柱状晶合金方式可以提升 Al-Ni-Co 合金的磁性能. 表 3.9 列出了 Al-Ni-Co 系合金的磁性能.

表 3.9　Al-Ni-Co 系合金的磁性能

名称	B_r/T	$(BH)_{max}$/(kJ·m^{-3})	H_c/(79.578A·m^{-1})	附注
等轴晶 AlNiCo$_5$	1.25	39.79	630	
半柱状晶 AlNiCo$_5$	1.30	47.75	680	
柱状晶 AlNiCo$_5$	1.30～1.40	55.70～63.66	700～800	

续表

名称	B_r/T	$(BH)_{max}$/(kJ·m^{-3})	H_c/(79.578A·m^{-1})	附注
等轴晶 AlNiCo$_8$	0.85	35.81	1400	
柱状晶 AlNiCo$_8$	1.05~1.10	71.62~79.58	1500~1600	
柱状晶 AlNiCo$_8$	1.10~1.11	91.51~95.49	1450~1620	加 Si，3.5%Cu
柱状晶 AlNiCo$_8$	1.15	106.63	1525	用种晶控制冷却
含碳柱状晶 AlNiCo$_8$	1.14	90.72	1450	3.5%Cu 加 0.1%C
高钛高钴 AlNiCo 等轴晶	0.75~0.80	39.79~47.75	1800~2000	
高钛高钴 AlNiCo 柱状晶	0.89~1.00	87.54~93.11	1780~2200	加 Nb
高钛高钴 AlNiCo 柱状晶	1.03	97.09	1705	用磁旋管方法

2. 铁铬钴系永磁合金

Fe-Cr-Co 合金是根据斯皮诺达(Spinodal)分解理论在 Fe-Cr 二元合金的基础上添加 Co 元素发展起来的. 其永磁性能相当于中等性能的 Al-Ni-Co 系合金，但是机械性能较好，易于加工，在一些特定的应用场合具有其他磁性材料不可替代的地位. 一般来说，Fe-Cr-Co 合金的基本成分为：3~25at% Co，20~33at% Cr，其余为铁，并添加 Mo、Si、V、Nb、Ti、W、Cu 等元素.

当 Fe-Cr-Co 三元合金成分接近 FeCr 时，高温下可以形成具有体心立方相结构的 α 单相区. 当合金从高温 α 相淬火到室温时，便可以形成均匀的过饱和固溶体 α. 如果对合金进行适当的热处理，通过斯皮诺达分解使 α 相转变为周期性排列的 $α_1$ 相和 $α_2$ 相. 其中 $α_1$ 是富 Fe、Co 相，是强磁性相；$α_2$ 是富 Cr 相，是非磁性或弱磁性相. 若在热处理时施加磁场，则可以诱导 α 相生长成细长形颗粒. 这些具有形状各向异性的 Fe-Cr-Co 单畴颗粒增强了畴壁的钉扎作用，增大 Fe-Cr-Co 合金的矫顽力.

Fe-Cr-Co 合金居里温度较高(T_c≈680℃)，可以在 400℃下使用，可逆温度系数很小. 同时，磁体可进行平面八极充磁或多极充磁，适宜制作形状复杂、小尺寸的永磁元件. 可用于电话机、转速仪、微电机、微型继电器、扬声器等. 表 3.10 列出了部分不同成分的 Fe-Cr-Co 系合金的磁性能.

表 3.10 不同成分 Fe-Cr-Co 系合金的磁性能

成分(wt%，其余为铁)					B_r/T	H_c/(×10^{4}A·m^{-1})	$(BH)_{max}$/(kJ·m^{-3})	工艺特点
Cr	Co	Mo	Ti	Cu				
32	3	—	—	—	1.29	3.57	32	磁场处理，回火
30	5	—	—	—	1.34	4.20	42	磁场处理，回火
26	10	—	1.5	—	1.44	4.70	54	磁场处理，回火
33	11.5	—	—	2	1.15	6.05	50	形变时效
22	15	—	1.5	—	1.56	5.09	66	磁场处理，回火

续表

成分(wt%，其余为铁)					B_r/T	$H_c/(\times 10^4 \text{A}\cdot\text{m}^{-1})$	$(BH)_{max}/(\text{kJ}\cdot\text{m}^{-3})$	工艺特点
Cr	Co	Mo	Ti	Cu				
33	16	—	—	2	1.29	7.00	65	形变时效
24	15	3	1.0	—	1.54	6.68	76	柱状晶，磁场处理，回火
33	23	—	—	2	1.30	8.60	78	形变时效

3. 铁铂永磁合金

Fe-Pt 合金薄膜饱和磁矩高，磁晶各向异性强，并且抗氧化性强，是一种极具发展前景的永磁薄膜材料. 将 Fe-Pt 合金与氧化物或氢化物等进行纳米复合改性可以获得矫顽力高、磁绝缘好的纳米晶结构，可应用于超高密度磁记录领域. 由于 Fe-Pt 合金块体具有良好的永磁性能、优良的耐磨性及耐腐蚀性，在微电机械和医疗器械领域具有良好的应用前景.

Fe-Pt 能够形成 Fe_3Pt、FePt 和 $FePt_3$ 三种化合物. 当 Fe/Pt 原子比在 1:3 左右时，形成的 $FePt_3$ 在有序状态时为反铁磁性，无序状态时为铁磁性. 当 Fe/Pt 原子比在 1:1 左右时，形成的 FePt 高温下为无序的 A_1-FePt 相(面心立方结构，FCC)，Fe 原子和 Pt 原子随机占据 FCC 晶格格点，晶格常数 $a=0.3877$nm；低温下为有序的 $L1_0$-FePt 相，具有面心四方结构，晶格常数 $a=b=0.3905$nm，$c=0.3735$nm. $L1_0$-FePt 合金具有高磁晶各向异性常数(约 $7\times 10^6 \text{J}\cdot\text{m}^{-3}$)、高各向异性场(约 116kOe)、高饱和磁化强度(约 $1.14\times 10^6 \text{A}\cdot\text{m}^{-3}$)、较高的居里温度(约 480℃)和良好的耐腐蚀性、耐氧化性. 当 Fe/Pt 原子比在 3:1 左右时，形成有序 $L1_2$-Fe_3Pt 相，该相具有高饱和磁化强度.

通过添加元素和适当的热处理工艺可以对 Fe-Pt 永磁合金的性能进行调节. W、Ti 和 Ag 的加入主要作用是减小退火后合金薄膜的晶粒尺寸，同时降低薄膜的矫顽力，从而有利于提高薄膜的磁记录密度. Nb、Ti、Zr 和 Al 元素在有序的 FePt 相中的固溶度很低，它们大多聚集成微米量级以下的球状颗粒，这些颗粒阻碍了磁畴壁的移动，导致磁畴壁钉扎，而且能够影响晶粒的生长尺寸，提高有序永磁相的形核率，从而提高合金的永磁性能. 这些添加元素中，原子半径越小，所形成的合金的永磁性能也越好. Ag、Ir 的加入对晶粒的定向生长有很大影响. 添加 Ag 和 Ir 并结合适当温度的退火处理可以增强面心四方相沿[001]方向生长，从而获得垂直磁晶各向异性和较高的矫顽力($795\text{kA}\cdot\text{m}^{-1}$). Cu、Ag、Sn、Pb、Sb 和 Bi 的加入则可置换 Fe-Pt 合金中的 Fe 原子，有利于晶粒的生长和合金熔点的降低. 这些添加元素本身具有低的表面自由能和固溶度，从而使得合金中原子的扩散能力得到很大提高，增强了有序化转变的动力，使合金的无序-有序相转变的起始温度得到降低.

退火温度对 Fe-Pt 合金永磁相析出、晶粒生长大小和晶粒的无序-有序相变有很大影响. 退火温度过低，合金永磁相析出不充分，无序-有序相转变没有完成，交换耦合作用弱,合金主要表现出软磁特征;退火温度过高,虽然合金永磁相已经完全析出,无序-有序相转变完成,但是会造成晶粒过度长大,减弱交换耦合作用,影响了合金的磁性能. 退火时间的选择一方面要保证合金永磁相充分析出,得到最佳永磁性能,另一方面要防止晶粒过度长大. 对于 Fe-Pt 永磁合金,各向异性常数 K 随着退火时间的增加而增大. 退火时间很短时,永磁相虽然形成,但不完善,Fe、Pt 原子有序化程度比较低,K 很小;随着退火时间的增加,晶粒长大,永磁相中原子有序化程度增加,K 逐渐增大,永磁相的各向异性显著增强.

4. 锰铋永磁合金

金属间化合物 MnBi 的铁磁性首先被霍伊斯勒(F. Heusler)在 1904 年预言,在 1905 年被确认. 它是非磁性元素合成的铁磁性物质,并且具有很好的磁性能. Mn-Bi 合金的低温相具有良好的单轴磁晶各向异性,而高温淬火相具有优异的磁光特性,在永磁材料和磁记录材料方面具有很好的应用前景. 一般情况下,Mn-Bi 合金包含 Bi 相和 Mn-Bi 低温相,其中 Mn-Bi 低温相是铁磁性的,是 Mn-Bi 合金磁特性的来源. Nd-Fe-B 和 Sm-Fe-N 都具有较大的负矫顽力温度系数,限制了磁体在较高温度的应用. 而 Mn-Bi 低温相具有正的矫顽力温度系数以及较好的磁性能,尤其在高温领域其磁性能超过了 Nd-Fe-B. 但由于 Mn-Bi 合金的磁性随温度的变化很大,而且制造工艺比较复杂,对于同一种制备方法,不同的工艺参数或合金成分也会对磁体的最终性能造成重要的影响,因此 Mn-Bi 合金未得到大规模生产.

3.4.2 铁氧体永磁材料

铁氧体一般可表示为 $MO \cdot x\text{Fe}_2\text{O}_3$,对于铁氧体永磁材料,$M$ 为 Ba、Sr 等,铁氧体永磁材料磁各向异性大,化学稳定性好,相对质量较轻,具有较大的市场优势. 在永磁性铁氧体中,已达实用化的主要有 $\text{BaO} \cdot 6\text{Fe}_2\text{O}_3$ 和 $\text{SrO} \cdot 6\text{Fe}_2\text{O}_3$ 等.

与金属永磁材料相比,铁氧体永磁材料的优点在于:①矫顽力 H_c 大;②质量轻,密度为 $(4.6\sim5.1)\times10^3\text{kg} \cdot \text{m}^{-3}$;③原材料来源丰富,成本低,耐氧化,耐腐蚀;④磁晶各向异性常数大;⑤退磁曲线近似为直线.

1. 磁铅石型铁氧体

磁铅石型铁氧体是目前应用最广的铁氧体永磁材料,其组分为 $MO \cdot 6\text{Fe}_2\text{O}_3$,主要包括钡铁氧体 $\text{BaFe}_{12}\text{O}_{19}$、锶铁氧体 $\text{SrFe}_{12}\text{O}_{19}$ 和铅铁氧体 $\text{PbFe}_{12}\text{O}_{19}$. 磁铅石型铁氧体具有以下特性:晶体结构为磁铅石型,空间群为 $P6_3/mmc$,呈六角状,易磁化轴为 c 轴;具有亚铁磁性,晶体中的磁性离子之间的交换作用是通过中间的 O^{2-} 为媒介来实现的,磁化强度来源于未完全补偿的磁矩;矫顽力主要来源于磁晶各向异性;饱和磁化强度为 $320\sim380\text{kA} \cdot \text{m}^{-1}$,居里温度为 $450\sim460\,^\circ\text{C}$,使用温度范围在

$-40 \sim 85℃$. 实际最大磁能积$(BH)_{\max}$一般都小于 $40 kJ \cdot m^{-3}$. 表 3.11 列出了典型磁铅石型铁氧体在室温下的磁性能.

表 3.11　典型磁铅石型铁氧体在室温下的磁性能

基本特性参数	PbM	BaM	SrM
$M_S/(kA \cdot m^{-1})$	320	380	370
$K/(J \cdot m^{-3})$	3.2×10^5	3.3×10^5	3.7×10^5
$\rho/(g \cdot cm^{-3})$	5.6	5.3	5.1
$T_c/℃$	452	450	460
$(BH)_{\max}/(kJ \cdot m^{-3})$	35.8	43	41.4

2. 钴铁氧体

钴铁氧体$(CoFe_2O_4)$具有立方尖晶石型结构, 亚铁磁性. 由于钴铁氧体具有高的居里温度$(523℃)$、大的磁晶各向异性常数$(2.7 \times 10^5 J \cdot m^{-3})$、高矫顽力、硬度大、化学性质稳定、适中的饱和磁化强度和高频下的低能损耗等独特性能, 使得 $CoFe_2O_4$ 拥有广阔的应用前景, 如: 高密度磁存储领域、电磁微波吸收、磁流体、催化剂、药物靶向、磁选、磁共振和气体传感器等.

3.4.3　稀土永磁材料

稀土永磁合金是稀土元素 RE(Sm、Nd、Pr 等)与过渡金属 TM(Co、Fe 等)所形成的一类高性能永磁材料. 稀土永磁合金可细分为 RE-Co 系和 RE-Fe 系永磁体. RE-Co 系包括 1-5 型 $SmCo_5$ 磁体和 2-17 型 $Sm_2(Co, Fe, Cu, Zr)_{17}$ 磁体；RE-Fe 系磁体当前主要是指 $RE_2Fe_{14}B$ 型的 Nd-Fe-B 磁体.

稀土永磁材料是一种有重要影响力的功能材料, 广泛应用于交通、能源、机械、计算机、家用电器、微波通信、仪表技术、电机工程、自动化技术、汽车工业、石油化工、生物工程等领域, 其用量已成为衡量一个国家综合国力和国民经济发展的重要标志之一, 是现代信息产业的基础之一. 中国稀土资源十分丰富, 其储量居世界第一. 近几十年来, 尤其是稀土铁基永磁材料的问世, 中国稀土永磁材料的科研、生产和应用得到了迅速的发展. 根据美国能源部 2022 年 2 月发布的《稀土永磁材料供应链深度评估》报告, 中国在采矿、分离、金属冶炼和磁铁合金制造等四个方面均处于领先水平, 特别是分离、金属冶炼和磁铁合金制造等三个环节在全球市场占有率约为 90%. 在磁铁合金制造环节, 2020 年中国高性能钕铁硼在全球市场占有率为 92%, 日本、越南分别为 7%、1%, 美国、德国、斯洛文尼亚和芬兰均不足 1%, 我国处于绝对龙头地位.

中国工程院院士李卫长期从事高性能稀土永磁新材料、产业化关键技术研发和创新工作,攻克了低温度系数、高磁能积钕铁硼永磁材料制备,特殊取向稀土永磁环和新型铈永磁体等多项核心技术创新成果,针对国防和航空航天领域对稀土永磁材料的特殊要求,研制出 5 大系列、16 种类、近百规格的新产品,许多都是中国独有的、无法被取代的产品,保证了国家一些重点型号、重大工程如"神舟系列飞船"、"探月工程"、"天宫空间实验室"和导弹、潜艇等对永磁材料的需求.

1. 稀土钴系永磁材料

钴基稀土永磁材料包括 Sm-Co 系、Pr-Co 系和 Ce-Co 系等几种系列. 不同的稀土元素构成的钴基化合物永磁材料具有不同的磁性能. 其中以 Sm-Co 系稀土永磁材料最具有代表意义. Sm-Co 可以形成一系列金属间化合物. 其中 $SmCo_5$ 和 Sm_2Co_{17} 的饱和磁化强度和居里温度最高.

1)$SmCo_5$ 永磁体

$SmCo_5$ 合金被称为第一代稀土永磁材料,具有 $CaCu_5$ 型晶体结构,这是一种六角结构,晶格常数 $a=0.5004nm$,$c=0.3971nm$. $SmCo_5$ 由两种不同的原子层组成,一层是呈六角形排列的钴原子,另一层是由稀土原子和钴原子以 1:2 的比例排列而成,如图 3.22 所示. 这种低对称性的六角结构使 $SmCo_5$ 化合物有较高的磁晶各向异性,c 轴是易磁化方向. $SmCo_5$ 的内禀矫顽力 H_c 高达 $1200\sim2000kA\cdot m^{-1}$,磁晶各向异性常数 $K_u=1.5\sim1.9\times10^4kJ\cdot m^{-3}$,饱和磁化强度 $M_S=890kA\cdot m^{-1}$,其理论磁能积达 $244.9kJ\cdot m^{-3}$,居里温度 $T_c=740℃$.

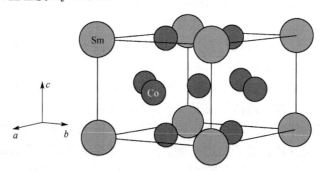

图 3.22 $SmCo_5$ 结构示意图

当 $SmCo_5$ 合金在 750℃回火后,H_c 出现最低值. 这一现象称为"750℃回火效应". 经 700~750℃回火处理的样品再在 900~950℃加热并快冷时,$SmCo_5$ 合金的矫顽力又可部分或全部恢复. 在 750℃以上,H_c 随回火温度升高而升高. 在 700℃附近出现矫顽力的最低值,在 1080℃和 1190℃回火出现两个矫顽力的峰值. 显微组织观察表明,从 1080℃和 1190℃淬火的样品出现成分为 63wt%Co+37wt%Sm 合金沉淀相. 而 1150℃回火随后淬火的合金则没有观察到沉淀相. X 射线分析也发现经 1080℃和

1190℃回火的样品有 $SmCo_3$ 相和 Sm_2Co_7 相存在. 这些沉淀相十分弥散地沿晶界分布. 它们起到阻碍晶粒长大和钉扎畴壁的作用，因而得到了高矫顽力.

$SmCo_5$ 永磁体的发现标志着稀土永磁时代的到来. 较高的磁能积使其成为一种较为理想的永磁体，已在现代科学技术与工业中得到应用. 然而 $SmCo_5$ 中含有较多的战略金属 Co 和储量较少的稀土金属 Sm，导致原材料价格昂贵，发展前景受到限制.

2) Sm_2Co_{17} 永磁体

Sm_2Co_{17} 合金被称为第二代稀土永磁材料，在高温下是稳定的 Th_2Ni_{17} 型六角结构，在低温下为 Th_2Zn_{17} 型的菱方结构. 室温下晶格常数 $a=0.8395nm$，$c=1.2216nm$. Sm_2Co_{17} 饱和磁化强度 $\mu_0 M_S=1.2T$，易轴沿 c 方向，居里温度 T_c 为 926℃，是理想的永磁材料. 用 Fe 部分取代 Sm_2Co_{17} 化合物中的 Co，所形成的 $Sm_2(Co_{1-x}Fe_x)_{17}$ 合金的内禀饱和磁化强度可进一步提高. 当 $x=0.7$ 时，$Sm_2(Co_{0.3}Fe_{0.7})_{17}$ 合金的 $\mu_0 M_S$ 可高达 1.63T，其理论最大磁能积可高达 525.4kJ·m^{-3}.

虽然 Sm_2Co_{17} 二元合金的易轴沿 c 方向，但它的矫顽力仍然偏低，很难成为实用的永磁材料. 通过向 Sm_2Co_{17} 添加其他元素，使 2:17 型稀土钴永磁材料得到发展. 目前实用性较好的有三个系列：① Sm-Co-Cu 系；② Sm-Co-Cu-Fe 系；③ Sm-Co-Cu-Fe-M 系 (M=Zr、Ti、Hf、Ni 等).

$Sm_2(Co, Cu, Fe, M)_{17}$ 型稀土永磁材料和 $SmCo_5$ 永磁材料相比有下述优点：①配方中的 Co 含量与 Sm 的含量比 $SmCo_5$ 永磁材料低；②磁感温度系数低约-0.01%/℃，可以在更宽的温度范围工作；③居里点高. 但 2:17 型稀土永磁材料，制造工艺上复杂，为了提高矫顽力必须要多段时效处理，因此工艺费用比 $SmCo_5$ 要高.

2. 钕铁硼永磁材料

"磁王"
钕铁硼

Nd-Fe-B 合金被称为第三代稀土永磁材料. Nd-Fe-B 烧结磁体主要由主相 $Nd_2Fe_{14}B$、富 Nd 相和富 B 相组成. 表 3.12 列出了 Nd-Fe-B 磁体中各组成相的成分与特征. 各类 Nd-Fe-B 磁体的主要成分是永磁性的 $Nd_2Fe_{14}B$ 相. $Nd_2Fe_{14}B$ 相具有四方结构，空间群为 $P4_2/mnm$，晶格常数 $a=b=0.882nm$，$c=1.224nm$. 主相 $Nd_2Fe_{14}B$ 决定了磁体的内禀特性，居里温度 $T_c\approx585K$，室温条件下 $Nd_2Fe_{14}B$ 具有单轴磁各向异性，c 轴为易磁化轴，室温各向异性常数 $K_1=4.2MJ·m^{-3}$、$K_2=0.7MJ·m^{-3}$，各向异性场 $\mu_0 H_a=6.7T$；室温饱和磁极化强度 $J_S=1.61T$. $Nd_2Fe_{14}B$ 永磁性晶粒的畴壁能量密度约为 $3.5\times10^{-2}J·m^{-2}$，畴壁厚度约为 5nm，单畴粒子临界尺寸约为 0.3μm. $Nd_2Fe_{14}B$ 晶粒的饱和磁化强度主要由 Fe 原子磁矩决定. Nd 原子是轻稀土原子，其磁矩与 Fe 原子磁矩平行排列，具有铁磁性耦合. 由于占位不同，Fe 原子磁矩最大 $2.80\mu_B$，最小为 $1.95\mu_B$，平均 $2.10\mu_B$. Nd 原子磁矩在平行于 c 轴方向的投影为 $2.30\mu_B$.

表 3.12　Nd-Fe-B 磁体中各组成相的成分与特征

组成相	成分	各相形貌、分布与取向特征
$Nd_2Fe_{14}B$	2：14：1	多边形，尺寸不同（一般 5～20μm）取向不同
富 B 相	1：4：4	大块或细小颗粒沉淀，存在于晶界或交界处或晶粒内
富 Nd 相	Fe：Nd=1：1.2～1：1.4 Fe：Nd=1：2～2.3 Fe：Nd=1：3.5～4.4 Fe：Nd>1：7	薄层状或颗粒状，沿晶界分布或处于晶界交界处或镶嵌在晶粒内部
Nd 的氧化物	Nd_2O_3	大颗粒或小颗粒沉淀，存在于晶界
富 Fe 相	Nd-Fe 化合物或 α-Fe	沉淀，存在于晶粒或晶界
其他外来相	氯化物(NdCl、Nd(OH)Cl)或 Fe-P-S 相	颗粒状

　　富 Nd 相是非磁性相，沿 $Nd_2Fe_{14}B$ 晶粒边界分布或呈块状存在于晶界处，也可能呈颗粒状分布在主相晶粒内. 富 Nd 相成分复杂，晶界和晶界连接处的富 Nd 相通常为面心立方结构，晶格常数 a=0.56nm，Nd 和 Fe 的原子分数分别为 75～80at% 和 20～25at%；晶粒内部富 Nd 相多为双六方(DHCP)结构，晶格常数 a=0.365nm，c=1.180nm，Nd/Fe 原子比例约为 95/5. 由于氧在制备中不能完全排除，富 Nd 相通常含有一定量的氧. 富 Nd 相的形态和分布显著地影响着磁体的磁性能. 富 Nd 相具有两个重要的作用：①少量的富 Nd 相沿晶粒边界均匀分布，并包围每个主相晶粒，其厚度为 2～3nm，把相邻主相晶粒隔开，提升矫顽力；②由于富 Nd 相在 650℃ 左右熔化，当 Nd-Fe-B 永磁材料在烧结时，富 Nd 相已熔化成液体，起到助液相烧结的作用，为制造致密的 Nd-Fe-B 永磁材料打下基础.

　　富 B 相为非磁相，降低 Nd-Fe-B 磁体的饱和磁化强度，因此需要避免或减少富 B 相.

　　Nd 之外的其他稀土元素，如 La、Ce、Pr、Sm 等都可以与 Fe 和 B 形成 $RE_2Fe_{14}B$ 化合物. 向烧结 Nd-Fe-B 磁体中添加其他稀土元素，可以形成含多元稀土元素的磁体. 其他稀土元素的作用取决于 $RE_2Fe_{14}B$ 的内禀磁性能. $RE_2Fe_{14}B$ 化合物中 $Nd_2Fe_{14}B$ 的饱和磁极化强度最大. 除 Pr、Sm、Tb、Dy、Ho 外，其他稀土元素与 Fe 和 B 形成 $RE_2Fe_{14}B$ 的磁晶各向异性场小于 $Nd_2Fe_{14}B$ 的磁晶各向异性场. $RE_2Fe_{14}B$ (RE=Sm、Gd、Tb、Dy) 的居里温度大于 $Nd_2Fe_{14}B$. 这表明置换 Nd 不能提高磁体剩余磁感应强度；Pr、Sm、Tb、Dy、Ho 取代 Nd 可以提高主相的磁晶各向异性场，提高磁体的矫顽力；Sm、Gd、Tb、Dy 置换 Nd 能提高磁体的居里温度. 可见，使用其他稀土元素置换 Nd 的主要结果是提高磁体的矫顽力.

　　使用高丰度稀土 Ce、La 和 Y 部分取代 Nd，制备低成本高性能高丰度稀土永磁，已成为近年来永磁材料领域的研究热点，对促进我国稀土资源平衡利用具有重要意义. 研究表明，YCe 共取代是制备高温度稳定性 Nd-Y-Ce-Fe-B 混合稀土永磁体的有效途径. 但是，在烧结磁体制备过程中，不同稀土元素的扩散迁移规律不同，可能会对磁性能产生较大影响. 浙江大学团队通过对比研究烧结态和退火态的 50wt%

Y-Ce 共取代磁体,发现退火使剩磁从 1.17T 提高到 1.20T,同时矫顽力从 612.9kA·m^{-1} 提高到 660.7kA·m^{-1},最大磁能积从 242.0kJ·m^{-3} 提高到 263.5kJ·m^{-3},为制备高性能 2∶14∶1 型混合稀土永磁提供了新的途径.

3. 稀土-过渡金属永磁材料

稀土-铁-硼系永磁材料由于其磁性能好、价格低廉和资源丰富而受到各国重视并得到了广泛的应用. 但是此类永磁材料有两大缺点:磁性温度稳定性差和抗腐蚀性能差. 前者主要是由于作为主相的 $Nd_2Fe_{14}B$ 相的居里温度低(312℃),各向异性场也较低(H_a=8T),虽然以钴部分取代稀土原子可提高主相的居里温度,或以重稀土金属,如 Dy 和 Tb 取代部分铁可提高 $Nd_2Fe_{14}B$ 的各向异性场,改善稳定性,但增加了磁体的成本,且消耗了战略金属钴;而腐蚀性则是由该三元多相合金的相间电极电势不同导致的. 因此,人们在改进它的磁性能及抗腐蚀性能的同时,也在继续探索性能更好的富铁稀土永磁材料.

$Sm_2Fe_{17}N_x$ 合金具有与其母合金 Sm_2Fe_{17} 相同的结构,N 原子占据八面体间隙位置. 在 Sm_2Fe_{17} 单胞中存在 3 个八面体间隙,因此,一个 Sm_2Fe_{17} 晶胞中最多可引入 3 个氮原子. 但通常情况下,由于氮化过程进行得不完全,这 3 个八面体间隙并没有完全被 N 原子占据,因此,一般用 $Sm_2Fe_{17}N_x$($0<x<3$)来表示氮化后的产物. $Sm_2Fe_{17}N_x$ 稀土永磁材料由于具有优异的内禀赋磁性能,它的饱和磁化强度达 1.54T,居里温度为 470℃,各向异性场为 14T,并且其耐腐蚀性、热稳定性、抗氧化性也更优于 Nd-Fe-B 永磁材料,有望成为新一代的稀土永磁材料.

新能源汽车、风力发电和工业机器人等新兴产业的快速发展对高功率永磁电机提出了急迫的需求,高温内禀磁性能强且低成本的 $ThMn_{12}$ 新型永磁体有望成为高功率永磁电机的首选材料. 然而,由于 $ThMn_{12}$ 型 $SmFe_{12}$ 相的亚稳态特性,需加入大量非磁性元素以稳定 $ThMn_{12}$ 相,但随着稳定元素加入 $ThMn_{12}$ 相的饱和磁化强度急剧下降. 因此,同时保持高的相稳定性和磁性能是目前 $ThMn_{12}$ 新型永磁产业化面临的一大难点. 杭州电子科技大学团队提出了一种利用调幅分解在(Sm,Y)Fe_{12} 基磁体中自发构建核壳结构的方法,实现了 $ThMn_{12}$ 磁体相稳定性和内禀磁性能的同步提升,从而突破了以上难点,获得了各向异性场和饱和磁感应强度分别为 9.24T 和 1.52T 的高性能磁体.

3.5　磁性材料的电效应及应用

3.5.1　磁电阻效应

1. 正常磁电阻效应

材料电阻随外加磁场变化而变化的现象称为磁电阻效应,为了与

磁电阻家族

磁性材料中的磁电阻效应区分，也被称为正常磁电阻（ordinary magnetoresistance，OMR）效应. 磁电阻效应的大小通常以 $MR=(R_H-R_0)/R_0\times100\%$ 来表示，其中 R_H 和 R_0 分别表示磁场强度为 H 和零时的电阻. 根据磁场与电流的方向不同，可将磁电阻效应分为横向磁电阻效应和纵向磁电阻效应，分别对应磁场与电流垂直和平行时的情况. 若将横向磁场施加于通电的非磁性材料，载流子受到洛伦兹力，运动方向发生偏转，延长了载流子的运动路程，增大了载流子受到的散射，导致电阻升高，磁电阻效应大于零. 正常磁电阻效应通常较弱，MR 一般小于 3%，磁电阻大小与磁场满足 $MR\propto B^2$.

2. 反常磁电阻效应

反常磁电阻效应为铁磁性或亚铁磁性材料中特有的现象，磁电阻大小与自旋轨道耦合作用、磁化强度及畴壁相关. 纵向磁电阻效应与磁化强度平方成比例，电阻随磁化强度增大逐渐减小，因此磁电阻为负值. 当磁化强度达到饱和，如果磁场继续增强，自发磁化强度由于强磁场的作用而被强迫增大，导致强制效应，造成电阻率继续下降. 实验结果表明强制效应表现的磁电阻效应为各向同性.

3. 各向异性磁电阻效应

各向异性磁电阻（anisotropic magnetoresistance，AMR）效应指铁磁材料的电阻率随自身磁化强度和电流方向夹角改变而变化的现象. 各向异性磁电阻与磁性晶体的磁对称性相关，起源于电子的自旋轨道耦合效应. 天津大学团队在 80～305K 范围研究了 Fe_3O_4 的 AMR 效应，发现在 120K 以下，Fe_3O_4 中的三极化子具有单轴磁各向异性，且低温下 AMR 效应的对称性与三极化子分布的对称性相关.

4. 巨磁电阻效应

法国的费尔（A. Fert）和德国的格林贝格（P. Grünberg）分别于 1988 年和 1989 年在 Fe/Cr 超晶格和 Fe/Cr/Fe 多层膜中发现了远大于磁性金属单层膜的磁电阻效应，因此将这一现象命名为巨磁电阻（giant magnetoresistance，GMR）效应，两位科学家也因此分享了 2007 年诺贝尔物理学奖. 当 Cr 薄膜插入到两层 Fe 薄膜中间，相邻 Fe 薄膜间磁性的耦合方式受 RKKY 相互作用的影响，会随着 Cr 薄膜厚度的减小在铁磁和反铁磁之间不断变化. 若相邻铁磁层具有反铁磁性耦合时，不同自旋方向的电子在薄膜间传输时会受到较大的散射，此时多层膜呈现高阻态；施加磁场后，铁磁性薄膜的磁化方向一致，自旋极化的电子在多层膜中输运时受到的散射减小，多层膜呈现低阻态，形成 GMR 效应.

5. 庞磁电阻效应

1993 年，黑尔莫尔特（R. von Helmolt）等在 $La_{2/3}Ba_{1/3}MnO_3$ 薄膜中观察到巨大的

磁电阻效应. 物理研究的深入使人们认识到, 在这类掺杂稀土锰氧化物中观察到的磁场下反常的输运性质, 有别于金属磁性超晶格与多层膜样品中的 GMR 效应. 首先, 其机制一般与磁场诱发的晶体结构相变相关, 这与 AMR 效应和 GMR 效应的机制不同; 其次, 它的磁电阻极大, 可达 $10^3\%\sim10^6\%$, 由于这类磁电阻效应比 GMR 效应更加显著, 因此将这种磁电阻效应称为庞磁电阻(colossal magnetoresistance, CMR) 效应. 在钙钛矿反铁磁性绝缘体 $LaMnO_3$ 中, Mn 以 Mn-O 层的形式堆叠, 自旋在不同原子层反平行排列. 若采用 2 价离子, 如 Sr 以比率 x 置换部分 La 位, 形成 $La_{1-x}Sr_xMnO_3$, 导致部分 Mn 离子价态升高, 引入空穴. 随着 x 的增加, 该体系将从反铁磁绝缘相经铁磁绝缘相向铁磁金属相转变, Mn^{3+} 和 Mn^{4+} 在双交换相互作用下形成铁磁性耦合. 这种从绝缘体向铁磁性金属的转变, 是出现 CMR 效应的根本原因.

3.5.2　磁记录

1. 概述

在 18~19 世纪, 第一次工业革命和第二次工业革命先后带领人们进入了机械化时代和电气化时代, 极大地提高了社会生产力, 对经济、政治、文化、军事和科技领域产生了深远的影响. 进入 20 世纪, 涉及信息技术、新能源技术、新材料技术等在内的第三次科技革命再一次改变了人类的生产生活方式. 新一代信息技术已作为战略性新兴产业被列入到我国"十四五"规划中. 新一代信息技术和各类产业的融合必将进一步推动社会生产力的增长, 提升人们的生活质量.

信息技术包括信息的获取、处理、传递和记录等几个方面, 而信息的存储可谓至关重要. 在众多信息存储技术中, 利用磁性材料作为介质已经历了一个多世纪的发展, 磁记录技术具有经济、可靠、高速、可重复读写等特点, 使其成为目前存储信息的主要方式. 进入信息化时代, 全球每天都会生成海量数据, 据统计, 2020 年全球数据量已达到 60ZB($1ZB\approx10^9TB$), 而到 2030 年, 全球新增数据量将突破 10^3ZB. 因此, 提高信息存储密度和降低存储功耗成为了近些年相关领域科学家研究的重点.

磁记录是指利用磁性材料的磁化强度作为载体记录信息的一种方法. 所有利用材料的磁性存储信息的方式均可称为磁记录. 按照磁记录信息的形态可以将磁记录分为模拟式记录和数字式记录. 模拟式记录可以将连续变化的信号转化为连续变化的磁化强度, 因此记录下的信号是模拟信号. 数字式记录是将信号转化为二进制编码进行记录.

磁记录装置通常由产生磁场或读取磁化强度的磁头和保存磁化信息的磁性介质构成. 浦耳生(V. Poulsen)最先发明了具有实用意义的钢丝式磁录音机, 图 3.23(a)为钢丝式磁录音机原理示意图. 录音机将声音信号转变为电流信号, 再通过位于钢丝两侧的电磁铁对钢丝进行磁化, 记录时不断移动钢丝, 即可将信息储存在钢丝上.

然而这种记录方法会在钢丝的径向产生较大的退磁场，难以获得较大的磁化强度，磁化信息不容易长时间保存. 此外，钢丝或钢带较为笨重，不便于使用.

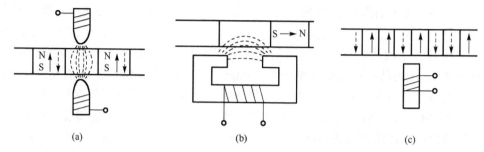

图 3.23　钢丝式磁录音机(a)、水平磁记录(b)和垂直磁记录(c)原理示意图

1928 年，弗勒玛(F. Pfleumer)发明了 Fe_3O_4 磁性微粒涂布式磁带，磁带的发明降低了存储介质的体积. 1935 年，环形磁头的发明使磁头可以在磁性介质中写入水平方向的磁化强度，实现了较强的磁化，记录原理如图 3.23(b). 与钢丝式磁记录相比，磁带的存储密度、可靠性和保真性均得到了提升.

为了提高记录密度，要尽量减小记录单元的宽度和长度，而利用面内磁化强度记录的方式不再适用，这就要求存储介质的易轴沿面外方向，并具有较强的磁各向异性. 20 世纪 70 年代，针状 Fe 薄膜介质和 CoCr 薄膜的制备标志着记录方式逐渐由水平磁记录转向垂直磁记录. 磁记录介质由单极磁场磁化，原理如图 3.23(c)所示.

世界第一个硬盘驱动器(hard disk drive，HDD)出现在 IBM 公司于 1956 年制造的 305 RAMAC 计算机中，这台计算机占地 9m×15m，重量超过一吨，其中盘片存储单元需要占据 $1.5m^2$ 区域. 数据存储在由 50 张直径为 24in 磁盘构成的存储单元中，该存储单元可以储存 5MB 数据，相当于 6.4 万张穿孔卡记录的数据量. 到 1973 年，IBM 推出了一款型号为 IBM 3340 的磁盘，这款又被称为温切斯特硬盘的设备具有更小的体积，存储空间增长到 60MB. 温切斯特硬盘由多个涂有磁性材料的盘片组成，并将盘片和磁头密封在一个盒子中，这种结构与现在的机械硬盘结构相似，因此温切斯特硬盘也被称为现代硬盘的祖先. 时至今日，硬盘驱动器的存储容量早已得到迅猛发展，成本大幅下降.

目前主流硬盘驱动器主要有 3.5in 和 2.5in 两种规格，内部均由磁头驱动组件、传动手臂、读写磁头组件、磁盘盘片、主轴组件等组成. 其中磁头驱动组件由永磁铁、音圈马达组成，可以驱动读写磁头运动到指定位置，进行读写操作；读写磁头组件包括悬臂、磁头滑块和读写单元，当磁盘盘片高速旋转时，磁头滑块为磁头提供稳定的浮力，使磁头稳定在磁盘盘面上方几纳米高的位置；磁盘盘片的基板为铝合金或玻璃，并依次在基板上制备软磁层、Cr 中间层、磁记录层、类金刚石层和保护润滑层；主轴组件包括轴瓦和驱动电机，驱动磁盘盘片高速转动.

2. 磁头

磁头是指能对磁介质进行信息记录、再生及读取功能的部件. 磁头在磁记录发展过程中经历了体型磁头、薄膜磁头和磁电阻读出磁头三个阶段. 体型磁头的核心材料是磁头的磁芯, 为了减小涡流损耗, 最初的磁头磁芯由磁性合金叠加而成. 磁性合金具有高的磁化强度和高磁导率, 从而产生强的写入磁场. 磁芯材料为软磁合金, 包括如坡莫合金和铁硅铝合金等. 为了提升磁盘写入速度, 降低高频损耗, Mn-Zn 铁氧体和 Ni-Zn 铁氧体磁头也得到了广泛应用.

薄膜磁头是在薄膜沉积工艺取得进展的基础上发展起来的. 薄膜磁头采用多种薄膜制备工艺和光刻技术等制成的小型集成化磁头, 适应高密度储存器的发展需要. 所用的材料多属于合金软磁材料. 按照线圈匝数来分, 有单匝和多匝两种.

体型磁头和薄膜磁头都是利用电磁感应原理进行记录和读取, 因此这类磁头被称为电磁感应型磁头. 记录数据时, 为了能使记录介质进行有效的磁化, 要求磁头磁芯应具有高饱和磁通密度; 读取时, 为了能敏感地反馈来自磁记录介质的磁场, 要求磁芯材料具有高磁导率. 因此, 要求体型磁头材料和薄膜磁头材料具有高磁导率、高饱和磁化强度、低矫顽力、低磁各向异性, 同时具备高电阻率、易加工和耐磨等特性.

磁电阻读出磁头是基于磁电阻效应制成的. 当磁头读取数据时, 磁盘存储介质产生的磁场会改变读出磁头磁化强度的方向, 受到各向异性磁电阻效应的影响, 当读出磁头扫过磁盘, 磁盘上的磁场改变读出磁头磁化强度的方向, 引起电阻发生变化, 而读出磁头阻值的高低对应着记录的数据. 磁电阻磁头要求材料具有较大的磁电阻系数和较小的磁致伸缩系数, 因此普通的磁电阻读出磁头主要使用坡莫合金.

为了提高读出磁头的灵敏度, 降低失真性, 需要读出磁头处于单畴状态, 因此在磁电阻薄膜两侧制备交换耦合层作为磁电阻薄膜的电极, 稳定磁电阻薄膜磁化强度的同时, 限制了磁电阻薄膜感应的宽度, 提升磁盘的存储密度. 当坡莫合金 Ni 的质量分数约为 81% 时, 其磁致伸缩系数为零, 并具有较小的磁晶各向异性, 较高的饱和磁化强度和磁导率, 可以在较弱的磁场变化下产生明显的磁电阻信号, 适用于制备磁电阻读出磁头.

巨磁电阻效应的发现进一步推动了磁记录的发展. 1991 年, 迪耶尼 (B. Dieny) 提出了铁磁/非磁金属/铁磁/反铁磁自旋阀 (spin valve), 如图 3.24 所示, 这种结构成功地抑制了巴克豪森噪声. 在 IBM 工作的帕金 (S. S. P. Parkin) 以更加适用于工业生产的磁控溅射法替代了精密且昂贵的外延分子束制备法, 在多晶 Fe/Cr、Co/Cr 多层膜中观察到了巨磁电阻效应. 1997 年, IBM 公司推出了第一款基于巨磁阻效应作为读出磁头的硬盘, 使磁盘的存储密度超过 $1.5GB \cdot cm^{-2}$. 当自旋阀结构应用于读出磁头时, 利用铁磁层和反铁磁层在界面处自旋的交换耦合作用固定相邻铁磁层的磁化方向，因此反铁磁层又被称为钉扎层，与钉扎层相邻的铁磁层被称为固定层. 另一侧铁磁层的磁化方向受磁盘表面的磁性影响发生偏转，因此磁化强度未被钉扎的铁磁层又称为自由层. 当自由层与固定层的磁化方向呈反平行或平行排列时，自旋阀分别表现出高阻态和低阻态，这样就可以还原记录在磁盘上的数据. 图 3.24 给出了常见的自旋阀结构. 表 3.13 列出了早期用于磁记录的自旋阀结构.

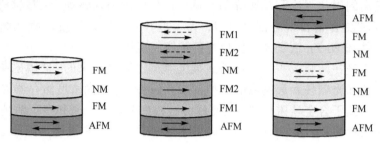

图 3.24　常见的自旋阀结构

表 3.13　早期用于磁记录的自旋阀结构

年份	公司	自旋阀结构
1993	IBM	5nm Ta/10nm Py/2.5nm Cu/2.2nm Co/11nm FeMn
1994	Philips	3nm Ta/8nm Py/2.5nm Cu/6nm Py/8nm FeMn
	INESC	8nm Ta/4nm Py/2nm Co/2.5nm Cu/2nm Co/4nm Py/12nm TbCo
		50nm NiO/4nm Py/2nm Co/2.5nm Cu/2nm Co/4nm Py/2.5nm Cu
1995	Hitachi	50nm NiO/7nm Py/2.7nm Cu/5nm Py
	Fujitsu	10nm Ta/12nm Py/2.7nm Cu/3nm Py/15nm FeMn
		5nm Ta/9nm $Co_{45}Ni_{30}Fe_{25}$/2.8nm Cu/4nm Py/8nm FeMn
	NEC	(2nm CoO/2nm NiO)$_{12}$/10nm Py/2.5nm Cu/10nm Py
	CMU	10nm Py/2nm Cu/4nm Py/12nm FeMn

3. 磁记录介质

磁记录介质是记录数据的主体，因此无论是磁带还是磁盘，都要求磁记录介质具有良好的可靠性、较高的信噪比和尽可能大的存储密度，基于这几点要求，磁记录介质应具有以下特性：①高饱和磁感应强度；②大矩形比；③矫顽力在允许的范围内应尽可能大；④作为最小记录单位的微小永磁体应尽可能小，且大小及分布均匀；⑤磁学性能分布均匀，随机偏差小. 同时，还应满足：①表面平滑、耐磨损、耐环境性能优良；②磁学特性对于加压、加热等反应不敏感；③化学的、机械的耐久性优良；④不容易导电.

由于磁记录在实用中总是采用记录介质与磁头相组合的形式，因此记录介质的性能还要受到磁头性能的制约. 对于颗粒状记录介质而言, 其矫顽力的上限约为磁头中磁芯材料饱和磁化强度的 1/6～1/8. 矫顽力越高, 则记录越不完全, 特别是当进行重写时, 由于原来存在的信息不能完全消除而出现严重问题.

　　磁记录介质通常有涂布型介质和薄膜型介质, 由于计算机中对存储介质具有体积小和存储密度高的要求, 因此硬盘驱动器中使用薄膜型介质. 磁性层的制备方法有化学沉积和物理沉积两种. 早期的薄膜介质磁盘都是用化学沉积方法制备的, 磁性层以 Ni-Co 或 Co 为主, 添加适量的 P, 表面再制备 SiO_2 保护膜.

　　为了获得高矫顽力, 要求磁性层材料的各向异性要大, Co 基合金薄膜成为首选. Co 基合金多数由溅射方法制备. 直流溅射的 CoNi 合金薄膜, 矫顽力可达 $88kA \cdot m^{-1}$, 但耐腐蚀性差, 耐摩擦性能也不好. 因此, 后来的研究工作重点集中在添加各种元素来改善薄膜介质的磁学和力学性能, 如添加 Cr 可使耐磨性提高, 添加元素 Ta 能细化晶粒, 增大信噪比. 后来发现 CoCr、CoPt 合金有优异的性能. 在 CoCrPt 薄膜中加入 B 元素, 可提高矫顽力, 同时用 B 替代部分 Pt 也降低了成本.

　　在基底上生长一层 Cr 缓冲层, 可提高 Co 基合金的磁性能. Co 基合金具有六方结构, 易轴沿 c 轴方向. 体心立方的 Cr 薄膜在衬底上沿<110>方向生长, Co 和 Cr 的晶格常数接近, 因此 Co 薄膜在 Cr 薄膜上沿[101]方向生长. 生长的 Co 基合金的 c 轴和衬底面成 30° 角, 提高了面内矫顽力. 进一步研究表明, Cr 在生长时, (211) 和(310)面也生长, 为消除其影响, 在缓冲层 Cr 膜中添加 Ti, 可抑制晶面的生长.

　　随着磁盘记录密度的不断提高, 磁记录介质颗粒的尺寸不断减小, 水平记录引起的退磁场影响了记录密度的进一步提升, 因此记录方式由水平记录转向垂直记录, 这就要求磁记录介质具有大的垂直磁各向异性. Ll_0-FePt 垂直磁化膜和 SmCo 垂直磁化膜引起人们关注. 它们都具有非常高的 K_u 和优良的磁性能, 非常适合用作超高密度垂直磁记录介质. 但 Ll_0-FePt 合金薄膜存在有序化温度过高、易轴与膜面不垂直、颗粒间磁耦合作用强以及矫顽力过高难以写入等问题, 限制了其在高磁记录密度磁盘中的应用. SmCo 合金薄膜具有非常高的 K_u 值($2 \times 10^7 J \cdot cm^{-3}$)、较大的饱和磁化强度和较高的居里温度. 通过添加适当的底层或缓冲层、控制适当的制备工艺, 可以获得具有垂直各向异性, 晶粒尺寸小到 10nm, 矫顽力、矩形度以及剩磁比高的 SmCo 薄膜, 部分磁性能可以达到超高密度磁记录介质的要求.

3.5.3　磁记录进展

1. 隧穿磁电阻效应

　　GMR 效应的发现, 标志着电子自旋在电输运中的作用逐渐被重视. 在自旋阀中, 自由层与固定层具有反铁磁性耦合, 这导致转换自由层的磁化方向需要较大的磁场, 在一定程度上限制了 GMR 磁头的灵敏度. 若将自旋阀中的非磁金属层替换为绝缘体，则形成了一种新的异质结构. 在经典物理的情况下，宏观微粒在运动过程中遇到势垒后需要有足够的能量才能跃过势垒，若能量不足，则无法通过. 而在微观量子尺度下，电子在运动过程中遇到有限高度的势垒后，有一定概率通过这个势垒，这样的现象称为量子隧穿效应. 在磁性隧道结中，绝缘层成为电子传导过程中的势垒，若要电子穿过绝缘层，需要要求绝缘层的厚度仅为数纳米，同时要求隧道结中电流的方向垂直于器件，这与自旋阀中的电流方向不同. 因此这种由反铁磁钉扎层/铁磁固定层/势垒层/铁磁自由层构成的多层膜结构被称为磁性隧道结（magnetic tunnel junction，MTJ）. 当两个铁磁层自旋极化率的符号相同，隧道结在两个铁磁层磁化强度平行时进入低阻态，在磁化方向反平行时进入高阻态；当两个铁磁层自旋极化率的符号不同，隧道结在两个铁磁层磁化强度平行时进入高阻态，在磁化方向反平行时进入低阻态. MTJ 展现出了比自旋阀中更大的磁电阻效应，而这种效应与自旋极化的电子在多层膜的隧穿输运相关，因此将这种磁电阻效应命名为隧道磁电阻（tunnel magnetoresistance，TMR）效应. 2004 年，希捷公司制造出了 TMR 磁头，将硬盘的存储密度提升至 23GB·cm^{-2}.

2. 热辅助磁记录

随着 GMR 效应的发现和应用，读出磁头精度和灵敏度的不断提升，水平方式磁记录引起的退磁场降低了磁化强度的稳定性，逐渐成为限制存储密度的主要因素. 因此磁盘的存储介质逐渐转向具有面外各向异性的材料，如在磁盘中广泛使用的 CoCr 合金. 2008 年，日立公司通过优化垂直磁记录介质和磁头，在实验室将存储密度提升到了 94.5GB·cm^{-2}.

然而存储密度的大幅提升使磁盘上单比特记录的尺寸不断缩小，磁记录介质将遇到超顺磁性的限制. 若使用具有更高磁各向异性的磁记录材料，则会导致磁性颗粒难以被磁化，这对写入磁头提出更高的要求. 2004 年，希捷公司提出热辅助磁记录技术. 在磁头进行数据写入时，利用激光迅速局域加热磁记录介质，温度升高后磁记录介质的磁各向异性降低，此时容易将数据写入. 当记录区域转开，磁盘温度降低，信息被保存下来. 这种记录方式可以实现数据的超高密度存储，如果磁性颗粒的尺寸为 8～10nm，磁记录密度可以达到 793.5GB·cm^{-2}. 如果磁性颗粒的尺寸为 3～4nm，磁记录密度将提升至 7.75TB·cm^{-2}.

3. 固态存储器和磁随机存储器

区别于硬盘驱动器这种存储设备，工作于电脑中的 CPU 缓存、内存、U 盘、固态硬盘以及各类嵌入式存储单元利用先进的半导体技术实现了数据存储. CPU 缓存采用了静态随机存取存储器（static random access memory，SRAM），这种存储器读写速率极高，然而运行时需要保持电路持续供电，因此具有很高的功耗，且体积较大. 内存采用了动态随机存取存储器(dynamic random access memory，DRAM)，读写速率较高，结构相比 SRAM 更加简单，然而运行时需要持续地对存储的数据进行充电刷新，因此功率较高. SRAM 和 DRAM 在工作时，若工作电路出现断电，存储的数据就会消失，即数据具有易失性. U 盘和固态硬盘需要长期存储数据，因此采用浮栅晶体管作为存储单元，这类存储器被称为快闪存储器(flash memory). 然而这类存储器中的浮栅部分容易在多次写入数据后失效，影响工作寿命. 因此，制备一种具有高存储密度、高读写速率、高数据稳定性、低功耗、长使用寿命、非易失的存储器成为了科学家们的研究目标.

硬盘驱动器中用于读取数据的磁性隧道结可以作为数据的存储单元，并应用于磁随机存取存储器(magnetic random access memory，MRAM). 不同于 SRAM 和 DRAM，MRAM 存储的数据具有非易失性. 第一代 MRAM 被称为 Toggle MRAM，自由层的磁矩平行于薄膜表面分布. 写入数据时，依靠外界磁场实现磁化强度的翻转；读取数据时，根据隧道结的高低阻态还原数据. 由于器件进行数据操作时需要额外施加磁场，具有器件功率高、难以小型化的缺点，且会降低系统整体的热稳定性.

1996 年，丝隆采乌斯基(J. C. Slonczewski)和伯杰(L. Berger)提出具有一定自旋排列方向的电子通过铁磁性薄膜时，可以使铁磁性薄膜的磁化方向发生偏转，这种效应被称为自旋转移力矩(spin-transfer torque，STT). 若电流由钉扎层流向自由层，由于钉扎层的磁矩方向固定，与电流中的电子相互作用，形成自旋极化电流，方向平行于钉扎层磁矩方向，当被极化的电流穿过势垒层，使自由层磁矩进动甚至翻转. 若电流从自由层流向钉扎层，电流在自由层被极化，形成自旋极化电流，电流通过势垒层到达钉扎层后，与钉扎层方向一致的电流会通过钉扎层，其他方向的电子会被反射回自由层，对自由层作用，进而使自由层磁矩翻转. 利用在隧道结中通入不同方向的电流即可实现数据的写入；读出数据时，根据电阻的大小还原数据. 基于 STT 原理的 MRAM 被称为第二代 MRAM. STT-MRAM 最初采用面内磁各向异性方式进行存储，然而存储密度和数据稳定性之间的矛盾限制了其发展. 若要进一步提高存储密度，则需要采用具有垂直磁各向异性的材料，这一类存储器被称为 pSTT-MRAM. 采用垂直磁各向异性材料后，提升了器件的存储密度，翻转自由层磁化方向的电流也有所降低，进一步提升了器件的性能. 目前 STT-MRAM 已进入商业生产阶段，Everspin 公司推出了多种 STT-MRAM 存储器. 以 EMD4E001GAS2 器件为例，该型号 MRAM 可以在 0~85℃ 内稳定工作，数据可以在 70℃ 下保存 3 个月，写入时间在 10^{-8}s 量级，循环工作次数达 10^{10} 次. STT-MRAM 的非易失性、低功耗和较宽的工作温度使其在数据中心、云存储、能源、汽车和运输等领域具有广泛应用.

然而，要将 STT 作用到自由层，就必须使电流也穿过整个隧道结，焦耳热不可避免，同时，写入数据时需要施加大的脉冲电流，对器件的耐用性提出很大的挑战. 自旋轨道力矩(spin-orbital torque，SOT)的发现成为了解决这一问题的答案. 自旋轨道力矩主要产生于具有强自旋轨道耦合的材料或对称性破缺的界面处,而自旋霍尔效应和Rashba效应在其中扮演重要角色. 当电流纵向流过具有自旋轨道力矩效应的材料后,在横向产生自旋流,不同自旋极化方向的电子在电流通路两侧的堆积形成等效磁场,进而影响界面附近磁性材料的磁化方向. 在 SOT-MRAM 中,写入数据的电流在具有自旋轨道力矩效应的材料中流过,而无需流经隧穿层,因此降低了对隧道结的损耗,进一步提高器件寿命.

4. 磁电耦合

磁电耦合

传统硬盘驱动器利用磁场写入数据的方式具有高能耗、存储单元难以小型化的缺点. 如果利用电场进行数据的写入,则可以解决这些问题. 这就需要材料的磁性可以通过电场进行调控,因此单相多铁性材料和多铁性异质结构受到广泛关注. 铁性指材料中的某种序参量自发存在着一种有序结构,额外的场效应对这种自发有序的结构进行扰动,此时序参量表现出类似于磁滞回线的行为,将这种特性定义为铁性. 典型的铁性包括铁磁性、铁电性、铁涡性和铁弹性. 有一些单相多铁性材料同时具有铁磁性和铁电性,然而这类材料存在磁电耦合较弱或铁电极化较弱的缺点,将具有铁电性和铁磁性的材料复合则可形成复合多铁性材料. 若利用磁控溅射、脉冲激光沉积、分子束外延等薄膜生长技术制备多铁性异质结构,这样通过外加电场便可以通过界面处应力和电荷密度的变化来调控磁性.

中国科学院半导体研究所的团队在室温无外加磁场条件下,利用电场-电流的方法成功实现了垂直铁磁器件的自旋可控翻转,此项工作不仅从实验上演示了电场控制电流诱导自旋的可控定向翻转,并采用微磁学理论揭示了电场作用导致的可控定向翻转的物理本质. 这一突破性的成果对于新型磁随机存储器和逻辑器件的设计和发展开辟了新的发展思路.

3.5.4 霍尔效应及其应用

1. 正常霍尔效应

若对通有电流的非磁性导体施加横向磁场,载流子受洛伦兹力作用聚集在平行于电流和磁场确定的平面的两端,形成电势差,如图 3.25 所示,这种现象称为正常霍尔效应(ordinary Hall effect,OHE). 在非磁性材料中,霍尔电压与电流和磁感应强度的大小成正比,与载流子浓度和在磁场方向的厚度成反比,即 $U_H=IB/(neb)$,其中 n 为载流子浓度;b 为被测物体沿磁场方向的厚度. 将 $R_H=1/ne$ 称为霍尔系数,则 $U_H=R_H IB/b$,此时被测物体的霍尔电阻率 $\rho_{xy}=R_H B$. 非磁性导体中霍尔电压随磁场的变化关系如图 3.26 所示.

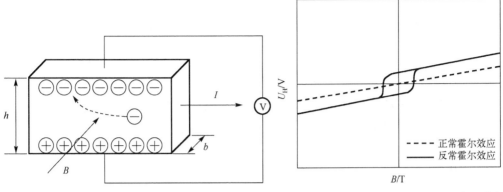

图 3.25　霍尔效应示意图　　　　图 3.26　正常霍尔效应和反常霍尔效应示意图

2. 反常霍尔效应

在磁性导体中，霍尔电压不仅与正常霍尔效应相关，还有与磁化强度相关的反常霍尔项，因此称为反常霍尔效应(abnormal Hall effect，AHE). 此时霍尔电阻率 $\rho_{xy}=R_HB+R_S4\pi M$，R_S 为反常霍尔系数，R_S 敏感地依赖于测量温度. 当磁化强度达到饱和，霍尔电压主要来源于正常霍尔效应. 磁性材料中霍尔电压随磁场的变化关系如图 3.26 所示.

产生反常霍尔效应的物理机制主要包括：① 卡普拉斯(R. Karplus)和拉廷格(J. M. Luttinger)提出的内禀机制，该机制来源于自旋-轨道耦合效应；② 斯米特(J. Smit)提出的螺旋散射机制；③ 贝格尔(L. Berger)提出的边跳越机制. 螺旋散射机制和边跳越机制来源于材料中的缺陷或杂质，因此也被称为外禀机制.

3. 霍尔效应的应用

根据霍尔效应，霍尔电压正比于磁场，因此可以制备霍尔元件，例如，用于检测磁场强度变化的霍尔效应传感器(霍尔开关、线性霍尔传感器等)，用于检测磁场方向变化的磁阻传感器、用于检测磁场角度变化的角度传感器、3D 霍尔传感器以及磁性速度传感器. 霍尔效应传感器被广泛应用于接近传感器、位置和速度测量等领域. 它们甚至用于计算机打印机、气缸、计算机键盘等. 由于霍尔元件测量磁场时无需接触，使用时几乎不发生机械损耗，因此霍尔元件具有较长的使用寿命. 霍尔效应传感器的输出电压通常非常小，即使在传感器上施加强外部磁场时也只有几微伏. 因此，大多数市售霍尔效应传感器都内置有直流放大器和稳压器，以提高传感器的灵敏度和输出电压的幅度.

习 题 三

一、填空题

1. 磁性材料在被磁化时，随磁化状态的改变而发生弹性形变的现象被称为_____.

2. 铁氧体材料按其晶体结构分为_____、_____、_____.

3. 磁性材料在交变磁场中产生能量损耗，称为_____，包括三个方面：_____、_____和_____.

4. SI 制中磁场强度 H 的单位是_____，CGS 单位制中是_____；T 是_____的单位，1T 等于_____Gs.

5. 磁化曲线随晶轴方向的不同而有所差别，即磁性随晶轴方向显示各向异性，这种现象称为_____.

6. 一般来讲，技术磁化过程存在两种磁化机制，分别为_____和_____.

7. 有限几何尺寸的磁体在外磁场中被磁化后，表面将产生磁极，从而使磁体内部存在与磁化强度 M 方向相反的一种磁场，起减退磁化的作用，称为_____.

8. 对于铁磁性材料，磁矩的有序排列由于热扰动被完全破坏时的温度称为_____；对于反铁磁性材料，磁矩的有序排列由于热扰动被完全破坏时的温度称为_____.

二、思考题

1. 如何从磁化曲线区分抗磁体、顺磁体、超顺磁体和铁磁体？

2. 什么是磁畴？什么是磁畴壁？为什么会形成磁畴？

3. 试以立方晶系的磁各向异性为例，分析磁各向异性能在 xy 面内的分布情况.

4. 以 MnO 为例，(1)画出 Mn^{2+} 的核外电子排布规则；(2)简述超交换相互作用形成机制.

5. 对软磁材料基本性能的要求有哪些？

6. 什么是永磁体？对永磁体的基本要求是什么？

7. 简述 Si 的加入对 Fe-Si 合金磁性的影响.

8. 简述磁记录的基本原理和实现方式.

9. 请以磁性材料为介质，调研数据存储中还有哪些新颖的存储方式，试分析各种存储方式的优缺点.

参 考 文 献

曹琦, 龚荣洲, 冯则坤, 等. 2006. Fe-Si-Al 系合金粉微波吸收特性[J]. 中国有色金属学报, 16(3): 524-529.

陈星. 2017. 铁氧体吸波性能的研究与进展[J]. 化工设计通讯, 43(3): 110.

程戎, 雷国莉, 王凌峰, 等. 2018. 高温高饱和磁通密度软磁铁氧体研究进展[J]. 中国陶瓷, 54(12): 1-6.

顾文娟, 潘靖, 杜薇, 等. 2011. 铁磁共振法测磁各向异性[J]. 物理学报, 60(5): 057601.

郭贻诚. 2014. 铁磁学(重排本)[M]. 北京: 北京大学出版社.

郝士明. 2017. 材料发展大事记[J]. 材料与冶金学报, 16(4): 261-275.

近角聪信. 2002. 铁磁性物理[M]. 葛世慧, 译. 兰州: 兰州大学出版社.

孔令刚, 韩汝琦. 2005. 磁随机存储器的研究进展[J]. 磁性材料及器件, 36(5): 7-9, 21.

刘永瑞. 2020. La(Fe, M)$_{13}$(M=Si, Al)基磁致冷材料吸、放氢动力学特性及模型研究[D]. 北京: 北京工业大学.

吕晓蓉. 2016. 磁随机存取存储器: 专利视角下的产业化趋势[J]. 科学通报, 61(9): 996-1007.

田民波. 2001. 磁性材料[M]. 北京: 清华大学出版社.

田莳. 1995. 功能材料[M]. 北京: 北京航空航天大学出版社.

宛德福, 马兴隆. 1994. 磁性物理学[M]. 成都: 电子科技大学出版社.

王誉, 中村元. 2018. 稀土永磁材料的研究现状与发展[J]. 稀土信息, (10): 34-37.

吴安国. 1999. 铁粉芯, 磁介质, 粉芯, 粘结软磁[J]. 磁性材料及器件, 30(6): 55-56.

严密, 彭晓领. 2019. 磁学基础与磁性材料)[M]. 2 版. 杭州: 浙江大学出版社.

叶倡华, 黄钧声. 2016. 铁硅铝软磁粉芯研究进展[J]. 材料研究与应用, 10(1): 1-4, 32.

周馨我. 2002. 功能材料学[M]. 北京: 北京理工大学出版社.

朱明刚, 孙威, 方以坤, 等. 2015. Sm$_2$Co$_{17}$基永磁材料的研究进展[J]. 中国材料进展, 34(11): 789-795, 840.

宗朔通. 2018. LaFeSi 系磁致冷材料微观组织和磁性能的研究[D]. 北京: 北京科技大学.

Baibich M N, Broto J M, Fert A, et al. 1988. Giant magnetoresistance of (001)Fe/(001)/Cr magnetic superlattices[J]. Physical Review Letters, 61(21): 2472-2475.

Balakrishnan P P, Lindgren E, Kane M, et al. 2021. Magnetic anisotropy and spin scattering in $(La_{2/3}Sr_{1/3})MnO_3/CaRuO_3$ bilayers[J]. AIP Advances, 11(2): 025105.

Binasch G, Grünberg P, Saurenbach F, et al. 1989. Enhanced magnetoresistance in layered magnetic structures with antiferromagnetic interlayer exchange[J]. Physical Review B, 39(7): 4828-4830.

Cai K M, Yang M Y, Ju H L, et al. 2017. Electric field control of deterministic current-induced magnetization switching in a hybrid ferromagnetic/ferroelectric structure[J]. Nature Materials, 16(7): 712-716.

Cao Y, Rushforth A W, Sheng Y, et al. 2019. Tuning a binary ferromagnet into a multistate synapse with spin-orbit-torque-induced plasticity[J]. Advanced Functional Materials, 29(25): 1808104.

Chang C Z, Zhang J S, Feng X, et al. 2013. Experimental observation of the quantum anomalous Hall effect in a magnetic topological insulator[J]. Science, 340(6129), 167-170.

Chen A T, Zhao Y G, Li P S, et al. 2016. Angular dependence of exchange bias and magnetization reversal controlled by electric-field-induced competing anisotropies[J]. Advanced Materials, 28: 363-369.

Cullity B D, Graham C D. 2009. Introduction to magnetic materials[M]. 2nd ed. New Jersey: John Wiley & Sons: 180-183.

Hirohata A, Yamada K, Nakatani Y. 2020. Review on spintronics: Principles and device applications[J]. Journal of Magnetism and Magnetic Materials, 509, 166711.

Huang W C, Yang S W, Li X G. 2015. Multiferroic heterostructures and tunneling junctions[J]. Journal of Materiomics, 1(4): 263-284.

Keithley J F. 1999. The Story of Electrical and Magnetic Measurements[M]. New York: IEEE Press.

Kools J C S. 1996. Exchange-biased spin-valves for magnetic storage[J]. IEEE Transaction on Magneitcs, 32(4): 3165-3184.

Liu X L, Wu X W, Jin J Y, et al. 2022. Microstructure and magnetic performance of Nd-Y-Ce-Fe-B sintered magnets after annealing[J]. Rare Metals, 41(3): 859-864.

Liu X, Mi W B, Zhang Q, et al. 2017. Anisotropic magnetoresistance across Verwey transition in charge ordered Fe_3O_4 epitaxial films[J]. Physical Review B, 96: 214434.

Meiklejohn W H, Bean C P. 1957. New magnetic anisotropy[J]. Physical Review, 105(3): 904-913.

Néel L. 1948. Propriétés magnétiques des ferrites; ferrimagnétisme et antiferromagnétisme[J]. Annales de Physique, 12(3): 137-198.

Qiu Z Y, Hou D Z, Barker J, et al. 2018. Spin colossal magnetoresistance in an antiferromagnetic insulator[J]. Nature Materials, 17: 577-580.

von Helmolt R, Wecker J, Holzapfel B, et al. 1993. Giant negative magnetoresistance in perovskitelike $La_{2/3}Ba_{1/3}MnO_x$ ferromagnetic films[J]. Physical Review Letters, 71(14): 2331-2333.

Zhao L Z, Su R, Wen L, et al. 2022. Intrinsically high magnetic performance in core-shell structural $(Sm,Y)Fe_{12}$-based permanent magnets[J]. Advanced Materials, 34: 2203503.

Žutić I, Fabian J, Sarma S D. 2004. Spintronics: Fundamentals and applications[J]. Reviews of Modern Physics, 76(2): 323-410.

第4章 超导材料

超导材料是指当温度降到某一临界温度(T_c)以下时，其电阻突然降为零，同时所有外磁场磁力线被排出体外，使体内的磁感应强度为零的材料. 因其具有常规材料所不具备的零电阻特性、完全抗磁性和约瑟夫森效应等一系列优异的物理性能，使它具有输电损耗小，制成的器件体积小、重量轻、效率高等众多优点，在能源、交通、医疗、通信和国防等各个领域都有重要的应用价值和广泛的发展前景. 因此，超导技术被认为是 21 世纪具有重大经济和战略意义的高新科技，备受世界各国的重视，目前在超导领域，国际上竞争最激烈且最活跃的方向是实用化超导材料的研究与应用.

4.1 超导体的发现及发展

1908 年，荷兰物理学家昂内斯(H. K.Onnes)成功将最后一种"永久气体"——氦液化，获得了 4.2K(约−268.9℃)的低温. 随后，昂内斯开始着手研究各种金属在液氦温度下的电阻变化，这是超导发现的前奏. 1911 年，昂内斯将提纯后的汞(Hg)置于了液氦(4.2K 附近)中，他发现汞的直流电阻突然断崖式降低到了一个仪器无法测量到的小值，见图 4.1，昂内斯将这种现象称为超导现象，显然此时汞进入了一个新的物理状态，称为超导态，发生超导现象时对应的温度称为转变温度或临界温度，用 T_c 表示. 昂内斯因成功液化了氦和发现了超导现象，于 1913 年荣获诺贝尔物理学奖.

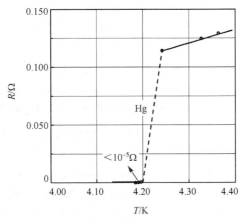

超导
诺贝尔奖

图 4.1 汞在低温下的直流电阻 R 与温度 T 的关系

汞的超导现象的发现拉开了超导研究的序幕. 1916 年, 昂内斯、西尔斯比(F. B. Silsbee)等确认了超导现象会在一定的电流或磁场下消失, 也就是超导现象存在临界电流和临界磁场. 1933 年, 迈斯纳(W. Meissner)和奥克森费尔德(R. Ochsenfeld)发现当超导体在磁场中进入超导态后, 它体内的磁力线全部被排出体外, 体内的磁场恒为零, 超导体的这种性质被称为完全抗磁性(或迈斯纳效应). 1924 年, 凯索姆(W. H. Keesom)首次将热力学理论用于超导体, 在此基础上, 1934～1936 年, 戈特(C. J. Gorter)、卡西米尔(H. B. G. Casimir)和拉特格斯(A. J. Rutgers)进一步发展了解释超导现象的热力学理论, 他们认为超导体相变的热力学处理和其他相变是完全一样的, 确认了凯索姆对超导体的热力学处理是完全正确的.

1934 年, 戈特和卡西米尔建立了二流体模型, 认为超导体内部存在无电阻的超导电子和有电阻的正常电子两种电子, 超导态是由于超导相中的电子产生了某种有序的变化引起的. 此模型虽然可以定性地解释一些实验现象, 但无法从本质上解释超导电机制.

1935 年, 伦敦兄弟(F. London 和 H. London)在二流体模型的基础上建立了伦敦方程, 其包括两个方程, 分别描述了超导体的零电阻现象和完全抗磁性, 并预言了表面穿透效应, 但伦敦方程也具有一定的局限性, 很多超导现象也无法用其解释.

1950 年, 皮帕德(A. B. Pippard)对伦敦方程进行了改进, 并引入了"非局域效应"和"相干长度"的概念. 同年, 金兹堡(V. L. Ginzburg)和朗道(L. D. Landau)在朗道二级相变理论的基础上提出了金兹堡-朗道方程. 后来阿布里科索夫(A. A. Abrikosov)基于金兹堡-朗道方程提出了第Ⅱ类超导体的概念, 并给出了区分第Ⅰ类超导体和第Ⅱ类超导体的判据. 金兹堡和阿布里科索夫两人也因其在超导领域的突出工作获得了 2003 年诺贝尔物理学奖.

1950 年, 麦克斯韦(E. M. Maxwell)和雷诺(C. A. Reynolds)在实验中发现了超导体的同位素效应. 1951 年, 古德曼(B. B. Goodman)等对超导体热导性质的测量结果间接证明了超导能隙的存在. 同位素效应及能隙的发现为后续超导微观理论的建立奠定了基础.

1956 年, 库珀(L. N. Cooper)提出了超导理论中至关重要的概念, 即超导体中"电子对"的概念, 后常被称为"库珀电子对"或"库珀对"; 第二年, 巴丁(J. Bardeen)、库珀和施里弗(J. R. Schrieffer)建立了完整的超导微观理论, 简称 BCS 理论. BCS 理论以电子-声子相互作用为基础对传统超导体的超导电机理做出了解释. 此项工作也为他们赢得了 1972 年的诺贝尔物理学奖.

1960 年, 贾埃弗(I. Giaever)通过实验证明了在超导体隧道结中存在单电子隧道效应. 1962 年, 约瑟夫森(B. D. Josephson)最先在理论上预言了超导电流隧道效应, 不久后安德森(P. W. Anderson)和罗厄尔(J. M. Rowell)发表了论文宣称在实验中发现了零电压超导电流(直流隧道效应), 夏皮洛(S. Shapiro)也在实验中观测到了振荡超导电流(交流隧道效应)，由此证实了约瑟夫森的理论，直流隧道效应和交流隧道效应被统称为约瑟夫森效应. 1973 年，贾埃弗与约瑟夫森获得了诺贝尔物理学奖.

在超导理论蓬勃发展的同时，新超导体材料也不断被发现. 研究表明大部分的金属在低温下都具有超导电性，在元素周期表中，除了一些磁性金属、碱金属、部分磁性稀土元素、惰性气体和重元素等尚未观测到超导电性外，其他常见金属甚至非金属元素都可以实现超导，并且在一些合金以及简单金属化合物中也发现了超导现象，但是它们的临界温度 T_c 都很低，只能在液氦温区($T \leqslant 4.2K$)下工作，甚至有一些还需要在低温的同时再加以高压才能出现超导电性，这很大程度上限制了超导体的研究和应用，人们迫切想要寻找到具有更高临界温度的超导材料.

1973 年，加瓦勒(T. R. Gavaler)和泰斯塔迪(L. R. Testardi)先后制备了铌三锗(Nb$_3$Ge)超导薄膜，T_c=23.2K，突破了液氦温区，使超导在液氢温区($T \leqslant 20.4K$)下实现应用成为可能. 此后直到 1984 年，再未发现更高 T_c 的超导材料，自发现超导现象后的这 70 多年间，常规超导体的 T_c 仅被提高到 23.2K(Nb$_3$Ge)，甚至科学家基于传统超体理论预言超导的 T_c 不可能超过 40K(约−233℃)，此温度也被称为"麦克米伦极限"，这一度让人们以为超导现象只是一种极低温现象，超导的研究陷入了低谷.

1986 年，超导研究迎来了转机，贝德诺尔茨(J. G. Bednorz)和米勒(K. A. Müller)在钡镧铜氧(Ba-La-Cu-O，后常被写作 La-Ba-Cu-O)体系中发现了超导现象，临界温度在 35K 左右，打破了之前保持了十几年之久的 23.2K(Nb$_3$Ge)的超导最高临界温度的世界纪录.

在超导的研究历程中，有关高临界温度超导体的报道层出不穷，但数据往往无法重复或被证伪，所以贝德诺尔茨和米勒的工作发表后，大多数科学家对其持怀疑的态度，并未重视，但是依然有少数科学家以其对科学的敏锐性，抓住了这次机会并迅速展开了相关的研究工作.

1986 年 9 月，中国科学院物理研究所的赵忠贤基于长期超导体研究的背景，经过理论分析后认为，贝德诺尔茨和米勒的实验结果是可信的，随后立即开展了进一步的研究工作. 日本的科学家及美国休斯顿大学的朱经武也注意到了贝德诺尔茨和米勒的工作，并迅速投入研究. 同年底，朱经武小组和赵忠贤小组均在镧锶铜氧(La-Sr-Cu-O)体系中观测到了高于 40K 的临界温度. 1987 年 2 月前后，朱经武和吴茂昆合作小组、赵忠贤小组相继在钇钡铜氧(Y-Ba-Cu-O)体系中发现了超导现象，其 T_c 超过了 90K，突破了液氮温区($T \leqslant 77K$)，并且赵忠贤研究组还在国际上首次公布了该体系的元素组成. 自此，超导体进入了"液氮温度超导体"的新时代. Y-Ba-Cu-O 体系高温超导的发现引发了世界范围内研究铜氧高温超导体的热潮. 同年，贝德诺尔茨和米勒因开创性地发现了铜氧系高温超导体而荣获诺贝尔物理学奖.

值得一提的是，当时赵忠贤小组在实验设备、技术力量和人员实力等方面都与国际前沿实验室存在巨大差距的条件下，独立发现了液氮温区以上的 Y-Ba-Cu-O 体

科学匠人——
赵忠贤

系超导体, 这一突破性工作使他们一下站到了世界科技的最前沿. 赵忠贤团队因此荣获了 1989 年国家自然科学奖集体一等奖, 1987 年他也作为团队代表获得了世界科学院 (The World Academy of Sciences, TWAS) 物理奖. 赵忠贤小组杰出的工作很大程度上缩短了我国超导研究与国外的差距.

1988 年, 铋锶钙铜氧 (Bi-Sr-Ca-Cu-O) 体系和铊钡钙铜氧 (Tl-Ba-Ca-Cu-O) 体系的高温超导体被发现, 这两种体系超导体的临界温度均超过了 100K.

1993 年, 席林 (A. Schilling) 等合成了汞钡钙铜氧 (Hg-Ba-Ca-Cu-O) 体系高温超导体, 其中 $HgBa_2Ca_2Cu_3O_{8+\delta}$ (Hg1223) 在常压下临界温度 T_c 高达 134K 左右, 是目前发现的常压下的最高临界温度, 在高压下其 T_c 值可进一步提升到 164K 左右, 该温度用一般的制冷技术辅助即可得到, 如利用 CF_4 液体等.

在随后的十余年间, 超导体的最高临界温度再无突破, 高温超导的研究陷入了瓶颈. 2001 年, 日本青山学院大学的秋光纯 (J. Akimitsu) 等发现了临界温度高达 39K 的 MgB_2, 刷新了非铜氧化合物中 $T_c=23.2K$ (Nb_3Ge) 的最高临界温度纪录. 并且 MgB_2 具有组分简单、原料丰富、价格低廉且易于加工成型等优点, 因此它给超导研究带来了新的希望, 很快 MgB_2 就成为了研究热点.

2006 年日本东京工业大学的细野秀雄 (H. Hosono) 小组在 LaOFeP 材料中发现了超导现象, 这是第一次在以铁为主体的化合物材料中观测到超导现象, 打破了铁元素不利于形成超导的传统认知. 根据 BCS 理论, 科学家认为超导电性和铁磁性不能共存, 磁性元素 (如铁、钴、镍等) 的加入会削弱材料的超导电性. 2008 年 2 月, 细野秀雄小组宣布发现了 $LaFeAsO_{1-x}F_x$ 超导体, 其临界温度为 26K, 该类超导体被称为铁基超导体. 铁基超导体的发现为超导领域的发展开辟了新思路, 并引发了新一轮的超导研究热潮.

在 $LaFeAsO_{1-x}F_x$ 超导体被发现后的几个月内, 新的铁基超导材料不断被发现, 临界温度也被迅速提高, 几乎每周都有惊喜, 其中中国科学家做出了许多杰出的工作, 例如, 2008 年 3 月, 中国科学技术大学的陈仙辉小组常压下合成了 $SmFeAsO_{1-x}F_x$ 超导体, $T_c = 43K$; 3 月 29 日赵忠贤小组高压合成了 $PrFeAsO_{1-x}F_x$, $T_c=52K$; 4 月 13 日, 该小组又发现 $SmFeAsO_{1-x}F_x$ 超导体在高压环境下其临界温度可进一步提升到 55K; 4 月 28 日, 浙江大学的许祝安和曹光旱小组发现了 $Gd_{1-x}Th_xFeAsO$ 超导体, $T_c=56K$; 6 月中旬, 中国科学技术大学的阮可青小组宣布其掺杂 La 的 $Sm_{0.95}La_{0.05}O_{0.85}F_{0.15}FeAs$ 的超导转变温度达到了 57.3K 等. 2008 年, 多家媒体将铁基超导评为世界十大科学进展之一, 美国《科学》杂志高度评价了中国科学家的贡献——"中国如洪流般不断涌现的研究结果标志着在凝聚态物理领域中国已经成为一个强国". 2013 年, 赵忠贤、陈仙辉等因"40K 以上铁基高温超导体的发现及若干基本物理性质研究"成功问鼎国家自然科学奖一等奖, 当时该奖项已连续空缺了三年. 2015 年, 赵忠贤、陈仙辉获得国际超导领域重要奖项——马蒂亚斯奖(Matthias Prize).

在铁基超导体发现后,人们又在寻找新的超导材料体系上遇到了困境,而高压是发现超导新材料的一个有效的环境变量,通过高压可以提高超导材料的临界温度,所以研究者又把注意力集中到了高压下超导材料的探索上. 2014 年中国吉林大学的马琰铭小组首次在理论上预测了硫化氢(H_2S)在 160GPa 压力下,临界温度在 80K 左右;与此同时,同在吉林大学的崔田小组通过理论计算预测了 H_2S-H_2 化合物在 200GPa 高压下,临界温度应在 191K 到 204K 之间. 上述的预测很快被实验验证,2014 年 12 月,德国叶列米特(M. I. Eremets)等在 150GPa 下获得了临界温度为 190K 的 H_2S,刷新了高压下 Hg1223 化合物保持多年的 164K 的最高临界温度的世界纪录. 一年后,H_2S 的临界温度又被提高到了 203K,突破了干冰温区,但是因需要高压环境,这个成果难以获得实际的应用.

2017 年,美国哈佛大学的迪亚斯(R. P. Dias)和西维拉(I. F. Silvera)在 495GPa 的高压下,成功制造出了金属氢,引起了极大的轰动. 不幸的是当他们准备测量金属氢是否具有室温超导电性时,由于操作失误导致金属氢样本消失了. 由于需要巨大压力,所以金属氢极难制备,至今都无法确认它是否是一种室温超导体.

2018 年,在麻省理工学院攻读博士的中国学者曹原发现了石墨烯中的非常规超导电性,当两层石墨烯按照特定的"魔法角度"(1.1°)堆叠时,它们的电阻会降为零,获得超导电性. 虽然其临界温度只有 1.7K,却是国际上首次发现超导行为与结构间具有如此特别的对应关系,这一发现开辟了超导物理乃至凝聚态物理的新领域. 2019 年,叶列米特等宣布氢化镧(LaH_x)化合物在 170GPa 时可在 250K 下观测到超导电现象. 自超导体被发现以来,科学家们一直在努力地寻找室温下的超导材料,并且国内外也不断有更高临界温度的超导实验现象被报道出来,有的临界温度甚至达到或超过了 300K. 但是这些超导现象往往都不具有稳定性,样品不能或难以被复制,人们常把这类超导体称为"未定超导体"或"未定超导现象",或许它们正是人类实现室温超导的前奏.

神奇的"魔角"石墨烯

除了在无机物中发现的各种超导体外,人们也在有机物中发现了超导现象. 20 世纪 80 年代,世界上第一个有机超导体被首次合成出来,它是以四甲基四硒富瓦烯(tetramethyletra- selenafulvalene,TMTSF)为基础的化合物,分子式为$(TMTSF)_2PF_6$,自此以后越来越多的有机超导体被发现. 目前有机超导体大致可以分为三类:类似$(TMTSF)_2PF_6$的有机电荷转移盐、基于碳材料的超导体、有机并苯类化合物的超导体. 有机超导体具有低维性、强电子-电子相互作用以及电子-声子相互作用等特性,由此可以在有机超导体中观察到三维量子效应、自旋液体行为等许多新奇的物理现象. 因有机超导体不在本书介绍的范围内,所以这里不做过多的讨论.

需要说明的是,自 1986 年后,虽然大量的高温超导材料被发现,但是高温超导机制的理论研究却并不顺利，人们发现能够成功解释传统超导电现象的 BCS 理论却对高温超导现象不再适用. 高温超导体的结构极其复杂，微小的结构变化都可能对其超导特性产生重大影响，科学家们也相继提出了多种理论，但是众多的理论方案都只能解释一部分的实验事实和基本性质. 时至今日，人们对高温超导机制仍没有统一的定论. 因此，多年来人们对于新的具有更优异性质的超导材料的探索从未终止，一直期望能够发现更多的高温超导材料，以便以全新的角度对超导现象及超导机制进行研究.

4.2 超导基本现象及性质

4.2.1 零电阻效应

通常，正常导体接通电流后，导体中的电子会在电场力的作用下定向运动，在运动过程中电子会与晶格原子、杂质或缺陷等发生碰撞，从而产生阻碍电子定向运动的力，这种力宏观上表现为电阻. 对于电阻的另外一种解释是电子波在晶体中传播时会受到由周期性晶格热振动所产生的晶格散射，和因杂质缺陷或晶界造成的晶格不连续而形成的杂质散射. 当温度较高时，晶格散射引起的电阻起主要作用；随着温度的降低，晶格热振动减弱，对电子的散射作用减弱，此时电阻主要由杂质散射来决定. 对于不含任何缺陷的完美晶态导体来说，电子只受晶格热振动的散射，在绝对零度时，晶格热振动消失，故电阻为零. 但是绝对完美的导体是不存在的，实际导体的晶格中总会有一些杂质和缺陷，这时在温度接近绝对零度时电阻不会降到零，而是趋于一个稳定值，其大小取决于杂质和缺陷的数量.

对于超导体，电阻同样会随着温度的下降而减小，但和正常导体不同的是超导体的电阻会在一个特定温度 T_c 下发生突变，降低到一个仪器无法探测到的小值，此时超导体的电阻通常会比同一温度下正常导体的电阻小十几个数量级或更多，所以这时的超导体被认为是处于无电阻的状态. 人们常把这种在特定温度 T_c 下，超导体电阻突然变为零的效应，称为零电阻效应，特定温度 T_c 称为超导转变温度或临界温度，材料失去电阻的状态称为超导态，存在电阻的状态称为正常态. 零电阻效应是超导材料的一个基本特征.

基于超导材料的零电阻效应，由超导体组成的闭合回路具有两个重要的性质：

1)闭合回路中存在永久电流

将一个正常导体的闭合回路放入匀强磁场中，确保磁力线均匀穿过该导体回路，设某一时刻 $t=0$ 时，突然撤去磁场，根据电磁感应定律可知，导体回路中会产生一个感应电流 i，由于导体回路有电阻，所以这个感应电流 i 会随时间 t 衰减，其规律可以表示为

$$i(t) = i_0 \exp(-Rt / L) \tag{4-1}$$

式中，R 为导体回路的电阻；L 为导体回路的自感系数；i_0 为 $t=0$ 时的感应电流. 随着时间的延长，感应电流 i 最终会衰减为零，电能全部变成焦耳热. 但是如果将上述导体回路换成超导体回路，通过降低温度使超导体处于超导态，此时若迅速撤去磁场，超导体回路中也会产生感应电流，但与正常导体不同的是超导体的电阻为零，不会产生热损耗，电流会在超导回路中长久不衰地维持下去，即超导回路中存在永久电流.

需要指出的是，这种没有热损耗的情况，只存在于超导回路中的电流为稳恒直流电流的情况. 若超导回路中存在交流电流时，则会产生一定的热损耗，但是这种热损耗的机理与导体中的焦耳热完全不同.

2) 闭合回路的磁通量守恒

将一个导体闭合回路放入匀强磁场中，回路与磁场垂直，如图 4.2(a) 所示，磁场的磁感应强度大小为 B，回路所包围的面积为 S，则穿过导体回路的磁通量 $\phi = BS$. 若外磁场是随时间变化的，那么导体回路所产生的感应电动势为

$$\varepsilon = -\frac{\mathrm{d}\phi}{\mathrm{d}t} = -S\frac{\mathrm{d}B}{\mathrm{d}t} ; \quad \varepsilon = Ri + L\frac{\mathrm{d}i}{\mathrm{d}t} \tag{4-2}$$

式中，R 和 L 分别是回路中的电阻和自感系数；i 为回路中的感应电流. 如果该导体环是处于超导态的超导环，则电阻 $R=0$，由式 (4-2) 可得

$$-S\frac{\mathrm{d}B}{\mathrm{d}t} = L\frac{\mathrm{d}i}{\mathrm{d}t} \tag{4-3}$$

进一步可得

$$Li + BS = 常数 \tag{4-4}$$

式中，BS 为导体环在外磁场中的磁通量；Li 为由感应电流所产生的磁通量；$Li+BS$ 即为穿过回路的总磁通量. 式 (4-4) 表明，穿过处于超导态的超导回路的总磁通量是守恒的，不随时间而变化，这种持久不变的磁通量也常被称为"冻结磁通". 即使外部磁场减小到零，回路中的磁通量也将由感应出的永久电流来维持长久不变，如图 4.2(b) 所示.

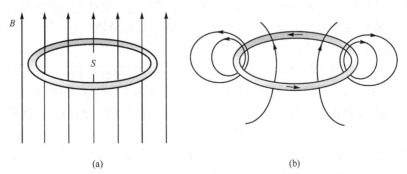

(a)　　　　　　　　　　　(b)

图 4.2　永久电流的产生

4.2.2 迈斯纳效应

1933 年，德国物理学家迈斯纳和奥克森费尔德发现将超导体放入磁场中，磁场强度 H 小于某一临界值，然后将温度降到超导体的临界温度 T_c 以下，超导体进入超导态后，出现了磁力线无法进入超导体内部的现象. 随后他们改变了实验顺序，先降温使超导体进入超导态后再加磁场，却观测到了完全相同的实验现象. 也就是说，当超导体一旦进入超导态后，体内的磁通量会被完全排出体外，超导体内部的磁感应强度恒为零，超导体的这种特性被称为迈斯纳效应或完全抗磁性，如图 4.3 所示.

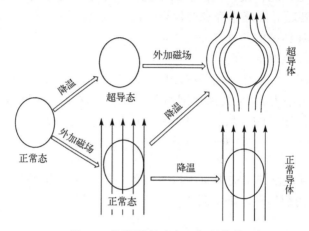

图 4.3　迈斯纳效应与理想导体的比较图

在发现迈斯纳效应之前，人们普遍认为超导体是一种理想导体或完全导体，即除电阻为零以外，其他的性质和普通金属相同. 对于理想导体来说，其内部电场强度必然为零，根据麦克斯韦方程有

$$-\frac{\partial \boldsymbol{B}}{\partial t} = \nabla \times \boldsymbol{E} = 0 \tag{4-5}$$

根据上式可知，当 $\boldsymbol{E} = 0$ 时，磁感应强度 $\boldsymbol{B}$ 不会随时间变化. 也就是说，理想导体内部会保持其变为理想导体时刻的磁场，磁通分布好像被"冻结"了一样，该"冻结"的磁通不会受外部磁场的影响而变化.

迈斯纳效应则表明超导体处于超导态时，无论外部有没有磁场或者磁场如何变化，超导体内部的磁场恒为零，这显然与理想导体内部磁通被"冻结"的现象是完全不同的，所以不能把超导体和理想导体等同起来，如图 4.3 所示. 迈斯纳效应是超导体除了零电阻效应外的另一个基本特征.

超导体出现迈斯纳效应的原因是外磁场在超导体 λ（λ 为穿透深度）厚度内的表面薄层中产生了感应电流，如图 4.4(b) 所示，由于超导体的电阻为零，所以该电流为一种永久电流，且它所产生的附加磁场总是与外磁场大小相等，方向相反，因而使超导体内的合磁场为零，形成的总效果就是超导体将体内的磁通量完全排出．由于此感应电流能将外磁场从超导体内排出，如图 4.4(c) 所示，故称磁抗感应电流，又因其能起着屏蔽磁场的作用，又称为屏蔽电流．迈斯纳效应揭示了超导体的一个本质：超导体内部磁感应强度 $\boldsymbol{B}$ 必须为零，这是自然界的一个特有的规律．

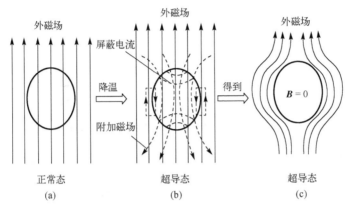

图 4.4 迈斯纳效应原理图

电阻为零和内部磁场为零是超导体不可或缺的两个条件，若要确认一种材料是否为超导体则必须判断该材料是否同时具有零电阻效应和迈斯纳效应．

4.2.3 超导体的临界参数

1. 临界温度 T_c

超导体存在一个临界温度 T_c，当 $T < T_c$ 时，超导体的电阻会突然变为 0，进入超导态；当 $T > T_c$ 时，超导体重新出现电阻，由超导态恢复为正常态．通常情况下，材料本身的参数、周围的磁场和传输电流都会影响 T_c 的大小．

实际上，超导材料从正常态到超导态的转变一般是发生在一个很小的温度区间内的，图 4.5 为超导体的 R-T 曲线关系示意图，其中将电阻 R 开始偏离线性关系所对应的温度称为"起始转变温度"，用 T_c^s 或 $T_{c,\text{onset}}$ 表示，此时的电阻用 R_n 表示；当 R 下降到 $0.5R_n$ 时所对应的温度称为"中点转变温度"，用 T_c^m 表示；当 R=0 时，所对应的温度称为"零电阻温度"，记为 $T_c^{\rho=0}$ 或 T_{co}．$0.9R_n$ 与 $0.1R_n$ 所对应的温度区间叫做"转变宽度"，用 ΔT 表示，ΔT 的大小和材料的纯度、晶体的完整性和样品内部的应力状态等因素有关．其中 T_c^s、T_c^m 和 $T_c^{\rho=0}$ 都可以叫做超导转变温度或临界温度，在使用时可以根据需要选取．从实际应用的角度来看，一般 R-T 曲线越陡越好，即转变宽度 ΔT 越小越好．

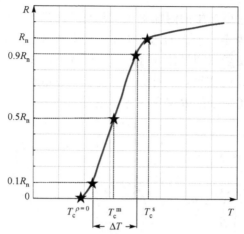

图 4.5 超导体的 R-T 曲线关系示意图

2. 临界磁场 H_c

实验发现,当超导体所处磁场强度达到某一特定值时,即使温度 $T<T_c$,超导态也会被破坏,那么这个使超导体恢复正常态所需的最小磁场称为临界磁场,用 H_c 表示.

在某一临界磁场 H_c 下,由超导态突然恢复到正常态只发生于没有杂质和应力的金属中,并且要在测量电流很小的情况下. 对于存在杂质和应力的超导体,由于其内部杂质和应力分布不均匀,因此在不同部位会有不同的临界磁场 H_c,超导态到正常态的转变过程是在一个较宽的磁场范围内完成的. 尤其是合金、化合物及高温超导体,它们的临界磁场转变范围很宽,因此对临界磁场 H_c 的定义方法也有多种,如图 4.6 所示,若开始偏离线性关系时的电阻记为 R_n,则可以取 $0.5R_n$ 对应的磁场为临界磁场 H_c,也可以取 $0.9R_n$ 或 $0.1R_n$ 所对应的磁场为临界磁场等,在应用时可以根据实际情况选取.

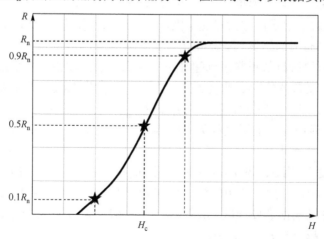

图 4.6 定义 H_c 的方法示意图

临界磁场 H_c 是温度 T 的函数,在 $T<T_c$ 时,H_c 随温度变化,但绝对零度下的临界磁场 $H_c(0)$ 是物质常数. 在大多数情况下,H_c 与 T 的关系可以近似用下面的经验公式来描述

$$H_c = H_c(0)[1-(T/T_c)^2] \tag{4-6}$$

式(4-6)也常被表示成

$$h_c = 1-t^2 \tag{4-7}$$

其中,$h_c = H_c/H_c(0)$ 叫做约化磁场;$t = T/T_c$ 叫做约化温度. 对于实际的超导体,可以用 t 的多项式来更精确地表示 h_c 与 t 的关系,但是其中 t^2 项的系数与 1 最多只有百分之几的偏差.

3. 临界电流 I_c

在无外磁场时,当通过超导体的电流达到一定值时,即使 $T<T_c$,超导态也会被破坏,这个使超导体恢复正常态的最小电流值称为临界电流,用 I_c 表示,对应的电流密度称为临界电流密度,用 J_c 表示. 西尔斯比认为电流能够破坏超导态,完全是由它所产生的磁场(自场)引起的. 他提出了如下假设,在不加外磁场时,临界电流 I_c 在超导体表面产生的磁场恰好等于临界磁场 H_c,此假设被称为西尔斯比定则. 根据安培环路定理,当半径为 r 的圆形超导线中通有电流 I 时,导线表面的磁场强度大小为

$$H = \frac{I}{2\pi r} \tag{4-8}$$

按照西尔斯比定则,可推出临界电流为

$$I_c = 2\pi r H_c \tag{4-9}$$

将式(4-9)代入式(4-6)可得到临界电流与温度的关系

$$I_c = I_c(0)[1-(T/T_c)^2] \tag{4-10}$$

其中,$I_c(0)$ 是 $T=0K$ 时的临界电流,其不仅是物质常数,还和超导体的形状和尺寸有关.

超导体按照对磁场的响应不同可以分为第 I 类超导体和第 II 类超导体,我们会在 4.2.5 节中讨论,而第 II 类超导体并不遵循西尔斯比定则.

事实上,超导体的临界温度 T_c、临界磁场 H_c 和临界电流密度 J_c 之间是相互关联的,如图 4.7 所示,在由 (T_c, H_c, J_c) 组成的曲面和 JOT、JOH 和 HOT 三个坐标平面包围的体积内,材料均处于超导态,而在该体积外部材料均处于正常态,(T_c, H_c, J_c) 曲面上任一点所处的状态均为临界状态. 由此可见临界温度 T_c、临界磁场 H_c 和临界电流密度 J_c 是约束超导现象的三个临界条件,只有同时满足上述三个临界条件时,材料才能发生超导现象.

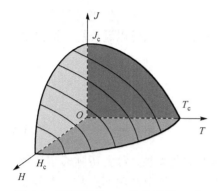

图 4.7　临界温度 T_c、临界磁场 H_c 和临界电流 J_c 的关系图

在实际应用中，超导体的三个临界条件也是需要考量的重要参数.

（1）临界温度 T_c：决定了超导材料工作所需的温度环境条件，且很大程度上决定了应用成本.

（2）临界磁场 H_c：表征了超导材料抵抗外界磁场干扰的能力，足够高的临界磁场是材料能在一定外磁场干扰下稳定工作的先决条件.

（3）临界电流密度 J_c：表征了超导材料承载电流负荷的能力，只有能承载一定负荷电流的超导材料才有实用价值.

4.2.4　超导隧道效应

1. 单电子隧道效应

1960 年，贾埃弗通过实验证明了在超导体隧道结中存在单电子隧道效应，由金属（M）-绝缘层（I）-金属（M）组成的 M-I-M 结，当中间的绝缘层很薄时（厚度为几个纳米），电子能够穿过中间的绝缘层从一侧进入另一侧形成隧道效应，这种隧道效应被称为单电子隧道效应或正常电子隧道效应.

若组成 M-I-M 结的两金属不相同，则电子会从功函数小的金属流向功函数大的金属，直到两者的电子化学势相等. 在绝对零度下，如果两个金属都不转变成超导体，在没有外加电压时，两个金属的费米面相等，没有隧道电流产生；当在金属两端施加一个偏压时，两金属的费米能级会出现能级差，电子会从费米能级高的金属一侧流向费米能级低的金属一侧，从而会产生隧道电流.

若在一定的温度下，M-I-M 结中的一个金属变成了超导体（S），另一个金属为正常导体（N），则形成的是 S-I-N 结. 在绝对零度下，若 S-I-N 结两侧没有施加偏压，正常金属的费米面和超导体的费米面相等，没有隧道电流流过；当 S-I-N 结两侧施加一个偏压 V，且 $V<V_c$（$V_c = \Delta / e$ 为约瑟夫森结的临界电压，其中 Δ 为超导能隙），让超导体比正常金属电势高，由于电子带负电（$-e$），所以超导体内各电子的能量均下降了 eV，超导体的费米面低于金属的费米面，此时应该有电流从金属侧流向超导侧，但是实际情况是并没有电流产生；当 S-I-N 结两侧的偏压 $V \geqslant V_c$ 时，却观察到 S-I-N 结中突然出现了明显的隧道电流. 这就说明超导体中存在一个不允许电子占据的空的能量间隙，单电子隧道效应直接证明了超导能隙的存在，单电子隧道效应是测量超导能隙的一个重要方法，也是超导扫描隧道电子显微镜（STM）的基本原理.

2. 约瑟夫森效应

1962 年，约瑟夫森从理论上预言，在弱连接的两块超导体中会出现"超导隧道效应"，这个预言在 1963 年被实验所证实. 弱连接是指在两块超导体之间放置一层 1nm 左右厚度的绝缘薄层而形成的连接，由此形成的超导-绝缘-超导(S-I-S)结构，被称为约瑟夫森结或超导隧道结，如图 4.8 所示. 在约瑟夫森结中，由于薄层非常薄，从而可以使两侧的超导体在电磁性质上达到弱耦合，库珀对可以穿过两超导体中间的薄层，这种现象叫做约瑟夫森效应或超导隧道效应:

根据约瑟夫森结的原理，放置在两块超导体之间的薄层，除了上述的绝缘体之外，也可以是一层金属，形成超导-金属-超导(S-N-S)结构的约瑟夫森结，还可以中间不放置任何物体(真空)，只是将两块超导体靠得很近而形成约瑟夫森结. 约瑟夫森结的弱连接还可以由两块超导体之间的点连接或微桥接触等构成，其关键是让两块超导体之间发生隧道效应.

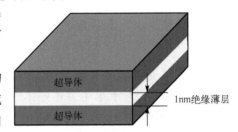

图 4.8　约瑟夫森结示意图

约瑟夫森效应包括以下三方面的内容.

(1)当约瑟夫森结中通过一个很小的电流 I，且 $I < I_c$ (I_c 为约瑟夫森结的临界电流，其值远小于约瑟夫森结中两侧超导体本身的临界电流)时，由于库珀对的整体隧道效应，约瑟夫森结没有直流电阻，两侧的超导体之间不会产生电压，即 $V=0$，此时结上存在一个零电压直流超导电流，这种现象称为直流约瑟夫森效应.

(2)当在约瑟夫森结两端加上直流电压 V 时(此时通过约瑟夫森结的电流 $I>I_c$)，在结区会出现交流超导电流，其频率 f 可表示为

$$f = \left(\frac{2e}{h}\right)V \tag{4-11}$$

其中，f 称为约瑟夫森频率；h 为普朗克常量；e 为元电荷. 这种现象称为交流约瑟夫森效应.

(3)改变约瑟夫森结附近的磁场，可以控制流过结区的超导隧道电流.

4.2.5　超导体的分类

按照超导材料对磁场的响应不同，可以把超导体分为第 I 类超导体和第 II 类超导体.

1. 第 I 类超导体

第 I 类超导体只有一个临界磁场 H_c，当 $T < T_c$ 时，将外磁场减小到 H_c 以下，此

时磁力线被完全排出超导体外，呈现迈斯纳效应；当外磁场大于 H_c 时，磁力线则完全穿入超导体内，超导体恢复到正常态. 第Ⅰ类超导体的磁化强度 M 与外磁场 H 的变化是一个可逆的过程，其关系曲线如图 4.9(a) 所示，这种现象是此类超导体的基本特征.

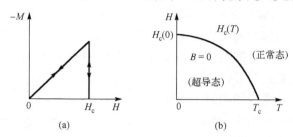

图 4.9　第Ⅰ类超导体的磁化曲线(a)和 H_c-T 曲线(b)

临界温度 T_c、临界磁场 H_c 和临界电流 I_c 是表征超导态的重要参数，三个参数是相互联系的. 对于第Ⅰ类超导体来说，临界磁场 H_c 随着温度 T 的减小而增大，如图 4.9(b) 所示，其关系满足式(4-6)和式(4-7). 当没有外磁场时，临界电流 I_c 正比于临界磁场 H_c，关系满足式(4-9)；在有外磁场且超导体中通有电流 I 时，考虑西尔斯比定则，当传输电流 I 所产生的磁场与外加磁场之和超过临界磁场 H_c 时，则超导态被破坏. 外磁场越大，超导态所能承载的最大电流，即临界电流 I_c 将越小.

第Ⅰ类超导体由超导态向正常态的转变过程没有任何的中间态，只要 $T<T_c$，$H<H_c$，$I<I_c$ 中任何一个不成立，就会立即恢复到正常态. 在金属超导元素中除钒(V)、铌(Nb)、钽(Ta)以外均属于第Ⅰ类超导体，此类超导体的 T_c 和 H_c 一般都很低，其实际应用前景有限.

2. 第Ⅱ类超导体

第Ⅱ类超导体包括钒(V)、铌(Nb)、钽(Ta)以及大多数合金及化合物超导体等，这类超导材料有两个临界磁场，分别为下临界磁场 H_{c1} 和上临界磁场 H_{c2}. 当外加磁场 $H<H_{c1}$ 时，超导体处于完全超导态；当磁场 $H>H_{c2}$ 时，超导体完全恢复正常态；当磁场 $H_{c1}<H<H_{c2}$ 时，超导体处于超导态和正常态共存的混合态或称涡旋态，这时超导材料内一部分处于超导态，一部分处于正常态，在超导态区域磁力线被完全排出，在正常态区域磁力线可以穿过材料内部. 虽然第Ⅱ类超导体处于混合态时，其完全抗磁性被破坏，但其电阻仍然为零.

H_{c1}、H_{c2} 与温度 T 的关系同样满足式(4-6)和式(4-7)，其可以统一表示为

$$H_{ci}=H_{ci}(0)[1-(T/T_c)^2]=H_{ci}(0)(1-t^2), \quad i=1,2 \tag{4-12}$$

图 4.10(a) 给出了 H_{c1}、H_{c2} 与温度 T 的关系曲线图，两条曲线将平面分为三个区域，分别对应超导态、混合态和正常态.

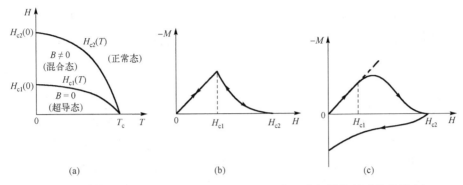

图 4.10 第Ⅱ类超导体的 H_c-T 曲线(a)、理想第Ⅱ类超导体的磁化曲线(b)
和非理想第Ⅱ类超导体的磁化曲线(c)

第Ⅱ类超导体的磁化曲线存在两种不同的情况:一种是理想第Ⅱ类超导体的磁化曲线, 见图 4.10(b), 这种磁化曲线基本上是可逆的, 即在增大磁场的过程中所测得的磁化曲线与在减小磁场过程中测得的磁化曲线基本上是一致的; 另一种是非理想第Ⅱ类超导体的磁化曲线, 如图 4.10(c)所示, 这种磁化曲线是不可逆的, 由于它的形状和硬磁材料的磁化曲线相类似, 所以也被称为硬超导体.

对于理想第Ⅱ类超导体, 当外磁场 H 不为零时, 临界电流 I_c 随 H 的增大而迅速减小, 直到 $H = H_{c2}$ 时, I_c 减小到零. 晶格完整没有缺陷的超导材料属于理想第Ⅱ类超导体, 但是它们的上临界磁场 H_{c2}、临界温度 T_c 和临界电流 I_c 值都较低, 所以实用价值不高.

非理想第Ⅱ类超导体是比理想第Ⅱ类超导体更为复杂的材料, 这类超导体中存在各种晶体缺陷, 如杂质离子、位错、晶粒边界等, 当外磁场 $H > H_{c1}$ 时, 由于缺陷形成的钉扎中心, 在磁力线穿入超导体内时, 会受到一定的阻力; 当减小外磁场 H 时, 被钉扎住的磁力线会继续固定在钉扎中心, 除非有外力迫使它离开钉扎中心, 这正是第Ⅱ类超导体磁化曲线不可逆的原因. 通常在去掉磁场后, 超导体内仍会保持一定的磁通, 称为俘获磁通. 此类超导体的上临界磁场 H_{c2} 较高, 所能承载的超导电流较大, 具有重要的实用价值.

其实超导体的分类并没有统一的标准, 除了可以按照磁场响应分类外, 还有多种分类方法, 例如, 按照临界温度划分, 可以把超导体分为高温超导体和低温超导体; 按照化学组成划分, 可以分为元素超导体、合金超导体、化合物超导体以及氧化物超导体; 按照解释理论不同, 可以分为能在 BCS 理论框架内解释的传统超导体和不能在 BCS 理论框架内解释的非传统超导体等.

4.3 超导体理论

从超导体发现至今, 人们曾提出过多种理论, 但无论是宏观的还是微观的, 都只能解释一部分超导实验现象和结果，均带有一定的局限性，迄今为止，仍未有一个统一完整的超导理论产生. 这里仅介绍几种具有代表性的理论.

4.3.1　二流体模型

众所周知，原子是由原子核和绕核运动的电子组成的，在原子组成金属时，每个原子外层的一些电子会脱离原子核的束缚，变成被全部原子所共有的自由电子，即电子发生了"共有化". 失去电子的原子成为带正电的离子，这些离子在空间按照一定的规则排列成晶格点阵，"共有化"电子则会在整个晶格点阵中运动. 金属处于正常态时，这些"共有化"电子的行为与气体分子的运动相类似，所以也常被称为"电子气". 在没有电场作用时，这些自由电子做无规则运动，所以不会形成电流. 若施加一个外电场，自由电子则会在电场力的作用下发生定向运动从而形成电流.

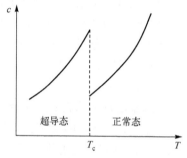

图 4.11　超导体比热容突变示意图

既然金属包含晶格点阵和电子气两部分，那么金属的比热容也对应分为两部分，一部分是晶格比热容，由构成晶格点阵的金属离子所引起；另一部分是电子比热容，由电子气所引起. 实验发现，金属从正常态转变为超导态前后，晶格没有发生变化，但是比热容在临界温度 T_c 时会发生突变，如图 4.11 所示. 这说明金属转变为超导态后，金属内电子气可能发生了非同寻常的变化.

二级相变产生的物理量是比热容，由此金属的正常态和超导态之间的转变是相变问题，属于热力学范畴. 根据热力学理论，1934 年戈特和卡西米尔提出了二流体模型：

(1) 当金属处于超导态时，"共有化"的自由电子分为两部分：一部分叫超导电子或称超流电子，电子数量为 N_s，占总数的 $w = N_s/N$；另一部分叫正常电子，电子数量为 N_n，占总数的 $1 - w = N_n/N$. 其中"共有化"自由电子的总数 $N = N_n + N_s$；w 称为有序度. 两部分电子占据同一体积，在空间上相互渗透，但彼此独立运动，这两种电子的相对数量是温度的函数.

(2) 正常电子受到晶格振动的散射而做无规则运动，所以对熵有贡献并且产生电阻.

(3) 超导电子和正常电子在性质上有本质的区别，超导电子是一种处于凝聚状态的电子，所谓"凝聚"是指超导电子聚集到某个低能量状态. 超导电子不受晶格散射，对熵没有贡献同时电阻为零.

(4) 超导相变属于二级相变，所以超导态是某个有序的状态. 如前所述，正常态转变为超导态前后晶格不发生变化，所以这种有序化发生在"电子气"中. 电子凝聚为超导电子态是一个从无序到有序的过程，上面提到的有序度 w 正是表征有序化程度的一个参量. 当 $T>T_c$ 时，超导体处于正常态，其内部的电子都是正常电子，不发生凝聚和有序化，有序度 $w=0$ ；当 $T=T_c$ 时，电子开始发生凝聚和有序化，此时 $w=0$ ；当 $T<T_c$ 时，随着温度的降低，电子凝聚为超导电子的数量愈来愈多，有序化程度也愈来愈强，w 随之增大；直到 $T=0\text{K}$ 时，所有的电子都凝聚为超导电子，有序化程度达到最大，即 $w=1$.

以二流体模型为基础可以解释一些超导实验现象：

(1)电子比热容在临界温度 T_c 时发生突变. 比热容的定义为单位质量的物质每升高(或降低)单位温度所吸收(或放出)的热量. 根据二流体模型，在 $T>T_c$ 时，超导体处于正常态，其内部的电子都是正常电子，电子的比热容完全来源于正常电子由于温度降低而放出的能量. 一旦温度到达临界温度 T_c，就有一部分的正常电子开始凝聚为低能量的超导电子了，此时，当温度降低时，电子比热容来源除了正常电子的贡献外，还包括正常电子凝聚成超导电子的过程中所释放的能量. 由此使得在 T_c 附近电子比热容发生突变，即超导态的电子比热容较正常态电子比热容突然升高，出现不连续的跃变.

(2)直流电阻为零. 超导体中的永久直流电流是由超导电子输运的，超导电子可以在晶格点阵中无阻地运动，所以会出现直流电阻为零的现象. 即使在 $0<T<T_c$ 时，超导体内部同时存在正常电子和超导电子的情况下，超导体仍然是零电阻的，这是因为在直流电流下，超导体内的电场强度必然为零，否则超导电子会在电场力作用下随时间无限地被加速. 由此，在超导体内部电场为零的情况下，正常电子无电场力的推动，它们的运动是无规则的，不负载电流；超导电子负载电流是不需要电场力推动的，直流电流则完全由超导电子运输.

(3)纯金属在超导态的热导率小于正常态的热导率. 金属的热导率是由电子热导率和晶格热导率两部分组成. 因超导电子是有序运动，对热导率的贡献很小，所以超导态的热导率主要来自晶格热导率和正常电子热导率. 在超导态时，一部分的电子会凝聚成超导电子，随着温度的降低，正常电子越来越少，所以纯金属在超导态的热导率要小于正常态的热导率.

4.3.2　伦敦方程

1935 年，伦敦兄弟提出了两个描述超导体电磁性质的方程，称为伦敦方程. 伦敦方程是建立在二流体模型基础上的，可以成功地解释零电阻效应和迈斯纳效应.

二流体模型认为超导体中的电子由正常电子和超导电子组成. 假设正常电子的数密度为 n_n，速度为 v_n，电流密度为 j_n；超导电子的数密度为 n_s，速度为 v_s，电流密度为 j_s，则有

$$j_n = -n_n e v_n \tag{4-13}$$

$$j_s = -n_s e v_s \tag{4-14}$$

$$j = j_s + j_n \tag{4-15}$$

式中，j 为超导体中的总电流密度；e 为元电荷. 对于正常电子形成的电流 j_n，其满足欧姆定律

$$j_n = \sigma E \tag{4-16}$$

式中，E 为电场强度；σ 为电导率.

若超导体内存在电场，那么超导电子会被电场加速，根据牛顿第二定律可得

$$m_e \frac{\partial}{\partial t} v_s = -eE \tag{4-17}$$

式中，m_e 为电子质量.

将式(4-14)代入式(4-17)后可得

$$\frac{\partial}{\partial t} j_s = \frac{n_s e^2}{m_e} E \tag{4-18}$$

式(4-18)即为伦敦第一方程，它说明了超导电流密度随时间的变化率是由电场决定的，描述了零电阻效应：在直流情况下，超导电子是无阻运动，所以 $\frac{\partial}{\partial t} j_s = 0$，则 $E=0$，也就是超导体内不存在电场. 进一步根据式(4-16)可知 $j_n = 0$，即正常电子不负载电流，稳恒的直流电流全部由超导电子运输，故呈现电阻为零的现象. 但在交流情况下，$\frac{\partial}{\partial t} j_s \neq 0$，$E \neq 0$，所以 $j_n \neq 0$，由此会产生交流损耗.

为了描述迈斯纳效应，伦敦兄弟提出了第二个方程，将式(4-18)代入麦克斯韦方程 $\nabla \times E = -\frac{\partial}{\partial t} B$ 中，得到下式：

$$\nabla \times \left(\frac{m_e}{n_s e^2} \frac{\partial}{\partial t} j_s \right) = -\frac{\partial}{\partial t} B \tag{4-19}$$

可变形为

$$\frac{\partial}{\partial t} \left(\frac{m_e}{n_s e^2} \nabla \times j_s + B \right) = 0 \tag{4-20}$$

进一步可得

$$\frac{m_e}{n_s e^2} \nabla \times j_s + B = C \tag{4-21}$$

其中，C 为与时间无关的常矢量. 伦敦兄弟假设对于超导体来说，$C=0$，则式(4-21)可表示为

$$\boldsymbol{B} = -\frac{m_e}{n_s e^2} \nabla \times \boldsymbol{j}_s \tag{4-22}$$

式(4-22)被称为伦敦第二方程, 说明了超导电流密度与磁场的关系.

式(4-18)和式(4-22)共同组成了伦敦方程. 伦敦方程还首次预言了穿透深度的存在, 即有外磁场时, 磁场可以穿透超导体表面一定深度的薄层, 使得薄层内磁感应强度不为零, 薄层的深度记为 λ, 称为穿透深度, 除去此薄层外超导体内部无磁场. 对于大尺寸的超导体来说, 由于 λ 值很小, 一般约为 10^{-8}m 数量级, λ 近似可以忽略, 由此可以认为超导体内各处均无磁场, 这也就是迈斯纳效应.

伦敦方程与麦克斯韦方程组一起构成了超导电磁理论, 成为超导电动力学的基础. 但是伦敦方程也有它的局限性, 虽然它可以成功地解释一些超导实验现象, 但是它不能从本质上说明超导电现象产生的原因.

4.3.3　金兹堡-朗道理论

随着对超导体研究的发展和深入, 人们发现伦敦方程和一些实验结果(例如超导薄膜的临界磁场和界面能等)相矛盾. 分析其原因是, 伦敦方程中的超导电子的数密度 n_s 仅是温度 T 的函数, 而实质上, 在有磁场时, n_s 还依赖于磁场 $\boldsymbol{H}$ 和空间位置矢量 $\boldsymbol{r}$, 所以伦敦方程只近似适用于弱磁场中的均匀导体. 在 1950 年, 金兹堡和朗道在朗道的二级相变理论的基础上提出了一个更为精确、实用的理论, 即金兹堡-朗道(Ginzburg-Landau)理论, 简称 G-L 理论. 这个理论克服了伦敦方程的缺点, 可以解释更多的超导现象.

G-L 理论中为了描述超导电子的行为, 引入了一个有序度参量——有效波函数 $\psi(\boldsymbol{r})$, 其可以表示为

$$\psi(\boldsymbol{r}) = \sqrt{n_s(\boldsymbol{r})}\, e^{i\phi(\boldsymbol{r})} \tag{4-23}$$

且

$$|\psi(\boldsymbol{r})|^2 = n_s(\boldsymbol{r}) \tag{4-24}$$

式中, $\phi(\boldsymbol{r})$ 为有效波函数的相位; $n_s(\boldsymbol{r})$ 为超导电子的数密度; 在正常态时, $\psi(\boldsymbol{r}) = 0$; 在超导态时, $\psi(\boldsymbol{r}) \neq 0$; $|\psi(\boldsymbol{r})|^2$ 表示有序的程度, $|\psi(\boldsymbol{r})|^2 = \psi^*(\boldsymbol{r})\psi(\boldsymbol{r})$, $\psi^*(\boldsymbol{r})$ 是 $\psi(\boldsymbol{r})$ 的复共轭.

下面直接给出 G-L 方程, 并做些定性讨论, G-L 方程的具体推导过程这里不进行详述.

G-L I

$$\alpha\psi + \beta|\psi|^2\psi + \frac{1}{2m^*}(-i\hbar\nabla - e^*\boldsymbol{A})^2\psi = 0 \tag{4-25}$$

G-L Ⅱ

$$\frac{1}{\mu_0}\nabla\times\boldsymbol{B}=\frac{\hbar e^*}{2\mathrm{i}m^*}(\psi^*\nabla\psi-\psi\nabla\psi^*)-\frac{e^{*2}}{m^*}|\psi|^2\,\boldsymbol{A}=\boldsymbol{j}_\mathrm{s} \tag{4-26}$$

式中，α 和 β 是与温度有关的材料参数；m^* 为超导电子的有效质量 $m^*=2m_e$，m_e 为电子质量；e^* 为超导电子的有效电荷量，$e^*=2e$，e 为元电荷；$\boldsymbol{A}$ 为矢量势；$\boldsymbol{B}$ 为超导体内的总磁感应强度；$\boldsymbol{j}_s$ 为超导电流密度。G-L Ⅰ 理论上可以求出 n_s，这是比伦敦方程进步的地方；G-L Ⅱ 理论上可以求出磁场和超流。但是在强磁场下，G-L Ⅰ 和 G-L Ⅱ 很难求解，一般只能数值求解。所以 G-L 方程至少能够描述弱磁场中超导体的磁性质。需要说明的是，G-L 理论只有所处温度在临界温度 T_c 附近时才成立，所以 G-L 理论仍然属于局域范畴。

4.3.4　超导微观理论

前面介绍的无论是二流体模型、伦敦理论还是 G-L 理论，虽然在解释超导体的宏观性质方面取得了一定的成功，但是都未触及超导电现象的本质。

20 世纪 50 年代同位素效应和超导能隙等关键性的发现为揭开超导电性起源之谜提供了重要线索。

1. 同位素效应

同一元素，不同同位素的超导临界温度 T_c 不同，T_c 值依赖于同位素的相对原子质量 M，这种现象称为同位素效应，其关系可用下式表示：

$$M^\alpha T_c=\text{常数} \tag{4-27}$$

其中，对于大部分的元素 $\alpha=0.5\pm0.03$。

晶格点阵的运动性质与组成晶格点阵的离子质量有关，临界温度则反映了电子的性质，由此同位素效应把晶格与电子联系了起来。同位素效应表明共有化电子向超导电子有序转变的过程会受到晶格点阵运动性质的影响，所以在研究超导电性起源时必然要同时考虑晶格点阵运动和共有化电子两方面，电子与晶格点阵之间的相互作用可能在超导电性上起着至关重要的作用。

2. 超导能隙

金属的费米能级为在绝对零度时金属中电子所能占据的最高能级，常用 E_F 表示。在绝对零度时，E_F 以下的能级完全被电子填满，而 E_F 以上的能级没有电子占据，这就是正常金属的基态。随着超导研究的发展，人们发现超导态金属的电子能谱与正常态金属的不同，如图 4.12 所示，在 E_F 附近存在一个明显的能量间隙，在此间隙内不存在电子，这个间隙的半宽度 Δ 称为超导能隙。在 $T=0$ 时，能隙下边缘以下的各态全部被电子充满，而能隙以上的各态没有电子占据，这就是超导基态. 目前，超导能隙的存在已被很多实验所证实，超导能隙的存在表明金属在转变为超导态时，其导电电子必然发生了某种不寻常的变化，这种变化在电子能谱中的表现就是出现了能隙.

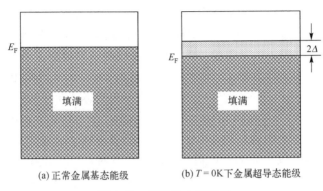

(a) 正常金属基态能级　　(b) $T=0K$ 下金属超导态能级

图 4.12　超导的电子能谱

　　如何精确的测量超导能隙呢？除了前面提到的利用单电子隧道效应外，还可以利用超导材料的远红外吸收. 将待测超导体做成一个腔，腔内设置有碳电阻辐射热测量器作为远红外辐射的接收元件，用远红外辐射照射腔体内部，远红外辐射在腔内会经过多次反射后到达碳电阻上. 当远红外辐射频率 $\nu<\nu_g\left(h\nu_g=2\Delta\right)$，腔内壁不

吸收能量，此时碳电阻上接收到一个大的辐射值，碳电阻给出某个阻值，表明这时材料具有大的反射系数；当远红外辐射频率 $\nu\geqslant\nu_g$，腔内壁吸收辐射，此时碳电阻上接收到的辐射值迅速减小，这样从频率值就可以得到超导能隙大小. 这是因为当 $h\nu<2\Delta$，超导壁完全不吸收辐射，而当 $h\nu\geqslant2\Delta$ 时，超导壁大量吸收辐射，以致会在 2Δ 附近出现一个突变的反射系数. 图 4.13 给出了铅(Pb)和钒(V)的远红外吸收曲线，其中 P_s 和 P_n 分别表示腔在超导态和正常态碳电阻吸收的功率.

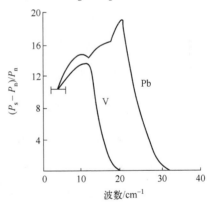

图 4.13　铅(Pb)和钒(V)的远红外吸收

　　当然，目前发展起来的测量超导能隙的方法还有多种，例如测电子比热容、热导率等.

3. 库珀电子对

　　如前所述，金属晶格点阵是由正离子组成的，这些正离子并不是相互独立的，各离子之间由于库仑力的作用而彼此相互关联，由此可以把整个晶格点阵看成是一个整体，离子的运动会互相影响，从而晶格的微小畸变会以波动形式在晶格点阵中传播，这种波叫做格波，是一种弹性声波. 按照量子力学理论，振动能量是量子化的，最小的能量单元为 $\hbar\omega$（ω 为格波频率，$\hbar = h/(2\pi)$ 为约化普朗克常量），称为振动能量子，我们把这种振动能量子视为一种准粒子，称为声子. 声子可以看成是传播晶格作用的媒介，例如，一个电子与晶格相互作用而引起晶格振动从而产生格波，可以看成是这个电子发出了一个声子；格波在传播过程中影响到了另一个电子，可以看成是另一个电子吸收了这个声子. 弗列里希(H. Frhlich)、巴丁等指出超导电性起源于电子-晶格的相互作用，用声子语言表述就是超导电性源于电子-声子的相互作用.

图 4.14 给出了电子与晶格相互作用的示意图，当一个电子 e_1 经过晶格离子时，由于异号电荷间的库仑引力作用，电子 e_1 周边的晶格离子会脱离原来晶格的位置而靠近电子 e_1，从而造成了局部正电荷密度增加，这种局部正电荷密度的扰动会以格波的形式传播出去，这个过程相当于电子 e_1 发射了一个声子. 格波在传播的过程中遇到另一个电子 e_2 时，在适当的条件下，可以吸引电子 e_2，从而将动量和能量传递给电子 e_2，这个过程相当于电子 e_2 吸收了一个声子. 上述这种声子的发射和吸收过程的总效果是电子 e_1 与 e_2 通过声子间接发生了相互作用，即一个自由电子 e_1 对另一个自由电子 e_2 产生了小的吸引力.

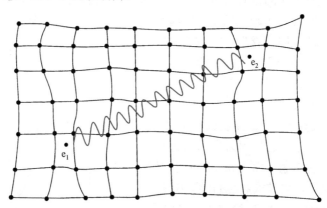

图 4.14　电子与晶格相互作用的示意图

当然电子之间还存在库仑斥力，但当两个电子间的动量大小相等、方向相反并且自旋也反向时，它们之间的吸引作用可能大于库仑排斥作用，而产生净吸引作用. 两个电子间这种净的弱吸引作用可使电子能量降低，形成束缚在一起的电子对偶，称为库珀电子对或库珀对. 研究表明，库珀对中两个电子间的距离约为 10^{-4}cm，称为相干长度，用 ξ 表示；而晶体中的晶格常数约为 10^{-8}cm 数量级，也就是说，库珀对会扩展到数千个原子的范围内.

4. BCS 理论

库珀对只考虑了两个有净吸引作用的电子，1957 年巴丁、库珀和施里弗等将库珀对的设想推广到了多电子系统，对超导电性进行了解释和分析，建立了 BCS 理论. BCS 理论认为，库珀对就是电子的凝聚状态，也就是二流体模型中提到的超导电子，大量库珀对的集合态就是超导态，或称 BCS 基态. 它的能量低于处于正常态的两个电子的能量和，因而超导态的能量低于正常态能量. 在 $T=0K$ 时，费米面附近的所有电子都会凝聚成库珀对，即所有电子都成为超导电子；随着温度的升高，晶格振动能增大，库珀对被不断地拆散转变为正常电子. 温度越高，库珀对越少，正常电子越多，当到达临界温度时，库珀对被全部拆散，所有电子都转变为正常电子.

根据 BCS 理论，将库珀对中的两个电子拆散成两个单激发准粒子必须要消耗一定的能量，激发一个准粒子所需的最小能量等于超导能隙 Δ，所以要拆散一个库珀对产生两个准粒子所需最小激发能为 2Δ. 因此，电子对间的吸引作用造成了能谱中出现了超导能隙.

BCS 理论在很多方面取得了极大的成功，它不仅可以定性地解释各种超导现象，而且其大量的定量计算结果也与实验结果符合得很好. 但是 BCS 理论是一种弱耦合理论，它简化了晶格中与电子关联的相互作用，认为电子之间是弱相互作用，而事实上电子之间的作用是极其复杂的，有电子间的库仑排斥作用、自旋-自旋耦合作用、自旋-轨道作用、磁相互作用及电-声子作用等. 所以对于一些强耦合作用的材料（例如 Pb、Hg、Nb、Al 等元素及某些合金等）的超导电性就无法用 BCS 理论解释.

4.3.5　强耦合理论

苏联物理学家厄立希伯格（G. M. Eliashberg）在全面考虑了电声作用后，发展了强耦合理论，他得到了一组相当复杂的方程，称为厄立希伯格方程. 但是这组方程一般很难求解，只能借助计算机求数值解. 后来，麦克米伦（W. L. McMillan）引入了一些假设，对厄立希伯格方程作了简化近似，首次提出了超导临界温度 T_c 的强耦合公式

$$T_c = \frac{\Theta}{1.45}\exp\left[-\frac{1.04(1+\lambda)}{\lambda-\mu^*(1+0.62\lambda)}\right] \tag{4-28}$$

式中，λ 为电子-声子相互作用参量，数值范围为 0.1～1.5；μ^* 为电子库仑斥力赝位势参量，是 0.1 数量级的值；Θ 为德拜温度.

用式（4-28）计算 Al、Hg 等强耦合超导体的 T_c，与实验结果有很好的一致性. 此外麦克米伦还进一步估算出了强耦合超导体临界温度 T_c 的上限值大概为 40K，此值也被称为麦克米伦极限.

在麦克米伦导出式(4-28)后不久,我国中国科学技术大学的吴杭生及南京大学的蔡建华、龚昌德等利用级数法严格地求解了厄立希伯格方程,并导出了超导临界温度 T_c 的一个级数解,比式(4-28)能更准确地描述强耦合超导电性. 根据他们求解出的 T_c 表达式计算的许多实际超导体的临界温度都能和实验数据很好地符合,为更深入地研究超导临界温度理论提供了重要基础. 该项研究成果荣获了1978年全国科学大会奖及1981年国家自然科学奖.

4.3.6 高温超导理论

高温超导体具有许多新奇的现象和性质,能够完美解释低温超导现象的 BCS 理论不再能解释高温超导这些奇异特性,所以必须找到某种确定的方式对 BCS 理论进行修正或是提出一种全新的理论来说明高温超导机制.

从发现高温超导体至今,有众多的理论与模型被提出以试图解释高温超导机制,例如,共振价键理论(resonating valence bond theory,RVB)、哈伯德模型(Hubbard model)和 t-J 模型(t-J model)、近反铁磁费米液体理论、双极化子超导理论等. 但是这些理论和模型都在不同程度上存在着不尽如人意之处,目前还未有被公认的统一理论,高温超导体的微观机理还有待进一步深入研究.

4.4 典型超导材料

4.4.1 低温超导材料

低温超导材料按化学组成可分为元素、合金和化合物超导材料,其临界温度 T_c <30K,在液氦温区工作. 在元素超导材料中金属铌(Nb)的临界温度(T_c=9.3K)最高,具有实用价值的主要是铌和铅(Pb,T_c=7.2K),已被用于制造超导交流电力电缆、高 Q 值谐振腔等. 合金超导材料是将超导元素加入某些其他元素作合金成分,可以提高超导材料的综合性能. 具有应用价值的大多是以 Nb 为基的二元或三元合金组成的 β 相固溶体超导合金材料,T_c 在 9K 以上,例如,最早应用的 NbZr 系合金,后续发展的 NbTi 合金. 对于化合物低温超导材料,自发现 V_3Si 和 Nb_3Sn 后,迄今已发展到数千种之多,大部分为金属间化合物、金属和非金属间的无机化合物及少数有机高分子化合物. 其中 Nb_3Sn(T_c=18.1K)和 V_3Ga(T_c=16.8K)等超导材料已有实际应用.

国际热核聚变实验堆(international thermonuclear experimental reactor,ITER)计划是目前全球规模最大、影响最深远的国际科研合作项目之一,中国是七方成员之一. 由 NbTi 及 Nb_3Sn 低温超导线材绕制的磁体系统是 ITER 装置的核心部件. ITER 计划直接促进了我国低温超导材料产业化的发展,目前我国已经具备了批量生产高性能 NbTi 和 Nb₃Sn 超导线材的能力，并将低温超导线材技术推广到了强磁场、加速器、高场磁共振等众多领域.

下面以实用化程度较高的 NbTi 和 Nb₃Sn 为例介绍低温超导材料的特性.

1. NbTi 合金

合金超导材料中，最先商品化的是 NbZr 合金，在 1965 年之前 NbZr 合金是最主要的超导材料，但是由于它加工硬化较快、塑性差、制造难度大，而且使用磁场局限在 5~6T 的范围，在应用方面受到了很大的限制.

1957 年 NbTi 合金的超导电性被发现，1962 年科学家发现 NbTi 固溶合金在 4.2K 时会呈现较好的超导电性. 1964 年，美国西屋电气公司（Westinghouse Electric Corporation）首先用 65wt%（质量百分比）Nb 含量的 NbTi 合金拉制出了世界上第一根商品化的 NbTi 超导线材. 1965 年，韦特拉诺（J. B.Vetrano）等通过对 NbTi 固溶合金进行冷加工及脱溶处理获得了更高的临界电流密度，NbTi 合金超导材料被广泛关注. 由于 NbTi 合金具有较高的上临界磁场 H_{c2} 和临界电流密度 J_c，同时还有良好的超导电性、优异的加工性能和低廉的制造成本，在工业生产中很快取代了 NbZr 合金. 随后 NbTi 合金的性能不断被优化，其中我国科研工作者也在此领域取得了令人瞩目的成就，1982 年西北有色金属研究院的周廉研究组率先攻克了高均匀 NbTi 合金熔炼技术及高 J_c 线材制备技术难关，成功研制了临界电流密度 J_c 高达 $3.47 \times 10^5 A/cm^2$（4.2K，5T）的 NbTi 材料，创造了当时最高 J_c 的世界纪录，被国际超导材料专家评价为"开创了 NbTi 高 J_c 研究的新纪元".

到目前为止，NbTi 合金仍是应用范围最广的低温超导材料，其每年用量占世界超导材料消耗量的九成以上. 实用 NbTi 超导材料大多是简单的二元合金，由金属铌 Nb 和金属钛 Ti 所组成，其中 Nb、Ti 金属的配比及纯度会直接影响合金的性能. 例如，Ti 的含量会影响上临界磁场 H_{c2} 的大小，Nb 中含氧量会影响上临界磁场 H_{c2} 和临界电流密度 J_c 等. 为了进一步改善 NbTi 合金的超导性能，也可以在合金中掺入其他元素，如钽、锆等.

对于实用化的强磁场超导材料，衡量其性能的三个主要的参量是：临界温度 T_c、上临界磁场 H_{c2} 和临界电流密度 J_c. 在工业生产中，要满足尽量高的 T_c、H_c 和 J_c 的需求，一般 Ti 的含量选取在 44wt%~65wt% 的范围. 我国的产品标准中，Ti 的含量一般约为 50%，合金组分的牌号可表示为 Nb-50Ti. 国际上常采用的 NbTi 合金的牌号有 6 种，分别为：Nb-44Ti、Nb-46.5Ti、Nb-48Ti、Nb-50Ti、Nb-53Ti、Nb-55Ti 等，其中广泛应用的是 Nb-46.5Ti 和 Nb-50Ti.

NbTi 超导材料普遍应用的还是线材，但是 NbTi 单芯线材性能不稳定. 电场与磁场的作用会引起超导体移动从而产生摩擦热，电流与磁场分布变化会导致超导体导线发热，这些都有可能破坏超导体的超导态. 为了保证超导体的性能稳定，需要采用导电、导热性好的铜(Cu)或铝(Al)材料包覆超导线材,以便在局部产热时,将热量迅速消散掉. 由此,工业上常常将 NbTi 超导体做成细长的线体,每一根线体外包覆 Cu 或 Al 层,然后将多股包覆结构一起做成多芯复合超导线材. 每根 NbTi 多芯复合超导线材的横截面上紧密排列有数百甚至数万根 NbTi 线体. 根据结构不同,NbTi 多芯复合超导线材大致可以分为圆线、扁带和镶嵌式扁带三种.

目前使用的 NbTi 超导线材大部分是以 Cu 作为包覆材料. 图 4.15 给出了传统 NbTi/Cu 多芯复合超导线的制造工艺流程,整个过程可分为两个阶段.

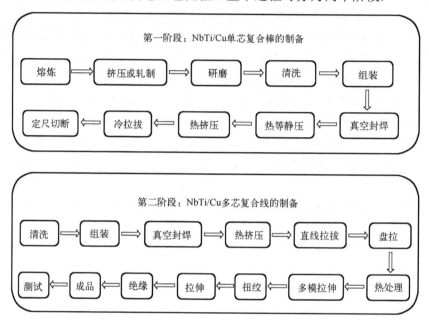

图 4.15　传统 NbTi/Cu 多芯复合超导线的制造工艺流程

第一阶段是 NbTi/Cu 单芯复合棒的制备:将电弧炉熔炼的 NbTi 铸坯挤压或轧制成圆柱状,对表面研磨,然后将 Cu 包套组件、NbTi 铸坯、Nb 片等原材料经过酸溶液清洗后组装好,进行真空封焊、热等静压、热挤压、冷拉拔到所需尺寸后定尺切断.

第二阶段是 NbTi/Cu 多芯复合线的制备:将第一阶段得到的 NbTi/Cu 单芯复合棒、Cu 包套组件等原料经过酸溶液清洗后组装好,经过真空封焊、热挤压得到 NbTi/Cu 的多芯复合棒,然后通过直线拉拔、盘拉程序减小材料的横截面尺寸,再经过 3~6 次热处理后将材料多模拉伸进一步减小横截面的面积,最后进行扭绞、拉伸、绝缘处理得到最终成型的成品.

然而,传统 NbTi/Cu 多芯复合超导线的制造工艺也存在着环节繁杂、加工设备庞大、成品率低等缺点. 所以为了进一步简化工艺过程,同时提高成品性能,人们又开发了多种工艺过程, 例如: Nb/Ti 复合法, 此种方法是将 Nb 片和 Ti 片交替配置形成多层复合体, 通过扩散反应制成 NbTi 超导体, 不再需要高成本的 NbTi 合金的熔炼工序; 人工钉扎中心制备工艺, 此种方法是在 NbTi 超导体中直接加入不同基体的钉扎材料经过加工形成有效的磁通钉扎中心, 可进一步提升线材的临界电流密度等性能.

目前, NbTi 线材是应用最广的超导材料之一, 但是用于工业生产 NbTi 线材所需的 NbTi 二元合金棒的制备非常困难, 因为 Nb 和 Ti 的熔点相差较大, 且 NbTi 合金中 Nb 的含量较多, 如果控制不好熔炼技术, 易产生不熔块, 导致后续细芯丝 NbTi 线加工中断线. 现在, 全球仅有少数几家企业掌握低温超导线的生产技术, 主要分布在英国、德国、日本和中国等几个国家. 在我国, 以西部超导科技股份有限公司(简称西部超导)和西北有色金属研究院为代表的一些单位已成功研发了具有自主知识产权的锭、棒及线材制造技术. 尤其, 西部超导是目前国内唯一的低温超导线材商业化的企业, 其业务涉及 NbTi 锭棒和线材、Nb_3Sn 线材和超导磁体的生产, 也是全球唯一的 NbTi 低温超导线材全流程生产企业. 现今能够实现 NbTi 锭棒商业化生产的全球仅有西部超导和美国 ATI 两家公司. 我国在 ITER 计划中承担的所有 NbTi 和 Nb_3Sn 超导线材任务全部由西部超导提供.

虽然近年来高温超导材料发展迅速, 但 NbTi 超导材料因其低廉的价格, 商用材料的临界电流密度、上临界磁场强度等性能可以满足众多领域的需求, 除了应用于 ITER 计划外, 还可以用于医用核磁共振、超导磁控单晶硅直拉、加速器、正负电子对撞机等领域, 并且在超导储能、超导磁悬浮方面也有极大的应用潜力. 因此, 在短时间内是其他超导材料无法替代的, 在未来较长的一段时间内还具有广阔的应用前景.

2. Nb_3Sn 化合物

Nb_3Sn 超导材料属于典型的第 Ⅱ 类超导体, 它是目前低温超导材料中使用最多的化合物超导体. Nb_3Sn 的超导电性最早是在 1954 年由贝尔实验室的马蒂亚斯(B.T. Matthias)等发现的. 它的临界温度为 18.1K 左右, 上临界磁场在 2K 时能达到 30T 左右, 临界电流密度 J_c 高达 $10^5 A/cm^2$ 以上(4.2K, 15T), 其超导性能超过了常用的 NbTi 超导体, 一度被认为是唯一一种可替代 NbTi 超导体被大规模开发应用的材料. 但是, Nb_3Sn 超导材料具有很高的硬度和脆性, 容易受应力的影响, 这给材料的生产加工和应用带来了很大的不便, 直到 20 世纪 70 年代初才实现了商业化生产.

Nb_3Sn 的晶格结构属于 A15 相的 A_3B 形式, 如图 4.16 所示 Sn 原子以体心立方点阵的结构排列, 每个面上有 2 个 Nb 原子, 点阵间距约 0.2645nm. 因其 A15 相的脆性, 不能用 NbTi 超导合金的方法制备, 需要采用特殊的工艺流程. 为了解决 Nb_3Sn 脆性的难题, 通常采用扩散法和气相沉积法等制取带材, 采用电子束共蒸发法、溅

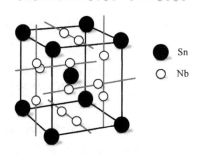

图 4.16　Nb₃Sn A15 相化合物晶体结构示意图

射法等制备薄膜，用青铜法、内锡法及粉末套管法（powder in tube，PIT）等制取线材. 目前，采用青铜法和内锡法制备的 Nb₃Sn 超导多芯线材已经商品化，其中以青铜法最为成熟，也是最为主要的制造工艺.

图 4.17 给出了青铜法制备 Nb₃Sn 超导线材的工艺过程：将 Nb 棒装入青铜（Sn 的质量分数约为 13%～15%的 Cu-Sn 合金）基体中组合成复合坯料，封焊后挤压，然后经过多次拉拔、退火得到青铜/Nb 复合棒. 将青铜/Nb 复合棒以密排六方的形式排布于无氧铜壳中，用扩散阻挡层将青铜/Nb 复合棒与无氧铜壳隔开，封焊后挤压，为了防止在成型过程中生成化合物，挤压需要在较低温度下进行. 最后经过反复拉拔、退火最终得到 Nb₃Sn 超导多芯线材.

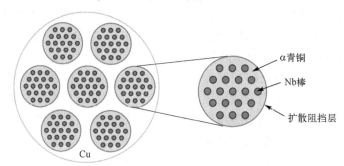

图 4.17　青铜法制备 Nb₃Sn 超导线材的工艺过程

　　在实际应用中，超导临界温度 T_c、上临界磁场强度 H_{c2} 和临界电流密度 J_c 是衡量 Nb₃Sn 超导性能的三个主要参量. 采用不同方法制备的 Nb₃Sn 超导体，T_c 和 H_{c2} 会有所不同，Nb₃Sn 层的化学计量比及 Nb₃Sn 层受到的压应力会影响这两个量：当 Nb₃Sn 生成热处理的温度越高，时间越长，Nb₃Sn 层越接近化学计量比，则 T_c 和 H_{c2} 越高；但是 Nb₃Sn 层与青铜基体间较大的热收缩系数差值会导致在 Nb₃Sn 生成热处理的过程中产生一定的压应力，从而会使 T_c 和 H_{c2} 值下降. 一般来说，临界电流密度 J_c 是上述三个参量中人们最感兴趣的，它表征了超导体的载流能力. J_c 是一个对结构十分敏感的参量，所以可以通过优化和改进成材工艺来提高 J_c；另外还可以通过向 Nb₃Sn 中掺杂其他的元素来改善，例如，在 Nb 棒加入 Ta、Hf、Ti 等元素，在青铜基体中加入 Ga 或 Ti 等元素，均可显著提高 J_c，同时也可以改善上临界磁场强度 H_{c2}. 其中，加入 Ti 是最有效的，在 Nb 棒中加入 2%～3%原子的 Ti，或在青铜基体中加入 0.3%～0.7%原子的 Ti，都能较大程度地增强材料的强磁场特性.

Nb$_3$Sn 由于具有较高的超导临界参数(T_c、H_{c2} 和 J_c),它是制作 10T 以上超导磁体最理想的高磁场超导材料之一,被用于核磁共振波谱仪、磁约束核聚变和高能物理等多个领域. 全球范围内能够实现产业化生产 Nb$_3$Sn 线材的企业不多,主要厂商包括中国的西部超导、英国牛津仪器(Oxford Instruments)公司、德国布鲁克(Bruker)公司、英国诺而达(Luvata)公司、日本超导磁体公司(Japan Superconductor Technology, Inc., JASTEC)等. 其中,英国牛津仪器、德国布鲁克、英国诺而达三家公司均能采用青铜法和内锡法两种方法生产 Nb$_3$Sn 线材,也是全球最主要的低温超导线材生产商. 日本 JASTEC 主要采用青铜法生产 Nb$_3$Sn 线材. 我国的西部超导和西北有色金属研究院自主研制了青铜法和内锡法生产 Nb$_3$Sn 的技术,填补了国内 Nb$_3$Sn 超导线材批量化制备技术的空白. 并且西部超导生产的 Nb$_3$Sn 线材于 2010 年通过了 ITER 项目国际组织的测试认证,打破了我国高性能 Nb$_3$Sn 长期依赖进口的局面,完成了我国在 ITER 项目中所承担的所有 Nb$_3$Sn 超导线材的任务,并且还具有了低温超导线材对外出口的能力.

4.4.2 高温氧化物超导材料

1986 年贝德诺尔茨和米勒在氧化物陶瓷 La-Ba-Cu-O 系中发现了高温超导电性,这是 20 世纪最伟大的发现之一. 全球科学家从中看到了实现高温超导的希望,从而掀起了一场探寻高温超导体的热潮,使高温超导材料和超导物理研究飞速发展,高温超导技术成为了 21 世纪着重研究和开发的高新技术.

高温超导材料大多是一些氧化物材料,故也被称为"高温氧化物超导材料". 现已发现了多种高温氧化物超导材料,按照成分可以分为两种:含铜和不含铜的. 含铜高温氧化物超导材料又可以分为五类:①镧钡铜氧系(La-Ba-Cu-O,简写为 LBCO),简称镧系,临界温度 T_c=35~50K;②钇钡铜氧系(Y-Ba-Cu-O,简写为 YBCO),简称钇系,最高临界温度 T_c 超过了 90K;③铋锶钙铜氧系(Bi-Sr-Ca-Cu-O,简写为 BSCCO),简称铋系,临界温度 T_c=10~110K;④铊钡钙铜氧系(Tl-Ba-Ca-Cu-O,简写为 TBCCO),简称铊系,最高 T_c 约为 125K;⑤汞钡钙铜氧系(Hg-Ba-Ca-Cu-O,简写为 HBCCO),简称汞系,常压合成的最高 T_c 约为 134K. 不含铜的高温氧化物超导体中代表性的材料体系是钡钾铋氧系(Ba-K-Bi-O,简写为 BKBO),简称钡系,临界温度 T_c 在 30K 以下,物理性质与常规低温超导体相近,由于其临界温度比较低,所以应用价值不大.

含铜高温氧化物超导体中,镧系的临界温度 T_c 最高不超过 50K,需要在液氢下工作,除了镧系外的其他四种体系的临界温度 T_c 都在液氮($T \leqslant 77K$)温区. 无论从冷却气体资源还是制冷液化技术来说,液氮都远比低温超导材料用的液氦要更廉价而且更方便. 铊系和汞系虽然具有较高的超导临界温度,但是由于含有毒元素,由此均不是实用化开发的重点. 目前,具有实用价值并且已能规模化生产的主要是钇系和铋系超导材料. 铋系是第一代高温超导材料的代表, 其制备技术目前已相对成熟, 但是由于成本和性能等问题在一定程度上限制了它的大规模应用. 钇系是第二代高温超导材料的代表, 其在成本和性能上的优势日益凸显, 在通信、电子、电力及能源等多个领域都具有巨大的潜在应用价值.

下面以实用化程度较高的铋系和钇系超导材料为例介绍高温氧化物超导材料的特性.

1. 铋系高温超导材料

铋系超导体的化学通式为 $Bi_2Sr_2Ca_{n-1}Cu_nO_{2n+4}$($n$=1,2,3), 主要包括三种超导相: $Bi_2Sr_2CuO_6$(Bi2201)、$Bi_2Sr_2CaCu_2O_8$(Bi2212) 和 $Bi_2Sr_2Ca_2Cu_3O_{10}$(Bi2223). 其中, Bi2201 是最先发现的, 但是它的临界温度 T_c 在 7~22K 左右, 需要以液氢作为制冷剂, 所以应用价值低, 研究较少. 受到关注较多的是高温超导相 Bi2212 和 Bi2223, 它们最先由日本科学家 Maeda 于 1988 年发现, 由于具有高的临界温度(Bi2212 为 95K, Bi2223 为 110K)、较强的载流能力、易于加工等优点, 是最早实现商业化生产的高温超导材料, 可被应用于电力电缆、储能器、超导磁体等领域.

铋系超导材料的结构是层状钙钛矿结构的一种变体, 图 4.18 给出了 Bi2212 和 Bi2223 相的晶体结构示意图, 它们是由导电层 $Ca_{n-1}Cu_nO_{2n-1}$ 和载流子层 SrO-BiO-BiO-SrO 沿 c 轴交错层叠而成. 不同 n 值的 BSCCO 系材料具有相似的结构, n 值差 1, 载流子层相同, 而导电层增加或减少一个 Ca-CuO_2, Bi2212 的 n 值为 2, Bi2223 的 n 值为 3. Bi2212 和 Bi2223 晶胞中含有多个 CuO_2 层, 具有很强的超导各向异性, 超导电性主要沿着 CuO_2 层平面方向. CuO_2 层数越多, 其超导性能越好, 临界温度 T_c 越高, 但是制备工艺也越复杂. 实际制备的铋系超导材料的晶格结构是很复杂的,

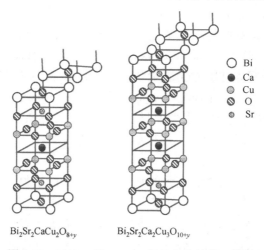

○	Bi
●	Ca
◍	Cu
▨	O
⊛	Sr

$Bi_2Sr_2CaCu_2O_{8+y}$ $Bi_2Sr_2Ca_2Cu_3O_{10+y}$

图 4.18 Bi2212 和 Bi2223 相的晶体结构示意图

阴离子和阳离子缺位是普遍存在的, 并且其晶格结构中存在着无公度调制, 无公度调制意思是说如果从沿垂直 c 轴方向看过去, 原子的位置不是整齐划一而是上下起伏的, 也就是原子的空间排列结构存在调制, 而且这种调制的周期是一个无理数.

　　铋系超导材料的块材一般采用粉末冶金法制备, 将组成元素的氧化物或碳酸物按照标准化学配比混合后烧结而成. 这种制备方法所制取的材料会出现结构不够致密、晶粒取向杂乱等缺点, 致使材料的临界电流密度 J_c 较小, 为了优化材料的性能, 后续又研发了熔融织构法、脉冲激光加热法及区熔法等多种制备方法.

　　要想得到性能良好的铋系高温超导材料, 往往需要将其加工成带材(或线材), 并通过一定的压力和热处理手段, 使得生成的 Bi2212 或 Bi2223 中的 CuO_2 层平面方向与带材表面的方向尽量一致. 但是获得可以实际应用的带材却并不容易, 铋系超导材料实质上是一种陶瓷氧化物材料, 缺乏足够的韧性和强度, 不能采用普通的烧结方法制备. PIT 法恰好解决了上述问题, 将脆性的超导材料包裹在金属套管中可以制备出带材. 目前, 商业制备 Bi2212 和 Bi2223 单芯或多芯带材也是采用此种方法. 这里以 Bi2223 为例来说明 PIT 法的工艺过程, 其主要可以分为三个步骤.

　　(1)前驱体粉末制备过程. 将金属氧化物或无机酸盐、有机酸盐等原料按照一定的配比混合均匀后, 经一系列化学工艺合成及焙烧过程制成前驱体粉末.

　　(2)机械加工过程. 将前驱体粉末填充于银金属套管内, 经反复拉拔缩小截面面积到一定尺寸后截断得到多股短细单芯线, 二次填充于银或银合金套管后, 通过反复拉拔、轧制形成多芯超导带材.

　　(3)形变热处理过程. 将第(2)步制成的带材进行多次热处理, 其间有中间变形过程, 目的是将银或银合金套管内的前驱体粉末充分转换为 Bi2223, 并形成较强的 c 轴织构.

　　Bi2212 带材同样可以采用 PIT 法制备, 除此之外, 常用的方法还有浸涂法(dip coating process, DCP). DCP 工艺是采用化学方法将 Bi2212 涂于 Ag 基带的两外表面, 形成多层的 Bi2212 涂层, 后经热处理过程去除涂层中的有机物, 再经过部分熔化热处理使 Bi2212 晶粒织构化. 该方法制备的带材其载流能力稍高于 PIT 法, 但缺点是它的 Bi2212 层被直接暴露在外部, 超导相容易被破坏, 且单根带材的机械性能差. PIT 法制备的带材其超导相被包裹在银或银合金层内部, 机械强度高, 制备工艺重复性好, 可进一步加工成载流缆线, 因此工业制备 Bi2212 带材通常采用 PIT 法.

　　在性能上, Bi2223 带材的临界温度 T_c 高、载流能力良好, 但是 77K 下不可逆磁场非常低(仅为 0.2T), 临界电流密度 J_c 会随磁场增强而迅速下降, 并且带材制备中需要银或银合金的包覆层增加了成本, 但是由于其工艺相对成熟, 当前的市场价格也要远低于第二代高温超导材料, 所以在一些领域还是具有优势的, Bi2223 带材主要被应用于超强磁体、超导电缆、超导电动机、超导电流引线等领域. Bi2212 的低温高场载流能力优于低温金属超导体和 Bi2223, 尤其它是当前高温超导材料中唯一可以制备成各向同性的圆线超导体, 不需要考虑各向异性带来的问题, 在器件加工和低温强磁体应用上具有独特优势.

目前,国内外的一些公司已经具备了批量化生产千米级 Bi2223 带材的能力. 国外主营 Bi2223 带材的公司有美国超导公司(American Superconductor Corporation,AMSC)、德国布鲁克公司、日本住友电气工业株式会社(Sumitomo Electric Industries,Ltd., SEI)等. 其中,日本 SEI 的实用化 Bi2223 超导带材的制造技术处于世界领先地位,他们对 PIT 工艺进行了改进,提出了加压烧结的工艺方法,超导带材的性能显著提高,被称为第三代高温超导带材. 国内主营 Bi2223 带材的公司主要是北京英纳超导技术有限公司,同样采用 PIT 法制备,生产步骤与日本 SEI 的一致,但是在高压烧结反应中的压力比日本 SEI 低一些,所以各项性能稍微逊色一些.

Bi2212 超导带材也已经实现了产业化生产,其临界电流密度和工程电流密度均可满足工程应用要求. 国外能够批量制备 Bi2212 带材的机构主要有美国牛津仪器公司、日本昭和电缆公司、欧洲耐克森(Nexans)超导公司等. 其中,美国牛津仪器公司现已能够批量制备出千米级的 Bi2212 带材,其长度和性能都处于世界领先地位. 国内在 Bi2212 带材的制备和应用方面较国际先进水平还有较大的差距,尚处于实验室成果的工程化开发阶段,长线材的性能均匀性和批次稳定性仍然存在不足. 西北有色金属研究院是目前国内唯一一家开展 Bi2212 线材制备技术研究的单位,已实现了百米级线材的制备.

2. 钇系高温超导材料

1987 年,赵忠贤小组和朱经武小组分别独立发现 YBCO 系材料在 93K 具有超导电性,这是人们发现的首个临界温度 T_c 在液氮温区($T \leqslant 77K$)以上的超导材料. 液氦的价格昂贵,所以液氦温区的超导体只能在某些领域有选择地重点使用,而 YBCO 系超导体的发现将超导的使用温度提升到了液氮温区,液氮无论从价格、资源还是生产设备等各方面较液氦都有很大的优势,这就为超导的广泛应用创造了条件,因此 YBCO 超导材料备受关注. YBCO 系超导具有正交结构,化学式为 $YBa_2Cu_3O_7$,空间群为 $Pmmm$,晶格常数 $a=0.3818nm$,$b=0.3884nm$,$c=1.1683nm$. 如图 4.19 所示,其晶格结构可以看成是由超导电层 CuO_2-Y-CuO_2 和载流子层 BaO-CuO-BaO 沿 c 轴交叠排列而成.

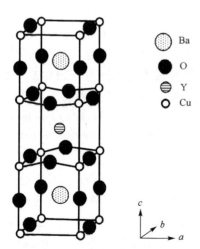

图 4.19 YBCO 高温超导材料的晶格结构

YBCO 系中的氧含量与合成工艺、温度和氧分压等条件有关,实际制备的样品中总有较多的氧缺陷，故常用 $YBa_2Cu_3O_{7-\delta}$(Y123) 表示. 而含氧量会影响其晶格的物性，当 $\delta=0.5\sim1$ 时，YBCO 呈现四方相，不具有超导电性；当 $\delta=0\sim0.5$ 时，YBCO 呈现正交相，具有超导电性. 因此，通常在制备 YBCO 材料时，都需要在富氧环境下处理，完成四方相向正交相的转变，才具备超导电性能. 与铋系超导体相比，YBCO 的超导电性的各向异性相对较弱，在 77K 时的不可逆磁场可高达 7T，可在 77K、强磁场下承载较大的临界电流密度 J_c，是优异的强磁场材料. YBCO 超导材料在实际应用中要求具有尽可能高的 J_c 值，而 J_c 与材料的微观结构有密切的关联，这是因为 YBCO 晶粒间是弱连接，若为多晶样品，输运电流必然会通过多晶的晶界，这会大大降低材料的载流性能，所以必须采用形成织构的方法制备，例如，制备具有单畴微观结构的样品，由于其层状结构(a-b 面)取向良好，可以有效地消除晶界间弱连接，但层间(即 c 轴)还存在弱连接.

YBCO 材料的使用形式主要有三种：块材、带材和薄膜.

1) YBCO 块材

最初制备 YBCO 块材采用的是粉末烧结法，但是该方法得到的样品是由大量随机取向的小晶粒构成的多晶体，所能承载的临界电流密度 J_c 很低，只能在低场、低电流下使用. 直到 1988 年，美国 AT&T 贝尔实验室的吉恩(S. Jin)等首先采用熔融织构生长法(melt-textured growth，MTG)制备出了 YBCO 超导块材，解决了晶界弱连接问题，样品临界电流密度得到了很大程度的提高. 随后人们又相继开发出了淬火熔融生长法(quench and melt growth，QMG)、顶部籽晶熔融织构生长法(top-seeded melt-textured growth，TSMTG)和粉末熔化法(powder melting process，PMP)等多种制备工艺. 国内批量生产 YBCO 块材主要采用的是 PMP 和 TSMTG 工艺.

PMP 是我国西北有色金属研究院自主研发的工艺，其制备的高质量 YBCO 块材的 J_c 性能达到了国际领先水平. PMP 方法是以 Y_2BaCuO_5、$BaCuO_2$ 和 CuO 作为原料，快速加热后再缓慢冷却，以生产具有织构的 YBCO 块材. 为了提升 J_c 值，还可以在 Y123 相晶体中引入高密度的层错和位错作为有效的钉扎中心.

TSMTG 是将 MTG 技术与顶部籽晶技术结合起来制备 YBCO 单畴超导体的方法. 具体工艺是先用烧结法制备出 Y123 块状超导体，继而在其顶部放置籽晶来引导样品生长，避免出现多晶和多畴. 然后通过控制生长温度，使 Y123 相先后发生分解与再合成反应，从而生成织构的 Y123 相.

目前，YBCO 块材已实现了商品化生产. 我国西北有色金属研究院采用 PMP 工艺可制备直径为 30mm 和 50mm 的高质量 YBCO 块材，且成品率高达 80%. 北京有色金属研究总院采用 TSMTG 可批量生产直径为 30mm 的 YBCO 单畴块材. 国外能够批量化商业生产 YBCO 块材的机构包括日本 ISTEC(International Superconductivity Technology Center)、法国 CRETA、德国 ATZ(Adelwitz Technologiezentrum GmbH) 和德国 Leibniz IPHT(Institute of Photonic Technology)等，其中在 YBCO 超导块材的

批量化制备及应用方面以德国 ATZ 公司规模较大.

然而,生长更大尺寸的 YBCO 块材依然是一个难题,为了满足大尺寸和异形材(环形、半圆形或多边形等)的要求,块材之间的连接技术逐渐发展起来,主要有两种方式:一种是将两块材先通过高压压接在一起,然后经高温处理完成连接;另一种是将两块材先通过黏结剂黏合在一起,后经低温处理完成连接.

现在,对高温超导体块材的研究涉及 YBCO、Bi2223 及 MgB$_2$ 等材料.其中 YBCO 块材的制造工艺更成熟,制备的块材性能也更好.研究 YBCO 块材的目标之一是利用它的磁悬浮性能和捕获磁通性能,将其应用于磁悬浮列车、超导轴承、超导储能和永久磁体等多个领域.

2)YBCO 带材

YBCO 的电流传输主要在 a-b 面内,所以高性能 YBCO 带材需要在柔性衬底上制备出 c 轴垂直于基带表面的强立方织构的 YBCO 层,又因 YBCO 层的结构对衬底的双轴织构的微观组织有较强的依赖性,所以只能在双轴织构的基带和缓冲层上通过外延生长技术生长 YBCO 层,由此 YBCO 也被称为涂层导体.YBCO 带材具有多层膜结构,其基本架构是由基带、多层缓冲层、超导层和保护层等构成,如图 4.20 所示.其中基带及双轴织构缓冲层的制备和高临界电流密度 J_c 超导层的沉积是研究的重点方向.基带及双轴织构缓冲层的制备工艺主要有:轧制辅助双轴织构基带法(rolling-assisted biaxially textured substrate,RABiTS);离子束辅助沉积法(ion beam-assisted deposition,IBAD)和倾斜衬底沉积法(inclined substrate deposition,ISD)等.RABiTS 是通过冷变形及再结晶等工艺获取具有双轴织构的金属或合金基带,其中基带主要采用 Ni 或 Ni 合金等材料,利用最多的是 Ni-5wt%W 合金.IBAD 是在氧化物薄膜制备时,引入一定能量和角度的离子束对沉积在衬底上的薄膜进行轰击,使得只有一种取向的晶粒可以生长,从而形成立方织构层,该方法的优点是对金属基带的材料和织构没有特殊要求.ISD 是在以一特殊角度倾斜的基板上以极高的速率进行电子枪蒸发,用于沉积双轴织构的过渡层,该方法同样对基带材料和织构没有特殊要求.

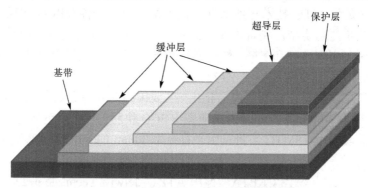

4.20 YBCO 高温超导带材多层结构示意图

通过上述几种方法在基带上获得双轴织构结构后,一般再通过蒸发、溅射或化学气相沉积等多种薄膜制备方法生长出延续双轴织构特性的多层氧化物缓冲层,其典型的结构有 $CeO_2/YSZ/CeO_2$、$CeO_2/YSZ/Y_2O_3$、$LaMnO_3/MgO/Y_2O_3$ 等. 缓冲层不仅可以防止基带与超导层之间的原子相互扩散,还能将底板的织构结构有效地传递至超导层,为生长高质量超导层提供一个良好基底结构.

超导层的质量直接决定了超导带材的性能,制备 YBCO 超导层的方法可分为物理方法和化学方法. 物理方法包括脉冲激光沉积法、离子束溅射法等;化学方法包括化学气相沉积法、化学溶液沉积法、金属有机沉积法和金属有机气相沉积法等. 这些方法均能制备出高质量的 YBCO 带材,但是各自具有不同特点. 其中应属脉冲激光沉积法应用最为广泛,但受设备价格所限,不适用于大规模产业化生产. 目前工业上更倾向于采用成本低廉的化学方法来大规模制备超导层.

保护层是在超导层的外面包覆一层 Ag 或 Cu,在保护超导层表面的同时还可起到失超保护和引线连接的作用,通常采用磁控溅射或电镀等方法制备.

当前国际上已有多家公司具备了千米级 YBCO 带材的制备能力,如美国超导公司(AMSC)、美国超能(SuperPower)公司,日本藤仓(Fujikura)公司、韩国 SuNAM 公司等. 美国超导公司是生产超导带材的龙头企业,已实现了 YBCO 带材的商业化生产. 2007 年以前,该公司以第一代铋系高温超导带材作为核心产品,在 2007 年后停止了铋系超导带材的生产,而将重点转移到了 YBCO 带材上. 迄今为止,该公司采用 RABiTS/MOD 技术制备的 YBCO 带材已在多条电缆中得到应用.

在国内,YBCO 带材的研发单位主要有上海交通大学、上海大学、北京有色金属研究总院、西北有色金属研究院和清华大学等. 专注于 YBCO 带材制备技术的企业有苏州新材料研究所有限公司、上海超导科技股份有限公司和上海上创超导科技有限公司等. 目前,苏州新材料研究所有限公司和上海超导科技股份有限公司都已制备出了高 J_c 的千米级带材,并实现了商业化销售,其技术水平步入了国际先进行列.

YBCO 超导带材在超导电机、超导发动机、超导电缆、磁悬浮等多个领域都具有广泛的应用前景.

3) YBCO 薄膜

与其他高温超导薄膜相比,YBCO 薄膜的制备更容易,外延 c 轴 YBCO 薄膜可在 $SrTiO_3$、$LaAlO_3$ 和 $Zr(Y)O_2$ 等单晶衬底的(100)面上生长,获得的薄膜材料具有较低的表面电阻 R_s,可应用于微波器件领域. YBCO 超导薄膜可采用溅射法、分子束外延和蒸发沉积等常规的薄膜沉积方法来制备. 当前外延 YBCO 超导薄膜的尺寸已达到了 20cm,高质量薄膜的表面微波电阻率已降到了 0.25$\Omega \cdot$cm 以下.

4.4.3 MgB_2 超导材料

MgB_2 材料早在 20 世纪 50 年代就已商业化,但直到 2001 年才被发现具有超导电性，临界温度 T_c 为 39K，接近 BCS 理论预言的临界温度上限(不超过 40K)，是迄今为止发现的临界温度最高的低温超导体.MgB$_2$ 超导具有很多独特的优势，与高温氧化物超导材料相比，虽然它的临界温度低，但是其各向异性相对较小，且不存在高温氧化物超导体中常出现的弱连接问题，多晶材料的载流能力强；与其他低温超导材料相比，它的临界温度又相对较高，能够在 20～30K 温区实现应用，用液氢($T \leqslant 20K$)就可以作为冷却介质，能显著降低运行成本，并且 MgB$_2$ 还具有成分简单、易于加工成材和价格低廉等优点，一度成为了国际研究的热点材料.综合制冷和材料成本方面，MgB$_2$ 超导体在 20～30K 温区，低场条件下应用具有明显的价格优势，尤其是工作磁场在 1～2T 的核磁共振成像(MRI)磁体领域，但 MgB$_2$ 在磁场环境下较低的临界电流密度却是制约其实际应用的主要因素.

MgB$_2$ 是一种简单的二元化合物，具有二硼化铝(AlB$_2$)型六方结构，空间群为 $P6/mmm$，图 4.21 给出了 MgB$_2$ 的晶格结构示意图，石墨蜂窝型结构的 B 原子层间插入一个六方紧密排列的 Mg 原子层，Mg 原子处于 B 原子形成的六角形中心，由于和石墨结构相似，在 a-b 面上和 c 轴方向 B—B 键长差别较大，晶格参数 a=0.3086nm，c=0.3522nm，因此 MgB$_2$ 具有较大的各向异性.MgB$_2$ 的超导电性可以用 BCS 理论解释，研究表明它的超导电性源于 B 原子的声子谱.

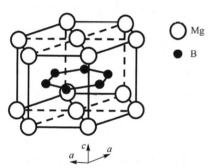

○ Mg
● B

图 4.21 MgB$_2$ 晶格结构示意图

对于 MgB$_2$ 线材超导性能的提高，一般采用掺杂、先驱粉末的选择和制备工艺的优化三个途径来进行.掺杂能够引入磁通钉扎中心，可以提高临界电流密度和临界磁场等性能，但是大部分的掺杂会降低 MgB$_2$ 的临界温度，有的甚至会导致超导电性的消失.先驱粉末的粒度和纯度越高，制备出的 MgB$_2$ 材料的性能就越好，但是这无疑会使制备条件更加苛刻，增加生长周期和制造成本.综合考量下，改进制备工艺是最优的方式，因此目前人们对 MgB$_2$ 线材的研究也主要集中于此.制备 MgB$_2$ 超导线材较为主流的方法有粉末套管法(PIT)、中心镁扩散法(internal magnesium diffusion，IMD)和连续管线成型法(continuous tube forming /filling，CTFF)等.

PIT 工艺流程是将前驱粉末填充于一端封闭的管体中，填满后将管体开口密封，然后经过拉拔、轧制、退火、成型等工艺得到最终的 MgB$_2$ 超导线材.根据填充前驱粉末的不同，PIT 法分为先位法和原位法.先位法是直接用 MgB$_2$ 粉进行填充，适合生长长线导体或几何形状较为复杂的多芯型线材，而且该方法容易对粉末纯度和粒度进行控制.原位法是把镁粉和硼粉按一定比例混合后进行填充，与先位法相比，该方法得到的 MgB$_2$ 晶粒连通性好，其临界电流密度相对较大，所以比较适合制备高性能的线材. 由于镁的化学性质活泼，易与管体材料发生反应，因此一般需要在前驱粉末与管体之间加一层或多层的缓冲层；但也有研究表示在不加缓冲层时可以选 Fe 或不锈钢作为管体材料.

IMD 工艺是在套管内放入镁棒，然后用硼粉填充镁棒与套管的缝隙，再对其进行低温热处理，让镁棒中的镁原子向硼粉中扩散从而形成致密的 MgB_2 层. 由于扩散过程中采用的是低温热处理，能够有效地抑制 MgB_2 晶粒的生长，从而可以改善临界电流密度等超导性能.

CTFF 技术是先将金属带机械加工成 U 型槽后用前驱粉末进行填充，然后将 U 型槽的开口压合，经过拉拔、热处理等工艺最后得到单芯 MgB_2 线材. CTFF 可实现长线超导的制备，且为了提高 MgB_2 线材的机械性能，可以根据需要在 MgB_2 线材外包裹多层金属带. 当前多采用 CTFF 和 PIT 混合制备多芯 MgB_2 线材.

目前，在 MgB_2 线材领域，日本、美国和欧洲处于领先地位，代表公司有意大利 Columbus Superconductor 公司、美国 Hyper Tech. 公司和日本日立公司等. 其中 Columbus Superconductor 公司和 Hyper Tech. 公司制备的千米级 MgB_2 长线材已用于商业销售. 国内从事 MgB_2 线材的研究机构有西北有色金属研究院和中国科学院电工研究所等，其中西北有色金属研究院已获得了具有自主知识产权的 MgB_2 千米级线材的制备技术，其制备的线材的超导性能基本上满足了新一代 MRI 磁体绕制的需求.

4.4.4　铁基超导材料

自 2008 年铁基超导 $LaFeAsO_{1-x}F_x$ 被报道后，大量的铁基化合物被发现具有超导电性，铁基超导家族不断被壮大，很快成为继铜氧系高温超导之后的第二大类高温超导材料体系. 铁基超导体有一个共性，晶格都具有反氧化铅型 FeX(X=As、Se 等)层的基本结构单元. 图 4.22 给出了 FeX 的晶格结构示意图，其属于四方晶系，$P4/nmm$ 空间群，每个单胞中含有两个化学式单元，即含有两个 Fe 离子和两个 X 离子，其结构单元 FeX 层由两个平面的 X 阴离子中间夹着一个平面的 Fe 阳离子组成，

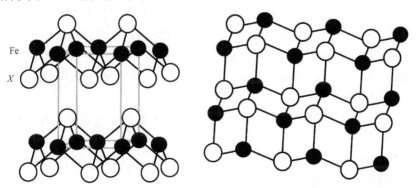

图 4.22　FeX(X=As、Se 等)晶格结构示意图

上下两层 X 阴离子沿四方结构的面内对角线方向相互错开 1/2，而 Fe 阳离子层与上下两层四方的 X 阴离子层沿面内同一平面最近邻 X-X 轴向错开 1/2. 每个 Fe 原子与四个 X 原子配位，形成边缘共享的 FeX_4 四面体，从而构成准二维的 FeX 层. 这些 FeX 层间还可穿插有碱金属阳离子、碱土金属阳离子、LnO（Ln=La、Ce、Pr 等稀土元素）层或钙钛矿相关的氧化物层等，由此形成不同的铁基超导材料，超导电性发生于 FeX 四面体层. 根据铁基超导体材料母体化合物的组成和晶格结构的不同可以将其分为"11"、"111"、"122"、"1111"和其他（如"112"、"3442"、"32522"等）等五类.

研究表明，铁基超导体的物性决定于其结构单元中的 FeX_4（X=As、Se 等）四面体，其中 X-Fe-X 键角与 X 阴离子距离 Fe 原子层的高度 h 对 T_c 的影响很大. 但是铁基超导体为什么具有高的临界温度及如何进一步提高临界温度还未完全清楚，现仍然处于研究阶段. 铁基高温超导材料是除了铜氧化物高温超导材料以外，发现的唯一一类在常压下具有接近液氮温区的高临界温度的超导材料. 从实际应用的角度来看，铁基超导体较其他超导体具有更大的优势：与 MgB_2 超导体和 NbTi、Nb_3Sn（其 H_{c2} 在液氢温度下低于 25 T）等常规金属超导体相比，铁基超导的 H_{c2} 要高得多，在 4.2K 下"1111"体系的 H_{c2} 高于 100T，"122"体系的 H_{c2} 大于 80T，在 20K 左右的中等温度范围内"1111"和"122"体系的 H_{c2} 仍然高于 40T；相较于 YBCO 超导体，铁基超导体的各向异性较小，甚至"11"和"122"体系在低温下几乎是各向同性的，这也意味着其具有接近 H_{c2} 的高不可逆场；此外，铁基超导还具有临界晶界角更大、高场下临界电流密度高、制备简单和成本低廉等众多优点，使其在高场超导磁体、高场核磁共振谱仪、高能粒子加速器等高场领域中具有很大的应用潜力.

铁基超导材料若想实现大规模的应用，制备低成本、高性能的长线带材是必经之路. 铁基超导体是一种金属陶瓷材料，具有硬度高、脆性大且加工成材难等特点，不能采用制备 NbTi 和 Nb_3Sn 超导带材的金属塑性变形工艺，而最常采用的方法是 PIT 工艺. 因为铁基超导材料与 Bi2223 超导材料的晶体均为片状，因此它们的加工特性基本相似，并且铁基超导材料的临界晶界角更大，超导电流在流过晶界时的衰减更小，所以 PIT 工艺非常适合铁基超导线带材的制备与研究，这也是目前制备铁基超导线带材最主要的方式. 此外，近些年还发展了许多制备铁基超导线带材的方法，如热压、热等静压、多步轧制加冷压等方法，这些方法制备的线带材其超导性能得到了大幅度的提升.

目前，铁基超导线带材仍然处于研发阶段，还未实现批量生产和商业化销售. 在铁基超导体的各个体系中，"122"体系线材的临界电流密度被提升得很快，达到了 $10^5 A/cm^2$ 数量级（4.2K，10T），远超其他体系线材且已跨过了实际应用的门槛，因此可能成为最先获得实际应用的铁基超导线材.

国内外专注于铁基超导线带材研究的机构主要有中国科学院电工研究所、西北有色金属研究院、东南大学、日本国立材料研究所(NIMS)、日本东京大学、意大利热那亚大学和美国国家高场实验室等.

我国在铁基超导的电子结构、物性和机理研究等方面均处于国际一流水平,特别是在铁基超导的应用化研究方面一直处于领先地位. 2008 年中国科学院电工研究所的马衍伟团队采用 PIT 工艺成功制备了国际上首根铁基超导电缆,其无损坏载流性能首次突破实用化门槛,并且在美、日、欧等发达国家的铁基超导线材制备技术尚局限在米级时,2016 年该团队就已解决了铁基超导线材在规模化制备中的均匀性、稳定性和重复性等一系列技术难题,成功制备出了"122"体系的全球首根百米量级铁基超导长线,为铁基超导材料走向大规模产业应用打下了基础,被誉为是"铁基超导材料实用化进程中的里程碑". 后续他们又通过优化工艺等,进一步提升了百米长线的临界电流密度,现已能够向合作单位提供铁基超导线材. 2018 年,他们又采用热压工艺将铁基超导线材的临界电流密度提升至 $1.5 \times 10^5 \mathrm{A/cm^2}(4.2\mathrm{K}, 10\mathrm{T})$,是目前国际上铁基超导线材报道的临界电流密度最高纪录值. 马衍伟因在新型实用化超导线材领域方面的杰出贡献,于 2019 年获得了国际应用超导杰出贡献奖,这也是我国科学家首次获得该奖项.

4.5 超导材料的应用

超导材料的应用大致可以分为两类:强电应用和弱电应用. 强电和弱电的区别在于电压的大小,强电设备的工作电压通常大于 220V,弱电设备的电压通常低于 220V. 超导强电应用包括超导发电、输电、核聚变反应和磁悬浮列车等,是基于超导体的零电阻特性和完全抗磁性,以及非理想第 Ⅱ 类超导体所特有的高临界电流密度和高临界磁场等特性,涉及电力、交通、医学、军事及科研等多个领域. 超导弱电应用包括超导计算机、超导量子干涉器(SQUID)、超导微波器件等,主要基于超导的磁通量子化、能隙、隧道和约瑟夫森效应等性能,其应用领域涉及电子学和通信等方面. 下面简单介绍几种超导材料的应用.

4.5.1 强电应用举例

1. 超导输电

在电力系统,由于输电线具有电阻,在输电过程中会损耗掉大量的电能. 为了减少电能损失,一般远距离会采用高压输电,但这会增加安全隐患. 如何既能减少电能损耗又兼顾安全一直是电力系统所面临的难题. 超导电缆具有损耗少、容量大、体积小、无污染等优点,若能实现超导电缆在电力系统的全面应用无疑能够解决上述难题.

超导电缆

225

早在 20 世纪 60 年代，随着 NbTi、NbSn 等低温超导体成材技术的发展，人们就设想将其用于远距离输电. 20 世纪七八十年代，美国、日本等国家开始尝试采用低温超导线材制备超导电缆，进行超导输电的研究，但是由于当时的经济、技术所限，超导输电技术并没有得到实际应用. 直到 1986 年高温超导氧化物的发现，超导的运行温度一下提升到了液氮温区，冷却和运行成本得到了大幅度的降低，特别是近年来随着高温超导成材技术的日渐成熟，并实现了商品化，使高温超导电缆的实际应用成为了可能.

美国在 1999 年就研制出了 30m 长、12.5kV/1.25kA 的铋系高温超导电缆并开始了相关的供电实验；2006 年在纽约州 Albany 安装的 350m、34.5kV/0.8kA 的高温超导电缆开始投入使用. 日本早在 1987 年就建立了针对高温超导电缆研发的 Super-GM 计划；2012 年，日本研制的长 250m、66kV/200MVA 的三相交流铋系高温超导电缆在横滨并网使用. 韩国 2014 年研制出的 500m、± 80kV/3.125kA 直流钇系高温超导电缆在济州岛金岳变电站投运，是世界首个直流超导输电线路；2016 年，在同一变电站内 1km、154kV/3.75kA 交流钇系高温超导电缆投运，是目前电压等级最高、长度最长的交流超导输电线路. 德国 2014 年 1km、10kV/40MVA 三相交流铋系高温超导电缆在埃森市投入商业化运行.

我国近些年也在高温超导电缆领域取得了重要进展. 2021 年 9 月，直径仅 17.5cm、长 400m、输电容量高达 43MVA 的高温超导电缆在深圳投入使用，这是我国首条自主研制的新型高温超导电缆线路. 同年底，1.2km、35kV/133MVA 的高温超导电缆示范工程在上海正式投运，该项目的核心技术完全由我国自主研发，填补了多项国际标准的空白，标志着我国在高温超导输电领域已居于国际领先地位.

2. 受控核聚变反应堆

受控核聚变被称为"终极能源"，相较于核裂变，核聚变所能释放的能量更大，不会产生长期且高水平的核辐射，不产生核废料，而且反应产物是无放射性污染的氦，是最有希望从根本上解决人类能源危机的一种新能源. 但是在发生核聚变时，内部会产生数千万甚至上亿摄氏度的高温，没有任何的常规材料可以承受如此高的温度来包容这些物质，但可以通过大型的强磁场(磁感应强度大小约为 10^5T)形成"磁封闭体"，将热核反应堆中的超高温等离子体包围、约束起来，然后慢慢释放，这种通过磁场约束等离子体的方法叫做磁约束. 但是实现磁约束过程

终极能源——
核聚变

也有两个主要的难题：一个是大型的强磁场需要强大的电流，电流遇到电阻会产生巨大的热量，在很短的时间内就会使载流线圈熔化掉；另一个是用作磁约束的磁体储能高达 4×10^{10}J，如果用常规的磁体，其热核反应所产生的能量只能维持该磁体系统的电力消耗，得不偿失. 综合考量下，只有超导磁体才能满足磁约束的要求. 目

前，用于制造核聚变装置中超导磁体的超导材料主要是 Nb_3Sn、NbTi 合金、NbN、Nb_3Al 等.

核聚变的反应装置叫做托卡马克(Tokamak)，最先由苏联科学家在 20 世纪 50 年代研制成功，是一种利用磁约束来实现受控核聚变的环形容器，被普遍认为是最有可能实现可控核聚变的装置，但是目前的相关实验结果都是以短脉冲形式产生的，与实际应用中需要反应堆的连续运行还存在很大差距. 而将超导技术成功地应用于托卡马克中产生强磁场的线圈上，是受控核聚变研究的一项重大突破，可使磁约束位形能够连续稳态运行，是公认的探索和解决未来聚变反应堆工程及物理问题的最有效的途径. 目前建造超导托卡马克开展核聚变研究已成为国际热潮.

ITER 是现在全球在建的最大的超导托卡马克装置，也是当今世界最大的多边国际科技合作项目之一，由中国、欧盟、俄罗斯、美国、日本、韩国和印度等七个主要成员实体资助和运行. ITER 磁体系统由 18 个环向场线圈、一个中心螺线管、六个极向场线圈和 18 个校正线圈组成，所有线圈都是超导电的. 其中，中心螺线管和环向场线圈均在高场下工作，使用 Nb_3Sn 超导材料；极向场线圈和校正线圈使用 NbTi 超导材料. 我国负责提供 ITER 项目中 70% 的低温超导线材(NbTi 线材和 Nb_3Sn 线材).

虽然核聚变技术和装置均源于国外，但我国后来者居上，磁约束核聚变技术已经处于国际领先地位. 例如，中国科学院等离子体物理研究所于 1998~2006 年研制出了世界上首个全超导托卡马克装置，名字为 EAST，EAST 由实验"Experimental"、先进"Advanced"、超导"Superconducting"、托卡马克"Tokamak"四个单词首字母拼写而成，它的中文意思是"先进实验超导托卡马克"，同时具有"东方"的含义，由此也常被称为东方超环. EAST 所有的关键部件均由我国自主设计、研发并拥有完全自主知识产权. 2021 年，东方超环先后创造了可重复的 1.2 亿摄氏度下等离子体运行 101s、1.6 亿摄氏度下等离子体运行 20s 及 7 千万摄氏度下长脉冲高参数等离子体运行 1056s 的世界纪录. 为了开展我国磁约束聚变堆总体设计研究，我国还建立了中国聚变工程试验堆(China Fusion Engineering Test Reactor，CFETR)项目，计划于 2035 年建成，此项目的建设将推动我国聚变堆发电从实验堆向原型电站的过渡.

3. 超导磁悬浮列车

根据悬浮系统的设计不同，磁悬浮列车可以分为常导和超导两种类型. 常导型磁悬浮列车利用传统的车载电磁铁与导轨上的铁磁轨道之间产生的磁吸引力而形成悬浮力和推力，使车辆悬浮起来. 这种磁悬浮列车的悬浮距离只有 10mm 左右的高度，因而对于轨道的平整度有严格的要求，一般只适用于平原地区，时速可达 400~500km. 2002 年底在上海正式投入运行的世界上第一条商业磁悬浮列车线就属于该种类型，所采用的是德国西门子开发的 Transrapid 系统.

超导型磁悬浮列车利用的是超导材料的完全抗磁性，超导磁悬浮列车的轨道呈

"U"形，铁轨底部排布有悬浮线圈，在列车车厢两侧安装有车载超导线圈．当列车行驶时，车载超导线圈在悬浮线圈内产生感应电流，使之变成电磁铁．当功率达到一定值时，由于车载超导线圈和悬浮线圈的排斥力，使列车悬浮起来．超导型磁悬浮列车的悬浮高度可达到 100mm 左右，适用范围较广，时速最高可达 500～600km．日本国家铁路(JNR)开发的 MLU 试验系统属于该种类型的磁悬浮列车．为了确保列车的安全运行，日本科学家还设计了一系列的安全措施．例如，在列车的两侧腰部安装有一排卧式橡胶导向轮，可以避免车厢摇摆而造成的车体与轨道墙体的摩擦和碰撞；在磁悬浮列车的底部安装有支撑车轮，在列车静止或进出站需要低速行驶的情况下起到支撑作用，使列车运动更平稳；为了防止底部的车轮与地面上的悬浮线圈发生碰撞，将地面悬浮线圈改装在了 U 型轨道的两侧壁上，并设计成"8"字形，利用感应磁场的重新组合使列车悬浮．

　　磁悬浮列车的动力装置是由推-挽型磁推进系统提供的，在列车两侧安装有由超导线圈制成的列车电磁铁，在 U 型轨道的两侧壁安装有由超导线圈制成的轨道电磁铁．在列车行驶时，列车电磁铁的极性保持不变，仅当列车经过时，该处的轨道电磁铁才按顺序接通和断开电流．图 4.23 中给出了推-挽型磁推进系统原理图，当列车处在图 4.23(1)的位置时，由于列车电磁铁和轨道电磁铁的相对位置，此时存在四组 N-S 拉力和三组 N-N 或 S-S 的推力，其产生的总效果是推动列车前进．当列车

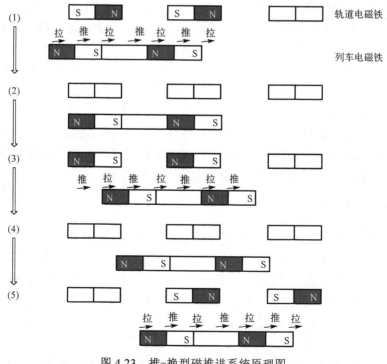

图 4.23　推-挽型磁推进系统原理图

到达图 4.23(2)位置时，断开轨道电磁铁的电流，列车由于惯性而继续前进，直到到达图 4.23(3)的位置，此时轨道电磁铁的电流又被接通，但极性与图 4.23(1)相反，从而使列车加速. 由此反复从而使列车高速行驶.

磁悬浮列车与普通的高速列车相比有着众多的优点，例如，磁悬浮列车与列车轨道间无直接接触，从而减小了行驶阻力，也使速度更快，乘车的舒适度更高；并且它的动力来源是电力而非燃油，所以不易受到能源结构的限制，同时也更环保. 但它也存在与既有路网不兼容、道岔结构复杂、车内噪声大等缺点，尤其对于超导型磁悬浮列车来说，实现超导电性需要低温环境，这对应用环境的要求更高且会大幅度提高工程建设成本. 将超导磁悬浮列车技术推向实用化、低成本化，是未来重要的发展方向之一.

随着近年来高温超导技术的快速发展，我国高温超导磁悬浮列车的研究也获得了很大的进步. 2020 年 1 月，具有完全自主知识产权的高温超导高速磁浮工程化样车及试验线在西南交通大学九里校区正式启用，该试验线是世界首条高温超导高速磁浮真车验证线.

4.5.2　弱电应用举例

1. 超导计算机

利用超导材料的约瑟夫森效应制成的器件可以用于制造新一代的计算机，即超导计算机. 现在计算机大多采用的是半导体技术，硅集成电路技术起到了很大的作用，如果想进一步提高计算机的性能和计算速度，就需要计算机中作为开关元件的速度要更快，并且信号从一个电路单元传到另一个电路单元的时间要远远小于周期时间，这要求很高的芯片集成度和很小的计算机体积. 即使半导体器件可以实现非常高密度的集成，但也很难解决高密度下半导体器件的发热问题，解决问题的出路之一就是研制超导计算机. 利用超导体的约瑟夫森效应制成的约瑟夫森器件具有零电压和非零电压两种状态，即当通过它的电流小于约瑟夫森结的临界电流 I_c 时，可输出零电压；当通过的电流大于 I_c 时，可输出毫伏量级的电压，所以可以用它来组成逻辑电路，用作计算机的元件. 超导材料用于计算机具有许多优点，首先由于超导材料的零电阻特性会大幅度地降低计算机内部的发热量，而且消耗的能量也只有现在普通计算机的千分之一；其次超导的约瑟夫森结的开关速度要比目前使用的半导体集成电路快十几到二十几倍，可使计算速度提升 1～2 个数量级. 将超导体材料应用于计算机将会迎来科学史上的一次重大革命.

2. 超导量子干涉器

超导量子干涉器(SQUID)是基于磁通量量子化和约瑟夫森效应研制而成的.

SQUID 是现在人类所掌握的测量弱磁场手段中最灵敏的磁测量传感器之一,其灵敏度要比常规的磁场传感器高出 2～3 个数量级,可以探测到地磁场的十亿到百亿分之一的磁信号,在弱电磁检测领域具有不可替代的位置.

根据工作原理的不同,SQUID 可分为直流超导量子干涉器(DC-SQUID)和射频超导量子干涉器(RF-SQUID)两种. DC-SQUID 的超导环中包括两个平行放置的约瑟夫森结,工作在直流电流下. 如图 4.24 所示,当超导环内的磁通量变化了一个磁通量子 Φ_0 时,SQUID 的电压改变一个周期. 通过振荡计数器探测这种微小的电压变化即可知道磁通量的变化,这种方式最小可探测 $10^{-6}\Phi_0$ 的磁通量变化. RF-SQUID 的超导环路中只有一个约瑟夫森结并工作在交流电流下. 射频电流驱动一个 LC 谐振回路,通过互感与超导环路耦合,环内磁通量变化时,共振回路的电压以 Φ_0 为周期变化. RF-SQUID 最小可探测 $10^{-5}\Phi_0$ 的磁通量变化,灵敏度比 DC-SQUID 要差一些.

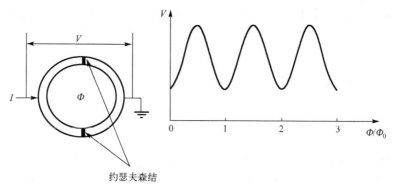

图 4.24　DC-SQUID 工作原理

早期的 SQUID 一般是采用液氦制冷,在 4.2K 下,灵敏度最高可达到 $1\text{fT/Hz}^{1/2}$. 20 世纪 80 年代,出现了高温超导量子干涉器,可以在液氮($T \leqslant 77\text{K}$)温区工作,灵敏度可达到 $12\text{fT/Hz}^{1/2}$. SQUID 由于灵敏度高、响应速度快、测量范围宽,目前已被用于多个领域,例如,在地质学和考古学中,可以利用 SQUID 来探测埋于地下的矿藏或建筑物等;在航空领域,可以通过 SQUID 来检测飞机机体上的微小裂缝,消除安全隐患;在医学中,可以利用 SQUID 测量脑电波形成的磁场得到脑磁波扫描结果;将 SQUID 作为传感器安装在核磁共振成像仪中,还可以扫描心电流得到磁心动图;等等.

从超导发现到现在已有百余年,但人们对超导的认识也只是冰山一角,超导还有众多的谜题需要去探索,例如,超导的机理缺少一个公认的理论;室温超导还没有实现;其他高温超导体系的发现等. 未来超导的探索之路必然是艰辛且漫长的,但是相信随着人们对超导的更多发现与应用,它将会给人类的生产和生活方式带来一次重大的变革.

习 题 四

一、填空题

1. 判断材料是否具有超导电性, 必须同时具有的两个基本特征: 一是_____; 二是_____.

2. 超导体材料三个主要特征参数是: _____、_____、_____.

3. 第 II 类超导体具有两个临界磁场 H_{c1} 和 H_{c2}, 在_____、_____条件下, 具有零电阻, 但不具有完全抗磁性.

4. BCS 理论认为超导体的零电阻是由于超导中存在_____.

5. BCS 理论的建立基础: _____、_____、_____.

6. 第一代高温超导材料以_____为主, 第二代高温超导材料以_____为主.

7. 铋系超导材料结构中导电层是_____, 载流子层是_____.

8. 根据母体化合物的组成和晶格结构的不同, 铁基超导体一般可以分为_____、_____、_____、_____及_____等五类.

9. 超导磁悬浮列车利用的是超导材料的_____特性研制的.

二、思考题

1. 什么是超导材料? 超导材料的两个基本特征是什么?

2. 超导体为什么会出现迈斯纳效应?

3. 分析超导材料处于超导态时, 温度、磁场、电流之间的关系.

4. 简述 BCS 理论核心内容.

5. 列举两种及以上典型的高温超导体材料, 并写出其化学通式.

6. 列举我国在超导材料领域的成就.

7. 简述超导材料的开发、研究对科学技术应用与发展有哪些重要的意义与价值.

参 考 文 献

陈式刚, 张信威, 张万箱. 1991. 高温超导研究[M]. 成都: 四川教育出版社.

龚昌德, 吴杭生, 蔡建华, 等. 1978. 超导临界温度理论 (II) [J]. 物理学报, 27 (1): 85-93.

金建勋. 2015. 高温超导技术与应用原理[M]. 成都: 电子科技大学出版社.

李长青. 2014. 功能材料[M]. 哈尔滨: 哈尔滨工业大学出版社.

梁励芬, 蒋平. 2005. 大学物理简明教程[M]. 2 版. 上海: 复旦大学出版社.

罗会仟. 2022. 超导"小时代": 超导的前世、今生和未来[M]. 北京: 清华大学出版社.

史力斌, 费英, 修晓明. 2012. 功能材料: 超导体的超导电性及其微波特性[M]. 沈阳: 东北大学出版社.

孙伟民, 刘双强, 赵文辉, 等. 2015. 光学原子磁力仪[M]. 哈尔滨: 哈尔滨工程大学出版社.

王家素, 王素玉. 1995. 超导技术应用[M]. 成都: 成都科技大学出版社.

王科, 曹昆南, 胡南南, 等. 2018. 高温超导限流器[M]. 北京: 机械工业出版社.

王其俊. 1988. 超导量子干涉器[M]. 西安: 西北大学出版社.

吴杭生, 蔡建华, 龚昌德, 等. 1977. 超导临界温度理论（Ⅰ）[J]. 物理学报, 26(6): 509-520.

伍勇, 韩汝珊. 1997. 超导物理基础[M]. 北京: 北京大学出版社.

杨冬晓. 2007. 现代信息电子学物理[M]. 杭州: 浙江大学出版社.

张裕恒. 2009. 超导物理[M]. 3 版. 合肥: 中国科技大学出版社.

章立源. 2005. 超越自由: 神奇的超导[M]. 北京: 科学出版社.

赵忠贤, 于禄. 2013. 铁基超导体物性基础研究[M]. 上海: 上海科学技术出版社.

郑贝贝, 邵玲, 陈英伟. 2021. 实用化 Bi 系超导带材的制备工艺研究进展[J]. 人工晶体学报, 50(8): 1583-1592.

周廉, 甘子钊. 2008. 中国高温超导材料及应用发展战略研究[M]. 北京: 化学工业出版社.

Buzea C, Yamashita T. 2001. Review of the superconducting properties of MgB_2[J]. Supercond. Sci. Technol., 14(11): 115-146.

Cao Y, Fatemi V, Demir A, et al. 2018. Correlated insulator behaviour at half-filling in magic-angle graphene superlattices[J]. Nature, 556(7699): 80-84.

Cao Y, Fatemi V, Fang S, et al. 2018. Unconventional superconductivity in magic-angle graphene superlattices[J]. Nature, 556(7699): 43-50.

Chen X H, Dai P C, Feng D L, et al. 2014. Iron-based high transition temperature superconductors[J]. Nat. Sci. Rev., 1(3): 371-395.

Cho A. 2008. New superconductors propel Chinese physicists to forefront[J]. Science, 320(5875): 432-433.

Dias R P, Silvera I F. 2017. Observation of the Wigner-Huntington transition to metallic hydrogen[J]. Science, 355(6326): 715-718.

Drozdo A P, Kong P P, Minkov V S, et al. 2019. Superconductivity at 250K in lanthanum hydride under high pressures[J]. Nature, 569(7757): 528-531.

Drozdov A P, Eremets M I, Troyan I A, et al. 2015. Conventional superconductivity at 203 kelvin at high pressures in the sulfur hydride system[J]. Nature, 525(7567): 73-76.

Duan D, Liu Y, Tian F et al. 2014. Pressure-induced metallization of dense $(H_2S)_2H_2$ with high-T_c superconductivity[J]. Sci. Rep., 4(1): 6968.

Gao Z S, Wang L, Qi Y P, et al. 2008. Superconducting properties of granular $SmFeAsO_{1-x}F_x$ wires with T_c=52 K prepared by the powder-in-tube method[J]. Supercond. Sci. Tech., 21(11): 112001.

Godeke A. 2006. A review of the properties of Nb_3Sn and their variation with A15 composition, morphology and strain state[J]. Supercond. Sci. Technol., 19(8): 68-80.

Huang H, Yao C, Dong C H, et al. 2018. High transport current superconductivity in powder-in-tube $Ba_{0.6}K_{0.4}Fe_2As_2$ tapes at 27T [J]. Supercond. Sci. Technol., 31(1): 015017.

Li Y, Hao J, Liu H, et al. 2014. The metallization and superconductivity of dense hydrogen sulfide[J]. J. Chem. Phys., 140(17): 174712.

Matthias B T , Geballe T H, Geller S, et al. 1954. Superconductivity of Nb_3Sn[J]. Phys. Rev., 95(6): 1435.

Rotter M, Tegel M, Johrendt D, et al. 2008. Spin-density-wave anomaly at 140 K in the ternary iron arsenide $BaFe_2As_2$[J]. Phys Rev B, 78(2): 020503.

Scanlan R M, Malozemoff A P, Larbalestier D C. 2004. Superconducting materials for large scale applications[J]. Proceedings of the IEEE, 92(10): 1639-1654.

Snider E, Dasenbrock-Gammon N, McBride R, et al. 2020. Room-temperature superconductivity in a carbonaceous sulfur hydride[J]. Nature, 586(7829): 373-377.

Wang X C, Liu Q Q, Lv Y X , et al. 2008. The superconductivity at 18 K in LiFeAs system[J]. Solid State Commun., 148(11-12): 538-540.

Zhang X P, Oguro H, Yao C, et al. 2017. Superconducting properties of 100-m class $Sr_{0.6}K_{0.4}Fe_2As_2$ tape and pancake Coils[J]. IEEE T. Appl. Supercon., 27(4): 7300705.

Zhang X P, Yao C, Lin H, et al. 2014. Realization of practical level current densities in $Sr_{0.6}K_{0.4}Fe_2As_2$ tape conductors for high-field applications[J]. Appl. Phys. Lett., 104(20): 20260.

第5章 碳材料

　　碳元素是自然界中分布最广的元素之一,是有机物、生命体的重要组成元素.碳原子因其特殊的电子态结构,可形成不同形式的 $sp^n (n \leqslant 3)$ 杂化轨道,从而构建出众多结构迥异且性能优异的碳材料.随着时代的变迁和科学的进步,人们不断地研究发明了许多新型碳材料,如碳纤维、石墨层间化合物、柔性石墨、储能型碳材料、玻璃碳、富勒烯、碳纳米管、纳米金刚石、石墨烯等.其中,石墨烯具有非常优异且独特的物理、化学性质,是目前已经发现的最轻、最薄、强度最大、导电性和热导性最好的材料,其发现和应用为高性能复合材料、智能材料、电子器件、太阳能电池、能量储存和药物载体等领域带来了飞速发展的契机.因此,石墨烯自被成功发现以来,便迅速成为各国政府、高校、研究院所、企业的研究焦点,并掀起了应用开发和产业化的热潮.此外,高性能碳纤维因其低密度、优异的力学性能、高稳定性等性能特点,在航空航天、体育用品、汽车等行业领域内发挥日益重要的作用.目前,高性能碳纤维产业正飞速发展,已经形成了巨大的工业产值和市场规模.本章中将对石墨烯、碳纤维这两类具有巨大应用价值的功能碳材料的发展现状、结构、物理化学性质、制备方法、表征手段和实际应用领域进行介绍.

5.1 石　墨　烯

石墨烯的
前世今生

5.1.1 石墨烯简介

　　石墨烯(graphene)这一术语首次出现在 1986 年,由伯姆(H.P.Boehm)等提出并准确定义,并于 1994 年被国际纯粹与应用化学联合会(IUPAC)明确统一了定义,用以描述石墨层间化合物中的通过 sp^2 杂化轨道键合的单层二维碳原子层.2004 年,英国曼切斯特大学的物理学家安德烈·海姆(Andre K. Geim)和康斯坦丁·诺沃肖洛夫(Konstantin S. Novoselov)对机械剥离的高定向热解石墨样品进行了严谨细致的研究,成功发现了单层石墨烯实物样品并揭示了其独特的场效应特性.二人也因在石墨烯方面的开创性工作获得了 2010 年诺贝尔物理学奖.

　　自 2004 年在实验上成功剥离以来,石墨烯迅速成为各国科学界和产业界的研究焦点.基于石墨烯材料,人们不仅取得了诸多重要的基础研究成果,而且还掀起了石墨烯应用开发和产业化的热潮.中国是石墨烯资源大国,也是石墨烯研究和应用开发最为活跃的国家之一. 2011 年至今，我国发表的石墨烯相关研究论文数、申请专利数均处于世界前列，全球近三分之一的研究论文和近一半的专利来自中国. 相关研究统计数据表明，2006~2018 年间我国研究者关于石墨烯的论文发表量逐年上升，研究方向遍布各个应用领域，包括超级电容器、锂离子电池、太阳能电池、光电催化、涂层材料、燃料电池、生物材料、传感器制备、透明材料、散热材料、柔性材料等. 截至 2020 年底，我国石墨烯相关企业注册量超 6 千家. 另一方面，我国政府对石墨烯材料的发展也高度重视，仅科学技术部国家重点基础研发计划(973 计划)就先后立项三项，2015 年工业和信息化部联合国家发展和改革委员会、科技部出台了《关于加快石墨烯产业创新发展的若干意见》，提出了我国石墨烯材料未来的发展目标. 石墨烯材料已然成为当前我国国家战略前沿重要的研究领域之一.

5.1.2 石墨烯的结构及缺陷

1. 石墨烯的晶格、原胞结构

石墨烯是一种由碳原子以 sp^2 杂化方式联结而成的蜂窝状平面薄膜，具有二维六角复式晶格结构，空间群为 $P6/mmm$. 如图 5.1 所示，石墨烯的晶格中有两种不等价的碳原子，分别位于 A 和 B 两种晶格位点上. 两种碳原子分别形成相同的简单晶格，并相互穿套形成六角复式晶格. 其中，位于 A 位点的碳原子，其最近邻的三个碳原子组成一个倒三角形. 而位于 B 位点的碳原子，其最近邻的三个碳原子则组成一个正三角形.

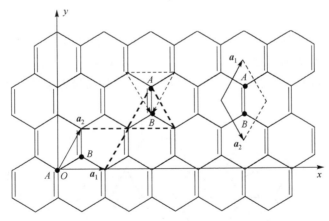

图 5.1　石墨烯的晶格结构、原胞和原胞基矢

图 5.1 中左右两侧所示的菱形原胞和相应的原胞基矢，为石墨烯常用的两种原胞和原胞基矢的选取方式. 位于图中左侧的菱形原胞的原胞基矢为

$$\boldsymbol{a}_1 = \sqrt{3}a\boldsymbol{i} \tag{5-1}$$

$$\boldsymbol{a}_2 = \frac{\sqrt{3}}{2}a\boldsymbol{i} + \frac{3}{2}a\boldsymbol{j} \tag{5-2}$$

位于图中右侧的菱形原胞的原胞基矢为

$$\boldsymbol{a}_1 = \frac{\sqrt{3}}{2}a\boldsymbol{i} + \frac{3}{2}a\boldsymbol{j} \tag{5-3}$$

$$\boldsymbol{a}_2 = \frac{\sqrt{3}}{2}a\boldsymbol{i} - \frac{3}{2}a\boldsymbol{j} \tag{5-4}$$

其中，$a \approx 0.142\mathrm{nm}$ 为最近邻碳原子之间的距离. $a_0 = \sqrt{3}a \approx 0.2476\mathrm{nm}$ 为石墨烯的晶格常数.

2. 石墨烯结构的倒格子

由正格基矢和倒格基矢之间的关系式

$$\boldsymbol{a}_i \cdot \boldsymbol{b}_j = \begin{cases} 2\pi, & i = j \\ 0, & i \neq j \end{cases} \tag{5-5}$$

以图 5.1 中左侧菱形原胞为例，可计算出石墨烯结构的倒格子原胞基矢分别为

$$\boldsymbol{b}_1 = \frac{2\pi}{3a}(\sqrt{3}\boldsymbol{i} - \boldsymbol{j}) \tag{5-6}$$

$$\boldsymbol{b}_2 = \frac{4\pi}{3a}\boldsymbol{j} \tag{5-7}$$

由此可知石墨烯结构的倒格子也具有二维六角复式晶格结构，见图 5.2. 图 5.2 中左侧由倒格子原胞基矢所构成的菱形即倒格子原胞，其中包含有两种不等价的格点 K、K'. 在倒格子空间中，若以某一格点 Γ 为原点，做其与最近邻等价格点连线的垂直

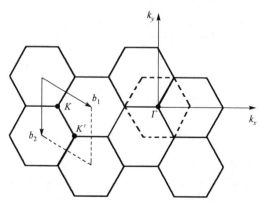

图 5.2　石墨烯晶格的倒格子、倒格子原胞和第一布里渊区

平分线，则垂直平分线所围成的正六边形称为第一布里渊区，同理可以给出第二布里渊区（做 Γ 点与次近邻等价格点连线的垂直平分线所围区域与第一布里渊区之间的区域）、第三布里渊区等. 图 5.2 中右侧以 Γ 为原点的虚线围成的六边形即为石墨烯的第一布里渊区.

3. 石墨烯的边缘结构

理论上理想石墨烯的边缘主要有两种结构，分别为锯齿（zigzag）型结构和扶手椅（armchair）型结构，见图 5.3. 锯齿型边缘结构中的碳六元环的角朝外，位于石墨烯边缘的碳原子连接成锯齿型（z 字型）的碳链. 扶手椅型边缘结构中的碳六元环的边朝外，位于石墨烯边缘的碳原子连接成凹凸相间的扶手椅型碳链.

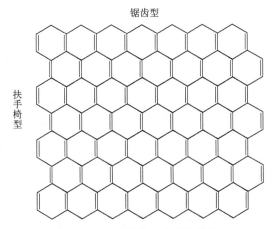

图 5.3　石墨烯的两种边缘结构

4. 双层和少层石墨烯的结构

石墨烯按照堆叠层数划分，可大致分为单层、双层和少层（3～10 层）石墨烯.

单层石墨烯（single-layer graphene）：指以苯环结构周期性紧密堆积（即六角形蜂巢结构）的碳原子构成的一种单原子厚度的二维碳原子层. 严格意义上讲，石墨烯指的应是单层石墨烯.

双层石墨烯（bilayer or double-layer graphene）：指两层以苯环结构周期性紧密堆积的碳原子（即两个单层石墨烯）以不同的堆垛方式构成的一种二维碳材料（图 5.4）. 根据石墨烯层间的堆垛方式和角度，又可以将双层石墨烯分为 AB 或 AA 堆垛双层石墨烯和转角双层石墨烯. 当上层石墨烯苯环结构中碳原子恰好落在下层苯环结构中心且两层取向一致时，称为 AB 堆垛. 若下层碳原子重复上层碳原子排列，则称为 AA 堆垛. 转角石墨烯是由 AB 堆垛的双层石墨烯中两石墨烯层间产生了一定的旋转角度形成．转角石墨烯由于各层蜂窝网状晶格之间微小的错位而会产生长周期的莫尔图纹．

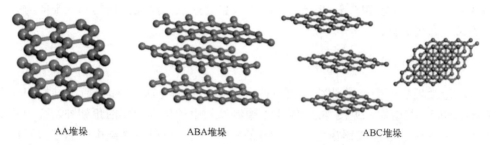

AA堆垛 ABA堆垛 ABC堆垛

图 5.4 双层和少层石墨烯结构示意图

少层石墨烯（few-layer or multi-layer graphene）：指由 3～10 层以苯环结构周期性紧密堆积的碳原子以 ABA 堆垛、ABC 堆垛等堆垛方式构成的一种二维碳材料．第一层（A 层）与第二层（B 层）间为 AB 堆垛，第三层重复第一层的碳原子排列，第四层又与第二层重复，以下依次类推，这种堆垛方式称为 ABA 堆垛．若第三层（C 层）的苯环结构中的每个碳原子中心不与第一层的原子中心重复，而是位于第二层苯环结构以及第一层苯环结构中心处．之后，第四层的原子中心与第一层的原子中心重复，第五层的又与第二层的重复，照此类推，这种堆垛方式称为 ABC 堆垛（图 5.4）．

5. 石墨烯的缺陷

由于二维晶体在热力学上的不稳定性，石墨烯并不是完全平整的单原子层，其表面上会存在有横向尺度在 8～10nm 范围内、纵向尺度在 0.7～10nm 范围内的本征褶皱．这种三维空间内的褶皱能引起静电，导致石墨烯间的聚集．同时，褶皱尺寸的大小也可以影响石墨烯的电学和光学性质．除褶皱外，石墨烯表面还会存在有各种形式的缺陷，如 Stone-Wales 缺陷（形貌上的缺陷，如在石墨烯平面中出现五元环、七元环等）、孔洞（空穴缺陷）、裂纹、边缘缺陷和杂原子等（图 5.5）．这些缺陷，可以归纳为本征缺陷和外引入缺陷两大类．

1）本征缺陷

本征缺陷是由石墨烯上非 sp^2 轨道杂化的碳原子构成．这类碳原子的出现通常是因为本身所在的或者周围的碳六元环中缺少或者多出碳原子所导致，进而在石墨烯表面形成非六元碳环甚至点域或者线域的空洞缺陷．石墨烯的本征缺陷可以细分为以下五类．

（1）Stone-Wales 缺陷．该类缺陷是由于石墨烯原子层上 C—C 键的旋转而形成的五元环、七元环等缺陷．该类缺陷的形成不会致使石墨烯层内发生碳原子的引入或者移除，也不会产生具有悬键的碳原子．

（2）单空穴缺陷. 石墨烯层内连续排列的碳六元环中丢失一个碳原子，就会在石墨烯的二维结构中形成一个单空穴缺陷. 丢失一个碳原子会导致本来与其相连的三个共价键断裂，进而形成三个悬键. 在 Jahn-Teller 效应影响下，为了降低分子整体能量，石墨烯丢失碳原子区域会发生原子排列重构，使两个悬键彼此连接，剩余一个悬键，同时区域结构调整，使层面突起.

（3）多重空穴缺陷. 单空穴缺陷的基础上，再丢失一个碳原子，就会产生多重空穴缺陷.

（4）线缺陷. 在化学气相沉积方法制备石墨烯的过程中，石墨烯会在金属表面的不同位置随机生长，导致不同位置生长的石墨烯会有不同的二维空间走向. 当这些石墨烯生长到一定大小后，开始发生交叉融合，融合的过程中由于起始晶向的不同开始出现缺陷，这种缺陷通常呈现线型.

（5）面外碳原子引入缺陷. 单空穴和多重空穴缺陷形成时会产生"丢失碳原子"，当其在脱离原始碳六元环后，若未完全脱离石墨烯，则会转变为离域碳原子而在石墨烯表面迁移，当其迁移至石墨烯某一位置时，会形成新的键，进而形成缺陷.

2）外引入缺陷

外引入缺陷，也可以称为不纯缺陷，这类缺陷的形成是由与石墨烯上碳原子共价结合的非碳原子所导致的. 由于原子种类的不同，外原子缺陷如 N、O 等强烈地影响着石墨烯上的电荷分布和性质. 外引入缺陷具体又可以分为两类：一类为面外杂原子引入缺陷，一类为面内杂原子取代缺陷.

（1）面外杂原子引入缺陷. 在化学气相沉积或者强氧化的条件下，石墨烯表面不可避免地会引入金属原子或者含氧官能团等杂质原子，以强的化学键或者弱的范德瓦耳斯力与石墨烯中碳原子发生键合，形成面外杂原子引入缺陷.

（2）面内杂原子取代缺陷. 一些原子如氮、硼等，可以形成三个化学键，可以取代石墨烯中碳原子的位置形成石墨烯面内杂原子取代缺陷.

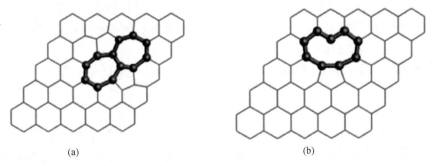

(a)　　　　　　　　　　　(b)

图 5.5　Stone-Wales 缺陷(a)、孔洞(b)

5.1.3　石墨烯的性质

1. 石墨烯的电学性质

1)石墨烯的电子能带结构

石墨烯晶体原胞中每个碳原子的四个价电子中的三个，分别与邻近碳原子之间通过 sp² 杂化轨道形成三个 σ 键. 另外一个 p 轨道电子贡献给非局域化的 π 和 π* 键，分别形成最高占据电子轨道(价带)和最低非占据电子轨道(导带). 石墨烯特殊的二维结构使 π 与 π* 键在布里渊区的 $K(K')$ 点处退化、费米面收缩成一个点(即石墨烯的导带与价带相交于布里渊区的 $K(K')$ 点)，形成无带隙的能带结构. 因此，石墨烯是一种带隙为零的半金属材料(半金属，导带与价带之间有一小部分交叠). 图 5.6 所示为石墨烯的晶格结构、布里渊区和能带结构示意图.

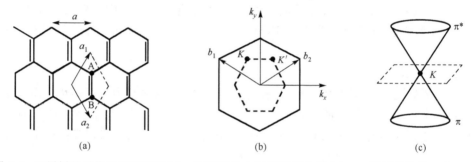

|(a)|(b)|(c)|

图 5.6　石墨烯的晶格结构示意图(a)、石墨烯的布里渊区示意图(b)、石墨烯的能带示意图(c)

通过紧束缚模型可推导出石墨烯的导带和价带能量

$$E^{\pm}(k_x,k_y)=\pm\gamma_0\sqrt{1+4\cos\left(\frac{\sqrt{3}k_xa_0}{2}\right)\cos\left(\frac{k_ya_0}{2}\right)+4\cos^2\left(\frac{k_ya_0}{2}\right)} \tag{5-8}$$

式中，E^+ 和 E^- 分别代表导带和价带能量；$a_0=a\sqrt{3}$ 为石墨烯的晶格常数；a 是石墨烯中相邻碳原子间的距离，约为 0.142nm；γ_0 代表相邻碳原子间电子相互作用的参数，其大小约为 3.15eV.

式(5-8)在布里渊区的 $K(K')$ 点处的泰勒展开为线性分散带，即

$$E^{\pm}(k)=\pm\frac{\sqrt{3}}{2}a_0\gamma_0k \tag{5-9}$$

由该式可知，在 $K(K')$ 点附近极小范围内石墨烯能带是线性的且相交于点 $K(K')$，即狄拉克点. 在线性带的近似下，能量曲线是围绕狄拉克点的圆圈，导带和价带呈现为相对于狄拉克点上下对称的圆锥形(狄拉克锥)(图 5.6(c)). 线性带是石墨烯材料的一个重要标志，石墨烯的许多有趣的物理性质的产生得益于此，如半整数量子

霍尔效应、贝里相位、克莱茵佯谬等.

由式(5-9)可得，狄拉克点周围的电子态密度为

$$D(E) = \frac{8|E|}{3\pi\gamma_0^2 a^2} E^2 \tag{5-10}$$

石墨烯的载流子密度为

$$n = \frac{4}{3\pi\gamma_0^2 a^2} E^2 \tag{5-11}$$

由式(5-10)可知，石墨烯的电子态密度与能量是成比例的，并且在费米能级($E=0$)处态密度为零. 这表明石墨烯的价带被电子填满，而导带却全空，导带与价带相交于狄拉克点.

由于石墨烯在狄拉克点附近的能带是线性的，π 电子的能量和动量则是线性相关的，其运动不能够再用传统的薛定谔方程加以描述，只能通过相对论的狄拉克方程进行表述. 此外，每个 π 轨道之间的相互作用形成巨大的共轭体系，π 电子或空穴在巨大的共轭体系中以非常高的速率移动，电子行为类似于二维电子，使其可视为有效质量为零的狄拉克费米子.

在 K 点的有效哈密顿量通过狄拉克矩阵方程表示为

$$H = \begin{bmatrix} 0 & \gamma_K \\ \gamma_K & 0 \end{bmatrix} = \hbar v_F \boldsymbol{\sigma} \cdot \boldsymbol{k} \tag{5-12}$$

其中，v_F 是费米群速度，$\boldsymbol{\sigma}$ 是二维赝自旋泡利矩阵. 在 K 点附近的电子态包含了晶格不同点位置的态函数，以及他们之间的相互作用. K 点周围的本征波函数为

$$\Psi_{s,k}^0(\boldsymbol{r}) = \frac{1}{\sqrt{2}} \left(\frac{1}{se^{i\theta_k}} \right) e^{i\boldsymbol{k}\cdot\boldsymbol{r}} \tag{5-13}$$

其中，$s=\pm1$ 是带指数，θ_k 是波矢 $\boldsymbol{k}$ 的极角.

对于少层或多层石墨烯，由于层间相互作用使得其能带结构随着层数的增加而逐渐变得复杂. 例如，AB 堆叠的双层石墨烯拥有两个导带和两个价带，其中一对导价带在狄拉克点处相交，另外一对导价带的带底和带顶仍然在狄拉克点处但其能量却不相同. 双层石墨烯仍然保持着相对于狄拉克点对称的电子结构，并且有着类似于单层石墨烯的零带隙半金属性质. 但是，其狄拉克点附近的能带呈抛物线状不再具有线性带的特征. 对于三层或三层以上的石墨烯可以看成是单层石墨烯和双层石墨烯的组合来进行研究.

2)石墨烯的电学性能

单层石墨烯带隙为零，呈现半金属性质. 实验表明，石墨烯在室温下载流子迁移率大于 $15000 \text{cm}^2 \cdot \text{V}^{-1} \cdot \text{s}^{-1}$，最高可达 $200000 \text{cm}^2 \cdot \text{V}^{-1} \cdot \text{s}^{-1}$ 且基本不受温度的影响，是

目前硅材料的 100～1000 倍. 石墨烯中电子被限制在单原子层面上运动, 室温下微米尺度内(约为 300～500nm)的传输是弹道式的, 不发生电子散射. 这使石墨烯的电阻率比目前已知室温下电阻率最低的银($1.59\times10^{-6}\Omega\cdot cm$)还小, 约为 $10^{-6}\Omega\cdot cm$. 此外, 石墨烯具有较弱的自旋-轨道耦合作用, 即碳原子的自旋与轨道角动量的相互作用很小, 这使得石墨烯的自旋传输特性可超过微米, 电子自旋传输过程相对容易控制. 因而, 被认为是制造自旋电子器件的理想材料. 另外, 研究人员们在石墨烯中还观测到了不同于其他二维电子气体的反常量子霍尔效应. 在高磁场条件下, 常温下即可实现石墨烯的量子霍尔效应.

2. 石墨烯的力学性质

石墨烯具有优异的力学性质, 同时石墨烯独特的二维结构使其力学性质具有强烈的各向异性. 石墨烯层具有非常低的抗弯刚度, 使其在石墨烯层的面外形变时表现得很软. 这种性质使石墨烯很容易在外力或热波动作用下折叠成众多的三维形貌. 然而, 石墨烯的沿层面方向受拉性能却非常优异. 理论上预测石墨烯的杨氏模量为 1TPa, 而且在很大的温度范围内泊松比只有 0.1 左右. 进一步实验结果表明, 单层石墨烯的厚度为 0.335nm, 平均断裂强度为 $55N\cdot m^{-1}$, 杨氏模量可达$(1.0\pm0.1)TPa$, 理想强度为$(130\pm10)GPa$. 碳原子间的强大作用力使石墨烯成为目前已知的力学强度最高的材料之一, 并作为增强材料在高强度复合材料制备领域中被人们广泛应用.

3. 石墨烯的热学性质

相对于电学性质的研究, 石墨烯的热学性质研究起步较晚. 2008 年, 加州大学河滨分校的研究人员用拉曼光谱法第一次测量了单层石墨烯的热导率, 发现石墨烯热导率最高可达 $5300W\cdot m^{-1}\cdot K^{-1}$, 远高于石墨块体和金刚石, 是已知材料中热导率的最高值. 表 5.1 为目前人们对石墨烯热导率的测量结果和相应的测试方法. 随着理论研究的深入和测量技术的进步, 研究发现石墨烯的热传导主要由声子贡献, 单层石墨烯的高热导率与其中特殊的声子散射机制有关. 关于石墨烯热传导的主要声子贡献来源, 学界的认知随着研究的更新而不断发生变化, 目前还没有定论.

表 5.1 石墨烯热导率测量的主要研究结果及测量、制备方法

样品	热导系数/$(W\cdot m^{-1}\cdot K^{-1})$	测量方法	制备方法
单层石墨烯	5300±480	拉曼光谱	机械剥离法
单层石墨烯	370+650/-320	拉曼光谱	CVD 法, Au/SiN$_x$ 衬底
单层石墨烯	630	拉曼光谱	机械剥离法, SiO$_2$ 衬底
单层石墨烯	2500+1100/-1050	拉曼光谱	CVD 法
单层石墨烯	1689±100	悬空热桥法	CVD 法

样品	热导系数/(W·m^{-1}·K^{-1})	测量方法	制备方法
单层石墨烯	579±34	悬空热桥法	机械剥离法，SiO$_2$ 衬底
双层石墨烯	620±80	悬空热桥法	机械剥离法
三层石墨烯	327	悬空热桥法	机械剥离法，SiN$_x$ 衬底
多层石墨烯	1930±1400	时域热反射法	机械剥离法，194nm 厚
石墨烯薄膜	1100（1940）	基光闪光法	还原氧化石墨烯

石墨烯的热导率具有厚度依赖性. 理论研究发现，当石墨烯的厚度从单原子层变为双原子层时，垂直于石墨烯平面的横向声学支（ZA）声子贡献的热导率大幅下降，石墨烯整体热导率降低. 随着原子层数目增加，热导率持续下降，当石墨烯层数在 5 层及以上时，其热导率已十分接近石墨块体. 由于制备的石墨烯样品的长度普遍在微米级，与平面内声子平均自由程相当，存在弹道输运现象，因而表现出石墨烯的热导率与横向尺寸存在依赖关系. 理论研究表明，石墨烯热导率在横向尺寸 L 小于 30μm 时遵循 $\log(L)$ 增加的规律，在 L 为 30μm 左右时达到最大值，并随 L 增加而下降. 除厚度、长度尺寸等因素外，影响石墨烯热导率的因素还包括晶粒尺寸、缺陷、同位素、化学修饰等.

4. 石墨烯的光学性质

单层石墨烯的吸光率约为 2.3%，并且由于狄拉克电子的线性分布，使从可见光到太赫兹宽波段都为石墨烯光谱吸收范围. 单层石墨烯的反射率可以忽略不计，当石墨烯增加到 10 层时反射率也仅为 2%. 单层石墨烯在近红外、中红外波段及可见光区内具有高透明性，其吸收光谱在 300~2500nm 范围内比较平坦，并在紫外光区约 270nm 处有一个吸收峰. 上述性质使石墨烯在透明导电材料，尤其是窗口材料领域拥有广阔的应用前景. 此外，由于狄拉克电子的超快动力学和泡利阻隔在锥形能带结构中的存在，使石墨烯也具有优秀的非线性光学性质.

5. 石墨烯的化学性质

石墨烯是由共轭的 sp^2 杂化碳原子组成的单原子层厚度的二维结构，拥有巨大的比表面积（约为 2600m^2/g），且可以看成是一个大的芳香族六元环"聚分子"（类似于有机分子不饱和体系）. 因此，在单层石墨烯双面可以吸附化学物质并发生很多类型的有机反应. 可以通过接枝功能分子或者插入聚合物和无机物进行功能化来进一步提高石墨烯的机械强度、热导性和电导性等性能. 由于石墨烯平面包含巨大的 π-π 共轭体系而缺少空置的化学键，在石墨烯平面发生的化学反应通常具有较高的能量势垒，需要较高反应活性的物质才能引发. 因此，石墨烯平面的化学反应活性较低，大部分反应易于发生在石墨层的边缘或缺陷位点. 此外，可以通过芳香族苯环分子与石墨烯面之间以 π-π 堆叠或者范德瓦耳斯力等非共价键相互作用来修饰石墨烯. 相较于通过化学反应功能化石墨烯, 非共价键修饰的优势在于不会破坏石墨烯 π 共轭体系, 而且这些修饰方法简单易行. 另一方面, 氧化石墨烯表面含有丰富的含氧基团(如环氧基、羟基、羧基等), 可以利用多种化学反应对其进行共价键功能化, 是获取功能化石墨烯的重要手段之一.

5.1.4 石墨烯的制备

石墨烯的制备方法可大致分为两类, 分别为自上而下制备法和自下而上制备法. 自上而下制备法主要包括机械剥离法、液相剥离法、氧化还原法等. 自下而上的制备方法主要包括化学气相沉积法(CVD)法、碳化硅(SiC)外延生长法、偏析生长法等. 此外, 本节也将介绍一种基于 CVD 法发展出来的用于工业生产大面积石墨烯的方法, 即卷对卷法.

1. 机械剥离法

机械剥离法是利用机械外力(如拉力、摩擦力等)克服石墨中石墨层间较弱的范德瓦耳斯力, 经过不断地剥离从而得到少层甚至是单层石墨烯的一种方法. 根据作用尺度的不同, 这类方法还可以细分为微机械剥离法和宏观剥离法(包括机械切割石墨法、研磨等方法). 机械剥离法制备过程简单, 制得的石墨烯质量高, 但产量低、可控性差, 无法实现大面积和规模化制备, 故主要用于实验室中开展物理、物性和器件研究.

1) 微机械剥离法

利用胶带黏附力克服石墨层间作用力来制备单层石墨烯的方法. 该方法由于简单有效, 在科学研究中应用最为普遍. 2004 年, 海姆和诺沃肖洛夫领导的研究小组就是运用该方法, 利用透明胶带经过反复粘揭, 从高定向热解石墨中剥离出了单层石墨烯. 采用胶带的微机械剥离法虽然可以获得较小尺寸的单层或者少层的石墨烯, 但是这种方法却很难精确控制剥离下的石墨烯的层数. 为此, 研究人员开发了一种利用锌膜进行剥离以获得层数可控的石墨烯的新方法. 该方法通过在石墨顶端溅射一层锌膜然后将锌膜除掉带走石墨顶层石墨层, 反复如此操作, 即可将石墨"减薄", 进而得到层数可控的石墨烯. 但是这种方法会对石墨烯的结构造成损伤. 此外, 摩擦剥离法也是一种能够制备石墨烯的微机械剥离方法. 该方法通过将石墨"磘"到 SiO₂/Si 等基底表面, 从基底表面上留下的石墨薄片中寻找到石墨烯. 总而言之, 微机械剥离法由于产量低且剥离尺寸较小, 并不适合大面积、大规模制备石墨烯, 只适用于实验室中的研究, 但此种方法制备石墨烯晶体结构完整所制备的电子器件性能良好.

2）宏观剥离法

为了提高石墨烯产量，研究者们发展了许多宏观剥离法，其中具有代表性的方法是机械切割石墨法和机械研磨石墨法. 机械切割石墨法通过使用一个锐利且高频振动的金刚石楔头切割工具对高定向热解石墨进行剥离，进而得到大面积的厚度在 $20\sim30$ nm 的少层石墨片. 但此方法所得石墨片表面非常粗糙且层数也不均一. 机械研磨石墨法首先用球磨机球磨分散在二甲基酰胺溶液中的石墨，然后反复离心清洗除去未被剥离的石墨和溶剂，进而获得单层或少层的石墨片. 这种方式廉价方便，但是球磨过程中的剪切应力会破坏石墨烯的晶格结构且所得石墨片尺寸过小、层数不可控，仍有待改进.

2. 液相剥离法

液相剥离法是通过在溶液中将块状石墨剥离成大量的高质量石墨薄片以获得石墨烯的方法. 该方法有望实现石墨烯的大规模生产，可应用于石墨烯复合材料制备领域. 但是该方法运用大量的有机溶剂，会对环境造成污染. 液相剥离法可细分为直接液相剥离法（石墨烯分散在溶剂中）与助剂辅助液相剥离法（助剂分散在石墨烯片层与溶剂之间，辅助分散石墨烯）. 液相剥离法的具体操作流程为：①溶剂分散石墨；②微波、超声波、电化学等外界条件辅助剥离石墨；③高速离心制备石墨烯分散液.

液相剥离法有两个要素：第一是向石墨层间输入能量实现层与层的分离，这一步一般通过超声处理或者通过化学反应、化学物质插层剥离并结合机械分散来实现；第二是要抑制被剥离的石墨烯片层重新团聚，这就需要选用合适的溶剂来分散石墨烯. 常用的分散石墨烯的有机溶剂有 N-甲基吡咯烷酮（NMP）、N，N-二甲基酰胺（DMF）、N，N-二甲基乙酰胺（DMAC）、γ-丁内酯（GBL）、1，3-二甲基-二咪唑啉酮（DMEU）等. 常用的辅助分散的表面活性剂有十二烷苯磺酸钠（SDBS）、聚乙烯吡咯烷酮（PVP）、木质素硫磺酸钠（SLS）等.

常用的液相剥离方式主要有溶剂热剥离、超临界流体剥离、机械剥离（如球磨、机械搅拌等）与超声波剥离等. 这几种方式各有优缺点，溶剂热剥离法压强精确控制性差、工艺复杂，优点是可以通过高温还原溶剂中分散的氧化石墨直接制备出石墨烯. 超临界流体剥离制备石墨烯法是利用超临界流体的许多性质，如液体溶解、气体扩散等，来完成对石墨烯的剥离，常用的超临界介质是二氧化碳（CO_2）和有机溶剂. 此种方法剥离石墨烯单层率低、对设备要求高，优点是纯度高、缺陷少、生产效率高. 机械剥离制备的石墨烯单层率低、尺寸较厚，优点是工艺简单. 超声波剥离制备的石墨烯分布均匀度差且片径较小，优点是适合较大规模生产、操作简单.

液相剥离法制备石墨烯的碳源主要是高定向微晶人造石墨、膨胀石墨与热解石墨. 除剥离石墨外，剥离的碳源也可是石墨插层化合物与氧化石墨. 剥离石墨插层化合物制备石墨烯工艺特殊,尺寸受制于碳源晶体,优点是产品品质好、产量高. 剥离氧化石墨制备的石墨烯结构缺陷多、环境污染大,优点是成本低、产率高.

3. 氧化还原法

氧化还原法是当前制备石墨烯最常用的方法之一,其原理是在强氧化剂作用下,使石墨层间距扩张,形成片层或者边缘带有羰基、羧基、羟基等基团的氧化石墨,然后通过剥离得到氧化石墨烯,再还原氧化基团制备出石墨烯. 该方法可大量制备石墨烯,并且氧化石墨烯分散性好易于组装,被广泛用于石墨烯复合材料及储能材料的制备领域. 但是该方法步骤烦琐、制备周期长、环境污染严重,且氧化、超声剥离及后续还原会造成大量结构缺陷,从而导致所制备的石墨烯导电性差.

氧化还原法制备石墨烯主要有三个步骤:①采用氧化过程获得氧化石墨;②将所制备的氧化石墨进行剥离得到氧化石墨烯(graphene oxide,GO);③通过还原过程来获得石墨烯. 常用氧化石墨烯制备方法主要有改进的 Hummers 法、Staudenmaier法、Brodie 法、K_2FeO_4 氧化法和电化学氧化法. 其中,K_2FeO_4 氧化法是 2014 年我国浙江大学的科研工作者提出的一种新型的 GO 制备方法. 该方法取代了沿用半个多世纪的氯系、锰系氧化剂,其反应过程快、成本低、无污染,被认为是继 Hummers法制备氧化石墨烯后的又一重大突破,是目前最理想的 GO 制备方法. 上述几种氧化方法都是先用小分子的强酸对石墨进行插层,然后用强氧化剂对经过插层反应的石墨进行氧化. 氧化过程中石墨片层上会接上羟基、羧基和羰基等小分子基团,同时石墨片层之间的距离也会增加,减弱石墨层间的范德瓦耳斯力相互作用. 然后,在超声或者机械搅拌的作用下实现对氧化石墨片层剥离来得到单层的氧化石墨烯. 在制备出 GO 后,选择合适的还原方法去除其上的含氧官能团,便可获得石墨烯. 常用的还原氧化石墨烯方法有化学还原法、电化学还原法、溶剂热还原法、热膨胀还原法及光催化还原法等.

4. 化学气相沉积法(CVD 法)

化学气相沉积法(CVD 法)被认为是产业化生产石墨烯薄膜最具潜力的方法. 该方法通过使含碳前驱体在高温下与催化剂接触发生裂解反应,得到含碳自由基,并使之通过 sp^2 杂化在基底上形成碳六元环,进而连接形成单层或少层石墨烯. 该方法的优点是可以在相对较低的温度下(1000℃或更低)进行反应,并能获得大面积高质量的石墨烯. 目前,CVD 法制备的石墨烯质量已经可以与微机械剥离的石墨烯相媲美. CVD 法可通过综合调节碳源(种类、含量)、生长基底(种类、粗糙度、晶畴取向、纯度)和外界环境(气体成分、压强、温度),实现对石墨烯畴区尺寸、形貌、缺陷、层数和质量的控制. CVD 法可在铜箔等金属箔基底上制得大面积、均匀、高质量的石墨烯薄膜,因而在石墨烯透明电极、导电薄膜、电子器件和光电子器件等领域内得到了广泛的应用，并在一些领域中(如石墨烯触摸屏、锂电池电极等)实现了商业化生产.

1)CVD 法制备石墨烯的一般过程

CVD 法是通过化学反应的方式，利用加热、等离子激励或光辐射等各种能源，在反应器内使气态或蒸汽状态的化学物质在气相或气固界面上经化学反应形成固态沉积物的技术. CVD 法制备石墨烯的反应系统主要由气体输送系统、反应腔体和排气系统三部分构成. 气体输入系统一般由气体流量计控制，反应腔是碳源前驱体发生化学反应并在反应基底上沉积得到石墨烯的区域，排气系统用于将反应后的气体排出. CVD 法制备石墨烯的过程主要由升温、基底热处理、石墨烯生长和冷却四部分构成. 外界条件控制主要包括温度、压强、气体的流速和种类、等离子化、加热方式等. 从化学热力学角度来看，石墨烯在各种基底表面的 CVD 生长过程主要分为三个步骤，即含碳前驱体在基底表面的催化分解、石墨烯成核和生长过程、晶畴之间相互拼接连续成膜过程.

碳源前驱体可以是气态烃类(如甲烷、乙烯、乙炔等)，液态碳源(如乙醇、苯、甲苯等)或固态碳源(如聚甲基丙烯酸甲酯 PMMA、无定形碳等). 其中，甲烷是目前最广泛使用的前驱体，其热裂解中 C—H 键解离能约为 440kJ/mol. 反应基底一般分为两大类：铜、镍、铂等金属基底和氧化硅、氮化硅、玻璃等非金属基底. 基底的选择对于石墨烯的生长尤其重要. 由于金属基底比非金属基底具有更高的催化活性，能够有效降低反应温度. 因此，在 CVD 生长高品质石墨烯过程中，普遍采用金属作为催化基底. 不同的金属基底有着不同的熔点、溶碳量和催化活性等特性，会显著影响石墨烯的生长条件和生长机制. 目前，金属 Cu 是生长石墨烯最理想的催化基底.

2)石墨烯在金属基底上的生长

石墨烯在金属基底表面(以金属为催化剂)的生长过程主要包括以下几个步骤：①含碳前驱体在过渡金属催化作用下发生热裂解，形成碳自由基；②碳自由基在金属催化剂基底表面迁移或向基底内扩散和溶解；③降温过程中，碳自由基从基底内析出或直接在基底表面形核并发生二维重构，形成石墨烯岛或薄膜(图 5.7). 例如，以甲烷为碳源前驱体在 Cu 基底表面生长单层石墨烯的过程主要包括：CH_4 在 Cu 表面的吸附与催化分解形成活性 C 碎片(CH_x，$x=0\sim3$)；活性 C 碎片在表面迁移，活性 C 碎片形成稳定石墨烯核；石墨烯核长大，进而畴区拼接成连续薄膜.

根据金属中碳原子的溶解度，CVD 制备石墨烯所使用的金属基底主要可以分为两大类. 一类是以镍、钴、铁为代表的高溶碳率金属基底. 碳源前驱体经高温裂解产生的碳原子会在高温下渗入到此类基底并扩散，降温时被溶解的碳由于过饱和而在金属基底表面偏析形成石墨烯(偏析生长机制). 由于碳析出量很大程度上取决于溶解的碳浓度和降温速率，并且在金属晶界处往往生成的石墨烯较厚，因此高溶碳率金属基底上生长出的石墨烯以多层为主甚至会产生无定形碳. 所产出的石墨烯层

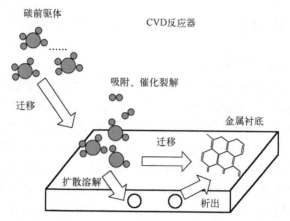

图 5.7　石墨烯在金属基底上的生长过程示意图

数不均匀且可控性较差. 另一类是以铜、铂为代表的低溶碳率金属. 高温下只有极少量的碳原子会融进此类基底内，致使高温裂解产生的碳原子仅能吸附在此类基底表面，进而在表面迁移、成核并生长成石墨烯薄膜. 石墨烯在金属基底表面的生长遵循表面催化机制. 当第一层石墨烯覆盖金属基底表面时，金属就难以继续催化裂解碳源，很难再继续生长出第二层. 这种生长模式称为自限制生长模式，所产出的石墨烯以单层为主，且质量较高. 除上述两类金属基底外，研究发现铜镍合金基底、IVB~VIB 族过渡金属碳化物基底乃至液态金属基底上也可以 CVD 生长出石墨烯薄膜.

3) 石墨烯在非金属基底上生长

在金属催化基底表面生长的石墨烯往往无法直接用于电子器件中，为了实现其在半导体领域的应用，必须将金属基底上生长出的石墨烯转移至非金属绝缘基底上. 但是在转移过程中石墨烯表面将产生大量的杂质、褶皱及破损等. 为解决这一问题，近年来研究者开展了一系列利用绝缘基底进行 CVD 制备石墨烯的研究工作. 我国的研究人员在这一领域中取得了很多重要成果. 例如，针对绝缘基底上生长的石墨烯往往晶畴较小且质量不高的问题，中国科学院化学研究所发展了一种利用氧辅助催化直接在 SiO_2 或石英基底上制备高质量石墨烯的方法；武汉大学的研究组利用 Ga 蒸气的辅助作用，在石英基底表面上生长出了大面积连续的石墨烯薄膜.

对于非金属基底(如 SiO_2 或 Al_2O_3)，如果前驱体浓度和温度都足够高，则热分解的活性炭组分就可以沉积在基底上并形成石墨烯薄膜. 但是，该方法的难点在于非金属基底表面催化活性远低于金属，难以有效分解碳源. 采用金属辅助的方法可以在非金属基底上获得高质量的石墨烯，但存在金属残留污染的问题. 等离子体增强 CVD 法可以在不使用金属催化的条件下在非金属基底上制备石墨烯，但所制备的石墨烯缺陷较多、难以制备单层石墨烯. 如何实现在非金属基底上生长高质量石墨烯薄膜是目前石墨烯制备领域的前沿问题之一.

5. 碳化硅(SiC)外延生长法

外延生长是指在单晶基底上生长一层有一定要求的、与基底晶向相同的单晶层，犹如原来的晶体向外延伸了一段. SiC 外延生长法也是一种大面积制备高质量石墨烯薄膜的方法，主要机理是在真空条件下，将 SiC 基底加热至 1000℃以上，通过硅原子的蒸发和碳原子的重构在基底表面生成石墨烯. 在此过程中，石墨烯的生成速率及其结构和性质与反应压力、保护气种类等有关. 目前，研究者通过对生长条件以及 SiC 基底的调控，已经能够做到在 SiC 基底表面外延生长出大面积均匀的石墨烯. SiC 外延生长法的缺点是成本高昂，所得的石墨烯尺寸较小且在高温下往往容易发生团聚.

1) SiC 的结构

SiC 是 C 和 Si 组成的共价化合物，其晶格的基本结构单元是相互穿插的 SiC$_4$ 和 CSi$_4$ 四面体. 四面体共边形成平面层，并以顶点与下一叠层四面体相连形成类似于金刚石的三维空间网络结构. 不同的 C 和 Si 原子的周期性堆垛方式对应着不同的 SiC 晶型，目前已发现的 SiC 晶型就多达 200 多种，其中常见的晶型有 3C、4H、6H 和 15R 等. C、H 和 R 分别表示晶体结构属于立方晶系、六方晶系和三方晶系的菱面体 R 格子. SiC 按照晶型可粗略分为具有六方或菱方结构的 α-SiC 和具有立方结构的 β-SiC(立方碳化硅)两类. β-SiC 于 2100℃以上时可转变为 α-SiC. SiC 晶体具有两种表面，分别为 Si 终止面((0001)面)和 C 终止面((000$\bar{1}$)面)(图 5.8).

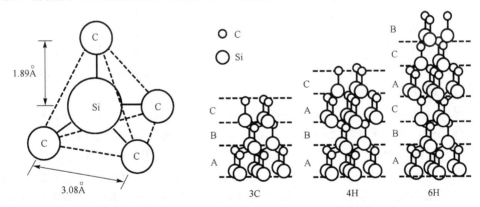

图 5.8 SiC 的晶胞结构示意图及不同晶型晶胞的叠垛方式

2) SiC 外延生长石墨烯的一般过程

SiC 的 Si 终止面和 C 终止面均可在一定条件下外延生长出石墨烯，但这两个面所生长出的石墨烯却具有完全不同的性质. Si 终止面能够生长出单层和双层石墨烯，并且石墨烯与 Si 之间的作用力较弱，在载流子中性点(狄拉克点)处可以保持原有的线性能带结构. 但 Si 面生长的石墨烯往往呈现重掺杂(约为 10^{13}cm^{-2})，且缺陷浓度也较高,致使所得到的石墨烯的迁移率通常较低. C 终止面生长的石墨烯多为无序堆积的多层石墨烯,掺杂较少且缺陷极少,往往具有很高的迁移率.

Si 面外延生长石墨烯的机理研究较为广泛. 在逐渐升高的温度下,SiC 基底的 Si 面上的氧化层会消失,Si 原子在基底顶层发生富集、升华并发生重构. 在此过程中,Si 面外延生长的第一层碳会与顶层发生重构的 Si 原子之间形成共价键,使该层碳并不具有 sp^2 杂化结构,形成不具有石墨烯特性的缓冲层. 在缓冲层形成后,C 原子更易于吸附在缓冲层与 SiC 基底的 Si 面之间. 随着 C 原子增加,第一层碳与基底间又形成新的缓冲层,而第一层碳则发生异构化转变为石墨烯. 随着缓冲层的不断形成,同时缓冲层上的碳层不断转变为石墨烯,便可在 SiC 基底的 Si 面生成少层石墨烯(图 5.9).

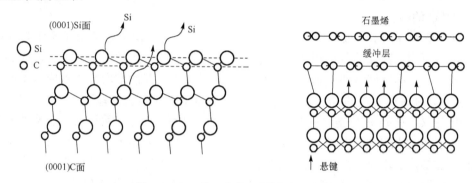

图 5.9　SiC 外延生长石墨烯过程示意图

相较于 Si 面,C 面外延生长石墨烯的工作较少. 研究表明,C 面上会以无序堆积的方式形成石墨烯,在该过程中没有缓冲层的出现. 但是,这种无序堆积使得石墨烯层间耦合相对较弱,致使每层石墨烯近似独立并可以保持单层石墨烯的电子传输特性,因此也逐渐地引起了人们的广泛关注.

目前,在 SiC 上外延生长石墨烯的方法主要有两种:第一种方法是在超高真空中加热 SiC,该方法在较低的温度(1100~1200℃)即可生长出石墨烯;第二种方法是在高真空的高频热炉内生长石墨烯的方法,生长温度需高于 1400℃. 这两种方法生长出的石墨烯质量差异较大. 方法一中由于 SiC 表面碳原子迁移速率较慢,生成的石墨烯缺陷较大,层数也往往较厚(大约 6 层),故而人们一般将此种方法制备的样品用于开展石墨烯的缺陷研究. 方法二中,无论是在 Si 面还是 C 面生长出来的石墨烯,其质量都远好于方法一生长出的石墨烯,且表面非常平滑、缺陷极少、迁移率高、电学性质优异.

6. 偏析生长石墨烯

石墨烯的偏析生长方法是指:不使用外来气态碳源,直接利用金属体相中溶解的碳物种的偏析现象来生长石墨烯的方法. 偏析(segregation)是材料科学领域中的一个基本概念, 是指一混合组分材料在外界作用下发生一种组分在材料自由表面或界面的富集现象. 在退火过程中, 碳从金属体相向表面偏析是一个普遍现象, 这就是偏析生长石墨烯的物理基础.

石墨烯在金属表面上的偏析生长主要步骤为: ①碳原子在金属内部的扩散; ②碳原子从金属内部至表面的偏析; ③碳原子在金属表面的迁移; ④石墨烯的成核与生长(图 5.10). 近年来, 我国科学家为偏析生长石墨烯方法的发展做出了很多重要贡献, 例如, 北京大学课题组研发出了普适的石墨烯偏析生长法, 在 Ni、Fe、Co 等体系金属基底上都成功制备出了石墨烯.

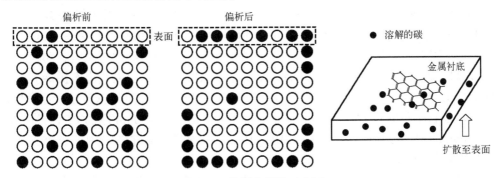

图 5.10　偏析生长法示意图

偏析生长法与 CVD 法既有区别又存在很大的相关性. 由于绝大多数金属对碳都有一定的溶解度, CVD 法生长石墨烯的过程中除高温裂解出的活性炭在金属基底表面成核生长过程外, 总是同时包含金属体相碳的偏析过程. 从碳源角度讲, 偏析方法仅使用掺入金属体相的固态碳源, 而 CVD 法主要使用的是气态碳源. 若仅从热力学平衡角度来考虑, 两种方法则没有区别, 因为不管碳源来源于体相还是气相, 最终都将是在溶解离散的碳、凝聚单层石墨、多层外延石墨三种平衡态之间进行转变. 但在实际过程中, CVD 法中往往会是动力学过程占主导, 气态碳源组合种类及流量、压强、温度、时间、升降温速率、金属基底等因素都可能对所得石墨烯产生各种影响. 由于不需要使用气态碳源, 偏析生长法制备石墨烯只需对金属基底的碳掺杂浓度、退火的温度和时间进行控制. 其中, 金属基底中碳掺杂含量是调控所得石墨烯层数的关键因素. 例如, 通过离子束注入碳到金属基底体相中, 并控制注入的剂量, 就能在退火过程中实现石墨烯的层数控制. 与 CVD 法相比, 偏析生长法的控制更为简洁, 也更容易实现对其中热力学过程的调控. 此外, 在原理上偏析生长法更容易实现石墨烯的大面积均匀生长.

除上述所介绍的六种石墨烯制备方法外, 研究者们还发展出了电弧放电法、以小芳香烃分子自下而上合成石墨烯、切开碳纳米管/富勒烯制备石墨烯、透射电子显微镜(TEM)电子束石墨化等制备石墨烯的方法.

7. 卷对卷法

石墨烯大规模
连续制备——
卷对卷法

石墨烯可在柔性金属箔上生长并可通过热层压等工艺转移至柔性基片(如聚对苯二甲酸乙二酯(PET)、聚酰亚胺(PI)等),因此可与半导体领域成熟的卷对卷(roll-to-roll)真空沉积、层压、热压等工艺兼容,以实现石墨烯薄膜的规模化生产. 基于该设计思想,国内外陆续研发了多套石墨烯卷对卷生长设备.

韩国三星电子、成均馆大学和首尔大学联合研究组自 2009 年起在卷对卷合成和转移方面开展了系列工作,主要采用非连续型单次卷对卷的转移方式. 在布局卷对卷合成石墨烯专利的同时,该联合研究组实现了对角线长 30in 的单层和多层石墨烯的卷对卷转移. 2014 年,该研究组公开报道研发了卷对卷层压系统、卷对卷喷涂腐蚀系统、卷对卷清洗和烘干系统,形成了较成熟的中试型自动化生产线. 其制备流程为:①运用快速升温 CVD 法在 Cu 箔基底上生长出石墨烯薄膜;②Cu 箔上的石墨烯薄膜经温度和压力可控的层压机与热释放带(TRT)贴合;③卷对卷通过过氧化氢和硫酸腐蚀液去除 Cu 箔;④清洗后贴合 100μm 厚的 PET;⑤再次以 0.5m/min 速率通过两个压辊(0.4MPa/110℃),形成石墨烯/PET 薄膜. 整个工艺流程可靠性强、转移效率高.

我国在卷对卷法制备石墨烯薄膜的技术方面也发展迅猛. 2015 年,北京大学纳米化学研究中心的研究人员开发出一种新的卷对卷连续快速生长石墨烯薄膜的方法,设计并研制了可达到中试水平的石墨烯卷对卷化学气相沉积系统,通过对石墨烯成核与生长的调控,实现了大面积单层石墨烯薄膜在工业铜箔基底上的卷对卷宏量制备. 同时,开发了卷对卷热压印-电化学快速鼓泡转移方法,避免了铜箔刻蚀的常规转移工艺中的缺点,实现了石墨烯从铜箔生长基底直接向工业用 PET 柔性透明塑料基底的连续化无损转移,制备出了高品质石墨烯/PET 柔性塑料电极. 此工艺突破了大尺寸石墨烯薄膜的连续化生产瓶颈,还实现了铜箔的反复利用,与绿色、可持续工业生产工艺兼容,并在降低工业生产成本、提高产能方面富有竞争优势. 此外,国内众多企业也已经装备了卷对卷设备开展大面积石墨烯薄膜的生产.

5.1.5 石墨烯的基本表征手段

石墨烯作为一类新型碳纳米材料,选择合适的测试表征手段可以使研究者获得关于石墨烯材料尺寸、层数、形貌、缺陷、原子结构等物理化学性质方面的信息. 这些特征信息对分析研究石墨烯相关的材料、器件的结构、性能以及指导石墨烯材料的应用研究具有重要的意义. 本节段中主要介绍用于石墨烯表征的两类最常用实验手段,包括显微镜法(光学显微镜法、透射/扫描电子显微镜法和扫描探针显微镜法)和拉曼光谱分析法.

1. 光学显微镜法

光学显微镜是一种研究宏观材料的常规表征手段，虽然无法给出石墨烯的具体晶格及原子尺度的信息，但是合理地运用光学显微镜能够快捷地对石墨烯的层数以及形貌尺寸等信息进行初步的判定表征.

光学显微镜观察石墨烯通常都是在具有一定厚度氧化层(SiO_2层)的硅片上进行的. 石墨烯的纳米尺寸厚度会导致透过石墨烯的光发生干涉效应，致使不同层数的石墨烯在光学显微镜下具有不同的颜色和对比度，依据这些差异可以实现石墨烯层数的判定. 作为衬底的SiO_2层的厚度以及入射光的波长对显微镜视野下石墨烯的对比度具有决定性的作用. 一般选择白光作为光源，SiO_2层的厚度应控制在300nm或100nm.

除最被广泛使用的 SiO_2 衬底外，Si_3N_4、Al_2O_3、聚合物 PMMA(聚甲基丙烯酸甲酯)等都可以在合适波长的单色光源下作为观察石墨烯的衬底. 此外，金属是CVD法制备石墨烯的常用基底，随着该制备方法的发展，越来越多的不同形貌不同尺寸的石墨烯被制备在金属基底上并采用光学显微镜进行表征. 与非金属衬底相比，金属衬底在表征石墨烯形貌时具有更高的对比度，但是却无法对石墨烯的层数进行判定. 此外，人们研究发现，对石墨烯进行一定的特殊处理后，使用光学显微镜能够表征出石墨烯更微观的信息. 例如，在紫外光和潮湿气氛下处理石墨烯后，通过光学显微镜可以观测到石墨烯的晶界.

2. 扫描电子显微镜(SEM)/透射电子显微镜(TEM)法

SEM/TEM 是运用高能电子束以非常精细的尺度研究材料的科学仪器，被广泛地运用于纳米材料的科学研究中. 运用这些仪器对石墨烯的微观结构进行研究，可获得石墨烯中碳原子排列、畴尺寸晶界、表面缺陷、化学组成、石墨烯层数等信息，并可以对样品上的选定位置进行分析. SEM 是用电子束照射被检测的试样表面，通过收集分析二次电子或背散射电子等信息进行样品表面形貌观察. TEM 是通过收集分析透射电子以表征样品形貌和内部结构. 与 SEM 相比，TEM 的分辨率更高，并且可以观察样品内部形貌、得到原子尺度的像，能够用于开展样品晶体结构分析特别是微区(微米、纳米)的相观察和结构分析. 此外，一般的扫描电子显微镜和透射电子显微镜还会配备一些额外的检测器，如进行元素分析的能量色散 X 射线分析仪(EDS)、分析基底晶向的电子背散射衍射(EBSD)等.

3. 扫描探针显微镜法

扫描探针显微镜主要包括原子力显微镜(AFM)和扫描隧道显微镜(STM). AFM主要是利用加载荷后样品表面与纳米尺度针尖相互作用力而成像，是一种无损检测的方法，常用来表征石墨烯的形貌、尺寸、层数等信息. STM 主要利用在外加电压下样品中产生的隧道电流成像，可以提供石墨烯表面原子级分辨的结构信息，用来表征石墨烯晶格结构、边界类型、层数、堆叠、杂原子吸附、插层等情况.

4. 拉曼光谱分析法

拉曼光谱分析法是一种快速无损表征材料晶体结构、电子能带结构、声子能量色散和电子-声子耦合等特征信息的重要技术手段，具有较高的分辨率，是石墨烯研究领域中一项重中之重的实验表征手段. 石墨烯的结构缺陷、sp^2 碳原子的面内振动、碳原子的层间堆垛方式和能带结构、石墨烯边缘手性、热导率、杨氏模量、所处环境温度、应力作用、电子/空穴掺杂等信息均在拉曼光谱中得到了很好的体现.

1) 石墨烯拉曼光谱的基本原理

在单层石墨烯的一个原胞中包含有两个不等价的碳原子 A 和 B(图 5.1). 因此对于单层石墨烯来说，总共有六支声子色散曲线，分别为三个光学支包括面内纵向光学支 iLO、面内横向光学支 iTO 和面外横向光学支 oTO，以及三个声学支包括面内纵向声学支 iLA、面内横向声学支 iTA 和面外横向声学支 oTA. 面内(i)和面外(o)分别指原子的振动方向平行和垂直于石墨烯平面，纵向(L)和横向(T)即为原子的振动方向平行和垂直于 A-B 碳-碳键的方向.

图 5.11(a)所示为 514.5nm 激光激发下单层石墨烯的拉曼光谱图. 如图所示，石墨烯有两个典型的拉曼特征峰，分别为位于 1582cm^{-1} 附近的 G 峰和位于 2700cm^{-1} 左右的 G′峰. 而对于含有缺陷的石墨烯样品或者测试位置在石墨烯的边缘处，所测拉曼光谱中还会在 1350cm^{-1} 左右出现缺陷 D 峰，以及在 1620cm^{-1} 附近出现 D′峰. 需要注意的是，使用不同的激发光波长所得到的石墨烯拉曼谱会存在峰位、强度等方面的差异.

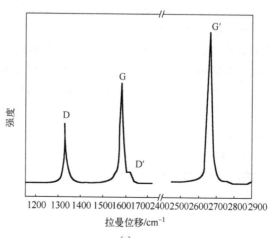

(a)

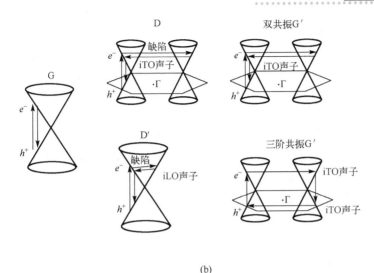

(b)

图 5.11 514.5nm 波长的激光激发的单层石墨烯的拉曼光谱(a)
和单层石墨烯的各个拉曼散射峰产生过程(b)

在入射激光作用下，石墨烯价带上的电子跃迁到导带上，电子与声子相互作用发生散射，从而可以产生不同的拉曼特征峰. G 峰产生于 sp^2 碳原子的面内振动，是与布里渊区中心双重简并的 iTO 和 iLO 光学声子相互作用产生的，具有 E_{2g} 对称性，是石墨烯中唯一的一个一阶拉曼散射过程. G′ 峰和 D 峰均为二阶双共振拉曼散射过程且均为谷间散射过程. G′ 峰是与 K 点附近的 iTO 光学声子发生两次谷间非弹性散射产生的，而 D 峰则涉及一个 iTO 声子与一个缺陷的谷间散射. G′ 峰拉曼位移约为 D 峰的两倍，因此通常表示为 2D 峰，但是 G′ 峰的产生与缺陷无关，并非 D 峰的倍频信号. 双共振拉曼散射过程致使 D 峰和 G′ 峰均具有一定的能量色散性，其拉曼峰位均随着入射激光能量的增加向高波数线性位移，在一定的激光能量范围内，其色散斜率大约分别为 50 和 100cm^{-1}/eV. D′ 峰为谷内双共振过程，所涉及的两次散射过程分别为与缺陷的谷内散射和与 K 点附近的 iLO 声子的非弹性谷内散射过程. 由于在 K 点附近石墨烯的价带和导带相对于费米能级呈镜像对称，电子不仅可以与声子发生散射作用，也可以与空穴发生散射作用，因此还会有三阶共振拉曼散射过程的产生(图 5.11(b)).

2) 拉曼光谱用于表征石墨烯层数

拉曼光谱分析法可以比较快速准确地判断石墨烯的层数而不依赖于所用的衬底，具有一定的优越性. 石墨烯拉曼光谱中 G 峰强度、G 峰与 G′ 峰的强度比以及 G′ 峰的峰型常被用来作为石墨烯层数的判断依据.

单层石墨烯的 G′ 峰强度大于 G 峰，并具有完美的单洛伦兹峰型，随着石墨烯层数的增加，G′ 峰半峰宽增大且向高波数位移. G′ 峰产生于一个双声子双共振过程，与石墨烯的能带结构紧密相关. 对于 AB 堆垛的双层石墨烯, 电子能带结构发生分裂, 导带和价带均由两支抛物线组成, 存在四种可能的双共振散射过程. 因此, 双层石墨烯的 G′峰可以拟合为四个洛伦兹峰, 而三层石墨烯的 G′峰则可以用六个洛伦兹峰来拟合.

理论与实验研究表明, 在少层范围内, 不同层数石墨烯的 G 峰强度也随着层数的增加而近似线性增加, 其强度正比于激光穿透深度范围内的石墨烯层数. 这是由于在多层石墨烯中会有更多的碳原子被检测到. 多层石墨烯的 G 峰强度在 10 层之后随着层数的增加反而开始变弱. 此外, 研究发现 G 峰频率随层数 n 增加向低波数位移, 并与层数的倒数呈线性关系, 其中 $\beta \approx 5.5\text{cm}^{-1}$

$$\omega_{G(n)} = \omega_{G(\infty)} + \frac{\beta}{n} \tag{5-14}$$

3) 拉曼光谱用于表征石墨烯的缺陷

D 峰与 G 峰的强度比通常被用作表征石墨烯中缺陷密度的重要参数. 假设石墨烯中的缺陷为一个零维的点缺陷, 两点之间的平均距离为 L_D, 通过计算拉曼光谱 D 峰与 G 峰的强度比 I_D/I_G 就可以对 L_D 进行定量描述, 从而可以估算出石墨烯中的缺陷密度. 研究表明, I_D/I_G、L_D 和激光能量 E_L 之间存在如下关系:

$$L_D^2 = \frac{(4.3 \pm 1.3) \times 10^3}{E_L^4} \left(\frac{I_D}{I_G}\right)^{-1} \tag{5-15}$$

缺陷密度可以表示为

$$n_D = (7.3 \pm 2.2) \times 10^9 E_L^4 \left(\frac{I_D}{I_G}\right) \tag{5-16}$$

此外, 含有缺陷的石墨烯, 其拉曼光谱中还会在 1620cm^{-1} 附近出现 D′峰. D 峰和 D′峰分别产生于谷间和谷内散射过程, 其强度比 $I_D/I_{D'}$ 与石墨烯表面缺陷的类型密切相关. 研究表明, 对于 sp^3 杂化产生的缺陷, $I_D/I_{D'}$ 最大, 约为 13; 对于空位类型的缺陷, 这一比值约为 7; 而对于石墨烯边缘类型的缺陷, 这一比值最小, 仅约 3.5. 此外, 当缺陷浓度较低时, D 峰和 D′峰强度均随着缺陷密度的增加而增强, 与缺陷密度成正比, 当缺陷浓度增加到一定程度时, D 峰强度达到最大, 然后开始减弱, 而 D′峰则保持不变.

能源转换领域
的材料新星——
石墨烯

5.1.6 石墨烯的应用

石墨烯独特的二维结构使其具有优异的力、电、光、热等性能, 其在众多领域具有广阔的应用前景. 目前, 关于石墨烯的应用主要集中于功能材料、能源、环保三大领域.

1.　功能材料领域内的应用

1）结构增强复合材料

二维平面结构的石墨烯具有高强度（130GPa）、高模量（1060GPa）、超大比表面积等性质，使石墨烯可以作为增强相材料用以制备金属基、有机高分子基和陶瓷基结构增强复合材料.

石墨烯增强金属基复合材料的研究目标是提高金属基体的拉伸强度、模量、硬度及耐磨性等性能. 研究人员发现，在以石墨烯作为增强相的金属基结构增强复合材料中，石墨烯纳米薄片能够起到细化晶粒、阻碍位错、传递载荷的作用，从而提高材料的强度和韧性. 相对于传统的增强相，石墨烯的高比表面积使得其在增强效率方面具有明显的优势. 目前，石墨烯增强金属复合材料的基体有铜、铝、镁、镍等金属. 石墨烯增强金属基复合材料的制备方法，主要包括熔融冶金法、粉末冶金法、化学合成法和电沉积法. 另一方面，石墨烯作为增强相也可有效提高环氧树脂、橡胶等有机和高分子材料的力学性能. 其中，在改性环氧树脂方面潜力最为巨大，已成为许多工程领域研究的热点. 陶瓷材料是重要的耐高温结构材料，石墨烯作为增强相，可用于提高基体陶瓷材料的韧性，改善材料易碎等制约陶瓷材料应用的主要问题.

2）导热材料

石墨烯具有极高的热导率、各向异性导热等优异的热学性质，使得石墨烯可以作为添加相应用于复合材料导热性能的强化，或应用到纳米流体中对相变传热和对流传热进行强化. 实验表明石墨烯添加量为 10.10%（质量分数）的石墨烯环氧树脂复合材料的热导率为 $4.01W/(m \cdot K)$，是纯环氧基体热导率的 22 倍. 纳米流体是近年来提出的新型强化传热工质概念，指向传统换热流体中添加纳米粒子，在提高换热效率的同时避免产生堵塞流道和大颗粒沉降的问题. 研究人员采用 Hummers 法制备的氧化石墨烯添加到纳米流体中以提高基础流体的导热性能，发现添加经过表面修饰的石墨烯可以强化相变和对流传热，石墨烯添加体积分数为 0.05%时，25℃和 50℃时热导率分别提升 16%和 75%.

目前，石墨烯导热材料在我国已经得到商业化的应用. 2018 年华为公司推出的 Mate 20X 手机将石墨烯与均热液冷技术融合在一起打造出 SuperCool 超强散热系统，通过 VC（Vapor Chamber）液冷系统，将热源的热量快速从热源芯片传出，并且依靠石墨烯散热膜将芯片传导到后壳的热量均摊给整个背壳以达到整机均温散热的目的. 2020 年 2 月发布的小米 10 系列手机采用双层主板堆叠结构，在两块主板之间加入了石墨烯散热层，几乎完全覆盖了两款主板之间的接触空间，大大提升了双层主板间的导热性能.

3）透明电极材料方面的应用

透明电极作为光电器件中的核心部件，在发光二极管（LED）、液晶显示器（LCD）、触摸屏、智能窗户玻璃、可穿戴设备及太阳能电池等方面有着十分广泛的应用. 通常对透明电极的性能要求为：在 550nm 下可视光源穿透率在 80%以上，面阻抗为 1000Ω/sq 以下或者满足 1000S/m 的电导率. 此外, 对透明电极材料本身的机械强度、耐化学性、耐热性及功函数都同时有着极高的要求. 目前市面上常用的透明电极为氧化铟锡(ITO)导电薄膜, 其透过率在 90%左右. 然而, 铟是地球上最稀有的金属之一, 因此, 科学家们一直在寻找更常见元素构成的透明电极替代品. 石墨烯是由地球上分布极广的元素 C 构成, 且单层石墨烯具有低至 2.3%的可见光吸收度, 其透明度比于 ITO 的 90%高出 7.7%. 除优异的光透明特性外, 石墨烯超高的电导率、理想的电容储能率、高化学稳定性及优异的机械柔韧性等特性, 使其在替代 ITO 用以构筑高性能透明导电薄膜和柔性透明电极等方面具有很大的应用潜力. 目前, 以石墨烯作为透明电极的触摸屏已经得到成功的商业应用. 2010 年, 韩国三星集团与其国内某一科研院所的研究人员合作, 成功地以 63mm 的柔性透明玻璃纤维聚酯板为基材, 研制出大小近似于电视机的石墨烯柔性透明电极, 柔性触屏也在此基础上成功地问世. 在欧美地区, 以美国的辉瑞科技为代表, 已经进军大面积石墨烯柔性触控屏市场. 在我国, 常州二维碳素研发团队突破了石墨烯薄膜应用于中小尺寸手机的触控屏工艺, 实现了薄膜材料和 ITO 模组工艺线的对接, 并于 2012 年 1 月, 与其他 4 家单位成功将石墨烯薄膜应用于手机触控屏上, 推出了可以实现全部基本功能的石墨烯电容触控屏手机. 2017 年 12 月, 重庆墨希科技有限公司研制开发出石墨烯柔性触控屏, 并着手研究将有机发光二极管(OLED)的柔性显示屏与石墨烯的柔性触控屏贴合, 生产出能够完全弯曲的柔性手机. 2018 年 2 月, 这款柔性触控显示原理样机还入选参加了工信部"国家新材料产业发展－2017 成果汇报展".

2. 能源储存与转换方面的应用

1) 储氢材料

石墨烯在储氢领域内应用的研究开始于 2005 年, 这种新型的二维材料可在低温下存储氢, 并在高温下再次释放氢, 这一性质引起了国内外科研人员的广泛关注进而对石墨烯的储氢性能进行了大量的实验和理论研究. 氢气在石墨烯上的吸附机制可分为两种: ①通过物理吸附, 即通过范德瓦耳斯力相互作用; ②通过化学吸附, 即通过与 C 原子形成化学键. 氢分子与石墨烯之间较强的结合力来源于它们之间的 s-p 轨道杂化, 且具有拓扑结构缺陷的石墨烯的储氢能力比本征型石墨烯有着显著的提高. 空位缺陷和掺杂均能大幅度改变石墨烯与氢分子的交互作用力, 从而改变石墨烯的储氢能力. 此外, 金属离子的掺杂使得石墨烯更易于俘获电子(代替缺电子结构), 从而能够提高石墨烯吸附氢分子的能力. 另一方面, 石墨烯材料也可以用于改善其他种类储氢材料的储氢性能或作为载体负载其他种类材料形成储氢材料.

2) 超级电容器

超级电容器也被称为电化学电容器, 是一种新型的能源存储装置. 与传统电容器和电池相比, 超级电容器以其高功率密度、快速充放电和超长的循环寿命被认为是最理想的电能存储系统之一. 石墨烯独特的结构赋予了石墨烯高理论比表面积 $(2630 \ m^2 \cdot g^{-1})$、高电导率 $(2 \times 10^3 \ s \cdot cm^{-1})$、高达 $550 \ F \cdot g^{-1}$ 的理论比容量以及稳定的热性能、优异的机械性能和化学性能, 这些特性使得石墨烯成为制备超级电容器的理想电极材料. 此外, 石墨烯堆叠而成的 3D 石墨烯基气凝胶不仅具有石墨烯纳米片的固有特性, 而且具有低密度、高孔隙率、大比表面积、高电导率、稳定的机械性能以及优异的电子传输能力等特点. 同时, 3D 石墨烯基气凝胶骨架中相互连接的孔结构能有效防止 2D 石墨烯纳米片的团聚. 这些优异的特性使得 3D 石墨烯基气凝胶也在超级电容器电极材料领域有着广阔的应用前景.

3) 锂电池

随着手机、电脑、电动汽车等移动电器保有量的不断增长, 为实现节能减排的目的, 人们对锂离子电池制备及使用性能提出了更高的要求. 而电极材料尤其是负极材料是影响锂离子电池使用性的关键要素. 石墨烯是一种无能隙的半导体材料, 其二维尺寸仅有百纳米及数个微米, 能够极大缩减锂离子迁移距离. 此外, 石墨烯具有高导电性、高比容量、高化学稳定性等性能优势, 且成本优势较为明显. 这些性质使石墨烯成为未来锂离子电池负极材料的主流发展方向. 目前, 石墨烯在锂离子电池中的应用主要分为六类: ①作负极材料, 利用插层反应及微孔缺陷为锂离子提供可逆的存储空间, 实现高比容量和快速充放电; ②作正极材料, 利用表面含氧官能团与锂离子在高电位下的可逆氧化还原反应, 实现高倍率充放电; ③石墨烯复合正极活性材料, 利用石墨烯二维结构及优异的导电性, 提高材料整体的离子及电子传导特性; ④石墨烯复合负极活性材料, 构建石墨烯二维复合结构, 缓解充放电过程中负极材料体积膨胀效应; ⑤石墨烯涂覆在铝箔或者铜箔表面增加电极材料与箔材之间的导电性; ⑥作为导电添加剂材料.

4) 太阳能电池

石墨烯良好的柔性、高透光性、高导电性、良好的疏水性、合适的功函数和易于溶液加工等特点使石墨烯能够应用到太阳能电池行业中成为一种新的电极、传输层、封装材料. 目前实验研发已经开始采用石墨烯作为添加剂或者电极材料来提升太阳能电池的能量转换效率, 或者代替 ITO 透明电极解决 In 储量短缺的问题.

在染料敏化太阳能电池 (DSSC) 中, 为了实现染料的还原和载流子的传输, 其中常使用含有适量氧化还原对 (通常为 I/I3) 的液态电解质. 电解质通常要具有电化学稳定、透光、电势损失小、氧化还原对和溶剂之间黏度低等特点. 高的稳定性意味着电解质难挥发, 但是溶剂的黏度和电解质挥发性通常成反比. 为了解决这些问题可以使用石墨烯掺杂进电解质中, 在保证电解质稳定性的同时降低其黏度. 此外, 具有高电导率和电催化性能的石墨烯能够替代 DSSCs 中昂贵的 Pt 作为背电极. 另外, 石墨烯可被用在半导体层作为电极与电解质之间的阻挡层, 来防止复合提高光电流密度. 钙钛矿太阳能电池的透明导电膜 (TCE) 主要采用 ITO 制备. 但是, 由于铟在地球上的供应有限, 对 pH 敏感和机械脆性等问题限制了 ITO 在光伏器件中的应用. 因此, 需要开发新型透明导电膜，且导电膜材料需要具有以下特征：低成本、机械坚固、透明、高导电性、功函数合适. 石墨烯可以满足新型透明导电膜对材料的性能要求，目前已经成功作为透明电极在钙钛矿太阳能领域内得到应用. 此外，在钙钛矿太阳能电池中，钙钛矿吸收层在潮湿的空气中极易分解为淡黄色的薄膜. 可以利用石墨烯的疏水性进行太阳能电池的封装，以提高电池的稳定性. 有机半导体太阳能电池中，石墨烯材料烯可作为载流子传输材料，用来与供体聚合物 P3HT（或 P3OT）混合或嫁接，来优化电池性能.

5）燃料电池

燃料电池是一种利用氧气和其他物质反应使化学能转换为电能的装置. 质子交换膜（PEMs）是燃料电池的主要部件，它分离了阴极和阳极，为质子传输提供了通道. 相比普通燃料电池的电解质，质子交换膜的主要优点是具有高的质子传导率、质量较轻、柔韧性较大以及优异的力学性能. 现阶段人们研究的质子交换膜材料主要有 Nafion、聚醚醚酮（PEEK）、聚苯并咪唑（PBI）和聚醚砜. 然而，这些聚合物膜只能用于温度较低的环境，一般温度要小于 100℃，因为温度高于 100℃时，水会被蒸发，使膜的质子传导率大大降低. 氧化石墨烯具有极好的热稳定性能和优异的电性能，并且其具有含氧官能团的二维结构能够吸引质子，这些性质使其在质子交换膜领域有着广阔的应用前景.

3. 环境检测与治理方面的应用

目前，环保生态产业已经成为国家经济的重要支撑之一，其中对环境检测与治理是环保生态产业的重要组成部分. 石墨烯作为最薄的二维材料，本身是一种具有超高性能的先进膜材料，在气体检测、土壤治理、海水淡化、污水处理等环境检测与治理领域有着广阔的应用前景.

在气体检测方面，研究发现石墨烯的高比表面积和良好的导电性有利于提高气体响应的灵敏度，并且可通过大量不同官能基团的修饰，进而对更多气体做出响应. 在污水处理方面，还原氧化石墨烯（RGO）基传感器可以用于检测水体中的金属离子和有机物. RGO 能够提高传感器灵敏度的主要原因包括三个方面：①RGO 的比表面积大，对重金属离子有较强的吸附作用，同时能为电化学反应提供丰富的反应位点；②RGO 的导电性强，能迅速传导电化学信号；③RGO 部分残留含氧基团与重金属离子的耦合和静电吸引对重金属离子检测有明显促进作用. 另外，石墨烯也可以作为膜材料过滤污水中的其他物质. 在海水淡化方面，石墨烯因其独特的超薄结构、高机械强度而被认为是海水脱盐反渗透膜的最佳材料. 在土壤治理方面，有研究表明氧化石墨烯（GO）对微生物环境具有灭菌的作用，在土壤环境中，GO 和经过功能化处理的氧化石墨烯对微生物环境和细菌群落的分布也有明显影响. 功能化负载 TiO_2 的石墨烯基复合材料催化剂具有良好的吸附性，可对土壤中的污染物进行催化降解. 同时，由于石墨烯具有高导电性，能够确保电子高速传输，使电子的分离更容易实现，从而提高催化剂的再生性能.

5.2 高性能碳纤维

5.2.1 碳纤维的定义、分类及发展历程简介

1. 碳纤维的定义

碳纤维是指在高温下制备的含碳量在 90% 以上的纤维材料. 碳纤维具有耐高温、抗摩擦、导电、导热及耐腐蚀等特性, 外形呈纤维状, 柔软可加工成各种织物. 碳纤维内部的石墨微晶结构沿纤维轴择优取向, 因此沿纤维轴方向有很高的强度和模量.

2. 碳纤维的分类

碳纤维的分类方法大致分为四种即按原丝类型分类、按力学性能分类、按碳纤维功能分类、按碳纤维制造条件和方法分类.

(1) 按原丝类型分类是指以制备碳纤维的前驱体类型进行分类的方法. 按此分类方法, 碳纤维大致可划分为聚丙烯腈 (PAN) 基碳纤维、黏胶 (rayon) 基碳纤维、沥青 (pitch) 基碳纤维、木质素 (lignin) 纤维、基碳纤维、其他有机纤维 (如纤维素、聚乙烯、石墨烯、碳纳米管等) 基碳纤维等五类.

(2) 按力学性能分类, 碳纤维主要划分为通用级碳纤维和高性能碳纤维两类. 其中通用级碳纤维主要指拉伸强度 <1.4GPa、拉伸模量 <140GPa 的碳纤维. 高性能碳纤维一般要求强度在 2GPa 以上, 拉伸模量在 180～190GPa, 主要包括高强度碳纤维、高模量碳纤维、超高强碳纤维、超高模碳纤维、高强-高模碳纤维、中强-中模碳纤维等.

(3) 按功能分类, 碳纤维可划分为受力结构用碳纤维、耐焰用碳纤维、导电用碳纤维、润滑用碳纤维、耐磨用碳纤维以及活性碳纤维等几类.

(4) 按照制造条件和方法分类, 碳纤维可分为碳化温度在 1200～1500℃ 且含碳量在 95% 以上的碳纤维, 石墨化温度在 2000℃ 以上且含碳量 99% 以上的石墨纤维, 运用水蒸气、CO_2、空气等气体活化在 600～1200℃ 之间制备的活性炭纤维, 以及在惰性气氛中将小分子有机物在高温下沉积成纤维-晶须或短纤维的方式制备出的气相生长碳纤维等几类.

本节主要介绍目前成功商业化生产的聚丙烯腈、黏胶、沥青基碳纤维等三种高性能碳纤维.

3. 碳纤维的发展历程简介

1897 年, 美国发明家爱迪生 (Edison) 申请了一个以碳化的棉线作为灯丝的白炽灯专利并成功实现了商业化, 这是碳纤维最早的应用案例. 然而在碳纤维灯丝被钨

灯丝取代后，人们关于碳纤维的研究就陷入了停滞. 随着人造纤维、化学纤维的出现，碳纤维技术进入了"再发明"时代. 20 世纪早期，黏胶(1905 年)和醋酯(1914 年)等人造纤维的出现，特别是 20 世纪中期，聚氯乙烯(1931 年)、聚酰胺(1936 年)和聚丙烯腈(1950 年)等化学纤维的商业化，以及 1960 年罗格贝肯(Roger Bacon)发表的关于石墨晶须的研究工作，为高性能碳纤维技术的开创和发展奠定了重要的科学研究基础.

20 世纪 50 年代在美国政府的主导下，科研人员开始制备具有高力学性能的碳纤维，所制备的黏胶基碳纤维于 1959 年实现商业化，主要应用于高温隔热. 初代碳纤维的拉伸强度还很低，仅为 30~60MPa. 1964 年，美国联合碳化物公司实现了真正意义上的高模量黏胶碳纤维的商业化生产. 聚丙烯腈基碳纤维的研制始于 20 世纪 50 年代. 1959 年日本大阪煤气公司的研究人员以丙烯腈含量在 90%以上的共聚物为前驱体制备出了拉伸强度为 0.1GPa 的聚丙烯腈基碳纤维. 之后经过多个研究团队和公司的努力，聚丙烯腈基碳纤维的力学性能逐步提高，在 20 世纪 70 年代初拉伸强度达到了 2.4GPa，至 80 年代初达到 4.0GPa，在 90 年代初已经增强到 7.0GPa. 沥青基碳纤维是在 1963 年由日本群马大学的大谷杉朗发明的. 随后在 1970 年美国联合碳化物公司发明了中间相沥青的制备方法，进而纺制出了高模量沥青基碳纤维，其模量几乎可以达到石墨烯的理论模量. 目前，黏胶基碳纤维、聚丙烯腈碳纤维和沥青基碳纤维是开发最成功的三种商业化碳纤维.

当前世界上碳纤维技术和生产主要集中在美国、日本等几个国家，其中日本和美国占领全球 70%以上的市场. 主要生产厂商为日本东丽，美国 HEXCEL、ALDILA，韩国泰光产业，德国 SGL 西格里集团等. 表 5.2 为日本东丽公司生产的几种商业化碳纤维的型号及性能参数. 我国从 20 世纪 60 年代开始研发碳纤维，进入 21 世纪后

表 5.2　东丽公司的几种碳纤维的型号及性能参数，T 表示高强纤维，M 表示高模量纤维

品种		拉伸强度/MPa	拉伸模量/GPa	伸长率/%	单位长度质量/(g/1000m)	密度/(g/cm³)
T300	T300-1000	3530	230	1.5	66	1.76
	T300-3000	3530	230	1.5	198	1.76
	T300-6000	3530	230	1.5	396	1.76
	T300-12000	3530	230	1.5	800	1.76
T700SC	T700SC-12000	4900	230	2.1	800	1.8
	T700SC-24000	4900	230	2.1	1650	1.8
T800SC	T800SC-24000	5880	294	2	1030	1.8
M40JB	M40JB-6000	4400	377	1.2	225	1.75
	M40JB-12000	4400	377	1.2	450	1.75
M50JB	M50JB-6000	4120	475	0.9	216	1.88
M30SC	M30SC-18000	5490	294	1.9	760	1.73

我国的碳纤维产业得到空前的发展,生产厂家的数量和碳纤维的产量都在逐年上升. 目前,国产高性能碳纤维已经在我国的航空航天、体育用品、汽车等行业领域中得到应用. 但是相对于美国、日本等发达国家,我国碳纤维发展仍然十分缓慢,生产水平较低,目前商用碳纤维仍然大部分依赖进口.

5.2.2　碳纤维的结构

1. 石墨的结构

图 5.12 所示为石墨的结构示意图. 石墨的基本结构单元是石墨烯层. 石墨烯层间通过范德瓦耳斯力结合,在三维空间内周期有序堆叠排列构成了石墨晶体. 石墨晶体最稳定的结构是 ABAB 堆垛结构,即石墨烯层上的每个碳原子投射在其上下两层的六元环中心位置上,构成六方晶系晶体结构. 石墨晶体的晶格参数为 $a_0=0.246\text{nm}$、$c_0=0.670\text{nm}$,沿 c 轴方向上下两相邻石墨烯层片间的距离 $d_{002}=0.3354\text{nm}$. 石墨晶体的次稳定结构是 ABCABC 堆垛结构, 是 ABAB 堆垛结构基础上的一种平面滑移错位,为菱形晶系结构,该结构经过加热或研磨会向六方晶系发生转变. 石墨晶体的结构使其性质具有很强的各向异性,总结起来即在平行于石墨烯层方向力学性能高、导热与导电性能好,而在垂直于石墨烯层堆垛方向,力学性能、导热与导电性能差. 高强度、高模量、高导热的碳纤维就是由类石墨层片(类似于石墨层片结构,但其中石墨烯层为无序堆叠)作为基本结构单元,通过不同的方式组合而成的乱层石墨结构.

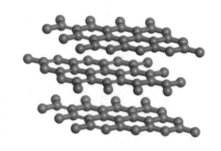

图 5.12　石墨结构示意图(ABAB 堆垛)

2. 高性能碳纤维的结构

1)表面结构

碳纤维的表面结构主要包括表面物理结构和表面化学结构. 表面物理结构包括表面形貌、沟槽大小及分布等. 表面化学结构包括表面化学成分、化学官能团种类及含量等.

碳纤维的表面由结晶区和非结晶区组成,随着碳化温度的升高,碳纤维的结晶性越来越好,表面结晶区面积越来越大. 碳纤维的结晶程度与其石墨化的程度密切相关. 另一方面,制备过程中热裂解的温度低,则所产出的碳纤维表面比较粗糙,随着热裂解的温度升高,碳纤维的表面就会变得光滑,例如石墨化的碳纤维,其表面非常光滑,结晶区尺寸很大.

2)微观结构

碳纤维的基本结构单元是类石墨层片,其大小和结构规整性与制备碳纤维的前驱体材料及制备工艺(特别是热处理温度)有很大的关系(图 5.13(a)). 类石墨层片在碳纤维中主要沿纤维轴线方向排列,使碳纤维在受力时能够充分发挥类石墨层片本身所具有的高强度. 然而,这些类石墨层片间并不像天然石墨晶体中石墨层片那样平行且规则地有序排列,而是犬牙交错,相互缠绕,在垂直于纤维轴的切面上形成一个类似卷心菜切面的结构. 类石墨层片平面与纤维轴向的夹角被称作取向角,取向角越小类石墨层片与纤维的取向度就越高. 一般高模量的碳纤维取向角小于 10°,而普通的碳纤维取向角很大,一般达到 40° 以上. 类石墨层片在局部上也可有序排列构成石墨微晶,而微晶间的取向分布规律则取决于前驱体和加工工艺. 此外,碳纤维结构中个别位置处会形成类石墨层片间的共价键,能有效抑制层间的相互滑动,从而提高碳纤维的力学性能. 总而言之,高强度碳纤维的完美结构即类石墨层片结构单元在纤维轴向上平行有序,而在径向上无序堆叠的乱层结构. 图 5.13(b)和(c)分别为碳纤维的高强型结构(类石墨片层间形成相互交联的三维空间结构)示意图和高模型结构模示意图.

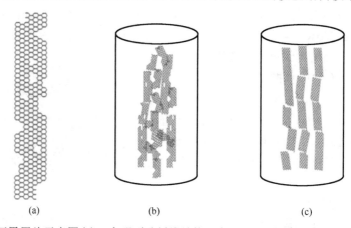

(a)   (b)   (c)

图 5.13 类石墨层片示意图(a)、高强型碳纤维结构示意图(b)、高模型碳纤维结构示意图(c)

3) 缺陷

碳纤维的表面和内部结构都存在着各种缺陷,广义上讲超出石墨单晶的结构都可以认为是缺陷. 碳纤维的缺陷十分复杂,包括类石墨层片犬牙交错的交联结构、空洞、裂纹等. 交联结构的形成与前驱体关系密切,而孔洞主要是在原丝纺制和类石墨结构转化等碳纤维制备过程中形成的. 原丝在制造过程中表面和内部本身存在缺陷,如气孔和裂纹,这些缺陷随着原丝的碳化保留在碳纤维中,造成碳纤维表面和内部结构的缺陷. 有机纤维原丝在热处理过程中不断分解并转化为类石墨结构,分解的产物以气体的形式从纤维中逸出,导致所产出的碳纤维中出现气孔,进而形成裂纹并造成碳纤维表面的缺陷要多于内部. 如果热裂解过程中,升温速率太快,有机纤维原丝分解出的气体逸出得就快,那么在碳纤维上留下的气孔和裂纹就大. 然而,随着热裂解温度的继续升高,碳纤维的石墨化程度越来越高,一些小的气孔和裂纹会逐渐消失. 此外, 碳纤维在纺制过程中的受力与传质限制会导致纤维的皮部与芯部的分子排列状况与致密化程度不一致, 形成皮芯结构, 且局部的致密化程度不一致也会引起孔洞的形成.

正是由于各种缺陷的存在, 才使得碳纤维具有天然石墨所不具有的力学性能. 其中, 缺陷、孔隙和皮芯结构等缺陷会降低碳纤维的力学性能, 而交联结构则有助于碳纤维的强度和模量的提高. 碳纤维中缺陷的表征方法主要为扫描电镜、透射电镜和小角 X 射线衍射等.

3. 微晶参数

碳纤维中的石墨微晶并不是相互隔离的小晶粒, 而是类石墨层片在空间位置上堆叠的有序区和无序区的相互交叉, 一个类石墨层片可能贯穿晶区和非晶区. 有序区的大小和分布可由微晶参数来表示, 具体包括晶面间距、微晶厚度、微晶广度、结晶度和取向度. 微晶参数可以反映出碳纤维的石墨化程度, 即其结构与天然石墨的接近程度.

(1) 晶面间距, 是指类石墨层片中石墨烯层间的平均距离. 用波长为 1.54nm 的 X 射线探测时, 局部有序的石墨微晶会在 $2\theta=26.5°$ 左右出现 (002) 晶面衍射峰, 按照布拉格公式可以计算出类石墨层面间距 d_{002} 为

$$d_{002} = \frac{\lambda}{2\sin\theta} \tag{5-17}$$

其中 θ 为衍射角, λ 为 X 射线的波长. 当微晶的有序度提高时, 还会探测到 (100) 和 (110) 面衍射峰.

(2) 微晶尺寸, 主要指微晶在垂直于类石墨层片方向上的厚度 (微晶厚度 L_c) 和平行于层片的尺寸大小 (L_a). 微晶尺寸可采用一维 X 射线衍射仪进行表征, 并运用 Sherrer 公式进行计算

$$L_c = \frac{K\lambda}{\beta_{002}\cos\theta_{002}} \tag{5-18}$$

$$L_a = \frac{K\lambda}{\beta_{100}\cos\theta_{100}} \tag{5-19}$$

其中 θ 为衍射角, λ 为 X 射线的波长, K 为形状因子, 计算 L_c 和 L_a 时 K 分别取 0.9 和 1.64, β_{002} 和 β_{200} 分别为 (002) 峰和 (100) 峰的半高宽. L_c 可通过赤道扫描图中的 (002) 峰来计算, 垂直于纤维轴方向的尺寸 L_a 用赤道扫描的 (100) 峰计算, 而平行于纤维轴方向的 L_a 则利用子午扫描 (100) 峰来计算. 用 L_c 除以晶面间距 d_{002} 可以算出类石墨层片中有序排列石墨烯层的层数.

(3) 微晶取向度. 碳纤维中石墨微晶的基面沿纤维轴的取向性可利用 (002) 峰的方位角扫描进行测定, 在最高强度一半处测定的强度分布半高宽度 Z, 通常被用来

衡量类石墨层与纤维轴的取向程度. $Z/2$ 可视为平均取向角，Z 越小，说明微晶的取向性越高. 微晶取向度 G 可以用以下公式计算：

$$G = \frac{180° - Z}{180°} \times 100\% \tag{5-20}$$

(4) 类石墨层片的结构完整性. 是指碳原子之间构成的稠环结构的规整性，可用拉曼光谱进行表征. 碳纤维的拉曼光谱主要有两个峰，即在 1580cm^{-1} 的 G 峰和在 1360cm^{-1} 处的 D 峰. G 峰可被指认为 sp^2 电子结构的 E_{2g} 联合振动模式，对应于类石墨层片的芳香环结构，可以认为是碳纤维的有序区. D 峰被指认为类金刚石碳 sp^3 电子结构的 A_{1g} 联合振动模式，对应于类石墨层片边缘碳和小的石墨微晶，可以认为是碳纤维的无序区. 碳纤维的两个拉曼峰峰强的比值 R 可以用来评价类石墨片层结构的完整度

$$R = \frac{I_D}{I_G} \tag{5-21}$$

式中 I_D 和 I_G 分别为 D 峰和 G 峰的拉曼峰强度. R 值越小，无序区所占比例越小，有序区比例越大，结晶越完整，石墨化程度越高.

5.2.3　碳纤维的性能

高性能碳纤维强度高、模量高、密度小、质量轻，其密度仅为 $1.5 \sim 2 \text{g/cm}^3$，相当于钢密度的 1/4、铝合金的 1/2，抗拉强度在 3500MPa 以上，比强度为钢的 10 倍，延伸性可达约 2%，弹性回复 100%. 影响碳纤维力学性能的结构特征主要有以下四个方面：①类石墨层片规整性及大小；②类石墨层片沿纤维轴向的取向度；③类石墨层片之间的作用力；④皮芯结构和空洞、裂纹等缺陷. 从以上结构特征入手，研究者们对碳纤维的结构与力学性能之间的关系进行了分析并建立了一系列关联碳纤维结构和模量的模型，如均匀应力模型、弹性解皱模型和均匀应变模型等.

碳纤维耐疲劳、耐摩擦并具有良好的可加工性. 由于碳纤维及其织物质量轻又可折可弯，因此能适应并加工成不同的构件形状. 此外，还可根据受力需要粘贴若干层，而且施工时不需要大型设备，也不需要采用临时固定，不会对原结构造成损伤.

碳纤维的热学性能具有各向异性，热膨胀系数小，热导率随温度升高而下降. 碳纤维的导热属于声子传导，其热导率与声子平均自由程成正比，与纤维中石墨微晶的 L_a 尺寸大小有关. 石墨微晶越大，L_a 越大，声子的行程就越长，碳纤维的热导率就越大. 目前，中间相沥青碳纤维的导热性能最强.

碳纤维的导电性能良好并具有各向异性，25℃时高模量碳纤维的电阻率约为 $7.75 \times 10^{-2} \Omega \cdot \text{m}$，高强度碳纤维的电阻率约为 $1.5 \times 10^{-1} \Omega \cdot \text{m}$. 碳纤维的导电性能取决于其中 π 电子的流动区域，微晶石墨片层大小 L_a 越大，π 电子的流动区域就越大，

就会表现出更好的导电性能. 碳纤维的电导率与热导率具有相关性, 表 5.3 为几种不同牌号碳纤维的力学、电学和热学性能.

表 5.3　不同品种高模、高强碳纤维的性能

项目	牌号	抗拉强度/GPa	拉伸模量/GPa	断裂伸长/%	热膨胀系数/(1/K)	热导率/[W/(m·K)]	电阻率/(Ω·m)	密度/(g/cm³)
美国聚丙烯腈基	GY-70	1.86	517	0.36	-11×10^{-6}	142	6.0×10^{-6}	1.92
	GY-80	1.86	527	0.32				
日本聚丙烯腈基	M40	2.74	392	0.6	-1.2×10^{-6}	85	8.0×10^{-6}	1.81
	M50	2.45	490	0.5		89	8.0×10^{-6}	1.91
	M60J	3.92	588	0.7	-0.9×10^{-6}	75	8.0×10^{-6}	1.94
中国聚丙烯腈基	BHM3	3.20	400	0.8				1.83

碳纤维具有优异的耐高低温性能, 在 600℃ 高温下性能保持不变, 在 3000℃ 的非氧化环境下不熔化、不软化, 在液氮温度下依旧很柔韧不脆化. 此外, 碳纤维还耐骤冷和急热, 即使从几千度高温突然降到常温也不会炸裂.

碳纤维耐酸碱性能好, 对酸呈惰性, 能耐浓盐酸、磷酸、硫酸等侵蚀. 另外, 碳纤维还耐油, 并且还具有吸收有毒气体和使中子减速等特性, 具有优秀的抗腐蚀与辐射性能.

5.2.4　碳纤维的制备方法

1. 聚丙烯腈(PAN)基碳纤维的制备方法

PAN 基碳纤维是用途最广、用量最大、性能最好、品种最多、发展速度最快且制备工艺最成熟的一类碳纤维. PAN 基碳纤维制备过程主要包括聚丙烯腈原丝的制备, 预氧化, 原丝碳化、石墨化, 后处理四个过程, 见图 5.14.

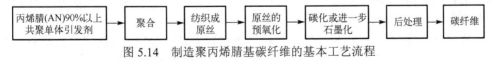

图 5.14　制造聚丙烯腈基碳纤维的基本工艺流程

1) 聚丙烯腈(PAN)原丝的制备

PAN 基碳纤维的微观组织结构主要是由 PAN 原丝的微观组织结构决定的. 制备出高强度、结构均匀和弥散性好的 PAN 原丝, 是制备出具有高强度和高模量碳纤维的基础. PAN 原丝的制备过程主要包括聚合和纺丝两个步骤.

(1) 聚合. 在该步骤中, 丙烯腈(AN)单体与第二、第三单体(亚甲基丁二酸(ITA)、丙烯酰胺(AAM))在引发剂的自由基作用下发生共聚, 彼此连接为线型 PAN 大分子链. 目前工业上可通过丙烯腈和共聚单体经水相悬浮聚合、溶液聚合、乳液

聚合、本体聚合等方法制得用于生产 PAN 基碳纤维的聚合物.

(2)纺丝. 聚合生成的 PAN 纺丝液一般经过湿法纺丝或干喷湿纺等纺丝等工艺后，即可得到 PAN 原丝.

2)原丝的预氧化

将 PAN 原丝在 200～300℃的空气介质中进行预氧化处理，可使线型分子链转化为耐热的梯型结构，使其在高温碳化时不熔不燃，保持纤维形态，进而得到高质量的碳纤维. PAN 在预氧化过程中主要发生的反应包括，环化反应、脱氢反应、氧化反应等.

在预氧化过程中所发生的反应主要为放热反应，因此需及时排除反应热，防止纤维因局部温度过高而发生断裂，这是制备过程中的关键技术. 此外，预氧化过程中，纤维会发生较大的热收缩，一方面是经过拉伸的原丝其大分子链自然卷曲产生的物理收缩，另一方面是大分子在环化过程中产生的化学收缩. 因此，为了得到优质的碳纤维，继续保持大分子主链结构对纤维轴的择优取向，在预氧化过程中必须采取多段拉伸的方式对纤维施加张力.

3)碳化、石墨化

经过预氧化的原丝在惰性气体的保护下，在 800～1500℃范围内发生碳化反应. 在此过程中，预氧化原丝中的非碳原子如 N、H、O 等元素被脱除，预氧化时形成的梯形大分子进一步发生交联，转变为稠环状结构. 纤维的含碳量进一步提高至92%以上，碳原子逐渐形成类石墨结构. 碳化时，保护气一般采用高纯度的氮气. 碳化各温区的温度设置及停留时间、张力、炉内气氛纯度是碳化过程的最重要工艺参数.

碳化过程一般被分为两段. 第一段为 350～1000℃(低温碳化)，分三到五个温区，主要是脱除水、焦油和其他含碳气体. 第二阶段为1250～1500℃(高温碳化)，一般分一个温区，主要是脱除氮原子并完成类石墨结构的重排. 碳化时，纤维也会发生物理收缩和化学收缩，因此碳化时也必须施加适当的张力，对纤维进行拉伸，以获得优质的碳纤维.

碳纤维可进一步在 2000～3000℃高温下进行石墨化处理，以获得碳含量99%以上的且具有更高模量的石墨碳纤维. 石墨化处理一般选择在高温密闭装置中进行，选用氩气或氦气作为保护气. 在此过程中，碳纤维结构能够得到完善，纤维中的非碳原子会被进一步排除，结晶碳比例会增加，纤维取向度增加，碳纤维内部会由乱层石墨结构转变为类似石墨的层状结晶结构.

4)后处理

碳纤维还要进行后处理，包括表面处理、氰化氢处理(去除碳纤维高温热解时可能产生的剧毒氰化氢)和上浆、包装等. 其中，表面处理最为重要，其目的为清除表面杂质，在纤维表面形成微孔或刻蚀沟槽以增强纤维性能.

2. 沥青基碳纤维的制备

沥青是一种以缩合多环芳烃化合物为主要成分的低分子烃类混合物，也含有少量的氧、硫或氮的混合物，一般含碳量都大于 70%，平均分子量在 200 以上. 沥青主要有石油沥青和煤焦油沥青，这两类原料资源丰富、成本低廉. 以沥青纤维为原料生产的碳纤维，碳化得率可高达 80%～90%. 沥青基碳纤维主要有通用级沥青基纤维 (GPCF) 和高性能碳纤维 (HPCF). 其中，GPCF 力学性能较低，也被称为各向同性沥青基碳纤维，而 HPCF 的拉伸模量较高，也被称为各向异性中间相沥青基碳纤维. 中间相沥青相较于常见的各向同性沥青的平均分子量更高、芳构度更高、纺丝难度更大，能够制备出力学性能更佳的高性能沥青基碳纤维.

图 5.15 所示为不同性能的沥青基碳纤维的生产流程图. 主要制备工艺包括可纺沥青的调制、熔融纺丝、预氧化、碳化及石墨化四步工序.

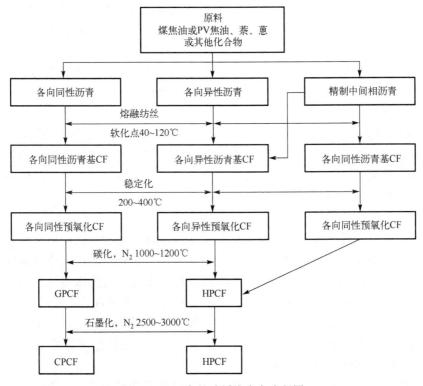

图 5.15 沥青基碳纤维生产流程图

1) 沥青的调制工艺

调制工艺的目的是改变原料沥青的理化性能，使其成为各向同性和各向异性的可纺纤维.

各向同性沥青用于通用级沥青基碳纤维的生产. 原料沥青首先经溶剂萃取、沉降分离、蒸馏等工序进行精制. 精制后的沥青再经氧化热缩聚合改质, 使具有多种组分沥青中的分子在较高的温度下发生热分解和热缩聚反应, 并以气态形式排除反应生成的小分子, 进而氧化热缩聚成分子量分布合理的各向同性沥青.

高性能沥青基碳纤维制备的关键就在于可纺性各向异性沥青(中间相沥青)的制备. 原料沥青经精制后在高温下进行缩聚反应, 即体系发生裂解、脱氢、缩合等一系列反应形成相对分子质量在 $370\sim2000$ 之间的具有各向异性结构的向列型液晶物质, 制备出中间相沥青.

2)可纺沥青的熔融纺丝

(1)各向同性沥青的熔融纺丝. 各向同性沥青的熔融纺丝技术已经比较成熟, 主要包括离心法、挤压式纺丝法和喷吹法. 离心法是经过离心力将熔融的沥青, 通过细小的孔甩出, 形成纤维结构. 挤压式纺丝法沥青在高温熔融状态下, 通过压力使沥青经过细小的毛细通道喷出, 经过高速牵伸固化成型, 形成纤维结构. 喷吹法是熔融的沥青, 通过压力喷出喷丝孔后, 经过热空气流, 快速牵伸沥青, 使沥青拉长形成纤维结构. 离心法的生产效率较高, 缺点是纤维直径小, 只能用于生产短切纤维等. 挤压式方法能有效拉伸纤维使其变细, 但纺出的纤维呈不规则卷曲状. 喷吹法可减少空气阻力造成的原丝损伤. 目前离心纺丝和挤压式法纺丝是工业生产中主要运用的纺丝方法.

(2)中间相沥青的熔融纺丝. 相对于各向同性沥青, 中间相沥青的纺丝温度高, 且易氧化, 拉伸细化过程中易断裂. 中间相沥青在熔融纺丝过程中形成的纤维结构对最终碳纤维的性能起到决定性作用. 对于中间相沥青的纺丝技术, 国内外报道均较少, 国外对此技术严格保密.

3)沥青纤维的预氧化处理

由于纺成的沥青纤维仍然是热塑性的易黏结沥青, 为改变此性质, 以消除沥青纤维间的黏结现象, 必须在加热条件下用空气氧化, 氧化后的预氧化丝再送入碳化装置中进行碳化. 中间相沥青纤维与通用型沥青纤维的预氧化原理是相似的, 预氧化反应中沥青分子被氧化成含各种含氧官能团的分子, 相邻的沥青分子之间的羰基、苯氧基等官能团发生反应而相互交联, 有效提高了碳纤维的软化点, 形成一种不熔不溶的结构. 欲提高碳纤维的性能, 应调整预氧化反应条件使沥青纤维充分预氧化.

4)沥青纤维的碳化及石墨化

碳化的目的是使石墨层片生成并长大, 同时脱除非碳元素. 伴随着类石墨结构的生成与发展, 碳纤维拉伸强度和模量将增加. 碳化条件如温度、升温速率、张力等条件会影响到所制备的碳纤维的力学性能.

沥青纤维碳化是在 2000℃ 以下进行, 石墨化则是在 2000~3000℃ 高温下进行, 该步工艺可以有效提高碳纤维的力学性能. 在实际生产中, 有在低于 700℃ 氮气气氛中进行低温碳化和在 1000～2000℃下进行高温碳化两种. 碳化石墨化对反应设备要求较高，缺少高端设备是限制我国碳纤维技术发展的一个重要因素.

(1) 各向同性沥青纤维碳化. 各向同性沥青纤维属于难石墨化碳，一般只进行碳化处理，其碳化过程是指沥青纤维在 1800℃以下发生脱氢、脱甲烷、缩聚以及交联等反应，其含氧官能团分解产生的 CO 和 CO_2 从体系脱离出来，分子进一步缩聚，使纤维碳含量提高，单丝的拉伸强度增强，进而使得沥青纤维的力学性能提高.

(2) 中间相沥青纤维碳化及石墨化. 中间相沥青纤维的碳化过程与各向同性沥青纤维的碳化是相似的. 由于中间相沥青纤维属于易石墨化碳，因此一般在碳化后还要对其进行石墨化以制备中间相沥青基碳纤维. 影响中间相沥青基碳纤维力学性能的关键因素是其微晶结构取向度和微晶尺寸. 在石墨化过程中，随着温度升高，中间相沥青纤维的无序微晶结构逐步转变为取向度高的有序石墨结构，分子层间距减小，分子堆积高度和相对分子尺寸增大，晶格缺陷减少，表现为碳纤维的力学性能提高.

3. 黏胶基碳纤维的制备

黏胶基碳纤维的制造工艺流程如图 5.16 所示. 黏胶纤维中，天然纤维素分子的结晶度高，碳纤维的生产率低且力学性能差，因此生产中多采用再生纤维素、人造丝生产. 用黏胶纤维制备碳纤维的工艺主要包含低温(< 400℃)处理与高温(>1000℃)碳化、石墨化过程两个阶段. 低温下对黏胶纤维进行处理，可使纤维分子发生裂解脱去含 H、O、C 的小分子，最终形成石墨状结构的碳聚合物. 进行处理的气氛可分为反应性气氛和非反应性气氛两种，机理比较复杂. 然后再对产物进行高温碳化和石墨化，便可得到符合要求的碳纤维.

图 5.16 黏胶基碳纤维制造流程图

黏胶纤维属于热固性纤维，其高温分解后的含碳量随进行低温氧化(稳定化)或在催化剂(如 HCl、$ZnCl_2$ 或 $AlCl_3$)存在下的热处理而增高. 黏胶纤维中纤维素高温热分解的化学过程相当复杂，但基本上可分为四个主要阶段：①在 25～150℃温度范围内，黏胶纤维上物理吸附水发生解吸；②在 150～240℃温度范围内，纤维素单元脱水，此阶段为分子内的变化过程，它与分子上羟基的脱出和 C=O、C=C 键的形成密切相关；③在 240～400℃温度范围内，纤维素发生热裂解，纤维素中的糖苷环彻底破坏；④在 400℃以上，石墨结构生成，纤维发生芳构化.

4. 碳纤维的表面处理

表面处理是制备碳纤维工艺流程中的一个重要的后处理工序. 通过表面处理的

碳纤维，其表面能增加，弱边界层增强，表面湿润性和黏结性能会得到提高. 该工艺的目的是增加碳纤维的表面官能团，增加比表面积，提高表面活性，提高与树脂基体的浸润性和结合力等. 未经表面处理的碳纤维表面光滑、惰性大、表面能低、缺乏有化学活性的官能团，导致反应活性低，与树脂基体黏结性差，并会与金属发生有害的化学反应，与金属的界面浸润性欠佳，高温抗氧化性较差. 另一方面，通过表面沉积金属等处理方式可改善碳纤维的导电、导热等性能.

目前使用较多的碳纤维表面处理方法主要有氧化处理，涂覆处理，射线、激光、等离子体处理及其他处理方法等. 其中，氧化处理又可分为气相氧化、液相氧化、电化学氧化处理，涂覆处理又可分为电化学沉积与化学镀、气相沉积、表面电聚合、溶胶-凝胶法、粒子束喷涂等方法.

5.2.5　碳纤维的应用

碳纤维具有优良的物理化学性质，主要应用于航空航天、汽车、体育、工业、建筑、能源和医疗卫生等领域. PAN基碳纤维无论是在工艺上，还是纤维强度、模量上都具有无可替代的优越性，是目前应用最普遍的碳纤维材料. 中间相沥青基碳纤维具有极高的热导率和高的热稳定性，可以用作导热材料、高温润滑材料等. 此外，中间相沥青基碳纤维还可以用作吸音材料、吸波材料、耐磨防水材料、防腐地面材料、汞包装材料、密封衬垫材料、核电站减速机电极材料等. 黏胶基碳纤维的密度较小，耐烧蚀，热稳定性好，导热系数小，断裂伸长率大，深加工的工艺性好，生物相容性好，在军事、卫生、采暖等方面应用较广泛. 黏胶基碳纤维经活化后还可以制备出成本较低的具有优异吸附活性的活性炭纤维.

航空航天器的新装——碳纤维增强复合材料

1. 碳纤维在航空航天领域的应用

航空航天领域对碳纤维的需求可细分为民用飞机、军用飞机、直升机、通用航空和其他宇航等方向. 目前航空航天领域内应用比较广泛的是碳纤维增强复合材料，其中以碳纤维树脂基复合材料(CFRP)最为常用.

碳纤维增强复合材料由基体材料和碳纤维增强体构成，具有非均质性、各向异性和可设计性等特点. 与传统金属结构材料相比较而言，碳纤维增强复合材料具有高比强度和高比模量，承载能力是钢材料的5倍左右，且属于多相材料，阻尼系数大，振动衰减快，抗振动性能良好. 同时，此类材料密度小仅为铝合金的60%，能够有效减轻航空器自重，并且加工灵活能够满足不同部位结构对材料成型的加工需要. 此外，碳纤维增强复合材料还具有良好的化学稳定性、耐湿性能、耐腐蚀性以及耐高温性能，即使在2000℃的环境中还可以保证性能和结构稳定.

碳纤维增强复合材料在早期主要应用于飞机的非承力部件上,如飞机雷达罩、舱门、整流罩等. 随着碳纤维复合材料的快速发展,复合材料制备工艺进一步成熟,结构设计水平进一步提高,如今其应用领域逐渐过渡到飞机尾翼的垂直尾翼、水平尾翼及方向舵等一些非主要承力部件乃至飞机的主要承力部件上. 统计显示,目前碳纤维复合材料在小型商务飞机和直升飞机上的使用量已占 70%~80%,在军用飞机上占 30%~40%,在大型客机上占 15%~50%.

1)民用飞机领域应用

在民用飞机方面,美国波音公司和欧洲空中客车公司等民用飞机生产商都将碳纤维增强复合材料广泛地应用于客机制造. 表 5.4 所示为有代表性的机型上所用碳纤维增强复合材料及其应用部位. 由于碳纤维复合材料具有良好的抗疲劳性能、耐腐蚀性能和较低的密度,在客机结构中大量使用该类材料,不仅可以为飞机减重,而且能够降低对疲劳相关检查的需求,并且能够减少对腐蚀相关维护检查的需求. 波音公司生产的 787 客机采用碳纤维增强复合材料为机身,机翼和尾翼采用的是碳纤维层合板复合材料,升降舵和方向舵采用的是碳纤维夹芯复合材料. 湾流 G650 的水平尾翼、垂直尾翼、升降舵和方向舵是由碳纤维(CF)/聚苯硫醚(PPS,一种新型高性能热塑性树脂)热塑性复合材料构件制成. 空客 A350XWB 飞机的机身壁板、框架、窗框和舱门均由碳纤维增强复合材料制成.A380 客机是首次使用碳纤维增强复合材料中央翼盒的飞机,且其地板梁和后压力舱壁也采用碳纤维增强复合材料制造.

表 5.4　部分民用客机及其使用的碳纤维增强复合材料

公司	机型	部位	材料类型(碳纤维/基材树脂)
波音	B787	机身、机翼	T800S/3900-2B
空客	A350	机身、机翼	IMA/M21E
空客	A220	机翼	IMS65/Cytec890

民用航空发动机设计追求的目标可以总结为推重比高、油耗低、噪声低和污染物排放少. 若想提高推重比和降低油耗,除了提高气动、热力设计水平外,减重也是有效的方法之一. 因此,拥有高强度低密度的碳纤维增强复合材料在民用航空发动机上也得到了广泛的应用,目前其主要被用于发动机的风扇叶片、机匣等部位的制造(表 5.5).

表 5.5　部分民用航空发动机碳纤维增强复合材料使用情况

发动机型号	使用部位	材料名称
PW4084	风扇叶片垫块	碳纤维/环氧树脂
PW4168	反推装置、短腔部件	碳纤维/环氧树脂
GEnx	风扇机匣	T700 碳纤维/PR520

发动机型号	使用部位	材料名称
BR710	压气机可调静子叶片衬套	碳纤维织物增强聚酰亚胺
GE90/GEnx	风扇叶片	IM7/8551-7
LEAP-x	风扇叶片	IM7 丝束/PR520
TRENT-1000	风扇叶片	IM7/M91

我国国产民用飞机也广泛应用了碳纤维复合材料. 国产商用 C919 客机是我国按照国际民航规章自行研制、具有自主知识产权的大型喷气式民用飞机, 是中国民航人集体劳动和智慧的结晶. 该型客机是我国首款使用 T800 高强碳纤维增强复合材料的民用飞机, 其后机身和平垂尾等都使用了 T800 碳纤维增强复合材料. 相比第一代民机复合材料 T300 级材料, T800 级材料拉伸强度和拉伸模量提高 50%左右, 韧性更强, 且具备更好的抗冲击性. 此外, 该型客机的机翼前后缘、活动翼面、翼梢小翼、翼身整流罩等部件也采用了碳纤维复合材料.

2) 军用飞机领域

20 世纪 70 年代中期, 国际上一些国家在制造军机的垂直尾翼、水平尾翼等部件时开始逐步使用碳纤维增强复合材料, 如 F-15、F-16、Mig-29、幻影 2000、F/A-18 等军机的尾翼部件. 此外, 在制造军机的机翼、机身等主要受力构件时也开始使用碳纤维增强复合材料, 如 AV-8B、B-2、F/A-22、F/A-18E/F、F-35、阵风、JAS-39、台风、S-37 等军机. 我国在军机的制造中也广泛地应用碳纤维材料. 例如, 我国歼-10 的鸭翼结构, 歼-11B 的机翼外翼段、水平尾翼和垂直尾翼及歼-20 的机身、机翼、垂直尾翼、进气口以及鸭翼上均使用了碳纤维增强复合材料.

3) 直升机方面的应用

碳纤维增强复合材料因其优良的抗疲劳性能、抗振动性能以及耐腐蚀性能, 非常适合应用于直升机结构设计、制造领域. 国外在直升机制造上已经广泛应用碳纤维增强复合材料. 如 RAH-66 直升机机体结构使用了碳纤维/环氧树脂(IM7/8552)复合材料, 占比结构重量的 51%, 其机体前部组件、尾梁、主桨叶等也大量采用了碳纤维复合材料. NH-90 直升机的旋翼使用了碳纤维和玻璃纤增强维复合材料. S-97 直升机的共轴刚性旋翼使用了高模高强碳纤维增强复合材料. V-280 直升机首次使用了全碳纤维复合材料倾转旋翼叶片. H-160 直升机作为世界上第一款全复合材料民用直升机, 其桨毂中央件采用碳纤维增强聚醚醚酮树脂基热塑性复合材料设计制备, 显著地降低了该机型制造成本和整机质量, 提高了部件的损伤容限并降低结构疲劳裂纹扩展速率. 我国直 10 和直 19 武装直升机在机身框架结构、直升机旋翼、机翼蒙皮和直升机尾翼部件上也大量使用碳纤维增强复合材料.

4) 无人机方面的应用

碳纤维复合材料的应用对无人机结构的轻量化、小型化以及降低生产成本、提高生产效率起到至关重要的作用. 此外, 碳纤维复合材料具有良好的耐腐蚀性和耐热性能, 可以满足无人机在各种环境下的飞行要求, 降低使用维护的成本, 延长使用寿命. 美国 RQ-4 全球鹰无人侦察机的机翼、尾翼、发动机短舱、后机身都是由碳纤维增强复合材料制造的. 美国中空长航时 MQ-1 捕食者无人机的机身大量采用了碳纤维织物/Nomex 蜂窝夹层加筋壁板结构, 内部关键位置有碳纤维增强梁和肋. AAI 公司影子无人机的机身使用的是碳纤维增强环氧树脂复合材料, 尾翼使用的是碳纤维或芳纶纤维增强环氧树脂复合材料, 机翼则是由碳纤维增强环氧树脂复合材料面板-蜂窝夹层结构制造的. 我国微小型大疆 MavicPro 无人机的机体大量采用了碳纤维增强的复合材料.

5) 其他航空航天方面的应用

碳纤维可应用于导弹、火箭制造领域. 碳纤维大量使用可以减轻导弹的质量, 增加导弹的射程, 提高落点的精度, 因此碳纤维复合材料常应用于导弹壳体、发射筒等结构中. 我国陆基洲际导弹东风-31 的弹头就使用了碳纤维增强复合材料. 在运载火箭上的使用碳纤维增强复合材料可以使在保证强度、刚度的前提下, 降低自身结构重量, 提高有效载荷. 我国长征-11 运载火箭全整流罩就采用碳纤维增强复合材料制造. 在卫星制造领域, 高模量碳纤维增强碳复合材料常用于卫星结构体、太阳能电池板和天线的制造. 国内外的多个型号的卫星上已经成功应用了碳纤维复合增强材料(表 5.6).

表 5.6 部分卫星碳纤维增强复合材料使用情况

卫星名称	复合材料使用部位	所用主要材料
ERS-1 卫星	大型可展开式天线	碳纤维/环氧树脂
中国风云二号气象卫星	主承力构件	碳纤维/环氧树脂
中国地球资源卫星 1 号	主承力构件	碳纤维/环氧树脂
德国 TV-SAT 直播卫星	高精度天线塔	碳纤维/环氧树脂
日本 ETS-6 同步轨道卫星	舱体、太阳能帆板、天线塔	碳纤维/环氧面板蜂窝夹层结构
国际通信卫星 V	抛物面天线、太阳电池阵基板等	碳纤维/环氧面板蜂窝夹层结构

2. 碳纤维在其他领域内的应用

(1)体育器材方面的应用. 碳纤维已广泛应用于制备高尔夫球杆、球拍、帆船桅杆、棒球球杆、鱼竿、自行车等体育器材. 碳纤维增强复合材料的强度、比模量相当好且密度低, 是制造体育器材的主要材料. 目前, 世界上碳纤维总产量的 1/3 左右用来制造体育用品. 表 5.7 是碳纤维复合材料在体育器材方面的应用实例.

(2)碳纤维在工业、能源领域内的应用. 碳纤维复合材料在汽车工业用于制造汽车骨架、活塞、传动轴、刹车装置等. 在能源领域应用于风力发电叶片、新型储能电池、超级电容器、压缩天然气贮罐、采油平台等. 其中, 风力发电机的叶片是我国碳纤维的最大消费方向之一, 约占民用碳纤维消费的四成. 碳纤维因其质轻高强度和极好的导电性及非磁性而在电子工业中用于制备电子仪器仪表、卫星天线、雷达等. 碳纤维增强材料(CFRC)与钢筋混凝土相比, 抗张强度与抗弯强度高 5～10倍, 弯曲韧度和伸长应变能力高 20～30 倍, 重量却只有1/2, 已被广泛应用于房屋、桥梁、隧道等基础设施的混凝土结构增强工程. 在石油领域, 碳纤维和树脂纤维一起按比例混合, 还可以被用作连续抽油杆. 所制作成的抽油杆耐腐蚀性、耐疲劳性、耐抗压性能都非常好, 适用于油井生产, 并且柔性好、质量轻, 使用方便.

表5.7　碳纤维复合材料在体育器材方面的应用实例

类型	应用实例
板状结构	滑雪板、弓圈、冲浪板、乒乓球拍等
管状结构	网球拍、高尔夫球杆、鱼竿、棒球棒、自行车等
薄片结构	头盔、各类船体结构等
其他结构	赛车及刹车装置、剑类、赛艇、登山绳等

(3)在医疗卫生方面的应用. 碳纤维及其复合材料可以制成人造假肢和人工骨骼等, 性能稳定, 生物相容性好, 可与人体细胞共存. 碳纤维导电发热材料具有辅助理疗保健的作用, 可加快新陈代谢, 促进血液循环, 加快伤口愈合速度. 碳纤维还具有 X 射线透过性, CT 扫描时使用碳纤维纺织品可以减少对 X 射线的吸收.

5.3　碳纳米管纤维

5.3.1　碳纳米管纤维发展简介

碳纳米管纤维是以碳纳米管为构筑单元组装而成的宏观连续纤维材料, 是未来高性能碳纤维发展的重要方向. 我国是在国际上较早开展碳纳米管纤维研究的国家之一. 2000 年, 法国科学家首次报道了通过湿法纺丝工艺制备的碳纳米管含量高达50%以上的连续纤维材料, 拉开了碳纳米管纤维研究的序幕. 2002 年, 清华大学研究团队和美国伦斯勒理工学院研究团队合作, 首次报道了利用浮动化学气相沉积方法制备直径约为 300 至 500 微米的碳纳米管束, 其长度达到20cm. 同年, 清华大学研究团队首次报道了从碳纳米管阵列拉丝制备碳纳米管纤维的方法. 2004 年, 我国科学家与英国剑桥大学研究团队合作, 实现了浮动催化化学气相沉积法连续制备碳纳米管纤维. 同一时期, 美国科学家报道了湿法制备纯碳纳米管纤维工艺. 2018 年, 清华大学研究团队报道了米级超长超细碳纳米管管束, 其强度达到 80GPa. 总体来看, 自21 世纪初科学家成功实现碳纳米管在宏观尺度的纤维组装后, 碳纳米管纤维的研究迅速兴起，并在二十几年的发展中大体经历了三个发展阶段：①碳纳米管纤维纺丝方法的探索阶段，基于凝固过程的湿法纺丝法、利用碳纳米管垂直阵列的抽丝纺丝法以及基于生长过程预形成碳纳米管凝胶的浮动催化纺丝法成为当前最主要的制备方法；②针对碳纳米管纤维宏量连续制备、基本性能提升以及功能特性开发的快速发展阶段；③当前碳纳米管纤维的发展已进入到产业应用的攻关阶段，如何啃下硬骨头需要科研工作者以及产业界的共同努力.

5.3.2　碳纳米管的结构

1. 碳纳米管的结构

碳纳米管是一种由数层到数十层石墨烯片层卷成的同轴圆管状的一维碳纳米材料. 碳纳米管的径向尺寸为纳米量级（直径一般为 2~20nm），轴向尺寸一般为微米量级，石墨烯片层与层之间保持固定的距离，约 0.34nm，圆管两端由富勒烯半球封口. 碳纳米管可以看成是石墨烯平面映射到圆柱体上，在映射过程中保持石墨烯片层中的碳六元环不变. 根据碳六元环沿管轴方向的不同取向可以将碳纳米管分成锯齿型、扶手椅型和螺旋型三类.

1）手性矢量

如图 5.17 所示为石墨烯片层结构示意图，其中 a_1 和 a_2 分别为石墨烯片层的原胞基矢. 选择片层中任意一个碳原子作为原点 O，再选另一个碳原子 A，卷曲石墨烯片层使 A 点和 O 点的碳原子重合，即形成一种碳纳米管. 称从 O 到 A 的矢量 C_h 为手性矢量

$$C_h = na_1 + ma_2 \tag{5-22}$$

式中 n 和 m 为整数，$a_1 = a_2 = a = \sqrt{3}\, a_{C\text{-}C} = 0.246nm$，$a_{C\text{-}C}$ 为碳-碳原子间距为 0.142nm. 由式（5-22）可见，单壁碳纳米管的种类由 m、n 两个参数决定，每对 (m, n) 代表一种可能的管子，被称为碳纳米管的结构指数.

2）周长、直径
碳纳米管的周长为

$$L = |C_h| = a\sqrt{n^2 + m^2 + nm} \tag{5-23}$$

碳纳米管的直径为

$$d = \frac{a\sqrt{n^2 + m^2 + nm}}{\pi} = \frac{L}{\pi} \tag{5-24}$$

3）晶格参数
碳纳米管是一个在管轴方向具有周期性的一维晶体. 碳纳米管单胞是由石墨烯

片层中的手性矢量 C_h 和一维平移矢量 T 构成的矩形(图 5.17 中矩形 $OAB'B$)卷曲而成. T 是从原点 O 出发，垂直于 C_h，延伸至石墨烯片层六边形网格的第一个碳原子 B 的矢量. $|T|$ 是沿碳纳米管轴向重复碳纳米管单胞的最短距离，为碳纳米管的晶格常数.

$$T = t_1 a_1 + t_2 a_2 \qquad (5\text{-}25)$$

式中 t_1 和 t_2 是整数

$$t_1 = \frac{2m+n}{d_R}, \quad t_2 = -\frac{2n+m}{d_R} \qquad (5\text{-}26)$$

晶格常数 T 为

$$T = |T| = \frac{\sqrt{3}L}{d_R} \qquad (5\text{-}27)$$

式中的 d_R 为

$$d_R = \begin{cases} d_{mn}, & n-m \text{不是3的倍数} \\ 3d_{mn}, & n-m \text{是3的倍数} \end{cases} \qquad (5\text{-}28)$$

其中 d_{mn} 是结构指数 (n, m) 的最大公约数.

4)单胞

由 C_h 和一维平移矢量 T 构成的矩形 $OAB'B$ 即碳纳米管的单胞，其中所包含的六边形数为 N，所包含的碳原子数目为 $2N$，其中

$$N = \frac{2(n^2 + nm + m^2)}{d_R} \qquad (5\text{-}29)$$

5)手性角

石墨烯片层中六角形网格的锯齿轴(图 5.17 中矢量 OD)与碳纳米管轴向的夹角 θ 称为手性角.

$$\theta = \arcsin \frac{\sqrt{3}m}{2\sqrt{n^2 + nm + m^2}} \qquad (5\text{-}30)$$

由于石墨烯层映射到圆柱体过程中出现夹角，碳纳米管中的六边形网格会产生螺旋现象，而出现螺旋的碳纳米管则具有手性(手性一词指一个物体不能与其镜像相重合). 手性角 θ 在 0～30° 之间的碳纳米管称为手性管，根据手性可以分为左旋和右旋两类. 锯齿型和扶手椅型单壁碳纳米管的手性角 θ 分别为 0° ($m=0$) 和 30° ($n=m$)，这两种碳管不具有手性，统称为非手性管.

2. 碳纳米管的电子结构

由于碳纳米管中的碳原子间主要以 sp^2 杂化成键，每个未成对的电子位于垂直

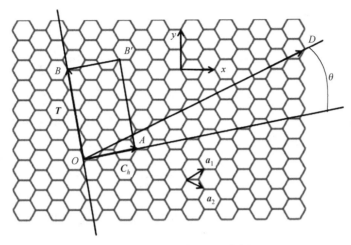

图 5.17 石墨烯片层示意图

于石墨烯片层的 π 轨道上，因此碳纳米管具有优良的导电性能. 碳纳米管的导电性能取决于石墨烯片层卷曲形成的管径和手性角，其导电性介于导体和半导体之间. 根据管子导电性的不同，碳纳米管又可分为金属性和半导体性碳纳米管. 对于给定的碳管结构指数 (n, m)，当满足 $n=m$ 时，碳纳米管呈现金属性质；当 $n-m=3q$ (q 为整数)时，碳纳米管呈现出小带隙半导体性质；其他条件下的碳纳米管则呈半导体性. 因此，扶手椅型单壁碳纳米管为金属性，而锯齿型单壁碳纳米管为半导体性.

运用紧束缚电子模型可计算出碳纳米管能带结构表达式. 扶手椅型碳纳米管的能带结构表达式为

$$\varepsilon_q(k) = \pm\beta\sqrt{1 + 4\cos\frac{q\pi}{n}\cos\frac{ka_0}{2} + 4\cos^2\frac{ka_0}{2}} \tag{5-31}$$

其中，$a_0 = 0.246\text{nm}$ 是二维石墨烯的晶格常数，$k=k_y$，n 为碳纳米管晶胞中六边形的数目，$q=1, \cdots, 2n$ 表示为整数，$-\pi < ka_0 < \pi$. 由上式可知，扶手椅型碳纳米管有 $2n$ 个导带和 $2n$ 个价带，其能带结构仅与结构指数 (n, m) 相关. 由于对称性，所有的价带和导带都在 $k = \pm\dfrac{2p}{3a_0}$ 处发生简并并通过费米能级，因而扶手椅型碳纳米管呈金属性.

锯齿型碳纳米管的能带结构表达式

$$\varepsilon_q(k) = \pm\beta\sqrt{1 + 4\cos\frac{q\pi}{n}\cos\frac{\sqrt{3}ka_0}{2} + 4\cos^2\frac{q\pi}{2}} \tag{5-32}$$

其中，$q=1, \cdots, 2n$，$-\pi/\sqrt{3} < ka_0 < \pi/\sqrt{3}$. 由上式可知，锯齿型碳纳米管的导带与价带在 $k=0$ 处出现一个带隙，且该点能量不等于零，呈半导体特性.

手性型碳纳米管的能带结构表达式

$$\varepsilon_q(k) = \pm\gamma_0\sqrt{1+4\cos\left(\frac{p\pi}{M_x}-\frac{M_y ka_0}{2N_x}\right)\cos\frac{ka_0}{2}+4\cos^2\frac{k\pi}{2}} \tag{5-33}$$

其中，$M_x=(n+m)/2$，$M_y=(n-m)/2$，$p=1,\cdots,M$ 的任意整数，$-\pi<ka_0<\pi$.

电子能态密度表示在能量为 ε 的单位能量附近和单位体积里电子态的数目. 扶手椅型碳纳米管的电子态密度为

$$D(\varepsilon) = \frac{a_0\sqrt{3}}{\pi^2 R\gamma_0}\sum_{m=1}^{N}\frac{|\varepsilon(k)|}{\sqrt{\varepsilon(k)^2-\varepsilon_m^2}} \tag{5-34}$$

式中，当 $\varepsilon_m=|3m+1|(a_0\gamma_0/2R)$时可计算半导体型碳纳米管的态密度，当 $\varepsilon_m=|3m|(a_0\gamma_0/2R)$时可计算金属性碳纳米管的态密度.

5.3.3 碳纳米管纤维的结构和性质

碳纳米管纤维是由成千上万根甚至亿万根碳纳米管沿纤维轴向排列组装而成的，各碳纳米管之间不存在化学键，只依靠范德瓦耳斯力组装连接，因此能够在很大程度上保持碳纳米管在力、热、电等方面的优异性能. 碳纳米管的拉伸强度可超过 100GPa，弹性模量达 1TPa，电导率可在 1×10^5S/m 和超导之间，热导率可高达 5000～6000W/mK. 由于碳纳米管纤维的组装结构具有多界面的特性，在一定程度上限制了碳纳米管性能在宏观尺度的发挥. 目前，碳纳米管纤维拉伸强度可达 5.53GPa，若通过精准组装，碳纳米管束的拉伸强度可高达 80GP，接近碳纳米管的理论拉伸强度. 碳纳米管束的电导率在 10^4～10^5S/m 之间，热导率达到 380W/mK.

碳纳米管纤维的制备方法及研究现状

5.3.4 碳纳米管纤维的制备

碳纳米管纤维的制备方法主要有三种，即湿法纺丝法、碳纳米管阵列纺丝法和浮动催化纺丝法. 不同方法制备的纤维结构、形貌和性能都有很大的差别.

1. 湿法纺丝法

碳纳米管纤维湿法纺丝主要是以碳纳米管分散液作为纺丝原液，采用传统的溶液纺丝技术，即通过喷丝孔喷出细流，并将其注入适当的凝固浴中形成碳纳米管纤维. 根据所用的碳纳米管分散液及凝固浴的不同，碳纳米管纤维湿法纺丝可细分为碳纳米管复合纤维湿法纺丝、纯碳纳米管纤维湿法纺丝两种. 采用合适的碳纳米管分散剂或者凝固浴溶液，可以制备出碳纳米管与不同功能高分子组成的复合纤维. 而当采用浓硫酸或者氯磺酸作为碳纳米管分散液，丙酮、水等溶剂作为凝固浴，则可以制备纯碳纳米管纤维. 碳纳米管纤维湿法纺丝技术大量借鉴了较为成熟的化学纤维湿法纺丝技术，在后期纤维的规模化制备与产业化应用中具有独特的优势. 相比于其他碳纳米管纤维的制备方式,湿法纺丝法制备的碳纳米管纤维具有导电性高、致密度高、可连续化等优势.

2. 碳纳米管阵列纺丝法

2002 年清华大学的研究人员在研究碳纳米管生长动力学时，首次从 100μm 高度的垂直碳纳米管阵列中抽出了连续的碳纳米管纤维，从此开创了碳纳米管阵列纺丝法. 碳纳米管纤维阵列纺丝法是以硅片、石英片、不锈钢片等为基底，在其表面生长可纺丝碳纳米管阵列，再通过干法直接纺丝技术获得连续碳纳米管纤维（图 5.18）. 例如，通过化学气相沉积法，便能在涂覆有催化剂和热氧化物并放置在反应炉中的硅基板上形成垂直于基底表面排列的碳纳米管阵列. 随后，碳氢化合物（甲烷、乙炔等）与载气（如氩气或氦气）被一起引入反应炉加热区（$T>600℃$），通过加热使阵列中每个碳纳米管之间的摩擦力增加. 因此，将碳纳米管从阵列边缘垂直于生长方向缓慢拉出，相邻的碳纳米管将随之被依次拔出，形成碳纳米管薄膜，同时进行加捻，便能形成连续且长的碳纳米管纤维，这一过程同抽丝剥茧的过程相似.

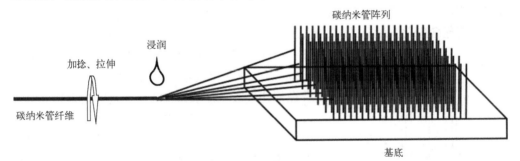

图 5.18　阵列法制备碳纳米管纤维示意图

碳纳米管阵列纺丝法的关键在于要首先制备出可连续纺丝的碳纳米管阵列. 可纺丝阵列是一种特殊形式的碳纳米管垂直阵列材料，如图 5.18 示，其中碳纳米管呈竖直状排列，含量在 99.5%以上，长度在几百微米，直径从几纳米到几十纳米不等，具有超高的长径比. 可纺碳纳米管阵列有以下共性：①表面干净，杂质少；②密度分布合理；③多数碳纳米管以超顺排结构存在(超顺排碳纳米管阵列是一种特殊的碳纳米管阵列，其特征是可以直接抽出连续的碳纳米管薄膜)；④端部有物理缠结；⑤高度范围适中. 在干法纺丝过程中碳纳米管首尾相接形成连续的碳纳米管纤维. 根据纺丝实验过程中的宏观观察及微观形貌测试，先后提出了"首尾相接"机制、"首尾相接力富集"机制和"自缠绕"机制等纺丝机制. 在干法直接纺丝过程中，可以采用加捻、溶剂致密、高分子复合等方法对碳纳米管纤维的组装结构和管间界面特性进行调控, 提高碳纳米管纤维性能. 不同于其他碳纳米管纤维制备方法, 阵列纺丝法由于催化剂颗粒几乎都残留在生长基底上, 制得的碳纳米管纤维具有纯度高、取向性好、密度低的优点, 但也存在纤维制备成本高, 规模化制备能力相对较差的缺点.

3. 浮动催化纺丝法

碳纳米管纤维浮动催化纺丝法是一种气相环境下一步制备碳纳米管纤维的方法. 该方法最早是由剑桥大学的课题组在 2004 年实现的. 该方法所制备的浮动纤维中, 碳纳米管含量高达 95%, 电导率约为 $8.3 \times 10^5 \mathrm{S/m}$, 拉伸强度为 $0.1 \sim 1\mathrm{GPa}$. 浮动催化纺丝法可通过改变碳源和催化剂浓度、气流速度、反应温度等工艺参数可有效调控碳纳米管结构, 得到多壁或单壁碳纳米管. 浮动催化纺丝法由于其生长效率高、性能好、成本低、易于规模化制备等优点, 成为目前发展最快和最有前途的制备方法. 然而, 该技术尚未达到规模化应用的水平, 未来要实现浮动碳纳米管纤维的产业化应用, 纤维性能以及规模化制备能力的进一步提升是关键.

运用浮动催化纺丝法时, 碳纳米管的合成与纤维的制备同时进行. 碳源首先经过催化裂解合成碳纳米管, 所得到的碳纳米管形成了互联网络, 再经取向致密以形成纤维, 所制备的纤维没有任何长度限制. 浮动催化纺丝法一般采用水平或竖直放置的管式炉, 炉中通入载气($\mathrm{H_2}$ 或 Ar), 碳源(甲烷、正己烷、乙醇、丁醇、丙酮、甲苯或其他含碳化合物)、催化剂(二茂铁)与促进剂(含硫物质, 如噻吩)的混合物将被一起注射进炉的热区. 在炉中热区高温下(>1200 ℃), 碳源在还原气氛中进行分解, 从而使碳纳米管在催化剂簇上生长. 碳纳米管之间的范德瓦耳斯力将它们固定在一起, 进而形成由数千个碳纳米管组成的气凝胶前驱体. 将此碳纳米管纤维前驱体通过水等液体, 由于液体的毛细致密化作用实现快速收缩纤维化, 得到连续碳纳米管纤维或窄带. 之后通过缠绕收集装置进行收集, 得到碳纳米管纤维 (图 5.19).

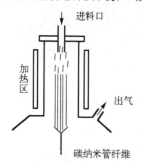

图 5.19 浮动催化纺丝法示意图

5.3.5 碳纳米管纤维力学性能增强

碳纳米管纤维比强度(σ')可用以下公式描述:

$$\sigma' = \frac{1}{6} \Omega_1 \Omega_2 \tau_F L \tag{5-35}$$

其中, Ω_1 表示纤维中碳纳米管基元最外层石墨碳层占所有石墨碳层的比例. 对于单壁碳纳米管, Ω_1 取值为 1; 对于双壁碳纳米管, Ω_1 取值为 0.5, 对于多壁碳纳米管, Ω_1 取值小于 0.5. Ω_2 表示碳纳米管最外层石墨碳层中实际与邻近碳纳米管发生接触的有效面积所占据的比例. τ_F 表示界面剪切强度, 代表着管间摩擦系数的大小. L 表示碳纳米管基元的平均有效长度. 由该模型可知, 碳纳米管纤维的强度取决于纤维内碳纳米管间的有效相互作用面积与相互作用强度. 碳纳米管纤维中碳纳米管结构(原子结构)及管间组装结构对纤维力学性能有着关键性的影响.

1. 调控碳纳米管基元的结构

碳纳米管的壁数、直径、长度是影响纤维性能的主要结构参数(也被称为内在结构因素). 较少的壁数、较小的管径、较大的长度均可有效增大管间接触面积. 因此, 调控碳纳米管基元的结构, 改变上述内在结构因素, 是对碳纳米管纤维力学性能进行增强的有效途径之一. 碳纳米管基元结构主要可通过碳纳米管催化生长过程的控制进行调控, 特别是催化剂设计及生长条件等因素对其影响尤为显著.

2. 提升碳纳米管取向性和致密度

碳纳米管纤维中碳纳米管组装结构(也被称为外在结构因素)如碳纳米管取向度与排列致密度(纤维密度)是决定管间接触面积的关键因素, 对纤维性能产生极大影响.

通过控制纤维制备条件或运用后处理工艺, 促使碳纳米管沿着纤维轴向排列, 提升碳纳米管取向度, 是增强碳纳米结构纤维的有效方法. 鉴于碳纳米管纤维与链状高分子纤维的结构相似性(可将碳纳米管视为一种特殊的线形高分子链), 受数十年来高性能高分子纤维合成与加工工艺进步的启发, 许多高性能纤维加工与后处理工艺可被应用于高性能碳纳米管纤维的制备与取向后处理增强过程, 如液晶纺丝、牵伸处理、微梳取向等.

根据纤维强度计算公式 $\sigma = F/A$(F 为断裂载荷, A 为纤维截面积), 要实现纤维增强, 一是要提升纤维能承受的最大载荷, 二是要尽量减小纤维横截面积. 有鉴于此, 对纤维进行致密化处理, 一方面可以减小碳纳米管间的间距, 增加管间相互作用从而提升纤维内的载荷传递效率, 另一方面可以有效减小纤维横截面积, 实现纤维增强. 目前为止, 研究人员设计并尝试了多种后处理工艺对碳纳米管纤维进行致密化处理, 主要包括机械加压致密化、多级拉丝模致密化、加捻致密化、溶剂收缩致密化等, 有效提高了碳纳米管纤维力学强度.

3. 提升碳纳米管间界面作用

研究表明, 碳纳米管纤维的拉伸断裂机制主要为碳纳米管间及管束间的滑移失效. 因此, 除了前述几个与管间接触面积相关的碳纳米管结构、取向度、致密度等因素外, 管间作用的强弱也是决定碳纳米管纤维中载荷传递效率的关键影响因素之一. 通常, 碳纳米管纤维中管间作用为较弱的范德瓦耳斯相互作用, 其作用强度随管间距离的增加而迅速衰减. 目前增强碳纳米管纤维中管间作用的方法主要包含以下两类：第一类是利用电子束、离子束、瞬态高温等条件，部分破坏碳纳米管管壁结构，使相邻碳纳米管间发生化学键重排而直接键合，达到类似高分子链间交联的目的，极大增强管间作用力；第二类是在碳纳米管间引入其他增强相，通过高分子、石墨碳、氧化石墨烯、金属纳米颗粒等作为管间黏结剂，形成类似钢筋混凝土的增强结构.

5.3.6 碳纳米管纤维电学性能增强

碳纳米管纤维的电学性能取决于两个方面：①碳纳米管的结构，如壁数、直径、手性、长度、缺陷等. 特别是单壁碳纳米管组装体，其中碳管的手性结构决定了其导电类型为半导体型还是金属型，对碳纳米管纤维导电性有着重要影响；②碳纳米管组装结构，碳纳米管的取向性、堆积密度、界面作用，其影响规律基本与力学性能影响规律一致. 其中，碳纳米管自身的电阻较管间界面电阻小得多，因而管间电荷传输效率及管间界面电阻是调控碳纳米管纤维电学性能的关键.

碳纳米管纤维导电机制为，纤维中的电子沿碳纳米管轴向传输，达到邻近碳纳米管界面时，通过 3D 跳跃机制发生管间电子传输. 这种管间界面电子传输的势垒决定了管间电阻的大小，管间间距越小、接触越紧密，则势垒越低、电子传输概率越高.

目前，碳纳米管纤维电学性能增强主要包括以下几种途径：①碳纳米管基元结构调控增加碳纳米管本身的导电性；②组装结构调控，降低管间电阻的同时减小电子在单位长度纤维内界面传输次数；③通过掺杂增加纤维内载流子数量；④在纤维中引入其他导电物质连接相邻碳纳米管从而降低管间电阻；⑤与金属复合形成碳纳米管/金属双连续复合纤维.

5.3.7 碳纳米管纤维的应用

碳纳米管纤维由于具有良好的物理性能、非凡的结构柔韧性、独特的高孔隙率和表面积以及优异的耐腐蚀性能，在航空航天、汽车、体育、能源和国防工业等领域中用拥有巨大的应用前景. 目前研究人员已经有针对性地对碳纳米管纤维的力学性能、电学性能、热学性能进行了大量基础性的设计和开发，已经开发出具有优异力学电学热学特性的碳纳米管纤维复合材料、四轴飞行器框架、包覆材料、防弹材料、电致驱动器(纯碳纳米管纤维沿轴由电驱动导致的应力变化可达到 10MPa)、生物活性微电极、电加热原件、柔性/可拉伸导体、人造肌肉、执行器、超级电容器、太阳能电池、应变感测织物、天线等设备. 目前，受碳纳米管纤维性能和产量的限制，相关应用基本都处于实验室探索阶段，但是碳纳米管纤维作为最具有产业化潜力的纳米纤维材料之一，一旦实现技术和应用上的突破，必将迎来井喷式的发展与需求.

习 题 五

一、填空题

1. 1994 年被国际纯粹与应用化学联合会(IUPAC)明确统一了 graphene 的定义,用以描述石墨层间化合物中的通过_____杂化轨道键合的单层二维碳原子层.

2. 石墨烯的特殊二维结构,使石墨烯的 π 键与 π*在布里渊区的_____点处退化,费米面收缩成一个点,该点称为_____. 石墨烯的导带与价带相交于布里渊区的_____,形成_____能带结构.

3. 理想石墨烯的边缘结构为_____和_____.

4. 石墨烯的菱形原胞中含有_____个_____的碳原子.

5. 石墨烯的本征缺陷可以细分为_____等_____类.

6. 石墨烯按照堆叠层数划分,可大致分为_____、_____和_____石墨烯.

7. 石墨烯堆垛方式包括_____堆垛、_____堆垛、_____堆垛等.

8. 石墨烯自上而下的制备方法有_____、_____、_____等.

9. 石墨烯的自下而上的制备方法有_____、_____法等.

10 不同层数的石墨烯的纳米尺寸的厚度会导致透过石墨烯的光发生_____,使不同层数的石墨烯在光学显微镜下具有不同的颜色.

11. 石墨烯的_____拉曼峰与_____拉曼峰的强度比通常被用作表征石墨烯中缺陷密度的重要参数.

12. 单层石墨烯的吸光率很高,并由于狄拉克电子的线性分布,使得从_____都为石墨烯光谱吸收范围.

13. 石墨烯应用领域主要集中于_____、_____、_____三大领域.

14. 按原丝类型分类,碳纤维可以分为_____等_____类.

15. 碳纤维的基本结构单元是_____.

16. 碳纤维的_____和_____两个拉曼峰峰强的比值 R 可以用来评价类石墨层片结构的完整度.

17. 将 PAN 原丝进行预氧化处理,可使线型分子链转化为耐热的_____,使其在高温碳化时不熔不燃,保持纤维形态,进而得到高质量的碳纤维.

18. 经过表面处理的碳纤维,其_____增加、_____增强,_____和_____会得到提高.

19. 碳纳米管的手性矢量为_____,每对_____代表一种可能的管子,为碳纳米管的结构指数.

20. _____单壁碳纳米管为金属性,而_____单壁碳纳米管为半导体性.

21. 可纺碳纳米管阵列有以下共性:(1)_____;(2)_____;(3)_____;(4)_____;(5)_____.

二、思考题

1. 阐述石墨烯的定义.

2. 简述石墨烯的发展历程,并谈谈你从中获得的启示.

3. 简述石墨烯的晶格结构,包括原胞、晶胞、原胞基矢等.

4. 简述石墨烯第一布里渊区的画法.

5. 简述石墨烯的边缘结构和缺陷种类.

6. 简述石墨烯的能带结构特点.

7. 简述石墨烯的电、力、热、光学性质以及化学性质.

8. 简述石墨烯机械剥离法的优点和缺点.

9. 简述如何利用液相剥离获得石墨烯.

10. 简述化学气相沉积法制备石墨烯的基本原理.

11. 简述 SiC 外延生长的一般过程.

12. 简述偏析生长法的主要过程,比较偏析生长法与化学气相生长法的异同.

13. 简述卷对卷法的一般工艺流程.

14. 简述石墨烯的主要表征手段有哪些.

15. 如何表征石墨的层数以及缺陷?

16. 简述石墨烯在功能材料领域内的应用.

17. 简述石墨烯在能源储存与转换方面的应用.

18. 简述石墨烯在环境检测与治理方面的应用.

19. 根据所学知识,谈谈你对石墨烯这种材料的认识和理解.

20. 简述碳纤维的分类.

21. 简述石墨的结构,碳纤维的结构.

22. 简述碳纤维的微晶参数.

23. 简述碳纤维的性质.

24. 简述碳纤维的制备方法,并阐述不同制备方法的特点与优势.

25. 简述碳纤维在航空航天方面的应用及其优势.

26. 简述碳纳米管的结构及性质.

27. 简述碳纳米管纤维的制备方法,并阐述不同制备方法的特点与优势.

28. 简述碳纳米管纤维力学性能增强方式.

29. 简述中国碳纤维产业的发展状况.

30. 根据所学知识,谈谈你对碳纤维这种材料的认识和理解.

参 考 文 献

陈牧, 颜悦, 张晓铎, 等. 2015. 大面积石墨烯薄膜转移技术研究进展[J]. 航空材料学报, 35(2):
　　1-11.

陈睿, 田楠, 郑国源, 等. 2020. 太阳能电池中石墨烯的应用进展[J]. 人工晶体学报, 49(4):
　　729-737.

陈显明. 2015. 碳纤维的性能、发展及应用研究进展[J]. 印染助剂, 32(7): 1-4.

崔淑玲. 2016. 高技术纤维[M]. 北京: 中国纺织出版社.

冯秋霞, 王兢, 李晓干. 2016. 关于石墨烯与金属氧化物复合材料应用于气敏材料的研究[J]. 功能
　　材料, 47(10): 10006-10012, 10018.

付凤艳, 张杰, 程敬泉, 等. 2019. 氧化石墨烯在燃料电池质子交换膜中的应用[J]. 化工进展,
　　38(5): 2233-2241.

付沙威, 沈慧娟. 2012. 碳纤维材料综述[J]. 通化师范学院学报, 33(12): 21-22.

傅金祥, 孟海停, 何祥, 等. 2018. 石墨烯及其复合材料在环境领域中的应用研究进展[J]. 环境污
　　染与防治, 40(5): 609-615.

高海丽, 何里烈, 王昊, 等. 2016. 石墨烯在低温燃料电池阳极中的应用进展[J]. 电源技术, 40(7):
　　1519-1522.

高井和之, 辻村清也, 康飞宇, 等. 2020. 石墨烯的制备、性质、应用与展望[M]. 北京: 清华大学
　　出版社.

郭连权, 刘嘉慧, 马贺, 等. 2009. 锯齿型、螺旋型单壁碳纳米管的能带计算[J]. 沈阳工业大学学
　　报, 31(2): 163-167.

韩宇莹, 刘梓良, 王文学, 等. 2021. 石墨烯在有机防腐涂层领域的应用研究进展[J]. 表面技术,
　　50(1): 196-207, 286.

侯锁霞, 李兆刚, 任呈祥, 等. 2021. 石墨烯添加剂润滑性能的研究进展[J]. 应用化工, 50(6):
　　1683-1689.

黄亿洲, 王志瑾, 刘格菲. 2021. 碳纤维增强复合材料在航空航天领域的应用[J]. 西安航空学院学
　　报, 39(5): 44-51.

姜小强, 刘智波, 田建国. 2017. 石墨烯光学性质及其应用研究进展[J]. 物理学进展, 37(1): 22-36.

李登华, 吕春祥, 郝俊杰, 等. 2019. 炭纤维微观结构表征:X射线衍射[J]. 新型炭材料, 34(1): 1-8.

李清文, 赵静娜, 张骁骅. 2018. 碳纳米管纤维的物理性能与宏量制备及其应用[J]. 纺织学报,
　　39(12): 145-151.

李润, 姜沁源, 张如范. 2022. 高强度多功能碳纳米管纤维[J]. 科学通报: 英文版, 67(8):784-787.

梁彤祥, 刘娟, 王晨. 2014. 石墨烯的电子结构及其应用进展[J]. 材料工程, (6): 89-96.

刘云圻. 2017. 石墨烯从基础到应用[M]. 北京: 化学工业出版社.

吕永根. 2016. 高性能炭纤维[M]. 北京: 化学工业出版社.

申保收, 冯旺军, 郎俊伟, 等. 2012. 电弧放电法制备石墨烯的硝酸改性及其电化学性能增强[J]. 物理化学学报, 28(7): 1726-1732.

沈庆绪. 2018. 石墨烯导电材料在透明电极中的应用进展[J]. 电子元器件与信息技术, (11): 41-43.

宋厚甫, 康飞宇. 2022. 石墨烯导热研究进展[J]. 物理化学学报, 38(1): 16.

孙棕檀. 2018. 石墨烯材料技术发展及产业化影响简析[C]//北京科学技术情报学会. 2018 年北京科学技术情报学会学术年会——智慧科技发展情报服务先行论坛论文集, 10.

谭媛, 韩香, 齐肖阳. 2021. 碳纤维材料的应用研究进展[J]. 山东化工, 50(13): 46-47.

田杰, 王元有, 孙岳玲. 2021. 3D 石墨烯基气凝胶的制备及在超级电容器中的应用[J]. 化学研究与应用, 33(4): 593-599.

田晋, 高立, 齐泽昊, 等. 2018. 石墨烯增强环氧树脂基复合材料的研究进展[J]. 塑料工业, 46(9): 1-5, 87.

托合提江, 阿不都热苏力, 艾尔克·扎克尔. 2014. 单壁碳纳米管能带及其电子特性研究[J]. 光学与光电技术, 12(3): 85-90.

王剑桥, 雷卫宁, 薛子明, 等. 2018. 石墨烯增强金属基复合材料的制备及应用研究进展[J]. 材料工程, 46(12): 18-27.

王军军, 王贤明, 吴连锋, 等. 2019. 石墨烯基复合吸波材料研究进展[J]. 中国涂料, 34(12): 1-7, 11.

魏晓旭, 郑佳. 2019. 基于 CNKI 数据库的我国石墨烯领域论文计量分析[J]. 全球科技经济瞭望, 34(3): 59-64.

文芳, 杨波, 黄国家, 等. 2019. 石墨烯复合导电剂在锂离子电池中的应用研究进展[J]. 电子元件与材料, 38(5): 6-13.

吴娟霞, 徐华, 张锦. 2014. 拉曼光谱在石墨烯结构表征中的应用[J]. 化学学报, 72(3): 301-318.

吴昆杰, 张永毅, 勇振中, 等. 2002. 碳纳米管纤维的连续制备及高性能化[J/OL]. 物理化学学报, 38: 2106034.

西鹏, 张宇峰, 桉树林. 2015. 高技术纤维概论[M]. 北京: 中国纺织出版社.

杨敏建, 朱学琴, 周丽丽, 等. 2021. 石墨烯的储氢性能及在镁基储氢材料中的应用[J]. 化工新型材料, 49(1): 23-27.

曾渊, 刘江昊, 梁峰, 等. 2019. 石墨烯增强增韧非氧化物陶瓷的研究进展[J]. 耐火材料, 53(1): 76-80.

张朝华, 付磊, 张艳锋, 等. 2013. 石墨烯催化生长中的偏析现象及其调控方法[J]. 化学学报, 71(3): 308-322.

张学薇, 邹振兴, 赵沛, 等. 2019. 双层石墨烯的化学气相沉积制备研究综述[J]. 表面技术, 48(6): 1-19, 97.

张亚东, 崔健, 陈旭. 2022. 沥青基碳纤维制备及应用研究进展[J]. 广东化工, 49(9): 64-65, 77.

Bae S, Kim H, Lee Y, et al. 2010. Roll-to-roll production of 30-inch graphene films for transparent electrodes[J]. Nature Nanotechnology, 5(8): 574-578.

Cao Y, Fatemi B, Fang S, et al. 2018. Unconventional superconductivity in magic-angle graphene superlattices [J]. Nature, 556: 43-50.

Chandrashekar B N, Deng B, Smitha A S, et al. 2015. Roll-to-roll green transfer of CVD grapheme onto plastic for a transparent and flexible triboelectric nanogenerator[J]. Advanced Materials, 27(35): 5210-5216.

Choi W, Lahiri I, Seelaboyina R, et al. 2010. Synthesis of graphene and its applications: a review[J]. Critical Reviews in Solid State and Materials Sciences, 35(1): 52-71.

Deng B, Hsu P C, Chen G, et al. 2015. Roll-to-roll encapsulation of metal nanowires between graphene and plastic substrate for high-performance flexible transparent electrodes[J]. Nano Letters, 15(6): 4206-4213.

Frank E, Steudle L M, Ingildeev D, et al. 2014. Carbon fibers: precursor systems, processing, structure, and properties[J]. Angewandte Chemie International Edition, 53(21): 5262-5298.

Geim A K, Novoselov K S. 2007. The rise of graphene [J]. Nature Materials, (6): 183-191.

Gupta A, Chen G, Joshi P, et al. 2006. Raman scattering from high-frequency phonons in supported n-graphene layer films [J]. Nano letter, 6(12): 2667-2673.

Hesjedal T. 2011. Continuous roll-to-roll growth of graphene films by chemical vapor deposition[J]. Applied Physics Letters, 98(13): 133106.

Hiremath N, Mays J, Bhat G. 2017. Recent developments in carbon fibers and carbon nanotube-based fibers: a review[J]. Polymer reviews, 57(2): 339-368.

Hong N, Kireev D, Zhao Q S, et al. 2022. Roll-to-roll dry transfer of large-scale graphene[J]. Advanced Materials, 34(3): 2106615.

Huang X. 2009. Fabrication and properties of carbon fibers[J]. Materials, 2(4): 2369-2403.

Juang Z Y, Wu C Y, Lu A Y, et al. 2010. Graphene synthesis by chemical vapor deposition and transfer by a roll-to-roll process[J]. Carbon, 48(11): 3169-3174.

Kobayashi T, Bando M, Kimura N, et al. 2013. Production of a 100-m-long high-quality grapheme transparent conductive film by roll-to-roll chemical vapor deposition and transfer process[J]. Applied Physics Letters, 102(2): 023112.

Krasheninnikov A V, Lehtinen P O, Foster A S, et al. 2009. Embedding transition-metal atoms in graphene: Structure, bonding, and magnetism [J]. Phys Rev lett, 102(12): 126807.

Lee C, Wei X, Kysar J W, et al. 2008. Measurement of the elastic properties and intrinsic strength of monolayer graphene [J]. Science, 321(5887): 385-388.

Lee S H, Park J H, Kim S M. 2021. Synthesis, property, and application of carbon nanotube fiber[J]. Journal of the Korean Ceramic Society, 58(2): 148-159.

Liu L, Qing M, Wang Y, et al. 2015. Defects in graphene: generation, healing, and their effects on the properties of graphene: a review[J]. Journal of Materials Science & Technology, 31(6): 599-606.

Liu Y, Kumar S. 2012. Recent progress in fabrication, structure, and properties of carbon fibers[J]. Polymer Reviews, 52(3): 234-258.

MeClure J W. 1956. Diamagnetism of graphite [J]. Phys Rev, 104(3): 666-671.

Muñoz R, Gómez‐Aleixandre C. 2013. Review of CVD synthesis of graphene[J]. Chemical Vapor Deposition, 19(10-11-12): 297-322.

Nakada K, Fujita M, Dresselhaus G, et al. 1996. Edge state in graphene ribbons: Nanometer size effect and edge shape dependence[J]. Physical Review B, 54(24): 17954.

Novoselov K S, Geim A K, Morozov S V, et al. 2004. Electric field effect in atomically thin carbon films [J]. Science, 306(5696): 666-669.

Polsen E S, McNerny D Q, Viswanath B, et al. 2015. High-speed roll-to-roll manufacturing of graphene using a concentric tube CVD reactor[J]. Scientific reports, 5(1): 1-12.

Rathinavel S, Priyadharshini K, Panda D. 2021. A review on carbon nanotube: An overview of synthesis, properties, functionalization, characterization, and the application[J]. Materials Science and Engineering: B, 268: 115095.

Semenoff G W. 1984. Condensed-matter simulation of a tree-dimensional anomaly [J]. Phys Rev Lett, 53(26): 2449-2452.

Wallace P R. 1947. The band theory of graphite [J]. Phys Rev, 71(9): 622-634.

Wang Y Y, Ni Z H, Shen Z X, et al. 2008. Interference enhancement of Raman signal of graphene[J]. Applied Physics Letters, 92(4): 043121.

Yamada T, Ishihara M, Hasegawa M. 2013. Large area coating of graphene at low temperature using a roll-to-roll microwave plasma chemical vapor deposition[J]. Thin Solid Films, 532: 89-93.

Yu Q, Jauregui L A, Wu W, et al. 2011. Control and characterization of individual grains and grain boundaries in graphene grown by chemical vapour deposition[J]. Nature materials, 10(6): 443-449.

Zhang X, Lu W, Zhou G, et al. 2020. Understanding the mechanical and conductive properties of carbon nanotube fibers for smart electronics[J]. Advanced Materials, 32(5): 1902028.

Zhang Y, Tang T T, Girit C, et al. 2009. Direct observation of a widely tunable bandgap in bilayer graphene [J]. Nature. 459(7248): 820-823.

第6章 发光材料

发光材料作为一类重要的功能材料，为人类缔造了一个绚丽多彩的世界，可以说，发光材料不仅已成为日常生活中不可或缺的应用型材料，其在当今世界引领科技进步的前沿领域也发挥着重要的支撑作用. 目前，发光材料主要应用于照明、显示和检测等领域，未来在生物医疗、环境保护、清洁能源、军事国防等领域中将发挥日益重要的作用. 发光材料产品的附加值高，应用范围广，目前已形成了巨大的工业产值和市场规模. 伴随发光材料研究范围的逐渐扩展和研究内容的深入，这一"传统"研究课题历久弥新，新的理念被不断提出，新型发光材料被不断发现，发光光谱、发光颜色、寿命、发光图像等多维度的信息被不断挖掘，发光材料与工业、农业、医学、环保、国防等领域的交叉研究不断深入，应用需求不断增加. 发光材料涉及的范围非常广泛，从不同的角度有不同的分类方法，总体上分为有机和无机发光材料两大类，也可以根据材料的物态、发光原理、激励源、应用范畴等角度划分，但是从本质上说，发光均是将不同形式的能量转变为出射光子的过程. 以光源作为激励产生发光的材料称为光致发光材料，光致发光是一种无接触式的发光，光致发光材料是本章关注的重点. 本章关注的发光材料属于无机发光材料.

6.1 发光的基本概念

6.1.1 热辐射与发光

光与人类生产生活密切相关，人类对于光的使用与研究有着悠久的历史. 太阳光孕育了生机勃勃的世界，后来，人类祖先发明了钻木取火，用光亮驱散猛兽和取暖. 之后多种多样的光源被发明，并改变了人们的生活. 人类最初使用的光多数与热有关，为了便于理解，本节首先对热辐射与发光的区别进行一定的解释. 光辐射有平衡辐射和非平衡辐射两大类. 平衡辐射即热辐射. 根据黑体辐射定律，一切温度高于绝对零度的物体都能产生热辐射. 所以，物体都存在热辐射现象，只不过温度较低时，辐射不强，而且波长处于红外区域，人眼不能辨识. 要通过热辐射产生可见光，物体的温度要足够高. 例如，铁条在低温时，人眼看不到它有光发射，但将其加热到500℃时，铁条就会发出暗红色的光，随温度进一步提高，所发射的光波波长发生蓝移，这种现象是典型的热辐射过程. 白炽灯就是将钨灯丝加热到2000℃，利用热辐射而获得照明的例子. 由此可见, 热辐射也产生发光, 它与物体的温度有关, 而本章中研究的发光为一种非平衡辐射产生的发光, 是在扣除物体热辐射背景光后的发光行为, 为了便于理解, 在之后的表述中发光指的是非热辐射产生的光.

发光强度与波长之间的关系曲线为光谱, 热辐射光谱与物体所处温度紧密相关. 任何物体只要具有一定的温度, 则该物体必定具有与此温度对应的热平衡状态的辐射. 众所周知, 宏观物体由大量微观粒子组成, 这些粒子处于热运动之中, 而温度是描述这种热运动剧烈程度的一个宏观物理量. 在一定温度下, 物体处于热平衡状态, 微观粒子占据不同能态并形成一定的动态平衡分布, 处于高能量状态的电子跃迁到低能量状态时就会发射出光子. 若温度升高, 这种分布会移向较高能量的状态, 在高温下辐射光子能量增大, 波长变短. 由于微观粒子在不同激发态上都有一定分布, 所以热辐射的光谱波长范围很宽. 此外, 热辐射不仅取决于温度, 还跟物质自身属性有关, 因此, 热辐射也可反映材料某些固有特征.

与热辐射不同, 发光是一个特殊的物理过程, 物体在某种外界作用激发下偏离原来的平衡态, 在回到平衡态的过程中, 如果多余的能量以光辐射的形式发射出来, 而且发射过程具有一定的持续时间, 则称为发光. 一般而言, 物体发光会比相应温度下同样波长的热辐射强很多, 它是一种叠加在热辐射背景上的非平衡辐射. 与之对应, 发光材料是一种能够把从外界吸收的各种形式的能量转换为非平衡光辐射的功能材料. 发光只在少数中心进行, 对物体温度无影响(或很小), 因此是一种冷光.

科学家对于发光的认识是一个逐步深入完善的过程. 从 1852 年关于光谱研究的斯托克斯(Stokes)定则提出开始到 1888 年德国物理学家维德曼(Wiedemann)提出发光概念经历了 36 年, 这期间人们厘清了发光与热辐射的区别. 48 年之后, 即 1936 年瓦维洛夫(Vavilov)引入了发光现象另外一个重要判据, 即发光期间(余辉), 使发光有了确切定义. 历史上曾经以余辉持续时间 10^{-8}s 为界定把发光分为荧光($<10^{-8}$s) 和磷光($>10^{-8}$s). 目前, 除了习惯上还保留和沿用这两个名词外, 已不再特意区分荧光和磷光, 因为随着新型发光材料被不断发现, 已知的余辉持续时间范围非常大, 有的短于皮秒, 有的则可达数分钟到数小时尺度. 余辉现象说明物质在接受激发能量到产生发光之间存在着一系列中间过程. 相同物质或不同物质在不同的激发方式下的发光过程可能不同, 但共同点是物质的电子都是从激发态辐射跃迁到基态或其他较低能态从而使离子、分子或晶体释放能量而发光.

概括来讲, 发光具有两个基本特征: ①任何物体在一定温度下都具有热辐射, 而发光是指物体吸收外来能量后所发出的总辐射中超出热辐射的部分; ②当外界激发源对材料的作用停止后, 发光还会持续一段时间, 称为余辉, 这把发光与光的反射、散射造成的光辐射以及带电粒子的契伦科夫辐射所引起的光辐射("激发"停止后立即消失, 是瞬态效应, 不会有持续的余辉)区别开来.

发光材料在工业生产和人民生活中具有广泛应用. 例如在照明用荧光灯、节能灯、发光二极管(LED)、X 射线荧光屏和增感屏、各类显示器、电离辐射探测器、激光器、传感器等器件中发光材料都是重要的组成部分，发挥着关键作用. 我国有很多从事发光材料研究的科研人员，在科学研究与生产生活中做出了很多突出成绩. 中国科学院院士徐叙瑢是我国发光学的奠基人之一，发现了固态阴极射线发光，提出的第三代场致发光模型属于国际首创，建立了我国第一个发光学研究室，为国家培养了大批发光学专业人才和骨干.

电致发光

6.1.2 发光材料的分类

1. 根据激发方式不同分类

对于各种发光材料，按照激发方式的不同可分为以下几类.

(1)光致发光材料，是通过光激发而实现发光的一类材料. 发光过程包含吸收、能量传输及光发射三个主要阶段. 光的吸收和发射均发生于电子在能级或能带之间的跃迁，能量传输则归因于电子在激发态的运动. 从频率变换的角度看，光致发光材料将一种频率的光转变为另一种频率的光，这样的变换具有重要的实用价值，例如在照明和显示中可以产生不同色光，在通信中产生适合的激光波段，在高分辨生物成像中提供短波标记从而提高分辨率等.

(2)电致发光材料，也称场致发光材料，可将电能转化为发光. 主要包含本征型电致发光材料和半导体 pn 结注入式电致发光材料. 本征型电致发光材料是 1936 年法国科学家德斯特里奥(Destriau)发现的，也称德斯特里奥效应. 发光机理为：施主或陷阱中通过电场或热激发到达导带的电子，或从电极通过隧穿效应进入材料中的电子，受到电场加速获得足够高的能量，碰撞电离或激发发光中心，最后导致复合发光. 注入式电致发光的机理为：当半导体 pn 结正向偏置时，电子(空穴)会注入到 p(n)区，在结区电子空穴发生复合引起发光. 半导体 LED 就属于这种发光. 我国科学家江风益院士为高光效硅基氮化镓 LED 的研发及产业化做出了开创性贡献.

(3)热释发光材料，也称热释光材料. 该种材料在较低温度下被激发，激发撤除后，发光很快停止，当温度升高时，材料又开始发光，发光强度逐步增强，具有这种属性的材料称为热释发光材料. 热释光谱(也称热释光曲线)是定量表征材料发光强度随温度变化的曲线. 材料热释光性能与物质中的电子(或空穴)陷阱密切相关，利用热释光谱可以研究发光材料中的陷阱.

(4)光释发光材料. 这种发光不同于光致发光而与热释发光类似，不同的是材料在长波长光的作用下，使被陷阱捕获的电子跃迁至导带，进一步再跟电离中心复合而发光. 在红外线作用下的释光现象称为红外释光，典型材料有 SrS:Eu,Sm、SrS:Ce,Sm，其中 SrS:Eu,Sm 展现橙红色发光，而 SrS:Ce,Sm 则为绿色发光. 光释发光材料中的陷阱种类和深度可通过光释发光谱来分析，而且利用光释发光还可进行红外探测，制作红外夜视仪核心部件、光记忆存储器件和辐射计量仪等.

（5）阴极射线发光材料，是指在电子束激发下产生发光的材料. 阴极射线电子能量通常很大，可达几千到几万电子伏，比光致发光激发能大得多. 其发光机理为：高能电子轰击发光材料后，将离化原子中的电子成为高速的次级（发射）电子，而这些高速的次级电子又会产生新的次级电子，最终，这些次级电子激发材料产生发光. 阴极射线发光材料在电子设备显像管中存在重要应用.

（6）机械应力发光材料，其发光过程是由机械应力（例如断裂、摩擦、挤压、撞击等）来激发材料而实现. 一些固体材料在断裂时经常会出现发光现象，如 NaCl、SiO_2、TiO_2、$SrTiO_3$ 等. 机械应力发光主要有断裂发光、弹性形变发光、非弹性形变发光三种类型. 非破坏性的机械应力发光通常只在少数材料中才能观察到. 整体而言，机械应力发光材料的发光强度相对较弱，难于检测，距离实际应用还存在一定差距.

（7）化学反应发光材料，其发光过程是由化学反应过程释放的能量来激发材料而实现发光.

（8）放射发光材料，其发光过程是在放射元素衰变过程中发出的高能射线激发下而产生的.

（9）生物发光材料，其发光是生物体内由于生命过程的变化，即由生物能激发而产生的.

2. 根据发光中心不同分类

根据材料中发光中心的不同，可将发光材料分为以下三类.

1）分立发光中心发光材料

发光中心基本是封闭的，周围晶体场（即发光中心感受到来自周围晶格产生的电场）对这些中心的作用较弱，可作为微扰处理. 发光中心的能级结构基本保持自由离子状态. 此类材料激发和发射过程主要是在发光中心内部能级间进行，电子不离开发光中心，也不与基质共有，不伴随光电导，发光主要由发光中心决定. 对于分立发光中心发光材料，基质材料一般由电子结构稳定的满壳层离子构成，其激发态与基态能量差别大，对紫外以上高能光才有吸收，而对可见光透明，化学稳定性好. 常用的基质材料阳离子有 Ba^{2+}、Sr^{2+}、Ca^{2+}、Mg^{2+}、Zn^{2+}、Cd^{2+} 及稀土离子 La^{3+}、Gd^{3+}、Lu^{3+}、Sc^{3+}、Y^{3+} 等，阴离子有 F^-、Cl^-、Br^-、O^{2-}、S^{2-} 等. 分立中心主要包括三价稀土离子中心和三价过渡族金属离子中心，一般为具有不满壳层的离子. 稀土离子的最外电子层为 $5s^2$ 和 $5p^6$，属于满壳层结构，对内部电子形成很好的电屏蔽，导致周围晶体场对其影响作用很弱，电子跃迁基本保持自由离子的状态，发光光谱比较容易辨识，如 Ce^{3+}、Eu^{3+}、Sm^{3+}、Er^{3+}、Tb^{3+}、Pr^{3+}、Tm^{3+} 等. 然而，过渡族金属离子 3d 层外没有像稀土离子一样的满壳层结构，因此 3d 电子跃迁受周围晶体场的影响较大，但是考虑到晶体场的影响，仍可以找到发光跃迁与过渡族金属离子能级间的关系，如 Ti^{3+}、Cr^{3+}、Sb^{3+}、Bi^{3+} 等.

研究表明，三价稀土离子中心(4f 电子)和三价过渡族金属离子中心（3d 电子)只有在晶体场环境下，才能发生组态内的跃迁. 这是因为 4f (或 3d)电子的轨道量子数相同，因而宇称相同. 按照 "宇称相同状态之间的电偶极跃迁被禁戒" 的选择定则，只有电四极(磁偶极)跃迁才被允许，但电四极跃迁的概率比电偶极跃迁要低得多. 实际上，对于稀土离子或过渡族金属离子激活的发光材料，这些分立中心的特征发光均被激活，表明上述选择定则规定的禁戒被解除. 正是在晶体场的扰动下，宇称相同状态之间的禁戒跃迁才被打破或部分被打破，才有稀土和过渡族离子发光中心丰富多彩的光谱.

2) 复合发光中心发光材料

复合发光中心一般在共价性较强的半导体发光材料中存在，其电子结构为满壳层离子. 这类中心是开放的，激发和发射跃迁不是发生在中心内部能级间，而是通常发生在激活剂和共激活剂之间. 例如 ZnS、ZnSe、CdS 中，ⅠB 族 Cu 和ⅦB 族的 Mn 是常用的激活剂，为了降低激活剂进入晶格的温度，提高激活剂的溶解度，可辅以共激活剂. 对ⅠB 族和ⅦB 的激活剂，ⅦA 族 Cl^-、ⅢA 族 Al^{3+}、Ga^{3+}、In^{3+} 等是常用的共激活剂. 激活剂与共激活剂之间可形成施主-受主对，构成由其组成的双中心发光体系(复合发光). 此类材料称为复合发光中心发光材料.

在此类材料中，激活剂与基质晶格的耦合作用较强，以至于发光中心受到激发时发生电离，电离电子进入晶体的导带，并伴随光电导. 发光是电子与空穴在发光中心上复合，将多余能量以光辐射的形式发射出来的过程. 可以看出，基质晶格在激发和发射过程均被涉及，必然会影响发光光谱. 复合发光中心的发光光谱不完全反映激活剂离子的能级结构，而是与基质的晶体结构和发光中心的结构都有关系，并且更多的是决定于基质晶格的性质，掺杂的作用可以看作一种微扰.

3) 复合离子发光中心发光材料

该种材料也称为自激活发光材料，一般是高价金属离子与氧形成的复合离子化合物，如 $CaWO_4$、$MgWO_4$、YVO_4、$YNbO_4$、$YTaO_4$ 等，这类材料不需要外加激活剂就能产生发光. 材料中通常含有 MO_4^{n-} 四面体或 MO_6^{m-} 八面体基团，这些复合离子基团即为发光中心，其发射的光谱通常为宽带，半高宽一般大于 100nm，与之对应的激发光谱也同样为宽带谱. 材料中发光中心的激发属于电荷转移型，也就是 O^{2-} 的 2p 轨道上一个电子进入 M^{z+} 空的 d 轨道. 复合离子基团最低激发态对应 M^{z+} 的 e 和 t_2 轨道，最高基态是 O^{2-} 的 2p 轨道. 自激活发光材料激发光谱与发射光谱的斯托克斯位移较大，且热猝灭效应一般也比较显著.

6.1.3　发光材料组成与发光过程

一般来说，离子激活的无机固体发光材料由基质、激活剂、敏化剂组成，其通式可表示为—(基质分子式)：(激活剂离子)，(敏化剂离子)，其中敏化剂离子不是必需的. 例如典型的红色荧光粉材料 $Y_2O_3:Eu^{3+}$，该式含义为此发光材料的基质是 Y_2O_3，发光激活剂离子是 Eu^{3+}. Eu^{3+} 通过固溶的方式进入基质晶格等价置换 Y^{3+}，发挥吸收激发光并产生光发射的作用. 需要说明，激活剂离子并不一定占据基质晶格位点，也存在进入晶格间隙的情况. 对于发光材料，基质为主体化合物，一般由化学性能稳定的材料充当. 激活剂的量一般较少，其主要作用是使原来不发光或发光很弱的材料产生发光. 敏化剂是能有效吸收外界激发并将能量传递给激活剂从而促进其发光的杂质. 敏化剂一般选择与激活剂的激发光谱有所重叠的物质，且二者需达到一定的临界距离才能产生能量传递作用. 发光材料中可能还有一些杂质或晶格缺陷会对发光产生不利影响，降低发光强度，这些称为猝灭剂. 此外，当不加激活剂时，因基质晶体中自身的结构而产生发光的现象，称为自激活. 离子激活发光材料属于原子发光范畴，除此之外还存在分子发光材料、半导体发光材料等. 例如分子发光材料包括有机小分子、高分子发光材料等，实际上很多分子都有荧光效应，容易产生背景光影响；典型的半导体发光材料组成有Ⅲ-Ⅴ族化合物(如 GaAs、GaP、InP、InAs)和Ⅱ-Ⅵ族半导体(如 CdSe、CdS、ZnS)等.

图 6.1 给出了典型离子激活发光材料的构成与基本发光过程. 在外界能量(光源)激发下，激活剂(A)吸收外界能量发生电子跃迁到达激发态，而后回到基态的过程中把多余能量以发光的形式释放；敏化剂(S)可以有效地吸收外界激发能量并传递给周围的激活剂，从而提升激活剂的发光效率. 另外，在一些情况下基质(H)也可以直接吸收外界激发能量，并传递给激活离子，这种情况材料的发光效率一般都比较高. 半导体材料光致发光与离子发光有类似的过程，电子在外部光源激发下跃迁至导带，价带中产生对应的空穴，处于导带的电子跃迁回价带与空穴复合产生的能量以光子形式辐射，形成发光.

需要指出，发光材料吸收的激发能并非全部转化为发光. 也就是说，发光中心被激发到高能态后，从高能态回到基态的过程并非只产生发光，即辐射跃迁，这一种方式. 若发光中心从激发态回到基态的过程不产生发光，而将激发能转变为热(晶格振动)，则会导致晶格温度升高，这种方式称为无辐射跃迁. 辐射跃迁与无辐射跃迁之间属于竞争过程，无辐射跃迁会降低发光中心的发光效率，在发光中应尽量避免. 目前为止，发光现象所涉及的主要物理过程可归纳如下.

(1)激发过程. 在外界能量激发下，发光中心吸收能量，从基态跃迁至激发态.

(2)辐射跃迁过程. 处于激发态的发光中心返回到基态，多余的能量以发光的形式释放出来.

(3)无辐射跃迁过程. 处于激发态的发光中心返回到基态，多余的能量以声子的形式释放到晶格中，导致材料温度的升高.

(4)能量传输过程. 被发光材料吸收的激发能在基质与发光中心间、发光中心与发光中心间进行传递.

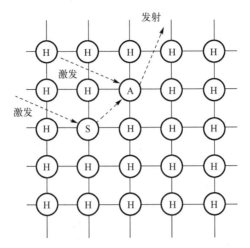

图 6.1　发光材料的构成与基本发光过程示意图

6.1.4　发光材料分析常用光谱

1. 吸收(反射)光谱与激发光谱

发光材料的重要特性之一是吸收光谱. 吸收光谱反映了吸收能量值与入射到发光材料上的光波长的关系，也能间接反映不同波长的光对材料的激发情况. 通过吸收光谱可以基本确定对发光有贡献的激发光的波长范围.

图 6.2 给出的是 ZnS:Cu 的吸收光谱. 位于 360nm 处的吸收峰源于发光中心(铜离子)的吸收. 低于 350nm 的强烈吸收对应基质吸收. 由此可以看出，光不仅可以被发光中心吸收，也可以被基质直接吸收. 对于发光材料，产生吸收的光谱范围由基质和发光中心性质共同决定.

若材料是一块透射率高的材料，如单晶、玻璃或透明溶液，通过适当的加工(如切割、抛光等)，利用分光光度计并考虑到反射的损失，就可以测得吸收光谱. 然而，多数实用的发光材料是粉体材料，由很多微小的晶粒组成. 对于粉体材料，一般只能通过测试材料的反射光谱来估计其对光的吸收值. 反射光谱是指反射率(R)随波长(或频率)变化的曲线，如图 6.3 所示虚线为 $Y_3Al_5O_{12}$:Ce 的反射光谱，波谷位置表示材料对于该位置波长光的反射率较低，因此吸收较强.

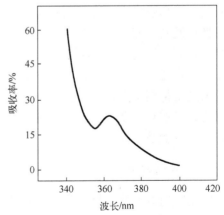

图 6.2　ZnS:Cu 的吸收光谱

所谓反射率是指反射光的总量与入射光的总量之比. 图 6.4 给出了光线照射到杂乱微小晶粒时的情况. 光线 A 与 B 在经过多次反射、折射后又回到原来入射的那一侧. 若材料对该波长的光吸收很强, 折回到原入射侧的光线 A' 与 B' 强度就会变得很弱, 此时对应的反射率很小. 反之, A' 与 B' 强度比 A 与 B 小不了多少, 也就是反射率很大, 接近 100%. 如果粉末层足够厚, 入射光线在经过很多次反射和折射后, 最后不是被吸收就是被折回. 因此, 通过测量反射率也能够反映材料的吸收能力.

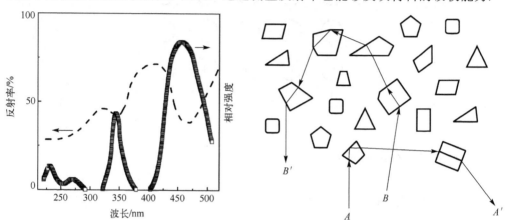

图 6.3 $Y_3Al_5O_{12}$：Ce 的反射光谱和激发光谱   图 6.4 光线照射到杂乱微小晶粒时的情况

吸收光谱（或反射光谱）表征总的吸收, 但并非所有吸收都能引起光发射. 除了吸收光谱外, 激发光谱也是发光材料的重要特性之一. 激发光谱表示发光材料特定波长的发光强度与激发光波长的关系. 从图 6.3 中可以看出, 在 300nm 处, $Y_3Al_5O_{12}$:Ce 也有吸收（反射率低）, 但却不能激发材料发光. 因此, 基于激发光谱可以判定发光材料特定谱线或谱带的发射光是由什么波长的入射光激发的. 通过比较激发光谱和吸收光谱可以判断哪些波长的吸收对发光是有利的, 哪些是不起作用的. 在光致发光的应用中, 若激发光源的光谱峰值波长与发光材料激发波长匹配, 则能获得较高的发光效率. 实际中, 如果激发光源的发射光谱已经确定, 则需要根据实际选择合适的发光材料, 以便得到有效发光. 例如白光 LED 通过蓝光芯片激发光转换荧光粉得到黄光, 过量蓝光与黄光混合之后得到白光, 其中所使用的光转换荧光粉的激发波长需要与蓝光相匹配. 此外, 同一材料存在多个发射峰时, 它们的激发谱也有可能是不同的.

2. 发射光谱

发射光谱是发光材料独具的特征, 表示在特定波长光激发下发光材料的发光能量或发光强度随波长的分布. 图 6.5(a) 给出了 ZnS:Cu 的发射光谱. 可以看出该发射光谱是连续的谱带, 经过分解该谱由峰值在 445nm 的蓝色发光带与峰值位于

523nm 处的绿色发光带组成，两个发光带都属于宽谱(跨越较宽的波长范围)发射，如图 6.5(a)中虚线所示. 除此之外，有一些材料的发射谱带比较窄，且随温度降低会呈现特定的结构，即分解成许多谱线. 还有一些材料在室温下的发射光谱即为线谱. 例如图 6.5(b)给出了 $Y_2O_2S{:}Eu$ 的发射光谱. 该发射光谱主要由稀土离子一些特征的窄带谱(线谱)组成. 在材料分析技术中，可以利用发射光谱结构特征来分析激活离子所处的晶体环境.

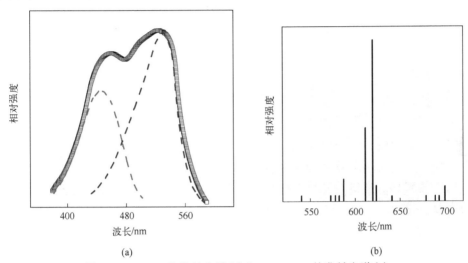

图 6.5　ZnS:Cu 的发射光谱(a)和 $Y_2O_2S{:}Eu$ 的发射光谱(b)

发光材料发射光谱线型可用高斯函数来表示

$$E(\nu) = E_{\nu_0} \exp[-\alpha(\nu - \nu_0)^2] \tag{6-1}$$

其中，ν 代表频率；ν_0 为峰值频率；E 代表光强或能量；α 是正的常数. 一般而言，发射光谱特征和激活剂、基质的性质以及它们之间相互作用有关.

　　实验中一般用配备了适当光探测器的单色仪测量发射光谱与激发光谱. 图 6.6 给出了光致发光材料光谱特性测量仪示意图. 激励源由宽带光源和单色仪组成. 光源通过单色仪(也可用滤波器代替)输出特定波长范围的光，激发材料发光. 样品发出的光进入带有光探测器的单色仪，光探测器将不同波长对应的光信号转换成电信号，再放大，这样光谱相关数据就转变成为方便收集的数字化电信号. 对于发射光谱，在一定强度光源激发下，保持激发波长不变，记录荧光强度与发射波长的关系曲线；而对于激发光谱，保持发射波长不变，记录荧光强度与不同激发波长的关系曲线.

　　3. 发光效率

　　发光效率表示材料吸收激发能后转变为光能的能力，与吸收谱、激发谱和发射谱有关，是通过光谱计算所得的发光材料特征参数. 发光效率的高低由材料内部能

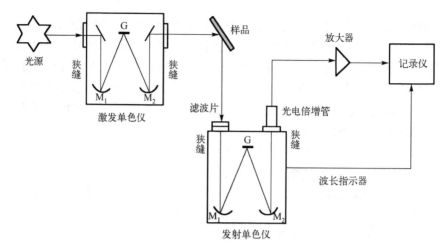

图 6.6 光致发光材料光谱特性测量仪结构示意图

量激发、能量传输、复合发光以及无辐射复合过程等综合决定. 发光效率的表示方法有三种, 分别为功率效率(或能量效率)、量子效率和流明效率(或光度效率).

功率效率(η_P)是指发光材料输出的发射功率(P_{em})与激发材料发光所消耗的激发功率(P_{ex})之比

$$\eta_P = \frac{P_{em}}{P_{ex}} \times 100\% \tag{6-2}$$

由于发光材料吸收的能量一部分会变为热, 所以功率效率反映了激发能量变为发光能量的有效程度. 对于发光材料, 发光中心本身直接吸收能量时, 发光功率效率最高. 若能量被基质吸收, 例如对于复合型发光材料则会形成电子和空穴, 它们沿晶格移动时可能被陷阱俘获. 另外, 电子和空穴也可能发生无辐射复合, 这些都会使功率效率下降.

除了功率效率之外, 为了表征被发光材料所吸收的激活能的转换效率, 引进"内量子效率"的概念. 内量子效率(η_q)是指发光材料发射的光子数(N_{em})与激发时材料吸收的光子数(N_{ex})之比, 是一个无量纲的数值

$$\eta_q = \frac{N_{em}}{N_{ex}} \times 100\% \tag{6-3}$$

一般情况下, 激发光光子能量大于发射光光子的能量, 当发射光波长比激发光波长长很多时, 能量损失(或称斯托克斯损失)就很大. 例如, 日光灯中激发光波长为 254nm, 发光的平均波长可视为 550nm. 因此, 即使内量子效率为 100%, 但斯托克斯损失却有 1/2 以上, 功率效率不到 50%. 对于发光材料, η_q 实际上由发光材料的组分、制备工艺、激发条件、温度等因素决定. 另外, 从内量子效率的定义可以看出, η_q 没有考虑发射光谱对吸收光谱斯托克斯位移的能量损失.

基于发光材料形成的发光器件,通常考虑作用于人眼的光为有效发光. 人的眼睛只能感觉到可见光,然而,即使对于可见光,人眼对于不同波长光的敏感程度差别也很大. 例如对于发射光谱不同的发光材料,即使它们具有相同的功率效率,人眼所见的亮度也不一致. 因此,用人眼来衡量发光器件的性能时,需引入另外一个发光参量,即流明效率(η_1). 流明效率是指发光材料的发光通量(Φ,单位为流明)与激发材料发光所消耗的激发功率的比值

$$\eta_1 = \frac{\Phi}{P_{\text{ex}}} \tag{6-4}$$

流明效率的单位是流明每瓦(lm/W). 功率效率与流明效率之间可以相互换算

$$\eta_1 = \eta_P \frac{\int_{380}^{780} \nu(\lambda) I(\lambda) \mathrm{d}\lambda}{\int_{380}^{780} I(\lambda) \mathrm{d}\lambda} \cdot 680 \tag{6-5}$$

其中,$\nu(\lambda)$ 表示人眼的视见灵敏度(视见函数);$I(\lambda)$ 表示光源的发光强度随波长变化的函数;680lm/W 为 555nm 黄绿光的光功当量. 流明效率与人眼的视见函数相关联,因此,其值与发光光谱有关系. 日光灯的流明效率为 80~100lm/W,白光 LED 的效率已达到 200lm/W.

4. 荧光寿命

荧光寿命是指从激发停止到发光强度衰减到某一数值所需要的时间,这个数值可以是一个反映发光衰减规律的参数,也可以是一个预定的数值(例如规定强度衰减到激发停止时强度的 10%所需的时间). 发光材料被激发后,即使停止激发,电子也要在激发态中进行调整,从到达激发态到跃迁返回基态的这段时间里,一般还有其他过程参与竞争. 因此,发光呈现不同的发光持续时间. 不同材料发光的衰减规律往往不一样,同种材料由于环境和激发方式的改变衰减规律也会变化,这是由于荧光寿命与发光过程直接相关所决定的. 荧光寿命曲线也可以理解为一种时间分辨的发光"光谱". 历史上也将荧光寿命称为发光期间或者余辉时间. 荧光寿命作为发光的特殊维度已经从机理研究逐渐走向应用研究,其不仅携带了发光动力学信息,也能影响发光光谱、与外部环境的相互作用等,尤其近些年随着兼具弱光和快速响应特点的光电转换探测器以及荧光显微技术的发展,使得荧光寿命曲线、图像的信息获取更加便捷. 研究证实,荧光寿命曲线特征在穿透生物组织时比光谱曲线具备更好的保持度,可以预见在未来的研究中荧光寿命更多的实用优势会逐渐显现.

对于发光材料,在外界激发下,发光强度逐步增强,经过一定时间达到固定值. 激发停止后,激发中心数量逐步降低,发光强度逐步减弱(正比于激发中心数目减少的速度). 分立中心的发光衰减相对比较简单,激发停止后,发光强度就正比于激发

中心数目，随时间按照指数关系衰减，可表示为

$$I = I_0 e^{-\alpha t} \tag{6-6}$$

其中，I 对应任意 t 时刻的发光强度；I_0 对应 $t=0$ 时的发光强度；t 为时间；α 为常数. 一般规定，若 τ 秒后，I 下降到初始强度的 $1/e$，则称 τ 为这一发光的衰减常数或荧光寿命.

对于复合发光的情况，若有 n 个离化中心，同时也有 n 个被离化出的自由电子. 每个自由电子都可与 n 个离化中心内的任一个复合而产生发光，因此，一个自由电子引起的发光强度 $I_1 \propto n$，而 n 个自由电子的发光强度则为

$$I_1 + I_2 + \cdots + I_n \propto n \times n = n^2 \tag{6-7}$$

材料光强的衰减规律为

$$I(t) = \frac{n_0^2 b}{(1 + n_0 bt)^2} \tag{6-8}$$

其中，b 是常数；n_0 表示初始离化中心数；t 为时间.

对于复合发光，实际情况较为复杂，例如有些离化电子会被陷阱俘获，导致衰减初期参加复合的电子数小于 n_0，此时，发光衰减就接近分立中心发光的指数衰减规律. 当复合进行到末期时，离化中心的数目已经不多，与从陷阱出来的电子数目接近，发光衰减就更接近复合发光的规律. 由此可见，复合发光的规律之所以复杂，主要是受陷阱的影响.

从本质上讲，分立中心的发光是单分子过程，复合发光是双分子过程. 单分子过程符合式(6-6)，称为单分子规律. 然而，双分子过程较为复杂，其衰减既可以接近单分子规律，也可接近双分子规律，在发光衰减的前期及末期可看出这个差别，这时就无法按照简单的单指数衰减的规律来确定寿命，一般可规定当发光强度降低到某一百分比时(例如 10%)来计算寿命.

一般而言，晶态材料的发光衰减时间比孤立原子或分子要长，这是因为带电粒子在晶态材料中的运动与孤立的原子或分子不同. 对于发光材料，研究发光强度的增长和衰减规律与外在因素对弛豫过程的影响，是了解带电粒子运动过程的重要途径.

不同发光器件对于发光材料、寿命的要求也不同，因此，可将发光材料依据寿命(余辉)的长短来划分，如表 6.1 所示.

表 6.1　余辉时间的长短划分

余辉时间	>1 s	100ms~1s	1~100ms	10μs~1ms	1~10μs	<1μs
余辉区间	极长	长	中	中短	短	极短

6.2　发光的理化机理

发光虽然是一种宏观现象,但其与晶体(离子)能带(能级)结构、缺陷、能量传递、载流子迁移等微观性质和过程紧密关联. 晶体能带有价带和导带. 一般而言,价带与基态下晶体中未被激发的电子所具有的能量水平相对应,导带与激发态下晶体中被激发电子所具有的能量水平对应. 价带和导带之间为禁带,理想晶体中的电子不能在禁带中滞留. 在外界激发下,电子可以从价带跃迁至导带,成为自由电子.

对于实际晶体材料,总会存在缺陷,导致晶体内部的规则排列被破坏,从而会在禁带中产生一种特殊能级,即缺陷能级. 缺陷的存在一方面会使晶体内能增加,另一方面,这些缺陷会形成陷阱,在发光材料能量传递与质点扩散过程中,陷阱会俘获电子或离子等,因而会对材料发光产生影响. 在发光材料基质中掺入激活剂杂质,由这种掺杂引起的发光称为激活发光. 现实中很多发光材料都属于激活型,激活剂充当发光中心,激活剂的价态、在晶格中的位置、激活剂周围晶体场环境等因素决定了发光中心的结构和性质.

要想产生光发射,发光材料必须要吸收激发能,基质和发光中心均可以吸收激发能. 通常,高激发能一般激发基质晶格,例如高速电子、X 射线或 γ 射线. 紫外和可见辐射则可以直接被激活剂吸收,例如对于 Y_2O_3:Eu^{3+}材料,在用作阴极射线或 X 射线荧光粉时,这些高激发能则主要是激发基质晶格,而在荧光灯的应用中所采用 254nm 激发是直接激发 Eu^{3+}. 发光中心被激发时,能量吸收伴随激活剂内电子向高能级跃迁,这种跃迁可以发生在激活剂电子壳层内,也可以形成离化态. 若基质被激发,通常在基质中形成电子和空穴,自由电子和空穴可能在晶体中自由移动,最终被束缚在发光中心上. 当电子从高能级返回到低能级或电子空穴在发光中心复合就可以产生发光.

6.2.1　光吸收和光发射

1. 基本概念

光致发光的光吸收是指光在介质中传播时部分能量被介质吸收的现象. 通常,入射光在通过介质时会与材料中的电子、激子、晶格振动和缺陷等相互作用而产生光的吸收. 光吸收遵循布格-朗伯定律(Bouguer-Lambert law): $I=I_0e^{-\alpha d}$,其中 I 和 I_0 分别为透射光强和入射光强; α 为吸收系数,与介质性质及波长有关; d 为光在介质中传播的距离.

如果介质对光的吸收与波长无关,则称为一般吸收. 与之对应,若介质对某种波长或某个波长范围的光显著吸收,而对其他波长或范围的光吸收较弱,则称这种吸收为选择吸收. 实际上, 多数物质对于光的吸收都属于选择吸收, 即在一定波长范围内吸收比较明显, 表现为对光不透明, 而在其他波长区域内基本无吸收, 表现为对光透明. 例如普通玻璃对可见光透明, 而对紫外光和红外光具有强烈吸收.

光发射是指材料吸收外界能量, 受到激发后, 只要自身不发生化学变化, 回到基态的过程中会把多余能量以发光的形式释放出来. 对于发光材料, 研究不同激发形式下材料的光吸收和光发射过程, 能揭示物质电子能带结构及各种激发态信息, 有助于理解发光机理. 下面将以半导体发光为例介绍几种主要的光吸收和光发射过程.

2. 光吸收过程

1) 基础(固有)吸收

基础吸收是指材料吸收外界光的能量, 使电子从价带跃迁到导带, 形成电子空穴对的过程, 也称固有吸收. 由于各种材料带隙不同, 因此, 固有吸收对应的波长范围可处于紫外、可见甚至到红外区域. 对于理想晶体材料, 带隙中没有电子能级, 若入射光子能量小于带隙就不足以把电子从价带激发至导带, 不发生基础吸收. 因此, 存在一个发生基础吸收对应的临界波长, 也称为本征吸收边, 这是发生光吸收的最大波长(最小频率). 基础吸收对应的电子跃迁分为两类, 分别是直接跃迁和间接跃迁.

(1) 直接跃迁.

其特征是电子吸收光子能量发生跃迁前后的波矢保持不变, 该过程无需声子辅助. 图 6.7 给出了电子直接跃迁的示意图. 电子直接跃迁过程除了满足能量守恒外, 还要满足动量守恒, 即符合选择定则. 设电子跃迁前后的波矢分别为 k 和 k', 二者需满足

$$\hbar k' - \hbar k = p \tag{6-9}$$

其中, p 为光子动量. 光子的波矢约为 10^4cm^{-1}, 而价带顶部电子的波矢一般在布里渊区边界取值, 数量级为布里渊区的范围约 10^8cm^{-1}, 因此, 光子动量远小于能带中电子的动量, 光子动量可忽略不计, 式(6-9)可近似地写为 $k'=k$, 即为电子跃迁的选择定则.

为了满足该定则, 图 6.7 价带中的 A 态电子只能跃迁到导带中的 A'状态, $E(k)$ 图中 A 与 A'位于同一竖直线上, 也称竖直跃迁. 该跃迁中电子吸收的光子能量与图 6.7 中垂直距离 AA'对应. 显然, 对于不同的 k, 垂直距离各不相等, 对应不同能量光子的吸收, 材料吸收的光子最小能量应等于禁带宽度. 因此, 通过光吸收测量可以得到材料带隙. 电子直接跃迁后在价带形成的空穴和在导带产生的电子都属于自由粒子, 二者之间没有相互作用.

(2) 间接跃迁.

间接跃迁的特征是电子从价带到导带的跃迁, 跃迁前后 k 和 k'值不同, 该过程需要声子辅助. 电子吸收光子后的间接跃迁在图 6.8 中示意给出. 对于该过程, 电子

不仅吸收光子能量，还会与晶格作用而交换一定的振动能量，即放出或吸收一个声子. 间接跃迁是电子、光子和声子三者同时参与的物理过程，既要满足能量守恒，也要符合动量守恒. 动量守恒可表示为

$$\hbar k' - \hbar k \pm \hbar q = p \tag{6-10}$$

由于光子动量很小，可忽略不计，式(6-10)可改写为

$$\hbar k' - \hbar k = \mp \hbar q \tag{6-11}$$

其中，q 为声子波矢，±表示电子在跃迁时发射(−)或吸收(+)一个声子. 能量守恒定律表示为：电子能量差=光子能量±声子能量. 即

$$\Delta E_k = \hbar \omega \pm E_p \tag{6-12}$$

其中，E_p 为声子能量，(+)为吸收声子，(−)为发射声子. 声子能量约 10^{-2}eV，相对非常小，可以忽略，因此，电子跃迁前后的能量差与吸收光子能量基本一致，即

$$\Delta E_k = \hbar \omega = E_g \tag{6-13}$$

其中，E_g 为禁带宽度. 由上可知，在光的基础吸收中，若只考虑电子与光子的作用，按照动量守恒的要求，则只能发生直接跃迁；若还考虑电子与声子的作用，则间接跃迁也可以发生. 但是对于间接跃迁过程，由于电子跃迁既依赖于电子与光子的相互作用，同时还需要电子与声子的作用，理论上是一种二级过程，跃迁概率相比直接跃迁要小得多. 因此，直接跃迁的光吸收系数比间接跃迁大很多.

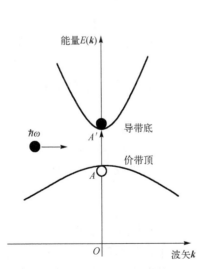

图 6.7　电子直接跃迁示意图

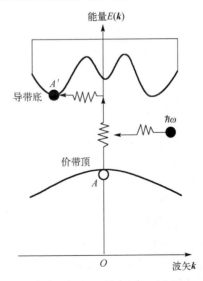

图 6.8　电子间接跃迁示意图

实验表明，波长比本征吸收边大的光波也能被一些材料吸收，这说明除了基础吸

收外还存在其他类型的吸收过程. 例如激子吸收、杂质缺陷吸收、自由载流子吸收等.

2) 其他吸收过程

(1) 激子吸收.

图 6.9 给出了激子吸收的示意图. 该过程中, 光子能量低于带隙, 价带电子吸收光子能量不足以跃迁至导带中成为自由电子, 而是跃迁至导带底下方附近的能级上, 电子仍然受到价带空穴的作用. 受激电子和价带空穴二者相互束缚结合在一起形成的这个新系统, 称为激子. 与之对应的光吸收即为激子吸收. 激子在晶体中某部分出现后, 可以在晶体中传播, 传输激发能, 但对材料电导率没有贡献.

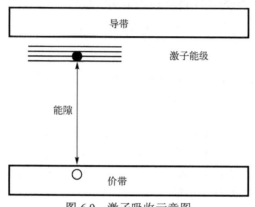

图 6.9　激子吸收示意图

(2) 自由载流子吸收.

当入射光子能量不够高, 不足以引起带间吸收或激子吸收时, 研究表明对于一般发光材料仍然存在着吸收, 而且吸收强度随光波长的增加而增大, 这种吸收是自由载流子在同一能带内跃迁导致的, 称为自由载流子吸收. 该过程同样需满足能量守恒和动量守恒, 因此, 要有声子或电离杂质的散射来补偿电子动量的改变. 自由载流子吸收一般位于远红外波段.

(3) 晶格振动引起的吸收.

非绝对零度下, 所有晶体都存在晶格振动, 入射光子与声子发生作用会使材料在远红外区出现明显的吸收带, 称为晶格振动引起的吸收. 在这种吸收中, 光子能量转化为晶格振动的动能.

(4) 缺陷吸收.

实际晶体材料中总会存在缺陷, 从而使晶体周期势场局部受到破坏, 该局部对应的电子态也不同于其他部分, 导致在价带和导带之间的能隙中出现缺陷能级. 电子可以吸收光子从基态跃迁到各相应缺陷能级的激发态. 若缺陷能级上的电子可以跃迁至导带从而产生自由电子, 则称这种缺陷为施主. 若缺陷能级能容纳从价带跃迁上来的电子, 则称此缺陷为受主. 缺陷吸收的主要形式有: 施主到导带, 即施主能级上的电子吸收光子能量后跃迁至导带；价带到受主，即电子吸收光子能量从价带跃迁到受主能级.

3. 光发射过程

按照发光材料的能带结构可将光发射分为以下几种.

1）带间复合

如图 6.10 所示，导带电子跃迁到价带，与价带中的空穴直接复合发射光子，该过程为本征跃迁. 电子与空穴的复合主要发生在能带边缘，另外，由于载流子有一定的热分布，从而使发射光谱有一定的宽度. 发射光子的频率满足 $h\nu \geqslant E_g$. 一般而言，带间复合只能在纯材料中出现.

带间复合可以是辐射的，也可以是无辐射的，如图 6.10 所示. 辐射与无辐射过程相互竞争，对于发光材料，如何使辐射跃迁占据优势，是一个重要的研究内容. 对于无辐射过程，导带电子失去的能量可用于激发多个声子，转变为热，该过程称为多声子弛豫；另外，导带电子还可与价带空穴复合，把能量传递给导带中的另一个电子，将其激发到高能态，再经过热平衡过程，把多余能量传递给晶格，该过程称为俄歇复合. 俄歇复合过程包含了两个电子与一个空穴的相互作用，因此当电子浓度较高时，该过程将更加显著.

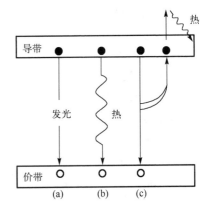

图 6.10　带间复合示意图：辐射跃迁(a)、多声子跃迁(b)和俄歇复合(c)

按照发光材料的能带结构，导带到价带的跃迁分为两类，一类对应直接跃迁，另一类为间接跃迁. 直接跃迁型发光材料通常具有较高的发光效率. Ⅲ-Ⅴ族化合物中 GaN、InN、InP、GaAs、InAs、GaSb、InSb 和 Ⅱ-Ⅵ族化合物都属于直接跃迁型. 间接跃迁型材料由于需要声子参与，是一个二级过程，因此发光效率较低. Ge、Si 和 Ⅲ-Ⅴ族化合物中的 BP、AlP、GaP、BAs、AlAs、AlSb 等属于间接跃迁型.

2）激子复合

激子可以通过辐射和无辐射过程将存储的能量释放出来. 激子中电子与空穴复合时，释放的能量若以光子的形式射出，即为发光. 材料中激子消失的途径有两种：一是通过声子散射、碰撞离化、缺陷散射与场离化等形式使激子分离成自由电子和自由空穴；二是激子中的电子和空穴发生复合，激子消失的同时以发光或放热的形式释放能量.

3）杂质中心复合

如图 6.11 所示，微量杂质的引入会在晶体禁带中产生一些杂质中心能级. 引入的杂质可以分为两种：一种为受主(A)，是负电中心，对应于发光中心能级；另一种为施主(D)，是正电中心，对应于陷阱能级. 图 6.11 给出了通过杂质中心的复合过程模型. 下面对于其中涉及的主要过程进行解释.

(1)在外界激发下,电子发生跃迁,从而在导带和价带分别产生自由电子和空穴,即图中所示过程"1". 导带电子继而经过热平衡很快弛豫至导带底,同样,价带空穴弛豫至价带顶.

(2)导带中的电子在运动过程中可以被陷阱 D 俘获,即过程"2",被陷阱俘获的电子在热扰动下也可以从 D 再跃迁回到导带,即过程"3".

(3)价带中的空穴在扩散过程中可以被未电离的发光中心 A 俘获,即过程"4",被俘获在 A 上的空穴在热扰动下也可以从 A 再跃迁回到价带,即过程"5".

(4)导带电子与发光中心 A 上的空穴复合产生光发射,即过程"6".

除了图 6.11 中所示过程外,还可能存在其他一些过程. 例如陷阱 D 中电子跃迁到价带也可以是复合发光的一部分. 还有, 发光中心 A 到导带的跃迁对应发光中心的直接激发过程. 对于实际材料, 究竟是哪种跃迁过程占优势, 则需要具体分析.

4)施主-受主对的复合

材料中若同时存在受主和施主, 由于正负电荷间的库伦引力, 会使施主和受主趋于有序分布, 形成近邻和较近邻的对, 这种联合中心称为施主-受主对. 图 6.12 给出了施主-受主对存在时的能级图.

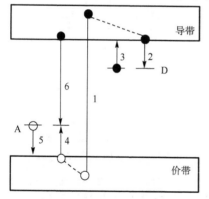

图 6.11　通过杂质中心的复合模型

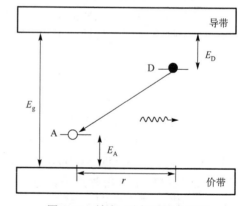

图 6.12　施主-受主对的能级图

对于施主-受主对, 由于二者波函数的交叠, 两种缺陷各自的定域能级消失, 对能带的微扰不再是一种电荷, 而是一个偶极势场. 可用类氢模型来处理施主-受主对, 施主受主分别看作点电荷, 晶体看作连续介质, 得到施主-受主对内电子跃迁能量 $E(r)$ 为

$$E(r) = E_g - (E_D + E_A) + \frac{e^2}{4\pi\varepsilon r} \tag{6-14}$$

其中，r 是与晶格常数有关的不连续的变量，因此，$E(r)$ 是不连续的，即施主-受主对的发射光谱具有不连续的谱线，这是该种复合发光的一个特点.

施主-受主对的跃迁概率与电子和空穴波函数重叠区域的平方成正比. 一般而言，施主上电子波函数的伸展范围要比受主上空穴的波函数伸展范围大得多. 施主上电子波函数随 r 变化按指数规律衰减，因此，施主-受主对的跃迁概率 $W(r)$ 为

$$W(r) = W_0 \exp\left(\frac{-2r}{r_B}\right) \tag{6-15}$$

其中，r_B 为玻尔半径，是一个常量. 按照跃迁概率表达式可知，r 越小，发射光的波长越短，跃迁概率越大，寿命越短，发光衰减越快.

6.2.2　位形坐标模型

1. 定义

处于晶体中的发光中心离子，其吸收光谱和发射光谱与自由离子不同. 自由离子的吸收光谱与发射光谱一般为窄带谱或锐线谱，而且吸收峰与发射峰能量相同. 与之不同，由于受到基质晶体场的作用，晶体中发光离子的发射光谱和吸收光谱会宽化，并且吸收峰的能量要高于发射峰的能量. 因此，发光学中通常将发光中心离子与其周围晶格离子作为一个整体来处理. 由于电子质量相比离子小得多，与发光关联的电子跃迁中，可认为晶体中原子间相对位置和运动速率保持不变，理论上可通过位形坐标图形（configuration coordinate diagram）对发光中心的吸收和发射过程进行解释.

在位形坐标图中，纵坐标表示基质中发光中心的势能，该能量是电子、离子的势能及相互作用能在内的整个系统的能量；横坐标表示发光中心离子和周围配位离子的"位形"（configuration），它是包括离子之间相对位置等因素在内的一个笼统的位置概念，通常可用离子中心间距来表示. 图 6.13（a）给出了发光中心基态的位形坐标示意图. 图中类似倒置抛物线的连续曲线表示势能 E_p 与 r（发光中心与配位离子核间距）之间的变化关系，当发光中心离子处于基态平衡位置（r_e）时，势能最低. 若将发光离子与配体当作谐振子，根据量子力学的结论，其振动的总能量 E_n 为

$$E_n = \left(n + \frac{1}{2}\right)\hbar\omega \tag{6-16}$$

其中，n 为振动量子数，取 0，1，2，3，…；ω 为谐振子的振动圆频率. 振动能级在图中以水平线表示，对应波函数是已知的. 在绝对零度时，发光中心占据基态最低振动能级，此时 $n=0$，系统最有可能处在 r_e 点. 在较高温度时，发光中心可占据较高能级，对应 n 取大于 0 的数值，此时系统最有可能处于抛物线的边缘，如图 6.13（b）

所示. 对于激发态，上述内容也适用，同样可用与基态具有类似形状的曲线表示. 然而，需要指出的是，由于激发态的化学键与基态的化学键不同，通常前者较弱，所以，两种状态呈现不同的平衡位移和键力常数. 对于光吸收过程，发光中心吸收外部能量从基态被激发到激发态，而对于光发射过程，发光中心从激发态跃迁回基态并以光辐射的形式释放多余能量，通过图 6.13 可对发光的许多特性进行说明.

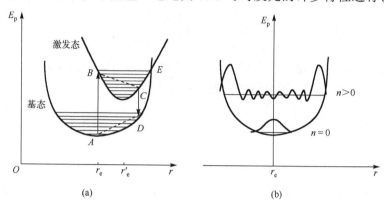

图 6.13　发光中心基态与激发态位形坐标图(a)和最低振动能级与较高振动能级的振动波函数(b)

2. 位形坐标图的应用

1)光谱形状

按照弗兰克-康登(Frank-Condon)原理，发光中心吸收外界激发能，电子将从基态能级 A 竖直跃迁到激发态的较高能级 B，这是因为电子质量比离子质量小得多，其运动也快得多，所以在电子快速跃迁的过程中，可以近似认为晶体中离子间的相对位置保持不变. 如图 6.13(b)中所示，光吸收的跃迁从最低振动能级($n=0$)开始. 由于 $n=0$ 对应的振动波函数在 r_e 处具有最大值，所以大多数抛物线跃迁发生在 r_e 处. 跃迁在激发态抛物线的边缘结束，因为此处激发态的振动波函数数值最大. 该跃迁对应于吸收峰的最大值. 虽然概率相对较小，但跃迁还可能发生 $n=0$ 的振动能级中比 r_e 大或小的位置，这就导致吸收带具有一定的宽度. 在 $r>r_e$ 时的跃迁能量差要小于 $r=r_e$ 时的跃迁能量差，而 $r<r_e$ 时则恰好相反. 如果基态平衡位置与激发态平衡位置(r_e')差值 Δr 等于零，则两抛物线几乎重合在一起，此时光吸收跃迁的带宽消失，吸收带变为线状谱峰. Δr 的数值直接影响吸收带宽窄，Δr 越大，吸收带越宽. 吸收带的宽度也反映基态和激发态化学键的差异大小. 以上原理对于发射谱也适用.

2)斯托克斯位移

发光材料的吸收光波长通常小于发射的光波长，这称为斯托克斯定则. 吸收光谱的峰值波长与发射光谱峰值波长的能差称为斯托克斯位移(Stokes shift)，这是表征材料发光特性的物理常数，对应材料在激发态期间消耗的能量.

如图 6.13(a) 所示，激发过程系统能量从 A 垂直上升到 B，而离子的位形不发生变化. 之后，处于激发态的离子将发生松弛，对应位形出现改变，电子从激发态高的振动能级弛豫到较低的振动能级，例如电子从图 6.13(a) 中 B 态经无辐射跃迁到达 C 态. 激发态不稳定，发光中心从 C 态回到基态的 A 或 D 的过程中将多余能量以光发射的形式释放出来. 可以看出，激发过程材料从外界吸收的能量 E_{AB} 高于发射的光子能量 E_{CA} 或 E_{CD}，所以发射光能量低于吸收光能量或发射光波长大于吸收光波长，二者存在一定的差值，即存在斯托克斯位移.

3) 热猝灭效应

热猝灭效应(thermal quenching effect)是指当温度升高到一定值时，发光材料的发光强度出现显著降低的现象. 图 6.13(a) 中，基态和激发态的势能曲线相交于 E 点. 发光中心被激发后，电子占据 B 态. 通常，处于 B 态的电子经过无辐射弛豫后降低到低振动能级 C，然后经过辐射跃迁释放光子. 但是，若材料所处环境温度较高，开始处于 B 态的电子可从外界环境获得能量发生进一步跃迁从而占据激发态中更高的振动能级，最终可到达激发态势能曲线上的 E 点. 由于 E 点是基态和激发态的交点，因此，发光中心在能量不发生改变的情况下，就从激发态回到了基态，进一步通过无辐射跃迁逐步改变振动能回到基态的低振动能级上去. 图 6.13(a) 中的 E 点代表一个 "溢出点"，若处于激发态的离子在外界能量激发下能到达该点，则激发态能量会以振动能的形式损耗掉，因而没有发光产生，即出现热猝灭效应. 研究表明，激发态的势能曲线相对于基态的势能曲线偏移越大，则二者的交点 E 就会越靠近激发态的低振动能级，这导致材料发光过程更容易发生热猝灭效应，反之则不容易出现.

6.2.3　能量传递

1. 背景介绍

激发能被发光材料吸收后会引起材料内部能量状态发生改变，例如有些离子被激发到高能态或在材料中产生电子和空穴等. 处于激发态的离子可以跟附近离子相互作用从而将能量传递出去，即原来处于激发态的离子回到低能级或基态，而附近离子则跃迁至更高激发态. 这种过程可一个接一个进行下去，形成激发能量的传递. 对于电子空穴来说，其一旦产生就会在材料中运动. 因此，激发状态也不会局限在固定位置，而是发生传递.

实际上，材料中某一部分受到外界激发后，通常会以某种方式将能量传递到另外的部分，使材料中吸收能量的部分往往和最终形成发光的部分不一致，这在发光材料中极为普遍. 例如对于锰离子激活的磷酸钙 $Ca_3(PO_4)_2{:}Mn^{2+}$，其在 250nm 紫外光激发下，Mn^{2+} 中心不发光. 对于铈离子激活的磷酸钙 $Ca_3(PO_4)_2{:}Ce^{3+}$，其在 250nm 紫外光激发下可以发光. 若用锰、铈离子共同激活磷酸钙 $Ca_3(PO_4)_2{:}Ce^{3+}$，Mn^{2+}，在 250nm 紫外光激发下，材料不仅呈现 Ce^{3+} 的发光，而且产生橙红色的 Mn^{2+} 中心的发光. 显然，Mn^{2+} 中心发光的能量来源于 Ce^{3+}，即 Ce^{3+} 与 Mn^{2+} 中心之间存在能量的传递. 实际上，即使在 $Ca_3(PO_4)_2$:Ce^{3+} 材料中，不同 Ce^{3+} 之间的能量传递也是普遍存在的，通过纳米材料核壳结构设计可以直接证明该过程. 由此可见，发光必然伴随着能量传递过程，为了理解发光的过程并有效调控发光，必须对材料中的能量传递进行研究.

2. 能量传递方式

固体发光材料中的能量传递是普遍存在且十分重要的物理现象，过去几十年的研究中，能量传递理论不断发展和完善. 对于离子发光材料，能量传递方式可分为再吸收、共振能量传递、声子辅助能量传递等. 对于半导体发光材料等，能量传递方式包括再吸收、载流子能量传递、激子能量传递等. 能量传递的方式很多，它们最终都是通过某种方式使激发能在发光体内部重置. 也有文献把能量传递的过程称为能量传输或者能量输运.

1) 再吸收

再吸收是指材料中某一发光中心发光后，光子在材料中行进时又被材料自身吸收的现象，也称自吸收. 该过程中光子承担传递能量的任务，传递距离可近可远. 发生再吸收的先决条件为激活剂的吸收光谱与敏化剂的发射光谱存在较大重叠，且要求光子传递能量的速度要高. 这种过程受温度影响较小. 在气体或者液体中，由于发光中心距离较远，再吸收起着重要的作用. 再吸收是辐射能量传递.

2) 共振能量传递

该过程是指材料中某激发中心通过电偶极子、电四极子、磁偶极子或交换作用等近场力的相互作用将激发能传递给另一个中心的过程. 结果是前者从激发态回到低激发态或基态，而后者从基态变为激发态. 两中心的能量变化值保持相等. 1948～1949 年弗斯特 (Förster) 对能量传递理论的研究取得了一系列重要成果，建立了能量传递速率和光谱的关系，提出了能量传递临界距离的概念，并且考虑电偶极-电偶极作用与作用距离之间的关系，推导出敏化剂与激活剂随机分布体系中敏化剂发光曲线衰减的理论表达式. 后来，德克斯特 (Dexter) 发展了 Förster 理论，建立了多极相互作用共振能量传递和通过电子交换作用的交换能量传递理论体系. 现在将该理论统称为 Förster-Dexter 共振能量传递理论. 该理论认为发光中心之间的相互作用力应根据中心的具体情况而定. 例如当发光中心之间距离较小时，常常以交换作用为主. 对于非电导性材料，特别是稀土或过渡金属元素激活的材料以及有机晶体，共振能量传递是非常重要的能量传递方式. 在没有其他邻近离子辅助情况下，这种方式传递能量的尺度可以从一个原子的线度到 10nm 左右. 已有文献报道，从敏化剂到激活剂的传递，可以跨越 25～50 个阳离子格位；从一个敏化中心到另一个敏化中心的传递(称为能量迁移)距离可以跨越150～600个阳离子格位. 共振能量传递也需要激活剂吸收光谱与敏化剂的发射光谱存在较大重叠，区分再吸收与共振能量传递的重要方法是前者中激活剂的存在不会影响敏化剂荧光寿命，后者激活剂引入会降低敏化剂荧光寿命.

　　下面简单介绍共振能量传递物理模型和能量传递概率. 假设有两个发光中心分别为 S 和 A，如图 6.14 所示. 两个发光中心对应激发态和基态的能级分别用 W_{SE}、W_S 和 W_{AE}、W_A 表示. 若把 S 和 A 中心视为偶极子，则二者之间的库仑作用力可表示为

$$\delta H = -\frac{e^2}{\varepsilon R^3}\left[3\frac{(\bm{r}_S\cdot\bm{R})(\bm{r}_A\cdot\bm{R})}{R^2}-\bm{r}_S\cdot\bm{r}_A\right] \tag{6-17}$$

其中，R 为两个中心原子核之间的距离；r_S 和 r_A 为电子到两核的距离；ε 为介电常数.

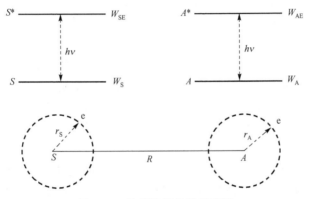

图 6.14　共振能量传递示意图

　　按照量子力学方法，在微扰 δH 作用下，单位时间内从状态 S^*+A 变到 $S+A^*$，即 S 中心把它的激发能 $E=h\nu$ 通过共振传递方式传给 A 中心的概率为(通常只考虑电偶极-电偶极跃迁)

$$P_{SA}=\left(\frac{R_0}{R}\right)^6\frac{1}{\tau_S^*} \tag{6-18}$$

$$R_0^6=\frac{3}{64\pi^5}\cdot\frac{h^4c^4}{\varepsilon^2}\cdot\sigma_A\eta_S\int_0^\infty\frac{\phi_S(E)\alpha_A(E)}{E^4}\mathrm{d}E \tag{6-19}$$

其中，σ_A 是 A 中心总吸收截面；τ_S^* 是 S^* 状态寿命的测量值；η_S 是 S 中心的发射效率；$\phi_S(E)$ 为 S 中心在能量 E 处的发射；$\alpha_A(E)$ 为 A 中心在能量 E 处的吸收.

　　根据上述计算结果，可以得出以下结论.

　　(1)对于可视为偶极子的 S 和 A 来说，激发态 S^* 将能量传递给 A 中心而返回基态 S，使 A 中心变成激发态 A^*，对应共振传递概率 P_{SA} 与这两个中心间距 R 的六次方成反比，即 S 和 A 越靠近，越容易出现共振能量传递.

(2) P_{SA} 与 S^* 的寿命成反比，S^* 态的寿命越长，产生共振能量传递的概率就越低．

(3) P_{SA} 正比于 S 中心发射效率与 A 中心吸收截面的乘积．

(4) S 中心的发射光谱与 A 中心的吸收光谱要有重叠，而且重叠越大，P_{SA} 越大．

(5) R_0 可认为是 S 和 A 之间发生能量传递的临界距离．若 $R=R_0$，则在 S 中心激发态停留时间内，恰好完成共振能量传递；若 $R>R_0$，则发生共振传递所需的时间比 S 中心激发态的寿命还长，无法发生能量传递；若 $R<R_0$，则共振能量传递所需时间比 S 中心激发态的寿命短，很容易发生能量传递．激发态 S^* 可以通过能量传递或者辐射衰减的方式回到基态，这两种过程的概率分别用 P_{SA} 和 P_S 表示．对于 R_0 还可以认为是 $P_{SA}=P_S$ 时 S 和 A 的距离．当 $R<R_0$，二者之间以能量传递为主；当 $R>R_0$，则源于 S 的发射占优势；当 $R=R_0$，二者贡献相同，传递概率等于辐射概率．研究表明，若 S 和 A 的光跃迁是允许的电偶极跃迁，而且光谱重叠较大，则 R_0 为 3nm 左右；若这些跃迁对应是禁戒的，则需通过交互作用完成能量传递，此时 R_0 下降为 0.5～0.8nm 左右．

若 S 的发射光谱与 A 允许的吸收光谱有较大程度的重叠，则会有相当多的能量传递．除了共振能量传递外，S^* 辐射衰减发射出的光波也可以被 A 再吸收，从而会使 S 的发射谱带在 A 吸收最强的波段处减弱或消失．式(6-18)和式(6-19)所表示的共振能量传递为非辐射能量传递过程，这会导致 S 和 A 的光谱与激发态寿命发生相应的改变．

能量传递效率是衡量敏化剂和激活剂之间能量传递过程和效果的重要指标．一般能量传递效率越高，越容易获得激活剂离子的目标发光，能量传递效率可通过下式计算：

$$\eta = 1 - \frac{\tau_{S^*}}{\tau_S} \tag{6-20}$$

其中，τ_S 表示不存在激活剂时敏化剂离子的荧光寿命；τ_{S^*} 表示存在激活剂时敏化剂离子的荧光寿命．

上述讨论是两种发光中心 S 和 A 之间的能量传递，这种传递也同样可以发生在同种发光中心之间，称为能量迁移．对于两个同种发光中心 S，若二者之间的能量传递速率很高，则通过一步接一步连续不断的传递过程，激发能可从吸收处格位传递到很远．实际上能量迁移在发光过程中是广泛存在的，尤其在 S 中心浓度很高的时候，能量迁移对发光的影响很大．例如通过 Gd^{3+} 或 Tb^{3+} 离子作为能量迁移离子，可以将能量传递到距离初始激发中心很远的位置而激发新的发光中心．如果激发能到达一个能量非辐射损失的格位（消光杂质或猝灭格位）时，材料发光效率将被降低，这种现象被称为浓度猝灭．在发光中心 S 的浓度很低时，一般不会发生浓度猝灭，这是因为 S 之间的平均距离太远，以至于能量迁移受阻，激发能无法到达消光杂质或猝灭格位. 当发光中心 S 的浓度很高时, 浓度猝灭现象比较容易出现.

在满足产生发光的基本条件的情况下, 可以通过共振能量传递过程来提高发光材料的发光效率. 例如从 Gd^{3+} 的 $^6P_{7/2}$ 能级可以实现到大多数稀土离子能级的能量传递, 然而却不能把能量传至 Pr^{3+} 和 Tm^{3+}. 这是由于 Pr^{3+} 和 Tm^{3+} 没有与 $^6P_{7/2}$ 能量相当的能级, 不满足共振条件, 光谱重叠为零, 因此能量传递速率为零. $Ca_5(PO_4)_3F{:}Sb^{3+}$, Mn^{2+} 中, Sb^{3+} 的发射与 Mn^{2+} 的吸收存在部分重叠, Sb^{3+} 可将激发能传递给 Mn^{2+}, 但受到自旋和宇称禁戒的限制, 能量传递通过交换作用进行, R_0 约为 0.7nm.

在上述共振能量传递中, 一般默认敏化剂 S 将全部激发能交给发光中心 A, 然而, 在有些情况下, 并非所有激发能都被 S 交出. 如果只有一部分激发能参与传递, 则称之为交叉弛豫 (cross relaxation). 例如 Tb^{3+}、Eu^{3+} 浓度较高时, 这些离子的高能级发射就会由于交叉弛豫过程而发生猝灭, 如图 6.15 所示. 对于 Tb^{3+}、Eu^{3+}, 交叉弛豫过程分别为

$$Tb^{3+}(^5D_3) + Tb^{3+}(^7F_6) \rightarrow Tb^{3+}(^5D_4) + Tb^{3+}(^7F_0) \tag{6-21}$$

$$Eu^{3+}(^5D_1) + Eu^{3+}(^7F_0) \rightarrow Eu^{3+}(^5D_0) + Eu^{3+}(^7F_3) \tag{6-22}$$

需要指出, 多声子弛豫也能使高能激发态猝灭, 但是这种情况与交叉弛豫的机理不同. 只有涉及的能级间隔小于 4~5 倍基质晶格的最高振动频率时, 多声子弛豫过程才起作用, 且该过程对于激发态的猝灭与发光中心的浓度无关. 而交叉弛豫过程取决于两个发光中心间的相互作用, 因此只有发光中心的浓度超过一定值后, 交叉弛豫才发挥作用. 例如在 $YBO_3{:}Eu^{3+}$ 中, 即使 Eu^{3+} 离子浓度很低 (0.1mol%), $^5D_0$ 的发射也能被观察到, 但是更高能级的发射却因多声子弛豫而发生猝灭 (YBO_3 基质最高振动频率约 1050cm^{-1}). 对于 $Y_2O_3{:}Eu^{3+}$, 在同样激活剂低浓度情况下, 材料可以产生 $^5D_3$、$^5D_2$、$^5D_1$、$^5D_0$ 发射 (Y_2O_3 基质最高振动频率约 600cm^{-1}). 当 Eu^{3+} 浓度为 3% 时,

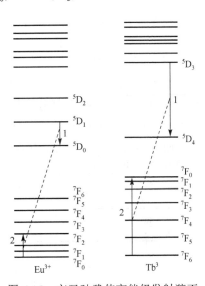

图 6.15　交叉弛豫使高能级发射猝灭

发射谱则主要为 $^5D_0$ 发射, 更高能级的发射被交叉弛豫过程猝灭, 促进了 $^5D_0$ 发射.

3) 声子辅助能量传递

如果参与能量传递的两个中心之间的能级差不匹配, 为了保证能量守恒, 需要声子参与能量传递. 一般来说, 声子辅助能量传递的概率不如共振能量传递概率大. 由于声子与基质晶格热振动有关, 声子辅助能量传递速率也与温度存在依赖关系. 在多声子过程中, 起作用的主要是能量最大的声子, 需要的声子数较少, 过程发生的概率更大.

4)借助载流子的能量传递

对于光导型、半导体等材料,载流子的扩散、漂移是能量输运的主要方式.例如载流子能量输运过程在Ⅱ-Ⅳ族、Ⅲ-Ⅴ族、Ⅳ-Ⅳ族材料中大都存在.由于依靠载流子的扩散和漂移运动,电流和光电导是其输运机制的特点,温度对输运过程有显著影响.

对于晶体材料,用相应于本征吸收的光激发时可以借助空穴迁移使材料中的杂质中心受到激发而发光.皮耳(Piehl)通过扩散最先解释了这种现象.如图 6.16 所示,基质晶格本征激发使价带中产生空穴,导带中产生电子.经过扩散,价带空穴可迁移到杂质中心(例如 Cu 离子)附近,如图中虚线圆圈所示.杂质中心的电子与该空穴复合后,相当于在杂质中心上俘获了一个空穴,造成杂质中心被激发.当导带电子与杂质中心空穴复合时,即发射杂质中心的光谱.

发光材料中一些杂质的引入往往会对材料发光产生不利影响,这些杂质即为猝灭中心.例如对于 ZnS:Cu 材料,Ni 离子就是猝灭中心,微量 Ni 离子的引入就会使材料发光效率大幅下降.由于 Ni 离子浓度很低,Ni、Cu 离子间发生共振传递的概率很小,这种猝灭无法通过共振传递来解释.通过载流子能量输运可以进行说明.图 6.17 给出了 Ni 离子使发光猝灭的过程模型,该过程的关键是空穴扩散使 Cu 和 Ni 之间发生能量转移.当 Ni 离子获得能量后,由于其无辐射跃迁概率很大,发光则被极大降低.具体过程如下:首先,在热激发下,价带电子进入 Cu 中心并与其中空穴复合,而在价带产生一个空穴.这一过程发生的概率与价带顶到 Cu 中心能级的能量间隔有关.其次,价带中的空穴发生扩散,到达 Ni 离子中心附近.最后,Ni 离子中心上的电子和价带空穴复合.由于上述过程,使得原来 Cu 中心上的空穴消失,从而使 Cu 中心失去了与导带电子复合发光的机会.与之对比,Ni 中心上出现了一个空穴,使其具备了与其他 Cu 中心竞争复合导带电子的能力,但是 Ni 中心的这种复合过程往往是非辐射的,因此 Cu 中心的发光被猝灭.由于空穴扩散距离较大(例如 CdS 中可达 75nm),所以只要微量猝灭中心就能对材料发光产生严重破坏.

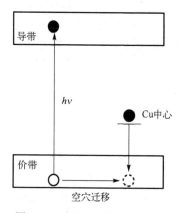

图 6.16　空穴迁移激发发光中心

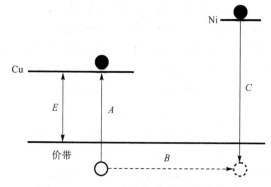

图 6.17　Cu-Ni 中心间的能量转移模型

5) 借助激子的能量传递

激子是借助库伦力束缚在一起的电子空穴对. 按照激子的空间延伸尺度不同,分为弗仑克尔激子(Frenkel exciton)和瓦尼尔激子(Wannier exciton)两种. 弗仑克尔激子中电子空穴间的距离约在晶格常数范围内, 这是一种局域化的激子, 主要存于绝缘体中. 瓦尼尔激子中电子空穴间的距离要比晶格常数大得多, 其结合能也比弗仑克尔激子小得多, 处于弱束缚态, 主要存于半导体中. YVO_4、$CaWO_4$、$Bi_4Ge_3O_{12}$等材料中存在弗仑克尔激子. 固体 Kr 比较特殊, 其激子结合能约为 2eV, 半径约为0.2nm. 在一些半导体材料中存在瓦尼尔激子, 例如 Ge、GaAs、CdS 和 TlBr 等. InSb中的激子, 结合能约为 0.6meV, 半径约为 60nm, 只能在很低温度下才能稳定存在.

自由激子可在材料中运动. 研究表明在 CdS 单晶中, 激子的扩散长度能到0.23cm, 其运动的结果是使激发能从材料中某个地方传输到另外一个地方. 另外,激子作为一个激发中心, 能通过共振传递或再吸收等途径把携带的激发能传递给杂质中心. 离子晶体基质中激子现象较为普遍. 激子的能量除了可以传给其他中心外,还可以与晶格振动之间发生能量交换, 使自由激子的能量降低变为低能激子态, 被束缚在晶格中, 形成束缚激子. 此外, 通过热激发, 束缚激子还可以重获能量变为自由激子.

与氢原子一样, 激子同样具有相应的基态和激发态, 但其能量状态与固体介电特性和电子空穴的有效质量有关. 实际上, 固体中的激子态可通过类氢模型进行描述, 并能较好地估算出激子在带边下分立能级的能态和电离能.

对于绝缘晶体, 所有材料中都能形成激子, 尽管某些类型的激子本征是不稳定的, 会自动衰变为自由电子和空穴. 对于半导体材料而言, 宽禁带会导致形成的激子束缚能较大, 而激子玻尔半径则比较小. 而禁带较窄的材料, 其激子电离能较小,激子玻尔半径则较大. 激子效应对于半导体的光吸收、发光、光学非线性等物理过程具有重要影响, 并在半导体光电子器件的研究和开发中得到了重要应用. 另外,研究表明在量子化的低维电子结构中, 激子的束缚能要大得多, 激子效应增强, 而且在较高温度或在电场作用下更稳定.

6.2.4　典型离子发光

本节对一些典型发光激活离子进行介绍, 这些离子对于理解发光材料的发光行为十分必要. 为了简洁, 这些离子能级将用短线表示, 因此这种能级图所含的信息比位形坐标图要少.

1. 稀土离子发光简介

稀土离子是发光材料经常选用的激活剂, 是发光材料的核心部分. 稀土元素是指元素周期表中第 57 号到 71 号的 15 个镧系元素, 加上同

"中国冲击"
——串级萃取理论

属第三副族的钪和钇，共计 17 种元素. 稀土元素外层电子结构基本相同，化学性质相似，因此分离单一稀土化合物非常困难. 我国科学家徐光宪院士创新研究了串级萃取理论，在稀土分离和提纯领域打破了西方垄断，为我国稀土工业作出了巨大贡献，被誉为"中国稀土之父". 稀土元素化学性质活泼，不易被还原为金属，相比其他常见元素，它们较晚才被发现. 稀土 17 种元素，从 1794 年发现钇元素到 1947 年科学家从铀裂变产物中分离得到最后一种钷元素历时 153 年. 钪和钇的电子层结构分别为 $1s^2 2s^2 2p^6 3s^2 3p^6 3d^1 4s^2$ （或 $[Ar]3d^1 4s^2$）和 $1s^2 2s^2 2p^6 3s^2 3p^6 3d^{10} 4s^2 4p^6 4d^1 5s^2$（或 $[Kr]4d^1 5s^2$）. 镧系原子的电子层结构为 $1s^2 2s^2 2p^6 3s^2 3p^6 3d^{10} 4s^2 4p^6 4d^{10} 4f^{0\sim14} 5s^2 5p^6 5d^{0\sim1} 6s^2$ （或$[Xe]4f^n 5d^m 6s^2$）. 稀土元素中，除了钪、钇、镧、镥四种元素之外，其他元素均含有未排满的 4f 电子层，对于稀土离子而言，$4f^n$ 组态是能量最低的组态，对于研究稀土离子非常重要. 由于特殊的 4f 电子构型，稀土元素在光、电、磁等方面具有独特性质，被誉为新材料的宝库. 美国国防部公布的 35 种高技术元素中就包含了除钷之外的 16 种稀土元素，而日本科技厅公布的 26 种高技术元素中，这 16 种稀土元素也在其中. 我国稀土资源丰富，约占世界已探明储量的 80%以上. 稀土发光材料广泛用于照明、显示、信息、传感、生物医学、农业和军事等领域，是高新技术发展的先导，对我国综合国力提升发挥着重要推动作用. 例如多种波段的固体激光器采用稀土离子作为激光介质；类太阳光谱的照明设备用于视力保护；荧光编码标签作为信息载体正应用于物联网体系的建设与发展；长余辉夜光材料正逐渐走进城市景观、文体设施、消防场所的使用中；荧光传感器用于安防、危险品检测等领域. 中东有石油，中国有稀土. 稀土是我国重要的战略资源，应加大科技创新工作力度.

从外界接受能量后，稀土离子中的电子从基态跃迁到激发态，然后再经激发态弛豫后返回基态的过程中以发光的形式放出能量，其发出光的波长由基态和激发态的能量差决定. 图 6.18 展示出了常见稀土离子的能级图. 电子在光学吸收跃迁中遵循一定规律，主要为自旋选择定则和宇称选择定则. 自旋选择定则是指电子在自旋多重度相同的能态之间的跃迁是被允许的. 当电子受到自旋-轨道耦合的影响时，自旋选择定则可以被解除. 能态有奇、偶宇称之分，若一个多重态的各个电子角动量量子数总和(L)为奇数，则称之为奇宇称，反之即为偶宇称. 宇称选择定则是指电偶极跃迁在宇称不同的能态之间才能发生. 一般来说，稀土离子的荧光光谱来自三种跃迁，分别是 f-f 跃迁、5d-4f 跃迁和电荷迁移态(charge transfer state，CTS)跃迁.

1) f-f 跃迁

由几个 4f 电子形成的能态，因为 L 不变，故宇称性都是一样的. 对于 4f 组态间的跃迁，根据宇称选择规则规定，电偶极跃迁是禁阻的，而磁偶极跃迁是允许的，因此在宇称选择规则未被破坏的情况下，光谱中只能观察到磁偶极跃迁. 例如磁偶极跃迁在自由稀土离子(RE^{3+})中经常发生，然而这种跃迁振子强度都比较弱(10^{-8})，与电偶极跃迁振子强度($10^{-8}\sim10^{-5}$)相比一般存在几个数量级的差别. 在晶体材料

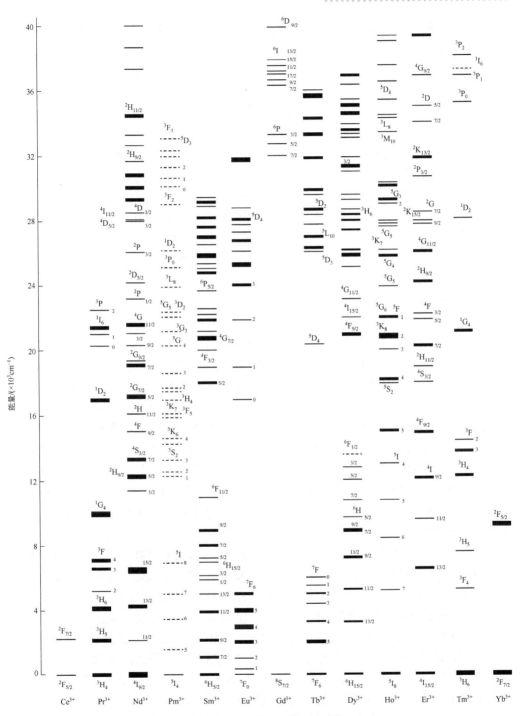

图 6.18 常见稀土离子能级图

中，当稀土离子占据偏离反演对称中心的格位时，晶体场展开式中会出现奇次项，从而使相反宇称的 5d 波函数混入 4f 波函数中，宇称禁阻可在一定程度上被解除，此时电偶极跃迁成为可能，因此，在光谱中不仅能看到磁偶极跃迁，也能观察到电偶极跃迁. 例如 Eu^{3+} 的 $^5D_0 \to {^7F_1}$ 跃迁即为磁偶极跃迁，该跃迁不受任何对称性的限制，在不同对称性下均有发射，与之对应的振子强度几乎不随 Eu^{3+} 的晶体场环境而变化. 而 Eu^{3+} 的 $^5D_0 \to {^7F_2}$ 跃迁属于电偶极跃迁，其发射强度明显依赖于 Eu^{3+} 所处的晶体场环境，该跃迁也称为超灵敏跃迁，能用来反估晶体场对称性. f-f 跃迁属于线状发射，单色性好，且激发态(亚稳态)的寿命比较长，发光衰减寿命一般是 $10^{-2} \sim 10^{-6}$ s，这是其用于激光材料的基础. 由于 4f 电子被外层电子屏蔽，故 f-f 跃迁受外界环境影响小，能级跃迁对应谱峰的位置相对固定，这给解释三价稀土离子激发和发射光谱提供了方便. 整体而言，属于 f-f 跃迁的发光材料特征有：基质变化对发射波长影响不大；光谱呈线状，受温度影响较小；浓度猝灭小；温度猝灭小；谱线丰富，覆盖紫外到红外区域.

2) 5d-4f 跃迁

该跃迁与 CTS 跃迁通常跟稀土离子电子壳层的填充情况有关. 一般而言，具有比全空或半充满的 f 壳层多一个或两个电子的离子易出现 $4f^n \to 4f^{n-1}5d^1$ 的跃迁，使稀土离子到达激发态，进而可观察到 $5d \to 4f$ 的荧光光谱. $Ce^{3+}(4f^1)$、$Pr^{3+}(4f^2)$、$Tb^{3+}(4f^8)$ 等是具有 $4f^n5d$ 电子配型的稀土离子，存在 5d-4f 跃迁. 例如由于自旋-轨道耦合效应，Ce^{3+} 离子 $4f^1$ 基会劈裂成 $^2F_{5/2}$ 和 $^2F_{7/2}$ 两个光谱支项，两个基态之间能级差约为 2000cm^{-1}. 在晶体场的影响下，Ce^{3+} 的 $5d^1$ 激发态会分裂成 $2 \sim 5$ 个组态，能级差最大可达到 15000cm^{-1}. 在 $5d \to 4f$ 的荧光发射中，电子一般从 $5d^1$ 激发态跃迁到 $4f^1$ 基态的两个能级，因此发射光谱表现出典型的双带峰形或者两个峰重叠而形成不对称宽带. Ce^{3+} 发射光谱通常集中在蓝光和近紫外光区域，但是根据 5d 层电子受晶体场的影响不同，Ce^{3+} 也会发射不同波段的可见光，如 YAG:Ce^{3+} 发射黄光，而 CaS:Ce^{3+} 发射红光.

另外，一些二价稀土离子也存在 5d-4f 跃迁，例如 $Eu^{2+}(4f^7)$，其 $5d \to 4f$ 跃迁类型是 $4f^65d \to 4f^7$ 跃迁，基态为 $4f^7$，而最低激发态为 $4f^65d$ 组态. 需要指出，Eu^{2+} 的电子能级跃迁会受到其内层电子构型的影响. 若其 $4f^7$ 层级属于最低激发态，则这种基态和激发态之间的跃迁为 f-f 禁戒跃迁；若 $4f^65d$ 层级充当最低激发态，则跃迁属于 f-d 允许跃迁. 一般而言，处于晶体中的 Eu^{2+} 的 $4f^65d$ 层级的能量比 $4f^7$ 层级低，所以发生 f-d 跃迁. 由于 5d 电子为最外层价电子，当 Eu^{2+} 与周围配体共价性增强或晶体场效应增强时，5d 能级会大幅度降低，使得光谱出现较大红移. Eu^{2+} 能实现从蓝光到红光的不同光色，从而满足不同领域应用.

稀土离子 $5d \to 4f$ 跃迁有两种过程，一种是从 5d 直接跃迁而发射荧光，例如 Ce^{3+}；另一种是从 5d 逐步衰减到 f 组态的激发态，而后再跃迁到基态而发射，例如 Tb^{3+}，

其从激发态 $4f^7 5d^1$，先衰减到 $4f^8$ 组态的 $^5D_3$ 或 $^5D_4$，然后再跃迁到基态辐射荧光. 稀土离子 5d 轨道在 6s 电子失去后就裸露在晶体场中，受到周围离子势场作用，能级跃迁具有较宽分布，激发和发射谱具有宽带特征，与 f-f 跃迁呈现窄带明显不同. 由于 5d 能级与 4f 能级差距比较大，故可以获得较大斯托克斯位移，从而能够降低自吸收效应，而且 5d→4f 跃迁属于宇称允许的跃迁，发光效率比 f-f 跃迁高很多. 研究表明，与 f-f 跃迁不同，5d→4f 跃迁衰减寿命处于纳秒级别，例如 Ce^{3+} 的 5d→4f 跃迁寿命就比较短，大约为几十纳秒. 而且，当发射光波长较长时，其寿命一般也较长，例如 CeF_3 的发射波长是 300nm，其寿命约为 20ns，而 YAG: Ce^{3+} 的发射波长为 550nm，其寿命约为 70ns. 在一些对时间分辨率要求高的高速显示器用荧光粉和闪烁体中，所用离子型发光中心都基于 5d→4f 跃迁实现. f-d 跃迁光谱特点主要有：基质晶体场对发光谱带位置影响严重；光谱为宽带；发射强度比 f-f 跃迁强；荧光寿命短.

3) CTS 跃迁

电子从配位体(例如氧和卤素等)充满的分子轨道迁移到稀土离子部分充满的 4f 壳层，从而在光谱中产生较宽的电荷迁移带. 发光材料中能否出现 CTS 取决于配位体和金属离子的氧化还原性. 在易氧化的配体和易还原为低价态离子的配合物中容易出现电荷跃迁带. CTS 跃迁属于允许跃迁，谱带位置受晶体场环境影响较大. 对于稀土基发光材料，由于 f-f 跃迁属于禁戒跃迁的窄带，强度较弱，不利于吸收激发能量，若能有效利用 CTS 吸收能量，并将能量传递给发光离子，则可以提高材料的发光效率. 具有 CTS 跃迁的稀土离子有 Eu^{3+}、Sm^{3+}、Tm^{3+}、Gd^{3+}、Ho^{3+}、Er^{3+}、Yb^{3+}、Ce^{3+}、Pr^{4+}、Tb^{4+}、Dy^{4+}、Nd^{4+}等.

CTS 跃迁和 f-d 跃迁一样，受晶体场环境的影响较大，二者主要区别如下：

(1)同种稀土离子的不同价态，f-d 跃迁随化合价的增加向高能方向移动，而 CTS 跃迁的吸收带则向低能方向移动. 因此，RE^{4+} 的最低吸收带是由 CTS 跃迁形成的，而 RE^{2+} 的最低吸收带则由 f-d 跃迁形成. 在八配位晶体中，RE^{4+}-O^{2-} 距离越大，电荷迁移带能量越低.

(2) CTS 跃迁吸收带比 f-d 跃迁更宽. 例如 f-d 跃迁吸收带的半高宽一般 $1000cm^{-1}$，而 CTS 带的半高宽较大，约为 $2000cm^{-1}$.

(3)低温环境下 f-d 跃迁吸收带具有精细结构，存在劈裂峰，而 CTS 带没有，这是由于 CTS 与晶体场的相互作用比 5d 态更强.

一般而言，易被氧化成 RE^{4+} 的 RE^{3+}，例如 Ce^{3+}、Pr^{3+}、Tb^{3+}，以及较稳定的 RE^{2+} 存在 f→d 跃迁；存在还原倾向的 RE^{3+} 和较稳定的 RE^{4+} 则存在 4f 组态到 CTS 的跃迁. 图 6.19 给出了 RE^{3+} 的氧化还原倾向规律.

2. 过渡族金属离子发光简介

从美国科学家梅曼(T. Maiman)获得第一束来自红宝石激光器的激光开始，人们

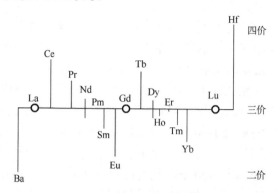

图 6.19　稀土离子的价态变化倾向

认识到过渡金属离子掺杂的晶体材料是一种优异的固体激光器增益介质. 随着科技的快速发展, 近年来, 过渡金属离子掺杂的光功能材料愈发受到研究人员的关注.

　　过渡金属元素是指元素周期表中 d 区的一系列金属元素, 由元素周期表中第四、五、六周期中 IB 至ⅦB 和Ⅷ元素组成, 其外层电子组态可标记为 $(k-1)d^{1\sim10}ks^{1\sim2}$. 同周期的过渡金属元素性质相近, 因此把过渡金属元素分为第一过渡系(第四周期)、第二过渡系(第五周期)、第三过渡系(第六周期)三个系列. 过渡金属离子是经常使用的一类发光激活剂. 过渡金属元素形成离子时通常先失去外层的 s 电子, 在某些情况下也会失去或得到一些 d 电子, 形成稳定的阳离子. 过渡金属离子拥有未满的 d 电子壳层, 电子组态为 $d^n(0<n<10)$, 其光学性质由这些电子跃迁决定. 表 6.2 给出了常见过渡金属离子的 d 电子数.

　　过渡金属离子 d 电子轨道半径较大, 且未被其他电子层屏蔽, 因此, 其与基质晶格之间的相互作用强, 原本的禁戒跃迁由于宇称相反电子组态向 d^n 组态内的混入使 d-d 跃迁成为可能. 在晶体场的影响下, 过渡金属离子的光谱既有窄带也有宽带. 过渡金属离子掺杂的物质一般会呈现鲜艳的颜色, 例如 Cr_2O_3 为绿色, $Al_2O_3:Cr^{3+}$(红宝石)为红色, 这些颜色是 Cr^{3+} 在不同晶体场下产生不同光吸收所致. 对于红宝石而言, Cr^{3+} 微量置换小半径 Al^{3+}, 而 Cr_2O_3 中的 Cr^{3+} 处于材料正常格点上. 相比 Cr_2O_3 中的 Cr^{3+}, 红宝石中 Cr^{3+} 会受到更大的晶体场作用(Cr^{3+}-O^{2-}平均间距变短), 致使红宝石的吸收光谱相比 Cr_2O_3 发生蓝移, 结果长波区域的红光透射出来, 因此材料呈现红色. 而 Cr_2O_3 的吸收处于长波段, 因此看到的是波长较短的绿色光透射出来. 晶体场的存在会导致过渡金属离子能级劈裂, 即晶场劈裂, 且晶体场越强劈裂越大. 由晶场劈裂引起的光学跃迁称为晶场光谱. 对于过渡金属离子而言, 晶体场的大小决定了吸收峰的位置. 综合来看, 晶体场对于过渡金属离子的作用主要有三个方面: ①使宇称选择定则部分解除; ②使离子能级劈裂; ③使简并度部分或全部消除. 过渡金属离子中心的跃迁, 在考虑晶场作用后, 仍可将过渡族金属离子掺杂材料中的光跃迁, 与过渡金属离子中心的能级关联起来, 在这个意义上说, 过渡金属离子中心也属于分立中心.

表 6.2　常见过渡金属离子以及相应的 d 电子数目

离子	Ti^{3+}, V^{4+}	V^{3+}, Cr^{4+}, Mn^{5+}	V^{2+}, Cr^{3+}, Mn^{4+}	Cr^{2+}, Mn^{3+}	Mn^{2+}, Fe^{3+}	Fe^{2+}, Co^{3+}	Fe^{+}, Co^{2+}, Ni^{3+}	Co^{+}, Ni^{2+}	Ni^{+}, Cu^{2+}
d 电子数	1	2	3	4	5	6	7	8	9

　　过渡金属离子的晶场能级是由田边(Tanabe)和菅野(Sugano)在考虑 d 电子和晶体场之间的相互作用条件下计算出来的. Tanabe-Sugano(TS)晶场能级图是过渡族金属离子能级的晶场劈裂 E 与晶场参数 Δ 之间的关系，其中 Δ 与金属离子和周围基质晶格离子之间的平均距离有关，代表晶场的大小. 一般而言，TS 图中最左侧横线对应自由离子的能级，对应 $\Delta=0$. 随 Δ 增加，在 $\Delta\neq0$(例如固体基质中)情况下，离子能级劈裂为两个或多个能级. TS 图中，最低能级即基态能级与 x 轴重合，自由离子的能级用 ^{2S+1}L 标记，其中 S 是总自旋量子数，L 代表总轨道角动量量子数. L 等于 0、1、2、3、4 时，对应用字母 S、P、D、F、G 表示. 这些能级的简并度是 $2L+1$，在晶体场作用下，可以发生退简并. 处于晶体场中的离子能级用 ^{2S+1}X 标记，其中 X 可表示为 A、E、T，分别对应非简并、二重简并和三重简并. 图 6.20(a)给出了八面体晶场中 $Ti^{3+}(d^1)$ 电子组态的 TS 能级. 对于 d^1 电子组态，从图中可以看到自由离子能级为 ^2D，其具有五重简并轨道，在八面体晶场中劈裂为两组能级，分别是 ^2E 和 $^2T_2$. d^1 电子组态能级是 Δ 的函数. 与该能级结构对应的唯一可能的光吸收即 $^2T_2\rightarrow{}^2E$，如图 6.20(b)所示，该吸收位于 $20000\,\mathrm{cm}^{-1}$($2.48\,\mathrm{eV}$)的可见光区，而紫外区的强吸收来自于电荷迁移态跃迁.

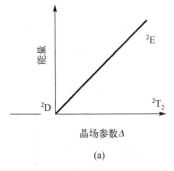
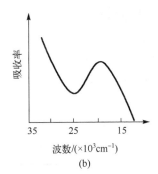

(a)　　　　　　　　　　　　　　(b)

图 6.20　过渡金属离子 Ti^{3+} 能级的晶场劈裂(a)和过渡金属离子 Ti^{3+} 离子在水溶液中的吸收光谱(b)

　　含有更多 d 电子的情况会更加复杂，但是根据选择定则可以预估相应电子组态的吸收光谱. Cr^{3+} 属于 d^3 电子组态，其晶场能级劈裂在图 6.21 中给出. 纵轴和横轴分别为能量 E 和晶场参数 Δ 除以电子间排斥参数 B. 自由离子能级在图用左侧横线表示，右边曲线为晶场劈裂能级(括号内为单电子晶场能级). 自由 Cr^{3+} 基态为 ^4F，处于八面体对称的晶场中时，^4F 劈裂成 $^4A_2$(基态)、$^4T_2$ 和 $^4T_1$ 三个晶场能级；激发态 ^4P 劈裂为 $^4T_1$，^2G 劈裂为 $^2E_2$、$^2T_1$ 和 $^2T_2$，^2F 劈裂为 $^2A_2$ 等.

按照自旋选择定则($\Delta S=0$)，从基态 $^4A_2$ 到激发态的跃迁即光吸收只能发生在自旋四重态的激发态能级中，因此，基态 $^4A_2$ 到 $^4T_2$、$^4T_1(F)$、$^4T_1(P)$ 的跃迁是允许的．事实上，在图 6.22 的吸收光谱中在低波数区域确实观察到了 3 个强度相对较低的吸收峰，之所以强度较低是受宇称禁戒的影响所致，而高波数区域的吸收来源于 CTS 跃迁．Cr^{3+} 自旋禁戒的光吸收一般需要借助高精密测试仪才能观察到．

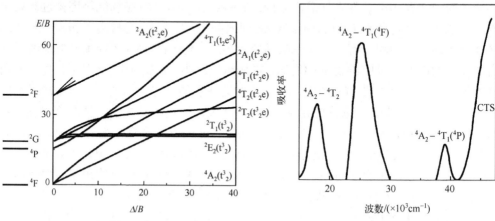

图 6.21 Cr^{3+}晶场能级劈裂 TS 图　　　　图 6.22 氧化物中 $Cr^{3+}(3d^3)$ 吸收光谱

红宝石中 Cr^{3+} 的晶场能级、吸收和发光光谱在图 6.23 中给出．在红宝石特定晶体场的影响下，Cr^{3+} 基态 ^4F 的晶场劈裂能级 $^4T_2$ 和 $^4T_1$ 比激发态 ^2G 的晶场劈裂能级 $^2E_2$、$^2T_1$ 高，因此最低晶场激发态能级为 $^2E_2$．红宝石对应的光辐射对应 $^2E_2 \rightarrow {}^4A_2$ 跃迁．实际上，由于晶体场以及自旋-轨道耦合作用的影响，$^2E_2$ 能级劈裂为间隔 $29cm^{-1}$ 的双重能级，因而所发射的红光包含两种波长十分靠近的成分，分别为 692.7nm 和 694.2nm，称为 R_1 和 R_2 红线．可以看出，以上跃迁是从自旋双重态到四重态，打破了自旋选择定则，这主要是由于自旋轨道耦合使自旋禁戒解除所致．$^2E_2$ 能级寿命较

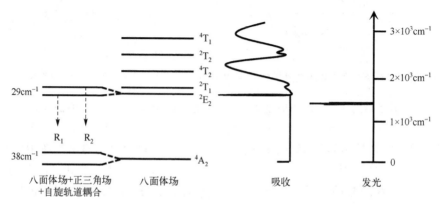

图 6.23 红宝石中 Cr^{3+}的晶场能级图与吸收和发射光谱

长，约为 5ms，长寿命使 $^2E_2$ 能级具备产生受激辐射的条件，由此第一台固体激光器得以实现. 我国第一台激光器也为红宝石型，于 1961 年 8 月在中国科学院长春光学精密机械研究所诞生. 虽然比国外同类型激光器的问世晚了近一年的时间，但在许多方面有自身的特色，特别是在激发方式上，比国外激光器具有更好的激发效率，这表明我国激光技术当时已达到世界先进水平.

6.2.5　J-O 理论与速率方程模型

本节对稀土离子发光常用理论模型进行介绍.

1. J-O 理论

贾德(Judd)和奥菲而特(Ofelt)在 1962 年分别独立发表了如何用理论来描述、预测稀土离子受激跃迁振子强度的研究工作. 这一理论经后来研究者的实验证实和理论发展，逐渐形成了一套关于稀土离子发光特性的理论体系，称之为 Judd-Ofelt 理论(简称 J-O 理论). 如今该理论已经成为一种常见的计算稀土离子能级辐射跃迁概率和强度的方法. Judd 和 Ofelt 假定由于某种非对称的作用使4f^{n}组态的态和具有相反宇称的态混杂，从而产生电偶极跃迁，并导出了 4f^n 组态电偶极跃迁强度的表达式. 该理论用于稀土离子在固体或溶液中 4f-4f 跃迁的光谱参数的计算. J-O 理论在稀土离子光谱参数的计算中具有十分重要的地位，是稀土光谱学的基础. 这也是目前为止，能够在一定精度内(误差在 10%～15%以内)定量计算稀土离子发光强度的唯一理论方法.

J-O 理论中用三个强度参数(称之为 J-O 参数)来表征稀土离子所处环境对其辐射跃迁概率的影响. 像两能级间的跃迁截面、辐射寿命、荧光分支比、量子效率等这些表示强度的参数都是十分重要的发光参数，J-O 理论给出了由跃迁概率计算这些参数的方法. 因此，了解和掌握 J-O 理论计算对研究稀土掺杂材料具有重要的意义.

假设 a、b 为离子的两个能态，由量子理论可知，它们之间相互作用的强度由下式表示：

$$S_{ab}=\sum_{i,j}|<b_j|D|a_i>|^2 \tag{6-23}$$

这里 D 为相互作用算符，求和符号是针对 a、b 两能态内所有 ij 组合. J-O 理论假设离子数在初能级 J 的子能级上均匀分布，所以对于电偶极跃迁强度式(6-23)可以简化成以下形式：

$$S_{JJ'}^{ed,th} = \sum_{\lambda=2,4,6} \Omega_\lambda |<S,L,J\|U^{(t)}\|S',L',J'>|^2 \tag{6-24}$$

其中 $S_{JJ'}^{ed,th}$ 表示理论计算的电偶极跃迁谱线强度. Ω_2、Ω_4，Ω_6 称为 J-O 强度参数，它们是三个经验参数，取决于基质材料的配位性，与 J 无关.$|<S,L,J|U^{(t)}|S',L',J'>|$为约化

矩阵元，其值可通过查表得到.

部分能级之间还存在磁偶极跃迁，对于磁偶极跃迁，谱线强度用下式表示：

$$S_{JJ'}^{md,th} = \frac{h^2}{16\pi^2 m^2 c^2} |< S,L,J \mid L+2S \mid S',L',J' >|^2 \tag{6-25}$$

磁偶极跃迁需满足法则：$\Delta S = \Delta L = 0$，$\Delta J = 0$、± 1. S、L 分别为能级初态的自旋角动量量子数和轨道角动量量子数；对不同的 J' 值，矩阵元 $< S,L,J \| L+2S \| S',L',J' >$ 具有不同的取值.

当 $J'=J-1$ 时，结果为 $\hbar\{[(S+L+1)^2 - J^2][J^2 - (L-S)^2]/(4J)\}^{1/2}$；

当 $J'=J$ 时，结果为 $\hbar\{(2J+1)/[4J(J+1)]\}^{1/2}[S(S+1) - L(L+1) + 3J(J+1)]$；

当 $J'=J+1$ 时，结果为 $\hbar\{[(S+J+1)^2 - (J+1)^2][(J+1)^2 - (L-S)^2]/4(J+1)]\}^{1/2}$.

电偶极振子强度与谱线强度关系为

$$f^{ed,th} = \frac{8\pi^2 mc}{3h(2J+1)\lambda} \frac{(n^2+2)^2}{9n} S_{JJ'}^{ed,th} \tag{6-26}$$

磁偶极振子强度与谱线强度关系为

$$f^{md,th} = \frac{8\pi^2 mc}{3h(2J+1)\lambda} n S_{JJ'}^{md,th} \tag{6-27}$$

稀土离子掺入非晶或者晶体基质以后，属于同一 J 值的斯塔克能级靠得很近，形成一个 J 簇能级. 通常两个 J 簇能级间的跃迁也会形成很多靠得很近的谱线（线簇），很难把每根单线全部清晰地分辨出来. 这时，可以只考虑计算线簇的总强度. 对于发光晶体或非晶玻璃材料，知道总强度就可以了. 指定线簇的吸收系数为

$$\Gamma = \int K(\lambda)\mathrm{d}\lambda = \frac{8\pi^2 e^2 N_0 \overline{\lambda}}{3hc(2J+1)} \left(\frac{(n^2+2)^2}{9n} S_{JJ'}^{ed,th} \right) \tag{6-28}$$

对于某些能级还需考虑磁偶极跃迁，此时吸收系数表示为

$$\Gamma = \int K(\lambda)\mathrm{d}\lambda = \frac{8\pi^2 e^2 N_0 \overline{\lambda}}{3hc(2J+1)} \left(\frac{(n^2+2)^2}{9n} S_{JJ'}^{ed,th} + n S_{JJ'}^{md,th} \right) \tag{6-29}$$

式中，Γ 为积分吸收系数；$K(\lambda)$ 为吸收系数；e 为电子电荷；N_0 为掺杂离子数密度；$\overline{\lambda}$ 为跃迁的平均波长；h、c 分别为普朗克常量和光速；n 为折射率；J 为能级量子数. 按照布格（Bouguer）规则，积分吸收系数表达式如下：

$$\Gamma = \int K(\lambda)\mathrm{d}\lambda = \int \frac{\lg(I_0/I)}{l \times \lg e}\mathrm{d}\lambda \tag{6-30}$$

式中，l 为样品厚度；I_0 表示入射光强；I 为透射光强.

利用式（6-28）、（6-29）和（6-30），可以由实验测得的吸收谱计算得到实验谱线发

射强度 $S_{JJ'}^{ed,ex}$，然后带入式(6-24)拟合得到相应的 Ω 值.

进一步得到以下强度参数结果：

自发辐射概率($J \to J'$)

$$A_{JJ'} = \frac{64\pi^2 e^2 \nu^3}{3h(2J+1)} \left(\frac{n(n^2+2)^2}{9} S_{JJ'}^{ed} + n^3 S_{JJ'}^{md} \right) \tag{6-31}$$

寿命

$$\tau_J = \frac{1}{\sum\limits_{J'} A_{JJ'}} \tag{6-32}$$

荧光分支比

$$\beta = A_{JJ'}\tau \tag{6-33}$$

积分发射截面

$$\sigma = \sum_{JJ'} \frac{\lambda^2}{8\pi n^2 c} A_{JJ'} \tag{6-34}$$

根据 J-O 理论公式编写相应的计算程序，结合实验测得的吸收谱以及样品的结构参数(折射率、厚度等)可以计算得到以上光谱参数. 实际计算时可以先根据吸收谱求出实验总振子强度，再对个别较强的磁偶极跃迁根据跃迁定则和取值方法确认磁偶极振子强度，然后得到实验电偶极跃迁振子强度和实验电偶极跃迁谱线强度. 利用实验电偶极跃迁谱线强度进行拟合得到方差最小的 Ω 值，代回到理论电偶极跃迁谱线强度计算式中，最后可求得与之相关的其他强度参数.

2. 速率方程模型

速率方程模型通常用于分析稀土离子上转换发光. 它建立的是由于各种相互作用过程而产生的稀土离子状态随时间变化的方程组模型.

格兰特(Grant)速率方程模型假设所有发光中心均匀地分布在基质晶格中，同类离子所处的环境相同、受激发条件相同，因此发光是所有离子的集体响应. Grant 速率方程模型无法解释敏化剂之间的能量迁移带来的影响，而这种现象在高浓度敏化剂离子掺杂的系统中非常常见. 祖边科(Zubenko)扩展了 Grant 模型，认为激发态密度随时间的变化可以通过将 Grant 模型中与时间无关的能量传递系数替换为祖斯曼(Zusman)非线性猝灭速率常数进行描述.

尽管并不完美，但是 Grant 速率方程模型仍可以用来分析很多上转换发光中的现象，所以广泛用于上转换发光的理论解释中. 在这个模型中，通过建立一组包括所有发光中心能级粒子数密度随时间变化与各发光过程关系的方程组来解析系统的

荧光强度、荧光寿命等光学特征. 对于其中某个能级, 其典型的微分方程具有以下形式:

$$\frac{dN_i}{dt} = \sum 布居速率 - \sum 退布居速率 = \sum_j N_j(A_{ji}^{ED} + A_{ji}^{MD}) + N_{i+1}W_{i+1,i}^{NR} + \sum_{ij,kl} N_j N_l C_{ji,lk}^{ET}$$
$$- \sum_j N_j(A_{ij}^{ED} + A_{ij}^{MD}) - N_i W_{i,i-1}^{NR} - \sum_{ij,kl} N_i N_k C_{ij,kl}^{ET}$$

(6-35)

其中, A_{ij}^{ED} 和 A_{ij}^{MD} 指的是从能级 i 到 j 的电偶极辐射跃迁和磁偶极辐射跃迁的爱因斯坦系数; $W_{i,i-1}^{NR}$ 指的是从能级 i 到 $i-1$ 的非辐射跃迁速率; $C_{ij,kl}^{ET}$ 指的是敏化剂从 $i \to j$ 和激活剂从 $k \to l$ 变化的能量传递系数.

对于整个发光系统, 需要建立包含所有能级的微分方程组, 通过编写计算程序或借助软件, 并对一些参数赋值后可求解得到发光强度、荧光寿命等. 诚然, 方程组中所涉及的多种系数很难直接获得准确的数值, 但是利用速率方程模型在一定范围内预测某个发光峰强度或寿命的相对大小是可行的. 近些年, 研究者发现速率方程中理论辐射发光速率与实验观测到的辐射发光速率之间存在较明显差异, 对发光过程的理解带来新的认知, 同时也对速率方程描述发光过程的契合度提出了新的挑战, 因此未来需要更多的优化速率方程模型方面的研究工作.

6.3　典型的发光材料及应用

6.3.1　荧光灯用光致发光材料

1. 荧光灯的结构及工作原理

荧光灯的基本结构包括灯管、镇流器和启辉器等主要部件. 灯管内壁涂有均匀的发光材料, 玻璃管内抽真空后注入气压很低的汞蒸气, 并充入一定压力的惰性气体——氩气.

荧光灯工作时的电路图如图 6.24 所示, 启辉器是充有氖气的辉光放电管, 放电管包括一个双金属片电极和一个固定电极. 接通电源后, 灯管尚未放电, 氖管中产生辉光放电加热使双金属片电极和固定电极接通, 电流通过镇流器流过灯丝, 使灯丝加热并发射出大量的电子. 同时, 启辉器的两个电极接通后辉光放电随即停止, 双金属片电极也因冷却而断开, 而镇流器在电路被切断瞬间会产生很高的自感电动势, 使灯管两端的电压升到 800V 以上, 处于低电势的灯丝发射热电子向高电势端加速运动, 与管内的惰性气体 Ar 发生碰撞, 管内形成稳定的电弧放电, 汞原子被激发, 发射以 254nm 为主的紫外光, 从而激发灯管内壁的发光材料涂层, 产生光辐射.

荧光灯的电能主要转化为紫外光和少量可见光辐射及热能，其中约 70%的电能转化成紫外光，3%的电能直接转化为可见光，其余大部分电能转化为热能损失.

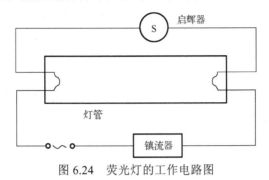

图 6.24　荧光灯的工作电路图

2. 荧光灯用光致发光材料的基本性能要求

优异的荧光灯用光致发光材料应具有以下特点：

(1)具有高的发光量子效率，能高效地吸收 254nm 紫外光，并有效地把其转换为可见光.

(2)在可见光波长范围内具有合适的发射光谱，同时具有适宜的色坐标和良好的显色性.

(3)具有优异的温度特性. 在荧光灯的制作过程中要经过 600℃左右的烤管工艺处理，在荧光灯工作过程中，紧凑型荧光灯的工作温度可达 150℃，所以发光材料应具有良好的热稳定性和热猝灭特性.

(4)具有良好的颗粒特性和分散性，颗粒应具有适中的中心粒径(颗粒粗细是影响发光材料发光强度的一个重要因素)；粒度分布要集中，超大颗粒和超细颗粒的比例要小；具有合适的比表面积(与上管率、发光性能及光衰特性有关).

3. 几种典型的荧光灯用光致发光材料

本节主要介绍在现实生活中应用的稀土三基色发光材料.

1)蓝色荧光粉

铝酸盐是主要用于三基色荧光灯的蓝色成分，典型铝酸盐蓝粉有两种，主要区别在于一种是单掺 Eu^{2+}，另一种是双掺 Eu^{2+} 和 Mn^{2+}，其化学式分别为 $BaMgAl_{10}O_{17}:Eu^{2+}$ 和 $BaMgAl_{10}O_{17}:Eu^{2+}, Mn^{2+}$(分别简写为 BAM:Eu 和 BAM:Eu, Mn)，通常称为单峰蓝(BAM:Eu)和双峰蓝(BAM:Eu, Mn).

BAM 蓝色荧光粉颗粒的外观呈六角形白色晶体，化学性质稳定，不溶于酸和水，基质 BAM 具有 β-Al_2O_3 型结构，由紧密堆积的尖晶石基块($MgAl_{10}O_{16}$)和平面结构的镜面层(BaO)组成，属 $P6_3/mmc$ 空间群. BAM:Eu 和 BAM:Eu, Mn 的激发光谱和发射光谱如图 6.25(a) 所示，主要由宽带峰构成. BAM:Eu 是以 Eu^{2+} 作为发光中心，在 254nm 的激发下，呈现出峰位在 450nm 左右的带状发射，属于 Eu^{2+} 的 $4f^6 5d \rightarrow 4f^7$ 宽带允许跃迁发射，由于涉及 5d 轨道上电子的跃迁，光谱的性质受晶体场影响较大. 在 450nm 波长监测下，BAM:Eu 的激发光谱是峰位位于 273nm 和 304nm 左右的宽带，属于 Eu^{2+} 的 $4f \rightarrow 5d$ 跃迁吸收带.

双峰蓝粉 BAM:Eu, Mn 是在 BAM:Eu 的基础上引入了 Mn^{2+}，主要作用是提高显色性能，但它们的晶体结构是一样的，BAM:Eu, Mn 的激发光谱和发射光谱如图 6.25(b) 所示，BAM:Eu, Mn 的发射光谱包含 Eu^{2+} 的 450nm 的主峰和 Mn^{2+} 的 515nm 的蓝绿光峰，在 254nm 激发下，产生 Eu^{2+} 发射的同时，一部分能量传递给 Mn^{2+}，从而产生 Mn^{2+} 发射，所以增加 Mn^{2+} 的浓度，Eu^{2+} 的发光强度会减弱. 在实际应用中，为了调整双峰蓝粉的色坐标，通常还会用 Sr^{2+} 取代一部分 Ba^{2+}，引入 Sr^{2+} 后由于晶格的变形，Eu^{2+} 的发射峰将向长波方向偏移，当 Ba^{2+} 格位全部被 Sr^{2+} 取代时，发射峰将偏移到 465nm 左右. 双峰蓝粉 BAM:Eu, Mn 的显色指数一般大于 80，但其亮度低于单峰蓝粉 BAM:Eu.

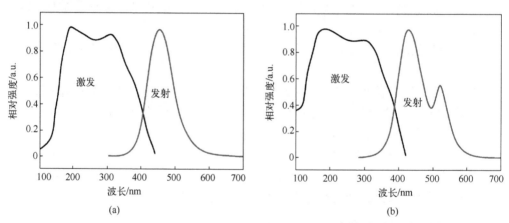

图 6.25 $BaMgAl_{10}O_{17}:Eu^{2+}$ (a) 和 $BaMgAl_{10}O_{17}:Eu^{2+}, Mn^{2+}$ (b) 的激发和发射光谱

2) 绿色荧光粉

铝酸盐 $(Ce,Tb)MgAl_{11}O_{19}$ (CAT) 是广泛用于稀土三基色荧光灯的绿色荧光粉. 由于 Tb^{3+} 特殊的外电子层结构，含 Tb^{3+} 的大部分发光材料的发射主峰基本位于 540nm 左右，它是非常好的发射绿光的激活剂. 对于该荧光粉，通常 Ce^{3+} 与 Tb^{3+} 物质的量之比为 2:1 时性能最佳，即常用的化学式为 $(Ce_{0.67}Tb_{0.33})MgAl_{11}O_{19}$. CAT 绿粉为六方点阵，类似于磁铅矿化合物 $PbFe_{12}O_{19}$ 的结构. 这类磁铅矿中，Pb^{2+} 可全部被三价 Ce^{3+} 取代，Fe^{3+} 被 Al^{3+} 和 Mg^{2+} 取代，而 Mg^{2+} 起电荷补偿作用，从而形成 $CeMgAl_{11}O_{19}$ 化合物. 这种化合物是由尖晶石 $(MgAl_2O_4)$ 方块和镜面组成，两者间隔堆垛成一种层状结构.

CAT 的激发光谱和发射光谱如图 6.26 所示，激发光谱是一个宽广的激发带，这是属于 Ce^{3+} 的吸收带而不是 Tb^{3+} 的吸收带. 在 254nm 激发下，主要发射峰位于 487nm、545nm、585nm 和 624nm 处，它们分别来自 Tb^{3+} 的 $^5D_4 \rightarrow {}^7F_J$($J=6$, 5, 4, 3) 跃迁，由于 545nm 发射峰最强，CAT 荧光粉显绿色.

CAT 是以 $LaMgAl_{11}O_{19}$ 体系为基质，掺杂 Ce^{3+} 与 Tb^{3+}，并研究两种离子的发光性质和能量传递时发现的. $LaMgAl_{11}O_{19}$:Ce^{3+} 是一种非常高效的紫外发射荧光粉，它在 220～300nm 之间具有很强的吸收带，而发射峰位于 330～400nm，其量子效率可达 65%，且几乎没有浓度猝灭. 而 Tb^{3+} 的吸收带刚好位于 330～400nm，与 Ce^{3+} 的发射谱很好地重叠，若同一基质共掺 Ce^{3+} 和 Tb^{3+}，可以发生偶极子-四极子的耦合作用，将 Ce^{3+} 所吸收的能量传递给 Tb^{3+}，从而产生高效的绿光发射.

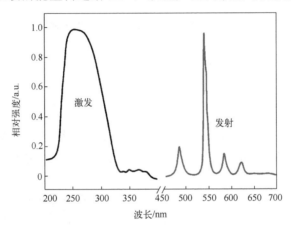

图 6.26 CAT 的激发和发射光谱

3) 红色荧光粉

氧化钇掺铕(Y_2O_3:Eu^{3+}) 是目前主要的商用红色荧光粉，可产生量子效率接近 100% 的高效发光，且具有较好的色纯度和光衰特性. Y_2O_3:Eu^{3+} 属立方晶系，晶格中存在 C_2 和 S_6 两种对称性不同的格位，其中 S_6 格位具有反演对称性，Eu^{3+} 取代 Y^{3+} 分别占据这两种格位.

Y_2O_3:Eu^{3+} 的激发光谱和发射光谱如图 6.27 所示，可见 Y_2O_3:Eu 的吸收主要发生在 300nm 以下的短波紫外区域，宽带主峰位于 240nm 左右，属于 O^{2-} 的 $2p \rightarrow Eu^{3+}$ 电荷迁移态激发，Y_2O_3:Eu^{3+} 可有效吸收汞的 254nm 辐射，产生高效发光. Y_2O_3:Eu^{3+} 呈现出 Eu^{3+} 的典型特征发射，最大峰值波长在 611nm，对应于 Eu^{3+} 的 $^5D_0 \rightarrow {}^7F_2$ 跃迁. 一般认为 75% 的 Eu^{3+} 占据对称性较低的 C_2 格位，发生 $^5D_0 \rightarrow {}^7F_2$ 允许电偶极跃迁，由于这种跃迁属于超灵敏跃迁，因而能够根据其发光材料判断 Eu^{3+} 周围环境的对称性；剩余少数 Eu^{3+} 占据具有反演对称中心的 S_6 格位，并发生磁偶极跃迁，是禁戒的，因此发光峰位在 595nm 附近的橙光发射较弱.

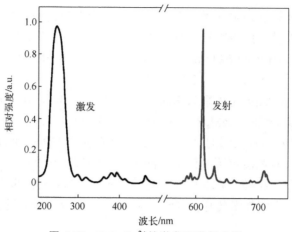

图 6.27　Y_2O_3:Eu^{3+}的激发和发射光谱

第四代光源
——白光 LED

6.3.2　白光 LED 用光致发光材料

1. 白光 LED 简介

2014 年，诺贝尔物理学奖授予日本和美国的三位科学家，以表彰他们在高效率蓝色发光二极管(light emitting diode, LED)方面的突出贡献,他们的工作使明亮节能的白光 LED 光源成为可能.

LED 是一种可以将电能转化为光能的半导体固态发光器件，其主要原理是通过半导体中的载流子发生复合，放出过剩的能量而引起光子发射产生可见光. 早在 1907 年，朗德(H. J. Round)就在具有肖特基二极管结构的 SiC 晶体上观察到了电致发光现象. 1962 年,美国通用公司利用半导体材料 GaAsP 研制出第一批发光二极管，但它的发光效率很低，而且成本很高. 此后，GaAs/GaP 基 LED 相继问世，实现了红、黄、绿、橙色多种颜色的发光，但发光亮度较低. 1993 年，日本日亚(Nichia)公司基于氮化物材料的研究取得重大突破，开发了高亮度的 GaN 蓝光 LED，随后，他们又基于 InGaN 材料制备了高亮度的紫外、蓝、绿色 LED，基于 AlGaInP 材料制备了高亮度的黄、红色 LED. 直到 1996 年，由日本日亚(Nichia)公司成功开发出荧光粉转换白光 LED. 近几年来，随着人们对半导体发光材料研究的不断深入、LED 制造工艺的不断进步和新材料的开发和应用，各种颜色的超高亮度 LED 研究取得了突破性进展，其发光效率提高了近 1000 倍，色度方面已实现了可见光波段的所有颜色，其中最重要的是超高亮度白光 LED 被广泛认为是继白炽灯、荧光灯、气体放电灯之后的第四代照明光源. 与传统光源相比，白光 LED 具有许多的优越性，具体体现在以下几点：

(1)发光效率高，耗电量小，更加节约能源.

(2)性能可靠，使用寿命长，在合适的电流与电压下，使用寿命可达 6 万～10 万小时，是传统光源寿命的 10 倍以上.

(3)响应时间短，白炽灯的响应时间是毫秒级，LED 灯为纳秒级.

(4)安全环保，工作电压低，安全性高，且在生产过程中不涉及汞等有毒物质，是一种绿色光源.

(5)体积小，布灯灵活，可制成可绕式或阵列式元件，造型设计多样化.

(6)发光无闪烁，且显色指数超过了 80，显色性能明显优于传统光源.

2.　白光 LED 的发光原理

LED 的结构和发光原理如图 6.28 所示，基本结构的核心部分是一个半导体芯片. 半导体芯片由 p 型半导体和 n 型半导体两部分组成，p 型半导体中空穴占主导地位，n 型半导体中电子占主导地位. 当这两种半导体被连接，它们之间便形成一个 pn 结. 芯片的两端分别为其正负极，负极端附着于一个支架上，正极端连接电源，整个芯片用环氧树脂封装保护. 当向芯片施加正向电压，从 p 区注入到 n 区的空穴和由 n 区注入到 p 区的电子，在 pn 结附近数微米内分别与 n 区的电子和 p 区的空穴复合，电子–空穴一经复合，就会以光子的形式释放能量，从而辐射发光，这就是 LED 的工作原理. 加载的正向电流的大小决定 LED 的发光强弱，而发出光的颜色是由形成 pn 结的材料结构决定的.

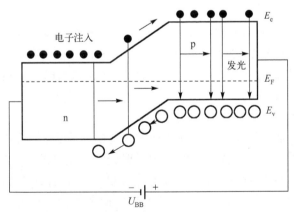

图 6.28　LED 的结构与发光原理示意图

LED 的发光机理决定它不可能实现单一芯片的连续光谱白光发射，所以须通过多种芯片组合或芯片与荧光粉组合获得白光，目前实现白光 LED 的技术途径主要有三种：

(1)多芯片组合法，即由红、绿、蓝三基色 LED 组合成白光 LED，这种方案利用了空间混色原理，可控制不同光的比例，从而得到所需白光，由于白光完全来自芯片本身, 使得光转换效率很高, 显色指数 R_a 可达到 95 以上, 这种方案虽然易于制备, 光转换效率高, 但因为需要三种芯片, 会极大增加其成本, 而且不同芯片随时间和温度的变化, 其驱动电压、热稳定性和光衰都会出现差异, 从而限制了它的广泛应用.

(2)荧光粉光转换法, 即在芯片上涂覆相应的荧光粉来实现白光发射, 这是目前应用最广泛, 成本最低, 工艺最成熟的生产方式. 它主要有两种方式, 一种是将可被蓝光激发的黄色荧光粉涂覆在蓝光 LED 芯片上, 例如, 现已商品化的白光 LED 是在 InGaN 基蓝光 LED 芯片上涂覆 Ce^{3+} 激活的钇铝石榴石黄色荧光粉 $Y_3Al_5O_{12}:Ce^{3+}$(YAG:Ce^{3+}), 通过混合 LED 芯片的蓝光及其激发荧光粉发射的黄光而获得白光发射. 这种方式成本低, 工艺简单, 技术成熟, 驱动电路简单, 是目前商用白光 LED 的主流制作方式. 另一种是将可被(近)紫外激发的荧光粉涂覆在(近)紫外 LED 芯片上. 例如, 直接混合可被(近)紫外 LED 芯片(λ_{em}=350~410 nm)激发的红、绿、蓝三基色荧光粉, 来获得高显色指数、低色温的暖白光 LED. 荧光粉光转换法已经大量商业化, 是目前获得白光 LED 的主要途径.

(3)多量子阱法, 通过调节 InGaN 芯片的量子阱结构实现白光发射. 在芯片的发光层生长过程中掺入不同的元素形成多种量子阱, 通过这些量子阱发出的光子混合获得白光, 该项技术目前尚未成熟, 仍不稳定.

3. 几种典型的白光 LED 用发光材料

白光 LED 凭借其优异性能已成为大力发展的绿色光源, 伴随白光 LED 照明商用化的快速发展, 白光 LED 荧光粉的市场需求逐步加大, 并不断更新换代, 目前, 白光 LED 用荧光粉主要包括物理化学性质稳定的铝酸盐(aluminate)、硅酸盐(silicate)及氮化物(nitride).

1)铝酸盐荧光粉

铝酸盐荧光粉是一类物理化学性质非常稳定的化合物, 是近年来白光 LED 产业最常用的原料体系, 它具有较宽的激发和发射光谱、较高的量子转换效率、良好的显色性以及温和的合成条件等诸多显著优势. 以钇铝石榴石($Y_3Al_5O_{12}$, YAG)为基质的 YAG:Ce^{3+} 荧光粉是目前应用最广泛的铝酸盐荧光粉, YAG:Ce^{3+} 荧光粉是于 20 世纪 70 年代兴起的, 具有优异而稳定的发光性能和良好的信赖性, 与此同时该类荧光粉的生产工艺相对固定, 易于合成, 且原材料价格也相对便宜, 是最典型的黄色荧光粉. $Y_3Al_5O_{12}$ 晶体的价带与导带的能隙与紫外光的能量相当, 因而其本身无法被可见光激发, 也不吸收可见光, 粉体颜色为白色; 但在掺杂 Ce^{3+} 后, 粉体变成亮黄色, 在蓝光激发下产生 Ce^{3+} 的宽带黄光发射.

YAG:Ce^{3+} 的激发光谱和发射光谱如图 6.29 所示, YAG:Ce^{3+} 荧光粉以 Ce^{3+} 为激活离子, 其激发光谱包括两个峰, 分别位于近紫外 340nm 和可见光区 467nm 附近,其中可见光区 467nm 为强激发峰. 这是由于 Ce^{3+} 在可见光区域能够发生 4f-5d 的激发跃迁, Ce^{3+} 基态 4f 能级由于自旋轨道耦合而劈裂为两个光谱支项 $^2F_{5/2}$ 和 $^2F_{7/2}$, 两个能级的能量差约为 $2000cm^{-1}$, 因此其激发光谱呈现典型的双峰特征. 其中 340nm 的弱激发峰对应于 $^2F_{5/2} \rightarrow {}^5D$ 的跃迁, 而 467nm 的强激发峰对应于 $^2F_{7/2} \rightarrow {}^5D$ 的跃迁.

在 467nm 激发下, $YAG:Ce^{3+}$ 的发射光谱为可见光区内的宽谱, 最强发射峰位于 528nm 附近, 为黄光发射, 属于 Ce^{3+} 的 5d-4f 特征跃迁发射, 可以与高效蓝光 LED 芯片匹配复合产生白光, 如图 6.30 所示.

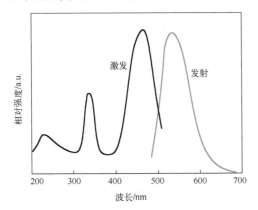

图 6.29　$YAG:Ce^{3+}$ 的激发和发射光谱

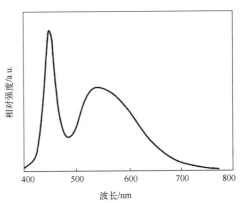

图 6.30　蓝光 LED 与 YAG 荧光粉复合白光 LED 发射光谱

2) 硅酸盐荧光粉

$Sr_2SiO_4:Eu^{2+}$ 是典型的商用硅酸盐荧光粉, 对于 Sr_2SiO_4 结构, 高温时为 α 相, 低温时为 β 相, 实用荧光粉属于正交晶系的 α 相. $Sr_2SiO_4:Eu^{2+}$ 结构中存在晶体场较弱的 Sr(1) 和晶体场较强的 Sr(2) 两种格位, Eu^{2+} 占据 Sr(1) 格位会发蓝绿光, 占据 Sr(2) 格位会发黄光. 随着 Eu^{2+} 掺杂浓度的增大, $Sr_2SiO_4:Eu^{2+}$ 荧光粉中两个不同格位的 Eu^{2+} 会进行能量传递, 使得晶体场较强的 Eu(2) 起主导作用, 即 $Sr_2SiO_4:Eu^{2+}$ 的黄光发射逐渐增强而蓝绿光发射逐渐减弱. 图 6.31 是在 GaN 近紫外 LED 芯片上涂覆 $Sr_2SiO_4:Eu^{2+}$ 荧光粉的光谱图, 其色坐标为 (0.39, 0.41), 显色指数可达 68.

虽然 $Sr_2SiO_4:Eu^{2+}$ 荧光粉对 400nm 左右的近紫外发射吸收很好, 但是对更高效的 460nm 附近的蓝光发射的吸收效果并不好. 化学取代是人们改善已知化合物发光性质的一种重要方法, 研究人员通过利用 Ba、Ca、Mg 取代部分 Sr 对其进行调控, 显著提高了该荧光粉对蓝光的吸收效率, 并发现几种可与蓝光 LED 匹配的黄绿光荧光粉.

3) 氮化物荧光粉

$M_2Si_5N_8$ (M=Ca, Sr, Ba) 属于典型的氮化物基质, $Ca_2Si_5N_8$ 属单斜晶系, $Sr_2Si_5N_8$ 和 $Ba_2Si_5N_8$ 均为正交晶系, $M_2Si_5N_8$ (M=Ca, Sr, Ba) 是由 SiN_4 四面体构成的三维网状

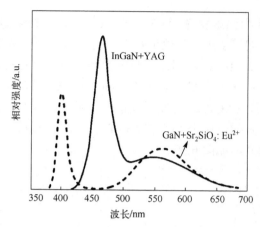

图 6.31　GaN+Sr$_2$SiO$_4$:Eu^{2+}与 InGaN+YAG 的复合光谱图

结构，晶胞中一半的氮原子与 2 个紧邻的硅原子相连，另一半的氮原子与 3 个紧邻的硅原子连接. Ca$_2$Si$_5$N$_8$ 结构中，每个 Ca 原子的配位数为 7，而在 Sr$_2$Si$_5$N$_8$ 和 Ba$_2$Si$_5$N$_8$ 结构中，Sr 和 Ba 的配位数分别为 8 和 9，碱土金属原子与氮原子的平均键长约为 0.288nm. M_2Si$_5$N$_8$(M=Ca, Sr, Ba) 荧光粉为宽带发射，发射光谱位于 570~680nm 范围内，对应于 Eu^{2+}的 5d-4f 跃迁，M_2Si$_5$N$_8$ 体系的发射光谱与碱土金属有关，由于晶体场强度与配位多面体的正负离子的距离成反比，随着碱土金属离子半径的增大，晶体场强度逐渐减小，因而发射波长会产生红移. 图 6.32 为 Ca$_2$Si$_5$N$_8$:Eu^{2+}的激发和发射光谱.

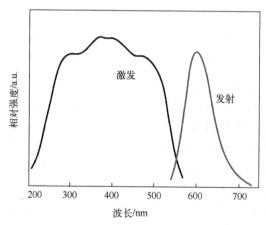

图 6.32　Ca$_2$Si$_5$N$_8$:Eu^{2+}的激发和发射光谱

6.3.3　长余辉发光材料

　　长余辉发光材料是一种能够将吸收的外界光辐照(如日光或长波紫外线)能量存

储起来，激发源关闭后可将存储的能量以光的形式缓慢释放出来的材料. 长余辉发光材料又被称为储光型发光材料.

1. 长余辉发光材料的发光机理

一般人们认为长余辉发光材料的发光过程是：首先，基质晶格或激活剂离子吸收可见光或紫外线等其他辐照射线；然后将吸收的能量以其他形式储存起来；激活剂离子获得能量，将其外层电子从基态激发至激发态；电子从激发态跃迁至基态同时产生激活剂离子的特征发射.

长余辉发光属于复合发光，发光中心(激活剂离子)的外层电子被激发进入导带形成光电导，此即能量吸收过程. 将发光中心引入基质晶格时，会在禁带中产生一些杂质中心能级，被激发的电子在导带中运动，可被杂质形成的陷阱中心俘获，此即能量储存过程. 陷阱中心可分为两种：一种是受主缺陷形成的负电中心，对应于空穴陷阱；另一种是施主缺陷形成的正电中心，对应于电子陷阱. 被储存的电子和空穴发生湮灭从而把能量传递给发光中心，获得能量的发光中心将电子从激发态跃迁至基态从而产生激活剂离子的特征发射，此即能量传递过程. 以下重点介绍三种典型的长余辉发光机理模型.

1) 空穴转移模型

空穴转移模型是由松泽(T. Matsuzawa)等提出的，利用类似半导体的发光理论来说明长余辉现象，我们以 $CaAl_2O_4$:Eu^{2+}, Dy^{3+}长余辉发光材料为例来介绍，图 6.33 所示为 $CaAl_2O_4$ 基空穴转移模型，引入 Eu^{2+} 和 Dy^{3+} 使得基质晶格中产生缺陷，形成不同深度的陷阱能级 $CaAl_2O_4$:Eu^{2+}, Dy^{3+}发光材料在紫外光或可见光的照射下，电子从 Eu^{2+} 的基态 4f 能级向 5d 能级跃迁的同时在价带中产生空穴，一部分空穴与 Eu^+ 复合而发光；另一部分空穴通过价带迁移，被掺入的 Dy^{3+} 捕获. 停止激发后，Dy^{3+} 捕获的空穴在热扰动下缓慢释放并再次复合发光形成余辉，进而延长发光时间. 这就是空穴转移模型. 目前此机理的不足之处在于没有证据证明在基质中存在过渡态的 Eu^+ 和 Dy^{4+}.

2) 位形坐标模型

苏锵等人提出位形坐标模型来解释长余辉发光机理. 如图 6.34 所示，A 与 B 分别是 Eu^{2+} 的基态和激发态，C 是缺陷能级，它是俘获电子的陷阱，主要由掺入的离子如 RE^{3+} 取代 M^{2+} 时产生空穴或基质本身存在氧离子空位. 缺陷能级 C 可以捕获电子或空穴，长余辉发光是陷阱能级 C 中被捕获的电子或空穴在热激活下与空穴或电子复合而发光.

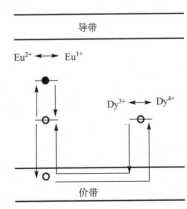

图 6.33　$CaAl_2O_4$基空穴转移模型

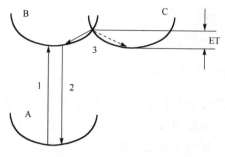

图 6.34　位形坐标模型

首先，电子受激发从基态跃迁到激发态(过程 1)后，一部分电子跃迁回基态而发光(过程 2)，另一部分电子通过弛豫过程储存在缺陷能级 C 中(过程 3). 当缺陷能级 C 中的电子吸收能量后，重新受激回到激发态能级 B，然后跃迁回基态 A 而发光，此过程即为余辉发光过程. 缺陷能级中的电子数量越多，余辉时间越长；吸收的能量越多，电子越容易克服缺陷能级与激发能级之间的能量势垒(ET)，从而产生持续发光.

3)能量传递模型

艾塔萨洛(Aitasalo)等人提出能量传递模型来解释 $CaAl_2O_4$: Eu^{2+}, Dy^{3+} 和 $CaAl_2O_4$: Eu^{2+} 的长余辉发光现象，如图 6.35 所示. 他们认为晶体中的空穴陷阱和电子陷阱及 Eu^{2+} 通过静电引力相互作用构成缺陷系统，由于导带的能量较高，来自发光中心 Eu^{2+} 激发态 $4f^65d^1$ 的电子很难被激发到导带，只能在该缺陷系统中进行跃迁. 发光中心 Eu^{2+} 通过电子和空穴复合获得足够的能量而发光. 此发光机理模型认为价带和导带之间存在不同的缺陷能级，处于能量较低的缺陷能级的受激发电子通过吸收多个光子的能量跃迁到能量较高的缺陷能级，并将能量传递给发光中心.

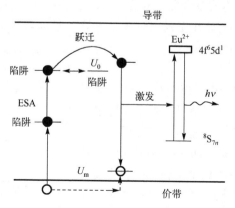

图 6.35　能量传递模型

2. 长余辉发光材料的分类

按照发光材料基质的不同，长余辉发光材料主要分为硫化物体系、碱土铝酸盐体系、硅酸盐体系等.

1) 硫化物长余辉发光材料

典型的硫化物长余辉材料主要包括碱土金属硫化物和过渡元素硫化物. 人们对硫化物长余辉发光材料进行了长期的研究，最初在 ZnS:Cu 中加入少量放射性物质，研究者发现具有持续发光的性能，后来黄绿色发光的 ZnS:Cu 因为发光亮度最高而受到重视并且进一步用于工业生产. 通过加入 Co、Er 等对 ZnS:Cu 的长余辉发光性质逐步改善，使得其余辉时间由原来的 200min 延长至约 500min. 另外，关于碱土硫化物体系，研究最多的是蓝色长余辉发光材料 $CaS:Bi^{3+}$ 和红色长余辉发光材料 $CaS:Eu^{2+}$，$CaS:Bi^{3+}$ 体系最初亮度较弱，且余辉时间只有 90min 左右，人们通过掺杂金属离子来尝试改善 $CaS:Bi^{3+}$ 的蓝色长余辉发光性能. 发现掺杂稀土离子 Tm^{3+}、Er^{3+} 的 $CaS:Bi^{3+}$ 蓝色余辉持续时间明显延长，其中，$CaS:Bi^{3+}$，Tm^{3+} 的余辉效果最好. 对于 $CaS:Eu^{2+}$ 体系，同样通过掺杂 Tm^{3+} 使得样品发射出更明亮的长余辉，且余辉时间可持续 45min 左右，虽然 Tm^{3+} 的引入，使 $CaS:Eu^{2+}$ 的余辉发光性能达到了实用化程度，但研究者仍期望进一步提高其余辉发光性能，比如报道的两种荧光体 $Ca_{1-x}Sr_xS:Eu^{2+}$，Dy^{3+} 和 $Ca_{1-x}Sr_xS:Eu^{2+}$，Dy^{3+}，Er^{3+}，二者余辉发光分别可持续约 150min 以上.

虽然硫化物长余辉发光材料的发光范围很广，但限制其广泛应用的因素主要有两方面，一方面是硫化物长余辉发光材料的基质稳定性差，在紫外光照射或潮湿空气的作用下会缓慢分解并产生有毒的 H_2S 气体，无法适应室外全天候使用. 另一方面，余辉发光性能较弱，经过人们不懈地努力，硫化物体系的余辉初始发光亮度最高仍然只有 40mcd/m² 左右，并且一般在开始的几分钟里余辉亮度急剧下降，有效余辉持续时间一般也只有 30~180min.

2) 碱土铝酸盐长余辉发光材料

碱土铝酸盐长余辉发光材料是近年来研究最多、应用最广的一类长余辉发光材料. 早期，人们发现 $SrAl_2O_4:Eu^{2+}$ 吸收太阳光后，可发射 400~520nm 的可见光. 直到 $MAl_2O_4:Eu^{2+}$ (M=Ca, Sr, Ba) 的长余辉特性被报道后，很多研究者开始对铝酸盐长余辉发光材料感兴趣. 1997 年，以 Dy^{3+} 作为辅助激活剂制备出具有超长余辉时间的黄绿色长余辉发光材料 $SrAl_2O_4: Eu^{2+}$，Dy^{3+} 被报道，自此稀土激活的碱土铝酸盐长余辉发光材料的研究迈出了飞速发展的步伐. 目前，碱土铝酸盐长余辉发光材料主要有 $MAl_2O_4:Eu^{2+}$，RE^{3+} (M=Sr, Ca, Ba) 和 $Sr_4Al_{14}O_{25}: Eu^{2+}$，$Dy^{3+}$，特别是 $Sr_4Al_{14}O_{25}: Eu^{2+}$，$Dy^{3+}$ 和 $SrAl_2O_4: Eu^{2+}$，Dy^{3+} 荧光粉，在停止激发 1h 后的亮度仍能保持在 60mcd/m² 以上余辉时间超过 2000min，完全可以达到实用化水平，这也是目前这两种长余辉发光材料得以商业化的主要原因.

与硫化物长余辉发光材料相比,碱土铝酸盐长余辉发光材料具有发光效率高、余辉时间长、化学性质稳定、无放射性污染等显著优点,其缺点是发光颜色单调、遇水不稳定等.

3)硅酸盐长余辉发光材料

硅酸盐体系化学性质稳定且具有良好的热稳定性,发光颜色与铝酸盐体系可形成互补,其原料 SiO_2 廉价易得,长期以来受到关注. 20 世纪 70 年代,硅酸盐长余辉发光材料 Zn_2SiO_4:Mn, As 首先被报道,其余辉时间为 30min 左右. 后来人们发现更多种性质优良的新型硅酸盐长余辉发光材料,主要是偏硅酸盐和焦硅酸盐两大体系,它们耐水性更强、余辉发光颜色多样、余辉亮度较高、余辉时间较长等,另外,其激活离子可有多种选择,如稀土离子 Dy^{3+}、Eu^{2+}、Pr^{3+}、Sm^{3+}、Eu^{3+}、Tb^{3+} 及过渡金属离子 Mn^{2+}. 最典型的硅酸盐长余辉材料是黄长石类的 $M_2MgSi_2O_7$: Eu^{2+}, Dy^{3+} 和镁硅钙石结构的 $M_3MgSi_2O_8$: Eu^{2+}, Dy^{3+}（M = Ca, Sr）. 目前,焦硅酸盐体系已达到商业化水平.

3. 长余辉发光材料的应用

长余辉发光材料可在无外界能量源的情况下持续发光,其带隙中的陷阱能级能够储存经激发后的载流子,并在外界光源停止照射后释放至发光中心,重新复合发出不同颜色光的余辉. 目前,商用长余辉发光材料的余辉时间能够满足断电后应急指示的要求,在夜间安全和应急疏散警示标志方面具有很好的应用. 深陷阱的长余辉发光材料能够捕捉入射的光子或高能射线并在室温下将其长时间束缚,随后在高温热激活或光激励的作用下释放光子,由高温热激活或光激励产生的光子释放包含发光强度和发光波长等多重信息,这使得深陷阱长余辉发光材料能够基于强度或波长的多路复用技术实现多维光学信息存储. 长余辉纳米材料具有独特的发光性质,能在激发光关闭后持续发光,通过收集激发光关闭后的长余辉发光信号可以有效消除背景信号的干扰;此外,长余辉材料在成像时无需原位激发,可以减少生物体系的组织自发荧光和光散射干扰,提高生物成像和检测的灵敏度,由于这种独特的光学特性,长余辉纳米材料在生物传感、生物成像及疾病治疗等领域被广泛应用.

6.3.4 上转换发光材料

一般情况下,光致发光中发射光子的波长大于激发光子的波长,也就是说,发射光的光子能量小于激发光的光子能量,这就是斯托克斯定律(Stokes law),习惯上称为下转换发光. 但也有例外的情况,即所吸收的光子能量低于发射的光子能量,这是一个反斯托克斯(anti-Stokes)过程. 上转换发光就是一种反斯托克斯过程,其发光机理是基于双光子或多光子过程:吸收两个或两个以上的低能光子,发射一个高能光子.

1. 上转换发光材料的发光机理

稀土离子上转换材料的发光机制可分为三种,即激发态吸收、能量传递和光子雪崩.

1) 激发态吸收

稀土离子的激发态吸收(excited state absorption, ESA)是上转换发光过程中最基本过程. 其原理为同一离子从基态能级通过连续吸收多个光子的方式到达能量较高的激发态能级的过程,激发态吸收过程示意图如图 6.36 所示. 在激发源激发下,离子首先吸收一个能量为 ϕ_1 的光子而从基态能级 E_1 跃迁至中间亚稳态 E_2 能级,随后,离子再吸收一个能量为 ϕ_2 的光子,进而从中间的亚稳态能级 E_2 跃迁至激发态能级 E_3,此即双光子吸收过程,随后离子将会从激发态能级 E_3 发射出比激发光频率更大的光子. 某些情况下,处在 E_3 能级上的离子还可能会继续吸收光子,从而跃迁至更高的激发态,依次类推,从而发生多光子吸收的过程,进而产生能量高的上转换发光.

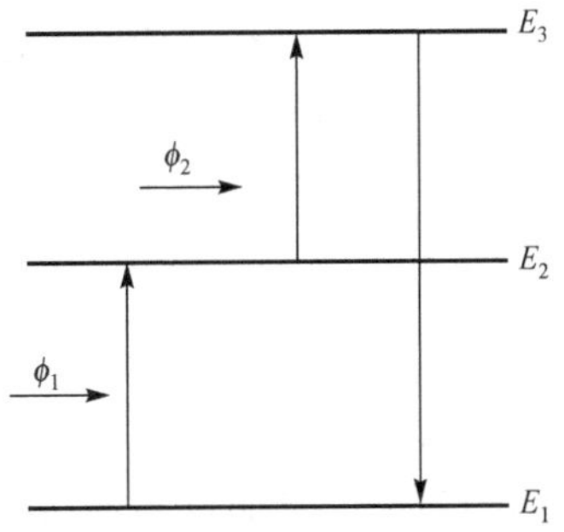

在激发态吸收过程中,当激发源为单一波长的激发光时,$\phi_1=\phi_2$,此时由 E_3 能级所产生的上转换发光强度通常正比于 I^2,I 为激发光光强. 当该过程为多光子吸收时,假定发生 n 次吸收,则上转换发光强度将正比于 I^n.

图 6.36　激发态吸收过程示意图

2) 能量传递

能量传递既可发生在同种离子之间,也可发生在不同种离子之间. 当离子种类相同时,能量传递可能在相同能级发生,也可能在不同能级发生. 能量传递的原理是当发光材料的某一中心(包括基质)经激发源激发后,通过两个中心之间的相互作用而引起能量的跃迁,使得激发能从一个离子转移至另一个离子. 在能量传递的作用下,材料中的某些离子将从激发态返回基态,而另一些离子会从基态跃迁至能量较高能级,进而辐射出光子而发光. 一般情况下,我们将给予能量的离子称为施主离子,接受能量的离子称为受主离子. 根据能量传递方式的不同可将其分为如下几种形式:连续能量传递、交叉弛豫、合作上转换.

(1) 连续能量传递.

连续能量传递(successive energy transfer, SET)过程原理如图 6.37 所示,在此过程中,处于激发态的施主离子(敏化剂离子,S 离子)与处于基态的受主离子(激活剂离子,A 离子)因满足能量相匹配的条件而发生相互作用. 首先,敏化剂离子将激发能传递给激活剂,激活剂吸收能量后而跃迁至能量较高能级,而敏化剂离子则通过非辐射弛豫过程返回基态能级. 处于激发态的受主离子在其他施主离子的作用下,还可能发生第二次的能量转移而跃迁至更高的激发态能级,这种发生在不同离子间的能量传递方式称为连续能量传递.

(2)交叉弛豫.

交叉弛豫(cross relaxation, CR)过程可发生在同种或不同种离子之间,其原理如图 6.38 所示. 能量高的激发态能级的离子将能量传递给处于基态的离子使其跃迁至高的能级,而其本身通过无辐射弛豫过程返回到能量低的能级. 或者同时位于激发态上的两种离子,其中一个离子将能量传递给另外一个离子使其跃迁至更高能级,而本身则无辐射弛豫至能量更低的能级.

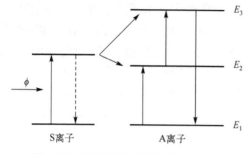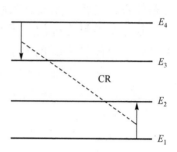

图 6.37　连续能量传递过程示意图　　　　图 6.38　交叉弛豫过程示意图

(3)合作上转换.

合作上转换(cooperative up-conversion, CU)过程发生在同时位于激发态的同种离子之间,可以理解为三个离子之间的相互作用,其原理如图 6.39 所示. 处于激发态的两个离子将能量同时传递给一个处于基态能级的离子使其跃迁至更高的激发态能级,而另外两个离子则通过无辐射弛豫过程返回基态.

3)光子雪崩

光子雪崩(photon avalanche, PA)过程可以理解为激发态吸收和交叉弛豫相结合的过程,属于两个离子间相互作用的过程,其原理如图 6.40 所示. 在激发源激发下,处于激发态 E_2 能级的离子吸收能量为 ϕ 的光子而跃迁至更高激发态能级 E_3,随后处于 E_3 能级的该离子与 E_1 能级的离子发生交叉弛豫过程,使得发生相互作用的这两个离子都被堆积到 E_2 能级上,从而获得两个 E_2 能级的离子. 重复此过程,这样便会使 E_2 能级的离子呈指数型增加,类似于雪崩现象,因而称之为光子雪崩过程.

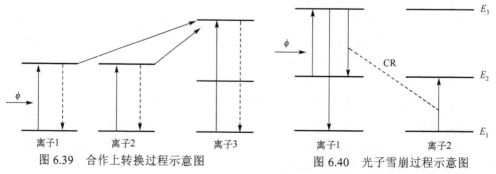

图 6.39　合作上转换过程示意图　　　　图 6.40　光子雪崩过程示意图

2. 上转换基质材料和掺杂离子

1) 基质材料

基质材料一般不构成发射能级, 但能为激活离子提供合适的晶体场, 使其产生特定发射. 上转换发光材料的基质可分为以下五类: ①氟化物体系: 利用稀土离子在氟化物中的上转换特性, 能够获得许多可在室温下工作的上转换材料或激光器. 氟化物基质材料具有很多优点: a 氟化物玻璃从紫外到红外区都是透明的; b 稀土离子作为激活剂很容易掺杂到氟化物基质中; c 氟化物具有更低的声子能量(约 $500cm^{-1}$). ②氧化物体系: 氧化物上转换材料虽然声子能量较高, 但制备工艺简单, 环境条件要求较低, 其上转换材料组分范围大, 稀土离子的溶解度高, 机械强度和化学稳定性好. ③卤化物体系: 稀土离子掺杂的重金属卤化物具有较低的振动能, 可进一步降低多声子弛豫过程的影响, 增强交叉弛豫过程, 提高上转换效率. 此类化合物在上转换激光及磷光体材料的应用中具有很大潜力. ④含硫化合物材料体系: 此类材料与氟化物材料一样具有较低的声子能量, 但制备时须在密封条件下进行, 不能有氧和水的进入. ⑤氟氧化物体系: 氟氧化物结合了氟化物较高的上转换效率和氧化物的较高化学稳定性和较强机械强度的优点, 近年来引起了人们极大的研究兴趣.

2) 掺杂离子

上转换发光过程需要多个亚稳态能级, 而镧系离子正好能满足这一要求. 除了 La^{3+}、Ce^{3+}、Tb^{3+} 和 Lu^{3+}, 其他的镧系离子都具有至少两个 4f 能级, 因此理论上大多数镧系离子都能产生上转换发光. 然而要产生有效的上转换发光, 还须要求离子的激发态与基态能级间足够近, 有利于上转换发光过程中光子有效的吸收和能量传递. 如图 6.41 所示, 由于 Er^{3+}、Tm^{3+}、Ho^{3+} 具有特殊的阶梯状能级分布, 所以是目前最常用的激活离子. 例如, Er^{3+} 的 $^4I_{11/2} \rightarrow {}^4I_{7/2}$ 能级(约 $10350cm^{-1}$)与 $^4F_{7/2} \rightarrow {}^4I_{11/2}$ 能级(约 $10370cm^{-1}$)间能量相近, 当用 970nm 的激光激发时, $^4I_{11/2}$、$^4I_{7/2}$ 与 $^4F_{7/2}$ 能级间可发生有效的上转换跃迁.

影响上转换效率的因素包括激活离子的吸收截面和相邻激活离子间的距离. 相邻激活离子间的距离可以通过掺杂量来控制, 当掺杂量过高时, 相邻激活离子间发生交叉弛豫而导致浓度猝灭效应. 激活离子的吸收截面可以通过掺入共激活剂作为敏化剂来增加, 从而增强上转换发光效率. 通常敏化剂在红外区有较大的吸收截面, 当与激活离子共掺杂时可以发生有效的能量传递上转换过程, 从而增强发光. Yb^{3+} 只有 $^2F_{7/2}$ 一个激发态能级, 且其吸收带位于 980nm 附近, 相对于其他镧系离子而言, Yb^{3+} 只有 $^2F_{7/2} \rightarrow {}^2F_{5/2}$ 的跃迁具有较大的吸收截面(10^4cm^{-1}); 此外, Yb^{3+} 的能级跃迁与常见激活离子(如 Er^{3+}、Tm^{3+} 和 Ho^{3+})的 f-f 跃迁能量相匹配, 这些性质使得 Yb^{3+} 非常适合作为敏化离子.

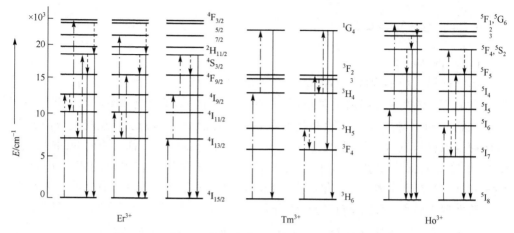

图 6.41　Er^{3+}、Tm^{3+}和 Ho^{3+}上转换发光过程能级跃迁图

点划线、虚线、实线分别代表激发、多声子弛豫、发射过程

3. 上转换发光材料的应用

红外防伪技术被列入国家标准的十项防伪技术之一，红外上转换材料配置的油墨是无色的，激励的红外光源也是人眼看不见的，与目前广泛应用的紫外激发的标志材料相比，红外上转换标志材料合成成分复杂，技术要求高，难以仿造；使用高效的红外上转换材料和价格比较低廉的红外激光器实现发光过程，达到防伪目的，可实现更好的防伪功能. 近红外上转换发光材料还可制备高性能新型显示器，近红外上转换显示器具有体积小、效率高、色彩鲜艳、寿命长、可实现真三维立体显示等优点. 传统的荧光标记物都需要在紫外光的激发下发射荧光，而紫外光的能量较高，会引发生物体的自体荧光；自体荧光的存在会提高检测背景，使检测信号和背景信号混在一起难以区分，从而降低检测的灵敏度和信噪比；稀土上转换发光材料采用红外光作为激发光源，可有效避免生物体自体荧光的干扰，从而提高检测的灵敏度和信噪比；同时，红外光还对生物组织具有良好的穿透能力，并且对生物组织的伤害较小；另外，稀土上转换发光材料本身还具有稳定性好，毒性低的优点，这也是传统荧光标记物所不能及的，稀土上转换发光纳米材料在生物标记、生物成像和生物检测方面的应用具有明显的优势.

习 题 六

一、填空题

1. 光致发光是用光激发光体引起的发光现象. 它大致经过_____、_____、_____三个阶段.

2. 在光谱表征过程中, 常见三种基本光谱为_____、 _____、 _____.

3. 在半导体发光材料中, 存在大量激子. 激子是束缚在一起的_____, 激子复合发射的光子能量比半导体的禁带宽度能量_____.

4. 稀土发光离子 4f 电子受到外层 5s5p 电子的屏蔽, 因此, _____几乎不受晶体场环境的影响, 其发射跃迁光谱为_____.

5. 激发态和基态平衡位置偏移越大, 温度猝灭越_____发生.

6. 从荧光寿命角度, 再吸收和能量传递的重要区别是_____.

7. 给出两种发光猝灭的原因: _____和_____.

8. 无辐射跃迁的能量以_____的形式将能量转换到晶格中, 使基质温度_____.

9. 常见灯用稀土红色荧光材料和典型的白光 LED 用稀土黄色发光材料分别是_____和_____.

10. 实现白光 LED 的技术途径主要有两种, 分别是_____和_____.

11. 长余辉发光材料的发光机理模型一般分为_____、 _____、 _____.

12. 稀土离子上转换材料的发光机制可分为三种, 即_____、 _____、 _____.

二、思考题

1. 用位形坐标模型解释斯托克斯位移产生的原因.

2. 发光材料的发光效率通常会随温度的升高而降低, 这是为什么?

3. 发光效率有哪几种表示形式? 分别描述.

4. 激发光谱与发射光谱的区别与联系.

5. ZnS:Cu 发光体中微量的 Ni 掺杂就能猝灭材料发光, 该过程为什么不能通过共振能量传递模型进行解释?

6. 声子可以参与发光中的哪些过程?

7. 可以从哪些角度设计提高能量传递效率的方法?

8. 前四代照明光源分别是什么? 发光二极管与前三代光源相比有哪些优势?

9. 发光二极管的工作原理是什么?

10. 简述上转换发光材料的发光机理.

11. 调研我国在发光材料方面取得的突破性成就有哪些.

12. 查阅发光相关的前沿科技资料, 自拟题目撰写一篇调研报告.

参 考 文 献

洪广言. 2011. 稀土发光材料——基础与应用[M]. 北京: 科学出版社.

洪广言, 庄卫东. 2016. 稀土发光材料[M]. 北京: 冶金工业出版社.

胡鹤. 2009. 稀土上转换发光纳米材料的制备及其在生物医学成像中的应用[D]. 上海: 复旦大学.

卡赞金 O H, 马尔科夫斯基 ЛЯ. 1980. 无机发光材料[M]. 丁清秀, 刘洪楷, 译. 北京: 化学工业出版社.

祁康成, 曹贵川. 2012. 发光原理与发光材料[M]. 成都: 电子科技大学出版社.

孙家跃, 杜海燕. 2003. 固体发光材料[M]. 北京: 化学工业出版社.

万继敏. 2007. 红外——可见光上转换寻的技术研究[D]. 哈尔滨: 哈尔滨工业大学.

王猛. 2015. 稀土上转换发光纳米材料的合成及应用[M]. 沈阳: 东北大学出版社.

王育华. 2017. 无机固体光致发光材料与应用[M]. 北京: 科学出版社.

徐叙瑢. 2003. 发光材料与显示技术[M]. 北京: 化学工业出版社.

徐叙瑢, 苏勉曾. 2004. 发光学与发光材料[M]. 北京: 化学工业出版社.

余泉茂. 2010. 无机发光材料研究及应用新进展[M]. 合肥: 中国科学技术大学出版社.

张思远, 毕宪章. 1991. 稀土光谱理论[M]. 长春: 吉林科学技术出版社.

张希艳, 卢利平. 2005. 稀土发光材料[M]. 北京: 国防工业出版社.

张中太, 张俊英. 2005. 无机光致发光材料及应用[M]. 北京: 化学工业出版社.

庄逸熙, 陈敦榕, 解荣军. 2021. 面向光学信息存储应用的深陷阱长余辉发光材料[J]. 激光与光电子学进展, 58(15): 3-26.

Blasse G, Grabmaier B C. 1994. Luminescent Materials[M]. Berlin, Heidelberg: Springer-Verlag.

Liu Y, Lei B, Shi C. 2005. Luminescencent properties of a white afterglow phosphor CdSiO$_3$:Dy^{3+}[J]. Chemistry of Materials, 17(8): 2108-2113.

Schubert E F, Kim J K. 2005. Solid-state light sources getting smart[J]. Science, 308: 1274-1278.

Sharma K, Son K H, Han B Y, et al. 2010. Simultaneous optimization of luminance and color chromaticity of phosphors using a nondominated sorting genetic algorithm[J]. Advanced Functional Materials, 20: 1750-1755.

第 7 章 敏感材料

传感器对于准确可靠获取自然和生产领域中的各类信息，发挥着重要的基础保障作用. 根据国家标准 GB/T 7665-2005，传感器(transducer)的定义为：能感受规定的被测量并按照一定规律转换成可用的输出信号的器件或装置，通常由敏感元件和转换元件组成. 传感器作为我国工业"强基工程"的核心关键部件之一，是实现工业转型升级、提高产品质量和可靠性的重要组成部分. 研制高性能敏感元件，优化传感器各项指标参数，大力发展多类型智能传感器技术，是提升我国传感器研究发展水平的迫切需求和有力保障.

敏感材料(sensing material)作为制造敏感元件的主体材料，是一种能快速感知被测物体某种物理量的大小和变化，并将其转化成电信号或者光信号的材料. 敏感材料作为传感器行业发展的支撑基石，研究意义颇为重要，其敏感性能直接影响敏感元件的现实应用. 用于制作敏感元件的材料主要有陶瓷、金属、有机化合物等. 敏感陶瓷材料具有性能稳定、成本低廉、原料来源广泛、组成调整简易等优点，在敏感元件及传感器中占据重要地位，其中以 SnO_2、ZnO、$BaTiO_3$、$SrTiO_3$ 等半导体陶瓷材料最具有代表性. 本章将重点讨论目前应用较为广泛的气敏陶瓷、热敏陶瓷和压敏陶瓷，并就性能指标、敏感原理、材料体系、研究进展及发展趋势进行详细介绍.

7.1 气 敏 材 料

7.1.1 气敏材料的应用及分类

呼口"气"，
知健康

1. 气体传感器简介

气体传感器作为传感器技术的一个重要分支，已经广泛应用于探测各种有毒、有害、易爆气体以及各类易挥发性有机物(volatile organic compound，VOC)，并可用于生态环境监控领域，如温室效应和大气污染等. 随着科学技术的日益发展，气体传感器应用领域不断拓展. 在生物医学领域，气体传感器可以通过检查患者呼出气的标志物气体成分及浓度，进而实现无创诊断人体疾病，如糖尿病、肺癌、呼吸道炎症等；在安全反恐领域，气体传感器可以用来及早感知危险源的特征逸出气体，并进行探测报警甚至自主防控解决安全问题. 面对越来越多的特殊气体信号和复杂环境，新型气体传感器技术呈现以下发展趋势：开发高性能气敏材料和新型传感器件，研发先进制造工艺提升传感器的集成化和智能化，实现传感技术硬件系统与元器件的微型化，开发与其他技术交叉融合的传感器智能系统.

气体传感器，不仅能够感知环境中未知气体的类别组成和浓度大小，而且可以将相关感知信息转换成电信号输出，兼顾了感知和输出的双重作用，并且可以进一步对输出电信号的种类和强度加以分析，从而判断未知气体在环境中的存在情况. 根据气体传感器所检测气体种类的不同，可以将其分为一氧化碳传感器、氢气传感器、乙醇传感器、氨气传感器、硫化氢传感器和氮氧化物传感器等. 根据气体传感器工作原理和敏感材料的不同，可以将其分为半导体式传感器、光电离式传感器、催化燃烧式传感器、红外式传感器和电化学式传感器等，表 7.1 列举常见气体传感器的原理及优缺点. 半导体式气体传感器是利用检测气体在半导体材料表面发生氧化还原反应，导致敏感元件电阻值发生变化的原理所制成，具有体积小、成本低、性能稳定等突出优势，是目前气体传感器研究领域的主要方向.

表 7.1 常见气体传感器的原理及优缺点

种类	工作原理	优点	缺点
半导体式	被测气体吸附在半导体材料表面，发生氧化还原反应引起电导率变化	灵敏度高、成本低、寿命长、稳定性好	选择性差、工作温度要求高
电化学式	被测气体与电极接触引起电流变化	能耗低、选择性高	成本高、寿命短
接触燃烧式	敏感材料发生催化作用引起阻值变化	响应速度快、选择性高、稳定性好	对可燃气体不敏感，对不可燃气体无响应
红外气体式	不同气体对红外线有选择性吸收	可靠性高、选择性好、对环境友好	成本高

2. 气敏元件及材料分类

按照组装结构特点和涂覆材料的形式，半导体式气敏元件分为烧结型气敏元件、厚膜型气敏元件和薄膜型气敏元件. 烧结型气敏元件又分为加热丝直接埋在气敏材料内部的直接式气敏元件和气敏材料直接涂敷在氧化铝陶瓷管上的旁热式气敏元件，如图 7.1(a) 所示. 旁热式气敏元件是将加热电阻丝置于陶瓷管芯内部提供加热，外接梳状电极作为电阻测量电极，涂覆敏感材料浆料于氧化铝陶瓷管表面. 厚膜型气敏元件一般是指通过丝网印刷的方法，将气敏材料印在印有梳状电极的氧化铝基片上，加热电阻在基片背面提供工作温度，如图 7.1(b) 所示. 薄膜型气敏元件则是在陶瓷基片上采用蒸发、溅射或者化学气相沉积等方法直接制作敏感膜，再引出电极即可制得，其工作温度较低，并且这种结构适宜测量传统方法无法实现的单根纳米结构敏感材料.

相比于普通材料，纳米材料因具有特殊的理化性质而受到广泛关注. 在纳米材

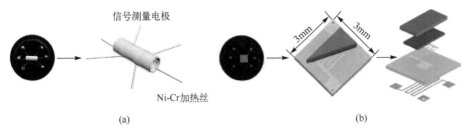

图 7.1　旁热式气敏元件(a)和厚膜型气敏元件的结构示意图(b)

料研究基础上，人们开始对纳米金属氧化物功能材料进行研究，如 SnO_2、ZnO、Fe_2O_3、Co_3O_4 等，气敏陶瓷便是其中的一种. 相对于普通气敏材料而言，纳米材料因具有小尺寸效应、表面效应和量子尺寸效应等特性，赋予其大的比表面积、特殊的表界面性能，从而有效提升气敏材料的敏感性能. 表 7.2 列出常见半导体金属氧化物气敏材料及使用范围和工作条件以供参考.

表 7.2　常见半导体金属氧化物气敏材料及其适用范围和工作条件

主要材料	可添加物质	检测气体成分	使用温度/℃
SnO_2	PdO、Pd、Rh、In	CO、C_3H_8、C_2H_5OH、NH_3	200～300
ZnO	Au、V_2O_5、Ag_2O	C_2H_5OH、CH_3OCH_3、H_2S	250～400
Fe_2O_3	Pd、Ir	可燃性气体	250～400
In_2O_3	CaO、Cd	NO_x、O_3、CO_2、CH_3OH	100～400

7.1.2　气敏材料的性能指标及敏感原理

早在 1962 年人们就发现，半导体金属氧化物材料表面会与气体分子发生化学作用，并引起材料的自身电导率发生特定的变化，从而可以作为一种潜在的气体传感器材料，如图 7.2 所示(以 n 型半导体为例). 经过几十年的发展，半导体金属氧化物敏感材料具有灵敏度高、响应时间短、制造价格低廉、物理化学性质稳定、使用寿命长和可检测气体类型多样化等特点，目前在气体传感领域得到了广泛的应用. 敏感材料作为气体传感器的核心关键部分，如何制备高性能半导体金属氧化物敏感材料，成为构筑实用化气体传感器件的研究重点.

1. 气敏材料的性能指标参数

半导体金属氧化物气体传感器在一定温度下，当处于干燥、洁净空气氛围下，其电阻值称为气体传感器的固有电阻，用符号 $R_{air}(R_a)$ 进行表示，当处于被测试气体中的电阻值称为实测电阻值，用符号 $R_{gas}(R_g)$ 进行表示. 一般来讲，衡量气体传感器件的气敏性能优劣，可以从最佳工作温度、灵敏度、响应/恢复时间、检测限、选择性、稳定性这六个方面进行综合考量.

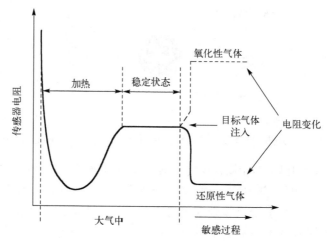

图 7.2　半导体氧化物敏感材料气敏过程的电阻变化规律(以 n 型半导体为例)

1)最佳工作温度

最佳工作温度(optimum working temperature)是指气体传感器对测试气体呈现最优气敏性能所处的温度,是决定气体传感器件敏感特性的一个关键指标参数. 温度的高低直接决定气敏材料的表面活性,进而显著影响气敏材料的灵敏性. 当工作温度较低时,气敏材料表面反应活性较低,导致气敏分子与材料表面反应较弱,造成灵敏度较低. 当敏感元件处在较高的工作温度时,敏感材料表面化学吸附氧的解吸附速率大于其吸附速率,使得表面化学吸附氧的数量减少,进而导致敏感材料灵敏度降低.

2)灵敏度

灵敏度(sensitivity)是衡量气敏传感元件最重要指标之一,也称为响应值,指气敏元件对某一种待测的敏感程度,一般用气敏元件在空气中的阻值 R_{air} 与在一定浓度的待测气体中的阻值 R_{gas} 的比值用 S 表示灵敏度

$$当敏感材料为 n 型半导体: S = \frac{R_{air}}{R_{gas}} \tag{7-1}$$

$$当敏感材料为 p 型半导体: S = \frac{R_{gas}}{R_{air}} \tag{7-2}$$

3)响应/恢复时间(response and recovery time)

以 n 型半导体敏感材料为例,从气敏元件与测试气体接触时开始,至气敏元件电阻值达到稳定值,稳定值与初始值之间差值$|R_{air}-R_{gas}|$的 90%所需的时间,即为半导体氧化物气体传感器的响应时间(用符号 T_{res} 表示). 当气体传感器件脱离测试气体时,气敏元件电阻从稳定值恢复到初始值,初始值与稳定值之间差值$|R_{air}-R_{gas}|$的 90%所需要的时间,即为半导体氧化物气体传感器的恢复时间(用符号 T_{rec} 表示).

4）选择性（selectivity）

同一种气敏元件，会对不同的氧化性或还原性气体都具有一定的响应灵敏度，而在实际应用中，期望气敏元件对于某一种气体具有高选择性，即在不同种类气体中，半导体氧化物气体传感器对其中某一测试气体的气敏响应非常灵敏，而对其他测试气体的气敏响应较差.

5）检测限

半导体氧化物气体传感器的检测限（detection limit）是指在一定的操作条件下，该半导体氧化物气体传感器能够检测到测试气体的最低浓度. 检测限越低，证明传感器件的响应能力越强，有利于实现早期痕量气体的低浓度探测.

6）稳定性

半导体氧化物气体传感器的稳定性（stability）是指除了气体浓度之外，抵抗其他外界干扰因素的能力，在长时间段内气敏性能变化越小，抗干扰的能力越强，表明传感器件的稳定性越好.

2. 气敏材料的敏感机理

半导体氧化物本身结构和性质的多样性，导致其气敏机理存在很大的差异性. 目前，对于半导体氧化物气体传感器的气敏机理，尚未有比较全面且系统的机理模型. 在此，针对目前较为认可的表面电荷层模型和晶界势垒模型做下详细解释. 鉴于 n 型半导体氧化物的研究比 p 型半导体氧化物更为广泛，以下两种机理模型均以 n 型半导体氧化物敏感材料为例.

1）表面电荷层理论

在洁净空气气氛中，敏感材料表面与其吸附在表面的氧气分子发生电子交换. 交换后的氧离子分为三种形式，反应如下所示：

$$O_{2(gas)} \rightleftharpoons O_{2(ads)} \tag{7-3}$$

$$O_{2(ads)} + e^- \rightleftharpoons O_{2(ads)}^- \tag{7-4}$$

$$O_{2(ads)}^- + e^- \rightleftharpoons 2O_{(ads)}^- \tag{7-5}$$

$$O_{(ads)}^- + e^- \rightleftharpoons O_{(ads)}^{2-} \tag{7-6}$$

由于氧吸附过程需要一定能量的激活，当温度低于 150℃时，表面吸附氧大多为物理吸附氧物种 $O_{2(ads)}$，当温度高于 150℃时，转化为化学吸附氧物种 $O_{2(ads)}^-$、$O_{(ads)}^-$ 和 $O_{(ads)}^{2-}$. 在表面氧物种吸附过程中，敏感材料表面的电子耗尽层宽度增加，材料内部载流子浓度降低，此时材料的电阻值上升.

当敏感材料接触还原性测试气体时，气体分子将与材料表面的化学吸附氧物种发生化学反应，并释放电子到敏感材料的导带中，导致材料内部载流子浓度升高，耗尽层的宽度减小，能带恢复正常，敏感材料电阻下降. 相反，如果测试气体为氧化性气体，测试气体将会继续捕获材料导带中的电子，导致表面耗尽层的宽度继续变大，敏感材料电阻升高.

2）晶界势垒模型

实际情况下，半导体氧化物敏感材料存在大量的晶粒. 在空气中，氧气分子吸附在材料表面发生扩散，并从半导体氧化物导带中捕获电子，形成化学吸附氧负离子，最终覆盖所有晶粒. 上述过程中，材料表面会产生电子耗尽层，相邻晶粒之间形成具有一定高度的接触晶界势垒，导致电子在相邻晶粒间的传输受阻，材料的电导率下降，电阻升高.

当敏感材料接触还原性测试气体，材料表面的化学吸附氧物种与测试气体发生化学反应，将电子释放回到导带，材料表面电子耗尽层收缩，相邻晶粒间的晶界势垒高度降低，使得电子在相邻晶粒间的传输顺畅，电子迁移率升高，材料的电导率变大，电阻降低. 当敏感材料接触氧化性测试气体，待测气体分子会继续捕获材料导带中的电子，导致材料表面电子耗尽层宽度进一步增加，相邻晶粒间的晶界势垒高度继续升高，会使电子在相邻晶粒间的传输受阻，电子迁移率降低，材料的电导率变小，电阻升高.

7.1.3　气敏材料合成方法

随着纳米材料合成技术的发展，气敏材料的形貌和结构更具有可设计性，为半导体氧化物气体传感器提供了广泛的材料基础. 在反应过程中，晶粒的生长速度、反应温度、酸碱度等因素都会直接影响最终产物的形貌和结构，在此介绍液相合成法、气相合成法及固相合成法这三种常用的材料合成制备方法.

1. 液相合成法

液相合成法以水热法和液相沉淀法研究应用居多. 水热法是将反应物置于装有水溶液为溶剂的反应釜中，在一定的高温高压下发生液相化学反应，从而制备出具有一定尺寸大小和特殊形貌材料的常用合成方法. 水热法反应条件简单、适用性强，所得材料粒径分布均匀，通过调控反应过程中的温度、压力、溶液配比、pH 值等条件，可得到满足不同用途的气敏材料，是最为常用的气敏材料制备方法. 均匀沉淀法是将沉淀剂添加到可溶性盐溶液中，通过沉淀剂的化学反应，使溶液中的构晶离子缓慢且均匀释放出来，所合成的敏感材料形貌多为球形或类球形，常采用尿素和六亚甲基四胺作为沉淀剂，这种方法可以有效解决直接沉淀法溶液浓度分布不均的问题.

2．固相合成法

固相合成法是指有固态物质参加反应的合成方法．固相反应不采用溶剂，具有选择性好、产率高、工艺过程简单等优点，是目前人们制备新型固体材料的主要手段之一．采用常温或低温固相法制备气敏材料，可有效解决液相法制备产物易团聚、产率低、反应流程复杂等问题，具有良好的应用前景，但会部分存在反应不完全的现象，或者反应过程中出现液化现象．

3．气相合成法

化学气相沉积法是挥发性气态物质在气相或气固界面发生化学反应生成固态沉积物的技术，具有沉积效率高，所得材料结晶度和纯度高等优点，已成为制备纳米材料的常用方法．通常由下列三个步骤组成：①生成挥发性气态物质；②挥发性气态物质向沉积区转移；③气态物质在反应基体上成核和生长，并通过一系列化学反应得到所需固态沉积物．

超声喷雾热解法是利用超声波将含有金属盐的前驱体溶液雾化，雾化后的微粒液体在高温下于基板附近发生热分解，得到纳米薄膜．该方法最早于 1940 年发明，它是一种简单的制备薄膜方法，对基板要求低，沉积速率可控，适合大规模工业化生产．

7.1.4　二氧化锡敏感材料

作为一种宽带 n 型半导体(半导体禁带宽度值 E_g=3.6eV，300K)，SnO_2 具有大量表面氧缺陷兼具稳定性好、灵敏度高、成本低廉等诸多优点，在气敏材料应用研究中最为广泛．

提升传感器件的敏感性能，可以从提高化学吸附量和扩散速度两方面入手．其中，吸附量可以通过增加敏感材料的比表面积来提高，同时多级结构纳米材料可以有利于气体扩散．纳米材料具有高比表面积，且易组装为多级结构材料，以下将重点讨论各种形貌和结构的 SnO_2 纳米气敏材料，详细介绍零维、一维、二维和三维 SnO_2 纳米气敏材料的合成及应用．

1．零维二氧化锡纳米气敏材料

零维纳米颗粒的表面自由能大，颗粒之间会发生团聚，会严重阻碍气体在材料表面的吸附和扩散，降低传感灵敏度，这是零维纳米颗粒的本质缺陷．研究人员期望通过颗粒形貌结构控制，提高比表面积、减小颗粒尺寸、增加纳米颗粒之间空隙率等方法克服团聚问题．

SnO_2 表面化学成分的精细调控，是影响纳米颗粒气敏特性的一个关键参数．法

纳米科技助力气体传感器

国波尔多大学研究人员采用简易廉价的一步水热法,以含钾离子的商业化胶体 SnO_2 悬浮液为前体,成功制得 SnO_2 纳米颗粒粉体. 通过调节溶液 pH 值,经热处理得到具有微晶结构的四方晶系 SnO_2 纳米颗粒,其尺寸范围为 7.3~9.7nm,所得纳米粉体由聚集态 SnO_2 纳米颗粒组成的多孔网络组成,比表面积为 61~106m^2/g. 在还原性气体(氢气、一氧化碳、丙酮及乙醇)和氧化性气体二氧化氮存在条件下,SnO_2 纳米颗粒表现出敏感度高、可逆且稳定的气敏性能. 利用在酸性条件下所合成的 SnO_2 敏感材料所制得的传感器件,表现出最优传感性能,其原因在于空气中煅烧时钾离子含量越低,导致 SnO_2 纳米颗粒结晶度越高. 这项工作为提升零维 SnO_2 纳米颗粒传感能力提供了一种新的研究方法.

2. 一维二氧化锡纳米气敏材料

一维纳米材料,包括纳米线、纳米棒、纳米管、纳米纤维等,具有独特结构优势,如高的比表面积/体积比,大的长径比等一系列优点. 金属氧化物半导体因其独特的低维纳米结构,成为很有前途的候选材料,如何在商用传感器中保留纳米线型一维结构,对于研究者来讲仍然是一个巨大的挑战. 当纳米线接触还原性气体如氢气,纳米线高的比表面积/体积比,有利于气体分子在纳米线表面发生吸附/脱附,会显著改变纳米线电子密度,提升纳米线导电性,表现优良传感能力. 敏感的氢气传感器,非常适合用于预测和应用于氢气泄漏的早期预警.

2021 年,华中科技大学研究人员成功制备基于 2nm 超小直径的多孔 SnO_2 纳米线网络的高灵敏度氢气传感器. 在 250℃工作温度,2ppm[①]到 100ppm 的氢气体浓度下,传感器灵敏度与氢气浓度呈现良好的线性响应关系,表现出优异的敏感性能. 为了进一步提高传感器的性能,研究人员对掺杂钯的 SnO_2 纳米线进行了深入研究. 结果表明,掺杂钯后,传感器工作温度从 250℃降低到 150℃,响应和恢复时间降低到 6s 和 3s. 通过理论计算和吸附动力学研究,推测超细 SnO_2 纳米线的网络纳米结构和钯的催化活性,有效增强了气体吸附和电子传递能力,进而提升了传感器敏感性能. 结合溶液成型加工技术,胶体 SnO_2 纳米线在开发低功耗和与硅基衬底集成的新一代气体传感器件方面具有广阔的应用前景.

纳米管状材料同时拥有内表面和外表面,具有比表面积大、高的比表面积/体积比以及优异的电子传输性能等优点,有利于提升传感过程中气体的吸附量和电子相互转移速率,同时纳米管的厚度可以控制在纳米尺度范围,扩散距离短,有利于传感气体快速进行吸/脱附反应. 通过可控制备方法合成 SnO_2 纳米管状材料,将会在一定程度上提升其气体传感性能. 由于模板法具有简便易行、容易修饰和形貌结构尺寸多样化等特点,是目前合成 SnO_2 纳米管状材料最常用的实验方法. 研究人员通

---

① ppm:百万分比浓度,对于气体,一般指摩尔分数或体积分数.

过利用碳纳米管为硬模板，合成多孔 SnO_2 纳米管状材料. 该敏感材料由 SnO_2 纳米颗粒组装而成，具有典型的疏松多孔结构，对于多种类型的气体具有高灵敏度、快速响应恢复及可靠的使用稳定性等诸多优点.

3. 二维二氧化锡纳米气敏材料

二维纳米结构的传感器可能是最简单也是最容易操作的传感器. 渗透理论表明，当二维薄膜的厚度大于某个值(检测限)时，传感器会成为绝缘体，所以二维结构纳米材料用于传感方面研究较少. 俄罗斯研究人员合成了三种二维薄膜传感材料，分别由 SnO_2 纳米线、纳米带和纳米颗粒组装成的，通过对异丙醇的传感测试表明，SnO_2 纳米线比纳米颗粒组装而成的二维薄膜气敏性能更稳定.

4. 三维二氧化锡纳米气敏材料

三维多级结构作为一种高级结构，一般由低维纳米结构单元(比如零维量子点，一维纳米线、纳米管、纳米棒和二维纳米片)组装构建而成. 三维多级结构材料具有高的比表面积，同时具有纳米颗粒的本征性质和微米结构的简便操作性，引起了人们的广泛应用研究. 三维结构多级微米/纳米敏感材料也是一种有潜力的气体传感器，这种多级微纳材料能够互相穿插形成连通的网络，有利于被测气体分子的扩散，同时，这种多级的结构既具备纳米结构的优点，同时具备微米材料易于操作的优良性能. 在各种形貌的 SnO_2 材料中，空心结构纳米材料因其具有较大的比表面积，能有利于目标气体的吸附或反应；表面多孔结构，可以加快目标气体在材料表面的扩散，对目标气体进行选择性识别；较薄的壳层结构，提高传感器的响应时间和恢复时间等优点而受到人们广泛关注.

研究人员可以使用天然棉纤维、花粉、细菌等天然物质作为模板，制备出具有多孔结构的纤维状 SnO_2 敏感材料，并对多种气体具有非常高的灵敏度和很好的可逆性. 人们经常采用二氧化硅或者碳纳米球作为模板剂，在表面进行金属锡盐水解生成 SnO_2 得到核壳结构复合材料，利用氢氧化钠将二氧化硅模板刻蚀，或者高温煅烧除去碳纳米球，即可得到空心结构 SnO_2. 空心结构 SnO_2 具有较大的比表面积和优异的气体通透性，对于气敏传感性能具有显著的提高. 模板法虽然简单易行，但在去除模板过程中会有一定残留物或在一定程度上破坏壳层的结构，影响其气敏性能. 使用硬模板法和软模板法制备多级结构 SnO_2，在制备和去除模板剂、探索沉淀剂过程中是非常复杂和耗时的工作. 因此，使用简单、无模板剂的合成方法，成为目前制备多级结构气敏材料的迫切需要.

7.1.5 氧化锌气敏材料

氧化锌的半导体禁带宽度为 3.37eV，常温常压下，ZnO 以六方纤锌矿晶体结构存在，由于其本身具有大量点缺陷及其氧空位，ZnO 晶体呈现半导体性质. 随着纳米氧化锌的尺寸变小，表面原子数迅速增加，其比表面积增大，引起其他性质发生变化，具有优良的化学性能，纳米氧化锌可以制成不同维度的材料，在气敏传感器方面应用前景广阔. 氧化锌作为气敏材料时，吸附气体分子从而使得表面电导率发生改变，电阻根据测试气体种类和浓度的不同发生一定变化，进而达到气体检测的目的.

ZnO 晶体结构中存在氧空位或锌间隙缺陷和一定浓度的游离电子，在氧气或空气氛围中，由于氧原子具有较大的电负性，会与游离电子结合. 因此，氧化锌纳米颗粒表面与其内部存在电子浓度差而形成势垒，该势垒可使电子在电场的作用下发生定向移动，引起 ZnO 气敏材料电导率的降低，电阻值增大. 当 ZnO 处于还原性气氛下，表界面吸附的氧离子会与被测还原性气体分子发生交换或氧化还原反应，表界面吸附氧脱附，势垒降低，气敏材料的电导率增大，电阻值减小. 当掺杂其他金属离子或减小晶粒尺寸时，ZnO 晶体内部缺陷会增多，更有利于氧气在 ZnO 表面吸附，宏观表现为气敏性能提升. 与 SnO_2 和 Fe_2O_3 气敏材料相比，氧化锌的工作温度较高，灵敏度偏低.

除了合成多维结构纳米材料增大气敏材料的比表面积之外，掺杂贵金属纳米颗粒催化剂(如 Au、Pd、Pt 等)策略，同样有助于提升传感器件的灵敏度. 基于催化理论，催化剂对化学反应速率有极其重要的作用. 催化剂的加入，能够降低传感器件的工作温度，提高传感器件的灵敏度，催化剂种类的不同可以提高传感器件的气体选择性. 吉林大学卢革宇研究小组通过在负载金纳米颗粒的碳球表面，沉积 ZnO 纳米颗粒，经热处理除去碳球后，成功制备得到核壳结构的金纳米颗粒和氧化锌复合纳米材料. 相对于实心 ZnO 和空心 ZnO 材料，由于金纳米颗粒的存在，核壳结构复合气敏材料对丙酮气体表现出更为优异的敏感性能.

下面我们以氧化锌气敏陶瓷对常见危险化学用品(如乙醇、丙酮、氨气、二氧化氮及甲烷)的气敏性能和敏感机理进行概述及分析. 表 7.3 列出了典型结构氧化锌气敏陶瓷对以上各类危险化学用品的气敏性能指标对比.

1. 氧化锌气敏材料用于乙醇检测

乙醇(CH_3CH_2OH)是一种最常见的易燃易爆挥发性有机化合物气体，在空气中的可燃烧范围 3.3%～19.0%. 快速准确检测空气中乙醇气体浓度，对于保障人身财产安全和工业生产安全具有重要现实意义.

片状、花状、中空微球、海胆状等形貌结构赋予纳米氧化锌较高的比表面积. 高温状态下，吸附在氧化锌表面的 O_2 形成的 O_2^- 消失，转化为 O^- 占主导地位，所带的负电荷使得材料表面电导率降低，乙醇气体存在时，ZnO 发生氧化还原反应，释放电子，载流子增加，传感器电阻减小. 因此，以上形貌的氧化锌纳米材料为乙醇气体的吸附提供了有利条件,有效提高了乙醇气体检测的高效性,是当前金属氧化物基乙醇气体传感器的研究热点.

2. 氧化锌气敏材料用于丙酮检测

丙酮(CH_3COCH_3)是一种轻度危害污染物,在空气中极易挥发,吸入体内可损害人体中枢神经系统,也会损伤人体免疫系统、肝、肾等,具有致畸和致癌作用,同时还可根据呼出气体中丙酮的含量判断人体健康状况,以糖尿病为例,正常人呼出气体中丙酮含量为 $0.3 \sim 0.9$ppm,而糖尿病患者呼出气体中丙酮含量为 1.8ppm.

作为一种还原性物质,丙酮与氧化锌纳米材料接触时,会与气敏材料表面吸附态的氧负离子反应,生成 CO_2 和 H_2O 并释放电子使载流子浓度和电子迁移率增加,氧化锌电阻减小. 研究人员采用各种合成方法制得多孔花状、蒲公英状、球状等不同结构 ZnO 气敏材料,可以有效提升气敏元件对丙酮的敏感性能.

3. 氧化锌气敏材料用于氨气检测

氨气(NH_3)是一种常温常压下无色有刺激性气味的有毒气体,高浓度的氨气会对人的眼睛、呼吸道造成巨大的伤害,相关安全健康标准建议在 30min 内氨气浓度不应超过 300ppm.

ZnO 气体传感器在氨气检测方面一直存在工作温度高、选择性差等不足,近年来,研究人员通过改变前驱物种类、溶液 pH 值以及元素掺杂等手段,调控纳米氧化锌形貌和结构,不断优化对氨气的气敏性能. 当传感器处在氨气气氛中时,由于氧化锌纳米材料表面会吸附氨气分子,改变传感器件电导率,从而确定氨气浓度.

4. 氧化锌气敏材料用于甲烷检测

甲烷(CH_4)常温常压下为无色无味气体,易燃易爆,密闭环境中浓度达到 $5\% \sim 15\%$ 易起火爆炸. 甲烷也是一种有毒气体,作为天然气的主要成分,泄漏事故时有发生,达到一定浓度时会威胁到人体健康,对呼吸系统、中枢系统等造成损伤.

长期以来,ZnO 气体传感器在甲烷检测上存在工作温度高、响应不灵敏等问题,不能有效满足各种情况下的检测工作. 近些年来,研究者们主要从掺杂元素种类和掺杂用量入手,开发在低温下对甲烷响应快速的新型纳米氧化锌气敏材料. 氧化锌基气体传感器在甲烷气氛中发生还原反应,在低温时与 ZnO 表面吸附的 O_2^- 发生反应,得到的电子数较少,所以低温时灵敏度较低;高温状态下,O_2^- 消失,形成 O^- 占主导地位,并与甲烷气体相互作用,得到较多的电子,因此对甲烷的灵敏度增高.

5. 氧化锌气敏材料用于二氧化氮检测

二氧化氮(NO_2)在常温下是一种棕红色、有刺激性的有毒气体,主要来源于汽车尾气和工厂燃烧，是主要的大气污染物之一，甚至 ppb 量级就会对生态环境和人身安全造成危害.

氧化锌虽是一种理想的气敏材料，但研究发现单一氧化锌基传感器对 NO_2 表现出较差的气敏性能，因此研究人员尝试对纳米氧化锌进行掺杂改性、复合改良，进一步提升其气敏性能. 作为一种氧化性气体，NO_2 电子亲和性较高，吸附在氧化锌气敏材料表面时，会与氧离子反应，消耗表面电子，从而降低气敏材料的导电性，达到检测 NO_2 浓度的目的.

表 7.3 列出了典型结构氧化锌气敏陶瓷对各类危险化学用品(如乙醇、丙酮、氨气、甲烷及二氧化氮)的气敏性能指标对比.

表 7.3 氧化锌气敏陶瓷对各类危险化学用品的气敏性能指标

气敏材料	检测气体	检测浓度/ppm	温度/℃	响应值	响应/恢复时间/s	参考文献
ZnO 纳米片	乙醇	10	280	15	15/16	秦涵立等，2018
花状 ZnO	乙醇	50	200	34.7	11/12	Wang Q, et al., 2016
多孔 Ag/ZnO	丙酮	100	270	30.4	3/36	李酽等，2017
Al_2O_3 掺杂 ZnO	丙酮	100	64	29.2	2/2	郭学海等，2017
ZnO 薄膜	氨气	400	室温	7.29	30/55	Mrw A, et al., 2020
花状 ZnO	氨气	50	250	49.5	6/3	Zhang Y, et al., 2015
Ni-ZnO 纳米线	甲烷	100	300	15.5	19/7	林贺，2007
Pb-ZnO 纳米片	甲烷	50	240	63.45	8/12	洪长翔，2018
Pb-ZnO 纳米片	二氧化氮	25	200	71.2	25/21	李玉亮，2020
TiO2/ZnO 纳米颗粒	二氧化氮	100	180	350	14/6	Wang J, et al., 2016

7.1.6 其他氧化物气敏材料

氧化铁气敏材料可分为两种，即 $\alpha\text{-Fe}_2O_3$ 和 $\gamma\text{-Fe}_2O_3$. 前者属于刚玉结构，后者属于尖晶石结构. 在气敏测试过程中，$\gamma\text{-Fe}_2O_3$ 中的铁离子可在 Fe^{3+} 和 Fe^{2+} 之间相互转化，引起电导率改变，从而使电阻值发生变化，即 $\gamma\text{-Fe}_2O_3$ 的气敏机理为电阻控制型. 因此，$\gamma\text{-Fe}_2O_3$ 表现出良好的气敏性能，但其稳定性较差，在一定的工作温度下，会发生不可逆转变，转变为 $\alpha\text{-Fe}_2O_3$，目前人们开始将研究重点转向 $\alpha\text{-Fe}_2O_3$ 气敏材料.

一般认为，普通尺寸和结构的 $\alpha\text{-Fe}_2O_3$ 不具有敏感性能，因此须通过特殊合成方法(溶胶-凝胶法、水热法、气相法和微乳液法等)制备所得纳米 $\alpha\text{-Fe}_2O_3$ 才具有较好的气敏性能，但其在制备和应用的过程中，仍然存在许多的问题. 例如：①在制备的过程中掺杂贵金属离子，就使得生产成本提高；②与其他金属氧化物复合，会造成制作工艺变得复杂，对反应条件的控制要求提高；③制备出的 $\alpha\text{-Fe}_2O_3$ 必须在较高的工作温度下才能表现出良好的气敏性能，工作温度高意味着能源消耗大、对设备耐高温性能要求高、设备元件使用寿命变短和元件制作烦琐等. 若将其用于检测可燃性气体，高工作温度可能会导致可燃性气体发生燃烧爆炸. 上述缺点，大大限制了氧化铁气敏材料的推广和应用.

作为一种新型气敏材料，In_2O_3 一般不会单独使用，而是通过掺杂贵金属纳米颗粒来改善其灵敏度、选择性和响应恢复时间. In_2O_3 一般具有两种结构，分别为立方晶系铁锰型结构和立方晶系刚玉型结构. 以 In_2O_3 气敏材料为基底所制气敏传感器可检测多种气体，例如，H_2S、CH_3CH_2OH、NH_3、H_2、CO 和 NO_2 等，并且可通过掺杂不同种类的金属纳米颗粒，改变传感器对气体的选择性，但铟属于稀有金属，价格相对较高，其制备过程中所需烧结温度较高，能源消耗过大，造成了制作成本增高，限制了其大规模应用.

7.1.7　气体传感器的研究趋势

作为气体传感器的核心，气敏材料性能的优劣，直接影响敏感元件的应用，合成新颖结构的气敏材料，并构筑高灵敏度、高选择性的气体传感器，是当前传感器发展的重要研究方向. 除此之外，构建新型结构多阵列纳米传感元件，拓展低功耗敏感元件应用，也是目前研究重要方向. 气体传感器仍有性能提升空间，改进技术有待进一步研究，后续发展方向可以从以下五个方面进行展望：①发展简便、高效且廉价制备的气敏材料合成方法，实现工业化生产；②将气敏材料与具有催化性质的纳米金属颗粒或金属氧化物进行掺杂复合，起到催化反应与气敏性能的协同响应作用，进一步提高气体检测的高效性；③将气敏材料与 p 型半导体氧化物、有机物、石墨烯等材料进行复合，进一步降低传感器功耗，改善气敏性能；④利用光学效应，通过可见光或紫外光的照射诱导电子-空穴对的分离，提高气敏材料在光照射下的气敏性能；⑤从微观分子层次深入研究气敏材料与危险化学品气体的气敏机理，加强物理模型构建和计算模拟辅助，为高性能气敏元件的研制开发提供理论依据.

7.2　热敏材料

7.2.1　热敏电阻材料简介及分类

1. 热敏材料的发展历程

热敏材料是指具有某种物理特性对热(温度)敏感的材料. 早在 1834 年，研究人员发现硫化银具有特殊的负温度系数(negative temperature coefficient，NTC)电阻特性，即随着温度上升，硫化银电阻呈指数关系减小. 1930 年，氧化亚铜-氧化铜被人们发现同样具有负温度系数特性，所制热敏电阻成功用于航空仪器的温度补偿电路.

之后，以 Mn、Fe、Co、Ni 等过渡金属氧化物为原料，贝尔实验室开发出温度系数较大$((-1\% \sim 6\%) ℃^{-1})$、性能稳定、工作温度范围宽$(-60 \sim 300℃)$的 NTC 热敏电阻器.

20 世纪 50 年代到 60 年代初，热敏材料研究进入高速发展期，玻璃态、硅锗单晶等多类热敏电阻器先后研制投产应用. 1954 年，以钛酸钡为基质的正温度系数 (positive temperature coefficient，PTC) 热敏电阻器研制成功，后续并得到广泛研究应用. 20 世纪 80 年代后，硅元件平面制造工艺和集成技术的发展成熟，为薄膜热敏电阻器和负温度系数热敏电阻器奠定了有利的制造基础.

目前，热敏电阻器的研究方向集中于新材料的研制和新工艺的改进. $BaTiO_3$ 为基质的 PTC 热敏电阻材料研究，集中于掺杂元素种类、添加剂类别、提高居里温度等方面研究. NTC 热敏电阻材料研究，主要集中在制备工艺，如控制粉体粒度、优化烧结工艺、改良器件制备技术等.

与其他感温元件相比，热敏电阻具有灵敏度高、体积小、响应快、结构简单、成本低、使用方便等诸多优点，多用于测温、控温、温度补偿方面，在各种电子产品、汽车设备以及医疗设备中应用前景广阔.

2. **热敏电阻材料的分类**

热敏电阻是一种高温度系数的电阻体，按照电阻系数大小，归属于半导体，按照电阻率随温度变化关系，主要可分为以下四类(表 7.4 列出典型热敏电阻材料的分类及用途).

第一类是随温度升高，电阻率呈指数关系增加的正温度系数 PTC 热敏材料. 当温度升至居里温度 T_c，材料电阻会急剧增加，之后随温度继续升高，电阻缓慢发生变化. 该特性由热敏材料晶粒和晶界的电性能所决定，只有晶粒充分半导体化、晶界具有适当绝缘性的陶瓷才具有 PTC 特性. 以掺入施主杂质、或在还原气氛中烧结的半导体化 $BaTiO_3$ 热敏材料最为常见；

第二类是随温度升高，电阻率呈指数关系减小的负温度系数(NTC)热敏材料. 以尖晶石结构或钙钛矿结构的陶瓷材料最具代表性(此类陶瓷大多是具有尖晶石结构的过渡金属氧化物固溶体，即多数含有一种或多种过渡金属，如 Mn、Cu、Ni、Fe 等的氧化物，化学通式为 AB_2O_4)，其导电机理因元素组成、晶体结构和半导体化的方式不同而异；

第三类是在特定的温度范围内，电阻急剧减小的临界温度系数热敏材料，典型材料为 VO_2，并可添加一些金属氧化物；

第四类是在一定温度范围内，电阻阻值随温度升高呈近似线性降低的线性负温度系数热敏电阻.

表 7.4　典型热敏电阻材料的分类及用途

类别	典型材料	晶格类型	电阻-温度关系	用途
正温度系数热敏材料	$BaTiO_3$	钙钛矿型	电阻随着温度的升高而上升	自控发热元件、温度及电流传感器和限流元件
负温度系数热敏材料	Mn-Ni-Co-O	尖晶石型	电阻随温度的升高而下降	温度补偿、温度测量及监控、抑制浪涌保护电路
	$LaMnO_3$	钙钛矿型		
临界温度系数热敏材料	VO_2、V_2O_5 或 V_2O_3	金红石型	电阻在特定的温度范围内急剧减小	被制成固态无触点开关,用于温度的自动化控制及报警装置
线性负温度系数热敏材料	$CdO-Sb_2O_3-WO_3$ $CdO-SnO_2-WO_3$	$CdWO_3+Cd_2Sb_2O_7$ 混合相	电阻阻值在一定温度范围内随温度升高呈近似线性降低	数字化测温

根据材料居里温度的高低,PTC 热敏陶瓷可以分为两类,分别为:

(1)低温 PTC 材料:这类 PTC 器件居里温度点低于钛酸钡的居里温度 120℃,通常在 50~120℃;

(2)高温 PTC 材料:这类材料的居里点温度一般在 120~340℃.

按照材料的使用温度区间,NTC 热敏陶瓷可分为三类,分别为:

(1)低温 NTC 热敏电阻(< -60℃),大都是由两种或两种以上的过渡金属元素,如 Mn、Ni、Fe、Co、Cu 等的氧化物制备而成;

(2)常温 NTC 热敏电阻(-60~300℃),大多是由尖晶石型氧化物半导体陶瓷组成,是目前使用最多的一类 NTC 热敏电阻;

(3)高温 NTC 热敏电阻(>300℃),通常由过渡金属元素、稀土元素和碱土金属元素(如 La、Mn、Fe、Cr、Y 等)构成的钙钛矿结构氧化物制备而成.

7.2.2　热敏材料基本参数

热敏电阻的基本特性参数包括标准电阻值 R_{25}、材料敏感常数 B、电阻温度系数 α、耗散系数 H、时间常数 τ、升阻比 σ 等.

1)热敏材料电阻值

实际阻值 $R_r(\Omega)$:环境温度为 T 时,采用引起阻值变化不超过 0.1%的测量功率所测得的电阻值.

标准阻值 $R_{25}(\Omega)$:在规定温度 25℃时,采用引起阻值变化不超过 0.1%的测量功率所测量的电阻值,也称为零功率电阻,亦可标记为 R_0.

PTC、NTC 热敏材料电阻值和温度的关系式,如式(7-7)、(7-8)所示

$$正温度系数热敏电阻(简称为 PTCR):\quad R(T) = R_0 \exp\left(\frac{B_P}{T}\right) \qquad (7-7)$$

负温度系数热敏电阻(简称为 NTCR)： $R(T) = R_0 \exp\left(\dfrac{B_N}{T}\right)$ (7-8)

式中，B_P、B_N 分别为 PTC、NTC 热敏电阻的材料敏感常数. 热敏材料电阻值是决定热敏电阻使用场合的最基本参数，阻值大小取决于热敏电阻的材料属性和几何尺寸.

2) 材料敏感常数

材料敏感常数 B，定义为：$B=E_a/k$，其大小取决于热敏材料的激活能 E_a，E_a 是活化能，单位是 eV；k 是玻尔兹曼常量. B 值越大，绝对灵敏度越高. 实际上，B_P、B_N 并不是严格的常数，而是随温度的改变略有变化的，如式(7-9)、(7-10)所示

$$B_N = \frac{\ln(R_{T_1}/R_{T_2})}{1/T_1 - 1/T_2}$$ (7-9)

$$B_P = \frac{\ln(R_{T_1}/R_{T_2})}{T_1 - T_2}$$ (7-10)

其中，R_{T_1} 和 R_{T_2} 分别为绝对温度 T_1 和 T_2 下测得的热敏电阻阻值，单位为 Ω.

3) 电阻温度系数

热敏材料电阻温度系数 α_T，是指环境温度为 T 时，热敏材料电阻值随温度的变化率与其电阻值之比，用公式(7-11)表示，单位为 K^{-1}.

$$\alpha_T = \frac{1}{R_T} \cdot \frac{dR_T}{dT}$$ (7-11)

由上式可以看出，电阻温度系数 α 并非定值，且有正负之分，会随着环境温度的升高而减小，且 B 值越大，α 越大，电阻值对温度的变化也就越敏感.

4) 耗散系数

耗散系数 H 表示热敏电阻温度升高 1℃时所消耗的功率，单位为 W/℃.

$$H = \frac{\Delta P}{\Delta T}$$ (7-12)

它是描述 NTC 热敏电阻器工作时，电阻体与外界环境进行热量交换的一个物理量. H 值的大小与热敏电阻的材料、结构以及介质的种类及状态有关，在工作温度范围内，H 随着温度 T 的增加而略有增大.

5) 时间常数

时间常数表示在零功率状态下，当 NTC 热敏电阻的环境温度突然变化时，热敏电阻的变化量从最初温度到最终温度两者变化量达到 63.2%所需要的时间. 时间常数是反映热敏电阻对冷或热的响应速度的一个物理量. 它的大小与材料特性和几何尺寸大小有关.

$$\tau = -\frac{C}{H} \tag{7-13}$$

式中，C 为热容量，表示温度升高 1℃时，NTC 热敏电阻器能够吸收的能量，热容量等于质量与比热的乘积，单位为 J/℃；H 为耗散系数.

6）升阻比

升阻比表示在一段温度范围内，PTC 电阻器的最大零功率电阻与最小零功率电阻之比，即

$$\sigma = \frac{R_{\max}}{R_{\min}} \tag{7-14}$$

其描述了 PTC 热敏元件电阻值突变程度的大小，升阻比越大，电阻器的 PTC 效应越好.

7.2.3　正温度系数的钛酸钡基热敏电阻材料

1. BaTiO₃ 晶体结构及陶瓷半导途径

BaTiO₃ 属于典型 ABO₃ 型钙钛矿结构. 未掺杂的 BaTiO₃ 陶瓷在室温下为绝缘体，室温电阻率常大于 $10^{12}\Omega\cdot$cm. 在钛酸钡材料中引入施主杂质后可转变为 n 型半导体，室温电阻率下降至 $10^{-2}\sim10^4\Omega\cdot$cm. 随着温度的升高，在居里温度 T_c 以下时，电阻率基本不变，而当温度稍超过居里温度，在一个很小的温度范围内，BaTiO₃ 陶瓷的电阻率迅速升高 4～10 个数量级，即 PTC 效应，归因于 BaTiO₃ 晶体在居里点温度发生了铁电-顺电相变. 温度高于居里温度（120℃）时，BaTiO₃ 晶体为立方相，具有高度对称性，无偶极矩，无铁电性. 当温度低于居里温度（120℃）时，BaTiO₃ 晶体具有铁电性.

只有晶粒充分半导化，让材料中产生弱束缚电子，提供导电所需要的载流子，BaTiO₃ 陶瓷才会具有显著的 PTC 效应，主要途径分为两种：掺杂半导化和气氛半导化.

（1）掺杂半导化，就是在 BaTiO₃ 禁带中引入一些浅的附加施主能级，施主能级靠近价带底部，电离能较小，在室温下，电子就可以受到热激发跃迁，形成 n 型 BaTiO₃.

（2）气氛半导化，就是在真空、惰性或还原性气体氛围中烧结 BaTiO₃ 陶瓷，使其被还原，在材料中形成大量的氧空位，得到电阻率很低的半导体陶瓷. 然而，用强制还原的办法制得的 BaTiO₃ 半导体陶瓷，没有 PTC 效应，需对试样进行氧化处理.

2. BaTiO₃ 基陶瓷 PTC 效应的理论模型

一般认为 PTC 效应，由三种现象汇合形成：①形成半导体；②有铁电相变；③形

成界面受主态,三者缺一则无法形成 PTC 效应.研究人员提出了众多理论模型解释该现象,目前,海望(Heywang)晶界势垒模型和琼克(Jonker)晶界铁电补偿理论受到广泛公认.

1)海望晶界势垒模型

海望模型分析 PTC 效应主要源于陶瓷晶界、缺陷及受主杂质,使 $BaTiO_3$ 半导瓷的晶界吸附氧及空间电荷,与晶粒电性能截然不同的二维势阱,形成有过量电子存在的具有受主特征的界面状态.势阱可以俘获来自晶粒的电子,在受主界面态上产生一个横向宽度为 b 的耗尽层,b 值大小与被电子占据的受主表面态浓度 N_s 以及载流子浓度 N_d 有关,如式(7-15)所示

$$b = \frac{N_s}{2N_d} \tag{7-15}$$

宽度为 b 的耗尽层沿纵向在晶界上引起高度为 φ_0 的 Schottky 势垒,势垒高度 φ_0 与介电系数 ε 成反比.

$$\varphi_0 = \frac{e^2 N_s^2}{2\varepsilon\varepsilon_0 N_d} \tag{7-16}$$

式中,e 指基本电荷,约为 1.6×10^{-19}C;N_s 指受主表面态浓度;N_d 指载流子浓度;ε 和 ε_0 分别表示相对介电常数和真空介电常数.

施主杂质电离完全后,N_d 几乎不变,主要变量为 N_s 和 ε.在居里点温度 T_c 以上,$BaTiO_3$ 的相对介电系数遵循居里–外斯定律.

$$\varepsilon = \frac{C}{T - T_c} \tag{7-17}$$

式中,C 指居里常数;T 指环境温度.随着温度升高,ε 快速下降.

依赖于温度的 N_s 的表达式为

$$N_s = \frac{N_{s0}}{1 + \exp(E_F + e\varphi_0 - E_s)/(k_B T)} \tag{7-18}$$

式中,N_{s0} 表示表面态密度;E_F 为费米能级;E_s 为受主表面态与导带之间的禁带;k_B 代表玻尔兹曼常量.随温度升高,受主界面态不断俘获电子,能级逐渐升高向导带靠近,即 T 增大的同时 E_s 增大,导致 N_s 增大.因此,在居里点温度以上,N_s 的增大和 ε 的骤然下降,将会导致势垒高度 φ_0 随温度升高而快速升高.

Heywang 总结了样品电阻 ρ 和晶粒电子 ρ_v 之间的关系,如下式表示:

$$\rho = \alpha\rho_v \exp(\varphi_0/(k_B T)) \tag{7-19}$$

式中,α 代表了几何学因素;φ_0 代表晶界势垒高度;k_B 是玻尔兹曼常量.晶粒电阻 ρ_v 作为一个线性基数对样品电阻并不产生太大影响,而 $\varphi_0/(k_B T)$ 的变化会造成样品电

阻呈指数级变化, 因此, 在居里点温度以上, φ_0 的骤然升高导致了钛酸钡半导体陶瓷的 PTC 效应. 图 7.3 为 Heywong 模型创建的二维肖特基势垒模型示意图.

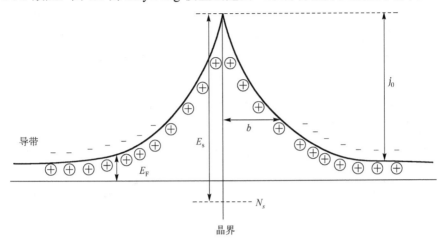

图 7.3　施主掺杂 $BaTiO_3$ 晶界上的二维肖特基势垒模型

2) 琼克晶界铁电补偿理论

Jonker 理论认为, Heywang 模型并不能解释在居里点温度以下, 施主掺杂 $BaTiO_3$ 陶瓷呈现低阻值, 以及冷却时的阻温特性可逆的现象, 对此, Jonker 理论提出: 晶界势垒的受主界面态是由非平衡氧化造成的. 在含氧环境中烧结钛酸钡, 其晶界存在吸附氧, 当晶格内的氧空位完全消失之后, 晶界吸附氧分散进入晶格中的金属离子缺位, 该过程需要电子-空穴的平衡, 因此在低温时, 钛酸钡半导体陶瓷材料的电阻较低. 在还原气氛中烧结的施主掺杂 $BaTiO_3$ 陶瓷不具有 PTC 特性, 以及在真空环境中烧结的施主掺杂 $BaTiO_3$ 陶瓷具有较弱的 PTC 特性, 足以证明这一解释. 此外, Jonker 理论认为在居里温度点处, 介电常数 ε 具有一个很高的值, 它的降低并不足以抵消晶界势垒. 因此, Jonker 理论对 $BaTiO_3$ 的铁电性进行了相关补充: 钛酸钡晶胞在铁电相区域存在各向异性的电畴, 电畴在晶界处的排列形成正负相间空间电荷. 耗尽层被电畴在晶界部分的分量所抵消, 致使势垒高度降低, 电阻下降.

7.2.4　PTC 热敏电阻的制备及应用

1. PTC 热敏电阻元件的制备

钛酸钡系 PTC 电阻元件的制备工艺与各类电子陶瓷相似, 是相对比较成熟的电子制备技术, 基本过程是将各种原料充分混合, 实现均匀程度最大化, 并在烧结过程中使各种添加剂之间充分发生固相化学反应, 通过调控烧结温度、烧结时间等多工艺参数, 获得具有良好微观结构和宏观性能的半导体陶瓷元件. 合成施主掺杂

BaTiO₃初始粉体是 BaTiO₃基 PTC 热敏陶瓷制备的重要步骤之一，常用的粉体合成方法有固相法、溶胶-凝胶法以及水热法等.

在实际应用中，PTC 材料需具有低的室温电阻率、高的升阻比和居里点温度易改变等特点，性能表现优良的 BaTiO₃基陶瓷一般由施主杂质、受主杂质、烧结助剂、居里点移动剂和 BaTiO₃基体这五部分组成，所含材料组成类别、各部分常见物质及作用如表 7.5 所示.

表 7.5　BaTiO₃基热敏材料的材料组成类别、常用物质组成及作用

BaTiO₃基热敏材料组成类别	常用物质	作用
施主杂质	与 Ba^{2+} 半径接近的三价阳离子化合物和与 Ti^{4+} 半径接近的五价阳离子化合物（例如稀土氧化物、Bi_2O_3 等）	促进 BaTiO₃半导化
受主杂质	Mn^{2+}，比如在粉体中加入 $Mn(NO_3)_2$	提高元件的升阻比
烧结助剂	Al_2O_3、SiO_2 和 TiO_2 等低熔点物质	降低陶瓷的烧结温度，改善陶瓷的显微组织和电性能
居里点移动剂	在陶瓷中加入 Sr 元素，居里点温度向低温方向移动 在陶瓷中加入 Pb 元素，居里点温度向高温方向移动	改变陶瓷的居里点温度

2. PTC 热敏电阻元件的应用范围及使用特点

PTC 热敏电阻元件在日常生活中被广泛应用，比如：①用于消除彩色显像管内或周围的杂散磁场，保证显示的色彩纯正；②用于空调、冰箱等电动机启动时负载较大的电器中，可以避免通电时较大的电流损坏电路，也可以在继电器失效的情况下保护整个电路；③用于电子仪器、仪表电路中，起到过流和过热保护作用.

PTC 热敏电阻元件具有以下六个使用特点：①灵敏度较高，其电阻温度系数要比金属大 10～100 倍以上，能检测出 10^{-6}℃的温度变化；②工作温度范围宽，常温器件适用于−55～315℃，高温器件适用温度高于 315℃（目前最高可达到 2000℃），低温器件适用于−273～−55℃；③体积小，能够测量其他温度计无法测量的空隙、腔体及生物体内血管的温度；④使用方便，电阻值可在 0.1～100kΩ 间任意选择；⑤易加工成复杂形状，可大批量生产；⑥稳定性好、过载能力强.

7.2.5 负温度系数的 Mn-Co-Ni-O 系热敏材料

1. Mn-Co-Ni-O 系热敏材料的晶体结构

Mn-Co-Ni-O 系尖晶石 NTC 热敏材料具有半导体性质，在导电方式上完全类似锗、硅等半导体材料. 温度低时，材料中载流子（电子和孔穴）数目较少，具有较高的电阻值；随着温度的升高，载流子受热激活，其数目随之增加，电阻值随之降低. Mn-Co-Ni-O 系热敏材料具有尖晶石结构，其化学通式为 AB_2O_4. 金属离子的价数只

要满足电中性条件，就可能会形成尖晶石结构. 因此，尖晶石结构 NTC 热敏电阻材料拥有一系列可被选择的基础材料.

2. NTC 特性的理论模型

在 Mn-Co-Ni-O 系热敏材料合成过程中，Ni^{2+} 会进入八面体晶格位置，使得部分原八面体晶格位置的 Mn^{3+} 拆分为 Mn^{2+} 和 Mn^{4+}，Mn^{4+} 依然占据八面体晶格位置，Mn^{2+} 则进入四面体晶格位置. 在八面体晶格位置中，Mn^{3+} 受到姜泰勒 (Jahn-Teller) 畸变作用形成极化子，电子受到较强的离子束缚作用而处于局域态成为小极化子. 小极化子可以在声子的辅助作用下，在 Mn^{3+} 和 Mn^{4+} 间跳跃传导形成电荷传输. 这种跳跃电导有着很强的温度依赖性，从而使得 Mn-Co-Ni-O 系材料具有热敏特性.

跳跃导电模型理论认为：热敏陶瓷产生高电导的载流子，来源于过渡金属的 3d 层电子，这些金属电子处于能量等效的结晶学位置 (尖晶石结构中的 A 位或 B 位)，但具有不同的价态. 由于晶格能等效，当离子间的间距较小时，通过隧道效应，电子会从某一个离子跃迁到另外相邻的离子. 尖晶石型结构材料，通常存在变价过渡金属阳离子，电子可以从同一元素不同价态之间的离子进行跳跃，或者在不同元素之间的离子进行跳跃，从而改变材料中阳离子的价态，相邻阳离子间可发生载流子交换，即发生跳跃导电. 在电场作用下，这些载流子交换引起载流子沿电场方向产生迁移运动，从而产生导电效应.

基于跳跃导电模型理论基础，对于尖晶石性结构 NTC 热敏材料提出了以下结构要求：①需形成反尖晶石或半反尖晶石结构，并且在 B 位同时存在着同一元素或不同元素的异价态离子；②B 位离子存在可变的化学价态. 只有具备了以上两个结构特征，材料才会存在电子跳跃的可能性.

以跳跃导电模型为理论基础，可对具有尖晶石结构的 NTC 热敏材料导电机理做进一步阐释：①跳跃导电属于热激活导电，电子跃迁的动力来自于晶格的热振动，电子运动方向符合热力学统计规律，并且在电场的作用下，电子的交换具有方向性；②电子的交换或跃迁，之所以仅能发生在 B 位离子之间，因为 B 位阳离子间距离小于 A 位离子之间的距离；③电子受热激发，在电子跃迁过程中要克服能垒，在大多数文献中被笼统地称为激活能. 激活能 E_a 分很多种，比如电子跃迁激活能、扩散激活能、再结晶激活能、蠕变激活能等. 电子的活化能受到温度的直接影响，电子跃迁受到晶体中的热震动影响. 当低温时，电子的活化能非常高，不易产生电子跳跃，电导率非常低，电阻比较高；处于高温时，电子的活化能降低，容易产生电子跃迁，电导率高，电阻下降，这就是 NTC 效应.

3. NTC 热敏电阻材料的老化机理

NTC 热敏电阻器在环境温度中长期工作或储存时，电阻材料内部会发生各种不可逆的变化，造成 NTC 热敏电阻器阻值的漂移，此现象称为 NTC 热敏电阻的老化，可归因于 NTC 热敏材料内部发生物理变化和化学变化. 发生物理变化的原因在于，热敏材料须经高温烧结再降温才制备得到，常以一种自由能较高的亚稳态的结构存在，经长时间使用逐渐过渡为自由能较低的状态结构，影响因素有缺陷浓度、晶粒结构、内应力的变化等. 发生化学变化的原因在于，热敏电阻器在大气气氛中工作或储存时，电阻材料会发生氧化、还原、解吸和化学吸附等化学反应. NTC 热敏电阻的稳定性常以高温下处理一段时间后(即老化处理)的电阻漂移率$\Delta R/R_0$来表示，关系式如下所示：

$$\Delta R/R_0 = \frac{R - R_0}{R_0} \tag{7-20}$$

式中，R 和 R_0 分别为 NTC 热敏电阻在高温老化处理前后 25℃的所测电阻值. 电阻漂移率越小，表示热敏电阻的稳定性越好.

7.2.6 NTC 热敏电阻的制备及应用

1. NTC 热敏电阻元件的制备

NTC 热敏电阻元件的制备方法比较成熟，根据对元件性能的要求，可以分为以下三类：

(1)传统块状电阻元件：将过渡金属氧化物按照一定比例混合均匀，通过高温固相反应烧结成块状陶瓷，所制备 NTC 器件具有体积较大、成本低廉、工艺成熟、对于仪器设备要求相对较低等优势. 传统块状 NTC 热敏元件也存在一些缺点，如尺寸相对较大、响应速度慢、器件精度略低以及热稳定性较差，与材料孔隙率不稳定和晶界接触不规整有直接关系.

(2)厚膜电阻元件：在氧化铝陶瓷基片上，采用丝网印刷方法，印制 NTC 料浆、电极、保护层等厚度为几十微米的各层材料，经高温固化烧结后形成厚膜 NTC 器件. 此类 NTC 材料通常在室温下表现出高电阻率，使薄膜热敏电阻具有相对较大的电阻值.

(3)薄膜电阻元件：以 NTC 陶瓷靶材为原料，采用磁控溅射、化学气相沉积等半导体制造工艺，在氧化铝陶瓷基片上沉积 NTC 薄膜、电极等各层材料，形成薄膜 NTC 器件. 此方法制备的 NTC 电阻元件可有效降低器件的体积、热容量以及电能消耗，并且能够显著提升器件灵敏度并缩短响应时间，目前广泛用于电子器件的微型化和集成化设计.

2. NTC 热敏电阻元件的应用

目前，NTC 热敏电阻元件广泛用于电子设备、医疗器械、家用设备等领域，功能应用集中表现在以下三个方面：

（1）温度补偿：片式电阻、晶体管、电感器、石英振荡器等电子元件，受外界温度变化或自身发热等因素，会产生温度漂移现象，影响电路正常工作. 利用 NTC 热敏电阻的负温度特性，将 NTC 元件连接到电路中，抵消温度对电路中其他元器件的正温度特性影响，起到温度补偿的作用，可使整个电路的电阻稳定，进而实现电路在宽温域下稳定工作.

（2）温度检测：得益于 NTC 热敏电阻稳定的温度电阻特性，并呈现指数函数关系，因此可通过检测 NTC 热敏电阻的电阻值，从而得出温度值. 相比较于其他类型温度测量方式，NTC 热敏电阻具有测温准确、灵敏度高、应用温度范围宽等显著优点.

（3）抑制浪涌保护电路：大电流开关、大功率电机、大功率照明电源等电器，在电路接通瞬间，会产生非常大的瞬时浪涌电流，会影响一些敏感元器件的使用寿命，从而直接降低整个电路的稳定性. 根据 NTC 效应，在电路上串联一个 NTC 热敏电阻，在电路接通之前，热敏电阻温度比较低，其电阻比较大，从而可以限制电路接通瞬间的浪涌电流.

7.2.7　热敏材料发展展望

热敏材料及热敏电阻器的生产及应用，虽正处于快速发展阶段，其工艺和性能仍有较大的提升空间，可从下列三个方向进行重点突破：

（1）PTC 热敏材料的研究方向，目前集中于实现材料低阻化、增大材料发热功率、居里点温度向高温发展等研究方向. 叠层片式热敏电阻的研究，有助于电子器件向微型化和集成化方向发展，但其制备技术含量很高，在该领域我国的技术落后于一些发达国家. 为打破国外技术垄断，清华大学、华中科技大学、中国科学院新疆理化技术研究所和原 715 厂，针对材料研发改性和制备技术升级，率先开展了相关研究和产业化合作.

（2）作为近年发展的高端技术之一，多层片式 NTC 热敏电阻元件制备技术，正成为 NTC 行业新的技术增长点. 除此之外，热稳定性及性能可控性的研究，将是提高 NTC 产品精度与可靠性的基础支撑. 对于高电阻率、低材料敏感常数和低电阻率、高材料敏感常数系列以及 NTC 热敏复合材料的研究，同样会扩宽 NTC 热敏电阻元件的应用范围.

（3）开发 V 型 PTC 陶瓷材料. 所谓 V 型，是指同一个 PTC 元件的电阻-温度特性，当温度低于居里温度时，表现为 NTC 特性，当温度达到和超过居里温度时，呈 PTC 特性. 这种多功能特性在应用上既能弥补传统 PTC 材料和 NTC 材料的某些不足，又能实现热敏电阻传感器的自动化和智能化，研究人员对研制开发 V 型 PTC 材料的重视程度越来越高.

7.3 压 敏 材 料

7.3.1 压敏材料简介及分类

1. 压敏电阻应用背景简介

电子设备在工作过程中，遇到雷电冲击、电压异常、开关频繁等特殊状况，会出现线路瞬态电压过大，导致电路无法正常工作，甚至发生各种安全事故. 研制开发高可靠性能的过电压保护元件，对于电子设备的安全使用具有极为重要的现实意义和经济价值.

压敏电阻具有独特的非线性伏安(I-U)特性，当施加在压敏电阻两端的电压低于临界电压时，压敏电阻的阻值很大，几乎没有电流通过，当两端施加电压达到临界电压(又称压敏电压)时，其电阻值会发生急剧下降，随着电压的微小增加，电流会出现几个数量级的增大，过电压就会通过压敏电阻以放电电流的形式被释放，从而抑制电路中的过电压. 当电路两端电压恢复正常时，压敏电阻又可恢复到初始的高阻值模式，相当于开路状态，不影响电路正常工作，从而保护电路系统受到过电压所带来的损伤.

因其独特的非线性伏安特性，压敏电阻既可以应用于直流电路亦可以应用于交流电路，电压可由几伏到几万伏，电流则在毫安至数千安之间. 自 1940 年被用作电力避雷器以来，压敏电阻在电力系统、工业系统、电子设备、通信系统的过电保护等重要领域得到广泛应用. 随着现代信息技术的迅速发展，作为保护电子元件的压敏电阻器需求量逐渐增加，其发展前景极为广阔.

2. 压敏材料分类

压敏电阻的研发应用关键，在于高性能压敏材料的选择及合成. 压敏材料是指在某一特定电压范围内，材料电阻值随加于其两端电压的不同而发生显著变化，并表现为非线性伏安特性的电阻材料，利用这种压敏材料制作而成的电阻称为压敏电阻.

迄今为止，人们发现具有非线性伏安特性，并可以制造压敏电阻器的陶瓷材料有 SiC、ZnO、$BaTiO_3$、SnO_2、$SrTiO_3$ 等，常见几种压敏元件的性能对比详见表 7.6. 由 ZnO 半导体陶瓷所制成的压敏电阻器研究应用居多，具有成本低廉、制造方便、非线性系数大、电压温度系数小、响应时间快、残留电压低、泄漏电流小等独特性能，进而有效起到过压保护、抗雷击、抑制瞬间脉冲的作用.

表 7.6　几类常见的压敏元件的性能特点

种类	基质材料	I-U 特性	压敏电压 U_{1mA}/V	非线性系数 α
ZnO	ZnO 烧结体	对称	22~9000	20~100
SiC	SiC 烧结体	对称	6~1000	3~7
BaTiO$_3$	BaTiO$_3$ 烧结体	不对称	1~3	10~20
釉-ZnO	ZnO 厚膜	对称	5~150	3~40
Se 系	Se 薄膜	对称	50~1000	3~7
Si 系	Si 单晶	不对称	0.6~0.8	15~20
齐纳二极管	PN 结	不对称	2~300	6~150

7.3.2　压敏材料的基本特性

1. 非线性伏安特性

压敏材料制作而成的压敏电阻器, 对电压变化敏感, 其工作机制基于压敏电阻特殊的非线性伏安(I-U)特征. 电流-电压的非线性特性具体表现为: 当两端电压低于某一临界值(压敏电压)之前, 其电阻值非常高, 性质接近于绝缘体(其 I-U 关系服从欧姆定律), 当两端电压超过临界值时, 其电阻值就会急剧降低, 性质相当于导体(其 I-U 关系为非线性), I-U 关系如下:

$$I = (U/C)^{\alpha} \tag{7-21}$$

式中, I 为通过压敏电阻的电流; U 为通过压敏电阻两端的电压; C 为材料常数(又称非线性电阻); α 是非线性系数, 作为描述压敏电阻非线性强弱的物理量, 是评价压敏材料性能优劣的重要指标.

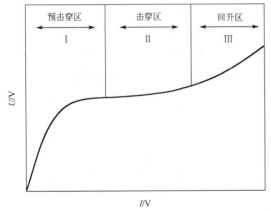

图 7.4　ZnO 压敏陶瓷伏安特性曲线

伏安特性作为压敏材料重要的宏观特性之一, 是其非线性特性的直观体现, ZnO 压敏材料的典型伏安特性曲线图, 如图 7.4 所示. I 区域常称为预击穿区, 在该区域压敏材料表现出纯电阻特性, 且电阻值较高, I-U 关系接近线性. II 区域被称作击穿区, 在这个区域呈现出非线性, 是压敏电阻工作区域. III区域被称作回升区, 其非线性开始变差, 逐渐呈现出纯电阻特性, 此时阻值较预穿区时的阻值低很多.

2. 非线性系数

非线性系数 α, 一般用来表示压敏电阻处于击穿区时, 其电流随电压增加而呈

指数性上升的一个特性，电流随电压上升越快，α 值就越大，反之则越小，其计算公式如下

$$\alpha = \frac{\lg(I_2 / I_1)}{\lg(U_2 / U_1)} \tag{7-22}$$

式中，U_1 和 U_2 为施加在压敏电阻上的外电压；I_1 和 I_2 分别对应 U_1 和 U_2 时流过压敏电阻的电流. 当压敏材料处于相同温度和相同电流下，其化学成分与 α 值大小存在着直接关系. α 值越大，代表电压增大所引起的电流相对变化越大，压敏电阻的电阻值对电压的变化更为敏感，意味着其压敏性能越好. α 值并不是常数，在临界电压以下，α 值逐步减小，在电流很小的区域，α 值无限趋近于 1，压敏电阻表现为欧姆特性.

3. 材料常数

对于固定的压敏材料来讲，C 为常数，但 C 值的精确测量非常困难. 为了对比不同压敏材料的 C 值，当压敏电阻通上 $1\mathrm{mA/cm^2}$ 的固定电流，在电流通路上每毫米长度上的电压降值大小定义为压敏电阻的 C 值，其数值大小反映了压敏材料的特性和压敏电压的高低，所以将 C 称为材料常数. 除此之外，压敏电阻呈现特征压敏性的电流 $I = 0.1\sim1\mathrm{mA}$，所以常把 $1\mathrm{mA}$ 所对应的电压 $U_{1\mathrm{mA}}$ 称为压敏电压.

4. 泄漏电流

泄漏电流是指压敏电阻在工作过程中，由于材料的自身性能或受长时间老化劣化影响，进入击穿区之前，压敏电阻在正常工作电压下所流过的电流. 泄漏电流越小，压敏电阻工作性能可靠性更佳. 一般来讲，泄漏电流与压敏电阻两端的施加电压有关，电压值越大，泄漏电流随之增大. 除此之外，泄漏电流与温度高低存在以下关系：温度越高，电子在电场作用下定向运动就越激烈，导致泄漏电流增大，因此，温度升高将导致压敏电阻的阻值下降，即氧化锌压敏电阻呈现负温度特性.

5. 通流容量

通流容量是指压敏电阻耐受大电流冲击和吸收冲击能量的能力. 一般来讲，通流容量的大小，与压敏电阻的电极面积成正比，同时还与压敏电阻自身质量(包括化学成分、制作工艺及其几何尺寸)，特别是压敏电阻的致密化程度存在着密切关系.

7.3.3 压敏材料的半导体特性及导电机理

1. 氧化锌压敏材料的半导体特性

ZnO 一般以最稳定的六方纤锌矿晶体结构存在，其晶体结构空间群为 $P6_3mc$，

Zn 占据一半的四面体空隙，另一半的四面体空隙和所有的八面体空隙都是空的，所以，杂质元素容易进入 ZnO 晶体内部并形成固溶体. 区别于一般单晶半导体，ZnO 晶粒接触面之间存在着一层薄晶界层，晶界层物质是由 ZnO 压敏陶瓷制备过程中所掺杂的添加剂及反应生成物所构成，最终形成 ZnO 晶粒-晶界层-ZnO 晶粒的空间网状结构，如图 7.5 所示.

图 7.5　ZnO 空间网状结构简示图

理想状态下，ZnO 半导体禁带宽度为 3.2 eV，远大于一般的半导体材料(如 Si、GaAs 等). 然而，ZnO 为非化学计量比化合物，存在氧不足的特征，锌离子很容易过剩并产生锌填隙缺陷(可用符号 Zn_i 来表示)来充当本征浅施主杂质，因此，ZnO 具有 n 型半导体的特性，这也是其具有压敏性能的重要原因. 无任何杂质或掺杂物的纯 ZnO 陶瓷，一般不具有非线性伏安特性，必须将各种金属氧化物添加剂掺杂到 ZnO 陶瓷中，才可以得到具有非线性伏安特性的压敏材料.

ZnO 压敏电阻是一种以 ZnO 为主体，掺杂其他金属氧化物如 Bi_2O_3、Sb_2O_3、Co_2O_3、Cr_2O_3、MnO_2 等，在高温下烧结而成的多晶半导体陶瓷，其晶界层(厚度为 $2 \times 10^{-9} \sim 2 \times 10^{-8} m$)中含有的化学成分较多，相对于普通半导体，其工作原理更为复杂，因此，ZnO 压敏电阻的导电机理一直是人们研究的热点及难点.

2. 氧化锌压敏材料的导电机理

ZnO 电阻的非线性伏安特性，由 ZnO 晶粒与晶界层间所形成的晶界势垒所决定. 在低电场区域，ZnO 电阻率大于 10^8 $\Omega \cdot m$，晶界层是压敏特性的产生根源；在高电场区域，晶界层导通，ZnO 压敏电阻片的电阻主要由晶粒的体电阻所决定.

一般来讲，ZnO 晶粒与晶界层间的晶界势垒形成过程，如下所描述：在 ZnO 压敏材料两端未施加电压前，将 ZnO 晶粒和晶界层分离来看，ZnO 晶粒呈施主特性，晶界层呈受主特性，当晶粒未结合时，相比于晶界，晶粒的费米能级更高，在晶粒结合之后，晶界层的费米能级升高，晶粒内部的费米能级降低，晶粒内部的自由电子被界面所吸引，由于自由电子的丢失，晶粒内部在靠近晶界的区域会形成带正电荷的耗尽层，晶粒内部的能带发生弯曲，形成了肖特基势垒. 由于晶界两侧各有一个耗尽层，通常将 ZnO 压敏陶瓷中的晶界势垒称为双肖特基势垒.

当在 ZnO 压敏电阻两端施加一定外电压时，若左侧为正偏压侧，右侧为负偏压侧,加载电压主要施加在右侧反偏肖特基势垒上,导致晶界右侧的势垒高于左侧,晶粒左侧的电流密度大于右侧,电子主要由左侧 ZnO 晶粒进入晶界,电子一部分被界面所捕获,另一部分由于热激发效应越过晶界势垒进入右侧 ZnO 晶粒,从而产生电流,这便是 ZnO 压敏陶瓷在预击穿区的导电机理.

随着电压增大,ZnO 压敏电阻进入击穿区,在该区域内,基于双肖特基势垒模型,ZnO 压敏电阻的导电机理可分为势垒消失机理和隧道电流机理.势垒消失机理对击穿区非线性 I-U 特性作出以下解释:随着加载电压的升高,界面能级随着捕获电子数量的增多逐渐饱和,晶界势垒逐渐降低直至消失,电子直接进入界面另一端的导带.隧道电流机理认为:当施加电压较高时,被界面能级俘获的电子不再以热激发的形式传输,而是以隧道电流形式通过,电子直接越过晶界势垒而产生电流.

随着电流增大,ZnO 压敏电阻进入回升区,伏安特性逐渐呈现为线性,压敏陶瓷内的耗尽层消失,晶界层处于导通状态,其电阻率通常取决于晶粒的体积电阻率.由于晶粒的电阻率很低,通过 ZnO 压敏电阻的电流密度很大,压敏电阻在回升区的 I-U 特性往往对其通流能力有着显著的影响.

7.3.4 氧化锌压敏材料

1967 年,日本松下电器公司无线电实验室的松岗道雄等人,首次研制成功 $ZnO+Bi_2O_3$ 系压敏电阻的工业化生产配方和工艺,并引起了各国科学家的研究兴趣和应用拓展.由于具有非线性系数大、电压范围宽、温度特性好、响应速度快、成本低廉、制造方便等一系列优良特性,ZnO 系压敏电阻逐渐取代了传统的 SiC 压敏电阻,在微电子电路和特高压输电系统等领域得到了广泛应用.2013 年,我国提出共建"一带一路"倡议,显著促进了我国与共建国家经济的合作发展.与此同时,共建国家对电力的需求正在急剧增加.由于全球能源基地与负荷的不均匀分布,需要特高压直流技术以实现电能跨地区、跨国家的远距离和大容量的传输.随着电压等级的不断升高,电力系统过电压的问题日益突出,压敏电阻行业迎来了巨大的发展机遇,研究人员为开发高性能氧化锌压敏材料而展开了深入系统的研究.

1. 氧化锌压敏材料制备方法

ZnO 压敏材料的压敏电压主要由晶界层所决定,要提高单位压敏电压,就要增加单位厚度上晶界层的数量,也就是要增加单位厚度上晶粒的数量.目前,ZnO 传统压敏电阻片的晶粒尺寸大小在 $10\mu m$ 左右,如果能使其晶粒减小,甚至到纳米级别,尤其是控制该材料主晶相 ZnO 晶粒生长,既能提高电阻片的压敏电压,同时还能提升其综合性能.所以如何合成 ZnO 超细粉末引起了研究人员的广泛关注.以物料状态进行分类的话,制备超细氧化锌的方法可归纳为液相法、气相法和固相法三大类,液相法制备所得 ZnO 颗粒大小在纳米级别,成本低廉且性能优异,目前该方法应用合成 ZnO 压敏材料较为广泛.

液相法中, ZnO 陶瓷复合粉体或复合添加剂粉体由溶液反应而得. 混合溶液反应过程中能够精准确定原料添加量, 化学计量比固定, 所以该方法所制备的压敏陶瓷具有粒径分布窄, 添加剂分布均匀, 内部结构稳定等特点, 是研究人员普遍用来提升压敏陶瓷电性能的一种研究方法.

2. 氧化锌压敏材料研究进展

ZnO 压敏陶瓷的配方体系有许多种, 因重要添加剂的不同, 主要被分为 ZnO-V_2O_5 系、ZnO-Pr_6O_{11} 系、ZnO-玻璃系以及 ZnO-Bi_2O_3 系压敏电阻四个体系.

(1) ZnO-V_2O_5 系压敏电阻. 由于 V_2O_5 的熔点较低, ZnO-V_2O_5 系压敏电阻材料是一种低温烧结的压敏陶瓷材料. 但是经过众多学者的研究发现, 这种体系材料的压敏特性并不优越. 而且掺杂 Sb_2O_3、Cr_2O_3、Mn_3O_4、Co_2O_3 等添加剂改善其性能后, 会导致材料烧结温度变高, 使得 ZnO-V_2O_5 系压敏电阻材料低温烧结的优势消失.

(2) ZnO-Pr_6O_{11} 系压敏电阻. 镨系 ZnO 压敏电阻具有较好的压敏特性, 现已被用来制造几百和千伏变电站的电涌放电器. 但是氧化镨原料价格比较高, 而且氧化镨体系的烧结温度高(大于 1200℃), 因此很难实现大规模的生产和应用.

(3) ZnO-玻璃系压敏电阻. 这里的玻璃主要是指硼硅酸铅锌玻璃, 该体系压敏电阻材料具有优良的压敏特性、较好的稳定性, 且能在较低的温度下烧结, 但是其在满足高压敏电压梯度压敏电阻尤其是避雷器的应用要求方面, 仍然有比较大的差距.

(4) ZnO-Bi_2O_3 系压敏电阻. 该体系材料掺杂成分较多, 烧结温度偏高, 且 Bi_2O_3 的活性较高, 在高的烧结温度下容易挥发会导致材料成分的变化. 但是该体系材料是 ZnO 压敏电阻材料中研究最深、综合性能最优、应用最广的材料. 多元掺杂的铋系 ZnO 压敏电阻具有漏电流低、非线性优良、压敏电压能在宽范围内调变、耐浪涌能力强等优越性能以及成本小、制造方便的特点, 在 ZnO 压敏电阻的实际生产应用中占据着主导的地位.

7.3.5 氧化锌压敏材料的发展趋势

实现电子器件小型化集成化的关键之一是膜结构的压敏电阻的使用, 业界对 ZnO 膜结构材料的研究主要集中在薄膜、厚膜和复合膜三方面, 低电位、高非线性系数的 ZnO 压敏薄膜和高电位梯度、高非线性系数的 ZnO 压敏厚膜是未来一个重点研究的方向.

复合化、多功能化、低维化、智能化和设计、材料、工艺一体化应是全球功能陶瓷行业的发展趋势, 其研究会进入纳米技术领域, 进而发展到智能材料阶段, 将是广大研究者技术创新、制备工艺创新发展及社会需求的发展方向.

随着功能陶瓷行业的高速发展, ZnO 压敏陶瓷作为一种高新技术关键材料在全球范围内受到广泛关注，其本身的消费市场空间潜力巨大. 我国一直高度重视对功能陶瓷材料的研究，在新材料技术时期将向材料结构功能复合化、功能材料智能化、材料与器件集成化、制备和使用过程绿色化方向发展.

习 题 七

一、填空题

1. 按照组装结构特点和涂覆材料的形式，氧化物半导体气敏元件分为_____型气敏元件、_____型气敏元件和_____型气敏元件.

2. 敏感陶瓷材料具有_____、_____、_____、_____等优点，在敏感元件及传感器中占据重要地位.

3. 一般来讲，要提高传感器件的敏感性能，就要提高其_____和_____.

4. 热敏电阻的温度系数 α 是指在温度 T 时，热敏电阻器的_____与_____之比.

5. 一般认为 PTC 效应由三种现象汇合形成：①_____；②_____；③_____，三者缺一则无法形成 PTC 效应.

6. Mn-Co-Ni-O 系尖晶石 NTC 热敏电阻器在室温下的变化范围在_____，热敏常数可在_____之间.

7. ZnO 压敏材料的压敏电压主要是由_____决定的，要提高单位压敏电压，就要增加_____的数量.

8. 压敏材料的通流容量是指压敏电阻_____和_____的能力.

二、思考题

1. 纳米材料应用于气体敏感材料的主要优势体现在哪几个方面？

2. 简要回答衡量气敏材料传感性能的六个指标参数.

3. 简要概述压敏电阻独特的非线性伏安(I-U)特性.

4. 热敏电阻的基本特性参数主要包括哪几个主要指标？

5. 调研我国研究人员在气敏陶瓷、热敏电阻及压敏材料所取前沿进展及应用实例，并运用所学知识介绍其工作原理.

参 考 文 献

郭学海, 潘国峰, 李祥州, 等. 2017. Al$_2$O$_3$ 掺杂 ZnO 基高选择性丙酮气体传感器[J]. 硅酸盐学报, 45(1): 106-112.

何林. 2012. 块体、厚膜和薄膜 NTC 热敏电阻的制备与性能[D]. 广州: 华南理工大学.

洪长翔. 2018. 氧化锌基甲烷气体传感器检测特性及气敏机理第一性原理研究[D]. 重庆: 西南大学.

雷佳. 2018. 钛酸钡基 PTC 陶瓷 NTC 效应研究[D]. 广州: 华南理工大学.

李酽, 陈丽丽, 吕谭. 2017. 多孔 Ag/ZnO 的生物模板法合成及气敏性能研究[J]. 功能材料, 48(5): 5099-5103.

李玉亮. 2020. 功能化氧化锌复合材料的制备及传感性能研究[D]. 郑州: 郑州轻工业大学.

林贺, 范新会, 于灵敏, 等. 2007. Ni 掺杂对 ZnO 纳米线甲烷气敏性能的影响[C]. 第六届中国功能材料及其应用学术会议论文集, 7: 300-302.

刘锦淮, 黄行九. 2011. 纳米敏感材料与传感技术[M]. 北京: 科学出版社.

秦涵立, 刘洁, 何思敏, 等. 2018. 片状氧化锌的合成及乙醇气敏性能研究[J]. 化工技术与开发, 47(5): 1-3.

宋丽明. 2020. 基于分等级结构二氧化锡和氧化锌的气体传感器研究[D]. 长春: 吉林大学.

孙亮. 2007. 钙钛矿氧化物材料的热敏性和器件的研究[D]. 昆明: 昆明理工大学.

汪涛, 齐国权. 2011. 高压 ZnO 压敏电阻陶瓷材料研究进展[J]. 中国陶瓷, 47(12): 1-4, 7.

王丽伟. 2014. 半导体金属氧化物纳米材料的合成、改性与气敏性能研究[D]. 天津: 南开大学.

王佩艺. 2014. ZnO 压敏电阻器制备过程对电性能的影响[D]. 广州: 华南理工大学.

王琼. 2012. 功能化纳米氧化物的设计、合成及其多相催化反应机理研究[D]. 兰州: 兰州大学.

王卫民. 2005. 尖晶石系 NTC 热敏电阻材料导电机理的研究进展[J]. 安阳师范学院学报, (2): 41-45.

杨丙文. 2020. 基于锰基尖晶石结构热敏薄膜电阻制备及性能研究[D]. 广州: 广东工业大学.

张启龙, 杨辉. 2017. 功能陶瓷材料与器件[M]. 北京: 中国铁道出版社.

赵勇, 王琦. 2012. 传感器敏感材料及器件[M]. 北京: 机械工业出版社.

朱思宇. 2019. ZnO 压敏陶瓷的制备及其通流能力研究[D]. 绵阳: 西南科技大学.

邹平, 洪长翔, 奚红娟, 等. 2018. 氧化锌基乙醇气体传感器研制及特性研究[J]. 传感技术学报, 31(10): 1478-1481.

Lee S H, Galstyan V, Ponzoni A, et al. 2018. Finely tuned SnO_2 nanoparticles for efficient detection of reducing and oxidizing Gases: The influence of alkali metal cation on gas-sensing properties[J]. ACS Applied Materials & Interfaces, 10(12): 10173-10184.

Lu S, Zhang Y, Liu J, et al. 2021. Sensitive H_2 gas sensors based on SnO_2 nanowires[J]. Sensors and Actuators B: Chemical, 345: 130334.

Mrw A, Pmr A, Rks B, et al. 2020. Enhancement in NH_3 sensing performance of ZnO thin-film via gamma-irradiation[J]. Journal of Alloys and Compounds, 830: 154641.

Sysoev V V, Schneider T, Goschnick J, et al. 2009. Percolating SnO_2 nanowire network as a stable gas sensor: Direct comparison of long-term performance versus SnO_2 nanoparticle films[J]. Sensors and Actuators B: Chemical, 139(2): 699-703.

Wang Q, Yao N, An D, et al. 2016. Enhanced gas sensing properties of hierarchical SnO_2 nanoflower assembled from nanorods via a one-pot template-free hydrothermal method[J]. Ceramics International, 42(14): 15889-15896.

Zhang Y, Liu T, Hao J, et al. 2015. Enhancement of NH_3 sensing performance in flower-like ZnO nanostructures and their growth mechanism[J]. Applied Surface Science, 357: 31-36.

Zou C, Xie W, Wang J. 2016. Synthesis and enhanced NO_2 gas sensing properties of ZnO nanorods/TiO_2 nanoparticles heterojunction composites[J]. Journal of Colloid and Interface Science, 478: 22-28.

第 8 章　航空功能材料

航空航天事业的发展与创新，迫切需要高性能及特种功能材料的研制开发和技术升级. 我国高度重视该领域的科技引领突破，并重点强调"加快实现航空发动机及燃气轮机自主研发和制造生产". 随着我国航空航天事业不断发展壮大，相关成果不断转化，在航空发动机、航电系统、高端材料等诸多核心技术方面仍亟待突破加强.

航空材料是制造航空器、航空发动机和机载设备等所用各类材料的总称，按照使用范围可分为航空结构材料和航空功能材料. 航空结构材料主要用于制造航空器的各种结构部件，其作用为承担受力载荷，包括机体、承力部件、发动机壳体等. 航空功能材料主要是指具有光、电、磁、声、热等特殊功能的航空材料，包括用于飞机可展开变形机翼的形状记忆材料、现代飞行器隐身技术的吸波材料、航空发动机的高温热障涂层材料和示温陶瓷材料、飞行器测控系统的电子信息材料等. 为了满足航空飞行器的智能化、多功能化及特种功能化要求，航空功能材料将会朝着高性能、多功能、多品种、多规格的方向发展.

鉴于航空功能材料品种繁多，本章将从形状记忆功能、隐身功能、高温防护功能三个方面，重点围绕形状记忆功能材料、雷达与红外隐身材料、热障涂层与高温示温陶瓷进行介绍(表 8.1).

表 8.1　本章所涉及的航空功能材料分类及航空应用举例

名称	分类	功能	航空应用举例
形状记忆功能材料	形状记忆合金	环境感知驱动形状记忆效应	航空可展开机翼结构、管接头、振动器
	形状记忆聚合物		空间可变形结构、锁紧释放结构、变体
隐身功能材料	雷达隐身材料	降低雷达回波	飞机机翼、机身蒙皮、承载负荷结构
	红外隐身材料	减弱红外辐射	发动机热部件、燃气喷流、机身蒙皮
高温防护功能材料	热障涂层陶瓷	耐高温抗氧化	航空发动机、燃气轮机涡轮叶片
	高温示温陶瓷	航空高温测试	燃烧室、涡轮、加力燃烧室、尾喷口

8.1　形状记忆材料

让材料插上"记忆"的翅膀

形状记忆材料是指能够感知响应外界环境变化刺激(如温度、电场、磁场、溶剂等)，并对自身的状态参数(如形状、位置、应变等)进行相应调整，且能够恢复到起始状态的材料．形状记忆材料的出现，从本质上揭示了材料内部微观结构变化与外部宏观形状可调这一重要特性，为新材料产品开发、材料加工工艺革新及新兴领域的应用提供了一种崭新的途径．

8.1.1　形状记忆材料发展简介

　　1932 年，瑞典科学家奥兰德在研究金镉合金时，首次观察到形状记忆变形现象，即金镉合金受外力作用发生形状改变，当加热至一定温度，又可以恢复至初始形状．1938 年，美国科学家在铜锌合金发现了马氏体的热弹性转变行为(热弹性马氏体，是指在冷却转变与加热逆转变时呈弹性长大与缩小的马氏体)．1951 年，美国里德等发现形状记忆现象，同样存在于金镉合金和铟钛合金，以上现象的发现，在当时仅被看作是个别材料的特殊性质，并未能引起人们的足够重视．1962 年，美国海军机械研究所的一个研究小组偶然发现，已经拉直的镍钛合金丝受到高温加热，可恢复至起始弯曲状态，经多次实验验证镍钛合金确实具有形状记忆功能．镍钛合金形状记忆效应的发现，极大推动了形状记忆材料的广泛深入研究．1969 年，美国瑞侃公司第一次将镍钛系记忆合金制作成管接头，并应用于 F-14 飞机，这一重大突破掀起了国际对形状记忆合金研究开发的热潮．

　　1981 年，日本科学家发现辐射交联型聚乙烯聚合物具有形状记忆效应，该效应随后又被发现同样存在于聚苯乙烯-聚丁二烯嵌段混合型共聚物．近年来，我国科学家在形状记忆聚合物材料研究应用方面也做出了重要贡献，哈尔滨工业大学冷劲松院士领导的科研团队建立了形状记忆聚合物复合材料的本构理论，发明了多种形状记忆聚合物材料及智能变形结构，并在天问一号火星探测器取得成功应用，在形状记忆聚合物复合材料领域，该研究团队创新成果位居世界前列．

　　1986 年，澳大利亚科学家意外发现氧化锆陶瓷材料具有形状记忆效应，形状记忆陶瓷进而引起了研究学者的关注．由于陶瓷材料的形状记忆变形量较小，并且在记忆循环过程中存在较大的不可恢复变形，随着循环次数的增加，材料易产生裂纹发生破碎引起彻底失效，大大限制了形状记忆陶瓷材料的应用发展．随着形状记忆合金和形状记忆聚合物研究的不断深入，历经国内外科研工作者的研究探索及应用拓展，出现了不同类型和结构的形状记忆材料，在航空航天、医疗器械、电子仪器、工业控制等领域发展前景广阔．

8.1.2　形状记忆材料的工作原理

形状记忆合金

　1.　形状记忆合金的工作原理

　　镍钛基形状记忆合金的综合性能优异且应用领域最为广泛，下面以此为例介绍形状记忆合金的工作原理：当形状记忆合金处于正相变温度(相变温度，指物质发生相转变的温度)或者处于正相变点(相变点，指物质发生相转变的临界点)以下，受到一定的外力作用会发生不同程度的变形．当加热至相变温度之上，材料发生逆相变的同时并恢复至初始形状，这种现象称为形状记忆效应．从能量转化的角度理解，形状记忆合金可以感知温度的变化，并响应温度的变化发生相变，储存并且释放能量，将热能转化成机械能输出外力位移．

　　镍钛基形状记忆合金在低温下，其内部结构为马氏体相，记为 M 相，在高温下，其内部结构为奥氏体相，记为 A 相．当温度降至 M_s(martensite started temperature，指马氏体相转变的起始温度)时，马氏体相变开始，合金由奥氏体相向马氏体相转变，马氏体体积分数逐渐增加．当温度降至 M_f(martensite finished temperature，指马氏体相转变的终止温度)时，马氏体相变结束，合金完全处于马氏体状态．随温度升高至 A_s(austenite started temperature，指奥氏体相变的起始温度)时，马氏体相向奥氏体相转变，马氏体体积分数开始减小，当温度升至 A_f(austenite finished temperature，指奥氏体相转变的终止温度)时，马氏体逆相变结束，此时合金完全处于奥氏体相状态．马氏体相变及逆相变过程中马氏体体积分数随温度的变化曲线和相应的晶体结构变化，如图 8.1 所示．

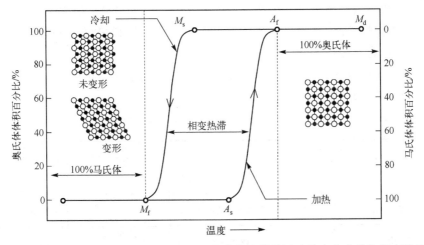

图 8.1　形状记忆合金相变及其逆相变过程马氏体体积分数随温度的变化曲线和相应的晶体结构变化示意图

　　当镍钛合金处于马氏体相转变的起始温度以下，对其施加外力载荷会使马氏体变体沿择优取向方向生长，内部晶体结构发生马氏体相变，生成各种形变马氏体，宏观形状发生改变，在低于奥氏体相变起始温度下进行载荷卸载，当载荷为零时，合金发生回弹，并保留残余变形．当升温至奥氏体相转变的终止温度时，材料发生马氏体逆相变，由于晶体学的有序性，合金晶体原子点阵回归到原始位置，合金发生形状恢复，呈现出形状记忆效应现象，如图 8.2 所示．

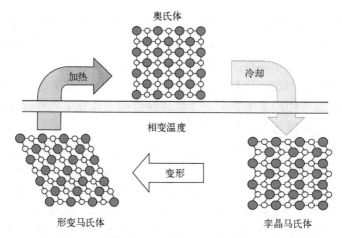

图 8.2　形状记忆合金的形状记忆效应示意图

根据形状记忆合金的形状恢复形式不同,形状记忆效应可分为以下三种类型(三种形状记忆效应形变简示图,如表 8.2 所示).

(1)单程记忆效应:形状记忆合金在低温下发生形变,高温加热后可恢复至变形前的初始形状,这种现象仅在加热过程中存在,称为单程记忆效应.

(2)双程记忆效应:形状记忆合金加热后恢复至高温相形状,冷却后可恢复至低温相形状,称为双程记忆效应.

(3)全程记忆效应:形状记忆合金加热后恢复至高温相形状,冷却后恢复至形状相同而取向相反的低温相形状,称为全程记忆效应.

表 8.2　三种形状记忆效应的形变简示图

名称	初始形状	低温变形	加热	冷却
单程记忆效应				
双程记忆效应				
全程记忆效应				

2. 形状记忆聚合物的工作原理

形状记忆合金具有形状记忆功能的本质原因,在于温度发生变化时,马氏体与奥氏体可以发生晶体结构的相变转化.根据物质相结构的差异性,形状记忆聚合物实现形状记忆效应的根源,在于温度变化过程中,聚合物分子链会发生结晶熔融现象,其结构由确定初始形状的固定相和改变临时形状的可逆相所组成,因此,形状记忆聚合物一般需具备交联固定单元和可逆转变单元两个要素.下面以应用较为广泛的热致性高分子形状记忆聚合物为例，介绍其形状记忆原理.

在不同温度和外力作用下，形状记忆聚合物表现出典型的玻璃化转变的热诱导双形状记忆循环，如图 8.3 所示. 在室温下，形状记忆聚合物通常表现为玻璃态，当加热至玻璃化转变温度 T_g 以上，聚合物链段的柔性增加，转变为橡胶态的软橡胶，此时若对其施加外力，聚合物发生变形，当冷却至室温并撤除外力，仍能够保持变形后的形状，对其再次加热至玻璃化转变温度 T_g 以上时，聚合物恢复至初始形状.

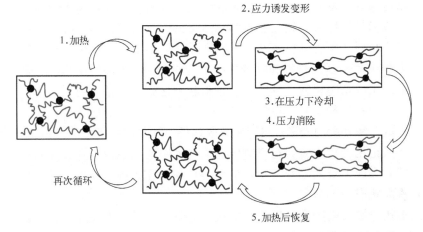

图 8.3　热致性形状记忆聚合物的分子机理示意图(黑色圆球代表固定相单元)

从分子层次角度来讲，形状记忆聚合物加热至高于 T_{trans}(指形状记忆转变温度，T_{trans} 通常等同于非晶态形状记忆聚合物的 T_g)时，分子链段运动能力增强，聚合物由玻璃态转变为橡胶态. 此时施加外力，形状记忆聚合物分子取向发生宏观形变，能量处于较高状态. 在保持外力作用下，温度降低至 T_{trans} 以下，分子链被冻结，聚合物由橡胶态转变为玻璃态，临时形状被固定，能量维持在较高状态. 形状记忆聚合物再次加热至 T_{trans} 以上时，可逆相中的分子链解冻，聚合物内部储存的能量得到释放，分子链恢复，宏观形状表现为恢复至初始状态.

8.1.3　形状记忆材料的分类

根据化学成分的不同，形状记忆材料可分为形状记忆合金(shape memory alloy，SMA)、形状记忆聚合物(shape memory polymer，SMP)以及形状记忆陶瓷(shape memory ceramic，SMC).

按照元素组成和相变特征，形状记忆合金可分为三大类：①镍钛系形状记忆合金，主要有 NiTi、$NiTi_2$、Ni_3Ti，近年来，又开发了 Ni-Ti-Cu、Ni-Ti-Fe、Ni-Ti-Cr、Ni-Ti-Pb、Ni-Ti-Nb 等新型合金；②铜基系形状记忆合金，主要有 Cu-Zn-Al、Cu-Al-Ni、Cu-Au-Zn；③铁基系形状记忆合金，其中应用前景较好的是 Fe-Mn-Si-Cr-Ni、

Fe-Mn-Co-Ti. 虽然铁基和铜基记忆合金都已实现商业化制备,且成本比镍钛系记忆合金低廉,但两者都存在形状记忆效应差、马氏体热稳定性差、抗腐蚀性能差及强度硬度低等问题,而镍钛系记忆合金较两者而言,在稳定性、实用性、机械性能等方面具有显著优越性,其实际应用更为广泛.

形状记忆聚合物可分为固态聚合物和高分子凝胶体系两大类. 固态的形状记忆聚合物主要有交联聚烯烃、聚氨酯、环氧树脂等. 作为有机高分子材料,形状记忆聚合物的刚度远低于形状记忆合金和形状记忆陶瓷材料,通常将聚合物与其他材料掺杂,制备成形状记忆聚合物复合材料(shape memory polymer composite,SMPC),可以显著提高材料的刚度和回复力. 根据增强材料类型,形状记忆聚合物复合材料通常可分为颗粒增强复合材料和纤维增强复合材料. 颗粒增强型形状记忆聚合物复合材料更多地用作功能材料,纤维增强型形状记忆聚合物复合材料由于其良好的机械性能,通常用作结构材料. 利用形状记忆聚合物的主动变形特性,设计研制出的空间展开铰链,具有主动变形、自锁定、成本低、可大尺寸成型等一系列优点. 2016年,基于形状记忆聚合物复合材料制成的柔性太阳能电池板,在我国发射的遥感卫星十七号圆满完成了空间展开实验,是 SMPC 材料在国内首次实现空间应用,也是国际上首次高轨应用.

按照形状记忆效应产生的机制,形状记忆陶瓷可以分为黏弹性、马氏体相变、铁电性和铁磁性四种类型. 黏弹性形状记忆陶瓷有氧化锆、氧化铝、碳化硅、氮化硅、云母玻璃陶瓷等. 马氏体相变形状记忆陶瓷以 ZrO_2、$BaTiO_3$、$KNbO_3$、$PbTiO_3$ 等材料为主. 与形状记忆合金和形状记忆聚合物相比,形状记忆陶瓷具有以下特点:首先是其形变量较小,其次是在每次形状记忆和恢复过程中会产生一定程度的不可恢复形变,并随着次数的增加,累积的变形量也会增加,最终导致裂纹的出现,因此形状记忆陶瓷的应用范围较小.

8.1.4 形状记忆合金的特性及应用

1. 形状记忆合金的基本特性

作为一种智能材料,形状记忆合金兼具感知外界环境变化和响应驱动形状变化的特性,可以把吸收的热能转化为机械能. 利用这一独特优势,形状记忆合金在航空可变形材料智能控制方面具有明显的潜在应用优势,与普通金属材料相比具有以下四个特性.

(1)形状记忆效应.

金属材料在外部载荷下会发生弹性变形,若载荷超过一定值,即使载荷完全卸载,金属材料也会产生无法消除的塑形变形,而形状记忆合金加热至一定温度后,之前所产生的塑形变形会完全消失,并恢复至起始形状. 利用形状记忆效应所提供的大回复力以及大回复位移，形状记忆合金可应用于飞行器可变形机翼、管接头、发动机进气道及喷口形状控制等方面.

(2) 超弹性效应.

超弹性效应是指形状记忆合金在某一温度以上进行拉伸试验，在外载荷作用下产生变形，在一定应力范围内进行卸载，变形会完全消失，形状记忆合金恢复至拉伸试验前的形状.

(3) 弹性模量随温度变化的特性.

在一定温度范围内，形状记忆合金的弹性模量会随着温度的升高而逐渐变大. 利用该特性，可将形状记忆合金与其他材料组成复合材料，通过控制形状记忆合金的温度，改变形状记忆合金的弹性模量，可有效实现复合材料结构振动的控制.

(4) 阻尼特性.

与普通金属材料相比，形状记忆合金具有优良的阻尼特性. 形状记忆合金在温度变化时会发生相变，内部原子晶体组织发生变化，进而导致其阻尼性能会随温度的变化而改变.

除此之外，形状记忆合金应用于航空可变形材料，并不会使航空器质量明显增加，得益于形状记忆合金相对较低的材料密度. 下面将围绕形状记忆合金在航空器可变机翼、航空管接头等典型应用展开介绍.

2. 形状记忆合金在航空器可变形机翼结构上的应用

可变形机翼技术是指利用智能材料制作驱动器应用于机翼，可平滑持续改变机翼形状，从而适应变化的飞行环境. 形状记忆合金具有驱动条件简单、静强度高、不易损坏、回复力和回复位移大、可满足大变形和高输出力的需求、无污染无噪声等特点，已成为新型可变形机翼材料的研究热点. 将形状记忆合金与可变形机翼结构集成于一体，既能抵抗气动载荷又能满足变形需求的设计指标，最大程度上提升机翼效率，是可变形机翼研究的焦点及重难点.

在形状记忆合金应用于航空可变形机翼方面，我国科研人员做了大量的原创性研究工作，在国际上占有重要的地位，标志着我国在该研究领域处于世界领先水平. 南京航空航天大学选用 Ni-Ti 形状记忆合金丝(西安赛特金属材料开发有限公司生产，直径为 0.5mm)作为驱动器，设计了一种结构简易的新型机翼后缘结构，采用直流稳压电源通以 3A 电流对驱动器加热升温，可使形状记忆合金发生相变转换并改变形状，进而驱动机翼结构运动并完成变体过程.

为解决可变体机翼中蒙皮大变形与承载力之间的矛盾，南京航空航天大学提出了一种以形状记忆合金板为驱动元件的双程弯曲驱动器，由形状记忆合金板、弹簧钢板及两者之间的加热膜组成. 其中形状记忆合金板为驱动元件，利用加热膜进行加热升温可产生弯曲变形. 在低温状态下，弯曲的形状记忆合金板可利用弹簧钢板的弹性回复力恢复至初始形状. 根据机翼变形需要, 利用热成形工艺将形状记忆合金薄板成形为具有一定曲率的初始形状, 再经过性能稳定化训练后, 可与弹簧钢板、加热膜组装成用于可变体机翼的双程弯曲驱动器.

哈尔滨工业大学利用多个形状记忆合金弹簧作为驱动元件, 可实现对机身蒙皮一系列有效点位移的精确控制, 从而实现翼型曲面变化. 该形状记忆合金弹簧由直径 1.5mm 的 Ni-Ti 合金丝(奥氏体相变起始温度为 65℃)绕制而成, 弹簧的中径为 9mm, 有效圈数为 5 圈. 测试过程中, 将形状记忆合金弹簧串联并通入电流, 利用电阻热实现对形状记忆合金弹簧的升温激励. 该项研究的创新点体现于, 采用多个弹簧对翼型面进行驱动, 翼型面变化更易精确控制, 在激励过程中同等长度形状记忆合金弹簧的位移量是同样长度形状记忆合金丝的 30~50 倍, 输出力的大小由不同状态下马氏体和奥氏体的剪切模量及弹簧参数共同决定, 设计更加灵活.

3. 形状记忆合金在航空管路连接件上的应用

航空管路连接件遍布飞机机体, 主要由管路件和导管构成, 是航空器介质输送和能量传输的重要零部件, 其密闭性和紧固性直接关乎飞机性能和安全. 相较于传统的螺纹连接无扩口式管接头, Ni-Ti 基形状记忆合金材料制成的管路连接件具有低弹性模量、高恢复应力、易于安装、轻量化、优良的耐环境性能等特点. 目前已有数百万只的形状记忆合金管路连接件应用于各型军用和民用飞机液压系统的连接(包括空中客车公司的 A320/A340/A350、波音公司的 B747/B787 等机型). 形状记忆合金的第一个商业应用, 就是 1969 年由美国瑞侃公司制造的 Ni-Ti-Fe 合金管接头, 成功应用于 F-14 喷气式飞机. Ni-Ti-Fe 合金的相变温度滞后很小, 且马氏体相转变起始温度 M_s 很低, 约为零下 150℃, 使得奥氏体相变起始温度 A_s 远低于室温, Ni-Ti-Fe 管接头在液氮环境下才能保存使用, 其成本高昂, 不利于实现工程应用.

形状记忆合金管接头是利用形状记忆效应, 接头内径略小于被连接管外径, 将管接头冷却至低温马氏体状态, 用锥形扩径棒对管接头进行扩径, 扩径后管接头内径比被连接管外径稍大. 形状记忆合金管接头的工作原理, 如图 8.4 所示. 待接管外径为 Φ, 在母相状态下将 Ni-Ti 合金进行机械加工成内径比待接外径小 4% 的管接头, 在低温下(温度小于马氏体相转变的终止温度 M_f), 用锥形模具扩孔使其直径比待接外径大 4%, 扩径所用润滑剂为聚乙烯薄膜, 随后保持低温将待接管插入管接头. 去掉保温材料, 管接头温度上升到室温, 得益于形状记忆效应, 形状记忆合金其内径恢复到扩管前尺寸, 即可实现管路的紧固连接.

形状记忆合金具有良好的适应性, 耐压强度大, 可适用于多种不同材质的常规导管. 调研先进航空制造国家对形状记忆合金的应用, 记忆管路连接件应用超过百万数量级, 但泄漏案例从未见于公开报道. 20 世纪 60 年代初, 国内航空业生产中各

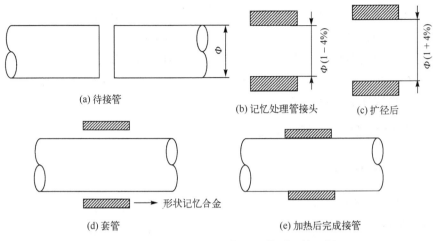

(a) 待接管

(b) 记忆处理管接头

(c) 扩径后

(d) 套管   ←——→ 形状记忆合金

(e) 加热后完成接管

图 8.4   形状记忆合金管接头工作原理简示图

种管路的连接一直沿用传统的压配、扩口螺纹连接和焊接等技术，制造工艺复杂、影响因素多、可靠性较差，各类飞机 20% 的安全事故出现在管路系统，随着管路系统的功能指标和复杂程度不断提高，传统连接技术无法满足使用要求. 国产运-12 F 飞机(2016 年正式获得中国民用航空局颁发的生产许可证)在液压系统管路设计过程中，采用形状记忆合金管件有效实现了管接头快捷可靠的安装，是该项新技术在国内民用航空器领域的首次应用，标志着形状记忆合金在国内航空器上应用方面实现重大突破.

4. 形状记忆合金的发展趋势

通过以上研究应用进展介绍，可以看出形状记忆合金在航空功能材料领域具有广阔的应用前景. 形状记忆合金的研究重点方向将聚焦于控制手段的多样化、响应的精准化、循环恢复性的优异化、功能稳定性及多功能的复合化等方面. 国内外学者在形状记忆合金机理探究、新型结构设计等方面已经取得了丰硕成果，未来研究趋势将重点体现在以下三方面：

(1)计算材料学可广泛用于材料基因组工程,研究材料结构与性能之间的影响机理. 例如，对于新兴的多组分高熵形状记忆合金，材料具有多主元素特征，合金成分存在众多组合方法，实验研究过程较为烦琐，通过材料模拟可以快速量化并预测材料性能.

(2)基于形状记忆合金的新型复合材料开发及一体化设计. 由于金属本征特性的固有缺点，一定程度上限制了金属基形状记忆合金的应用. 随着形状记忆合金种类的扩展，结合运用各种材料的特性，设计新型形状记忆复合材料将会受到研究人员的关注重视.

（3）目前，形状记忆合金主要依赖温度及应力激励，材料不仅受外界环境温度变化影响，其响应速度也相对较慢. 后续研究将集中于提高形状记忆合金的响应速度和形状记忆合金的新型结构设计，并综合考虑作用于航空器结构的气动载荷，使航空器结构在形状记忆合金驱动下发生微小变形，引起气动载荷在航空器结构上的重新分布，进而实现航空器结构发生更大的变形.

8.1.5 形状记忆聚合物的特性及应用

1. 形状记忆聚合物的基本特性

形状记忆聚合物作为高分子材料，分子链具有优异的弯曲柔韧性，在一定的外部刺激作用下就可以产生很大的可回复变形. 在玻璃化转变温度 T_g 以下，SMP 硬度和模量较大，而在温度 T_g 以上，SMP 硬度和模量较小. 在温度 T_g 以上施加外力，SMP 可以被赋形成特定的临时形状，冷却并撤除外力后，临时形状可以长时间保持. 当再次加热 SMP 后，临时形状可以回复到初始形状，变形循环过程为：随外界条件发生变化，SMP 初始形状改变为临时固定形状，并可长时间保持，当外界条件继续发生变化，SMP 可逆地由临时固定形状回复为初始形状，从而实现"初始形状→临时固定形状→初始形状"的变形循环，如图 8.5 所示. 据相关研究报道，形状记忆聚合物的最大可回复应变可高达 600%，相比之下，形状记忆合金、形状记忆陶瓷和玻璃的最大可回复应变分别小于 10%、1% 和 0.1%.

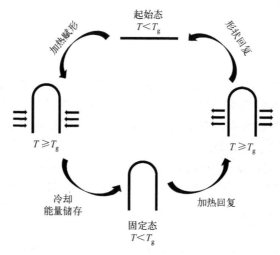

图 8.5　形状记忆聚合物的形状记忆循环示意图

形状记忆聚合物通常由软段单元和硬段单元组成，二者共同作用实现形状记忆效应. 软段单元能够感知外界刺激并发生相变，产生弹性变形并储存应变能，硬段单元在外界刺激下仍处于玻璃态, 只发生塑性变形. 与传统聚合物的玻璃化转变相同, SMP 的形变过程包含弹性形变和黏性形变两部分, 在此过程中分子链段由玻璃态转变为橡胶态. 形状记忆效应的转变温度 T_{trans} 是 SMP 分子结构中软段单元的玻璃化转变温度 T_g, 略低于聚合物的 T_g, 二者之间差别较小. 由于软段单元的 T_g 很难直接测量, 因此通常采用聚合物的 T_g 来代表 T_{trans}. 根据聚合物中软段单元的数量, 可将 SMP 分为双重 SMP、三重 SMP 和多重 SMP. 此外, 根据形状记忆效应是否可逆, 可将 SMP 分为单向 SMP 和双向 SMP, 虽然双向 SMP 具有可逆形状记忆过程, 不需要外界载荷便可在原始形状和临时形状之间切换, 但其合成更为复杂, 理论研究和应用不如单向 SMP 广泛.

2. 形状记忆聚合物的驱动原理

根据形状驱动原理的不同, 形状记忆聚合物可分为热致驱动型、电致驱动型、光致驱动型、磁致驱动型和水溶液驱动型五类. 不同形式的驱动方法赋予了形状记忆聚合物多样化的应用特点, 为研究人员将 SMP 适用于不同的应用场景提供了多样化的选择策略 (表 8.3).

(1) 热致驱动型 SMP: 采取温度控制的方法, 调控聚合物内部大分子链的结晶熔融状态, 进而实现聚合物的形状回复.

(2) 电致驱动型 SMP: 在热致驱动型 SMP 内部, 引入具有导电性能的填料, 当对该类形状记忆聚合物加载电压时, 电流在聚合物内部传导并引起聚合物温度上升, 使得材料变形得以回复.

(3) 光致驱动型 SMP: 一类是将感光功能基团引入到 SMP 中, 在一定波长光线范围内, 聚合物内部的大分子链段中的感光基团受到刺激, 能够在固定相和可逆相之间进行一定的转换, 产生变形回复; 另一类是将聚合物受辐射光线激励所产生的光能, 转换为聚合物的热能, 使其温度上升进而实现聚合物的形状回复.

(4) 磁致驱动型 SMP: 在 SMP 内部引入磁性填料, 使其拥有磁学特性, 采用一定方法将聚合物材料所处环境的磁场能量转换为其热能, 热能的产生使得聚合物温度上升, 从而使聚合物材料表现出形状记忆效应.

(5) 水溶液驱动型 SMP: 在一定条件下, 水溶液会对特定类型的形状记忆聚合物材料产生增塑作用, 降低其弹性模量以及相变温度, SMP 可在相对较低的温度环境条件下完成变形回复过程.

SMP 具有许多潜在的优势, 例如, 与形状记忆合金和形状记忆陶瓷相比, SMP 具有更大的可回复变形、密度低、性能可调 (T_g、模量、生物降解性等), 最重要的是成本低廉. 通过添加功能颗粒或增强纤维, 将 SMP 制成形状记忆聚合物复合材料 (SMPC), 不仅能够提升其力学性能, 还可以改善其导热、导电性能, 实现材料的多功能化, 基于上述优点, SMP、SMPC 以及具备更多功能特性的新型 SMP 相继被开发出来. 例如, 结合纳米技术, 各种 SMP 材料被开发出来以满足生物医学、传感器、驱动器或纺织品的特定需求. 此外, 大多数传统的可展开装置结构比较复杂, 包含大量的连杆、铰链和电机, 成本高昂, 控制手段较为复杂. 而 SMP 和 SMPC 集传感、驱动、功能于一体, 以其轻质、低廉的优势, 在航天航空领域逐渐凸显性能优势. 目前, SMP 和 SMPC 已经广泛应用于空间可展开和变形结构, 包括展开光学系统、桁架、铰链、可展开镜、吊杆、柔性反射器、天线等.

表 8.3   不同驱动技术下形状记忆高聚物的原理及特点

驱动方法	驱动原理	工作特点
热驱动	采用温度箱、加热台、热喷枪、热水方法, 通过温度差异, 产生热传导加热	直接加热驱动
电驱动	采用直/交流电加热长/短纤维、碳纳米纸、碳纤维毡、金属等增强体, 产生焦耳热量加热	间接加热驱动, 展开速率可控
光驱动	在光线波长条件下, 分子发生交联转变, 或者添加吸光颗粒/纤维, 光照吸收热量	远程无接触驱动展开
磁驱动	在聚合物基体中加入磁感应纳米颗粒, 借助电磁感应将磁场能转变为热能, 发生形状回复	
水溶液驱动	通过高聚物分子极性官能团与溶液化学键发生反应或吸收水分溶胀作用, 发生形状回复	溶液浸泡驱动, 引起变形回复

3. 形状记忆聚合物在航空可展开和变形结构上的应用

如何研制开发轻质高强、驱动力大、回复变形大的 SMP 材料和结构, 成为可变形飞行器发展的瓶颈技术难题. 形状记忆高聚物材料的出现及应用无疑提供了一种新的研究思路. 在可变形机翼研究方面, 作为该领域的国际权威研究团队, 哈尔滨工业大学冷劲松研究小组设计了一种可展开的机翼结构, 选用热固性苯乙烯基树脂基体和碳纤维增强体制作蒙皮材料, 机翼的翼型由形状记忆聚合物所制成. 在飞行器起飞前, 机翼被卷曲在机身上以节省运输和发射空间, 飞机起飞后通过蒙皮表面黏结式加热器的作用提升形状记忆聚合物温度进而发生形变并平稳展开, 如图 8.6 所示, 机翼完全展开后继续对其加热, 内部填充形状记忆聚合物泡沫也恢复原有形状以形成翼型, 回复率将近 100 %, 降温后, 整个机翼就完成了展开和定型.

针对可变形飞行器对蒙皮的可变形需求, 哈尔滨工业大学研制开发了一种基于弹性纤维增强的形状记忆复合材料的可变形蒙皮, 分别制备了体积分数为 0%、20% 和 40% 的三种纤维含量的形状记忆复合材料, 通过动态力学分析, 得到了形状记忆复合材料的相变温度约为 63℃. 该研究小组设计并制备了一个基于形状记忆复合材料蒙皮的可变弯度机翼结构, 通过理论计算模拟结果表明, 10mm 厚的蒙皮可以满足可变形飞行器在高速和低速时的飞行需求. 通过可变弯度后缘机翼结构的地面演示验证测试, 形状记忆复合材料蒙皮在预拉伸情况下安装在机翼的上下表面, 经 200s

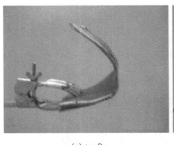
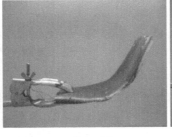
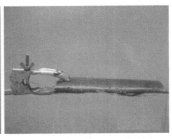

(a) $t = 0\text{s}$ (b) $t = 8.5\text{s}$ (c) $t = 19\text{s}$

图 8.6 基于形状记忆聚合物的可展开蒙皮结构在不同时间下形变示意图

预加热后，机翼可以发生弯度变化，整个变化过程中，变形蒙皮始终保持光滑连续无褶皱，验证了形状记忆复合材料蒙皮结构的可行性.

  与此同时，哈尔滨工业大学研究人员还将形状记忆聚合物蒙皮结构用于变后缘弯度机翼上，变形结构如图 8.7 所示. 通过给预埋的加热丝通电，加热形状记忆聚合物蒙皮有效降低了蒙皮结构的刚度并且满足机翼变形条件. 在加热状态下，机翼后缘可实现快速、光滑连续的变形，变形角度达到+15°. 通过风洞实验证实，连续无缝的后缘可有效减缓气流分离，增大升力系数，提高机翼的升阻比.

(a) 原始形状 0°   (b) 变形形状 15°

图 8.7 基于形状记忆聚合物蒙皮的变弯度机翼

4. 形状记忆聚合物的未来研究趋势

  形状记忆聚合物及其复合材料以及电致活性聚合物材料已经在航空航天领域展示出巨大的潜在应用价值. 随着形状记忆聚合物研究应用的不断深入，改善和提高其力学性能和形状记忆效应、并有效降低其材料成本和生产成本，将会极大拓宽其在各个领域应用的广度和深度. 随着智能材料和结构的不断发展，有助于飞行器实现自感知、自诊断、自驱动、自修复等功能的相关形状记忆聚合物智能材料的逐步发展. 新型形状记忆聚合物功能材料的研制开发及智能结构的应用发展将会极大推动航空航天材料向智能化方向发展，并有助于飞行器实现减重提效、减少维护成本、提高安全性等重要性能指标要求.

8.2　隐身功能材料

隐身技术是指在一定遥感探测环境中，有效降低目标的可探测性，使目标在一定的波长范围内难以被发现识别的技术，又称目标特征控制技术或者低可探测技术．隐身技术的发展及应用，目的在于控制和减弱装备系统的雷达波、红外光、声等各类可探测信号，使其难以被对方探测、识别、跟踪或者攻击，所以隐身技术亦是一种反探测技术．针对不同的探测手段，隐身技术可分为雷达隐身、红外隐身、可见光隐身、激光隐身、声隐身等．飞行器最主要的探测威胁来自各种天基、空基、面基（包括地面和海面）的雷达和红外探测系统，其中雷达和红外探测器所占比例可达60%和30%左右．

8.2.1　隐身技术简介

一般来讲，航空航天飞行器的隐身能力可以通过外形设计、电子对抗和使用隐身材料来实现．飞行器的外形设计对于隐身效果的提升具有重要的作用，合理的外形可以减小飞行器的雷达散射截面积（radar cross section，RCS，是指飞机对雷达波的有效反射面积，代表被探测目标在雷达接收方向上反射雷达信号能力的度量，RSC值越低，隐身效果越好）．飞机的天线、座舱、尾翼、进气道和外挂物是飞机重要的强散射源，机身表面的铆钉、缝隙、开槽和台阶等次级散射源对整机的RCS也有一定影响．针对这些散射源，许多国家都展开了相关改进措施的探索研究．例如，为减弱进气道散射源对RCS的贡献，B-2、X-45、F-35等隐身飞机多采用S形进气道，以增加电磁波在进气道内的反射次数．与此同时，从飞机的机动性和灵活性来讲，飞机外形的过于苛刻要求常常需要以牺牲气动性能为代价．例如，F-117A飞机采用多面体机身，机头方向的RCS虽仅有0.02m^2，但是由于其气动特性不好，不能实现超声速飞行．鉴于外形设计和电子对抗技术相对复杂，造价相对昂贵，以及其他方面具有客观局限性并未得到广泛的研究和应用，隐身材料成为隐身技术发展的主要突破方向．

作为航空航天材料领域的一类特殊用途功能材料，隐身材料的研究及应用已经成为飞行器实现隐身所需的关键技术之一．随着隐身技术的不断发展，新型隐身材料的研制和隐身机理的深入研究，为航空航天隐身技术提供了更为广阔的发展空间．中航工业沈阳飞机工业集团 RCS（雷达散射截面）测试团队凭借开创国内飞机隐身性能测试的先河，荣获第22届"中国青年五四奖章"集体奖励．这项测试不仅能帮助我国飞机提升隐身性能，还能广泛运用到航天、航海、汽车、船舶等多个领域，为我国国防建设的快速发展做出巨大的贡献．中航工业沈阳飞机工业集团有限公司RCS测试团队通过不懈努力和团队协作，诠释了"忠诚担当的政治品格、严谨科学的专业精神、团结协作的工作作风、敬业奉献的职业操守"这一当代民航精神的内涵.

　　在保证飞机飞行性能的基础上，探寻更为合适的隐身方法对于发展飞机隐身技术至关重要，材料隐身技术无疑提供了新的研究思路和选择方向. 材料隐身技术是采用能吸收或透过雷达波的涂料或复合材料，将雷达波能量转化为其他形式的能量，不会对飞机气动性能造成显著影响. 在飞机合理外形布局基础上，再使用隐身材料，就可以使 RCS 值减少 90%以上. 因此，隐身材料技术的发展和应用成为隐身技术发展的重要支撑.

8.2.2　隐身材料的性能指标要求

　　按照作用机制的不同，隐身材料主要分为透波材料、吸波材料以及导电材料，其中吸波材料应用最为广泛. 飞行器隐身对隐身材料的性能指标要求包括以下几个方面：

隐身材料

　　(1)在较宽频率范围内，材料对电磁波具有高的吸收率；

　　(2)吸收材料的特性阻抗要与入射电磁波的空间特性阻抗相匹配；

　　(3)材料的电磁损耗要大，从而保证电磁波转化为热能的效率高；

　　(4)材料的机械性能好、重量轻，并且耐高温、耐高湿、抗辐射和抗腐蚀性能好.

　　总体来讲，新型吸波材料需要满足"薄、轻、宽、强"等特点. 传统吸波材料有石墨、铁氧体、钛酸钡、碳化硅、导电纤维等，这些材料通常存在密度大、吸收频带窄、高温特性差等缺点. 目前，新型吸波材料种类众多，包括纳米材料、手性材料、导电聚合物、多频段吸波材料、智能型吸波材料席夫碱类吸收剂、等离子体隐身材料、多晶铁纤维吸收材料、耐高温陶瓷隐身材料等.

　　下面以当今研究应用最为广泛的雷达隐身材料、红外隐身材料为例，着重介绍二者在隐身机理、材料研发设计及航空领域应用这三方面所取得的研究进展.

8.2.3　雷达隐身材料

1. 雷达隐身技术简介

　　雷达是利用电磁波检测和定位反射物体的一种电磁系统，优点是二十四小时都可以探测远距离目标，且不受雾、云、雨等异常气候影响，具有全天候、全天时的特点，并具有一定的穿透能力，能够在光学和红外传感器不能穿透的条件下完成探测任务.

　　雷达发射的电磁波具有恒速、定向传播的特点，可以根据反射波判断目标的方位，雷达装备通过将能量辐射到空间，并且探测由物体或目标反射的回波信号来工作. 雷达探测就是利用探测目标对电磁波的反射、应答或自身的辐射，定位发现探测目标. 返回到雷达的反射能量，不仅表明目标的存在，而且通过比较发射信号与接收到的回波信号，可以获得目标至电磁波发射点的距离、方位、高度、距离变化率等信息.

雷达隐身技术是通过减弱、抑制、吸收、偏转雷达回波的强度，降低目标的雷达散射截面积，使其在一定范围内难以被敌方雷达发现和识别，进而达到探测目标隐身的目的. 根据雷达系统的工作原理，雷达的最大探测距离 R_{max} 为

$$R_{max} = [P_t G_t^2 \lambda^2 \sigma / (4\pi)^3 P_{min}]^{1/4} \tag{8-1}$$

式中，P_t、G_t 为雷达的发射功率和天线增益；λ 为雷达的工作波长；P_{min} 为雷达接收机的最小可检测信号功率；σ 为被探测目标的雷达散射截面积 RCS. 从式(8-1)中，可以看出雷达最大探测距离与 $RCS^{1/4}$ 成正比，通过减小目标的 RCS 值，可有效实现降低雷达的最大探测距离，从而达到目标物体不易被雷达探测，进而达到隐身的效果. RCS 值的大小与照射功率、飞行器距雷达的远近无关，只与探测目标表面的结构、材料、形体、姿态角和导电特性等指标参数有关.

2. 雷达隐身材料的工作原理

降低探测目标 RCS 的技术手段，主要有合理设计目标的外形来缩减雷达主要威胁方向的反射截面积，或者采用雷达吸波材料(radar absorbing material，RAM)吸收衰减入射雷达波并减弱反射回波. 然而，外形隐身技术难度较大、成本高，雷达吸波材料技术相对来讲更为实用，雷达吸波材料的研究与应用成为雷达隐身技术发展的重要方向. 雷达吸波材料是指能吸收、衰减入射电磁波，并将电磁能量转换成其他形式的能量而耗散掉，或者调制电磁波使其干涉相消的材料，其隐身机理包含以下两种作用机制：

(1)雷达波入射到雷达吸波材料表面，除了一小部分雷达波自然反射，大部分雷达波进入到涂层内部，并与吸收剂发生相互作用，将电磁能转化成热能，最终以热能的形式耗散掉，从而实现被探测目标隐身的效果，其基本原理如图 8.8(a)所示；

(2)雷达波入射到雷达吸波材料表面，在雷达吸波材料上下表面的反射波因为相位相反而发生干涉相消，从而达到减少电磁波反射的效果，其基本原理如图 8.8(b)所示.

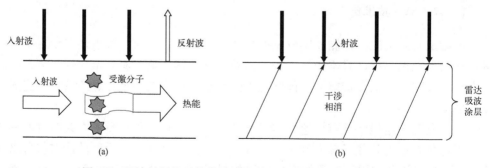

图 8.8 吸波材料将雷达波电磁能转化成热能的原理示意图(a)
和雷达吸波涂层让雷达波实现干涉相消的原理示意图(b)

3. 雷达隐身材料的分类及应用

根据吸波机理及损耗机制的不同，雷达隐身材料可分为电阻型吸波材料、电介质型吸波材料和磁介质型吸波材料(表 8.4).

表 8.4 雷达隐身材料的类型、常见材料、典型特征及工作机制

材料类型		常见材料	典型特征	工作机制
电阻型吸波材料	炭系物质	石墨	质量轻、介电常数较大、阻抗匹配能力差	导电载流子在材料内部定向漂移，形成传导电流，入射的电磁波能量以热能形式损耗掉(电导率越大，越有利于转化过程)
		炭黑	导电性好、价格低廉、高温抗氧化性差	
		碳纤维	密度小、强度高、易导电、抗氧化性差	
		碳纳米管	稳定性好、导电性可调、高温抗氧化性能好	
	导电高分子	聚苯胺	质量轻、密度小、价格低廉、结构多样化、环境稳定性好、具有特殊掺杂机制	
		聚噻吩		
电介质型吸波材料	陶瓷材料	钛酸钡	成本低廉、介电性能优异、化学稳定性好	通过介质反复极化所产生的"摩擦"作用，将电磁能转化成热能耗散掉
		铁/镍氮化物	电阻率高、抗氧化性优异、耐腐蚀性良好	
		碳化硅氮化硅	抗蠕变、耐腐蚀、抗氧化、高温强度高、热传导率高、膨胀系数小、使用温度宽	
磁介质型吸波材料	磁性材料	铁氧体	电阻率较高、吸收频带宽、介电常数较小、密度大、耐高温性能较差、应用较为广泛	铁磁性介质的动态磁化过程有关的磁损耗

1) 电阻型吸波材料

电阻型吸波材料的作用机制是材料在电磁场中产生导电或漏电损耗能量，导电载流子在材料内部定向漂移，形成传导电流并以热能的形式将入射的电磁波损耗掉. 材料的体积电阻率越小，吸波效果越佳，但材料电阻率降低，会增加其反射能力，导致自由空间的电磁波难以进入材料的内部，进而不能体现吸波效果，主要代表物质为炭系物质(如石墨、炭黑、碳纤维、碳纳米管等)、非磁性金属微粉、导电高分子等.

石墨是电损耗材料，介电常数较大，其磁导率的虚部几乎为零，几乎没有磁损耗，且其介电常数与磁导率相差较大，阻抗匹配能力差. 纯石墨作为吸波材料效果并不理想，只能允许较窄频率范围的电磁波透入内部，其余电磁波在表面被完全反射，因此，石墨常常需要与其他材料进行复合使用. 磁性金属材料同时具有电损耗和磁损耗特性，吸波性能优良，但密度较大. 将以上两类材料结合互补优势，即在石墨表面包覆磁性金属层作为吸波复合材料，可以有效改善吸波材料的阻抗匹配能力，提高其吸波性能，兼具质量轻的特点.

碳纤维密度小且强度高，可作为增强体相，用于结构型雷达隐身吸波材料. 连续碳纤维易导电，是电磁波的强反射体，可用作吸波材料的反射基板，但碳纤维的抗氧化性能差，不适合高温使用，需要对碳纤维进行表面涂镀层，例如镍、钴、铁

氧体和合金粉等磁性材料. 碳纤维的截面形状也会影响其吸波性能, 中空多孔结构的碳纤维可使雷达隐身装备轻量化. 由透波材料、吸波材料和高反射特性碳纤维增强材料组成的吸波-承载复合结构材料已成功进入工程实用化阶段.

碳纳米管具有质量轻、稳定性好、结构特殊及导电性可调等优点, 具有较强的宽带吸波性能, 可作为一类潜在的雷达隐身吸波材料. 作为典型的一维纳米结构, 碳纳米管独特中空结构能改善微波吸收功能, 性能提升可从碳纳米管的排布形状、层数结构及孔道大小等因素进行入手.

导电高分子材料具有多样化的结构、独特的物理化学性质, 其吸波性能表现优异, 加上自身材料密度小, 结构具有较强的可设计性, 在雷达隐身材料中研究应用较早. 通过对导电高分子进行掺杂改性, 可改变其电导率和电磁特性参数, 得到满足应用需求的雷达吸波材料. 聚苯胺具有价格低廉、环境稳定性好以及特殊的掺杂机制等优点, 因而成为导电高聚物研究的热点. 此外, 将纳米材料与导电高分子聚合物复合, 也能获得较好的吸波性能材料, 一方面有利于吸收电磁波, 另一方面便于加工制造超薄吸波材料, 符合新型雷达隐身材料的"薄、轻、宽、强"的应用需求, 可满足航空航天领域的特殊需求, 在雷达吸波材料方面具有广阔的发展前景.

2) 电介质型吸波材料

电介质型吸波材料主要依赖材料在电磁场中的反复极化损耗能量, 增加电介质材料的介电常数或增加损耗角正切都会提高吸波率, 但增加电介质材料的介电常数会导致材料表面反射能力的增强, 不利于电磁波进入材料内部而被吸收. 为了提高吸收效果, 可以从提高材料的介电损耗角正切入手, 主要的代表物质为陶瓷材料, 如钛酸钡、金属氧化物、氮化铁、碳化硅、氮化硅等.

钛酸钡 ($BaTiO_3$) 是一类具有优良吸波性能的电介质材料, 且成本低廉、化学稳定性好, 对电磁波可以产生介电损耗和磁损耗, 其中以介电损耗为主, 包括电导损耗、松弛极化损耗和谐振损耗, 可作为雷达波吸收剂的优选材料. 国内外学者对 $BaTiO_3$ 吸收剂进行了广泛研究, 结果表明: $BaTiO_3$ 粒子的粉体粒度、球磨时间、球磨工艺、体积含量以及稀土元素掺杂等因素, 都会对 $BaTiO_3$ 的介电性能造成一定的影响, 进而影响其吸波性能.

陶瓷材料具有优良的力学性能和热物理性能, 耐高温、强度高、蠕变低、膨胀系数低、耐腐蚀性强, 且化学稳定性好, 常被用作高温吸波材料. 在陶瓷吸波材料中, 碳化硅是多波段吸波材料的主要组分, 有望实现轻质、薄层、宽频带和多频段吸收. 碳化硅的粒径大小和热处理工艺等对其吸波性能影响非常大, 在不同处理温度和时间条件下, 其电阻率变化范围较大, 可通过控制工艺参数, 对其微观结构和电磁参数进行控制进而提升吸波效果. 2022 年, 哈尔滨工业大学发明一种基于六方 BCN 三元化合物的耐高温吸波陶瓷新材料, 其密度仅为 $15mg/cm^3$, 是迄今为止已知陶瓷材料中密度最小的. 该材料通过先驱体分子设计合成, 具有独特的微纳结构和成分可设计性, 在不同电磁波段具有优异的吸波性能, 其吸波频段具有良好的可调节特性.

3) 磁介质型吸波材料

磁介质型吸波材料对电磁场的损耗表现为磁滞损耗、涡流损耗、剩磁损耗、畴壁位移损耗及共振损耗等多机制共同作用结果, 磁性吸波材料中所用的吸波剂大多是铁氧体、羰基铁粉、金属钴粉等磁性材料, 可通过不同的比例、复合方式等途径与黏合剂结合, 进而调控吸波材料的各项参数, 达到吸波的目的.

铁氧体属亚铁磁性材料, 兼具有磁吸收的磁介质和电吸收的电介质属性, 是应用最早、最广泛、技术最成熟的一类雷达吸波材料, 已广泛应用于隐身飞行器, 如F-117A 机身、B-2 机身和机翼蒙皮、TR-1 高空侦察机等. 铁氧体的吸波性能来源于其既有亚铁磁性又有介电性能, 其相对磁导率和相对电导率均呈复数形式, 既能产生介电损耗又能产生磁致损耗. 为进一步改善提升铁氧体对电磁波的吸收性能, 可采用复合、掺杂以及纳米化等方法对其进行改性, 如采用锰锌铁氧体和橡胶制成复合吸波剂材料. 稀土元素离子的磁矩介于铁磁性和亚铁磁性之间, 将稀土元素掺杂到铁氧体中, 可以调节铁氧体的电磁参数, 改善铁氧体的吸波性能. 铁氧体存在密度大, 耐高温性能差的缺点, 为了降低其密度, 改善其分散性并提升热稳定性, 研究人员利用溶胶-凝胶法, 在陶瓷空心球表面包覆钡铁氧体, 不仅会有效降低吸波材料的密度, 而且会提高材料的刚度、强度及绝缘性等.

4) 其他类型吸波材料

除电阻型、电介质型和磁介质型吸波材料之外, 纳米材料因其独特的理化性能及优良的电磁吸收特性, 在隐身功能材料应用方面也具有巨大的应用潜力, 许多国家都把纳米材料列为新一代隐身材料的重点研究对象. 纳米隐身材料是指由纳米材料与其他材料复合而成的功能型隐身材料, 具有质量轻、厚度薄、红外发射率低等特点, 同时兼具良好力学性能及吸波特性, 可应用于多类型工程装备的表面及结构涂层.

纳米材料的隐身作用主要依赖于其三个独特效应:

(1) 小尺寸效应, 当远大于其自身尺寸大小的红外、雷达等电磁波穿过时, 电磁波透过率高, 反射率减少, 从而使探测器的接收信号减弱.

(2) 表面效应, 与常规材料相比, 纳米粒子的比表面积大, 当电磁波穿过时, 会发生多重散射. 同时, 随着表面原子数的增多, 纳米粒子表面活性增强, 产生磁化现象, 电磁能转化为热能, 有利于电磁波的吸收.

(3) 量子尺寸效应, 纳米粒子电子能级产生变化, 形成新的吸波效应. 同时, 量子尺寸影响纳米材料吸收边的位移, 从而对吸收带宽产生作用.

按材料的成型工艺和承载能力, 吸波材料可分为涂覆型和结构型两大类.

涂覆型吸波材料, 一般将吸收剂(微粉或纤维)与有机溶液、乳液或液态高聚物

(黏合剂)混合制成功能复合涂料,刷涂或喷涂在雷达探测目标的表面.涂覆型吸波材料以覆盖形式施加于目标表面,包括吸波涂料、贴片、泡沫、薄膜等,在飞行器上应用较多的为涂料和贴片.

结构型吸波材料,一般将吸收剂分散在各种纤维增强的结构复合材料(如碳纤维复合材料)中,具有承载和吸波的双重功能,主要包括层板结构型和夹芯结构型,其特点是不明显增加探测目标的系统质量,并可以通过结构设计,实现所要求的吸波和承载性能,精确成型复杂形状的吸波-承载部件,吸波效果好,吸收频段宽.

从目前应用的吸波材料可以看出,无论是国外应用较早的铁氧体、金属微粉、陶瓷材料,还是国内近年发展的相关各类吸收剂,存在的不足体现在以下方面:隐身频带窄、吸波能力不够强、涂层高温吸波性能不佳、涂层较厚且面密度比较大等.未来的吸波材料应朝着"薄、轻、宽、强"的方向继续拓展,引入纳米材料、智能材料、手性材料等新型吸波材料,力争满足"轻量化、智能化、高频化、功能复合化"这四个性能要求,同时,新型吸波材料的吸波机理应进行持续深入的研究.

8.2.4 红外隐身材料

1. 红外隐身技术简介

自然界一切温度高于绝对零度的物体都会自发向外辐射红外线,这种辐射载有物体的特征信息为红外探测和目标识别提供了客观基础.随着飞行器性能的进一步提升,典型部件的温度升高,会显著增强其红外辐射信号.与此同时,红外探测器性能的提升加剧了飞行器被发现、跟踪和识别的风险.经过近六十多年的快速发展,红外辐射理论、红外探测及信号处理技术、红外探测与跟踪系统技术等方面取得了很大进步.从20世纪80年代中期以来,红外隐身的重要性日益突出,减弱飞行器的红外辐射特征,降低被红外导引头及红外告警系统探测和跟踪的概率,对提高飞行器的生存能力具有重要作用.

波长处于$0.78\sim1000\mu m$波段的电磁波属于红外波段.红外线在大气中传播时,容易被空气中的水、气体及尘埃等物质散射和吸收,使得传播过程中绝大部分波段的红外线会发生衰减,可用于探测的红外波段只有$0.76\sim1.1\mu m$、$3\sim5\mu m$及$8\sim14\mu m$三个波段.由于红外辐射信号在大气传输中存在窗口效应,飞行器的红外辐射主要关注$3\sim5\mu m$和$8\sim14\mu m$两个大气窗口波段.飞行器的红外辐射来源复杂,包括工作状态的发动机(包括被加热的尾喷管等)产生的热辐射、发动机排出的高温尾焰辐射、气动加热致蒙皮升温产生的辐射以及对环境辐射的反射等.

飞行器红外隐身技术就是综合应用外形、温控、材料等技术手段，消除飞行器与背景之间的辐射信号差异，使飞行器辐射特性尽可能与背景相同. 当不能消除飞行器和背景之间的辐射差异时，应设法降低飞行器红外辐射源与背景的对比度，使红外探测系统无法识别飞行器. 对于无法消除的红外辐射源，则应限制热辐射的方向以增加红外探测的困难. 具体措施包括改进热结构设计、使用红外伪装和遮蔽、对发热部件进行强制冷却、表面涂覆红外隐身材料等. 其中，红外隐身材料既可用于目标蒙皮，又可用于目标发热部件，来减小或改变目标红外辐射特性达到隐身效果，还能使目标红外辐射特性模拟背景辐射特性，以达到红外隐身效果. 红外隐身材料使用方便，工艺简单，品种较多，作为实现红外隐身的物质基础，已成为人们关注的研究热点.

由红外物理学可知，物体的红外辐射能符合斯特藩-玻尔兹曼(Stefan-Boltzmann)定律

$$W = \sigma \varepsilon T^4 \tag{8-2}$$

式中，W 是物体的总辐射能，W/m^2；σ 是斯特藩-玻尔兹曼常量，$5.67 \times 10^{-8}\ W/(m^2 \cdot K^4)$；$\varepsilon$ 是物体红外发射率；T 是物体绝对温度. 由该定律可知，降低飞行器表面发射率和控制飞行器表面温度是实现红外隐身的基本途径. 在飞行器表面涂敷低发射率材料，可在不改变飞机整体设计的前提下，直接改变其辐射特性，现有红外隐身材料多集中于低发射率涂层的研制. 除此之外，控温材料、光子晶体以及智能红外隐身材料亦为实现红外隐身提供了新的研究思路.

2. 红外隐身材料的分类

作为低红外辐射材料，红外隐身材料可降低目标表面的红外发射率和红外辐射特征，按照化学组成，可分为无机低发射率材料、有机低发射率材料和有机-无机复合低发射率材料，表 8.5 从常见材料、制备方法及特点等方面简要介绍了这三类低红外发射率材料.

无机低发射率材料是低红外发射率材料中应用最广、效果最为显著的一类材料，在红外隐身材料领域占主导地位. 一般来讲，根据哈根-鲁宾斯(Hagen-Rubens)定律，材料的电阻率越小，即导电性越好，红外发射率越低. 大部分金属都具有优良的导电性，成为开发最早的无机低发射率材料.

在金属材料中，铝粉性能优异且价格低廉，是最常用的金属类无机低发射率材料. 金属材料的红外发射率虽然很低，兼容隐身性能较差，受表层形貌的影响较大，所以人们把研究焦点转移到半导体材料. 半导体材料由金属氧化物(主体)和掺杂剂(载流子给予体)两种基本组分构成，掺杂型半导体的电导率主要是由载流子浓度、

表 8.5   低红外发射率材料分类、制备方法及特点

材料类型		常见材料	制备方法	特点
无机材料	金属粉末	Au、Ag、Al Zn、Cu、Ni	气相沉积法	导电性良好使材料红外发射率低；高温易氧化；兼容隐身性能差
	掺杂半导体	铟锡氧化物、锑掺杂氧化锡、铝掺杂氧化锌	气相沉积法、磁控溅射技术	通过调控载流子浓度和载流子碰撞频率来控制红外发射率
有机材料	导电聚合物	聚苯胺、聚吡咯聚噻吩、聚乙炔	原位聚合法	与金属/半导体有类似的电学及光学性能、红外反射率高、可加工性差
	高红外透明聚合物	聚烯烃、橡胶	—	分子结构简单、红外吸收弱
复合材料	有机+无机复合材料	—	刮涂、喷涂、溶胶-凝胶法	综合性能优良、并具良好的可调节性

载流子迁移率、载流子碰撞频率等参数所控制，载流子迁移率是半导体材料特有的性质，可以通过调控载流子浓度和载流子碰撞频率，继而改变材料的红外发射率，使材料在红外波段具有较低的红外吸收. 2018 年，国防科技大学提出了一种基于多层膜的光谱选择性辐射红外隐身材料. 该红外隐身材料采用金属(Ag)/介质(Ge)多层膜结构，并基于超薄金属的红外光谱特性以及阻抗匹配原理，对结构的热辐射特性进行了调控测试. 该研究为红外隐身材料提供了一种全新的思路，同时为选择性辐射材料在红外隐身技术领域的应用提供了有益的借鉴.

有机聚合物材料分子结构复杂，含有多种对红外线有强烈吸收的官能团，导致其红外发射率比较高、极大限制了其在红外隐身材料领域的应用. 具有独特电学、光学特性的导电聚合物和分子结构简单的高红外透明性的有机聚合物，成为有机低发射率材料的关键突破点. 导电高聚物是由含有共轭 π 键的高分子经化学或电化学掺杂，可从绝缘体转变为导体的一类高分子材料. 导电高聚物对红外光有很高的反射性能，并且具有质量轻、电导率变化范围大、材料组成可控性好等优点，通常被用作单一组分型红外隐身材料. 但由于其分子链呈刚性，且链间有着较强的相互作用，大部分导电高聚物具有难溶难熔、可加工性差的缺点，且一般导电高聚物价格较为昂贵，仅聚苯胺的研究应用较多一些.

中国科学院苏州纳米技术与纳米仿生研究所利用相变材料聚乙二醇浸泡并进行防水处理，就得到一种轻薄、坚固、柔韧，但红外隐身性能优异的复合新材料. 该材料的作用机制为：聚乙二醇受热时会储存热量并软化，凝固时又释放热量后重新硬化，在模拟太阳光照下，覆盖目标物的复合薄膜可以从太阳吸收热量，达到抑制升温目的，就像周围环境一样，使得目标物体对红外探测仪"隐形".

有机相与无机相的复合可以弥补单一相材料的不足，无机相的加入会降低有机基团的饱和度、减弱分子振动及官能团在红外窗口的吸收强度，有机相的加入会改善材料的物理机械和加工性能. 二者之间的协同作用，使复合材料的综合性能更加优良,为其在低发射率红外隐身材料的应用奠定了基础. 国内外研究较多的有机-无机低红外发射率材料,主要有薄膜和涂层两大类,涂层材料具有成本低、施工简单的优势,可以在不改变原有军事装备外形、结构的前提下,使目标具有隐身性能,所以得到了更为广泛的研究和应用.

我国在红外隐身方面的起步较晚,各项研究处于探索阶段,达到红外隐身涂料的实用化还需要投入更多的研究. 结合红外隐身涂料的研究进展,红外隐身涂料的发展趋势主要体现在以下四个方面:开发新型多频段兼容隐身材料、研发低射与控温复合涂料、融合纳米技术制备复合型材料、综合运用多种材料提高隐身性能.

8.3 航空功能陶瓷

航空功能陶瓷

作为高技术领域发展的关键材料,功能陶瓷逐步成为新材料的重要组成部分,备受各国研究人员关注. 先进功能陶瓷是指具有电、磁、光、声、热、力学等不同性能及其功能耦合效应的压电、磁电、热电、光电等能量互换的功能材料,具有功能效应的多样性、成分和结构的复杂性和应用的广泛性等诸多优点,在信息技术、传感技术、空间技术及微电子技术等领域得到了广泛研究应用. 除此之外,功能陶瓷因其强度高、密度低、耐高温、耐腐蚀等特性,在航空航天领域亦具有广阔的应用前景. 在嫦娥三号月基光学望远镜中,选用了中国科学院上海硅酸盐所研制的高致密碳化硅特种陶瓷材料,该陶瓷材料质量轻、热导率高、面型稳定性好,可在$-40\sim-20℃$下稳定工作,受热胀冷缩引起的变形微乎其微,这为望远镜的成像质量提供了有力保障. 在嫦娥五号月球探测任务中,中国科学院上海分院 5 家研究所,全程助力嫦娥五号的探月之旅,其中中国科学院上海硅酸盐研究所承担了压电陶瓷等多个关键材料的研制,为我国航空航天事业发展做出了重要贡献. 鉴于航空功能材料体系种类繁多,在本章节将对目前研究关注较多的航空热障涂层陶瓷和航空示温陶瓷进行详细介绍.

8.3.1 热障涂层陶瓷

1. 热障涂层技术的简介及发展

随着飞机发动机推重比的不断提高,迫切需要提升热端部件的工作温度. 目前,热端部件使用的镍基高温合金最高温度仅为 1080℃,低于现役先进型航空发动机的涡轮进口温度(约 1727℃),处于高温状态的合金强度会大大减弱,显著影响航空发动机的使用性能和安全性能. 航空发动机在高温条件下长期服役,要求其合金材料具有足够的高温强度和抗氧化性能. 除了研制开发新型耐高温合金材料,热障涂层技术可大幅度提高材料的使用温度和热稳定性，为航空发动机高温防护提供了一个良好的选择．热障涂层技术是将具有耐高温、低热导、抗腐蚀等一系列优良性能的陶瓷材料，通过一定的物理或化学手段以涂层形式沉积在基材表面，实现对外部热量的有效隔离、提高发动机叶片的使用温度及高温抗氧化能力、延长发动机的使用寿命、提高发动机效率的一种表面新型防护技术．

航空发动机和燃气轮机涡轮叶片的性能要求不断提高，热障涂层技术的应用也越来越广泛，从低温端到高温端、从外部到复杂的内部结构部件，多种类型的表面涂层得到了研究人员的探索研究．大量研究表明，采用热障涂层技术后，航空发动机及燃气涡轮叶片的耐受温度得到明显提高，并且相对于研制高使用温度的新型高温合金或新一代高温合金单晶叶片材料，热障涂层技术具有制造成本低、工艺技术可行的优点，已经成为航空发动机性能提升的重要技术支撑．

20 世纪 40 年代末，人们开始提出"热障涂层"这一概念，由于具有优良的隔热性能，率先应用于涡轮叶片等工作环境恶劣的装置部件，例如，我国新疆地区使用的 E190 型号飞机的飞行辅助动力装置(auxiliary power unit，APU)．国内外科学家就热障涂层的相关结构、材料、制备技术等方面展开了大量研究，例如，在 APU 的热端部件采用双层结构涂层体系，陶瓷层选用氧化钇部分稳定的氧化锆(yttria partially stabilized zirconia，YSZ)，可利用电子束物理气相沉积和大气等离子体喷涂技术进行制备．针对热障涂层结构存在的缺陷，中国科学院金属研究所提出的微晶涂层和双向合金氧化机理，推动了我国热障涂层理论创新．中国科学院上海硅酸盐研究所对纳米陶瓷涂层及其制备技术展开了积极研究，并取得了成功应用，促进了我国航空热障涂层技术的发展．"九五"期间，北京航空航天大学引进了我国第一台热障涂层制备的大功率电子束物理气相沉积设备，对燃气涡轮叶片 YSZ/MCrAlY 热障涂层技术展开研究，在关键制备技术方面取得了重要突破，目前已在多个型号燃气涡轮发动机叶片上进行了应用．

2. 热障涂层的结构形式及工作原理

热障涂层包括双层、多层、梯度三种结构形式，如图8.9所示．双层结构热障涂层，制备工艺简单，早期应用最为广泛，由金属黏结层和陶瓷隔热层所组成，金属黏结层主要起过渡作用，解决陶瓷层与基体合金之间的热膨胀系数不匹配问题，同时提高基体合金的高温抗氧化性能．与双层结构相比，多层结构热障涂层能够有效控制黏结层的氧化，在双层结构的基础上增加的氧阻挡层，并可有效减缓氧向黏结层的扩散速度．在双层结构热障涂层中，金属黏结层与陶瓷隔热层之间的线膨胀系数相差较大，在涂层内部产生较大的内应力，加上涂层抗热震性能一般，容易导致涂层剥落失效，因此，为进一步提升热障涂层的热循环与抗热震性能，研究人员尝试引入开发梯度热障涂层结构．所谓梯度结构，是将基体合金与陶瓷层表面之间的部分设计成一种在成分、结构和性能连续变化的系统，从而可有效减弱各涂层之间由于线膨胀系数不匹配而造成的内应力，这种梯度过渡层的加入，使得热障涂层的抗热震性能更加优良，但由于设备工艺复杂，在实际应用中仍存在一定的限制.

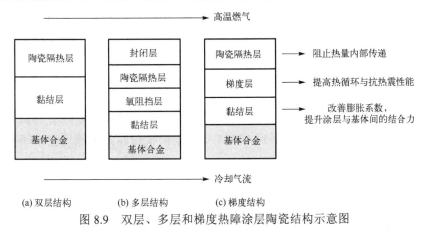

图 8.9 双层、多层和梯度热障涂层陶瓷结构示意图

3. 热障涂层陶瓷的选择条件

目前来讲，国内航空发动机和燃气轮机涡轮叶片，主要以铸造等轴晶和定向凝固高温合金为主，广泛应用了 $MCrAlY$（M=Ni、Co 或 Ni-Co）金属黏结层，黏结层中的 Al 向外表面扩散，会形成致密的 Al_2O_3 薄膜，可阻止黏结层进一步氧化，进而起到保护基体合金的作用，Ni 起到缓和基体热应力的作用，Co 具有提高抗氧化和耐腐蚀性能的作用，Cr 对于 Al_2O_3 的生成有促进作用并可提高涂层的抗热腐蚀性，稀土元素 Y（通常质量分数小于1%）可改善 Al_2O_3 薄膜与基体合金在热循环条件下的结合力，提高涂层的抗热循环性能，归因于稀土元素 Y 可起到细化晶粒和钉扎氧化物的作用. 热障涂层的主要作用是隔热、保护基体合金，陶瓷隔热层是热障涂层的关键材料. 评价某一类陶瓷可否应用于热障涂层陶瓷，需要满足以下条件：①高熔点（>2000K）；②低热导率（<2.5W/(m·K)）；③在室温至使用温度区间内不会发生相变；④化学稳定性和耐腐蚀性优良；⑤热膨胀系数较大，可以与高温合金基体相匹配；⑥结合强度高；⑦抗烧结性能好. 典型陶瓷材料的热物理性能，如表 8.6 所示.

表 8.6 典型陶瓷材料的热物理性能

陶瓷层材料	熔点/K	热导率/(W/(m·K))	热膨胀系数/(×10⁻⁶/K)	断裂韧性/(MPa·m^{1/2})
8YSZ	2973	2.12	11.5	2.12
$Gd_2Zr_2O_7$	2573	1.6~2.5	9~11	1.07
$LaMgAl_{11}O_{19}$	—	2.9~4.1	9.5~10.7	3.59
$RE_{9.33}(SiO_4)_6O_2$	2173	0.96~1.49	4.8	—
$SrZrO_3$	2883	2.08	6.5~10	1.5

热障涂层所使用的环境一般相对恶劣,因此对陶瓷材料提出了更为严苛的要求,目前为止,只有极少数陶瓷材料能够同时具备以上条件,应用到航空热障涂层中. 其中,氧化钇部分稳定的氧化锆(YSZ)陶瓷材料,兼具有熔点高、结构稳定、导热系数低、良好的高温化学稳定性以及接近金属材料的热膨胀系数等优点,应用最为广泛. YSZ 热障涂层的存在,能够使基体合金温度降低 300℃,但该类涂层在 1200℃以上高温环境长期工作时,随着高温热循环次数增加,涂层可出现烧结相变,进而出现腐蚀、裂纹及剥落等现象,导致涂层失效. 针对这一问题,各种具有优良性能的潜在热障陶瓷涂层材料研究层出不穷. 2017 年,昆明理工大学材料科学与工程学院的冯晶教授团队,研制开发一种新型稀土钽酸盐高温铁弹相变陶瓷材料,其最高使用温度可以达到 1600℃、甚至到 1800℃,有望使我国在热障涂层技术研究领域完成领跑式的发展.

4. 热障涂层技术的分类及特征

热障涂层的制备技术和工艺,会直接影响涂层的微观结构和热力学性能,对航空发动机及燃气轮机的使用性能和寿命具有一定的影响作用. 热障涂层有多种制备方法,包括等离子喷涂(plasma spray,PS)、电子束物理气相沉积(electron-beam physical vapor deposition,EB-PVD)、化学气相沉积(chemical vapor deposition,CVD)等技术. 其中,PS 和 EB-PVD 技术发展成熟,是应用最广泛的热障涂层制备技术.

等离子喷涂的热障涂层在涡轮叶片上应用较多,是通过喷枪产生等离子体,将陶瓷靶材加热至熔融状态,喷射在基体材料表面形成涂层. 等离子喷涂技术可细分为大气等离子喷涂(atmospheric plasma spray,APS)、低压等离子喷涂(low pressure plasma spray,LPPS),溶液先驱体等离子喷涂(solution precursor plasma spray,SPPS)等,APS 是最早用于制备热障涂层的工艺.

电子束物理气相沉积是在设备真空室环境下,电子枪在高压作用下发射电子束激发靶材,将靶材以原子或分子的形式,沉积到基体材料表面形成涂层. EB-PVD 所制备的涂层材料,其显微结构为典型柱状晶结构,并与黏结层结合,柱状晶的结构能够提高涂层的抗应变能力,涂层抗磨损和抗腐蚀性能良好,有利于延长涂层使用寿命. EB-PVD 技术目前应用较为广泛,特别是用来制备燃气轮机动叶片上的陶瓷涂层.

由于等离子喷涂所制涂层粗糙度差,并容易存在杂质,在高温环境下涂层的结合度较低,而电子束物理气相沉积难以实现对大型构件和内腔结构涂层的制备,生产效率低,成本较高. 等离子物理气相沉积技术兼具有 PS 和 EB-PVD 的技术优势,近年来发展势头良好,该技术在超低压的工作环境中,利用等离子体加热蒸发材料进行涂层沉积,气相沉积所形成的涂层具有独特的微观结构,可以得到大面积、沉积厚度均匀的涂层,并可以利用等离子体射流良好的绕镀性,在形状复杂的工件表面形成非视线沉积提高生产效率. PS-PVD、EB-PVD 及 APS 工艺制备的 YSZ 热障涂层微观结构与性能对比，如表 8.7 所示.

表 8.7　PS-PVD、EB-PVD 及 APS 工艺制备的 YSZ 热障涂层微观结构与性能对比

工艺方法	原材料	微观形貌	燃气热冲击寿命/次	热导率 1100℃ /(W·m⁻¹·K⁻¹)	涂层结合力 /MPa	表面粗糙度 R_a/μm	沉积效率 /(μm/min)	操作难度	技术成本
PS-PVD	粉体	准柱状晶	>200	1.1	<5	>40	10~20	较难	较高
EB-PVD	靶材	柱状晶	相当于 PS-PVD	1.6	<5	>50	1~3	较难	较高
APS	粉体	层状结构	<1000	1.0	<10	<35	30~50	容易	较低

5. 热障涂层陶瓷及热障涂层技术的发展趋势

近几十年中国航空工业发展迅速，虽然热障涂层在航空发动机和燃气轮机涡轮叶片已得到广泛应用，但仍没有完全掌握涂层组织结构与服役环境、材料、制备工艺的关键匹配性技术，没有建立"材料→制备工艺→性能→服役环境匹配性"的整体协调发展，未来将从工程化的应用稳定性入手，在基础理论的指导下彻底解决上述难题，才能满足中国航空发动机和燃气轮机快速发展的技术需求.

新型热障涂层陶瓷不断涌现，如 YSZ 掺杂改性、双陶瓷结构、高温相变陶瓷等，通过多元素掺杂改性的传统 YSZ 材料已接近该体系材料的极限，很难再大幅提升性能，迫切需要进一步深入探究新一代的耐高温、高隔热、抗烧结热障涂层陶瓷材料，其中 $Gd_2Zr_2O_7$、$LaMgAl_{11}O_{19}$ 及其多元素掺杂材料表现出了优异的性能，有望成为未来研究的热点.

展望热障涂层陶瓷材料的研究，将聚焦于以下四个方面：①改进涂层表面组织结构，进一步改善表面处理技术(如利用激光熔融技术，制备隔热性能更好、使用寿命更长的新一代热障涂层)；②对黏结层进行表面改性，提升黏结层的抗高温氧化性，延长热障涂层的服役时间；③进一步探究具有更优良性能的隔热 YSZ 稀土或氧化物掺杂热障涂层，研究其结构及性能，从而进一步对其掺杂机理进行完善；④优化表面涂层的组织结构，深入研究双陶瓷结构，阐明表层陶瓷与传统的 YSZ 陶瓷的界面状态，并阐明其失效机理，为优化双陶瓷结构提供参考依据.

近年来，热障涂层技术也取得了较大进展，针对新一代热障涂层材料，通过改良 PS-PVD 等制备工艺，获得热导率低、高温相稳定性、抗烧结、热震性能好的热障涂层，同时拓宽 PS-PVD 等工艺窗口，可望提高工艺稳定性，并有效降低生产成本. 对于不同的使用部位，合金的服役条件会有所不同，对热障涂层的组织结构提出不同的要求，如热障涂层在工业燃气轮机上的应用要求寿命长，但对热循环寿命要求不高，而航空发动机热障涂层则要求有较高的热循环寿命，就需要根据不同的使用要求选择合适的涂层制备技术. 因此，结合航空发动机的发展需求，开发能够

满足各种需求的高隔热、长寿命的新一代热障涂层制备技术,成为当前研究的一个重要课题,在诸多方面仍需要进一步研究探索,主要包括:①1400℃以上温度的新型超高温热障涂层材料体系、涂层结构的研究;②新型高性能热障涂层制备技术的开发研究;③模拟发动机环境下先进热障涂层性能表征方法的研究.

8.3.2 航空示温陶瓷

1. 航空高温测试的研究背景及应用需求

航空发动机高温测试,主要指对燃气、壁面、涡轮及燃烧室等热端部件温度进行测试,不仅可以反映航空发动机的性能参数,而且直接关乎到涡轮叶片表面温度、涡轮冷却及寿命控制等重要环节.实时监测航空发动机热端部件的表面温度及其分布特性,对于有力保障航空发动机工作的安全可靠性具有重要的现实意义.

无论是航空发动机设计,还是提升航空发动机性能,实现对涡轮前燃气温度进行直接准确测量,是推动航空发动机进一步发展的重要前提条件.鉴于航空发动机内部温度高,空间狭小,涡轮叶片高速运转等一系列不利的测量条件,叠加涡轮部件叶片之间紧密排列,尤其在工作时处于高转速状态,涡轮叶片工作温度的精准测试成为一个重难点,迫切需要发展一种准确测量并实时显示航空发动机内壁面温度的方法,以弥补我国在这一领域的不足.

2. 航空高温测试技术分类及特征

航空发动机涡轮叶片的温度测量技术可分为晶体、光纤、示温漆及热电偶为代表的接触式测温法和荧光测温、光纤测温、红外辐射测温等非接触式测温法两类(图 8.10).接触式测温方法,是指在测量过程中与被测物体充分接触,达到热平衡之后,获取被测对象和传感器的平均温度.非接触式测温方法,是一种不需要与被测物体直接接触,即可获取物体温度信息的方法.对于航空发动机涡轮叶片的温度

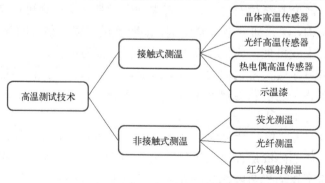

图 8.10　航空发动机高温传感器分类图

测量，传统的接触式测温技术发展虽然已经较为成熟，由于测量手段及过程的限制，目标温场易受干扰，并且所选材料限制测温上限. 接触式测温只能反映被测物体和测温传感器达到热平衡后的温度，响应时间较长，不适合测定变化温度快或微小目标的温度场合，且接触式测温对涡轮叶片的结构会造成破坏. 辐射式高温传感器是最典型常用的非接触式温度传感器，其传感原理基于黑体辐射定律. 传统的辐射式高温传感器在工程应用中往往需要较大的空间来容纳光路结构，不利于在航空发动机中进行安装实现温度实时监测.

热电偶是航空发动机中最为常用的温度传感器，具有结构简单、可靠性高、技术成熟的优点. 热电偶温度传感器在发动机中的安装方式主要包括埋入式、薄膜式和火焰喷涂式三种. 埋入式热电偶制作工艺虽然要求较低，安装过程会破坏被测对象的表面结构，并降低被测对象的强度. 薄膜式热电偶对被测对象结构强度和表面流场的影响最小，但在高温环境下容易受热应力的影响而产生脱落现象. 火焰喷涂式热电偶测试方法可避免对被测对象结构的破坏，但会对表面流场产生一定的干扰.

光纤高温传感器主要由光纤构成，基于光学原理的测量结构而实现温度测量，具有体积小、精度高、耐腐蚀、抗电磁干扰、实时监测温度等优点. 然而，光纤高温传感在工业应用中仍存在技术成熟度较低的问题. 因此，为了实现光纤高温传感器在航空发动机中的长期应用，需要对封装结构、安装方式、布线方式和解调设备做进一步探索.

晶体高温传感器是利用晶体辐照缺陷热稳定性来进行温度测量的传感器. 晶体测温在测试方法上和示温漆测温具有一定的相似性，例如，无须测量引线和测量窗口，即可用于测量被测对象表面温度分布；只能测量被测对象表面所经历的最高温度，适合在发动机测试阶段使用，无法进行在线监测. 晶体测温方法采用 X-射线衍射的检测方法对晶体的辐照缺陷进行精确表征，极大提高了温度测量精度，然而测温晶体的安装需要植入被测对象内部或黏附在被测对象表面，会对被测对象的结构强度或表面气流产生一定不利影响.

示温漆分为可逆示温漆和不可逆示温漆，不可逆示温漆又可分为单变色不可逆示温漆和多变色不可逆示温漆. 其中，单变色不可逆示温漆指随温度变化颜色仅发生一次变化，颜色变化不可逆转. 多变色不可逆示温漆指随温度变化颜色连续发生多次(二次及以上)变化，颜色变化不可逆转. 用单、多变色不可逆示温漆测量发动机高温部件的表面温度，作为目前发达国家普遍采用的测温技术，可以获得所测试部件的温度场分布，而采用常规测量技术要得到这样的结果几乎是不可能的，特别是不可逆示温漆在高速旋转的部件上使用时不受任何限制，该技术比热电偶更具优势. 不可逆示温漆在测试方法和测试手段上具有明显的优越性，具有广阔的应用前景和极大的应用价值.

示温漆测温属于非干涉式测量，不影响被测试件的气动和传热特性，不损坏被测试验件的结构,并可通过直观形象的颜色来显示所测温度场,不需要信号的物理传输介质就能实现高速旋转件表面温度场测量,还具有可在恶劣环境中使用的技术优点,被各行业温度测试工程人员广为接受,具有广阔的应用领域和显著的经济社会效益.

3. 示温材料的研究背景及工作原理

示温漆是一种以颜色变化来指示物体表面温度变化及分布的特种功能性涂料.作为一种重要的非干涉式表面温度测量方法,示温漆使用方便,成本低廉,其工作原理是通过无机颜料的分解及固相反应,生成带有颜色的新物质,通过涂膜的颜色改变指示被测件的温度变化.作为一种温度敏感涂料,示温漆涂敷在被测件表面,当温度发生变化,涂层被加热到一定温度,示温漆中对温度敏感的颜料会发生物理或化学变化,导致颜料分子结构和分子形态发生相应的变化,造成被测件表面涂层发生变化,最终可通过颜色变化来指示被测件表面温度及温度场分布,所以又被业界称为变色涂料或热敏涂料.

示温漆最早起源于 1938 年德国科学家研发的热色线,此后示温漆的研究和应用有了长足的进步.在 20 世纪 50~70 年代,为满足航空发动机等动态部件的测温需要,国外对示温漆(特别是高温不可逆示温漆)开展了大量研究工作.20 世纪 70 年代以后,研究人员逐渐转向低温及可逆示温漆的研究.作为最早研制和应用的示温漆,德国研制的单变色不可逆示温漆的温度范围在 30~650℃,示温误差小于 6℃,英国研制的系列示温漆能测出±5℃的变化,从 50~520℃有 13 个品种.其他各国也非常重视多变色不可逆示温漆的研制,已有几十个品种之多,温度跨度为 60~1300℃.德国研制出 9 种双变色示温涂料,温度范围 55~1300℃,5 种三变色示温涂料范围为 65~340℃.英国生产的型号分别为 TP6、TP7、TP8 的六变色、七变色、八变色的示温涂料,测温范围分别为 500~1150℃、600~1070℃、420~910℃.

示温漆具有不破坏被测对象表面形貌、不改变气流状态、无须测量引线、无须测量窗口、颜色显示结果直观等优点,同时,示温漆可在被测件表面进行大面积涂覆,特别适宜在旋转部件和复杂结构件的表面进行测温,航空发动机测温过程一般使用不可逆的示温漆.根据涂料随温度上升发生的变色次数,示温漆又可以分为单色和多色示温漆,单色示温漆随温度升高只产生一种颜色变化,多用于超温警示功能;多色示温漆随温度升高会产生多次变色,变色次数越多,每一种颜色指示的温度变化范围越小,测温结果精度越高.因此,航空发动机测试应用中一般使用多变色不可逆示温漆.

4. 示温材料的航空应用

20 世纪 50 年代,英国罗尔斯-罗伊斯公司(以下简称罗罗公司)在航空发动机温度测试中，就已广泛应用示温漆确定燃烧室和涡轮部件的温度分布. 在当时的测温技术中，所采用的示温漆主要来自英国和德国. 然而，所选示温漆只能给出单一的温度显示. 因此，要获得被测件的温度分布线就必须采用多种示温漆，例如，在相同标定的 5 个涡轮叶片上采用 5 种不同的示温漆，用 5 个温度值来反映叶片的综合结果，可在旋转部件上获得丰富的温度场信息. 20 世纪 60 年代中期，为满足人们对示温涂料的不断需求，英国罗罗公司开始研究多变色示温漆. 早期的高压喷管导向叶片和高压涡轮叶片冷却计划的实施，很大程度上就是依赖第一代 TP5、TP6 两种多变色高温示温涂料所获得的信息. 由于国外对示温涂料技术封锁严重，公众难以获得其高辨识精度的示温漆配方.

我国对示温涂料的研究始于 20 世纪 60 年代，到 90 年代初研制出多种可用于发动机高温部件测量的不可逆示温漆，为我国航空发动机的表面温度测量做出了巨大贡献. 但由于颜色不够分明，温度判读采取以颜色为基准的方法，造成温度判断误差大(±80℃以上)，加上示温漆用量小，其技术发展缓慢，到 20 世纪 90 年代中期，由于与国际通用的表面温度测试技术不匹配，所研制的不可逆示温漆逐步被淘汰. 鉴于西方国家在该先进技术上对我国的封锁，为打破国外的技术垄断，解决我国在航空发动机等热端部件表面温度测量的卡脖子技术难题，中航工业燃气涡轮研究院从 20 世纪 90 年代初，为完成多型航空发动机的壁面温度测试，并为国内各研究院所急需的在研、在役项目高温部件测量提供技术支持，就重点启动了不可逆示温涂料测温技术的研究工作.

面对国外技术封锁和国内示温涂料应用效果差的复杂情况，中航工业燃气涡轮研究院成立了不可逆示温漆研发团队，建立了不可逆示温漆实验室，研发了不可逆示温漆标定设备，采用等温线标定技术对新配制的示温漆进行标定，重点突破了配方的研制和实际使用后变色不清、等温线难辨等技术难点. 通过多年的技术积累，中航工业燃气涡轮研究院自行设计出不可逆示温漆配方，成功开发出我国首创的基于等温线辨识的全量程标定方法，研制出了单变色不可逆示温漆测温精度±5℃、多变色不可逆示温涂料测温精度±10 ℃的系列产品，测温范围 100～1100℃. 通过对不可逆示温漆的研究，该研究院推出了一系列具有中国自主知识产权的示温漆产品，产品性能指标达到国际同类产品先进水平，所研制的单、多变色不可逆示温涂料在航空发动机、燃气轮机及活塞发动机等多个行业领域高温部件的壁面温度测试中取得了成功应用.

中国航发四川燃气涡轮研究院发明的基于等温线辨识的单变色不可逆示温漆包括钼铬红、氧化铝、高温有机树脂 805、二甲苯. 其中，钼铬红所占质量配比范围为 0.40%～0.48%，氧化铝所占质量配比为 9.56%～13.56%，高温有机树脂 805 所占质量配比为 6.00%～10.00%，二甲苯所占质量配比为 76.00%～84.00%. 西北工业大学发明的基于等温线辨识的三变色不可逆示温漆由钴蓝、二氧化锆、三氧化二钇、高温有机树脂 805、二甲苯、正丁醇组成,其中,钴蓝所占质量配比为 17.5%～19.5%,二氧化锆所占质量配比为 15.7%～17.7%,三氧化二钇所占质量配比为 1.0%～1.4%,高温有机树脂 805 所占质量配比为 26.8%～28.8%,二甲苯所占质量配比为 28.6%～30.6%,正丁醇所占质量配比为 5.7%～6.7%. 两种方法中所述的陶瓷填料氧化铝、二氧化锆、三氧化二钇,耐热性、耐光及耐候性好,不易粉化,有利于示温漆的显色,并能增强示温漆涂层的表面附着力.

上述两种不可逆示温漆涂敷在高温物体表面时,在其温度转变点的颜色可精确发生变化,并形成等温线,判读温度精度高,从而可准确显示高温被测件物体表面的温度变化情况,可为新型发动机研制、在役发动机改型试验验证及其他行业领域壁面温度测量提供准确的温度测试技术支持,并且这两种单变色不可逆示温漆涂层与物体表面吸附力强,不易脱落. 变色不可逆示温漆的原材料均为国内生产,购置方便,研发使用成本低,其测试成本仅为常规热电偶测温费用的 20%,极大降低了试验成本,具有巨大的经济效益和社会效益.

示温漆的测量特性在带来便利性的同时,也会有一定的局限性. 示温漆受加热速度、加热时间、环境污染等使用条件的影响较大,当通过颜色比对读取温度数值时,温度测量的主观误差较大,需要将被测对象拆卸后才能进行温度数值读取,因此只适宜进行发动机测试时使用,无法进行在线温度监测. 综合上述特征,示温漆测温常用于航空发动机测试中对燃烧室和涡轮部件表面温度分布的测量. 目前对多色不可逆示温漆的研究主要集中于提高示温漆温度值的判读精度、增大示温漆的涂层强度和使用范围等方面,发展前景极为广阔.

习 题 八

一、填空题

1. 按使用范围,航空材料可分为_____与_____.

2. 形状记忆聚合物一般需要具备两个要素:_____和_____.

3. 形状记忆聚合物复合材料根据增强材料类型,通常可分为_____和_____.

4. 形状记忆合金的性质有_____、_____、_____、_____.

5. 隐身材料主要分为_____、_____以及_____.

6. 按照吸波机理或者损耗机制,雷达吸波材料分为_____、_____和_____.

7. 按材料的成型工艺和承载能力,吸波材料可以分为_____和_____两大类.

8. 热障涂层双层结构模型由_____和_____组成.

9. 目前应用最广泛的热障涂层材料是_____.

10．示温涂料分为_____和_____．

二、思考题

1．简述形状记忆合金的形状记忆效应．

2．什么是形状记忆功能材料？常见的形状记忆功能材料有哪些？

3．飞行器隐身对隐身材料的性能指标要求，主要体现在哪几个方面？

4．简述纳米材料的隐身作用所依赖的三个独特效应．

5．陶瓷材料应用于航空热障涂层，需要满足哪些条件？

6．查阅相关资料，试设计一种新型结构的热障涂层陶瓷，并给出工作原理和适用场景．

参 考 文 献

班国东, 刘朝辉, 叶圣天, 等. 2016. 新型涂覆型雷达吸波材料的研究进展[J].表面技术, 45(6): 140-146.

邓进军, 李凯, 王云龙, 等. 2015. 航空发动机内壁高温测试技术[J]. 微纳电子技术, 52(3): 178-184.

冯利利, 刘一曼, 姚琳, 等. 2021. 基于红外隐身及多波段兼容隐身材料[J]. 化学进展, 33(6): 1044-1058.

耿双奇, 牛建平. 2018. TiNi 系形状记忆合金的记忆原理及其应用现状[J]. 现代商贸工业, 39(30): 187-189.

宫兆合, 梁国正, 任鹏刚, 等. 2004. 导电高分子材料在隐身技术中的应用[J]. 高分子材料科学与工程, (5): 29-32.

郭洪波, 宫声凯, 徐惠彬. 2009. 先进航空发动机热障涂层技术研究进展[J]. 中国材料进展, 28(Z2): 18-26.

来侃, 陈美玉, 孙润军, 等. 2015. 吸波材料在雷达隐身领域的应用[J]. 西安工程大学学报, 29(6): 655-665.

李成功, 傅恒志, 于翘. 2002. 航空航天材料[M]. 北京: 国防工业出版社.

李杰锋, 潘荣华, 杨忠清. 2021. 形状记忆合金双程弯曲驱动器的设计及试验[J]. 中国机械工程, 32(19): 2305-2311, 2320.

刘京彪. 2020. 形状记忆聚合物及其复合材料性能与热力学行为研究[D]. 哈尔滨: 哈尔滨工程大学.

刘顺华, 刘军民, 董星龙. 2006. 电磁屏蔽和吸波材料[M]. 北京: 化学工业出版社: 315-320.

刘欣伟, 林伟, 苏荣华, 等. 2017. 纳米材料在隐身技术中的应用研究进展[J]. 材料导报, 31(S2):

134-139.

吕召燕, 胡海阳, 薛会民, 等. 2016. 浅析飞机隐身技术的发展趋势[C].探索 创新 交流(第 7 集)——第七届中国航空学会青年科技论坛文集(下册): 324-327.

倪嘉, 史昆, 薛松海, 等. 2021. 航空发动机用热障涂层陶瓷材料的发展现状及展望[J]. 材料导报, 35(S1): 163-168.

尚守堂, 曹茂国, 邓洪伟, 等. 2014. 航空发动机隐身技术研究及管理工作探讨[J]. 航空发动机, 40(2): 6-9, 18.

谌玉莲, 李春海, 郭少云, 等.2021. 红外隐身材料研究进展[J]. 红外技术, 43(4): 312-323.

师俊朋, 胡国平, 王金龙, 等.2014. 雷达隐身技术分析及进展[J]. 飞航导弹, (2): 81-84.

宋新波, 吕雪艳, 章建军.2012. 飞机红外隐身技术研究[J]. 激光与红外, 42(1): 3-7.

王博, 刘洋, 王福德, 等.2021. 航空发动机及燃气轮机涡轮叶片热障涂层技术研究及应用[J]. 航空发动机, 47(S1): 25-31.

王薇. 2015. 低发射率红外隐身材料的制备与应用[D]. 上海: 东华大学.

文娇, 李介博, 孙井永, 等. 2021. 红外探测与红外隐身材料研究进展[J]. 航空材料学报, 41(3): 66-82.

徐剑盛, 周万城, 罗发, 等. 2014. 雷达波隐身技术及雷达吸波材料研究进展[J]. 材料导报, 28(9): 46-49.

徐润斌, 田永丰, 丁渊文, 等. 2018. 陶瓷基示温材料的研究进展及在航空航天领域的应用[J]. 现代涂料与涂装, 21(9): 14-18.

徐毅, 徐芳, 程新琦, 等. 2021. 基于等温线辨识的单变色不可逆示温涂料及涂层制造方法[P]. CN112409837A.

逸飞. 2018. 探索新型陶瓷热障涂层材料助力航空航天发展——访昆明理工大学材料科学与工程学院冯晶教授[J]. 航空制造技术, 61(21): 26-28.

张宝鹏, 朱申, 王宇, 等. 2021. 热障涂层典型制备技术研究进展[J]. 航空制造技术, 64(13): 36-44.

张凯, 王波, 桂泰江, 等. 2019. 红外隐身涂料的研究与进展[J]. 现代涂料与涂装, 22(12): 26-30, 68.

赵伟, 刘立武, 孙健, 等. 2021. 基于形状记忆聚合物复合材料航天航空可变形结构技术研究进展[J]. 宇航材料工艺, 51(4): 73-83.

赵云松, 张迈, 戴建伟, 等. 2023. 航空发动机涡轮叶片热障涂层研究进展[J]. 材料导报, 37(6): 1-12.

Dalapati G K, Kushwaha A K, Sharma M, et al. 2018. Transparent heat regulating (THR) materials and coatings for energy saving window applications: Impact of materials design, micro-structural, and interface quality on the THR performance[J]. Progress in Materials Science, 95: 42-131.

Icardi U, Ferrero L. 2011. SMA actuated mechanism for an adaptive wing[J]. Journal of Aerospace

Engineering, 24(1): 140-143.

Yin W L, Fu T, Liu J C, et al. 2009. Structural shape sensing for variable camber wing using FBG sensors[C]. SPIE Smart Structures and Materials + Nondestructive Evaluation and Health Monitoring, San Diego, California, United States. Proc. SPIE, 7292 72921H.

Zhao Q, Qi H J, Xie T. 2015. Recent progress in shape memory polymer: New behavior, enabling materials, and mechanistic understanding[J]. Progress in Polymer Science, 49-50: 79-120.